U0793744

高等学校计算机辅助设计规划教材

AutoCAD2012＋TArch8.5建筑制图

主　编　高丽燕　莫正波
副主编　杨发龙　管殿柱

机 械 工 业 出 版 社

本书分为上、下两篇，共16章，第一篇介绍通用绘图软件AutoCAD2012的有关概念和命令使用方法，第二篇介绍使用建筑专业绘图软件TArch8.5绘制建筑图的方法和技巧。

本书面向AutoCAD的初中级用户，采用由浅入深、循序渐进的讲述方式，在详细讲解AutoCAD和TArch这两个软件功能和用法的基础上，加入了一些工程实例的练习，并在每章后面附有实用性强、有针对性的习题供读者进一步练习和提高。

本书可作为普通高等学校相关专业的教材，也可作为设计及绘图人员的学习参考书。

图书在版编目（CIP）数据

AutoCAD2012+TArch8.5建筑制图/高丽燕，莫正波主编．—北京：机械工业出版社，2012.12（2025.2重印）
高等学校计算机辅助设计规划教材
ISBN 978-7-111-40386-9

Ⅰ.①A… Ⅱ.①高… ②莫… Ⅲ.①建筑制图—计算机辅助设计—应用软件 Ⅳ.①TU204

中国版本图书馆CIP数据核字（2012）第271738号

机械工业出版社（北京市百万庄大街22号 邮政编码100037）
策划编辑：商红云 责任编辑：商红云 裴 泱
版式设计：闫玥红 责任校对：刘怡丹
封面设计：张 静 责任印制：单爱军
北京虎彩文化传播有限公司印刷
2025年2月第1版第10次印刷
184mm×260mm · 22.5印张 · 616千字
标准书号：ISBN 978-7-111-40386-9
定价：55.00元

电话服务	网络服务
客服电话：010-88361066	机 工 官 网：www.cmpbook.com
010-88379833	机 工 官 博：weibo.com/cmp1952
010-68326294	金 书 网：www.golden-book.com
封底无防伪标均为盗版	机工教育服务网：www.cmpedu.com

前　　言

AutoCAD 是美国 Autodesk 公司开发的专业辅助绘图软件，具有绘图精确、操作方便、易于掌握、体系结构开放的特点。自 1982 年推出以来，深受世界各地专业工程设计人员的青睐，被广泛应用于建筑、机械、电子、水利、航天、服装设计等领域。

TArch 是由北京天正工程软件公司在 AutoCAD 平台上二次开发的一套绘制建筑工程图的绘图软件。天正公司从 1994 年开始就在 AutoCAD 图形平台上开发了一系列建筑、装修、给排水、暖通、电气等专业绘图软件，这些软件特别是建筑绘图软件取得了极大的成功。近年来，天正建筑软件版本不断推陈出新，受到中国建筑设计师的厚爱。在国内的建筑设计领域，天正建筑软件的影响力可以说无处不在。天正建筑软件早已成为全国建筑设计 CAD 事实上的行业标准。

由于 TArch 运行在 AutoCAD 环境下，AutoCAD 是学习 TArch 的基础，所以本书分为上下两篇，第一篇介绍 AutoCAD2012 的有关概念和命令使用方法，第二篇介绍使用 TArch8. 5 绘制建筑图的方法和技巧。

TArch 建筑绘图软件在绘制建筑施工图，尤其是绘制建筑平面图、立面图和剖面图以及尺寸标注方面比 AutoCAD 等通用软件快几倍甚至几十倍，所以建筑类学生在学习 AutoCAD 的基础上进一步学习 TArch 建筑绘图软件是十分必要的。

本书面向 AutoCAD 的初中级用户，采用由浅入深、循序渐进的讲述方式，内容丰富，结构安排合理，实例来自工程实际，可作为大中专学生的教材和设计及绘图人员的学习参考书。

本书由青岛理工大学高丽燕、莫正波担任主编，杨发龙、管殿柱担任副主编，参与本书编写与整理工作的还有青岛得高公司的管欣、魏育富，青岛科技大学的胡德栋，青岛理工大学的宋琦、张学秀、张效伟、刘平、杨月英、张琳、於辉、马晓丽，山东轻工业学院的李兆文，山东建筑大学的王胜春、宋玲等。

由于编者水平有限，加之时间较为仓促，书中难免有疏漏和不足之处，恳请广大读者批评指正。

编者

目　　录

第二篇　TArch8.5

第一篇　AutoCAD2012

第 1 章　AutoCAD2012 基础知识

第 2 章　绘图环境设置与常用基本操作

第 3 章　基本绘图命令与辅助绘图命令

第 4 章　基本修改与编辑命令

第 5 章　文字、表格与尺寸标注

第 6 章　图块、外部参照与设计中心

第 1 章　AutoCAD2012 基础知识

【本章重点】

- AutoCAD2012 的工作界面；
- AutoCAD2012 的新增功能；
- AutoCAD2012 的图形文件管理；
- 键盘及鼠标操作技巧。

AutoCAD 是由美国 Autodesk 公司开发的通用计算机绘图辅助设计软件（Auto Computer Aided Design）。Autodesk 公司自 1982 年推出第一个 1.0 版本至今，对 AutoCAD 设计软件进行了不断的更新与完善，目前已发展到 AutoCAD2012。由于 AutoCAD 具有易掌握、使用方便、设计快捷、功能完善等特点，越来越受到广大工程技术人员的喜爱，AutoCAD 已普遍应用到建筑、机械、航天、化工、纺织等领域。

1.1　AutoCAD2012 的工作界面

AutoCAD2012 在以前版本的基础上，进行了大量的升级优化，工作界面也发生了一些变化。AutoCAD2012 有四种工作界面，启动软件后，用户可以看到新的“草图与注释”工作空间，此外，还有“AutoCAD 经典”、“三维基础”、“三维建模”三个工作空间。这四种工作界面可以互相转换，转换方法如下：单击下拉菜单【工具】/【工作空间】就出现下一级菜单【草图与注释】、【三维基础】、【三维建模】、【AutoCAD 经典】，用户可以在菜单中选择切换，另外，用户也可以在 AutoCAD2012 界面标题栏【工作空间】工具栏中进行选择和切换，见图 1-1。

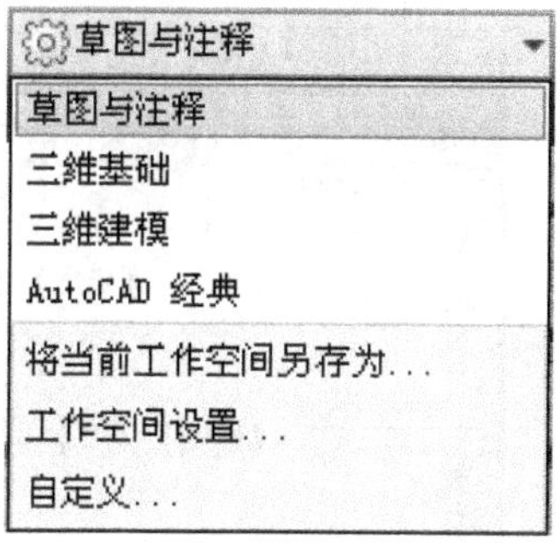

图 1-1　在【工作空间】工具栏中选择工作界面

启动 AutoCAD2012 后默认的初始工作界面为“草图与注释”工作空间，如图 1-2 所示。

有些 AutoCAD 的老用户，喜欢使用经典界面，如图 1-3 所示。下面以经典界面为例来介绍工作界面中各项的功能。

- 标题栏

标题栏位于整个界面的最上方，它主要用来显示程序图标、文件名称和路径，如图 1-4 所示。位于标题栏左边的是快速访问工具栏，包括了最常用的操作的快捷按钮，方便用户使用。它右侧的工作空间，可以实现各种工作界面的转换。标题栏的中间部位，显示的是图形文件的名称，如“Drawing1. dwg”等。位于标题栏最右边的三个按钮，也可实现窗口的最大化、最小化、还原、关闭。

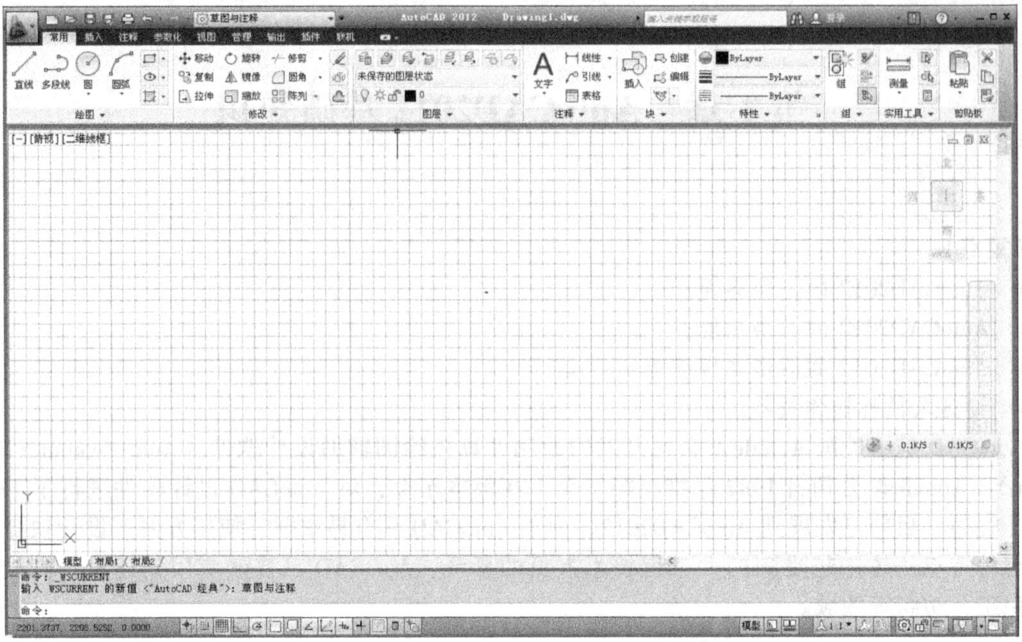

图 1-2 AutoCAD2012 的初始工作界面

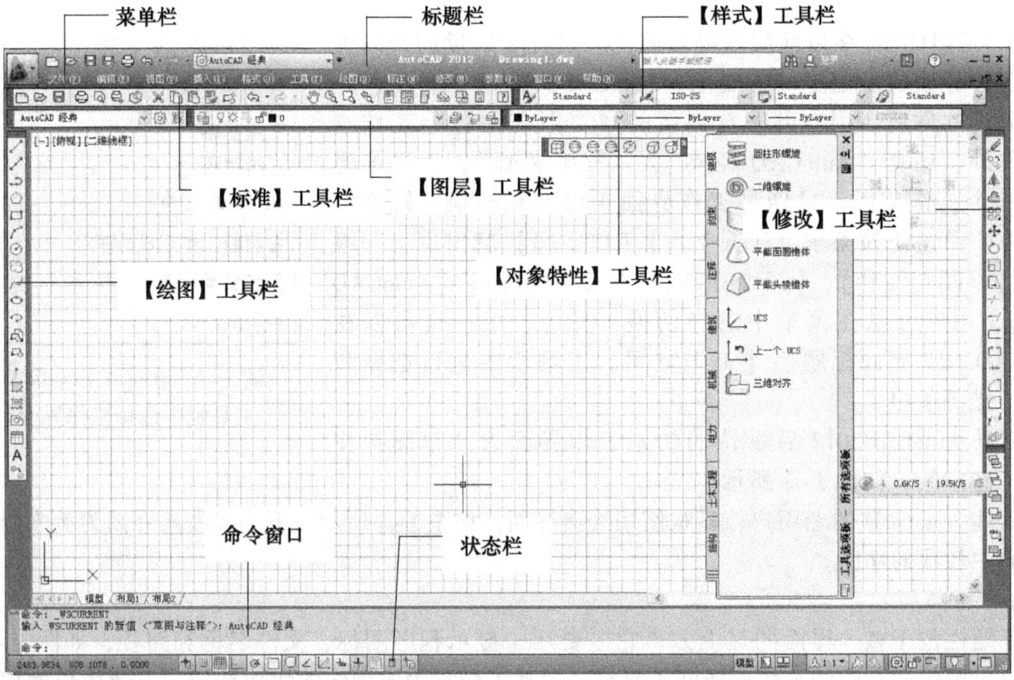

图 1-3 AutoCAD2012 的经典工作界面

图 1-4 标题栏

● 菜单栏

菜单栏位于标题栏的下方，包括【文件】、【编辑】、【视图】、【插入】、【格式】、【工具】、【绘图】、【标注】、【修改】、【参数】【窗口】、【帮助】共 12 个选项。单击其中任意一个选项，都会出现一个下拉菜单。如果下拉菜单中出现“▸”符号，如 显示(L) ▸，表示还存在下一级菜单；如果下拉菜单中出现“…”符号，如 文字样式(S)...，表示单击后会弹出一个对话框；否则，单击该菜单，直接执行该命令。菜单栏右端的 -、▫、× 按钮，可以实现一个 .dwg 文件的最大化、最小化、关闭等操作。

● 工具栏

工具栏是由一组图标型工具按钮组成的，它是一种执行 AutoCAD 命令更为快捷的方法。

AutoCAD2012 系统提供了一系列工具栏，为了不占用更多的绘图空间，通常各种工作界面都只打开其中一部分工具栏。比如最常用的【标准】工具栏、【特性】工具栏、【绘图】工具栏，【修改】工具栏等。打开其他工具栏的方法为：将鼠标移至工具栏的任一位置，右键单击鼠标，弹出一系列工具栏快捷菜单，选中需要的选项即可。左边标有“✔”的选项表示已被选中。

每个工具栏上都有一些命令按钮。将光标放到命令按钮上稍作停顿，会弹出工具提示，以说明该按钮的功能以及对应的命令。如图 1-5 所示为【绘图】工具栏以及直线按钮 ⁄ 对应的工具提示。

将光标放到工具栏按钮上，并在显示出工具提示后再停留约 2 秒左右的时间，又会显示出扩展的工具提示，如图 1-6 所示。

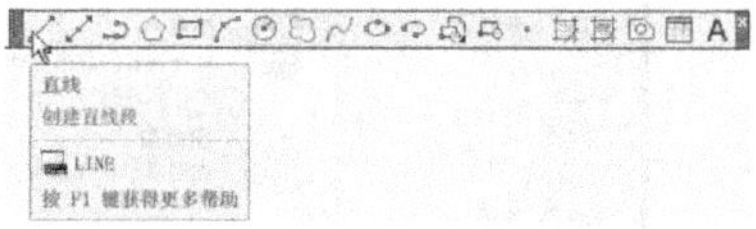

图 1-5　【绘图】工具栏以及直线按钮对应的工具提示

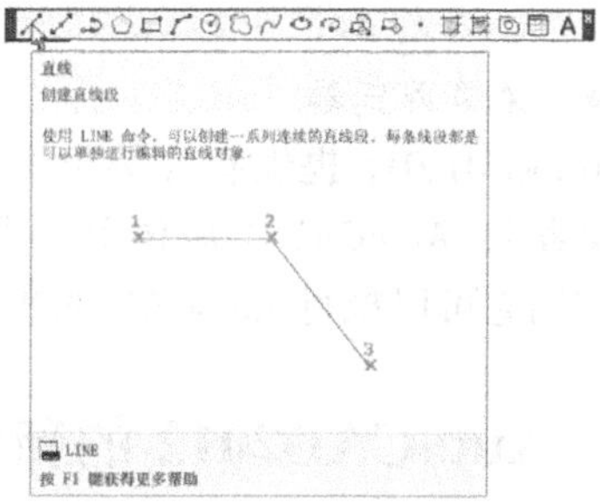

图 1-6　扩展的工具提示

● 绘图区域

绘图区域在屏幕的中间，是用户工作的主要区域，用户的所有工作效果都反映在这个区域，相当于手工绘图的图纸。绘图区域的右侧和下侧有垂直方向和水平方向的滚动条，拖动滚动条可以垂直或水平移动视图。选项卡控制栏位于绘图区的下边缘，单击【模型/布局】选项，可以在模型空间和图纸空间之间进行切换。

● 命令行

执行一个 AutoCAD 命令有多种方法，除了单击下拉菜单、单击绘图工具栏或面板选项板的按钮外，执行 AutoCAD 命令最常用的第三种方式就是在命令行直接输入命令。命令行主要用来输入 AutoCAD 绘图命令、显示命令提示信息。在使用 AutoCAD 进行绘图时，不管用什么方式，每执行一个命令，用户都可以在命令行获得命令执行的相关提示及信息，它是进行人机对话的重要区域。特别是对于初学者来说，一定要养成随时观察命令行提示的好习惯，它是指导用户正确执行 AutoCAD 命令的有利工具。

在命令行输入命令后，需按空格键或 Enter 键来执行或结束命令。输入的命令可以是命令的全称，也可以为相关的快捷命令，如【直线】命令，可以输入“line”，也可输入【直线】命令的快捷命令“l”，输入的字母不分大小写。在逐渐熟悉 AutoCAD 的绘图命令后，使用快捷命令比单击工具栏绘图按钮速度快得多，可以大大提供工作效率。

通常命令行只有三行左右，我们可以将光标移动到命令行提示窗口的上边缘，当光标变成 ÷ 时，按住鼠标左键上下拖动来改变命令行的大小。

想看到更多的命令，可以查看 AutoCAD 文本窗口。AutoCAD 文本窗口是记录 AutoCAD 命令的窗口，是放大的命令行窗口，它记录了已执行的命令，也可以用来输入新命令。在 AutoCAD2012 中，可以通过菜单【视图】/【显示】/【文本窗口】、执行 TEXTSCR 命令或按 F2 键来打开文本窗口，查看所有操作。

● 状态栏

状态栏位于工作界面的最底部，如图 1-7 所示。当光标在绘图区域移动时，状态栏的左边区域可以实时显示当前光标的 X、Y、Z 三维坐标值。状态栏的中间区域是【推断约束】、【捕捉】、【栅格】、【正交】、【极轴】、【对象捕捉】、【三维对象捕捉】、【对象追踪】、【DUCS】、【DYN】、【线宽】、【透明度】开关按钮。用鼠标单击它们可以打开或关闭相应的辅助绘图功能，也可使用相应的快捷键打开。状态栏的右边区域还可以实现模型空间与图纸空间的转换、改变注释比例、实现各种工作空间的切换等功能。

图 1-7　状态栏

● 菜单浏览器

AutoCAD2012 提供有【菜单浏览器】。单击【菜单浏览器】，AutoCAD 会将浏览器展开，如图 1-8 所示，利用它可以执行 AutoCAD 的相应命令。

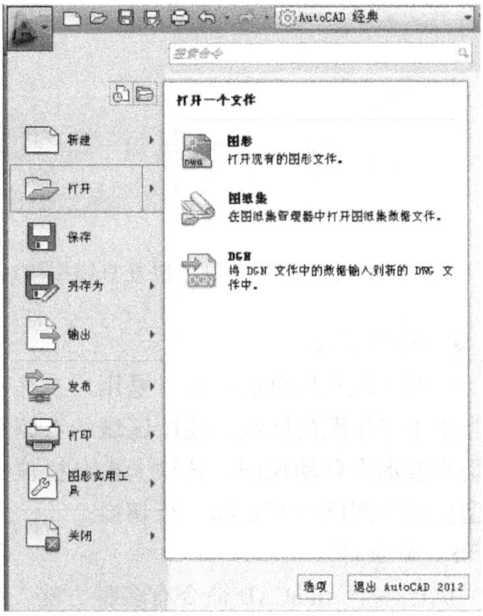

图 1-8　菜单浏览器

1.2　AutoCAD2012 的新增功能

1.2.1　路径阵列

AutoCAD2012 在原来矩形阵列和环形阵列的基础上，新增加了路径阵列，使用户用起来更加灵活方便。在路径阵列中，项目将均匀地沿路径或部分路径分布。路径可以是直线、多段线、三维多段线、样条曲线、螺旋、圆弧、圆或椭圆。沿路径分布的项目是可以测量或分割的。

1.2.2　多功能夹点

使用多功能夹点，对于很多对象，可以将光标悬停在夹点上，会出现针对此对象或者此夹点的编辑选项菜单，按 Ctrl 键，可以循环浏览夹点菜单选项。图 1-9 所示的为直线的多功能夹点的应用。

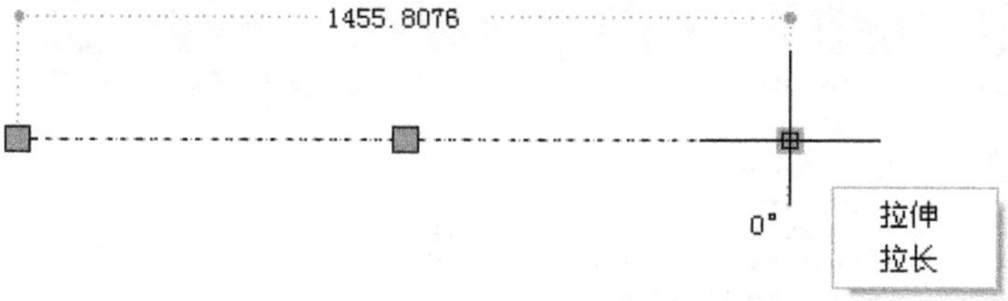

图 1-9　直线的多功能夹点

1.2.3　联机

联机与其他用户共享图形和其他文件，用户可以查看、编辑或者下载共享图形，而不必安装 CAD 软件或者 DWG 查看器，还可以下载其他共享文件，例如 PDF、ZIP、光栅图像以及任何其他格式文件。联机选项卡，可以从【草图与注释】工作界面的菜单中找到。

1.2.4　插件

插件选项卡，也可以从【草图与注释】工作界面的菜单中找到。利用插件可以搜索浏览各项内容。例如，可以利用浏览按钮，搜索相关对象，也可以利用插件编辑实体和曲面三维对象。

1.3　AutoCAD2012 的图形文件管理

AutoCAD 的图形文件管理主要包括文件的创建、打开、保存、关闭。

1.3.1　新建图形文件

可以用以下几种方法建立一个新的图形文件：

- 下拉菜单：【文件】/【新建】。
- 标准工具栏按钮：。
- 命令行：new。
- 快捷键：Ctrl + N。

执行新建图形文件命令后，屏幕出现如图 1-10 所示的【选择样板】对话框。用户可以选择其中一个样本文件，单击打开(O)按钮即可。除了系统给定的这些可供选择的样板文件（样板文件扩展名为 .dwt），用户还可以自己创建所需的样板文件，以后可以多次使用，避免重复劳动。

如果不需要选择样板，用户还可以单击打开(O)中的小三角，出现图 1-11 所示的打开方式选择界面，可根据需要选择打开模板文件、英制无样板打开、公制无样板打开。我们一般选择公制无样板打开。

1.3.2　打开原有文件

AutoCAD2012 可以记忆刚刚打开过的 9 个图形文件（系统默认为 9 个），要快速打开最近使用过的文件，可以单击【文件】下拉菜单选择打开所需的文件。当然，用户可以随意改变【文件】下拉菜单中列出的最近使用过的文件数（0～9）。方法为单击下拉菜单【工具】/【选项】，弹出【选项】对话框，选择【打开和保存】选项卡，在【文件打开】选区更改【列出最近所用文件数】即可。

图 1-10　【选择样板】对话框

一般一个已存在的 AutoCAD 文件可以用以下几种方法打开：

- 下拉菜单：【文件】/【打开】。
- 标准工具栏按钮：。
- 命令行：open。
- 快捷键：Ctrl + O。

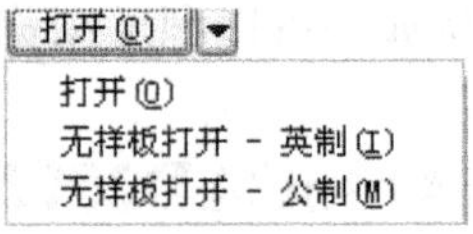

图 1-11　新建图形打开方式

出现如图 1-12 所示对话框，用户可以找到并单击选中已有的某个 AutoCAD 文件，然后单击对话框中右下角的 打开(O) 按钮。

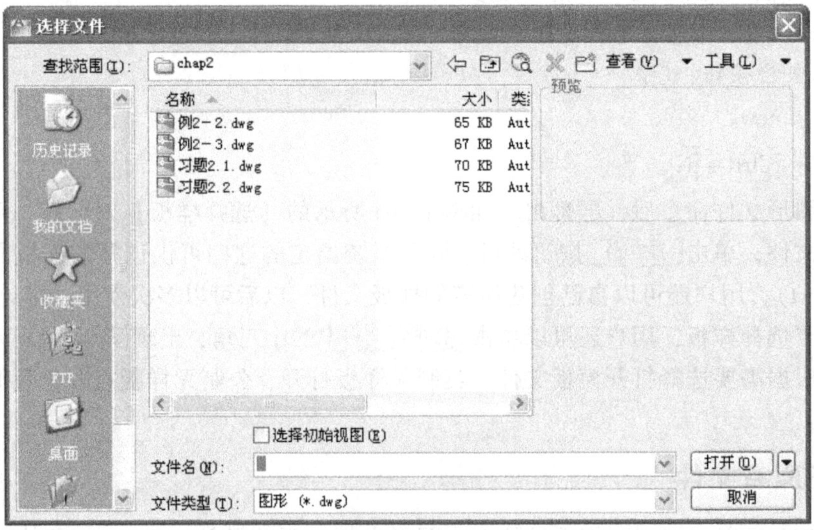

图 1-12　打开文件对话框

1.3.3　保存图形文件

为了防止因突然断电、死机等情况丢失或影响已绘制的图样，用户应养成随时保存图形的良好习惯。

可以用以下几种方法快速保存 AutoCAD 图形文件：

- 下拉菜单：【文件】/【保存】。
- 工具栏按钮：。
- 命令行：qsave。
- 快捷键：Ctrl + S。

当执行快速保存命令后，对于还未命名的文件，系统会提示输入要保存文件的名称，对于已命名的文件，系统将以已存在的名称保存，不再提示输入文件名。

用户还可以用下面的另存方法改变已有文件的保存路径或名称：

- 下拉菜单：【文件】/【另存为】。
- 命令行：saveas 或 save。
- 快捷键：Ctrl + Shift + S。

执行【另存】命令后，出现如图 1-13 所示【图形另存为】对话框。在【保存于】下拉列表中选择重新保存的路径；在【文件名】编辑框中输入另存的文件名，系统将自动以“.dwg”的扩展名进行保存，如果要保存为样板文件，将文件的扩展名改为“.dwt”；在【文件类型】下拉列表中选择保存的类型格式，如果要在装有低版本的机器上使用，在装有高版本 AutoCAD 程序的机器上绘制的图样，可以在此选择相应低版本的保存类型，否则文件打不开。然后单击 保存(S) 按钮即可。

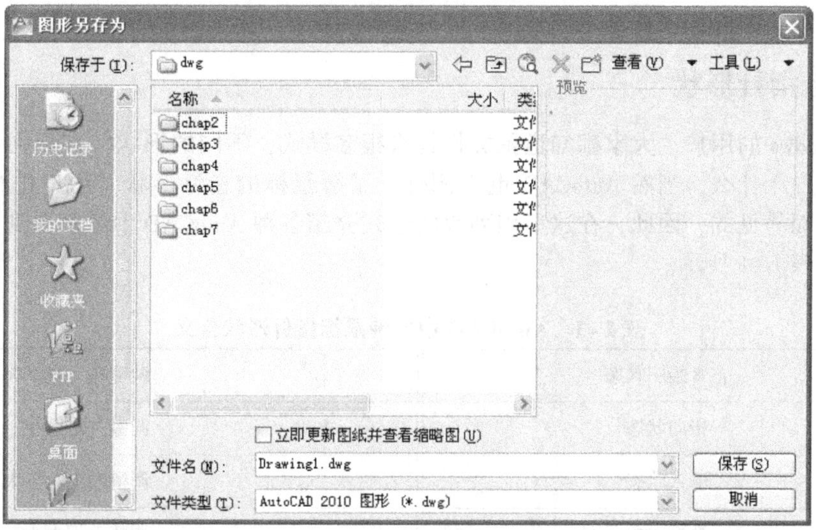

图 1-13　【图形另存为】对话框

除了这些用户自己保存文件的方法外，AutoCAD2012 还提供了自动保存的功能，通常系统会每隔 10 分钟自动保存一次，用户也可随意调整自动保存的间隔时间。方法为：单击下拉菜单【工具】/【选项】，弹出【选项】对话框，选择【打开和保存】选项卡，在【文件安全措施】选区，选中【自动保存】复选框，调整【保存间隔分钟数】即可。

1.3.4　关闭文件

要关闭当前打开的 AutoCAD 图形文件而不退出 AutoCAD 程序，可以使用下列几种方法：

- 下拉菜单：【文件】/【关闭】。
- 命令行：close。
- 快捷键：Ctrl + F4。
- 按钮：图形文件窗口右上角☒（下拉菜单右方）。

如果要退出 AutoCAD 程序，则程序窗口和所有打开的图形文件均将关闭。方法如下：

- 下拉菜单：【文件】/【退出】。
- 命令行：quit 或 exit。
- 快捷键：Ctrl + Q。
- 按钮：程序窗口右上角☒（标题栏右方）。

使用 closeall 命令或单击下拉菜单【窗口】/【关闭】或【全部关闭】，也可以快速关闭全部打开的图形文件。

1.4　鼠标操作

鼠标在 AutoCAD 操作中起着非常重要的作用，是我们不可缺少的工具。AutoCAD 采用了大量的 Windows 的交互技术，使鼠标操作的多样化、智能化程度更高。在 AutoCAD 中绘图、编辑都要用到鼠标操作，灵活使用鼠标，对于加快绘图速度、提高绘图质量有着非常重要的作用，所以这里有必要先介绍一下鼠标指针在不同情况下的形状和鼠标的几种使用方法。

1.4.1　鼠标指针形状

作为 Windows 的用户，大家都知道鼠标指针有很多样式，不同的形状代表现在系统在干什么或系统要求用户干什么，当然 AutoCAD 也不例外。了解鼠标的指针形状对用户进行 AutoCAD 操作的意义是显而易见的，因此，在这里用列表的形式介绍各种 AutoCAD 中经常遇到的鼠标指针形状的含义，如表 1-1 所示。

表 1-1　AutoCAD 中各种鼠标指针形状含义

	正常绘图状态		调整右上左下大小
	指向状态		调整左右大小
	输入状态		调整左上右下大小
	选择对象状态		调整上下大小
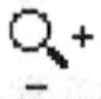	实时缩放状态		视图平移符号
	移动实体状态		插入文本符号
	调整命令窗大小		帮助超文本跳转

1.4.2　鼠标基本操作

鼠标的基本操作主要有以下几种方法：

（1）指向：把鼠标指针移动到某一个工具栏按钮上，系统会自动显示出该图标按钮的名称。另外，在状态行上显示该图标按钮的说明信息。

（2）单击左键：把鼠标指针移动到某一个对象，单击鼠标左键。通常单击左键主要应用在以下场合：

- 选择目标；
- 确定十字光标在绘图区的位置；
- 移动水平、竖直滚动条；
- 单击命令按钮，执行相应命令；
- 单击对话框中命令按钮，执行相应命令；
- 单击打开下拉菜单，选择相应的命令；
- 打开下拉列表，选择相应的选项。

（3）单击右键：把鼠标指针指向某一个对象，单击右键。单击右键主要应用在以下场合：

- 在工具栏上单击鼠标右键，会出现工具栏设置对话框，用户可以定制别的工具栏；
- 结束选择目标；
- 弹出快捷菜单；
- 结束命令。

（4）双击：把鼠标指针指向某一个对象或图标，快速按两下鼠标左键。双击鼠标左键主要应用在启动应用程序上。

（5）拖动：在某对象上按住鼠标左键，移动鼠标指针位置，在适当的位置释放。拖动鼠标主要应用在以下场合：

- 拖动滚动条以快速在水平、垂直方向移动视图；
- 动态平移、缩放当前视图；
- 拖动工具栏到合适位置；
- 在选中的图形上，单击按住鼠标左键拖动，可以移动对象的位置。

1.5　实例练习

【例 1－1】　已知 A（100，100）、B（300，200）、C（400，50）三点的坐标，绘制如图 1-14 所示的三角形，并保存为 dwg 格式的文件。

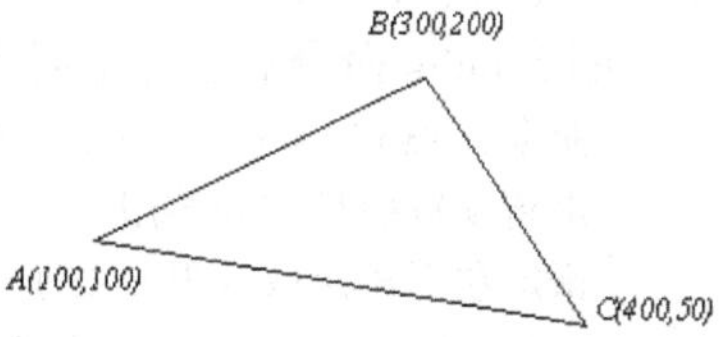

图 1-14　三角形的绘制

（1）选择下拉菜单【绘图】/【直线】执行【直线】命令。

（2）根据命令行提示，进行如下程序操作完成三角形的绘制：

```
命令：_ line 指定第一点：100，100                //输入 A 点的绝对坐标值
指定下一点或［放弃（U）］：300，200              //输入 B 点的绝对坐标值
指定下一点或［放弃（U）］：400，50               //输入 C 点的绝对坐标值
指定下一点或［闭合（C）/放弃（U）］：c           //输入 c，则图形闭合为三角形，回车结束命令
```

（3）单击标准工具栏按钮，弹出【图形另存为】对话框，在对话框【保存于】区域选择合适的位置，在【文件名】处输入文件名如【三角形】，在【文件类型】下拉列表中选择“AutoCAD 2010 图形”（＊.dwg）格式，然后单击 保存(S) 按钮即可。

第 2 章　绘图环境设置与常用基本操作

【本章重点】

- 绘图环境的设置；
- 数据输入的方法；
- 对象选取的方式；
- 常用基本操作；
- 图层的设置与管理。

在通常情况下，安装好 AutoCAD 后，就可以在默认的设置下绘图了。为了绘图更规范和提高绘图效率，用户应该熟悉如何确定绘图的基本单位、图纸的大小和绘图比例，即进行绘图环境的设置。用户可以通过 AutoCAD 提供的各种绘图环境设置的功能选项方便地进行设置，并且可以随时进行修改。本章除了介绍如何进行绘图环境设置之外，还把在绘图过程最常用到的基本操作归纳在一起向用户作简要介绍，以方便初学者的学习与练习。AutoCAD 还向用户提供了“图层”这种有用的管理工具，把具有相同颜色、线型、线宽等特性的图形放到同一个图层上，以便于用户更有效地组织、管理、修改图形对象。

2.1　绘图环境的设置

2.1.1　设置绘图界限

图形界限是在 X、Y 二维平面上设置的一个矩形绘图区域，它是通过指定矩形区域的左下角点和右上角点来定义的。启动【图形界限】设置命令的方法有：

- 下拉菜单：【格式】/【图形界限】。
- 命令行：limits。

在执行 limits 命令后，命令行有如下提示：

```
命令：limits            // 执行【图形界限】设置命令
重新设置模型空间界限：
指定左下角点或 [开 (ON) /关 (OFF)] <0.0000, 0.0000>:
                        // 输入左下角点坐标或直接回车取系统默认点 (0.0000, 0.0000)
指定右上角点 <420.0000, 297.0000>:
                        // 输入右上角点坐标或直接回车取系统默认点 (420.0000, 297.0000)
```

在命令行提示“指定左下角点或 [开 (ON) /关 (OFF)] <0.0000, 0.0000>:”时，可以直接输入“on”或“off”打开或关闭“出界检查”功能。“on”表示用户只能在图形界限内绘图，超出该界限，在命令行会出现“＊＊超出图形界限”的提示信息；“off”表示用户可以在图形界限之内或之外绘图，系统不会给出任何提示信息。

2.1.2　设置绘图单位

图形单位设置的内容包括：长度单位的显示格式和精度，角度单位的显示格式和精度及测量方向，拖放比例。启动【单位】设置命令的方法有：

- 下拉菜单：【格式】/【单位】。
- 命令行：units。

执行上述命令后，屏幕会出现如图 2-1 所示的【图形单位】对话框。在【长度】选区，单击【类型】下拉列表，在“建筑”“小数”“工程”“分数”“科学”5 个选项中选择需要的单位格式，通常选择“小数”；单击【精度】下拉列表选择精度选项，当在【类型】列表中选择不同的选项时，【精度】列表的选项随之不同，当选择“小数”时，最高精度可以显示小数点后 8 位，如果用户对该项不进行设置，系统默认显示小数点后 4 位。

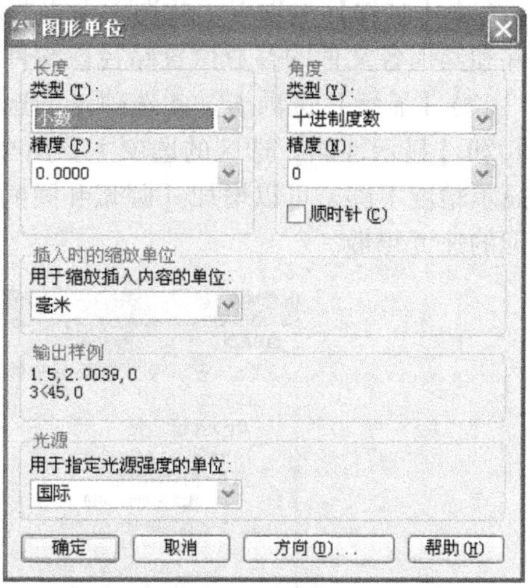

图 2-1　【图形单位】对话框

应注意，这里单位精度的设置，只是设置屏幕上的显示精度，并不影响 AutoCAD 系统本身的计算精度。

在【角度】选区，单击【类型】下拉列表，在 5 个选项中选择需要的单位格式；单击【精度】下拉列表选择精度选项。对于建筑工程，【角度】测量精度要求通常不高，可以选择“十进制度数”或“度/分/秒”的单位格式，对应的精度分别选择“0”与“0d”，此时角度单位精确到“度”；【顺时针】复选框用来表示角度测量的旋转方向，选中该项表示角度测量以顺时针旋转为正，否则以逆时针旋转为正。

【图形单位】对话框下方的 方向(D)... 按钮用来确定角度测量的起始方向，即“基准角度”。单击该按钮，弹出如图 2-2 所示的【方向控制】对话框。对话框中有四种标准方位的复选框可供用户选择，也可选择【其他】复选框，输入任意角度作为基准角度。通常选择系统默认方向【东】为基准角度，即以屏幕上 X 轴的正向作为角度测量的起始方向。

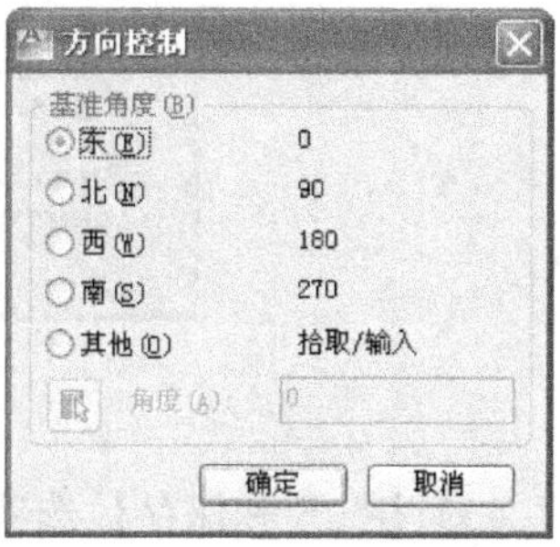

图 2-2　方向控制对话框

2.1.3　应用【选项】对话框进行环境设置

【选项】对话框是对各种参数进行设置的非常有用的工具，用它可以完成改变新建文件的启动界面、给文件添加密码、修改自动保存间隔时间等设置。其实，【选项】对话框包含了绝大部分 AutoCAD 的可配置参数，用户可以依据自己的需要和爱好在此对 AutoCAD 的绘图环境进行个性化设置。随着用户对 AutoCAD 操作的逐渐熟练，会发现绘图过程中遇到的许多问题都可以用【选项】对话框来解决。对于初学者，只要对【选项】对话框的各选项卡的主要功能有一个概括的了解就可以了，而没有必要面面俱到掌握所有的内容，只有在今后的实际应用中，不断遇到问题，解决问题，才能对【选项】对话框的使用有更好的了解。

调用【选项】对话框的方法有：

- 下拉菜单：【工具】/【选项】。
- 命令行：options。
- 快捷菜单：无命令执行时，在绘图区域单击右键，选择【选项】选项。

执行上述命令后，弹出如图 2-3 所示的【选项】对话框。该对话框中包含了【文件】、【显示】、【打开和保存】、【打印和发布】、【系统】、【用户系统配置】、【草图】、【三维建模】、【选择集】和【配置】10 个选项卡。下面分别对【选项】对话框中各选项卡的功能作简单介绍。

(1)【文件】选项卡。此选项卡主要用来确定 AutoCAD 搜索支持文件、驱动程序文件、菜单文件和其他各文件的存放位置路径或文件名。

(2)【显示】选项卡。此选项卡的选项主要用来控制程序窗口各部分的外观特征。【显示精度】和【显示性能】选区的选项主要用来控制对象的显示质量。如绘制的圆弧弧线不光滑，则说明显示精度不够，可以增加【圆弧和圆的平滑度】的设置。当然，显示精度越高，AutoCAD 生成图形的速度越慢。

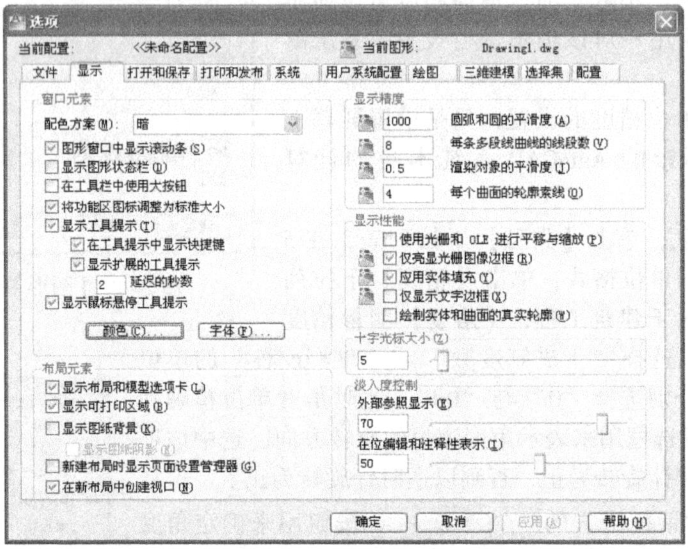

图 2-3　选项对话框

(3)【打开和保存】选项卡。【文件保存】、【文件安全措施】和【文件打开】选区的选项主要对文件的保存形式和打开显示进行设置，如文件保存的类型、自动保存的间隔时间、打开 AutoCAD 后显示最近使用的文件的数量等；【外部参照】和【objectARX 应用程序】选区的选项用来设置外部参照图形文件的加载和编辑、应用程序的加载和自定义对象的显示。

(4)【打印和发布】选项卡。此选项卡主要用于设置 AutoCAD 的输出设备。默认情况下，输出设备为 Windows 打印机，但也可以设置为专门的绘图仪，也可对图形打印的相关参数进行设置。

(5)【系统】选项卡。此选项卡主要对 AutoCAD 系统进行相关设置。包括三维图形显示系统设置、是否显示 OLE 特性对话框、布局切换时显示列表更新方式设置和【启动】对话框的显示设置等内容。

(6)【用户系统配置】选项卡。此选项卡主要包含优化用户工作方式的选项。包括控制单击右键操作、控制插入图形的拖放比例、坐标数据输入优先级设置和线宽设置等内容。

(7)【绘图】选项卡。此选项卡主要用于设置自动捕捉、自动追踪、对象捕捉等的方式和参数。

(8)【三维建模】选项卡。此选项卡用于对三维绘图模式下的三维十字光标、UCS 图标、动态输入、三维对象、三维导航等选项进行设置。

(9)【选择集】选项卡。此选项卡主要用来设置拾取框的大小、对象的选择模式、夹点的大小颜色等相关特性。

(10)【配置】选项卡。此选项卡主要用于实现新建系统配置文件、重命名系统配置文件以及删除系统配置文件等操作。配置是由用户自己定义的。

【例 2-1】 将绘图区域的背景色设置为白色（在默认情况下，绘图窗口的背景颜色为黑色）。

(1) 应用下拉菜单：【工具】/【选项】打开选项对话框。

(2) 切换到【显示】选项卡，在“窗口元素”选项区域单击“颜色”按钮，打开“颜色选项”对话框，如图 2-4 所示。

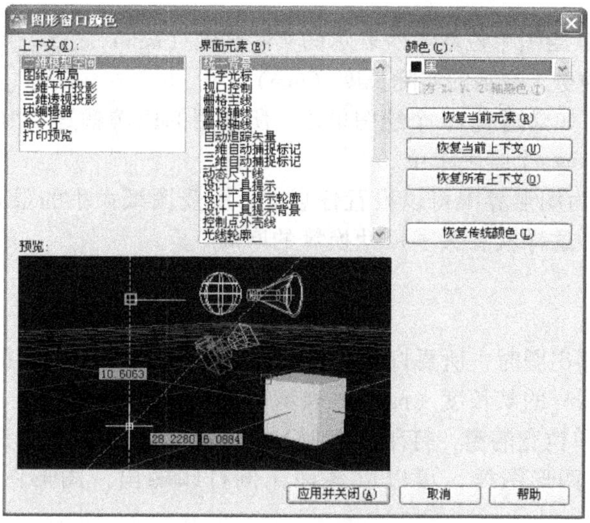

图 2-4 “颜色选项”对话框

(3) 对话框右上角有“颜色”选项，点击该选项右边的小三角，将其由黑改为白，如图 2-5 所示。

(4) 单击图 2-5 中的 应用并关闭(A) 按钮，完成设置，这时，绘图区的背景色就变成白色了。

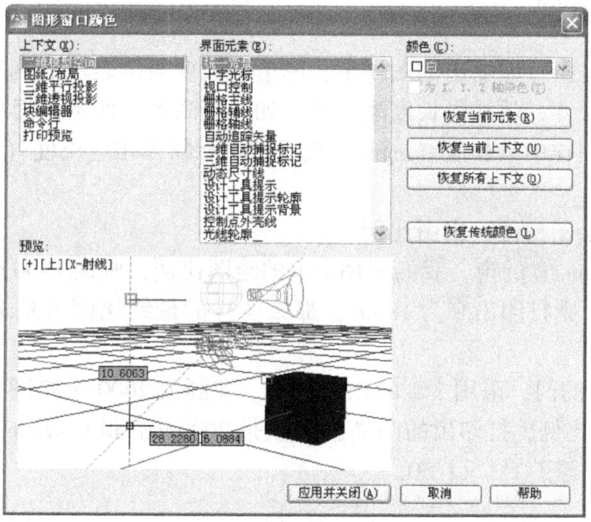

图 2-5 将背景颜色设置为白色

2.2　绘图比例、出图比例与输出图样的最终比例

在传统的手工绘图中，由于图纸幅面有限，同时考虑尺寸换算简便，绘图比例受到较大的限制。特别是建筑图，由于建筑物较大，通常采用较小的比例，如建筑平面图通常采用1:100、1:200的比例。而AutoCAD绘图软件可以通过各种参数的设置，使得用户可以灵活地使用各种比例方便地进行绘制。

2.2.1　绘图比例

绘图比例是AutoCAD绘图单位数与所表示的实际长度（mm）之比。即

绘图比例=绘图单位数:表示的实际长度（mm）

如1800mm的窗宽，如果画成18个绘图单位，所采用的比例就是1:100；如果按照1:1的比例画，就可以直接画成1800个绘图单位。

由于AutoCAD中因为图形界限可以设置任意大，不受图纸大小的限制，所以通常可以按照1:1的比例来绘制图样，这样就省去了尺寸换算的麻烦。

2.2.2　出图比例

出图比例是指在打印出图时，所要打印出的长度（mm）与AutoCAD的绘图单位数之比。即

出图比例=打印出图样的某长度（mm）:表示该长度的绘图单位数

例如，1800个绘图单位宽的窗，打印出来为18mm，那么出图比例就是1:100。

绘制好的AutoCAD图形图样，可以以各种比例打印输出，图形图样根据打印比例可大可小。

但是在打印出图时，一定要注意调整尺寸标注参数和文字的大小。例如，要使打印在图纸上尺寸数字和文字的高度为5mm，以1:100的比例打印，则字体的高度应为500。如果将文字设置为注释性对象，则可以通过状态栏右边的图形状态栏，选择相应的注释比例灵活地改变文字等对象的大小。

2.2.3　图样的最终比例

图样的最终比例，是指打印输出的图样中，图形某长度与所表示的真实物体相应要素的线性尺寸之比。这里的线性尺寸，就是指长度型尺寸，如长宽高等，而不是面积、体积、角度等。即

输出图样的比例=图样中某长度（mm）:表示的实际物体相应长度（mm）

很显然

图样的最终比例=绘图比例×出图比例

举例说明：如1800mm宽的窗，我们采用1:1的绘图比例，画成1800个绘图单位；如果我们采用1:100的出图比例，则打印出来为18mm，那么图样的最终比例就是18:1800，即1:100；也就等于1:1×1:100。

再比如，2000mm高的门，采用1:1的比例绘图，即画成2000个绘图单位。如果我们在出图的时候采用1:50的出图比例，打印出的门高就应该是2000mm/50=40mm，图样的最终比例，就是40:2000，即1:50；就等于1:1×1:50。

2.3　数据输入的方法

2.3.1　AutoCAD2012 坐标系简介

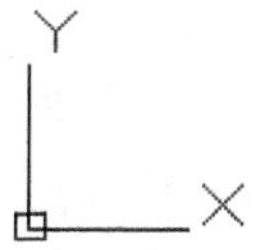

图 2-6　坐标系图标

在默认状态下，AutoCAD 处于世界坐标系 WCS（World Coordinate System）的 XY 平面视图中，在绘图区域的左下角出现一个如图 2-6 所示的 WCS 图标。WCS 坐标为笛卡儿坐标，即 X 轴为水平方向，向右为正；Y 轴为竖直方向，向上为正，Z 轴垂直于 XY 平面，指向读者方向为正。

WCS 总存在于每一个设计图形中，是唯一且不可改动的，其他任何坐标系可以相对它来建立。AutoCAD 将 WCS 以外的任何坐标系通称为用户坐标系 UCS（User Coordinate System），它可以通过执行 UCS 命令对 WCS 进行平移或者旋转等操作来创建。

2.3.2　点的坐标输入

AutoCAD 的坐标输入方法通常采用绝对直角坐标、相对直角坐标和极坐标三种。下面分别介绍这三种输入方法。

1. 绝对直角坐标

在直角坐标系中，坐标轴的交点称为原点，绝对坐标是指相对于当前坐标原点的坐标。在 AutoCAD 中，默认原点的位置在图形的左下角。

当输入点的绝对直角坐标（X，Y，Z）时，其中 X、Y、Z 的值就是输入点相对于原点的坐标距离。通常，在二维平面的绘图中，Z 坐标值默认等于 0，所以用户可以只输入 X、Y 坐标值。当确切知道了某点的绝对直角坐标时，在命令行窗口用键盘直接输入 X、Y 坐标值来确定点的位置非常准确方便。应注意两坐标值之间必须使用西文逗号“,”隔开（注意不能用中文逗号的输入格式，否则命令行会出现“点无效”的字样）。

2. 相对直角坐标

在绘图过程中，特别是绘制复杂的图形时，每一个点都采用前面所述的绝对直角坐标输入，会很麻烦且显得笨拙。而有时采用相对直角坐标输入法比较灵活方便。

相对直角坐标就是用相对于上一个点的坐标来确定当前点，也就是说用上一个点的坐标加上一个偏移量来确定当前点的点坐标。相对直角坐标输入与绝对直角坐标输入的方法基本相同，只是 X、Y 坐标值表示的是相对于前一点的坐标差，并且要在输入的坐标值的前面加上“@”符号。在后面的绘图中将经常用到相对直角坐标。

在 AutoCAD2006 后的版本中，新增了动态输入功能，即状态栏中的 按钮，当此按钮按下时，输入的坐标值直接就是相对坐标。

【例 2-2】　用直线命令绘制如图 2-7 所示的矩形。

在命令行输入“line”并回车启动画线命令，命令行提示：

```
命令: _ line 指定第一点: 100, 100              // 输入 A 点的绝对坐标值
指定下一点或 [放弃 (U)]: @ 0, 100              // 输入矩形左上角点的相对坐标值（或者按
                                                 下动态输入按钮，直接输入 0, 100）
```

指定下一点或［放弃（U）]：@ 200，0　　　　// 输入矩形右上角点的相对坐标值
指定下一点或［闭合（C）/放弃（U）]：@ 0，-100
　　　　　　　　　　　　　　　　　　　　　// 输入 B 点的相对坐标值
指定下一点或［闭合（C）/放弃（U）]：C　　　// 输入 C 直接闭合线条，或输入 A 点的相对坐标值

在 AutoCAD 中绘制水平或竖直的直线时，可以单击状态栏中的按钮打开【正交模式】，在【正交模式】状态下，直接将光标沿直线绘制方向移动，再在命令行输入直线的长度（直线的绝对值长度），回车即可。

---

3. 绝对极坐标

极坐标是一种以极径 R 和极角 θ 来表示点的坐标系。绝对极坐标是从点（0，0）或（0，0，0）出发的位移，但给定的是距离或角度。其中距离和角度用 < 分开，如“R < θ”。计算方法是从 X 轴正向转向两点连线的角度，以逆时针方向为正，如 X 轴正向为 0°，Y 轴正向为 90°。绝对极坐标在 AutoCAD 中较少采用。

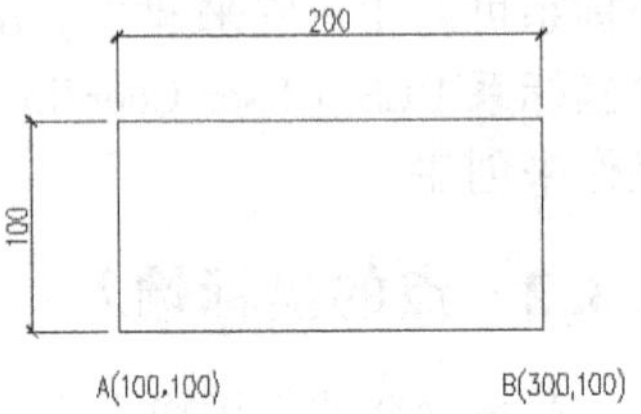

图 2-7　矩形

4. 相对极坐标

相对极坐标中 R 为输入点相对前一点的距离长度，θ 为这两点的连线与 X 轴正向之间的夹角，见图 2-8。在 AutoCAD 中，系统默认角度测量值以逆时针为正，反之为负值。输入格式为“@ R < θ”。

【例 2-3】　按照如下程序操作，绘制如图 2-9 所示的五角星。

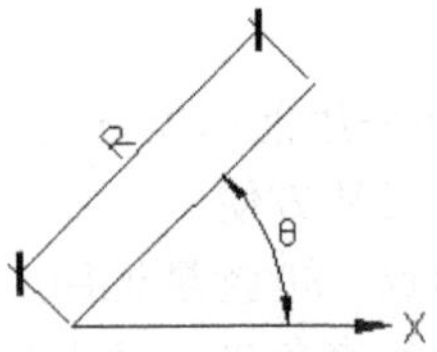

图 2-8　极坐标

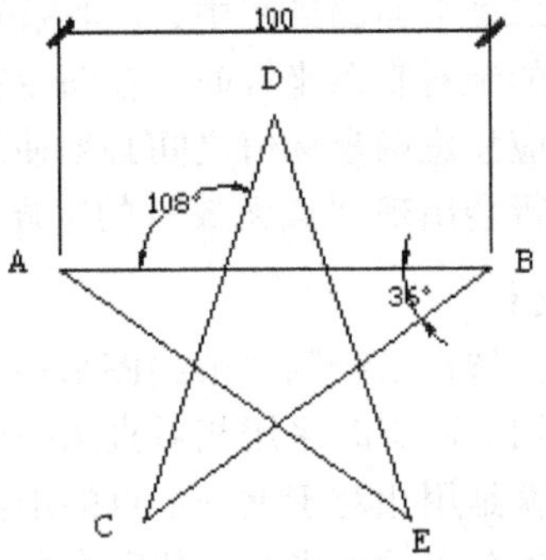

图 2-9　五角星

命令：_ line 指定第一点：200，100　　　　　// 输入 A 点的绝对直角坐标值
指定下一点或［放弃（U）]：@ 100 <0　　　　// 输入 B 点的相对极坐标值
指定下一点或［放弃（U）]：@ 100 <216　　　// 输入 C 点的相对极坐标值
指定下一点或［闭合（C）/放弃（U）]：@ 100 <72　　// 输入 D 点的相对极坐标值
指定下一点或［闭合（C）/放弃（U）]：@ 100 < -108　// 输入 E 点的相对极坐标值
指定下一点或［闭合（C）/放弃（U）]：C　　　// 闭合到 A 点

2.4　选择编辑对象的方法

在执行 AutoCAD 的许多编辑命令过程中，命令行都会出现“选择对象：”的提示，即需要选

择进行相关操作的对象。

AutoCAD 向用户提供了多种对象选择的方式。在命令行提示“选择对象:”时，输入“?”或当前编辑命令不认识的字母，可以查看所有方式。

选择对象:?　　　　　　　　　　// 输入?

* 无效选择*

需要点或窗口 (W) /上一个 (L) /窗交 (C) /框 (BOX) /全部 (ALL) /栏选 (F) /圈围 (WP) /圈交 (CP) /编组 (G) /添加 (A) /删除 (R) /多个 (M) /前一个 (P) /放弃 (U) /自动 (AU) /单个 (SI) /子对象 (SU) /对象 (O)

// 输入括号内的字母即可选择相应的对象选择方式

下面介绍各种对象选择方式的含义，在这些选取方式中，最常用的是点选、窗选和交叉窗选几种。

(1) 点选。当命令行出现“选择对象:”提示时，十字光标变为拾取框，将拾取框压住被选对象并单击左键，这时对象变为虚线，说明对象被选中，命令行会继续提示“选择对象:”，继续选择需要的对象，直到不再选取时，单击右键结束选择对象同时执行相关操作（按 Enter 键或空格键效果相同）。点选方式适合拾取少量、分散的对象。

按住 Shift 键再次选择被选中对象，可以将其从当前选择集中删除。

(2) 窗选。窗选是通过指定对角点定义一个矩形区域来选择对象。首先单击鼠标左键确定第一个角点（A 点），然后向右下或右上拉伸窗口，窗口边框为实线，确定矩形区域后单击左键（B 点），则全部位于窗口内的对象被选中，与窗口边界相交的对象不被选择，如图 2-10 所示。

(3) 交叉窗选。交叉窗选也是通过指定对角点定义一个矩形区域来选择对象，但矩形区域的定义不同与窗选。在确定第一角点后（B 点），向左上或左下拉伸窗口，窗口边框为虚线，确定矩形区域后单击左键（A 点），则全部位于窗口内和与窗口边界相交的对象均被选中，如图 2-11 所示。

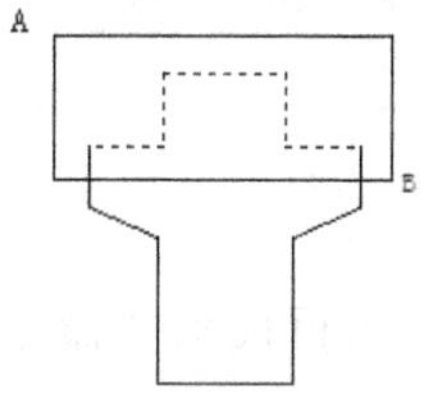

图 2-10　窗选效果

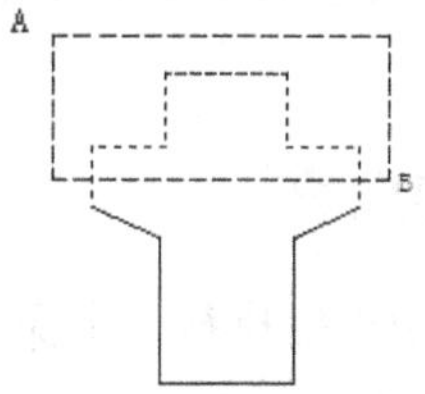

图 2-11　交叉窗选效果

点选、窗选和交叉窗选通常作为系统的默认选择方式，即在命令行提示“选择对象:”时，不必输入括号内的字母即可直接进行选择。

2.5　常用基本操作

利用 AutoCAD 完成的所有工作都是通过用户对系统下达命令来执行的。所以用户必须熟悉命令的执行与结束以及对命令的一些常用操作。

2.5.1　命令的执行与结束

执行一个命令往往有多种方法，这些命令之间可能存在难易、繁简的区别。用户可以在不断的练习中找到一种适合自己的且最快捷的绘图方法或绘图技巧。

通常可以用以下几种方法来执行某一命令：

- 命令行输入命令：在命令行输入相关操作的完整命令或快捷命令。如绘制直线，可以在命令行输入“line”或“l”。
- 单击工具栏中的图标按钮：这种方法比较形象、直接。将鼠标在按钮处停留数秒，会显示按钮的名称，帮助用户识别。如单击【绘图】工具栏中的按钮，可以启动【直线】命令。
- 单击下拉菜单：一般的命令都可以在下拉菜单中找到，它是一种较实用的命令执行方法。如单击下拉菜单【绘图】/【直线】来执行【直线】命令。由于下拉菜单较多，它又包含许多子菜单，所以准确地找到菜单命令需要熟悉记忆它们，并且由于单击次数较多而影响工作效率。

在命令行输入命令执行操作时，需要按 Enter 键或空格键才能使系统执行命令。

结束命令主要有以下四种方法：

- 回车：它是我们最常用的结束命令的方法，比如画一条线段，当确定了第二点时，直接回车，就会结束命令，否则它就会要求你给出下一点的参数。
- 空格：在 AutoCAD 中，除了书写文字外空格与回车的作用是一样的。
- 鼠标右键：要结束绘制时，单击鼠标右键会出现快捷菜单。将光标移到【确认】处，单击鼠标左键可以结束命令，与回车效果相同。
- Esc 键：在 AutoCAD 中，可以说是 Esc 键的功能最强大，无论命令是否完成，都可通过按 Esc 键来取消命令。比如执行绘制多点命令（【绘图】/【点】/【多点】），就只能通过 Esc 键来结束命令。

2.5.2　命令的重复

在 AutoCAD 中重复执行一个命令的方法有很多。可以在命令行提示“命令:”时，按 Enter 键或空格键，来重复刚刚执行过的命令。

如果要想重复执行近期执行过但又不是刚刚执行过的一个命令，可以将光标移至命令行，单击右键，弹出如图 2-12 所示的快捷菜单，选择【近期使用的命令】，系统列出近期使用过的 6 条命令，选择想要重复执行的命令即可。

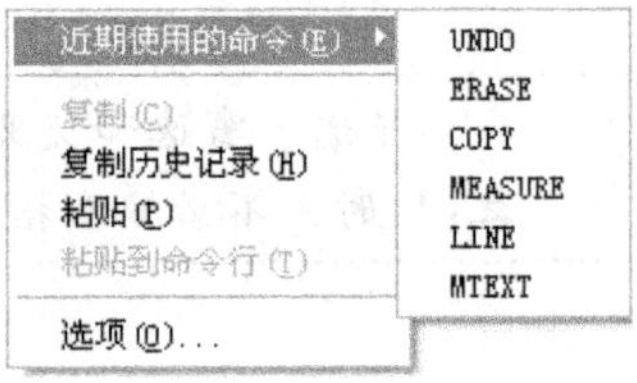

图 2-12　命令窗口快捷菜单

如果要多次使用同一个命令，则可以在命令行输入 multiple 命令回车，命令行提示“输入要重复的命令名:”，只要输入要重复的命令，就可以重复执行该命令，直到用户按 ESC 键为止。

2.5.3　命令的放弃

命令的放弃即撤销，放弃最近执行过的一次操作的方法有：

- 下拉菜单：【编辑】/【放弃】。
- 标准工具栏按钮：。
- 命令行：undo 或 u。
- 快捷键：Ctrl + Z。

放弃近期执行过的一定数目操作的方法有：

- 下拉列表：单击按钮右侧列表箭头，在列表中选择一定数目要放弃的操作。
- 命令行：undo。

在命令行输入 undo 命令后回车，命令行提示如下：

命令：undo

输入要放弃的操作数目或［自动（A）/控制（C）/开始（BE）/结束（E）/标记（M）/后退（B）］<1>：4　　// 输入要放弃的操作数目，回车

正多边形 GROUP 圆 GROUP 矩形 GROUP LINE GROUP　　// 系统提示所放弃的 4 步操作的名称

2.5.4　命令的重做

重做是指恢复 undo 命令刚刚放弃的操作。它必须紧跟在 u 或 undo 命令后执行，否则命令无效。

重做单个操作的方法有：

- 下拉菜单：【编辑】/【重做】。
- 标准注释工具栏按钮：。
- 命令行：redo。
- 快捷键：Ctrl + Y。

重做一定数目的操作的方法有：

- 下拉列表：单击按钮右侧列表箭头，在列表中选择一定数目需重做的操作。
- 命令行：mredo。

2.6　图层与对象特性

按照国家制图标准规定，在绘制建筑工程图时，对于不同用途的图线需要使用不同的线型和线宽来绘制。AutoCAD 向用户提供了“图层”这种有用的管理工具，把具有相同颜色、线型、线宽等特性的图形放到同一个图层上，以便于用户更有效地组织、管理、修改图形对象。

2.6.1　图层及其特性

用户可以把图层理解成没有厚度、透明的图纸，一个完整的工程图样由若干个图层完全对齐、重叠在一起形成的。同时，还可以关闭、解冻或锁定某一图层，使得该图层不在屏幕上显示或不能对其进行修改。图层是 AutoCAD 用来组织、管理图形对象的一种有效工具，在工程图样的绘制工作中发挥着重要的作用。

图层具有以下一些特性：

- 图名：每一个图层都有自己的名字，以便查找。
- 颜色、线型、线宽：每个图层都可以设置自己的颜色、线型、线宽。
- 图层的状态：可以对图层进行打开和关闭、冻结和解冻、锁定和解锁的控制。

2.6.2 图层的创建

创建和设置图层，都可以在【图层特性管理器】对话框中完成，启动【图层特性管理器】对话框的方法有：

- 下拉菜单：【格式】/【图层】。
- 面板选项板【图层】工具栏按钮：。
- 命令行：layer。

执行上述命令后，屏幕弹出如图 2-13 所示的【图层特性管理器】对话框。在该对话框中有两个显示窗格：左边为树状图，用来显示图形中图层和过滤器的层次结构列表；右边为列表图，显示图层和图层过滤器及其特性和说明。

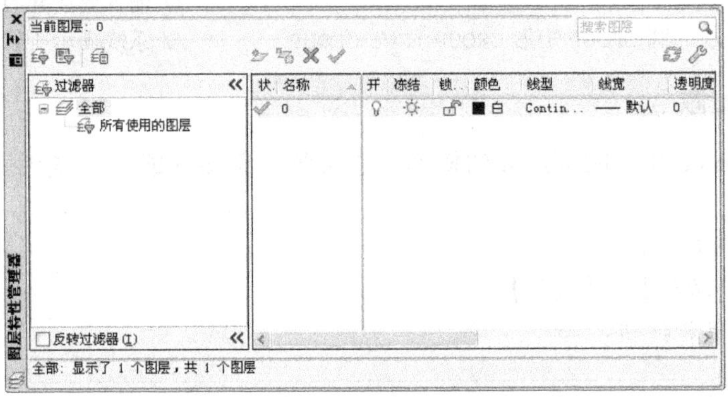

图 2-13 【图层特性管理器】对话框

单击【图层特性管理器】对话框中的新建按钮，在列表图中 0 图层的下面会显示一个新图层。在【名称】栏填写新图层的名称，图层名可以使用包括字母、数字、空格以及 Microsoft Windows 和 AutoCAD 未作他用的特殊字符命名，应注意图层名应便于查找和记忆。填好名称后回车或在列表图区的空白处单击即可。如果对图层名不满意，还可以重新命名。

在【名称】栏的前面是【状态】栏，它用不同的图标来显示不同的图层状态类型，如图层过滤器、所用图层、空图层或当前图层，其中图标表示当前图层。

0 图层是系统默认的图层，不能对其重新命名。同时，也不能对依赖外部参照的图层重新命名。

2.6.3 设置图层的颜色、线型和线宽

用户在创建图层后，应对每个图层设置相应的颜色、线型和线宽。

1. 设置图层的颜色

单击某一图层列表的【颜色】栏，会弹出如图 2-14 所示的【选择颜色】对话框，选择一种

颜色，然后单击 确定 按钮。

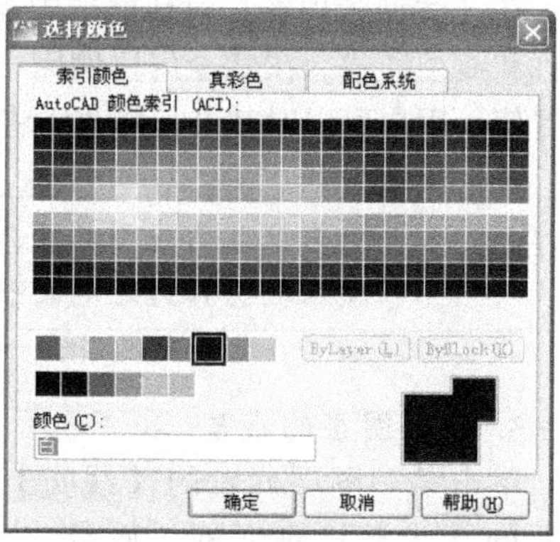

图 2-14 【选择颜色】对话框

2. 设置图层的线型

要对某一图层进行线型设置，则单击该图层的【线型】栏，会弹出如图 2-15 所示的【选择线型】对话框。在默认情况下，系统只给出连续实线（Continuous）这一种线型。如果需要其他线型，可以单击 加载(L)... 按钮，弹出如图 2-16所示的【加载或重载线型】对话框，从中选择需要的线型，然后单击 确定 按钮返回【选择线型】对话框，所选线型已经显示在【已加载的线型】列表中。然后选中该线型然后单击 确定 按钮即可。

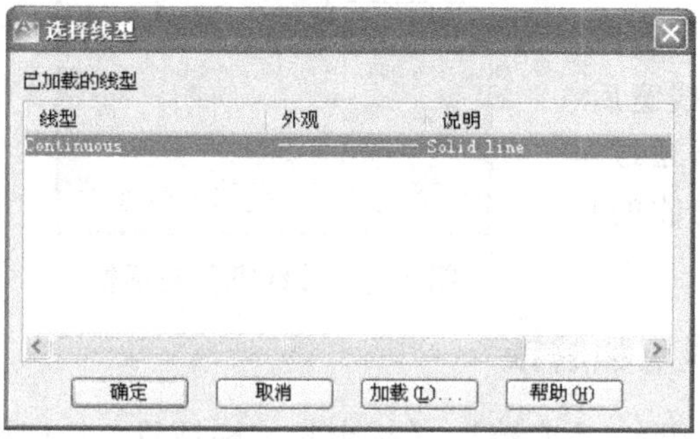

图 2-15 【选择线型】对话框

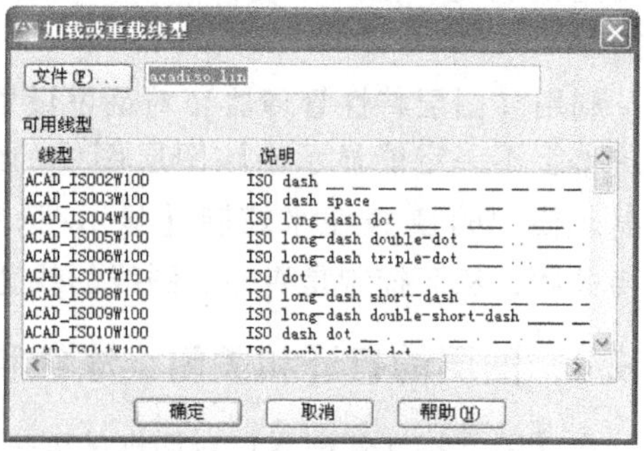

图 2-16 【加载或重载线型】对话框

用户在绘制虚线或点画线时，有时会遇到所绘线型显示成实线的情况。这是因为线型的显示比例因子设置不合理所致。用户可以使用如图 2-17 所示的【线型管理器】对话框对其进行调整。调用【线型管理器】对话框的方法有：

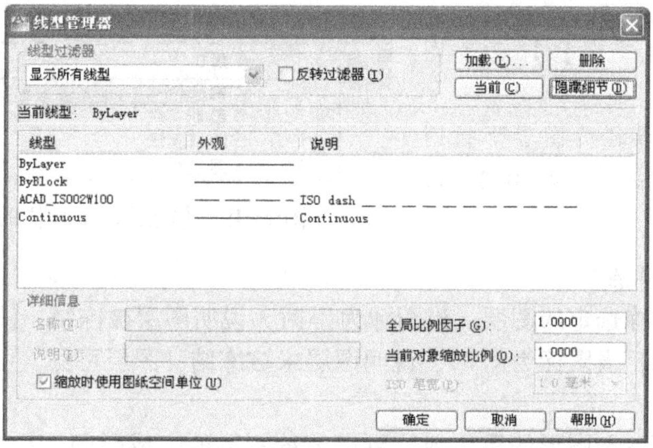

图 2-17 【线型管理器】对话框

- 下拉菜单：【格式】/【线型】。
- 命令行：linetype。
- 下拉列表：【对象特性】工具栏的【线型控制】下拉列表中选择“其他”。

在【线型管理器】对话框选中需要调整的线型，在下方的【详细信息】选区会显示线型的名称和线型样式。在【全局比例因子】和【当前对象缩放比例】编辑框中显示的是系统当前的设置值，用户可以对其进行修改。将其设置为合适的数值，以让图形正确地显示。

如果只改变线型的全局比例因子，也可以在命令行直接输入 ltscale 命令，在提示下，输入数据作为比例因子。

---

3. 设置图层的线宽

单击某一图层列表的【线宽】栏，会弹出如图 2-18 所示的【线宽】对话框。通常，系统会将图层的线宽设定为默认值。用户可以根据需要在【线宽】对话框中选择合适的线宽，然后单击 确定 按钮完成图层线宽的设置。

利用【图层特性管理器】对话框设置好图层的线宽后，在屏幕上不一定能显示出该图层图线的线宽。可以通过单击状态栏中的 + 按钮来控制【显示/隐藏线宽】功能的打开与关闭，从而控制是否显示图线的线宽。

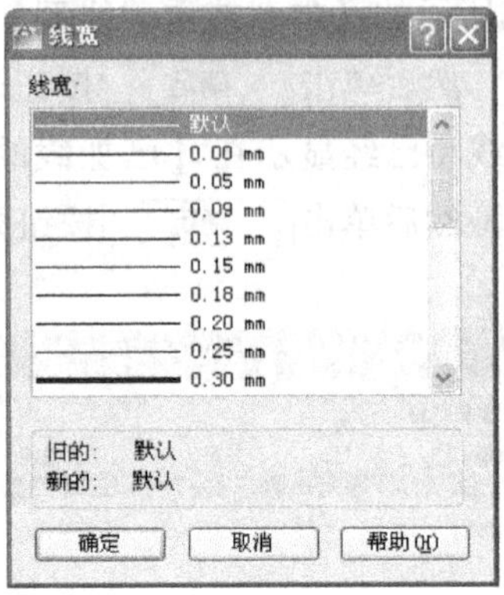

图 2-18 【线宽】对话框

2.6.4 图层的打开和关闭、冻结和解冻、锁定和解锁

在【图层特性管理器】对话框的列表图区，有【开】、【冻结】、【锁定】三栏项目，它们可以控制图层在屏幕上能否显示、编辑、修改与打印。

1. 图层的打开和关闭

该项可以打开和关闭选定的图层。当图标为 时，说明图层被打开，它是可见的，并且可以打印；当图标为 时，说明图层被关闭，它是不可见的，并且不能打印。

打开和关闭图层的方法：

- 在【图层特性管理器】列表图区，单击 或 按钮。
- 在【图层】工具栏的图层下拉列表中，单击 或 按钮，如图 2-19 所示。

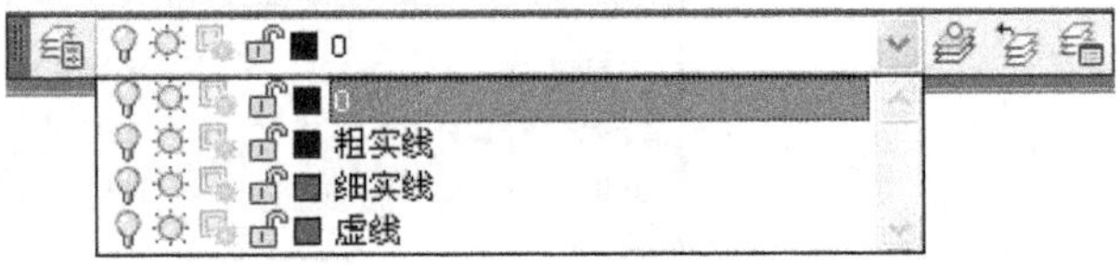

图 2-19 【图层】工具栏的图层下拉列表

2. 图层的冻结和解冻

该项可以冻结和解冻选定的图层。当图标为 时，说明图层被冻结，图层不可见，不能重生成，并且不能进行打印；当图标为 时，说明图层未被冻结，图层可见，可以重生成，也可以进行打印。

由于冻结的图层不参与图形的重生成，可以节约图形的生成时间，提高计算机的运行速度。因此对于绘制较大的图形，暂时冻结不需要的图层是十分有必要的。

冻结和解冻图层的方法：

- 在【图层特性管理器】列表图区，单击 或 按钮。
- 在【图层】工具栏的图层下拉列表中，单击 或 按钮。

不能冻结当前图层。

3. 图层的锁定和解锁

该项可以锁定和解锁选定的图层。当图标为时，说明图层被锁定，图层可见，但图层上的对象不能被编辑和修改。当图标为时，说明被锁定的图层解锁，图层可见，图层上的对象可以被选择、编辑和修改。

锁定和解锁图层的方法：

- 在【图层特性管理器】列表图区，单击或按钮。
- 在【图层】工具栏的图层下拉列表中，单击或按钮。

2.6.5 设置当前图层

所有的 AutoCAD 绘图工作只能在当前层进行。当需要画墙体时，必须先将“墙体”所在的图层设为当前层。设置当前图层的方法有：

- 在【图层特性管理器】对话框的列表图区单击某一图层，再单击右键选择快捷菜单中的【置为当前】选项，【图层特性管理器】对话框顶部的【当前图层:】的显示框中显示该图层名。
- 在【图层特性管理器】对话框的列表图区双击某一图层。
- 在绘图区域选择某一图形对象，然后单击【图层】工具栏或面板选项板的按钮，系统则会将该图形对象所在的图层设为当前图层。
- 单击【图层】工具栏中图层列表框的按钮，选择列表中一图层单击将其置为当前图层。
- 单击【图层】工具栏中的按钮，可以将上一个当前层恢复到当前图层。

已经冻结的图层不能置为当前层。

2.6.6 删除图层

为了节省系统资源，可以删除多余不用的图层。方法为：单击不用的一个或多个图层，再单击【图层特性管理器】对话框上方的按钮，最后单击 确定 按钮即可。注意，不能删除 0 层、当前层和含有图形实体的层。

2.7 视图的平移与缩放

在绘制图样的过程中，有可能会因图样尺寸过大或过小，或者图样偏出视区，不利于绘制或修改，我们可以通过图形显示控制解决这个问题。需要对图形进行细微观察时，可适当放大视图比例以显示图形中的细节部分；而需要观察全部图形时，可缩小视图的显示比例。

2.7.1 视图平移

单击【标准】工具栏中的【实时平移】图标按钮，进入视图平移状态，此时鼠标指针变为一只手的形状，按住鼠标左键拖动鼠标，视图的显示区域就会随着实时平移。平移到合适位置后，按 Esc 键或者回车键，可以退出该命令。也可以单击鼠标右键，在弹出的快捷菜单中选择退出，如图 2-20 所示。

【实时平移】也可以从下拉菜单【视图】/【平移】/【实时】来启动，见图 2-21。

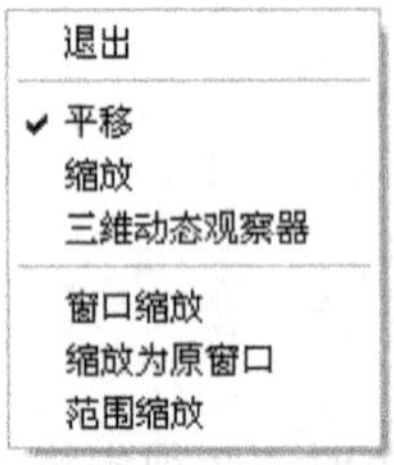

图 2-20　快捷菜单

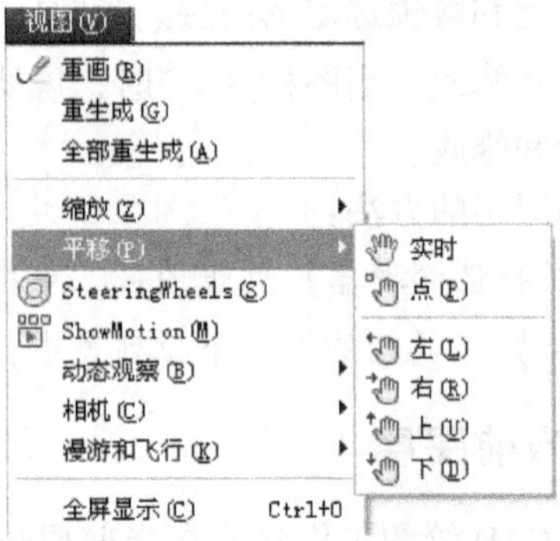

图 2-21　视图平移菜单

注意：缩放命令和平移命令都是透明命令。所谓透明命令，就是当正在执行一个 AutoCAD 的命令，但尚未完成操作时，插入一个透明命令可以暂停原命令的执行，转向执行透明命令，待执行完后，再恢复原命令的执行。透明使用不会中断原命令的操作。

AutoCAD 为使用滚轮鼠标的用户提供了一种更快捷的控制显示方法：滚动鼠标滚轮，直接执行实时缩放功能；压下鼠标滚轮，则直接执行实时平移。

2.7.2　视图的缩放

该命令可以放大或缩小所绘图样在屏幕上的显示范围和大小。AutoCAD 向用户提供了多种视图缩放的方法，在不同的情况下，可以利用不同的方法获得需要的缩放效果。

执行视图缩放命令的方法：

- 下拉菜单（如图 2-22 所示）：【视图】/【缩放】。
- 【缩放】工具栏按钮：如图 2-23 所示。
- 命令行：zoom。

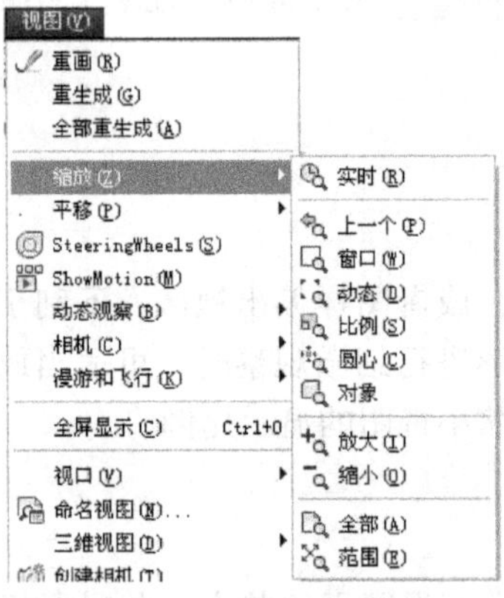

图 2-22　【缩放】下拉菜单

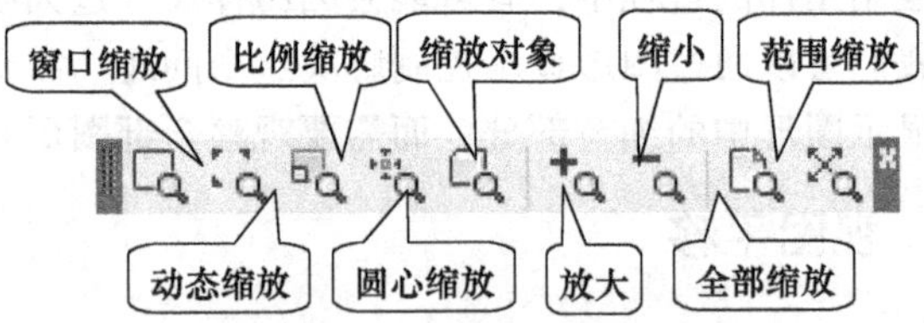

图 2-23　【缩放】工具栏

在命令行输入 zoom 后回车，命令行提示如下：

命令：zoom

指定窗口的角点，输入比例因子（nX 或 nXP），或者

［全部（A）/中心（C）/动态（D）/范围（E）/上一个（P）/比例（S）/窗口（W）/对象（O）］＜实时＞：

1. 实时缩放

【实时缩放】是系统默认选项。在上面命令行的提示下直接回车或直接单击【实时缩放】按钮，则执行实时缩放。执行【实时缩放】后，光标变为放大镜形状，按住左键向上方（正上、左上、右上均可）或下方（正下、左下、右下均可）拖动鼠标，可以放大或缩小图样的显示。

2. 上一个

返回上一个视图状态。例如，将某一部分放大进行编辑，编辑完成后，单击【上一个】按钮，可以返回到编辑前的显示大小。

3. 窗口缩放

首先确定矩形窗口的两个对角点，将矩形窗口内的图形放大到充满当前视图窗口。

4. 动态缩放

利用动态矩形框选择需要缩放的图形，则矩形框中的图形将放大到充满当前视图窗口。它与【窗口缩放】不同，动态矩形框可以移动，也可以调整它的大小，并且可以反复多次调整。单击【动态缩放】按钮后，视图窗口出现三种颜色的线框，如图 2-24 所示。绿色线框表示当前视图显示的区域；蓝色线框表示图形界限，即绘图区域；黑色线框就是动态矩形框。当动态矩形线框中心显示“×”标记时，线框随着鼠标可以来回移动，移至合适位置单击左键，这时线框中心显示箭头标记，移动鼠标可以改变线框的大小。再次单击左键又可以移动线框，可以反复调整，直到确定需要缩放的范围，按 Esc 键或 Enter 键或单击右键选择【确定】使所选图形充满当前视图窗口。

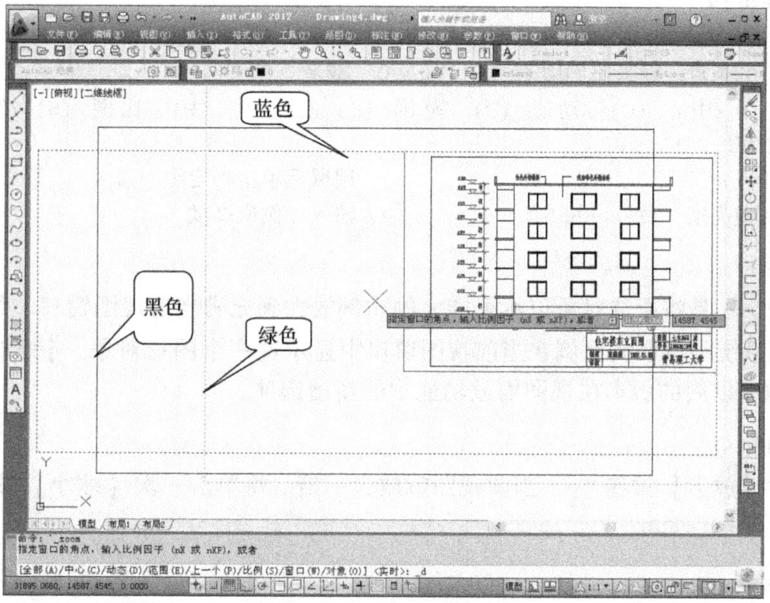

图 2-24　【动态缩放】窗口

5. 比例缩放

比例缩放可以按照给定的比例缩放图形。单击【比例缩放】按钮，命令行提示：

命令：'_ zoom

指定窗口的角点，输入比例因子（nX 或 nXP），或者

[全部（A）/中心（C）/动态（D）/范围（E）/上一个（P）/比例（S）/窗口（W）/对象（O）] <实时>：_ s　　　　// 输入 s 选择“比例”选项

输入比例因子（nX 或 nXP）：　　　　// 输入比例因子

有三种比例因子的输入方法：

● 直接输入数值方式

这是相对于图形界限进行图形缩放。例如，输入 1 时将图形对象全部缩放到图形界限的显示尺寸；输入 2 时将图形对象放大 2 倍；若输入值小于 1，则将图形对象缩小。

● 数值后加 X 即 nX 方式。

是根据当前图形的显示尺寸来确定缩放后的显示尺寸。若输入 2X，会得到当前显示图形 2 倍大的图形显示，同样数值小于 1 时为缩小。

● 数值后加 XP 即 nXP 方式。

是根据图纸空间单位来确定缩放后的显示尺寸。若输入 2XP，将以图纸空间单位的 2 倍来显示模型空间，同样数值小于 1 时为缩小。

AutoCAD 提供了不同用途的两种空间：模型空间和图纸空间。模型空间主要用来创建几何模型，是一个没有界限的三维空间。图纸空间是二维空间，专门用来图纸布置和打印输出。

---

6. 圆心缩放

【圆心缩放】是以指定点作为中心点，按照给定的比例因子进行缩放。单击【圆心缩放】按钮，命令行提示：

命令：'_ zoom

指定窗口的角点，输入比例因子（nX 或 nXP），或者

[全部（A）/中心（C）/动态（D）/范围（E）/上一个（P）/比例（S）/窗口（W）/对象（O）] <实时>：_ c

指定中心点：　　　　// 用鼠标单击确定中心点

输入比例或高度 <1124.8655>：　　　　// 输入比例或高度

7. 缩放对象

【缩放对象】是将所选对象以尽可能大的比例放大到充满当前视图窗口。如果只选择一个图形对象，那么系统将以最大比例在当前视图窗口中显示这一个图形对象。【缩放对象】这一选项是 AutoCAD2005 以后的版本在视图缩放功能中的新增选项。

8. 放大、缩小

每单击一次【放大】按钮，当前视图就放大一倍。每单击一次【缩小】按钮，当前视图就缩小一倍。

9. 全部缩放

单击【全部缩放】按钮，可以将所有图形对象显示在屏幕上。

10. 范围缩放

【范围缩放】是将所有图形对象以尽可能大的比例充满当前视图窗口。当图形中没有任何图形对象时，当前视图窗口显示的是图形界限。

【全部缩放】与【范围缩放】是有区别的。【全部缩放】将所有图形对象占据的矩形区域与图形界限进行比较，选择区域较大的作为显示区域，也就是说使用【全部缩放】，图形对象不一定充满视图窗口。

2.8　重画与重生成

在绘图和编辑过程中，经常会在屏幕上留下对象拾取的标记，这些临时标记并不是图形中的实际存在的对象，它们的存在影响到图形的清晰，我们可以使用重画与重生成命令来清除这些临时标记。

2.8.1　重画

启动重画命令的方法：

- 下拉菜单【视图】/【重画】。
- 命令行：redrawall。

系统将在显示内存中更新屏幕，消除临时标记。

2.8.2　重生成

启动重生成命令的方法：

- 下拉菜单【视图】/【重生成】。
- 命令行：regen。

重生成命令可重新生成屏幕，此时系统从磁盘中调用当前图形的数据，比重画速度要慢。在 AutoCAD 中，某些操作只有在使用重生成命令后才生效，如改变点的格式等。

当重生成命令启动时，可以更新当前视区；如果从下拉菜单【视图】/【全部重生成】启动，可以同时更新多重视口。

2.9　实例练习

【例 2-4】 设置表 2-1 所示的图层，并绘制一张 A3 图纸的图框和标题栏，在图中绘制各种线条，如图 2-25 所示。

表 2-1　图层设置

名　称	颜色（颜色号）	线　型	线宽/mm
粗实线	白色（7）	Continuous	0.6
中实线	蓝色（5）	Continuous	0.3
细实线	绿色（3）	Continuous	0.15
点画线	红色（1）	Center	0.15
虚线	黄色（2）	Dashed	0.15

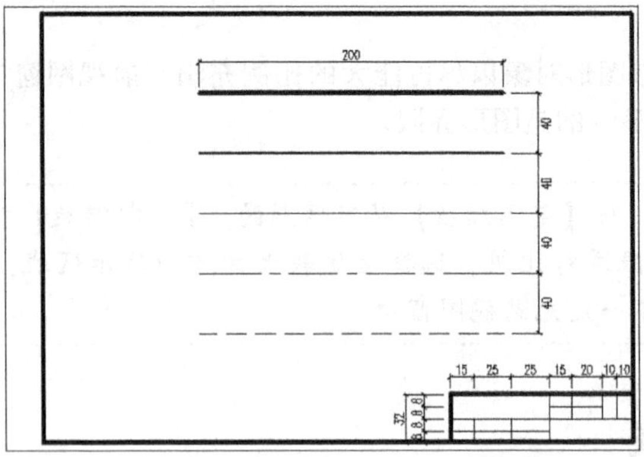

图 2-25　A3 图纸的图框和标题栏

绘制步骤：

(1) 首先新建满足表格 2-1 要求的粗实线、中实线、细实线、点画线、虚线五个图层，如图 2-26 所示。

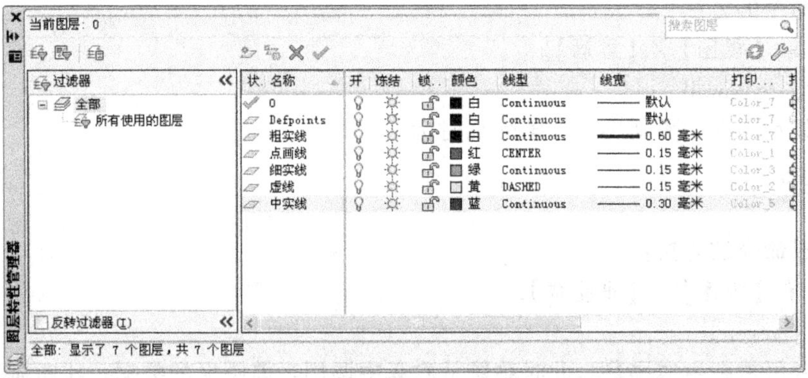

图 2-26　设置图层

(2) 绘制图框和标题栏。

1) 将细实线层置为当前，单击绘图工具栏□按钮画一矩形，两个角点分别为 (0, 0) 和 (420, 297)。将粗实线层置为当前，再次启动矩形命令，指定两个角点分别为 (25, 5) 和 (415, 292)，此时图形如图 2-27 所示。

2) 用【直线】命令 (line) 绘制标题栏粗实线外框，输入起点 (295, 5)，第二点 (295, 37)，第三点 (415, 37)，回车结束画线命令，此时图形见图 2-28。

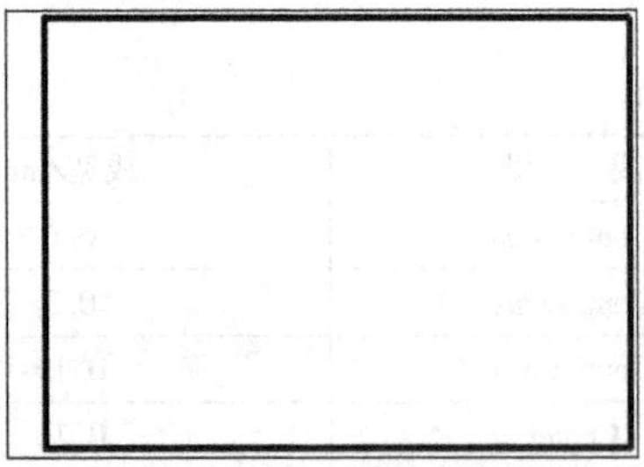

图 2-27　画出的两个矩形

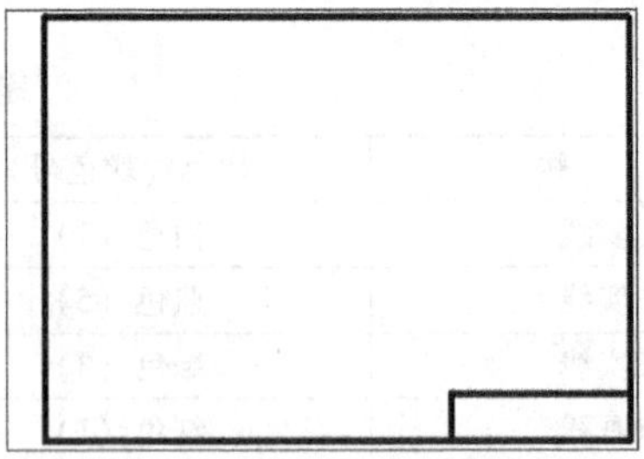

图 2-28　画标题栏的外框

3）将细实线层置为当前，继续使用【直线】命令（line），按照图 2-20 所示尺寸绘制右下角标题栏的细实线分格线（可以单击状态栏中的按钮打开【正交模式】，在【正交模式】状态下，直接将光标沿直线绘制方向移动，再在命令行输入直线的绝对值长度，回车即可），绘制结果如图 2-29 所示。

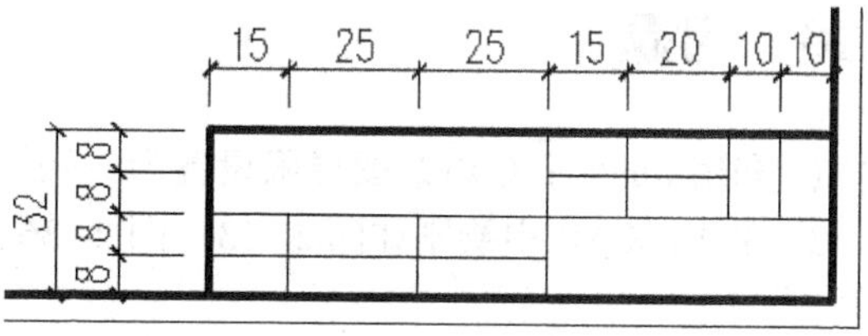

图 2-29　【直线】命令绘制标题栏

（3）绘制图线。

1）将粗实线层置为当前，启动【直线】命令，在合适的位置绘制最上面长 200 的粗实线。

2）单击【修改】工具栏中的偏移按钮，启动【偏移】命令，在命令行输入偏移距离 40，回车，选中刚刚画好的第一条粗实线，向下移动十字光标，在粗实线下方任意位置单击，将会在其下方距离 40 的位置出现第二条长 200 的粗实线，如图 2-30 所示。然后再选中第二条粗实线，向下移动十字光标，在粗实线下方任意位置单击，将会在其下方距离 40 的位置出现第三条长 200 的粗实线。重复上面的操作，共绘制五条相同的粗实线，如图 2-30 所示。

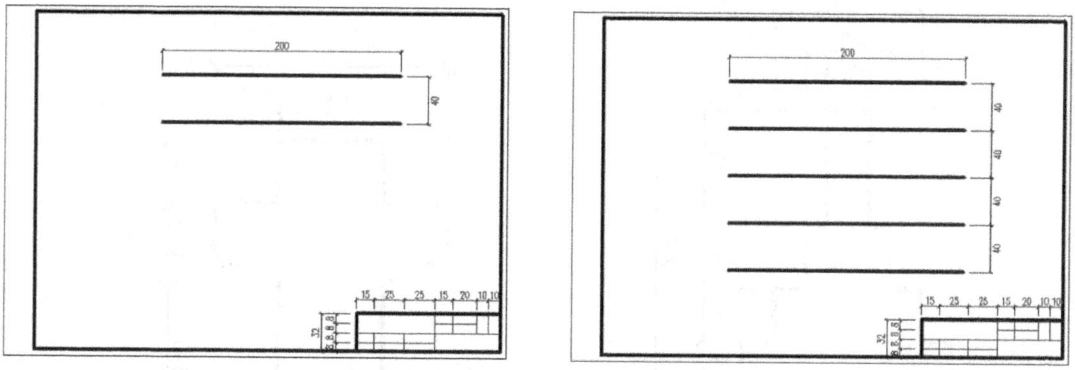

图 2-30　【偏移】命令绘制间距相等的平行直线

3）将图线转到合适的图层。选中第二条粗实线，在【图层】工具栏中单击图层列表框的下拉箭头，单击下拉列表中的中实线图层，如图 2-31 所示。图层转化完后，按 Esc 键。这时，第二条粗实线就变为中实线图层的图形对象，同时具有该图层的特性，即变为蓝色、0.3mm 宽的中实线。重复上述操作，将第三条粗实线转换到细实线图层，第四条转换到点画线图层，第五条粗实线转换到虚线图层。最后的结果如图 2-32 所示。

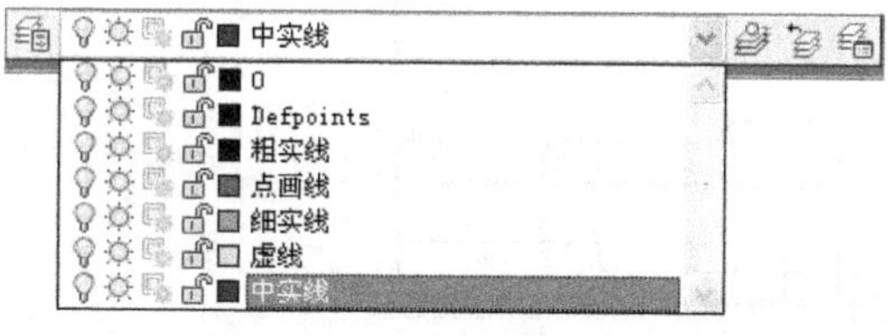

图 2-31　将第二条粗实线转换到中实线图层

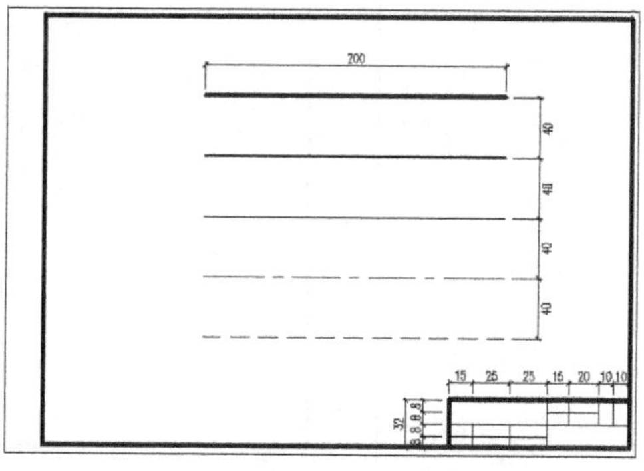

图 2-32　图层转换的最终结果

2.10 习题

1. 利用 limits 命令将绘图界限设置为一张标准的 A2 图纸（420mm × 594mm）。
2. 在 AutoCAD 中绘制如图 2-33 ~ 图 2-36 所示图形并保存为 dwg 格式。

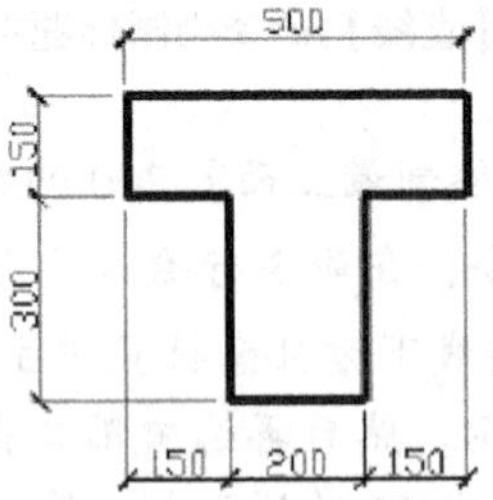

图 2-33 T 形梁断面

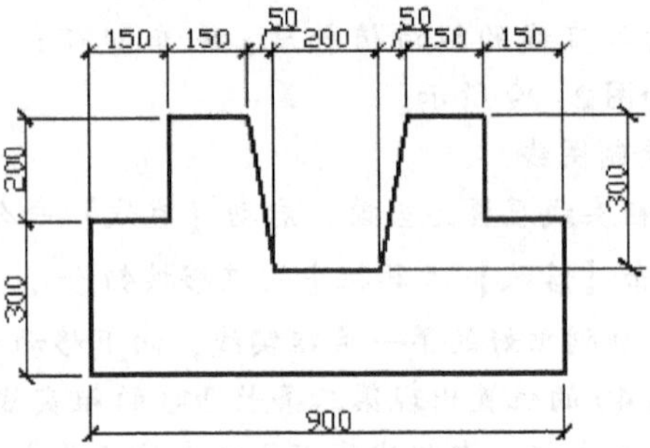

图 2-34 基础断面

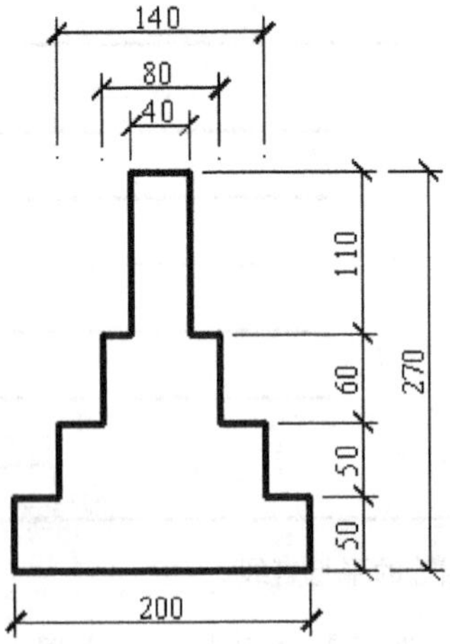

图 2-35 基础断面轮廓

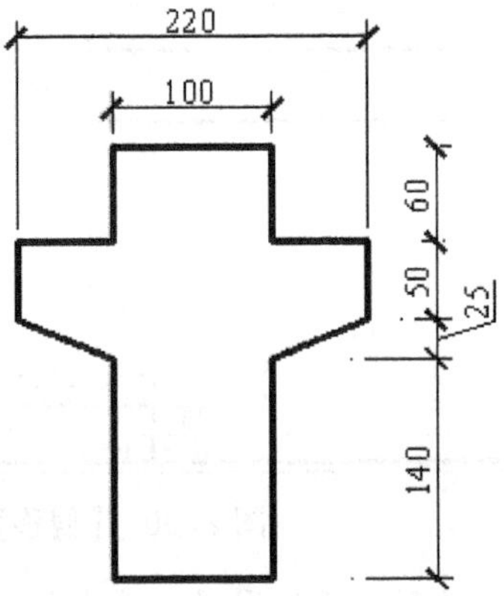

图 2-36 花篮梁断面轮廓

3. 设置粗实线、细实线图层，并绘制如图 2-37 所示的 A4 图纸（297mm × 210mm）的图框和标题栏。

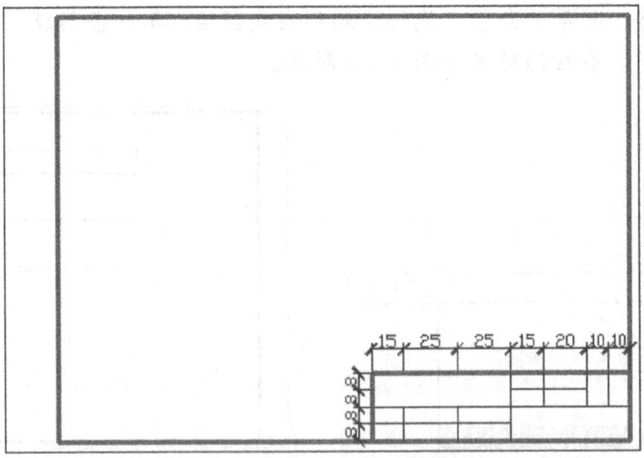

图 2-37 A4 图纸的图框和标题栏

4. 设置图层如表 2-2 所示的图层，并绘制如图 2-38 所示的基础图。

表 2-2　图层设置

名　　称	颜　　色	线　　型	线宽/mm
轮廓线	黑色	Continuous	0.4
中心线	红色	Center	0.15
虚线	蓝色	Hidden	0.15

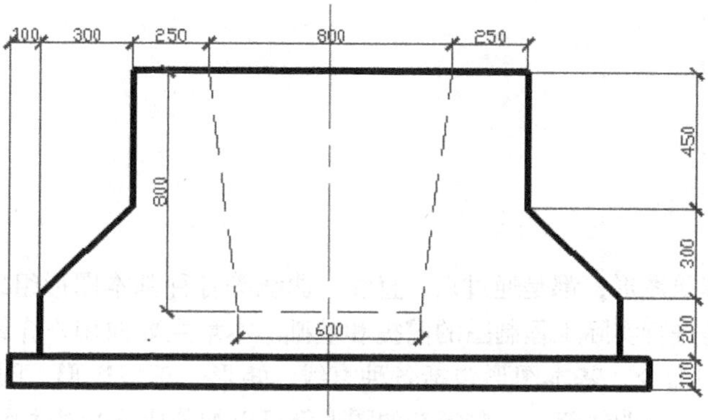

图 2-38　基础图

5. 绘制如图 2-39 所示的楼梯图形。

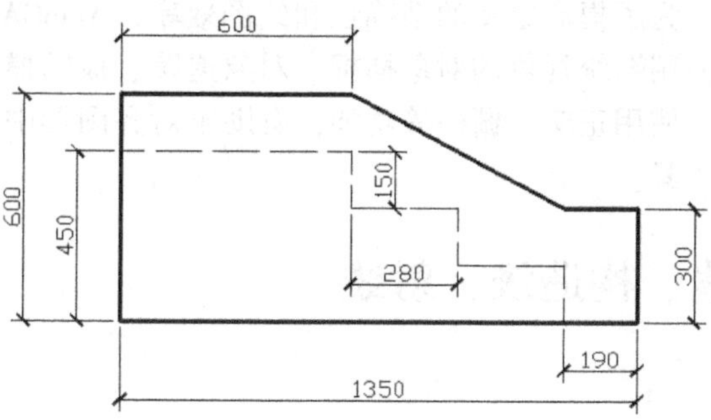

图 2-39　楼梯图形

第3章　基本绘图命令与辅助绘图命令

【本章重点】

- 二维基本绘图命令；
- 栅格和正交；
- 使用对象捕捉；
- 使用自动追踪；
- 动态输入；
- 图形显示控制；
- 图案填充与面域；
- 对象约束。

不管多么复杂的建筑图形，都是通过点、直线、曲线等各种基本图形组成的。因此，熟练掌握这些基本图形的绘制是进行实际工程制图的前提和基础。本章主要向用户介绍 AutoCAD2012 绘制二维图形常用的基本绘图命令。基本图形包括各种直线、矩形、正多边形、圆、圆弧、多段线、点、椭圆、椭圆弧、多线、样条曲线等，一些复杂的图形都可以细分成这些基本图形及它们的组合。

用户在使用 AutoCAD 时，经常会需要准确定位某些点，光靠我们眼睛的观察和移动光标来定位，是很难满足准确定位要求的。前面我们讲述了用坐标输入点的方法，但在很多情况下计算点的坐标值会浪费很多时间。为了提高绘图的精确性和绘图效率，AutoCAD 为用户提供了一系列准确定位和辅助绘图工具，使用系统提供的对象捕捉、对象追踪、极轴捕捉等功能，在不输入坐标的情况下，快速准确定位；使用正交、栅格等功能，有助于对齐图形中的对象。图形的显示控制是绘图过程很有力的辅助工具。

3.1　绘制点、直线、构造线、射线

3.1.1　点

在 AutoCAD2012 中，点可以作为捕捉和偏移对象的参考点，在【对象捕捉】模式打开的情况下，可以捕捉到端点、中点、切点等特殊点。除此之外，要想准确地捕捉到直线或曲线上任意一点，将十分困难。利用点的绘制可以解决这一问题。

点在屏幕上可以有多种显示形式，通常在绘制点之前要设置点的样式，使其在屏幕上有明显的显示。

1. 设置点的样式

选择【格式】/【点样式】菜单（也可使用 ddptype 命令），弹出如图 3-1 所示的【点样式】对话框。共有 20 种样式，选择其中一种作为点的显示样式。选择【相对于屏幕设置大小】或【按绝对单位设置大小】单选框，并在【点大小】编辑框中填写点的显示大小，单击 确定 按钮完成点样式的设置。

2. 点的绘制

启动【点】命令的方法有：

- 下拉菜单：【绘图】/【点】。
- 工具栏按钮：。
- 命令行：point 或 divide（定数等分）或 measure（定距等分）。
- 快捷命令：po。

选择【绘图】/【点】菜单，会出现如图 3-2 所示的下拉菜单。【单点】和【多点】的绘制方法相似，执行一次【单点】命令，只绘制一个点，而【多点】命令可一次绘制多个点，直到按 ESC 键结束。【定数等分】命令可以将选择对象等分若干份（2~32767），并在等分点处绘制点。【定距等分】可以将选择对象按给定间距绘制点。

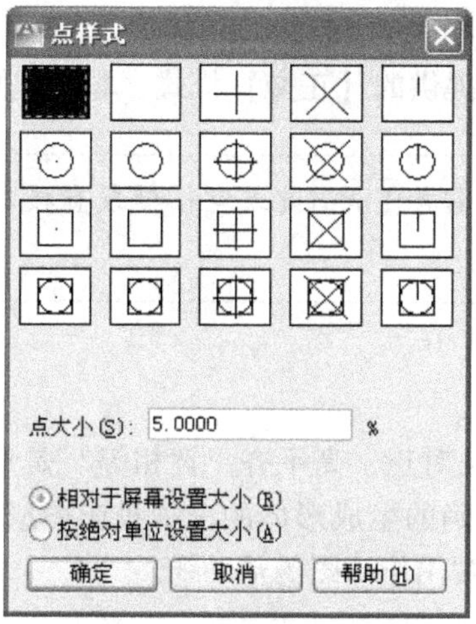

图 3-1 【点样式】对话框

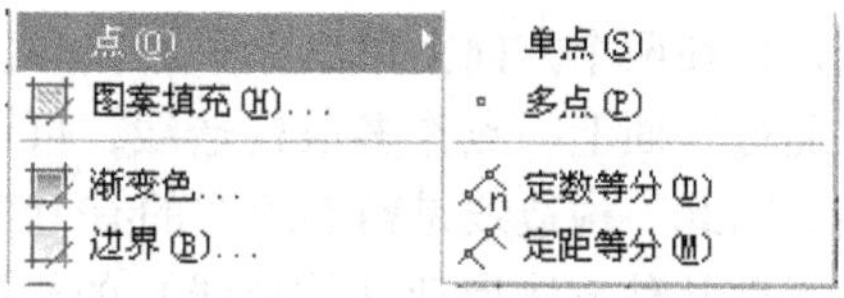

图 3-2 【点】的下拉菜单

下面以【定数等分】为例介绍点的绘制。

【例 3-1】 将圆进行七等分，如图 3-3 所示。

点击下拉菜单【绘图】/【点】/【定数等分】，命令行提示如下：

```
命令：_ divide                      // 执行【定数等分】命令
选择要定数等分的对象：              // 选择圆
输入线段数目或 [块 (B)]：7          // 输入等分数，回车
```

在使用【定距等分】命令绘制点时，等分的起点与鼠标选取对象时点击的位置有关。如图 3-4 所示，对第一条直线定距等分，鼠标靠近左下端点单击选取直线，其结果以直线的左端点为等分起点；而对第二条直线，在其靠近右上端点处拾取对象，结果以直线的右端点为等分起点。所以定距等分对象时，以距离拾取点最近的端点开始等分。

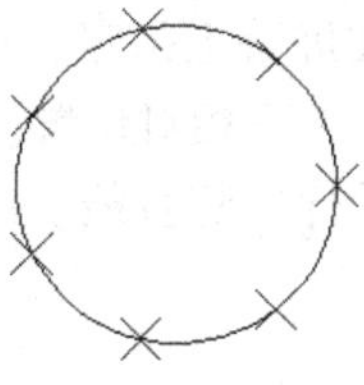

图 3-3 圆七等分

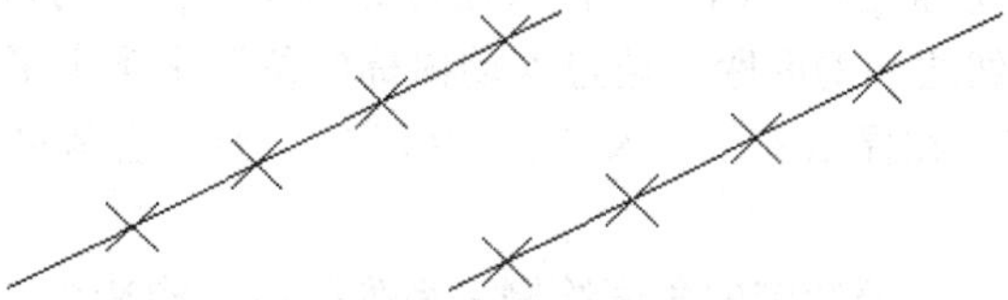

图 3-4 定距等分

3.1.2　绘制直线

直线是构成图形的基本元素。直线的绘制是通过确定直线的起点和终点完成的。对于首尾相接的折线，可以在一次【直线】命令中完成，上一段直线的终点是下一段直线的起点。

执行【直线】绘制命令的方法有：

- 下拉菜单：【绘图】/【直线】。
- 工具栏按钮：。
- 命令行：line。
- 快捷命令：l。

在命令行提示输入点的坐标时，可以在命令行直接输入点的坐标值，也可以移动鼠标用光标在绘图区指定一点。其中命令行中的“放弃（U）”表示撤销上一步的操作，“闭合（C）”表示将绘制的一系列直线的最后一点与第一点连接，形成封闭的多边形。

如果要绘制水平线或垂直线，可配合使用 AutoCAD 提供的【正交】模式，非常方便。

在命令行输入 line 执行【直线】命令时，需按 Enter 键或空格键或直接单击鼠标右键来激活此命令。以下介绍的绘图命令也是如此。

3.1.3　构造线

构造线是指在两个方向上可以无限延伸的直线。“长对正、高平齐、宽相等”是形体投影的基本规律，通过平面上一点作多条构造线，可以快速准确的生成形体的三视投影图或房屋的平、立、剖面图。因此，构造线是精确绘图的有力工具，通常用作绘图的辅助线。

可以用下面几种方法启动【构造线】的绘制命令：

- 下拉菜单：【绘图】/【构造线】。
- 工具栏按钮：。
- 命令行：xline。
- 快捷命令：xl。

启动【构造线】命令后，命令行有如下提示，分别对提示中的各选项作简单介绍。

命令：_ xline 指定点或 [水平 (H) /垂直 (V) /角度 (A) /二等分 (B) /偏移 (O)]：

(1) 指定点。该选项为系统默认选项，过指定的两点绘制一条构造线。在指定第一点后，命令行提示“指定通过点”，这时指定第二点，过第一点和第二点绘制一条构造线；命令行会继续提示“指定通过点”，再指定一点，则过该点和第一点绘制一条构造线。一次可以绘制多条构造线，直到回车结束命令。

(2) 水平。在命令提示下，输入“h”并回车，则可绘制多条相互平行的水平构造线。在命令行提示“指定通过点”时，可输入通过点的坐标，也可以用鼠标在屏幕上指定，还可以直接输入与上条水平线之间的间距，通过移动鼠标的位置来确定平行线的上、下相对位置。

(3) 垂直。在提示下，输入“v”并回车，则可绘制多条相互平行的竖直线。绘制方法同水平构造线。

(4) 角度。按照给定的角度绘制一系列平行的构造线。

(5) 二等分。绘制已知角的角平分线，该线为两端无限延伸的构造线。

（6）偏移。绘制与已知直线有一定距离的平行构造线。

3.1.4　绘制射线

射线为一端固定，另一端无限延伸的直线，在 AutoCAD 中，射线主要用来绘制辅助线。可以用下面几种方法启动【射线】的绘制命令：

- 下拉菜单：【绘图】/【射线】。
- 命令行：ray。

启动该命令后，命令行有如下提示：

```
ray 指定起点：          // 在此提示下输入第一点作为射线的起点
指定通过点：            // 输入第二点作为射线经过点，确定方向，画出射线
指定通过点：            // 再指定一点，又绘制一条以第一点为起点且过该点的射线，可以重
                          复上面的操作绘制多条射线，直到回车结束命令。
```

3.2　绘制矩形和正多边形

用【直线】命令也可以绘制矩形、多边形等图形，但对于矩形和正多边形的绘制，AutoCAD 向用户提供了专门的命令。

3.2.1　矩形

启动矩形命令，根据命令行中不同参数的设置，可以绘制带有不同属性的矩形。矩形的绘制是通过确定两个对角点来实现的。

绘制矩形的方法有：

- 下拉菜单：【绘图】/【矩形】。
- 工具栏按钮：。
- 命令行：rectang。
- 快捷命令：rec。

【例 3-2】 绘制一个长 100，宽 60 的矩形，如图 3-5 所示。

```
命令：_ rectang                    // 执行【矩形】命令
指定第一个角点或 [倒角 (C) /标高 (E) /圆角 (F) /厚度 (T) /宽度 (W)]：
                                   // 鼠标在绘图区域任意位置单击确定第一个角点
指定另一个角点或 [面积 (A) /尺寸 (D) /旋转 (R)]：@ 100, 60
                                   // 输入另一个角点的相对坐标
```

指定两个对角点是系统默认的矩形绘制方法，上述是使用相对坐标输入法来确定矩形的另一个角点的方法。读者也可以选择“面积（A）”选项，通过指定矩形的面积和一个边长来绘制矩形；或者选择“尺寸（D）”选项，分别输入矩形的长、宽来画矩形；如果选用“旋转（R）”选项，则可绘制一个指定角度的矩形。如果随意绘制一个矩形而不考虑它的长和宽的尺寸，也可以在屏幕上单击鼠标左键来确定矩形的另一个角点。

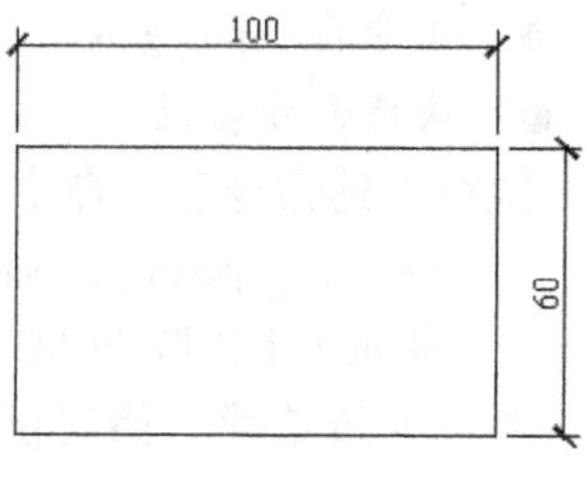

图 3-5　普通矩形

【矩形】命令中还有多个备选项，分别为：

（1）“倒角（C）”选项。选择该选项，可绘制一个带倒角的矩形，此时需要指定矩形的两个

倒角距离。

(2) “标高 (E)” 选项。选择该选项，可指定矩形所在的平面高度。该选项一般用于三维绘图。

(3) “圆角 (F)” 选项。选择该选项，可绘制一个带圆角的矩形，此时需要指定矩形的圆角半径。

(4) “厚度 (T)” 选项。选择该选项，可以以设定的厚度绘制矩形，该选项一般用于三维绘图。

(5) “宽度 (W)” 选项。选择该选项，可以以设定的线宽绘制矩形，此时需要指定矩形的线宽。

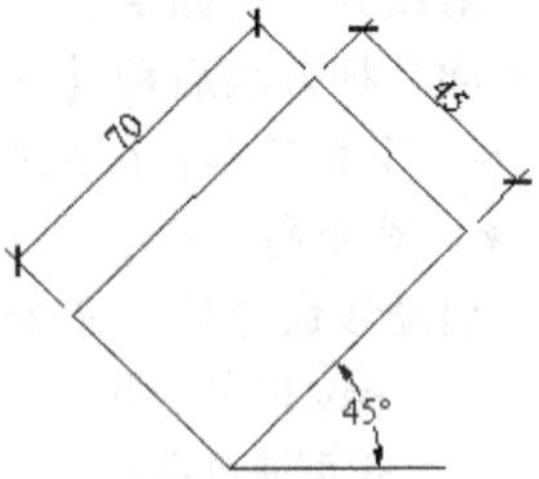

图 3-6 倾斜的矩形

【例 3-3】 绘制一个长 70，宽 45 的倾斜 45°矩形，如图 3-6 所示。

```
命令: _ rectang                                        // 执行【矩形】命令
指定第一个角点或 [倒角 (C) /标高 (E) /圆角 (F) /厚度 (T) /宽度 (W)]:
                                                        // 在屏幕绘图区域用鼠标单击确定一点
指定另一个角点或 [面积 (A) /尺寸 (D) /旋转 (R)]: r
                                                        // 输入 R 指定旋转角度
指定旋转角度或 [拾取点 (P)] <0>: 45                     // 旋转 45°
指定另一个角点或 [面积 (A) /尺寸 (D) /旋转 (R)]: d
                                                        // 指定尺寸
指定矩形的长度: 70                                      // 输入长度
指定矩形的宽度: 45                                      // 输入宽度
指定另一个角点或 [面积 (A) /尺寸 (D) /旋转 (R)]:
                                                        // 用鼠标单击确定矩形方位，单击右边，绘制
                                                           出图 3-6 所示矩形。
```

3.2.2 正多边形

执行【正多边形】命令可以绘制一个闭合的等边多边形。在 AutoCAD2012 中，通过控制正多边形的边数（边数取值在 3 ~ 1024 之间），以及内接圆或外切圆的半径大小，来绘制合乎要求的正多边形。

可以用下面几种方法启动【正多边形】的绘制命令：

- 下拉菜单：【绘图】/【正多边形】。
- 工具栏按钮：。
- 命令行：polygon。
- 快捷命令：pl。

执行上述命令后，命令行提示如下：

```
命令: _ polygon 输入边的数目 <4>: 5                     // 输入正多边形的边数
指定正多边形的中心点或 [边 (E)]:
```

可以通过选择“指定正多边形的中心点”或“边 (E)”这两个选项，来执行不同的正边形绘制方法。

1. 指定正多边形的中心点

通过坐标输入或鼠标在屏幕上单击确定正多边形的中心点，命令行会继续提示：

输入选项 [内接于圆 (I) /外切于圆 (C)] <I>:　// 回车，括号内为系统默认选项内接于圆
指定圆的半径: 100　// 输入圆的半径并回车结束命令

这样就绘制了一个内接于半径为 100 的圆的正五边形。同样可以选择“外切于圆 (C)”的选项绘制圆的外切正多边形。

如果在命令行直接输入半径值来确定内接圆和外切圆的半径，在回车后系统会自动确定正多边形的位置，即正多边形最下面的一条边总是处于水平位置。如果想改变正多边形的摆放位置，可以通过鼠标在屏幕上单击或者使用相对坐标输入半径，从而确定正多边形的大小和位置。

---

2. 边 (E)

该选项要求用户指定正多边形中一条边的两个端点，然后按逆时针方向形成正多边形，这样绘制的正多边形是唯一的。

3.3　圆、圆弧、椭圆

3.3.1　圆

绘制圆的方法有很多，选用哪种方法取决于用户的已知条件，AutoCAD2012 提供了 6 种绘制圆的方法，下面分别说明这 6 种绘制圆的方法。

可以用下面几种方法启动【圆】的绘制命令：

- 下拉菜单：【绘图】/【圆】。
- 工具栏按钮：。
- 命令行：circle。
- 快捷命令：c。

选择【绘图】/【圆】菜单，会出现如图 3-7 所示的下拉菜单选项，共有 6 种圆的绘制方法。可以分别选择这 6 个菜单选项，用不同的方法来绘制圆。也可以根据命令行的提示，选择不同的参数来绘制圆。下面以命令行的提示，选择不同参数的方法介绍圆的绘制。

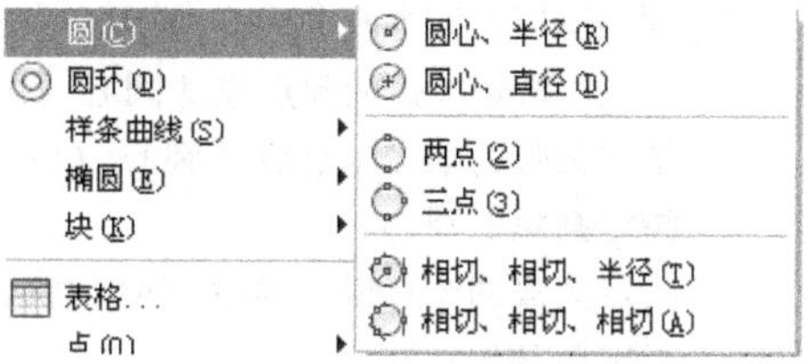

图 3-7　【圆】命令下拉菜单

可以根据所给的已知条件，采用不同的方法去画圆。

3.3.2　圆弧

在 AutoCAD2012 中，绘制圆弧的方法有 11 种之多。可以用下面几种方法启动【圆弧】的绘制命令：

- 下拉菜单：【绘图】/【圆弧】。
- 工具栏按钮：。
- 命令行：arc。
- 快捷命令：a。

启动圆弧命令后，可以按照命令行的提示和已知条件来画圆弧。应用下拉菜单绘制圆弧时，可以直接看到绘制圆弧的11个选项，如图3-8所示。它们是通过控制圆弧的起点、中间点、圆弧方向、圆弧所对应的圆心角、终点、弦长等参数，来控制圆弧的形状和位置的。下面我们重点地介绍其中几种。

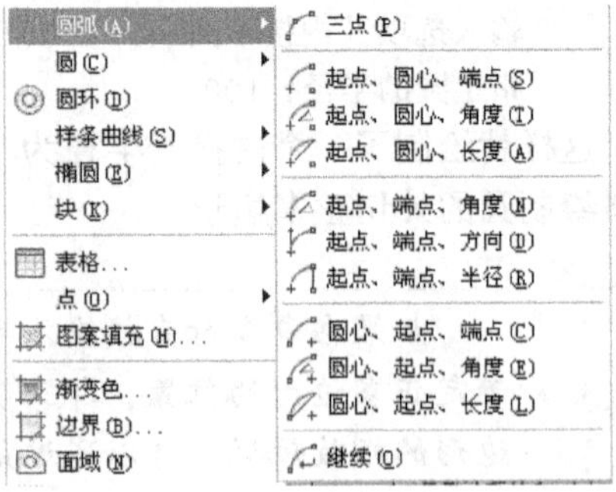

图3-8 【圆弧】命令下拉菜单

1. 三点

通过不在一条直线上的任意三点画圆弧。单击按钮，命令行提示：

```
命令：_ arc 指定圆弧的起点或 [圆心 (C)]:              // 单击鼠标和输入坐标来指定圆弧上的起点
指定圆弧的第二个点或 [圆心 (C) /端点 (E)]:            // 指定圆弧上的第二点
指定圆弧的端点:                                       // 指定圆弧上的端点
```

2. 起点、圆心、端点

如果直接从下拉菜单启动“起点、圆心、端点”方法绘制圆弧，命令行提示：

```
arc 指定圆弧的起点或 [圆心 (C)]:                      // 输入起点
指定圆弧的第二个点或 [圆心 (C) /端点 (E)]: _ c 指定圆弧的圆心:
                                                      // 输入圆心坐标
指定圆弧的端点或 [角度 (A) /弦长 (L)]:                // 输入圆弧端点坐标
```

3. 起点、圆心、角度

从下拉菜单【绘图】/【圆弧】/【起点、圆心、角度】启动，则命令行提示：

```
命令：_ arc 指定圆弧的起点或 [圆心 (C)]:              // 指定起点
指定圆弧的第二个点或 [圆心 (C) /端点 (E)]: _ c 指定圆弧的圆心:
                                                      // 指定圆心
指定圆弧的端点或 [角度 (A) /弦长 (L)]: _ a 指定包含角: -45
                                                      // 指定角度，顺时针为负
```

如果从工具栏启动该命令，则提示如下：

```
_ arc 指定圆弧的起点或 [圆心 (C)]:                    // 指定起点
指定圆弧的第二个点或 [圆心 (C) /端点 (E)]: c          // 输入c，选择“圆心”选项
指定圆弧的圆心:                                       // 输入圆心坐标
指定圆弧的端点或 [角度 (A) /弦长 (L)]: a              // 输入a，选择“角度”选项
指定包含角: 90                                        // 输入角度，逆时针为正
```

这两种方法绘制过程，是有区别的。

角度值可正可负，当输入正值时，由起点按逆时针方向绘制圆弧；反之，按顺时针方向绘制圆弧。

4. 继续

选择【继续】选项，系统将以前面最后一次绘制的线段或圆弧的最后一点作为新圆弧的起点，并以该线段或圆弧的最后一点处的切线方向作为新圆弧的起始切线方向，再指定一个端点，来绘制圆弧。

其余绘制圆弧的方法类似，读者可以自己学习。

有些圆弧在画图过程中不适合用 arc 命令来绘制，可以用 circle 先画圆，再进行修剪，比画圆弧要好。

【例 3－4】 用圆命令与修剪命令绘制图 3-9 所示的图形。

绘图步骤：

（1）用直线命令（line）绘制两圆的定位轴线，注意轴线间距。

（2）用圆命令（circle）绘制 $\phi30$ 和 $\phi20$ 的圆。

（3）重复画圆命令，选取相切、相切、半径方式，命令行提示：

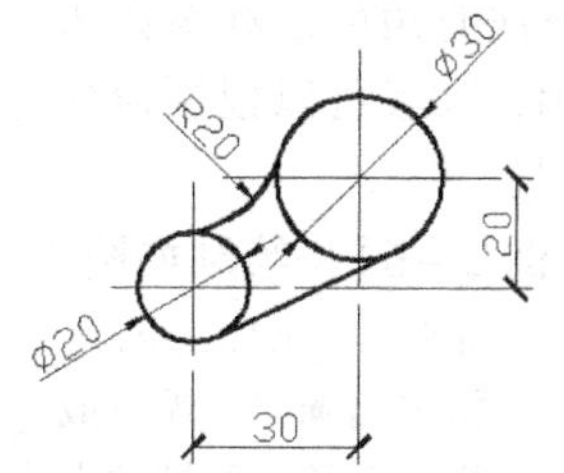

图 3-9　用圆命令与修剪命令绘制圆弧

命令：_ circle 指定圆的圆心或［三点（3P）/两点（2P）/相切、相切、半径（T）］：t
// 选择相切、相切、半径方式

指定对象与圆的第一个切点：　// 鼠标移动到右边大圆左上部分，出现递延切点符号时，单击拾取

指定对象与圆的第二个切点：　// 鼠标移动到左边小圆上部，出现递延切点符号时，拾取左边小圆

指定圆的半径 <10.0000>：20　// 输入圆的半径 20，得到一个与 $\phi30$ 和 $\phi20$ 的圆都相切的 R20 的圆

（4）利用修改/修剪命令，选取 $\phi30$ 和 $\phi20$ 的圆作为修剪边界，剪切掉 R20 圆的多余圆弧。（修剪命令详见第 4 章）

（5）用直线命令，结合对象捕捉选择切点绘制下方与 $\phi30$ 和 $\phi20$ 的圆相切的直线。完成作图。

3.3.3　椭圆、椭圆弧

该命令用来创建一个椭圆或椭圆弧。确定椭圆的参数是长轴、短轴和椭圆中心。

可以用下面几种方法启动【椭圆】或【椭圆弧】的绘制命令：

- 下拉菜单：【绘图】/【椭圆】。
- 工具栏按钮和面板选项板：◯ 或 ◠。
- 命令行：ellipse。
- 快捷命令：el。

执行上述命令后，命令行提示如下：

命令：_ ellipse

指定椭圆的轴端点或［圆弧（A）/中心点（C）］：

其中“圆弧（A）”选项用来绘制椭圆弧，另外两个选项用来绘制椭圆。下面分别介绍椭圆与椭圆弧的绘制。

1. 椭圆

有两种方法绘制椭圆。“指定椭圆的轴端点”选项是通过指定第一条轴的位置和长度以及第二条轴的半长来绘制椭圆；“中心点（C）”选项是先确定椭圆的中心，然后指定一条轴的端点，再给出另一条轴的半长，由此画出椭圆图形。

2. 椭圆弧

椭圆弧是椭圆的一部分，所以绘制椭圆弧首先执行【椭圆】绘制命令，然后在其上面截取一段。截取的方法有角度法和参数法。下面的例题介绍角度法的使用，读者可以根据命令行的提示自己练习参数法的使用。

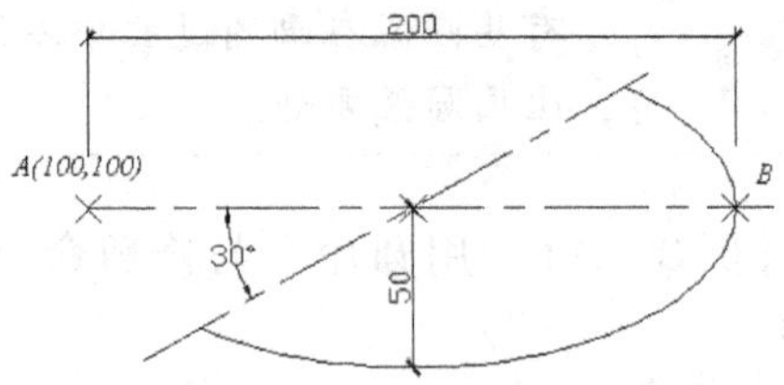

图 3-10　绘制椭圆弧

【例 3-5】　绘制如图 3-10 所示的椭圆弧。

```
命令：_ ellipse                                         // 执行【椭圆】命令
指定椭圆的轴端点或 [圆弧 (A) /中心点 (C)]：_ a          // 选择绘制椭圆弧
指定椭圆弧的轴端点或 [中心点 (C)]：100, 100              // 输入 A 点坐标
指定轴的另一个端点：300, 100                             // 输入 B 点坐标
指定另一条半轴长度或 [旋转 (R)]：50                      // 指定另一条轴的半长
指定起始角度或 [参数 (P)]：30                            // 输入起始角度，从 A 点逆时针旋转为正
指定终止角度或 [参数 (P) /包含角度 (I)]：210             // 输入终止角度
```

3.4　多段线

多段线是由若干直线段和弧线段组成的对象。组成多段线的直线段和弧线段的起止线宽可以任意设定。在 AutoCAD 中，一般图线的线宽是通过图层来控制的，但对于线宽变化或特殊线宽的图线，如箭头、地坪线或复杂的图形，就可以方便地利用【多段线】命令来实现。

启动【多段线】命令的方法有：

- 下拉菜单：【绘图】/【多段线】。
- 工具栏按钮或面板选项板：⮌。
- 命令行：pline。
- 快捷命令：pl。

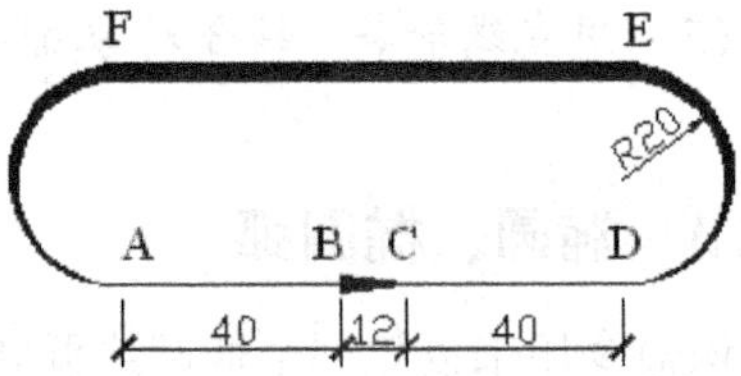

图 3-11　多段线例图

【例 3-6】　利用【多段线】命令，绘制如图 3-11 所示的多段线图形。

```
命令：_ pline                                     // 执行【多段线】命令
指定起点：                                        // 鼠标在屏幕上单击 A 点，指定多段线的起点
当前线宽为 0.0000
指定下一个点或 [圆弧 (A) /半宽 (H) /长度 (L) /放弃 (U) /宽度 (W)]：@ 40, 0
                                                  // 给定 B 点坐标
指定下一点或 [圆弧 (A) /闭合 (C) /半宽 (H) /长度 (L) /放弃 (U) /宽度 (W)]：w
                                                  // 输入 "w"，选择 "宽度" 选项
指定起点宽度 <0.0000 >：3                         // 指定起点线宽
指定端点宽度 <3.0000 >：0                         // 指定端点线宽
指定下一点或 [圆弧 (A) /闭合 (C) /半宽 (H) /长度 (L) /放弃 (U) /宽度 (W)]：@ 12, 0
                                                  // 给定 C 点坐标，确定箭头长度
指定下一点或 [圆弧 (A) /闭合 (C) /半宽 (H) /长度 (L) /放弃 (U) /宽度 (W)]：@ 40, 0
                                                  // 输入下一个点 D 的相对直角坐标
指定下一点或 [圆弧 (A) /闭合 (C) /半宽 (H) /长度 (L) /放弃 (U) /宽度 (W)]：w
                                                  // 改变线宽
```

指定起点宽度 <0.0000>:　　　　　　　// 回车默认起点线宽
指定端点宽度 <0.0000>: 3　　　　　　// 将终点线宽设为 3
指定下一点或 [圆弧 (A)/闭合 (C)/半宽 (H)/长度 (L)/放弃 (U)/宽度 (W)]: a
　　　　　　　　　　　　　　　　// 选择 A 选项，绘制圆弧
指定圆弧的端点或 [角度 (A)/圆心 (CE)/闭合 (CL)/方向 (D)/半宽 (H)/直线 (L)/半径 (R)/第二个点 (S)/放弃 (U)/宽度 (W)]: @ 0, 40　　　　// 给定圆弧端点 E 点相对坐标
指定圆弧的端点或 [角度 (A)/圆心 (CE)/闭合 (CL)/方向 (D)/半宽 (H)/直线 (L)/半径 (R)/第二个点 (S)/放弃 (U)/宽度 (W)]: l　　　　// 输入 L，改画直线
指定下一点或 [圆弧 (A)/闭合 (C)/半宽 (H)/长度 (L)/放弃 (U)/宽度 (W)]: @ -92, 0
　　　　　　　　　　　　　　　　// 给定 F 点相对坐标
指定下一点或 [圆弧 (A)/闭合 (C)/半宽 (H)/长度 (L)/放弃 (U)/宽度 (W)]: w
　　　　　　　　　　　　　　　　// 改变线宽
指定起点宽度 <3.0000>:　　　　　　　// 回车默认线宽
指定端点宽度 <3.0000>: 0　　　　　　// 终点线宽设为 0
指定下一点或 [圆弧 (A)/闭合 (C)/半宽 (H)/长度 (L)/放弃 (U)/宽度 (W)]: a
　　　　　　　　　　　　　　　　// 选择画圆弧选项
指定圆弧的端点或 [角度 (A)/圆心 (CE)/闭合 (CL)/方向 (D)/半宽 (H)/直线 (L)/半径 (R)/第二个点 (S)/放弃 (U)/宽度 (W)]: @ 0, -40　　　// 给定 A 点相对坐标
指定圆弧的端点或 [角度 (A)/圆心 (CE)/闭合 (CL)/方向 (D)/半宽 (H)/直线 (L)/半径 (R)/第二个点 (S)/放弃 (U)/宽度 (W)]:　　　　// 回车结束命令

【例 3-7】 绘制如图 3-12 所示的钢筋弯钩。

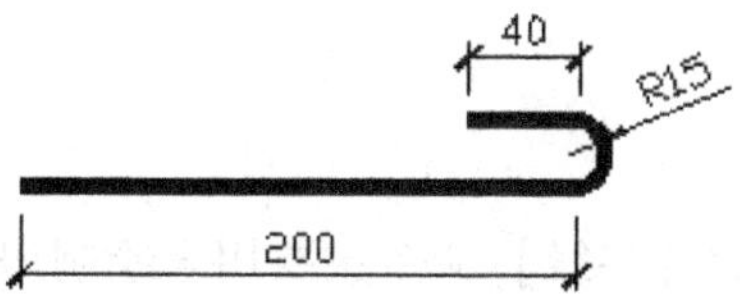

图 3-12　绘制钢筋弯钩

命令: _ pline　　　　　　　　　　// 执行【多段线】命令
指定起点:　　　　　　　　　　　　// 鼠标在绘图区域任意指定一点
当前线宽为 0.0000　　　　　　　　// 显示系统当前线宽
指定下一个点或 [圆弧 (A)/半宽 (H)/长度 (L)/放弃 (U)/宽度 (W)]: w
　　　　　　　　　　　　　　　　// 输入 w，回车
指定起点宽度 <5.0000>: 5　　　　　　// 指定起点线宽
指定端点宽度 <5.0000>:　　　　　　　// 回车，取默认线宽
指定下一个点或 [圆弧 (A)/半宽 (H)/长度 (L)/放弃 (U)/宽度 (W)]: <正交开>200
　　　　　　　　　　　　　　　　// 打开【正交】模式，输入钢筋直线段长度
指定下一点或 [圆弧 (A)/闭合 (C)/半宽 (H)/长度 (L)/放弃 (U)/宽度 (W)]: a
　　　　　　　　　　　　　　　　// 输入 a 回车，选择"圆弧"选项
指定圆弧的端点或
[角度 (A)/圆心 (CE)/闭合 (CL)/方向 (D)/半宽 (H)/直线 (L)/半径 (R)/第二个点 (S)/放弃 (U)/宽度 (W)]: 30　　　　// 鼠标上移，输入圆弧端点到起点的距离
指定圆弧的端点或
[角度 (A)/圆心 (CE)/闭合 (CL)/方向 (D)/半宽 (H)/直线 (L)/半径 (R)/第二个点 (S)/放弃 (U)/宽度 (W)]: l　　　　// 输入 l 回车，选择绘制直线

指定下一点或 [圆弧(A)/闭合(C)/半宽(H)/长度(L)/放弃(U)/宽度(W)]: 40
// 输入钢筋弯钩末端直线段长度。

在命令行提示“指定下一点或 [圆弧(A)/闭合(C)/半宽(H)/长度(L)/放弃(U)/宽度(W)]:”时，输入“a”转换到圆弧绘制，命令行继续提示“指定圆弧的端点或 [角度(A)/圆心(CE)/闭合(CL)/方向(D)/半宽(H)/直线(L)/半径(R)/第二个点(S)/放弃(U)/宽度(W)]:”。此时，除了“角度”选项外，还有以下多个选项。

(1) “圆心”选项：指定圆弧圆心。

(2) “闭合”选项：用圆弧连接多段线的起点和终点。

(3) “方向”选项：取消直线与弧的相切关系，指定圆弧起点的切线方向。

(4) “直线”选项：转换到直线绘制。

(5) “半径”选项：指定圆弧的半径。

(6) “第二个点”选项：采用三点画弧，指定圆弧上的第二点。

(7) “放弃”选项：取消上一步绘制的多段线。

(8) “宽度”选项：设置多段线的线宽。

用【多段线】命令绘制的若干直线或弧线之间一般为光滑连接，即为相切关系，除非利用相关命令改变起点的切线方向。

可以用 pedit 命令，按系统提示对多段线进行编辑。也可以从下拉菜单【修改】/【对象】/【多段线】进行修改编辑。

3.5　多线

在建筑制图中，AutoCAD 中的【多线】命令主要用来绘制房屋的墙线及窗线。【多线】命令可以绘制多条相互平行的直线或折线（1~16 条），其中每一条平行线都称为一个元素，这些平行线之间的间距和数目是可以调整的。

多线的绘制分三个步骤。第一步，在绘制多线之前要设置多线的样式；第二步，启动【多线】命令绘制多线；第三步，利用多线编辑命令（mledit）或下拉菜单【修改】/【对象】/【多线】对多线进行编辑。

3.5.1　多线样式对话框

单击下拉菜单选择【格式】/【多线样式】，则打开多线样式对话框，如图 3-13 所示。在该对话框中，有以下几个选项：

(1) “样式”列表框：显示已经加载的多线样式。

(2) “置为当前”按钮：在样式列表框中选择要使用的多线样式后，单击该按钮，则将其设置为当前样式。

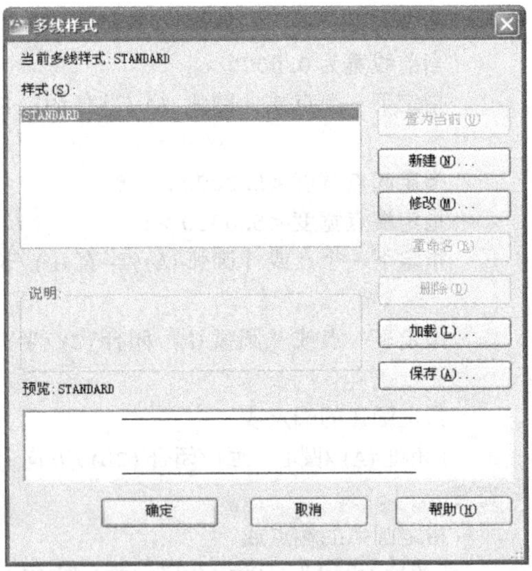

图 3-13　【多线样式】对话框

（3）“新建”按钮：单击该按钮，可以打开【创建新的多线样式】对话框（见图 3 - 14），来创建新的多线样式。

（4）“修改”按钮：可以打开【修改多线样式】对话框，修改已经创建的多线样式。

（5）“重命名”按钮：对已创建的多线样式重新命名，但不能重命名标准（STANDARD）样式。

（6）“删除”按钮：删除样式列表中选中的多线样式。

（7）“加载”按钮：单击该按钮，打开【加载多线样式】对话框，如图 3 - 15 所示。可以从中选取多线样式加载，也可以单击 文件... ，选择多线样式加载，默认情况下 AutoCAD2012 提供的多线样式文件为 acad. mln。

（8）“保存”按钮：打开【保存多线样式】对话框，将当前的多线样式保存为一个多线文件，＊. mln。

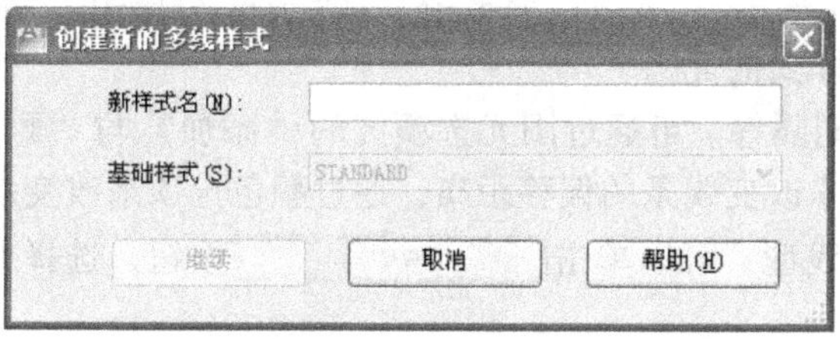

图 3 - 14　【创建新的多线样式】对话框

图 3 - 15　【加载多线样式】对话框

3.5.2　新建多线样式对话框

在图 3 - 13 所示的【多线样式】对话框中，单击 新建(N)... 按钮，则出现【创建新的多线样式】对话框，见图 3 - 14，在新样式名处输入新样式的名称，单击继续按钮，出现【新建多线样式】对话框，如图 3 - 16 所示。

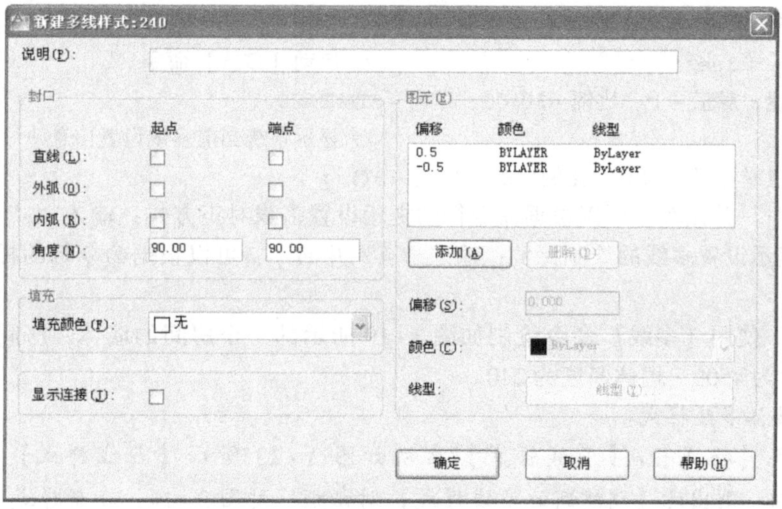

图 3 - 16　【新建多线样式】对话框

下面对图 3 - 16 对话框中的各项进行说明：

（1）“说明”文本框：可以输入多线样式的文字说明。

（2）“封口”选项区域：用于控制多线起点和端点处的样式，如图3-17所示，其中角度选项均为90°。

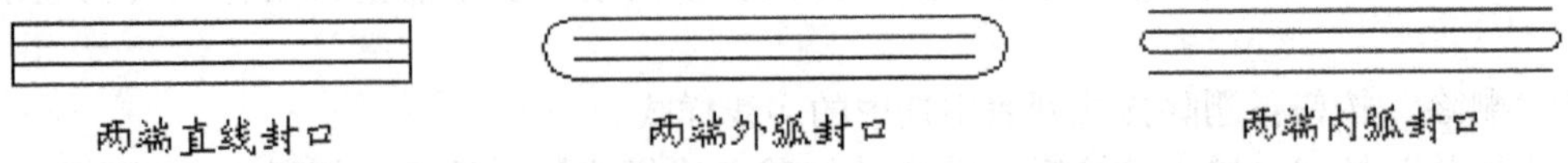

图3-17　不同封口效果对比

（3）“显示连接”复选框：用于设置在多线的拐角处是否显示连接线，如图3-18所示。

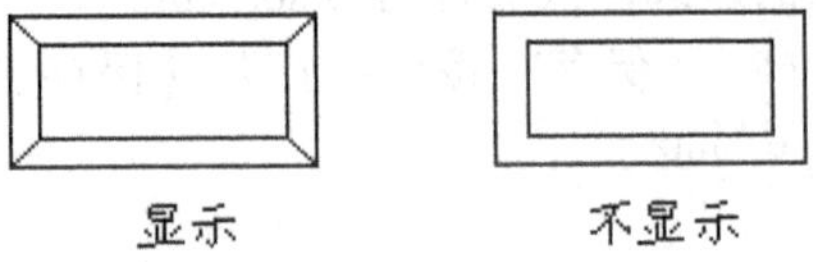

图3-18　显示连接效果对比

（4）“填充”选项区：用于设置是否填充多线的背景。可以选择一种填充色作为多线的背景。如果不使用填充色，则选“无”。

（5）“图元”选项区：可以用来设置多线样式的元素特性，如线条的数目、线条的颜色、线型、间隔等。可通过图元选项区的“添加”与“删除”按钮来调整多线线条数目，通过“偏移”选项来改变线条的偏移距离，通过颜色选项来改变线条颜色，线条默认的线型为连续实线，要想改变线型，可以单击[线型(Y)...]按钮，选择或加载线型。

通过对该对话框的设置，可以建立需要的多线样式。

3.5.3　绘制多线

启动【多线】命令的方法有：

- 下拉菜单：【绘图】/【多线】。
- 命令行：mline。
- 快捷命令：ml。

当启动【多线】命令后，命令行提示如下：

命令：_ mline　　　　　　　　　　　　//启动【多线】命令

当前设置：对正=上，比例=20.00，样式=STANDARD

　　　　　　　　　　　　　　　　　　//显示系统当前多线设置信息

指定起点或[对正（J）/比例（S）/样式（ST）]：

此时输入“j”并回车，可以根据命令行的提示设置多线对正方式；输入“s”并回车，可以根据命令行的提示设置多线的绘制比例；输入“st”并回车，可以根据命令行的提示输入要使用的多线的样式。

【例3-8】 使用【多线】命令绘制如图3-19所示的一个房间的墙体，房间的开间尺寸为3600，进深尺寸为4500，墙体厚度为240。

（1）设置墙体多线样式：

从下拉菜单【格式】/【多线样式】启动如图3-13所示【多线样式】对话框，单击[新建(N)...]按钮，则出现【创建新的多线样式】对话框，见图3-14，在新样式名处输入Wall，单击[继续]按钮，出现如图3-16所示的【新建多线样式】对话框。在图元区域选中第一条线，将下方的偏移距离设为0.5，再选中第二条线，将偏移距离设为-0.5，然后单击[确定]

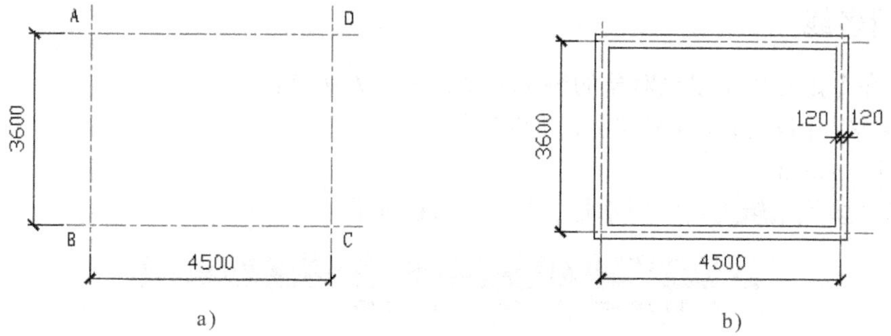

图3-19　房间轴线墙体绘制

按钮，完成多线设置，并置为当前样式。

（2）设置图层、线型如表3-1所示：

表3-1　图层、线型设置

名　称	颜　色	线　型	线　宽
墙体	黑色	Continuous	0.6mm
轴线	红色	Center	默认

（3）将轴线图层置为当前，绘制如图3-19a所示的定位轴线。可采用【修改】菜单【偏移】命令帮助确定3600和4500这两个距离。

（4）绘制墙体多线：将墙体图层置为当前，【绘图】/【多线】启动多线命令，命令行提示：

命令：_ mline　　// 启动【多线】命令
当前设置：对正 = 上，比例 = 20.00，样式 = wall　　// 显示系统当前多线设置信息
指定起点或［对正（J）/比例（S）/样式（ST）］：j　　// 输入j回车，修改对正方式
输入对正类型［上（T）/无（Z）/下（B）］＜上＞：z　　// 输入z回车，使光标位于多线的正中（在绘制建筑墙体时，通常选择该项）
指定起点或［对正（J）/比例（S）/样式（ST）］：s　　// 输入s回车
输入多线比例＜20.00＞：240　　// 输入新的比例回车
指定起点或［对正（J）/比例（O）/样式（ST）］：＜对象捕捉关＞
// 打开【对象捕捉】功能，并捕捉A点
指定下一点：　　// 捕捉B点
指定下一点或［放弃（U）］：　　// 捕捉C点
指定下一点或［闭合（C）/放弃（U）］：　　// 捕捉D点
指定下一点或［闭合（C）/放弃（U）］：c　　// 输入c回车

在绘制240厚的墙体时，也可以设置240的墙体多线，将多线的偏移距离设为120和-120，同时在命令执行过程中将“比例”设置为1。

执行一次【多线】命令绘制的多线被视为一个对象，对其进行编辑时应注意，部分编辑命令不能使用（如offset）时可以使用explode分解命令，然后再对其进行编辑。

3.5.4 编辑多线

多线编辑命令是专用于多线对象的编辑命令，执行方法有：

- 下拉菜单：【修改】/【对象】/【多线】。
- 命令行：mledit。

可以打开“多线编辑工具”对话框，如图3-20所示。

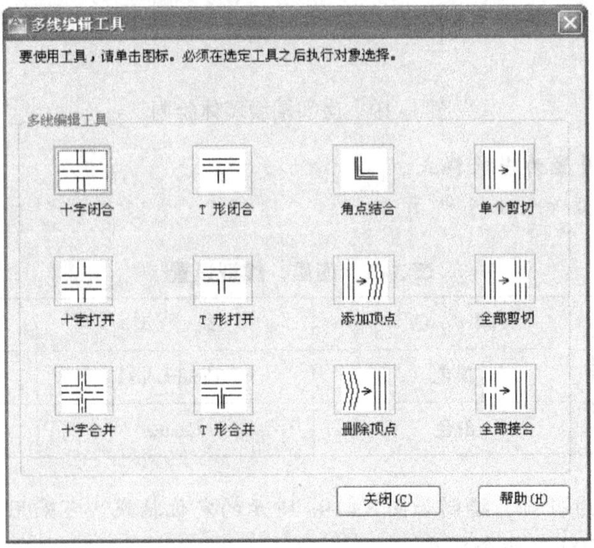

图3-20 多线编辑工具对话框

我们建立一个四条平行线的多线，画两条互相垂直的多线，得到图3-21a所示的多线对象，现在我们对它进行各种编辑。

当对多线进行编辑时，点击图3-20中的某个工具选项，命令行会提示：“选择第一条多线：”选择后，又提示“选择第二条多线：”，多线选择的顺序不同时，编辑的效果是不尽相同的。图3-21中，b~g是先选择竖向多线，又选择横向多线的效果；h是角点结合选择多线时，单击横向多线的左半部和竖向多线的下半部的结果；i是单击横向多线的右半部和竖向多线的上半部得到的；j是单击横向多线左半部和竖向多线的上半部的效果；所以，角点结合总是保留用户单击到的那一部分。其余的选择方式和效果读者可自行试验。

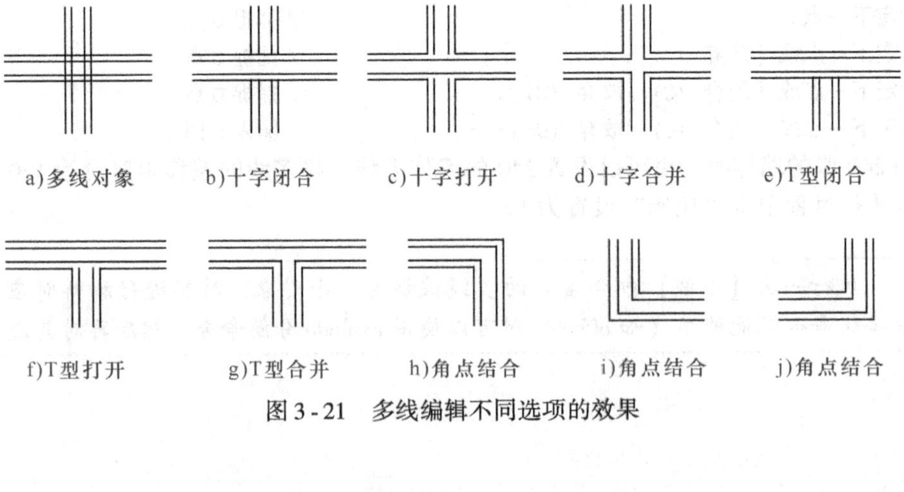

a)多线对象 b)十字闭合 c)十字打开 d)十字合并 e)T型闭合

f)T型打开 g)T型合并 h)角点结合 i)角点结合 j)角点结合

图3-21 多线编辑不同选项的效果

利用多线编辑工具对话框还可以对多线进行添加顶点、删除顶点、单个剪切、全部剪切、全部接合等编辑。

【例 3－9】　用多线绘制如图 3-22 所示的图形。

（1）首先设置图层如表 3-2 所示。

表 3-2　图层设置

名　称	颜　色	线　型	线　宽
墙体	黑色	Continuous	0.6mm
轴线	红色	Center	默认

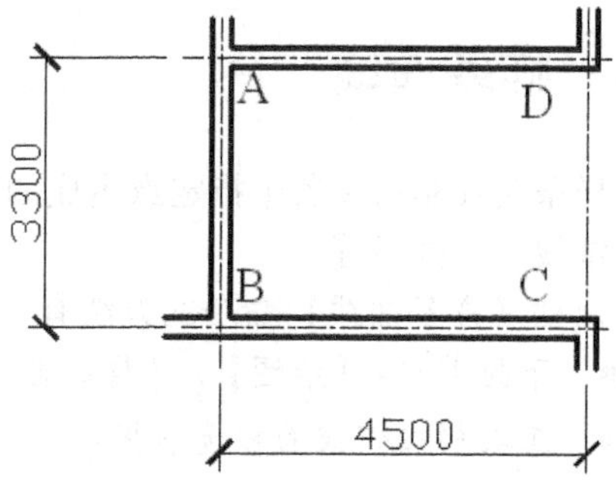

图 3-22　多线编辑后的墙体

（2）绘制墙体的定位轴线：将轴线图层置为当前，根据尺寸，画出如图 3-22 所示的墙的定位轴线。在画图时，可以先画一条横线、一条竖线，然后采用修改工具栏中的偏移命令生成另外两条轴线，此时图形如图 3-23 所示。偏移命令具体用法可以参见第 4 章。

（3）然后画多线：将墙体图层置为当前，对正方式（无），比例 240，样式 wall，画出如图 3-24 所示的多线。

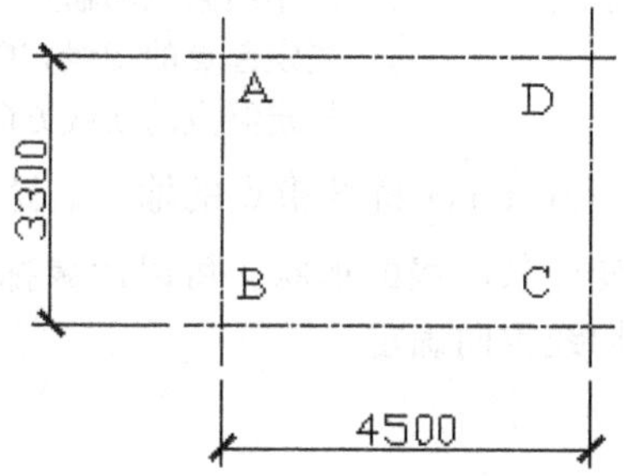

图 3-23　定位轴线

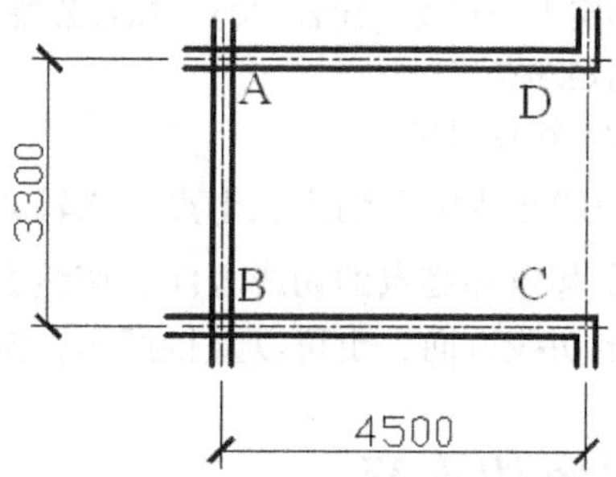

图 3-24　画出多线墙体

（4）对多线进行编辑：【修改】/【对象】/【多线】打开多线编辑工具对话框，选择 T 型合并，命令行提示：

```
命令：_ mledit
选择第一条多线：                          // 鼠标选择竖线 AB 中部
选择第二条多线：                          // 选择横线 BC
选择第一条多线或 [放弃 (U)]：             // 鼠标选择横线 AD 中部
选择第二条多线：                          // 鼠标选择竖线 AB 中部
选择第一条多线或 [放弃 (U)]：             // 回车结束命令
```

完成作图，即图 3-22。C 处和 D 处的拐角可以在画多线时直接画出，也可以分别画线后用角点结合方法得到。

为了有利于多线的编辑，在绘制墙体时，尽量使水平和竖直墙线垂直相交，否则在之后的多线编辑中将会遇到困难。如图 3-22，应执行三次多线命令分别绘制 AD 段、AB 段、BC 段，而不要一次多线命令绘制 DABC 墙线。

3.6　样条曲线

样条曲线是通过若干指定点生成的光滑曲线。在建筑图样中，可以用【样条曲线】命令来绘制波浪线、等高线等。

启动【样条曲线】命令的方法有：

- 下拉菜单：【绘图】/【样条曲线】。
- 工具栏按钮或面板选项板：。
- 命令行：spline。
- 快捷命令：spl。

执行上述命令后，命令行提示如下：

命令：_ spline	
指定第一个点或［对象（O）］：	// 指定第一点
指定下一点：	// 指定第二点
指定下一点或［闭合（C）/拟合公差（F）］<起点切向>：	// 指定第三点或选择“闭合”等选项
指定下一点或［闭合（C）/拟合公差（F）］<起点切向>：	// 回车结束点的输入
指定起点切向：	// 指定起点的切线方向
指定端点切向：	// 指定终点的切线方向

样条曲线至少需要输入三个点，当输入最后一点时，用 Enter 键结束点的输入。这时命令行会提示确定起点和终点的切线方向，切线方向不同会改变样条曲线的形状，可以用鼠标或捕捉的方式来确定切线方向，也可以直接回车，按系统默认的切线方向确定。

3.7　栅格和正交

3.7.1　栅格显示

栅格是分布在图形界限范围内可见的定位点阵，它是作图的视觉参考工具，相当于坐标纸中的方格阵。这些点状栅格不是图形的组成部分，不能打印出图。

可以用下面的方法打开【栅格】命令：

- 状态栏按钮：。
- 快捷键：F7。
- 命令行：grid。
- 下拉菜单：【工具】/【绘图设置】打开草图设置对话框，在【捕捉和栅格】选项内，选中【启用栅格】，如图 3-25 所示。

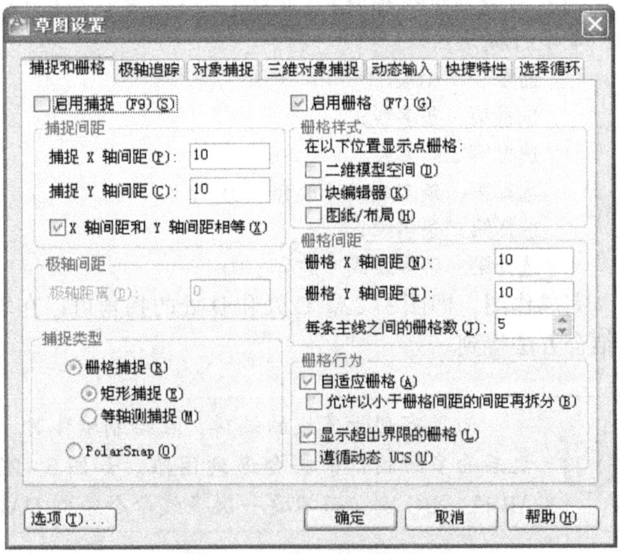

图 3-25　【草图设置】对话框

3.7.2　正交模式

在建筑绘图中需要绘制大量的水平线和垂直线，【正交】模式是快速、准确绘制水平线和垂直线的有利工具。当打开【正交】模式时，无论光标怎样移动，在屏幕上只能绘制水平或垂直线。这里的水平和垂直是指平行于当前的坐标轴 X 轴和 Y 轴。

可以用以下几种方法打开【正交】模式：

- 状态栏按钮：。
- 快捷键：F8。
- 命令行：ortho。

如果知道水平线或垂直线的长度，在正交模式下将光标放到合适的位置和方向，直接输入线条长度是非常快捷的。

【例 3-10】 使用【正交】模式，绘制如图 3-26 所示的图形。

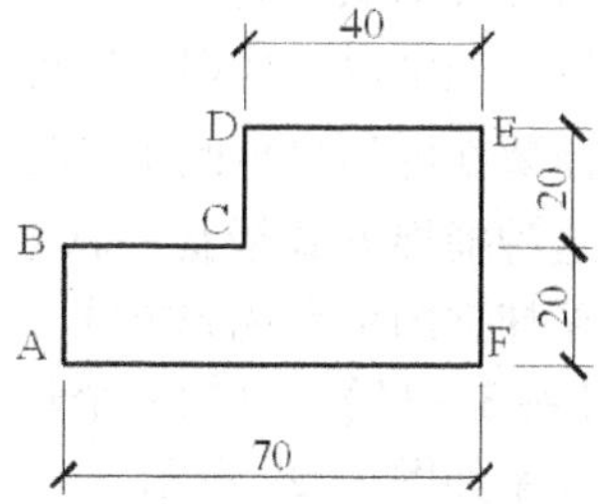

图 3-26　利用正交模式绘制图形

先在命令行，输入 line 回车，启动画线命令，然后根据屏幕提示作如下操作：

```
命令：_ line 指定第一点：                        // 启动【直线】命令，鼠标在屏幕上任意位置单
                                                    击作为图形左下角点 A 点
指定下一点或 [放弃 (U)]：<正交开>20              // 打开【正交】模式，然后光标移动到 A 点上方
                                                    输入 20，回车确定 B 点
指定下一点或 [放弃 (U)]：30                       // 光标移动到 B 右方输入 30，回车得到 C 点
指定下一点或 [闭合 (C) /放弃 (U)]：20             // 然后光标移动到 C 点上方输入 20，回车得到 D 点
指定下一点或 [闭合 (C) /放弃 (U)]：40             // 光标移动到 D 点右方输入 40，回车确定 E 点
指定下一点或 [闭合 (C) /放弃 (U)]：40             // 光标移动到 E 下方输入 40，回车确定 F 点
指定下一点或 [闭合 (C) /放弃 (U)]：c              // 输入 c，回车形成图 3-3 所示的封闭图形
```

3.8　对象捕捉

在画图过程中，我们经常会遇到要捕捉一些特殊点的情况。例如已有对象的端点、中点、圆心等。如果想拾取这些点，单凭眼睛观察是不可能做到非常准确的。为此，AutoCAD 提供了对象捕捉功能，可以帮助用户迅速、准确地捕捉到某些特殊点，从而能够精确地绘制图形。

对象捕捉是在已有对象上精确定位点的一种辅助工具，它不是 AutoCAD 的主命令，不能在命令行的"命令："提示符下单独执行，只能在执行绘图命令或图形编辑命令的过程中，当 AutoCAD 要求指定点时才可以使用。

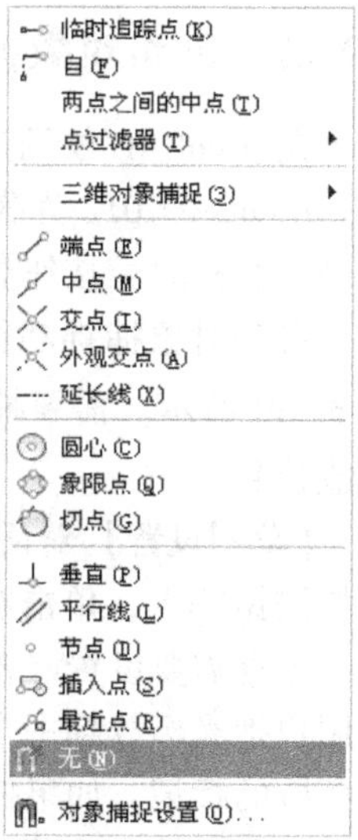

图 3-27　临时对象捕捉快捷菜单

3.8.1　临时对象捕捉模式

在 AutoCAD 提示指定一个点时，按住 Shift 键不放，在屏幕绘图区按下鼠标右键，则弹出一个如图 3-27 所示的快捷菜单，在菜单中选择了捕捉点的类型后，菜单消失，再回到绘图区去捕捉相应的点。将鼠标移到

要捕捉的点附近，会出现相应的捕捉点标记，光标下方还有对这个捕捉点类型的文字说明，这时单击鼠标左键，就会精确地捕捉到这个点。

也可以在如图 3-28 所示的【对象捕捉】工具栏中单击所需的对象捕捉图标。

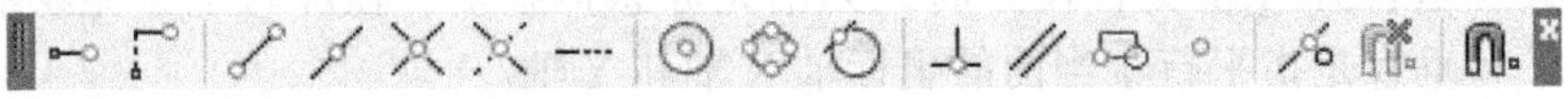

图 3-28　对象捕捉工具栏

打开【对象捕捉】工具栏的方法是：在任意工具栏上单击鼠标右键，选中对象捕捉，即可在绘图区出现【对象捕捉】工具栏。当不需要在屏幕显示此工具栏时，点工具栏右上角的 ✖ 关闭即可。

这种捕捉方式捕捉一次点后，自动退出对象捕捉状态，又称为对象捕捉的单点优先方式。

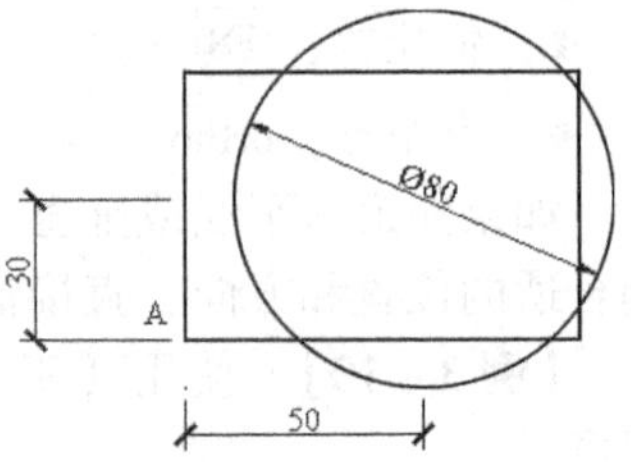

图 3-29　利用捕捉自画圆

【例 3-11】 已知一个长方形，画一个圆，要求圆与长方形的位置关系如图 3-29 所示。

首先，在绘图工具栏中，单击 ⊙ 按钮，启动画圆命令，根据命令行提示如下操作：

命令：_circle 指定圆的圆心或 [三点 (3P) /两点 (2P) /相切、相切、半径 (T)]：_from
基点：<偏移>：@ 50，30　　// 启动画圆命令，在指定圆心的提示下单击捕捉自按钮，捕捉长方形左下角点 A，出现偏移提示时输入相对坐标@ 50，30，则定出圆心

指定圆的半径或 [直径 (D)]：40　　// 输入圆的半径，画出圆

提示：调用捕捉自命令来确定点时，只能输入要确定点对基点的相对坐标值。

3.8.2　自动对象捕捉模式

在 AutoCAD 绘图过程中，对象捕捉使用频率很高。如果每次都采用单点优先就显得十分繁琐。AutoCAD2012 为我们提供了一种自动捕捉模式，进入该模式后，只要对象捕捉功能打开，即只要状态栏的 □ 按钮亮显，设置好的捕捉功能就起作用。

自动对象捕捉功能的设置是在【草图设置】对话框的【对象捕捉】选项卡中进行的，如图 3-30 所示。需要捕捉哪种点，就选中该点名称前面的复选框，单击 确定 按钮，即可完成设置。

【草图设置】对话框可以在下拉菜单【工具】/【草图设置】中打开，也可以将鼠标放在状态栏按钮 □ 上，单击右键选择【设置】打开。

根据需要设置好要用的捕捉对象，这时绘图过程中就可以自动捕捉了。所谓自动捕捉，就是当用户把光标放到一个对象上时，系统自动捕捉到该对象上所有符合条件的几何特征点，并显示出相应的标记。如果把光标放在捕捉点上多停留一会，系统还会显示该捕捉的提示。这样用户在选点之前，就可以预览和确认捕捉点。

如果需要关闭自动捕捉，可以再次单击【对象捕捉】按钮 □，即自动对象捕捉功能关闭。

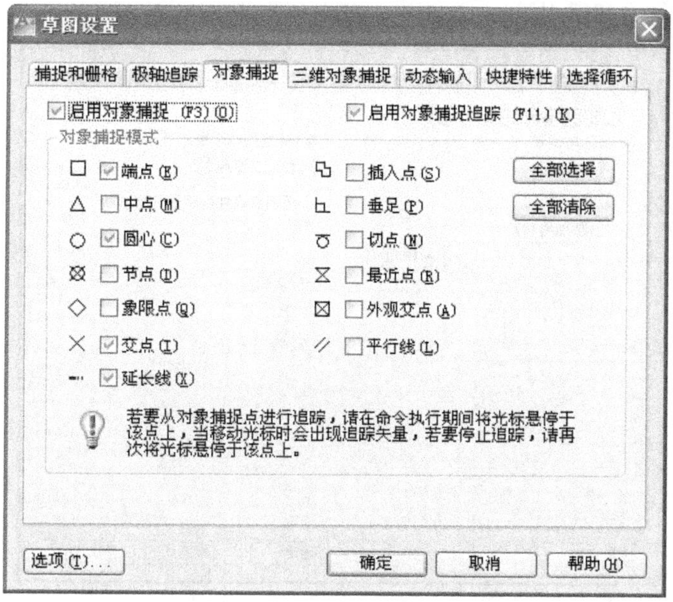

图 3-30 【对象捕捉】设置

提示：如果设置了多个执行对象捕捉，可以按 TAB 键为某个特定对象遍历所有可用的对象捕捉点。例如，如果在光标位于圆上的同时按 TAB 键，自动捕捉将显示用于捕捉象限点、交点和中心的选项。自动捕捉不宜设得过多过滥。

3.9 自动追踪功能

自动追踪是 AutoCAD 的一个非常有用的辅助绘图工具，它可以帮助用户按指定角度绘制对象，或者绘制与其他对象有特定关系的对象。自动追踪功能分【极轴追踪】和【对象捕捉追踪】两种。

3.9.1 极轴追踪

【极轴追踪】功能可以在 AutoCAD 要求指定一个点时，按预先设置的角度增量显示一条辅助虚线，用户可以沿这条辅助线追踪得到点。

在【草图设置】对话框中，可以对极轴追踪和对象捕捉追踪进行设置，如图 3-31 所示。打开【极轴追踪】选项卡，在【增量角】下拉列表中预置了 8 种角度值，如果需要其他的增量角度，则在文本框中输入需要的角度值即可。用户还可以勾选【附加角】复选框，再单击 新建(N) 按钮来设置需要的附加角度。应该注意的是【增量角】和【附加角】是有区别的，CAD 系统将沿着所设置的增量角度的倍数追踪，而对于所设置的附加角度，CAD 系统只沿着设置的角度值追踪。

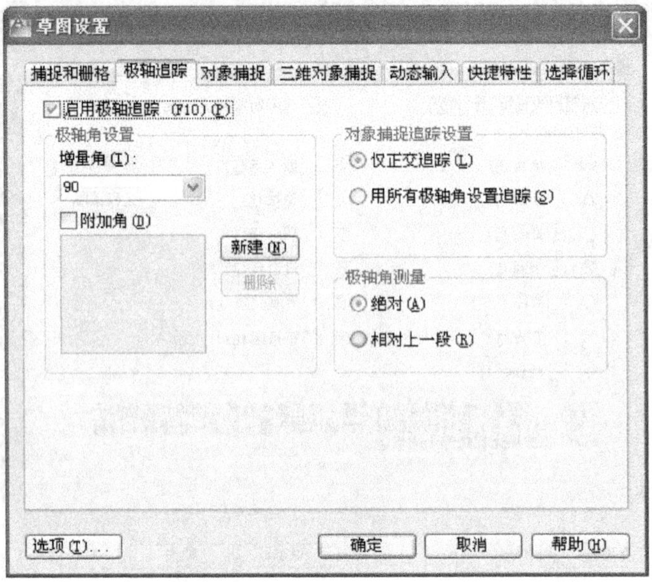

图 3-31　【极轴追踪】设置

注意：因为正交模式将限制光标只能沿着水平方向和垂直方向移动，所以，不能同时打开正交模式和极轴追踪功能。当用户打开正交模式时，AutoCAD 将自动关闭极轴追踪功能；如果打开了极轴追踪功能，则 AutoCAD 将自动关闭正交模式。

3.9.2　对象捕捉追踪

对象捕捉追踪是沿着对象捕捉点的方向进行追踪，并捕捉对象追踪点与追踪辅助线之间的特征点。使用对象捕捉追踪模式时，必须确认对象自动捕捉和对象捕捉追踪都打开了。方法是单击状态栏上的【对象捕捉】按钮和【对象捕捉追踪】按钮。

【例 3-12】 应用对象捕捉、极轴捕捉和对象捕捉追踪绘制如图 3-32 所示的标高符号。

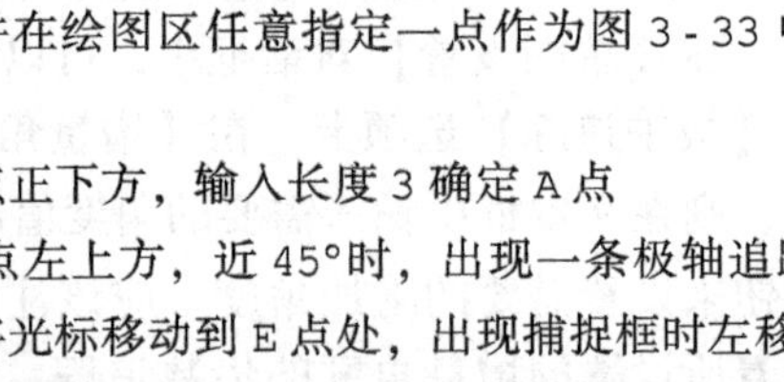

图 3-32　标高符号

绘图前，先打开对象捕捉模式，并设置端点捕捉和交点捕捉；打开极轴追踪，并将追踪角增量设置为 45°，打开对象捕捉追踪。

首先绘制一条高度辅助线 EA，然后再绘图。

命令：_line 指定第一点：　　//启动直线命令，并在绘图区任意指定一点作为图 3-33 中的 E 点

指定下一点或 [放弃 (U)]：3　　//将光标移动到 E 点正下方，输入长度 3 确定 A 点

指定下一点或 [放弃 (U)]：　　//将光标移动到 A 点左上方，近 45°时，出现一条极轴追踪的虚线；然后再将光标移动到 E 点处，出现捕捉框时左移，出现对象捕捉追踪虚线；当光标移动到合适位置时，两条虚线出现交点，如图 3-33 所示，此时单击鼠标，确定图 3-32中的 B 点

指定下一点或 [放弃 (U)]：15　　//将光标移动到 B 点正右方，输入 BD 长度 15

指定下一点或［放弃（U）］：　　　// 回车结束画线
命令：_ line 指定第一点：　　　// 再次回车重复直线命令，捕捉 A 点作为起点
指定下一点或［放弃（U）］：　　　// 将光标移动到 A 点右上方，近 45°时，出现一条极轴追踪的虚线，然后再将光标移动到 C 点附近时，出现交点捕捉的叉号，见图 3-34，此时单击鼠标，确定图 3-32 中的 C 点
指定下一点或［放弃（U）］：　　　// 回车结束画线

最后删除辅助线 EA，即得绘图结果。

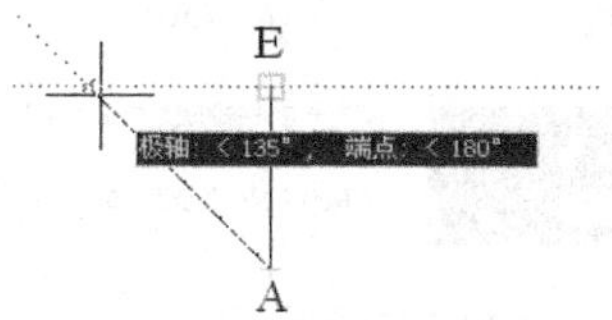

图 3-33　极轴追踪和对象捕捉追踪

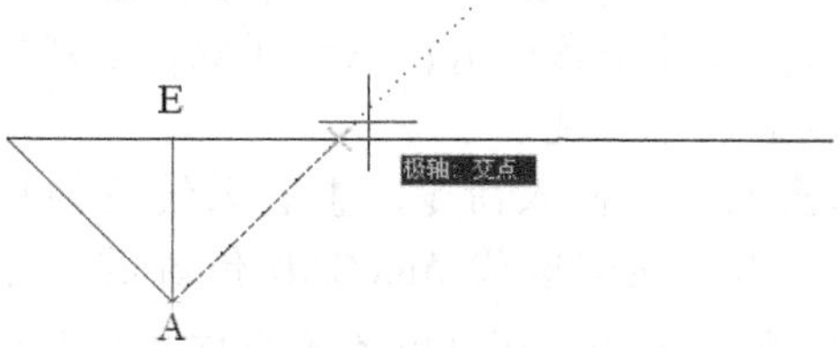

图 3-34　极轴追踪确定 C 点

3.9.3　三维对象捕捉

AutoCAD2012 新增了三维对象捕捉按钮，即状态栏下方的▢按钮。按下该按钮或者 F4 键，可以使三维对象捕捉起作用。捕捉三维对象的哪些特征点，可以从【草图设置】/【三维对象捕捉】选项卡中，进行设置，如图 3-35 所示。

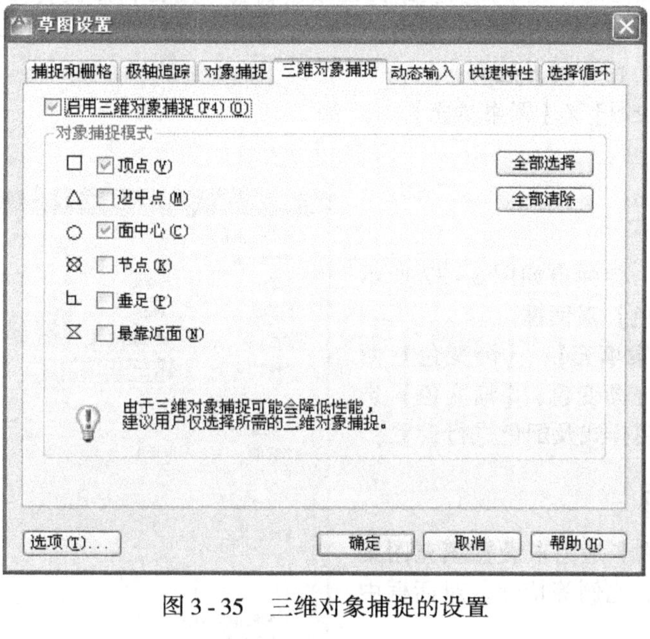

图 3-35　三维对象捕捉的设置

3.10　动态输入

动态输入是 AutoCAD2006 以后版本的新增功能，主要由指针输入、标注输入、动态提示三部分组成。

单击状态栏上的按钮或按 F12 键可以关闭或打开动态输入，按钮亮显，表示动态输入激活，反之关闭。

在按钮上单击鼠标右键，出现快捷菜单，选择【设置】选项，打开【草图设置】对话框的【动态输入】选项卡，如图 3-36 所示，可以对动态输入进行设置。

在【动态输入】选项卡中有【指针输入】、【标注输入】和【动态提示】三个区域，分别控制动态输入的三项功能。

动态输入可以输入命令、查看系统反馈信息、响应系统，能够取代 AutoCAD 传统的命令行，使用快捷键 Ctrl + 9 可以关闭或打开命令行的显示，在命令行不显示的状态下可以仅使用动态输入方式输入或响应命令，为用户提供了一种全新的操作体验。

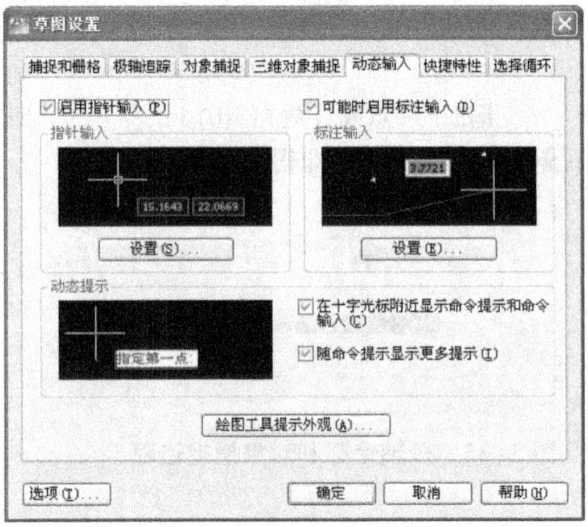

图 3-36 【动态输入】选项卡

3.11 图案填充

在绘制构件的断面图时，经常需要在断面区域绘制构件的材料图例符号。【图案填充】可以帮助用户将选择的图案填充到指定的区域内。

执行【图案填充】命令的方法有：

- 下拉菜单：【绘图】/【图案填充】。
- 工具栏按钮：。
- 命令行：bhatch。
- 快捷命令：h。

执行上述命令后，会弹出如图 3-37 所示的【图案填充和渐变色】对话框。

该对话框有【图案填充】、【渐变色】两个选项卡。如果要填充渐变色，【渐变色】选项卡可以用来对渐变色样式及配色进行设置。

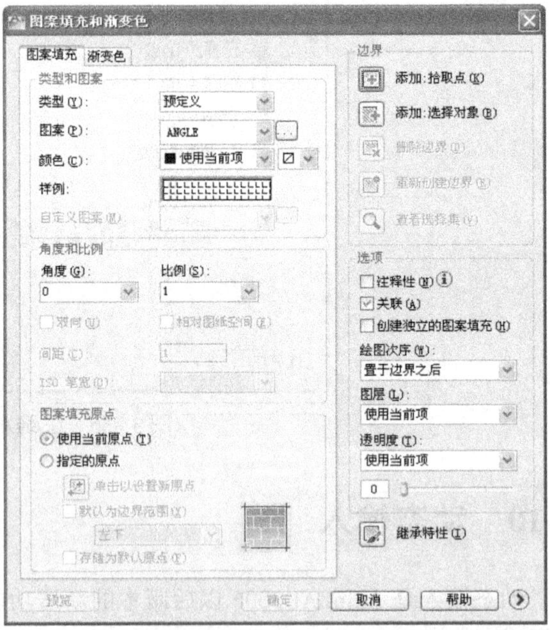

图 3-37 【图案填充和渐变色】对话框

3.11.1 图案填充

【图案填充】选项卡是用来设置填充图案的类型、图案、角度、比例等特性。对话框中各功能选项的含义为：

1. 【类型和图案】

（1）【类型】。单击【类型】下拉列表，有“预定义”、“用户定义”、“自定义”三种图案填充类型。

1）预定义：AutoCAD 已经定义的填充

图案。

2）用户定义：基于图形的当前线型创建直线图案。

3）自定义：按照填充图案的定义格式定义自己需要的图案，文件的扩展名为“.PAT”。

（2）【图案】。单击图案下拉列表，罗列了 AutoCAD 已经定义的填充图案的名称。对于初学者来说，这些英文名称不易记忆与区别。这时，可以单击后面的 按钮，会弹出如图 3 - 38 所示的【填充图案选项板】对话框。对话框将填充图案分成四类，分别列于四个选项卡当中。其中，【ANSI】是美国国家标准学会建议使用的填充图案；【ISO】是国际标准化组织建议使用的填充图案；【其他预定义】是世界许多国家通用的或传统的符合多种行业标准的填充图案；【自定义】是由用户自己绘制定义的填充图案。【ANSI】、【ISO】和【其他预定义】三类填充图案，在选择“预定义”类型时才能使用。

（3）【样例】。【样例】显示框用来显示选定图案的图样，它是一个图样预览效果。在显示框中单击一下，也可以调用如图 3 - 38 所示的【填充图案选项板】对话框。

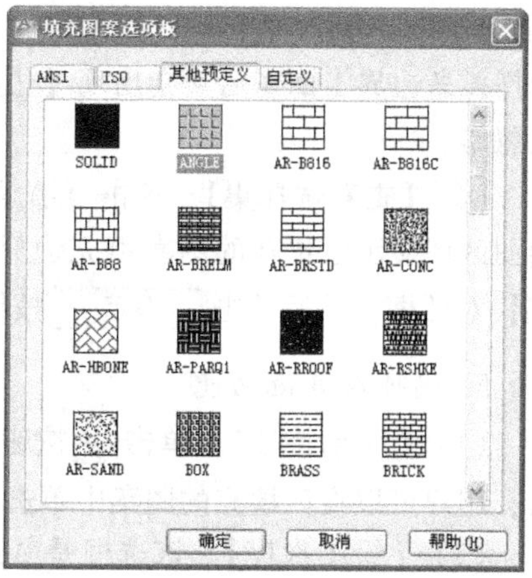

图 3 - 38　【填充图案选项板】对话框

（4）【自定义图案】。只有选择“自定义”类型时才能使用，在显示框中显示自定义图案的图样。

2.【角度和比例】

（1）【角度】。该项是用来设置图案的填充角度。在【角度】下拉列表中选择需要的角度或填写任意角度。

（2）【比例】。该项是用来设置图案的填充比例。在【比例】下拉列表中选择需要的比例或填写任意数值。比例值大于 1，填充的图案将放大，反之则缩小。

（3）【相对图纸空间】。相对图纸空间单位缩放填充图案。

（4）【双向】。该项可以使“用户定义”类型图案由一组平行线变为相互正交的网格。只有选择“用户定义”类型时才能使用该项。

（5）【间距】。在【间距】编辑框中填写用户定义的填充图案中直线之间的距离。只有选择“用户定义”类型时才能使用该项。

（6）【ISO 笔宽】。该项是基于用户选定的笔宽来缩放 ISO 预定义图案。只有选择“预定义”类型，并且选择 ISO 中的图案时才能使用该项。

3. 图案填充原点

可以设置图案填充原点的位置，因为许多图案填充需要对齐边界上的某一个点。

（1）【使用当前原点】。可以使当前的原点（0，0）作为图案填充原点。

（2）【指定的原点】。可以通过指定点作为图案填充原点。

4. 边界

在边界区域，有【拾取点】、【选择对象】等按钮。

（1）【拾取点】。通过光标在填充区域内任意位置单击来使 AutoCAD 系统自动搜索并确定填充边界。方法为单击【拾取点】左侧的 按钮，根据命令行提示在图案填充区域内任意位置单击来确定填充边界。

（2）【选择对象】。通过拾取框选择对象并将其作为图案填充的边界。方法为单击【选择对象】左侧的按钮，根据命令行提示选择对象来确定填充边界。

（3）【删除边界】。该项可以对封闭边界内检验到的孤岛执行忽略样式。方法为在使用【拾取点】确定填充边界后，单击删除边界按钮，【边界图案填充】对话框暂时消失，在绘图区域选择孤岛边界，回车后又会出现【边界图案填充】对话框，然后单击 确定 按钮，则孤岛予以忽略。

（4）【查看选择集】。单击【查看选择集】按钮，【边界图案填充】对话框暂时消失，在绘图区域显示已选择的图案填充边界，如果检查所选边界无误，回车后又会出现【边界图案填充】对话框，然后单击 确定 按钮进行图案填充。

5. 选项及其他功能

（1）【继承特性】。单击按钮，可以将已填充图案的特性赋予指定的边界。单击按钮后，用户可以在已填充的图案中单击，再单击需要填充的边界即可实现特性继承。

（2）【绘图次序】。该选框是 AutoCAD2005 以后版本的新增内容。绘图顺序是指在绘图时，重叠对象都以它们的创建顺序显示，即新创建的对象在已创建对象之前。该选框可以更改填充图案的显示和打印顺序。如果将图案填充“置于边界之后”，可以更容易地选择图案填充边界。

【注释性】是将图案定义为可注释性对象；【关联】就是修改其边界时，填充的图案随之更新，否则填充图案相对边界是独立的；【创建独立的图案填充】所创建的图案填充是独立的。

（3） 预览 按钮。单击 预览 按钮【边界图案填充】对话框暂时消失，在绘图区域可以对图案填充效果进行预览，如果不满意可以使用光标单击填充图案或按 Esc 键返回到【边界图案填充】对话框进行修改。

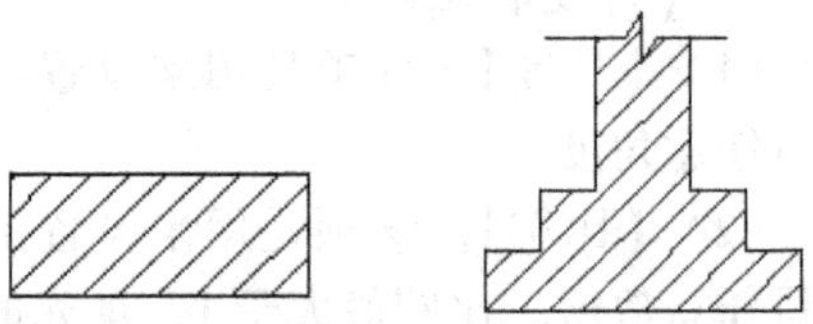

图 3-39　【图案填充】命令的应用

【例 3-13】　在矩形线框中填充“砖”的图例符号，并将填充图案特性赋予右侧条形基础断面中，如图 3-39 所示。

命令：_ bhatch　　// 单击按钮，弹出【边界图案填充】对话框，在【图案填充】选项卡中，【类型】选择“预定义”，【图案】选择“ANSI31”，【角度】为 0，【比例】为 10，单击【拾取点】左侧的按钮，【边界图案填充】对话框暂时消失

选择内部点：正在选择所有对象...　　// 在矩形内部单击，此时矩形线框变为虚线

正在选择所有可见对象...

正在分析所选数据...

正在分析内部孤岛...

选择内部点：　　// 回车结束选择，此时，又会出现【边界图案填充】对话框，单击 预览 按钮，【边界图案填充】对话框消失，绘图区域显示图案填充效果的预览图

拾取或按 Esc 键返回到对话框或 <单击右键接受图案填充>：

// 如果预览效果满意，回车或单击右键结束命令，如不满意用光标单击填充图案或按 Esc 键返回到【边界图案填充】对话框进行修改。回车结束【图案填充】命令。

```
命令：_ bhatch                    // 单击按钮，弹出【边界图案填充】对话框，单击
                                    按钮，【边界图案填充】对话框消失，光标变为如图 3-
                                    40a 所示
选择关联填充对象：                // 单击填充图案，如果选中，光标变为如图 3-40b 所示
继承特性：名称 <ANSI31>，比例 <10>，角度 <0>
                                  // 显示选中图案的特性
选择内部点：正在选择所有对象...   // 在基础断面内部单击，系统自动确定填充边界，如图
                                    3-40c中显示的虚线
正在选择所有可见对象...
正在分析所选数据...
正在分析内部孤岛...
选择内部点：                      // 回车结束选择，出现【边界图案填充】对话框，单击
                                    确定 按钮，完成填充图案特性赋予操作。
```

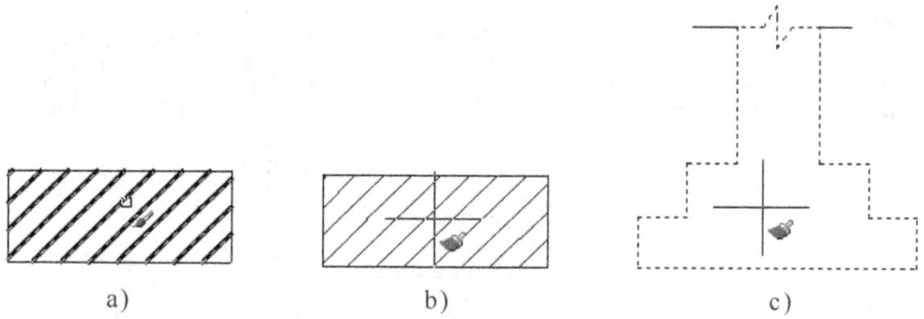

图 3-40　图案特性继承执行过程

在进行图案填充拾取点的确定填充区域时要注意两个问题：一是边界图形必须封闭，若不封闭 AutoCAD 系统给出提示；二是边界不能够重复选择。当填充区域不封闭的时候，可以先做辅助线把区域封闭，待填充完毕后，删除辅助线即可。

单击【图案填充和渐变色】对话框右下角更多选项按钮，可以展开对话框，在【允许的间隙】文本框中，用户可以在此输入一个数值，如果未封闭区域的间隙小于该数值，系统可以认为它是封闭的，仍然可以进行图案填充。

用户可以通过选择对象的方法选择填充区域（使用选择对象按钮）。如图 3-41 显示了两者的区别。

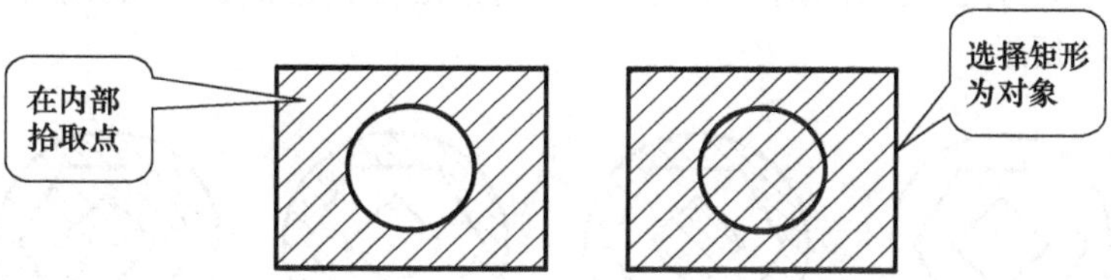

图 3-41　拾取点和选择对象的区别

3.11.2　复杂填充

进行图案填充时，如果遇到较大的填充区域内还有一个或者几个较小的封闭区域，这些区域被称为“岛”，AutoCAD 提供了岛解决方案，使用户可以自己决定哪些岛要填充，哪些岛不要填充。

1. 删除边界

例如要完成如图 3 - 42 所示的填充，就要忽略方形内部的小圆形“岛”（即边界），在选择填充区域时要按下面的步骤进行。

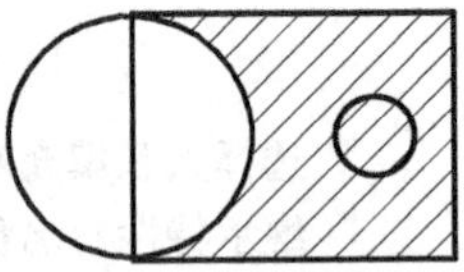

图 3 - 42　删除边界

（1）单击拾取点按钮，在方形和小圆形之间区域单击鼠标，然后回车，返回【边界图案填充】对话框。

（2）单击删除边界按钮，对话框隐去，移动鼠标到小圆上单击，小圆由虚变实。这样在填充过程中会忽略小圆区域，回车返回【图案填充和渐变色】对话框。

2. 孤岛检测

单击【图案填充和渐变色】对话框右下角更多选项按钮，可以展开对话框，如图 3 - 43 所示。

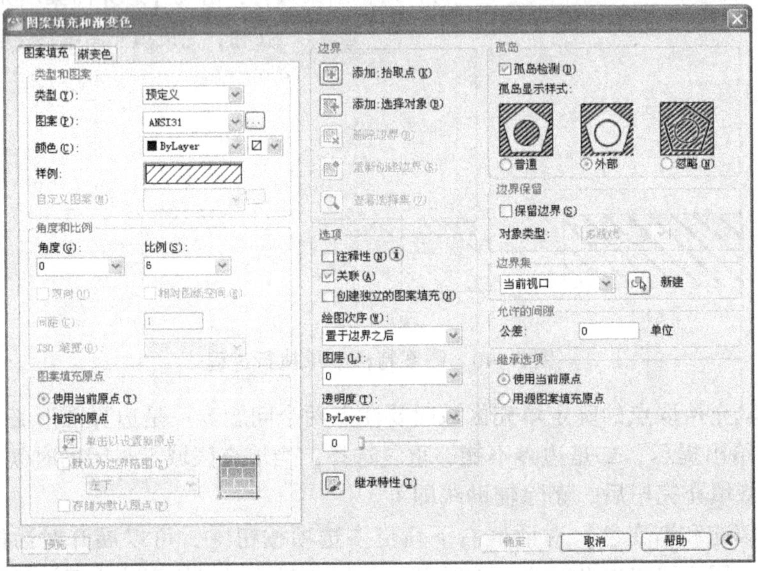

图 3 - 43　展开的【图案填充和渐变色】对话框

其中有孤岛检测选项，这是 AutoCAD 提供的处理多重区域剖面线常用到的三种选项。系统默认的设置为【普通】。用孤岛检测中的“普通”“外部”“忽略”三种样式分别给图 3 - 44a 打剖面线，来形象地观察这三种设置的区别。在大圆与六边形之间拾取点，看看用这三种方法打出的剖面线是否如图 3 - 44 所示。

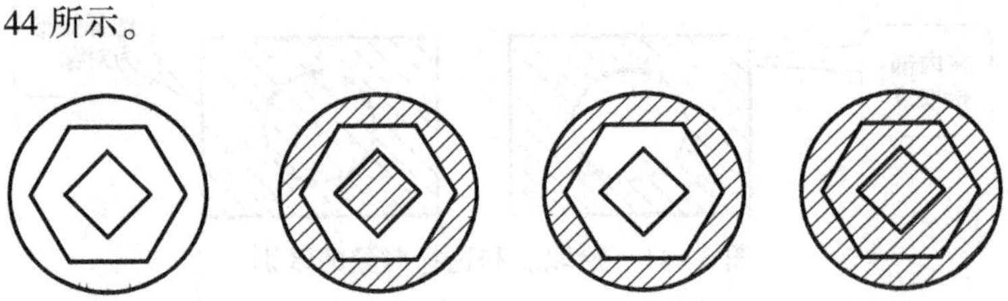

a）未填充的图形　b）普通样式　c）外部样式　d）忽略样式

图 3 - 44　三种设置的区别

● 【普通】：由外部边界向内填充，如果碰到岛边界，填充断开直到碰到内部的另一个岛边界为止，又开始填充。对于嵌套的岛，采用填充与不填充的方式交替进行。

- 【外部】：仅填充最外层的区域，而内部的所有岛都不填充。
- 【忽略】：忽略内部所有的岛。

只有了解了它们之间的区别，才能在图案填充过程中，根据具体情况进行有效的设置。

3. 使用【选项】

在【图案填充和渐变色】对话框有一个【选项】区，如图 3-43 所示，用于控制填充图案和填充边界的关系以及多区域填充是否独立。

如果选择【关联】，当填充区域被修改时，填充图案也会随着更新，如果不选择【关联】，当填充区域被修改时，填充图案不会发生变化，如图 3-45 所示。

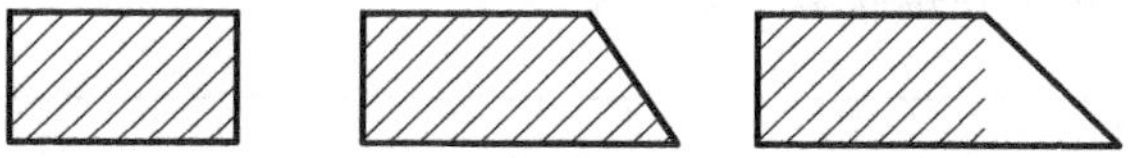

a）填充的图形　　b）关联　　c）不关联

图 3-45　【关联】的使用

当一次填充多个区域时，选择【创建独立的图案填充】选项，可以使每个填充图案是独立的，可以单独选择。

3.11.3　渐变填充

使用【边界图案填充】对话框中的【渐变色】选项卡可以定义要应用的渐变填充的外观。打开【渐变色】选项卡，如图 3-46 所示。

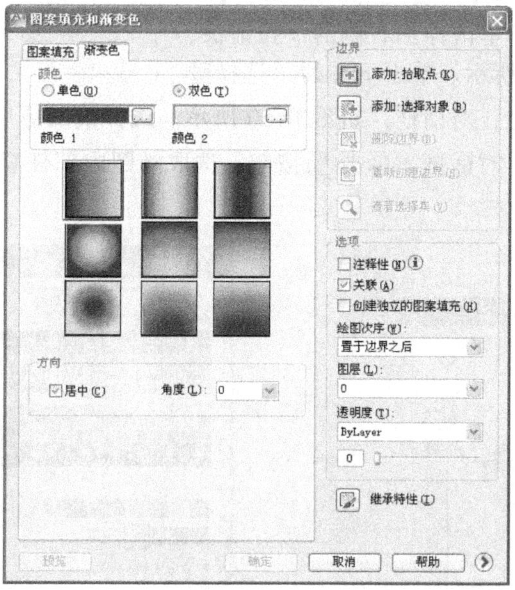

图 3-46　【渐变色】选项卡

下面是各选项的使用方法：

- 单色：指定使用从较深着色到较浅色调平滑过渡的单色填充。选择【单色】时，AutoCAD 显示浏览颜色按钮[...]和【色调】滑动条。
- 双色：指定在两种颜色之间平滑过渡的双色渐变填充。选择【双色】时，AutoCAD 分别为【颜色1】和【颜色2】显示带浏览按钮[...]的颜色样本，如图3-47所示。

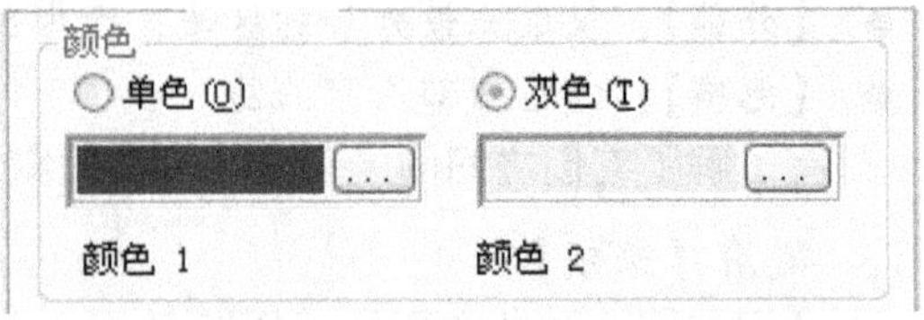

图3-47 选择【双色】

● 【居中】：指定对称的渐变配置。如果没有选定此选项，渐变填充将朝左上方变化，创建光源在对象左边的图案。

● 【角度】：指定渐变填充的角度。相对当前UCS指定角度。此选项与指定给图案填充的角度互不影响。

● 【渐变图案】：显示用于渐变填充的9种固定图案（见图3-46中的9个正方形图案）。这些图案包括线性扫掠状、球状和抛物面状等图案。

渐变色填充的打印与打印样式无关。

【例3-14】 将图3-48a图形用渐变色进行填充，使其具有立体感，如图3-48b所示。

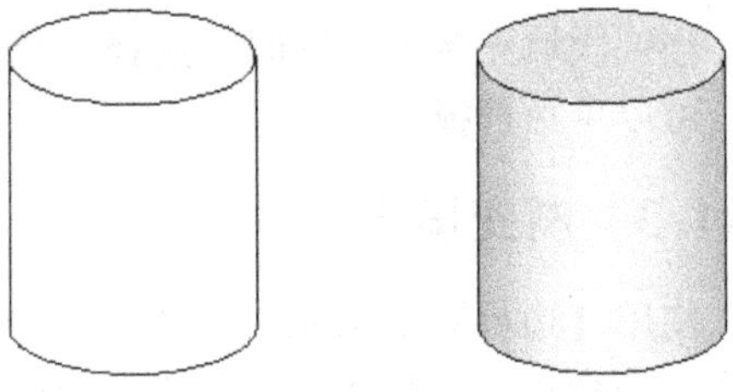

a）未填充图形　　b）填充效果

图3-48 渐变填充

（1）填充圆柱上方的椭圆：

单击按钮，打开【图案填充和渐变色】对话框，如图3-37所示，在图案右方单击[...]按钮，出现如图3-38所示的【填充图案选项板】对话框，选择其他预定义选项的SOLID选项，单击[确定]按钮回到【图案填充和渐变色】对话框。单击样例右侧的下拉箭头，出现一些选项，如图3-49所示。单击下方的“选择颜色”选项，出现【选择颜色】对话框，如图3-50所示。选择浅灰色后单击[确定]确定按钮回到【图案填充和渐变色】对话框。单击按钮，选取椭圆内部任意一点，进行填充，填充后效果如图3-51所示。

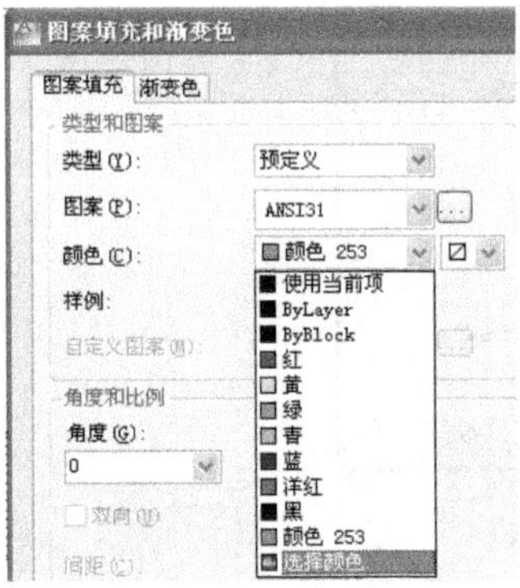

图3-49 样例下拉选项

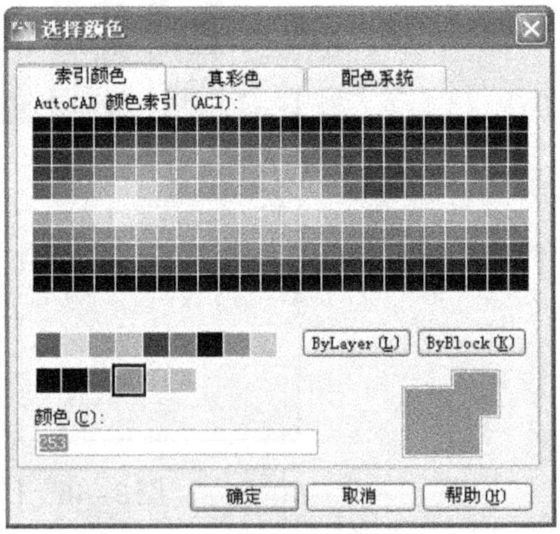

图3-50 【选择颜色】对话框

（2）填充圆柱面：

单击按钮，打开【图案填充和渐变色】对话框，【渐变色】选项卡中选单色，并单击颜色右侧的[...]按钮，打开颜色选择对话框，选择灰色。在填充类型上，选择对话框中第一行中间那个，如图 3-52 所示。然后单击按钮，选取圆柱面里面任意一点，确定即得到图 3-48b 所示的填充效果，使圆柱看上去具有了立体感。

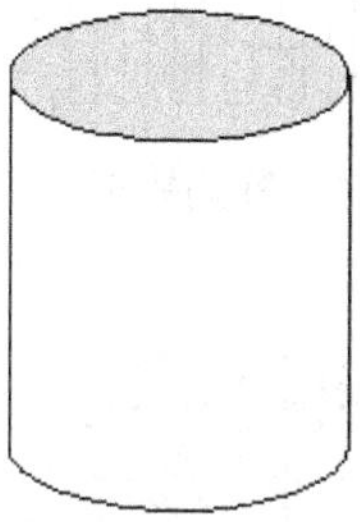

图 3-51　填充椭圆后的圆柱

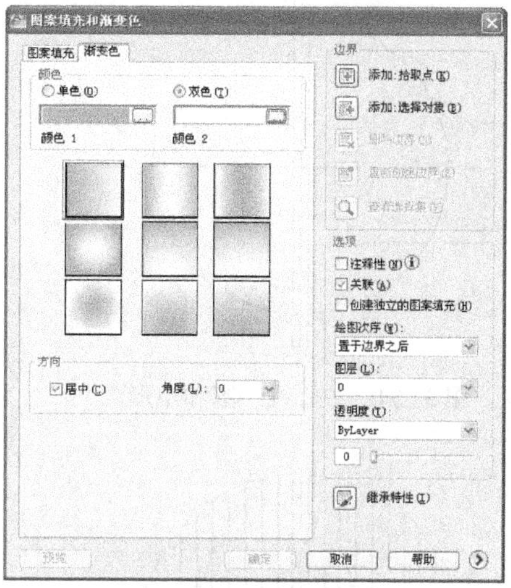

图 3-52　渐变色填充的选择

3.12　面域

在 AutoCAD 中，可以将某些对象围成的封闭的区域转化为面域。可以用以下方式启动面域命令：

- 下拉菜单：【绘图】/【面域】。
- 工具栏按钮或面板选项板：。
- 命令行：region。

系统提示选择对象，然后将所选对象转换成面域。如果所选对象不是封闭的区域，系统会在命令行提示"已创建 0 个面域"，即没有创建面域。

另外用户还可以对面域进行"并集""差集""交集"等布尔运算，也可以对面域进行进一步拉伸、旋转等操作得到三维立体。

【例 3-15】 利用面域及布尔运算、填充等命令绘制如图 3-53 所示的地漏图例。

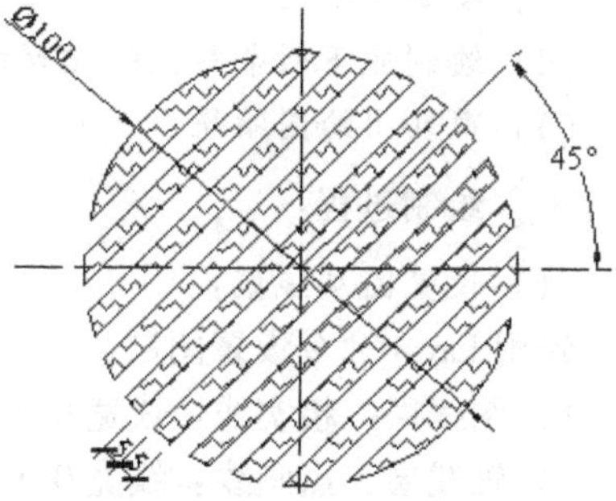

图 3-53　地漏图例

(1) 设置中心线、细实线两个图层。画中心线，并捕捉交点为圆心，画直径 100 的圆，然后画一个长 5、宽 120 的矩形，将矩形的中心与圆心对齐，如图 3-54 所示。

(2) 将矩形阵列，设置列间距 10，阵列结果如图 3-55 所示。(阵列命令具体见第 4 章)

(3) 将圆和所有矩形创建为 10 个面域，然后在【修改】/【实体编辑】/【差集】，对面域进行布尔运算。选择圆作为要从中减去的面域，选择 9 个矩形作为要减去的面域，得到如图 3-56 所示的图形。

(4) 用“ZIGZAG”图案对布尔运算后的面域进行填充，然后将除中心线以外的图形进行旋转 -45°，完成作图，即得图 3-57。

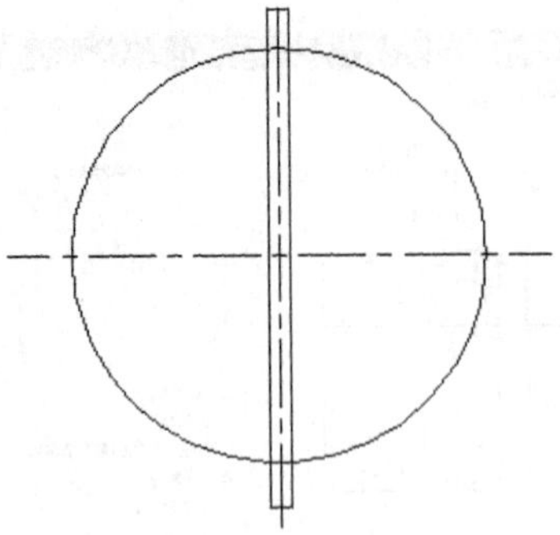

图 3-54　中心线、圆和矩形

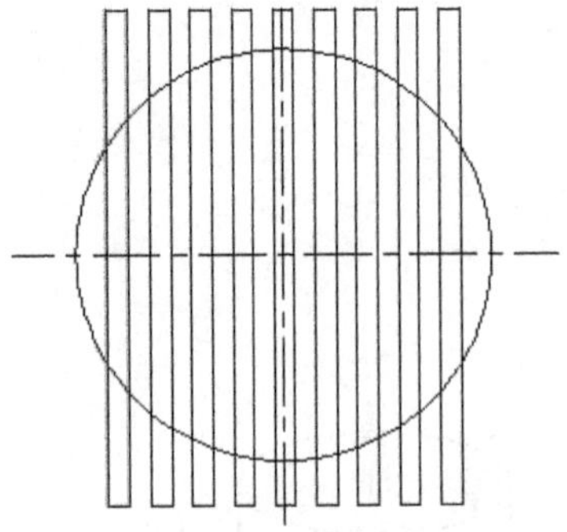

图 3-55　阵列矩形

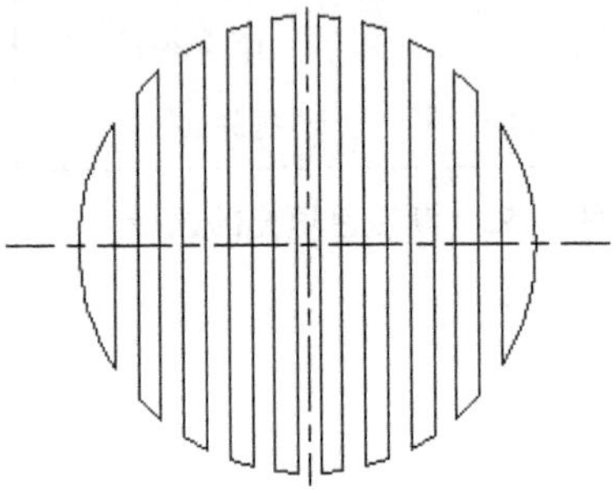

图 3-56　布尔运算后的图形

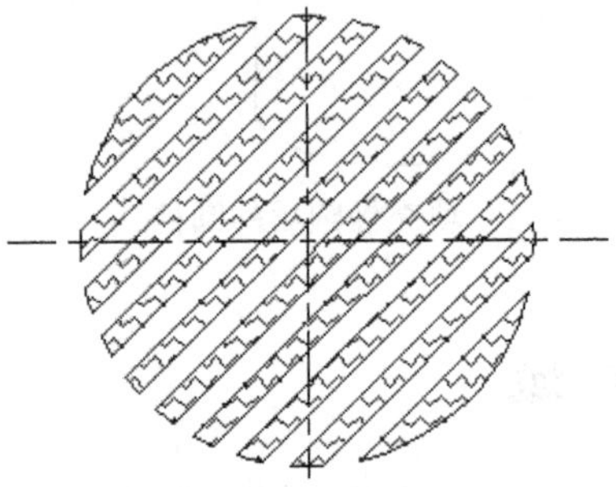

图 3-57　绘图结果

3.13　实例练习

【例 3-16】　绘制如图 3-58 所示的图形。

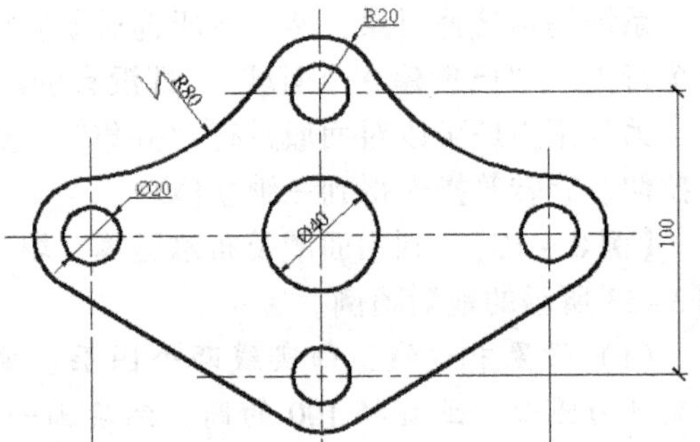

图 3-58　图例

绘图步骤：

(1) 设置图层。

(2) 绘制点画线。

(3) 绘制各个圆。

(4) 绘制底下两条与圆弧相切的直线。

(5) 剪切出绘图结果。

绘制过程：

(1) 设置图层线型：

先用 Layer 命令设置图层：

1) 图线层，粗实线：线宽 0.3mm，线型 Continuous；

2) 轴线层，点画线：线宽 0.15mm，线型 Center。

(2) 绘制点画线：

将轴线层置为当前层，用直线和偏移命令绘制图中的轴线。

命令：_ line 指定第一点：　　　　　　// 在绘图区合适位置单击鼠标左键

指定下一点或 [放弃 (U)]: <正交开>220　　// 打开正交，光标放在正右方，输入长度 220，画出横向中心线
指定下一点或 [放弃 (U)]:　　// 回车结束画线命令：
命令: _ line 指定第一点: <对象捕捉开>80　　// 回车重复画线命令，将对象捕捉和对象追踪打开，捕捉到横线中点时向上移动，出现如图 3-59 所示的虚线时，输入追踪距离 80
指定下一点或 [放弃 (U)]: 160　　// 将光标移到正下方，输入竖向中心线长度 160
指定下一点或 [放弃 (U)]:　　// 回车结束画线命令

鼠标单击“修改”工具栏中的按钮，启动偏移命令，命令行提示：

命令: _ offset　　// 启动偏移命令
当前设置: 删除源 = 否　图层 = 源　OFFSETGAPTYPE = 0
　　// 显示当前偏移状态
指定偏移距离或 [通过 (T) /删除 (E) /图层 (L)] <50.0000>: 80
　　// 指定偏移距离，回车
选择要偏移的对象，或 [退出 (E) /放弃 (U)] <退出>:
　　// 选择竖向中心线
指定要偏移的那一侧上的点，或 [退出 (E) /多个 (M) /放弃 (U)] <退出>: m
　　// 输入 M 多重偏移
指定要偏移的那一侧上的点，或 [退出 (E) /放弃 (U)] <下一个对象>:
　　// 单击左侧
指定要偏移的那一侧上的点，或 [退出 (E) /放弃 (U)] <下一个对象>:
　　// 单击右侧
指定要偏移的那一侧上的点，或 [退出 (E) /放弃 (U)] <下一个对象>:
　　// 回车结束多重偏移
选择要偏移的对象，或 [退出 (E) /放弃 (U)] <退出>:
　　// 回车结束偏移命令

同样偏移出横向上下两条轴线，偏移距离设为 50，这时图形如图 3-60 所示。

这时可采用夹点编辑（详见第 4 章）调整边上四条中心线的长度，调到如图 3-61 所示长度。

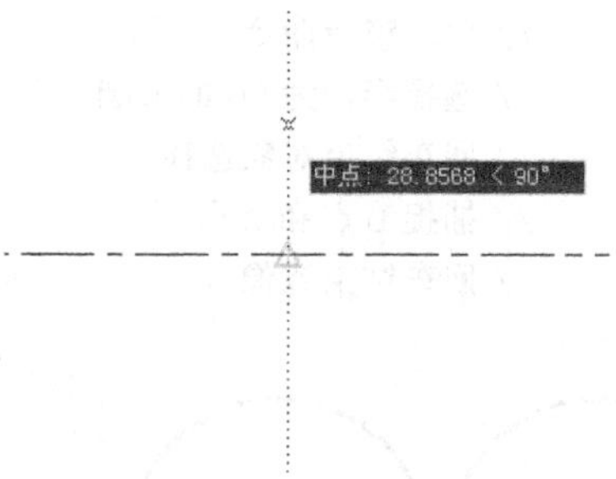

图 3-59　中心线的绘制

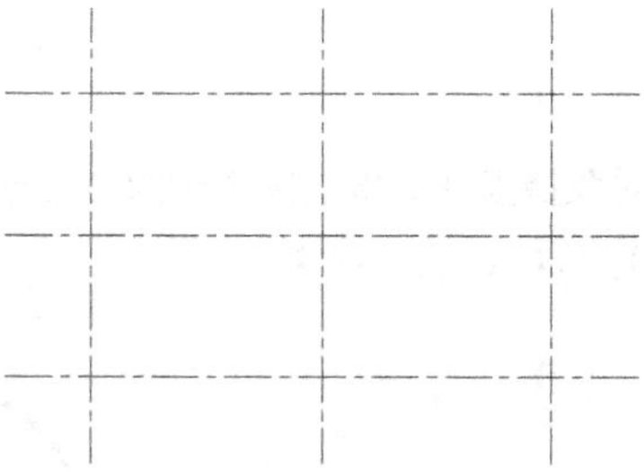
图 3-60　偏移后的中心线

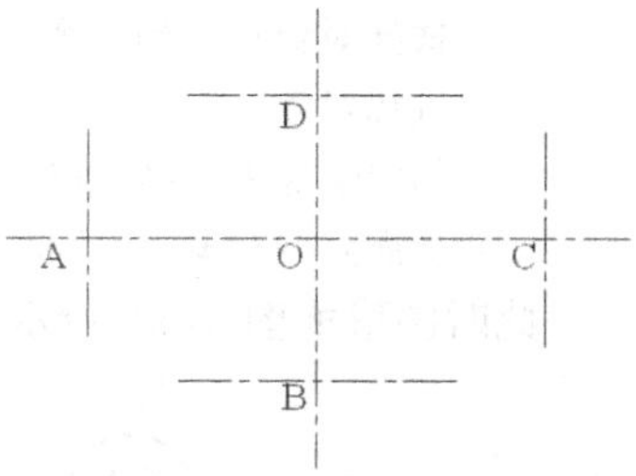

图 3-61　夹点编辑后的中心线

(3) 绘制各个圆：

将图线层设置为当前图层，启动画圆命令。

命令: _ circle 指定圆的圆心或 [三点 (3P) /两点 (2P) /相切、相切、半径 (T)]: <对象捕捉开>　　// 捕捉中心点 O 作为圆心
指定圆的半径或 [直径 (D)] <36.7922>: 20　　// 指定圆的半径 20，画出中间的圆
命令: _ copy　　// 启动复制命令

选择对象：找到 1 个　　　　　　　　　　　　　　　　　　　　// 选择中间的圆
选择对象：　　　　　　　　　　　　　　　　　　　　　　　　　// 回车结束选择
当前设置：复制模式 = 多个
指定基点或 [位移 (D) /模式 (O)] <位移>：指定第二个点或 <使用第一个点作为位移>：
　　　　　　　　　　　　　　　　　　　　　　　　　　　　　// 捕捉 O 点作为基点，然后捕捉 A 点，复制出左边的圆
指定第二个点或 [退出 (E) /放弃 (U)] <退出>：　　// 捕捉 B 点
指定第二个点或 [退出 (E) /放弃 (U)] <退出>：　　// 捕捉 C 点
指定第二个点或 [退出 (E) /放弃 (U)] <退出>：　　// 捕捉 D 点
指定第二个点或 [退出 (E) /放弃 (U)] <退出>：　　// 回车结束复制命令

此时图形如图 3-62 所示；同样用画圆和复制命令，画出四个小圆，如图 3-63 所示。

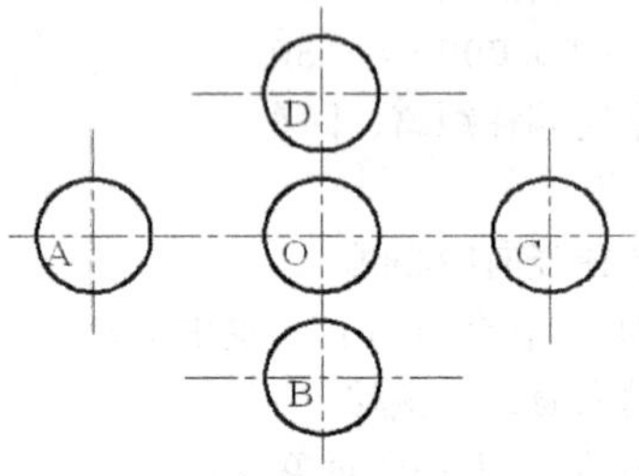

图 3-62　绘制五个 R20 的圆

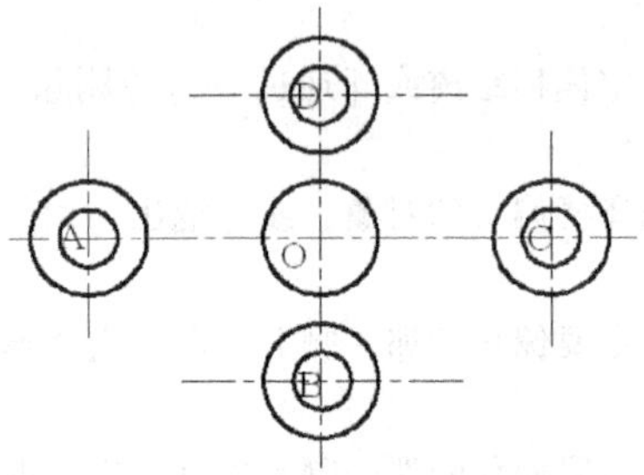

图 3-63　画出四个小圆

然后绘制 R80 的圆，从下拉菜单【绘图】/【圆】/【相切、相切、半径】画圆，命令行提示：

命令：_ circle 指定圆的圆心或 [三点 (3P) /两点 (2P) /相切、相切、半径 (T)]：_ ttr
指定对象与圆的第一个切点：　　　　// 将光标移动到左边大圆上方附近，当出现如图 3-64 所示的递延切点时，单击左键
指定对象与圆的第二个切点：　　　　// 将光标移动到上边大圆左上方附近，当出现递延切点时，单击左键
指定圆的半径 <10.0000>：80　　　// 指定圆的半径

用镜像命令，获得右边 R80 的圆：单击“修改”工具栏的镜像按钮，命令行提示

命令：_ mirror　　　　　　　　　　　　　　　　　　　　　　　// 启动镜像命令
选择对象：找到 1 个　　　　　　　　　　　　　　　　　　　　// 选择半径为 80 的大圆
选择对象：　　　　　　　　　　　　　　　　　　　　　　　　　// 回车结束对象选择
指定镜像线的第一点：<对象捕捉开> 指定镜像线的第二点：　　// 捕捉 D 点和 B 点
要删除源对象吗？[是 (Y) /否 (N)] <N>：　　　　　　　　　// 回车结束镜像

此时图形如图 3-65 所示。

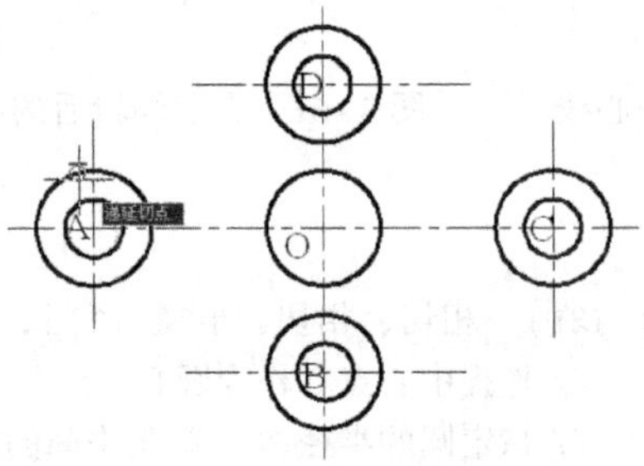

图 3-64　出现递延切点时，确定第一个切点

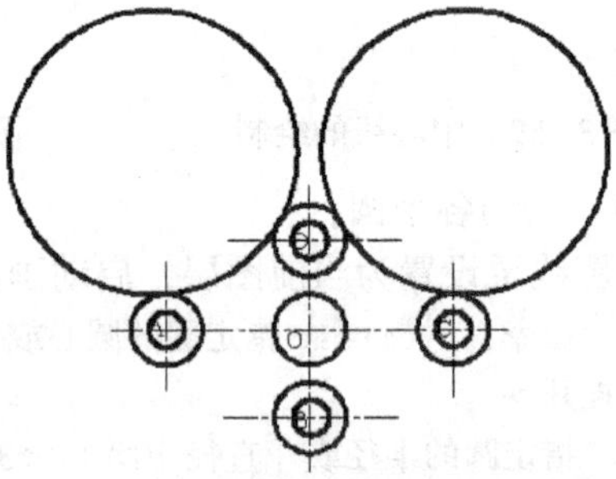

图 3-65　画出 R80 的两个大圆后的图形

(4) 绘制底下两条与圆弧相切的直线：

命令：_ line 指定第一点：　　// 启动直线命令，将光标放在左边 R20 的圆左下部，出现切点捕捉符号时，单击左键

注意：此时如果对象捕捉设置得过多，可能出现捕捉不到切点的情况，这时可将对象捕捉设置为只捕捉切点。

指定下一点或 [放弃 (U)]：　　// 将光标放在下边 R20 的圆左下部，出现切点捕捉符号时，单击左键

指定下一点或 [放弃 (U)]：　　// 回车结束画线

右边的直线可以用镜像得到，也可以用同样的画线方法得到，这时的图形见图 3-66。

(5) 剪切得到绘图结果：

单击“修改工具栏”中的启动修剪命令：

命令：_ trim　　// 启动剪切命令

当前设置：投影 = UCS，边 = 无

选择剪切边...

选择对象或 <全部选择>：找到 1 个　　// 在此提示下，依次选择两个 R80 的大圆，底下的两条直线，左右上面的三个 R20 的圆作为剪切边，即图 3-67中的亮显部分

……

选择对象：　　// 回车结束剪切边的选择

选择要修剪的对象，或按住 Shift 键选择要延伸的对象，或

[栏选 (F) /窗交 (C) /投影 (P) /边 (E) /删除 (R) /放弃 (U)]：

// 在此提示下，依次点取要剪掉的部分，即图 3-67 中带 × 号的部分

……

选择要修剪的对象，或按住 Shift 键选择要延伸的对象，或

[栏选 (F) /窗交 (C) /投影 (P) /边 (E) /删除 (R) /放弃 (U)]：

// 回车结束剪切命令

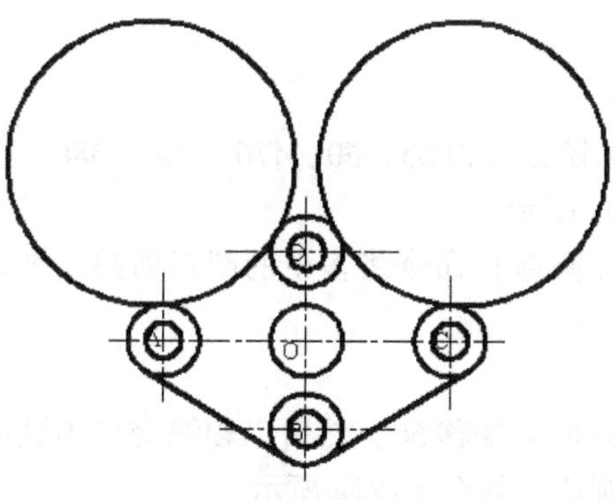

图 3-66　绘制出两条直线后的图形

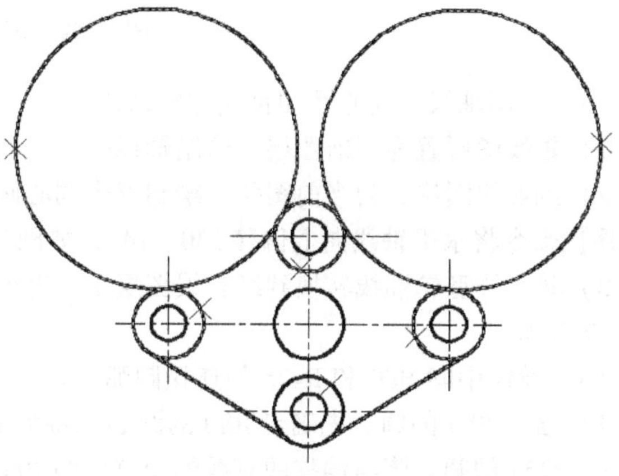

图 3-67　选择剪切边和要修剪的对象

此时就得到了如图 3-58 所示的绘图结果。

【例 3-17】 按照比例 1:5 绘制如图 3-68 所示的洗手盆平面图。

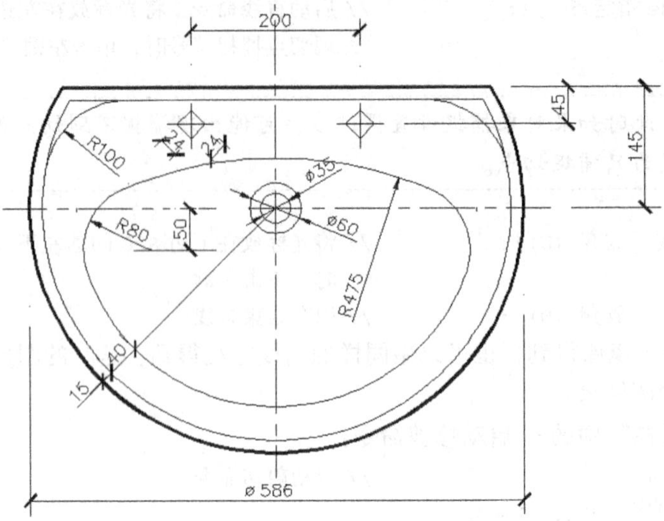

图 3-68　洗手盆平面图

在处理绘图比例的问题上，主要有两种方法：一是在绘图前先将尺寸按比例缩小，然后按缩小后的尺寸绘图，除此之外，我们还可以选择另外的处理方法，即先按照原有尺寸绘图，再将绘好的图使用【缩放】命令缩小（或放大）至要求的比例。下面就采用第二种方法来绘制如图 3-68 所示的洗手盆。

绘图步骤：

（1）设置图层：如图 3-69 所示。

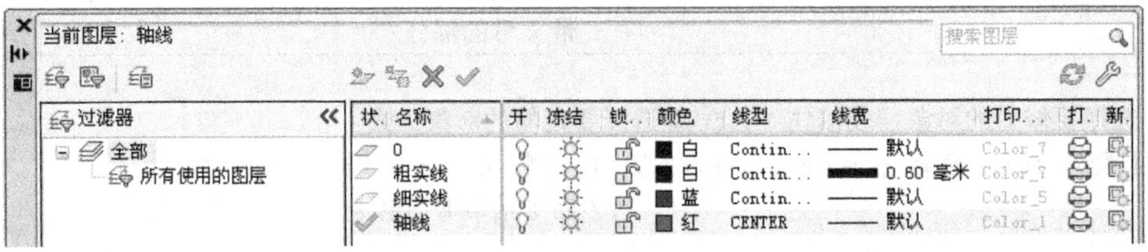

图 3-69　图层设置

（2）绘制轴线、同心圆和直线型轮廓线。

1）轴线图层置为当前图层，绘制轴线。

2）细实线图层置为当前图层，绘制五个同心圆，直径分别为 35、60、476、556、586，使用【偏移】命令将水平轴线向上偏移 130、145，如图 3-70a 所示。

3）将直线型轮廓线转换到细实线图层上，并使用【修剪】命令将多余的圆弧剪掉，结果如图 3-70b 所示。

（3）绘制中间 R80 和 R475 的连接圆弧。

1）绘制 R80 的圆。先确定 R80 的圆心，将水平轴线向下偏移 50，然后以轴线交点为圆心绘制一个 R158 的圆，圆与偏移的直线的交点即为 R80 的圆心，如图 3-71a 所示。

2）利用【删除】命令删除 R158 的圆，利用【复制】命令绘制另一侧 R80 的圆，如图 3-71b 所示。

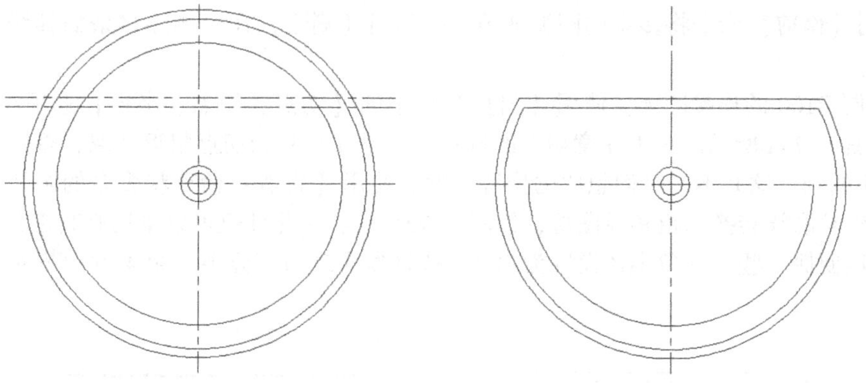

a)　　　　　　　　b)

图 3-70　绘制轴线、同心圆和直线型轮廓线

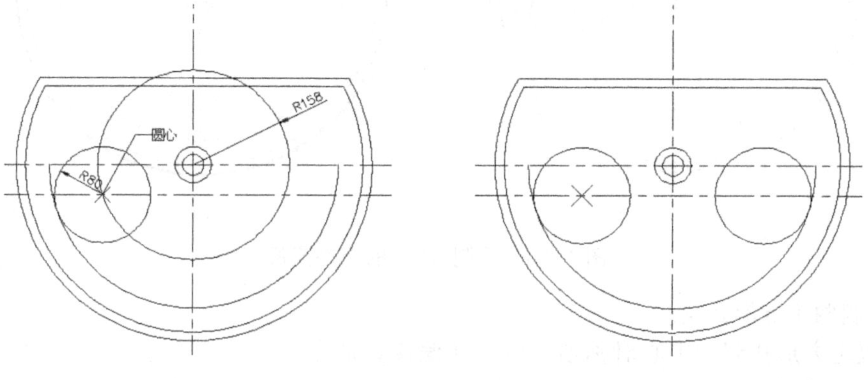

a)　　　　　　　　b)

图 3-71　绘制 R80 的圆

3）绘制 R475 的连接圆弧。

命令：_ circle　　　　　　　　　　　　　　// 执行【圆】命令

指定圆的圆心或 [三点 (3P) /两点 (2P) /切点、切点、半径 (T)]：t

　　　　　　　　　　　　　　　　　　　　// 选择【切点、切点、半径】选项

指定对象与圆的第一个切点：　　　　　　　// 在 A 点附近拾取

指定对象与圆的第二个切点：　　　　　　　// 在 B 点附近拾取

指定圆的半径 <80.0000>：475　　　　　// 输入连接圆弧的半径，如图 3-72a 所示。

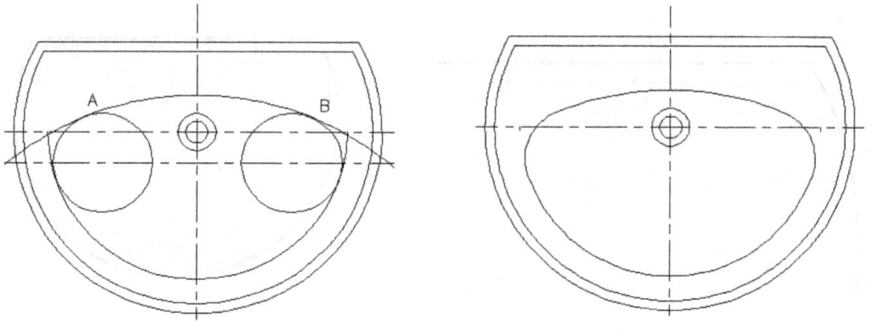

a)　　　　　　　　b)

图 3-72　绘制 R475 的连接圆弧

4）使用【修剪】命令将多余的圆弧剪掉，并利用【删除】命令删除多余的轴线，结果如图3-72b所示。

（4）绘制R100的连接圆弧。使用【圆】命令中的【切点、切点、半径】选项绘制R100的两个圆，如图3-73a所示。这里注意切点的选择，尽量在真实的切点附近选取，否则绘制的将是与R556外切的圆，这并不是我们想要的位置。然后使用【修剪】命令将多余的圆弧剪掉，并将洗手盆的最外轮廓线转换到粗实线图层，如图3-73b所示（此处也可以采用修改工具栏中的倒圆角命令，更加便捷一些，圆角半径设置为100，修剪模式改为不修剪。第4章中将对这个命令有所介绍）。

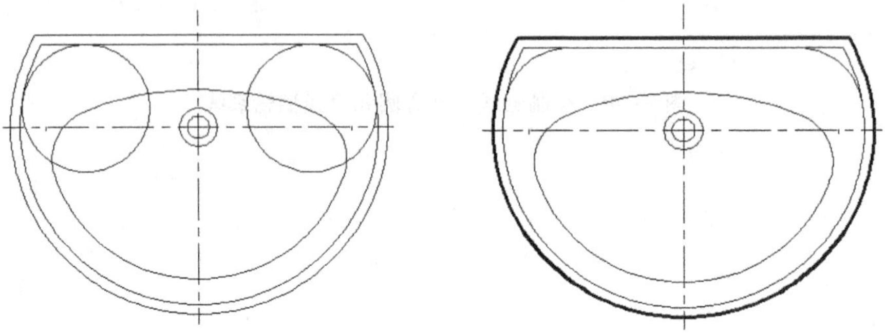

a)　　b)

图3-73　绘制R100的连接圆弧

（5）绘制两个方形孔洞。

1）先确定方形孔洞的中心对称轴。使用【偏移】命令将直线mn向下偏移30、竖直中轴线左右偏移100，交点即为方形孔洞的中心对称轴线，如图3-74所示。

2）绘制方形孔洞。打开【极轴追踪】模式，通过方孔的中心绘制倾角为45°的两条直线（图中的直线1和直线2），再使用【偏移】命令将直线1和直线2向两侧各复制间距为12的直线，如图3-75a所示。最后使用【修剪】命令剪掉多余的线段，并将方孔的对称轴线利用夹点激活（详见第4章）的方法调整到合适的长度，另一侧的方孔可以利用【复制】命令完成，最后结果如图3-75b所示。

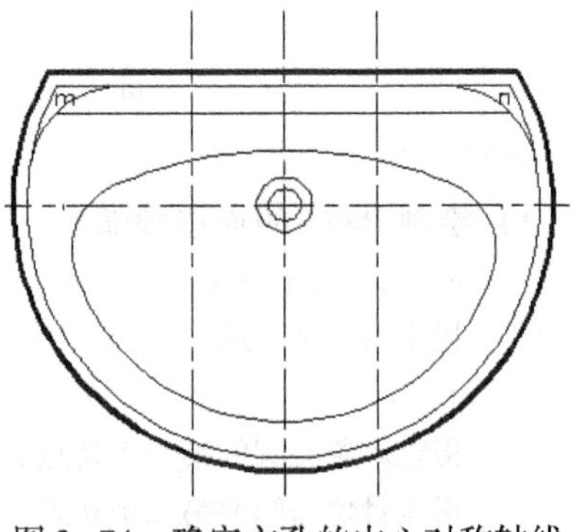

图3-74　确定方孔的中心对称轴线

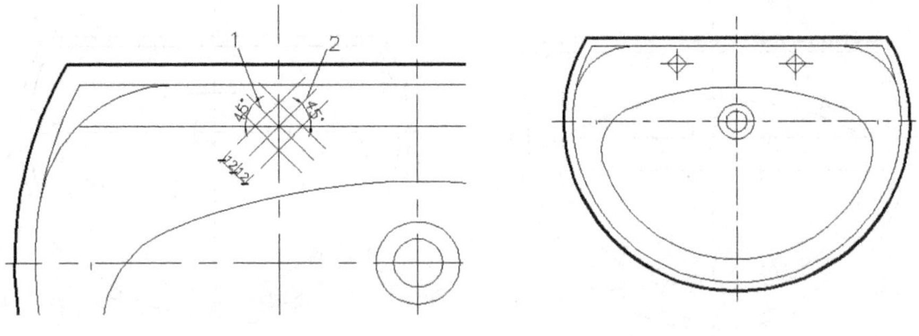

a)　　b)

图3-75　绘制方形孔洞

（6）按比例缩放。使用【缩放】命令（详见第 4 章）将 1:1 绘制的图样缩小 5 倍（即缩放比例因子为 0.2）。关于尺寸的正确标注详见第 5 章。

3.14　习题

1. 绘制如图 3 - 76 所示标高符号。

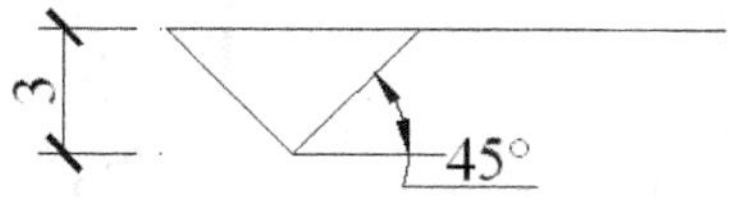

图 3 - 76　标高符号

2. 已知一矩形如图 3 - 77a 所示，绘制图 3 - 77b 所示的圆，使圆心正好在矩形的中心点（提示：可以用对象捕捉追踪，追踪矩形长和宽的中点）。

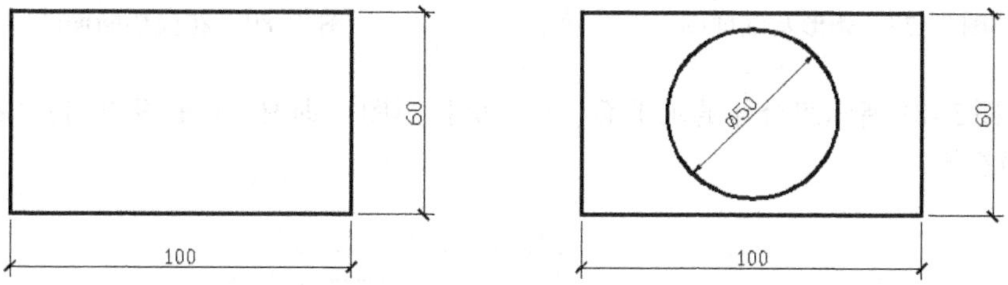

a)　　b)

图 3 - 77　矩形与圆

3. 绘制如图 3 - 78 所示的图样。

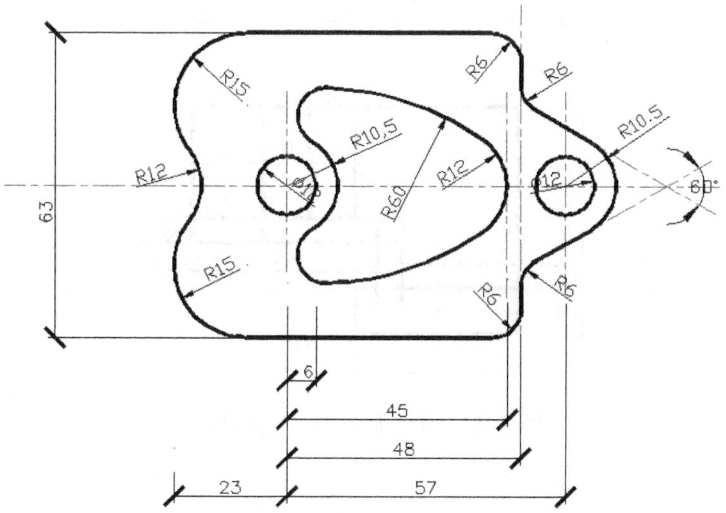

图 3 - 78　几何作图

4. 绘制如图 3-79、图 3-80 所示的图样并填充。

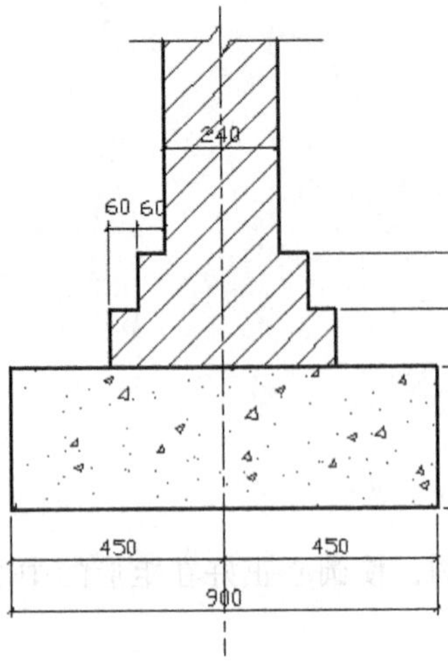

图 3-79 条形基础详图

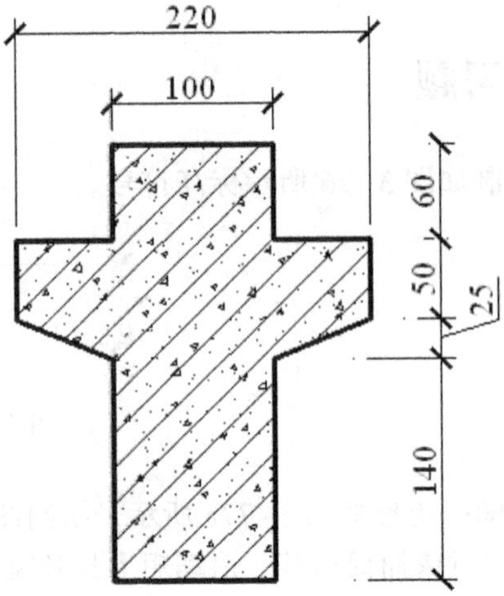

图 3-80 花篮梁断面图

5. 绘制如图 3-81 所示组合体的水平面、正立面投影图（即 H、V 面投影图），并补绘侧立面投影（即 W 面投影）。

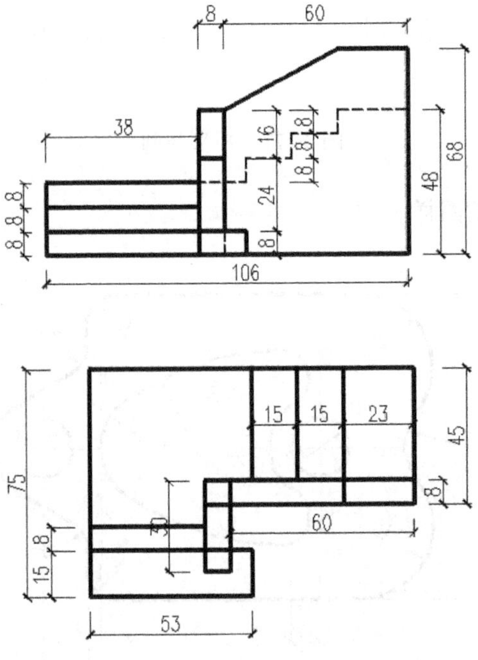

图 3-81 组合体的 H、V 面投影

6. 绘制如图 3 - 82 所示立交桥平面图。

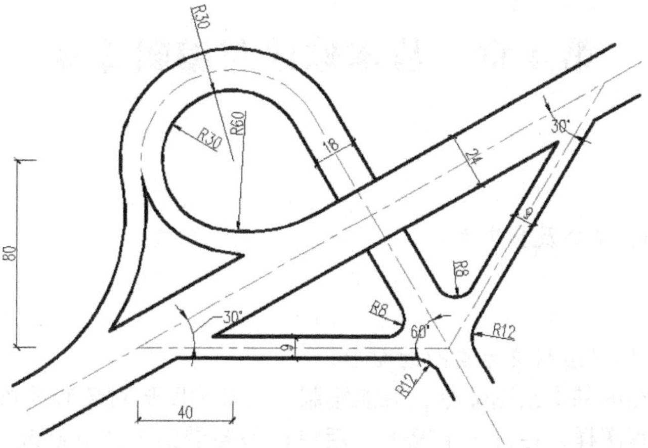

图 3 - 82　立交桥平面图

7. 绘制如图 3 - 83、图 3 - 84 所示的平面图形。

图 3 - 83　花饰图案

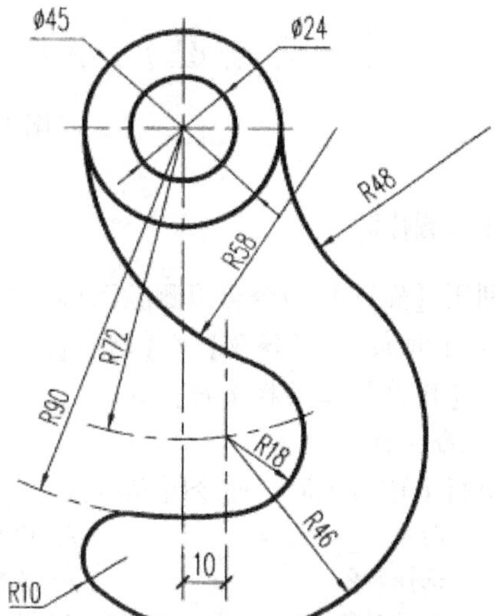

图 3 - 84　平面图形

第 4 章　基本修改与编辑命令

【本章重点】

- 基本修改与编辑命令及其应用；
- 夹点编辑；
- 特性选项板；
- 利用前面所学知识绘制较为复杂的图形。

单纯使用前面介绍的基本绘图命令，只能绘制一些基本图形对象和简单图样，要绘制复杂的图形，如一幅建筑工程图样，在许多情况下，用户还需要借助于图形修改与编辑命令。AutoCAD 同样向用户提供了高效的编辑命令，可以在瞬间完成一些复杂的工作。因此，掌握基本的修改与编辑命令，对于绘制各种工程图样都是非常有用和必要的。

4.1　删除与复制

大部分常用编辑命令，在【修改】工具栏上都有相应按钮，如图 4-1 所示。

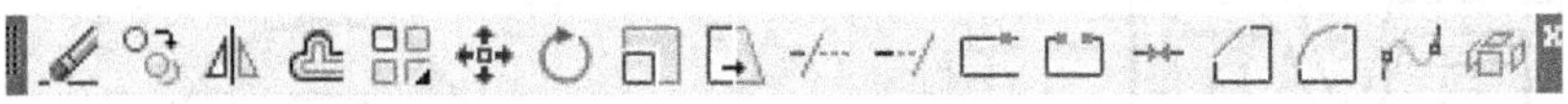

图 4-1　【修改】工具栏

4.1.1　删除

利用【删除】命令可以删除图形中的一个或多个对象。启动【删除】命令的方法有：

- 下拉菜单：【修改】/【删除】。
- 【修改】工具栏按钮：。
- 命令行：erase。

执行上述命令后，命令行提示：

命令：_ erase	// 执行【删除】命令
选择对象：	// 选择要删除的对象
选择对象：	// 继续选择要删除的对象，如果不再增加要删除的对象，则单击鼠标右键或直接回车，选中的对象被删除

4.1.2　复制

【复制】命令可以复制一个或多个相同的图形对象，并放置到指定的位置。当需要绘制若干个相同或相近的图形对象时，用户可以使用【复制】命令在短时间内轻松、方便地完成绘制工作，免去了以往手工绘图中的大量重复劳动。启动【复制】命令的方法有：

- 下拉菜单：【修改】/【复制】。
- 工具栏按钮：。

● 命令行：copy。
● 快捷命令：co，cp。

执行上述命令后，依据命令行提示选取对象：

_ copy
选择对象：找到 1 个　　// 选取要复制的对象
选择对象：　　// 回车结束选择
当前设置：复制模式 = 多个　　// 显示多重复制
指定基点或［位移（D）/模式（O）］<位移>：　　// 指定一点作为复制基点
指定第二个点或<使用第一个点作为位移>：　　// 指定复制到的一点或相对第一点的坐标
指定第二个点或［退出（E）/放弃（U）］<退出>：　　// 继续复制或回车结束复制

【例 4-1】 用复制命令绘制如图 4-2 所示的楼梯段轮廓。

（1）首先绘制如图 4-3 所示的一级台阶，该楼梯踏步宽为 250，踢面高为 175：

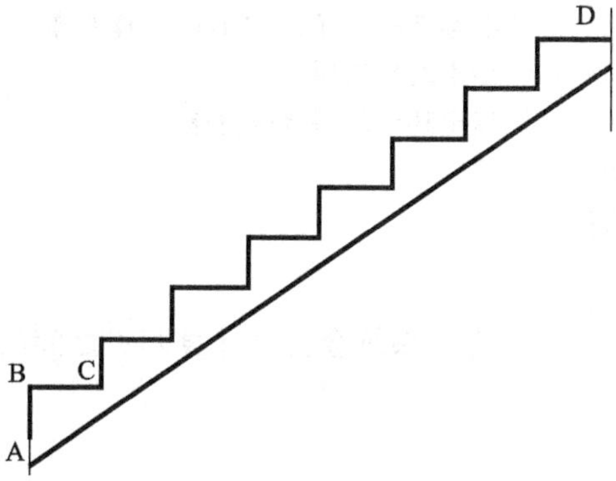

图 4-2　楼梯段

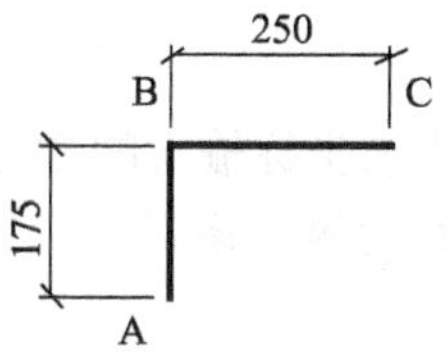

图 4-3　一级台阶

_ line 指定第一点：　<正交开>　　// 启动 LINE 命令画线，将正交开关打开，指定起点 A
指定下一点或［放弃（U）］：175　　// 将鼠标放在 A 点正上方，直接输入 AB 长度 175
指定下一点或［放弃（U）］：250　　// 将鼠标放在 B 点正右方，直接输入 BC 长度
指定下一点或［闭合（C）/放弃（U）］：　　// 回车结束画线

（2）利用复制命令绘制多个台阶：

_ copy　　// 启动复制命令
选择对象：找到 1 个　　// 选择线段 AB
选择对象：找到 1 个，总计 2 个　　// 选择线段 BC
选择对象：　　// 回车结束选择
当前设置：复制模式 = 多个　　// 显示当前复制模式
指定基点或［位移（D）/模式（O）］<位移>：<对象捕捉开>指定第二个点或<使用第一个点作为位移>：　　// 将对象捕捉打开，捕捉 A 点作为基点，捕捉 C 点作为复制的第二个点
指定第二个点或［退出（E）/放弃（U）］<退出>：
　　// 依此类推，复制出 7 个楼梯

（3）用画线命令，打开对象捕捉，连接 8 个楼梯的端点 AD，并将此直线向下移动 100，即得到如图 4-2 所示的楼梯梯段。

4.2 移动与旋转

4.2.1 移动

【移动】命令可以改变所选对象的位置。可以用以下几种方法启动【移动】命令：

- 下拉菜单：【修改】/【移动】。
- 工具栏按钮：。
- 命令行：move。
- 快捷命令：m。

执行上述命令后，命令行提示：

```
命令：_ move
选择对象：                            // 选择需要移动的对象
选择对象：                            // 继续选择对象，如不再选择则单击右键（或回车）
                                         结束对象选择
指定基点或［位移（D）］<位移>：       // 指定移动的基点或位移
指定位移的第二点或<用第一点作位移>：
```

可以用下面两种方法确定对象被移动的位移：

1. 两点法

用鼠标单击或坐标输入的方法指定基点和第二点，系统会自动计算两点之间的位移，并将其作为所选对象移动的位移。

2. 位移法

将指定的第一点作为基点，在出现“指定位移的第二点或 <用第一点作位移>：”的提示时回车，选择括号内的默认项，系统将第一点的坐标值作为对象移动的位移。

> 【移动】命令通常与【对象捕捉】和【对象追踪】共同使用，可以快速、准确地将对象移动到所需位置。

4.2.2 旋转

利用【旋转】命令可以将对象绕指定的旋转中心旋转一定角度。可以用以下几种方法启动【旋转】命令：

- 下拉菜单：【修改】/【旋转】。
- 工具栏按钮或面板选项板：。
- 命令行：rotate。
- 快捷命令：ro。

执行上述命令后，依据命令行提示选取对象，结束对象选择后命令行提示如下：

```
指定基点：                            // 指定旋转中心
指定旋转角度或［复制（C）/参照（R）］<0>：
```

确定旋转角度有两种方法：直接输入角度和使用参照角度。直接输入角度就是在出现“指定旋转角度或［参照（R）］：”提示时输入角度值即可，正值角度为逆时针旋转，负值角度为顺时针旋转。使用参照角度就是在上面的提示下输入“r”选择“参照”选项，它可以将一个对象的一条边与其他参照对象的边对齐。

【例 4-2】 使用【旋转】命令将图 4-4 中的矩形旋转 30°，使 AB 边与直线 AC 对齐。

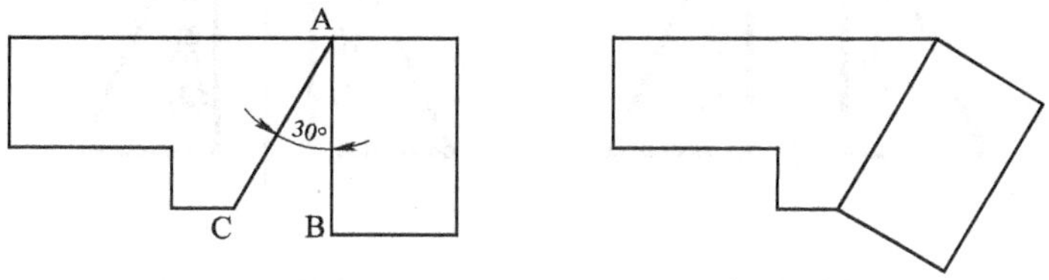

图 4-4 【旋转】命令的使用

```
命令: _ rotate                                          // 执行【旋转】命令
UCS 当前的正角方向: ANGDIR = 逆时针 ANGBASE = 0
选择对象: 找到 4 个                                     // 选择矩形的 4 条边
选择对象:                                               // 单击右键，结束对象选择
指定基点: <对象捕捉开>                                  // 打开对象捕捉，捕捉 A 点为旋转中心
指定旋转角度，或 [复制 (C) /参照 (R)] <0>: r            // 使用参照角度
指定参照角 <0>:                                         // 捕捉 A 点
指定第二点:                                             // 捕捉 B 点
指定新角度或 [点 (P)] <0>:                              // 捕捉 C 点
```

4.3 镜像与偏移

4.3.1 镜像

【镜像】命令可以沿着一根对称中轴线（镜像线）对称复制图形对象。【镜像】命令同样可以大大地节约设计人员的绘图时间，提高工作效率。启动【镜像】命令的方法有：

- 下拉菜单：【修改】/【镜像】。
- 工具栏按钮：。
- 命令行：mirror。
- 快捷命令：mi。

执行上述命令后，命令行提示如下：

```
命令: _ mirror
选择对象:                                               // 选择对象
选择对象:                                               // 继续选择对象或结束对象选择
指定镜像线的第一点: 指定镜像线的第二点:                 // 指定两点确定镜像线
是否删除源对象? [是 (Y) /否 (N)] <N>:                   // 输入相应字母选择是否删除源对象
```

在 AutoCAD 中，可以通过系统变量 MIRRTEXT 的值，来控制文本镜像的效果。当该变量的值取 0 时，文本对象镜像后效果为正，可识读；当该变量的值取 1 时，文本对象参与镜像，即镜像效果为反，效果如图 4-5 所示，其中的点画线为镜像线。

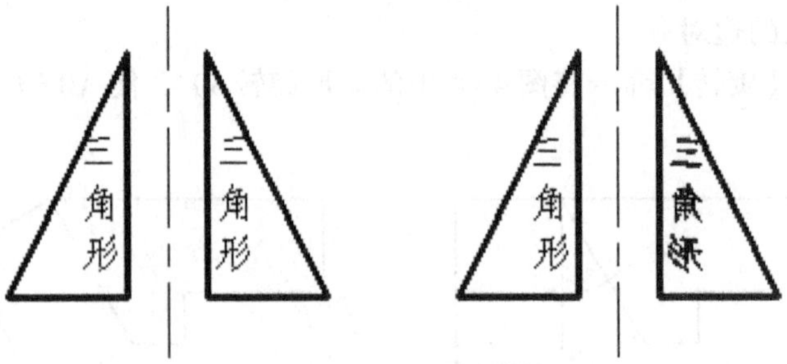

MIRRTEXT=0　　　　MIRRTEXT=1

图 4-5　文本对象的镜像效果

4.3.2　偏移

利用【偏移】命令对直线、圆或矩形等图形对象进行偏移，可以绘制一组平行直线、一组同心圆或同心矩形等图形。启动【偏移】命令的方法有：

- 下拉菜单：【修改】/【偏移】。
- 工具栏按钮：。
- 命令行：offset。
- 快捷命令：o。

执行上述命令后，命令行提示如下：

```
命令：_offset                                  // 执行【偏移】命令
当前设置：删除源 = 否图层 = 源 OFFSETGAPTYPE = 0
指定偏移距离或 [通过(T)/删除(E)/图层(L)] <通过>：10
                                               // 输入偏移距离或输入"t"选择"通过"选项
选择要偏移的对象，或 [退出(E)/放弃(U)] <退出>：
                                               // 选择要偏移的对象
指定要偏移的那一侧上的点，或 [退出(E)/多个(M)/放弃(U)] <退出>：
                                               // 鼠标移至偏移一侧单击
选择要偏移的对象，或 [退出(E)/放弃(U)] <退出>：
                                               // 继续选择偏移对象或回车结束命令
```

使用【偏移】命令选择对象时，只能用点选的方式进行选择，且每次只能选择一个对象进行偏移。因此在对多边形或多条折线组成的图形进行偏移时，必须使用多边形、矩形或多段线绘图命令生成，因为它们生成的图形被视为单个对象。

从 AutoCAD2008 版本开始，【偏移】命令中新增加了多重偏移功能，在偏移命令提示"指定要偏移的那一侧上的点，或 [退出(E)/多个(M)/放弃(U)] <退出>"时，输入"m"，可以以同样的距离一次偏移出多个对象。

注意：如果矩形、折线使用【矩形】命令和【多段线】命令绘制，偏移的效果与用【直线】命令绘制偏移效果会不一样，读者可以自行练习。

【例 4－3】 绘制如图 4-6 所示的楼梯顶层平面图。

（1） 设置图层线型，绘制定位轴线：

先用 Layer 命令设置如下图层

1）墙线层，粗实线：线宽 0.6mm，线型 Continuous；

2）轴线层，点画线：线宽 0.15mm，线型 Center；

3）楼梯窗线层，细实线：线宽 0.15mm，线型 Continuous。

（2） 画定位轴线：

采用 1:1 的比例画图，在轴线层打开正交按钮，绘制横竖两条轴线，然后使用偏移命令得到如图 4-7 所示图形，偏移过程如下：

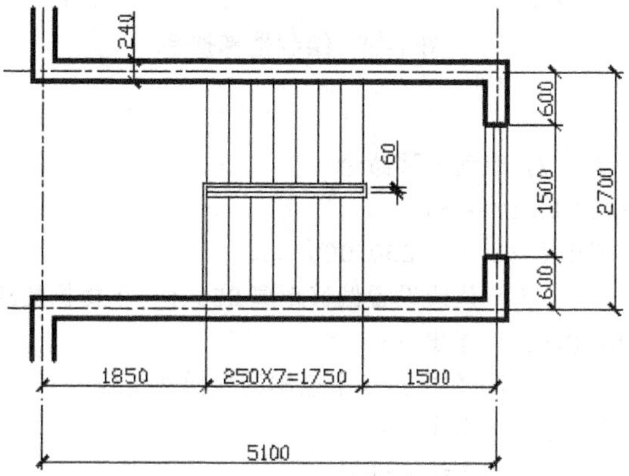

图 4-6　楼梯顶层平面图

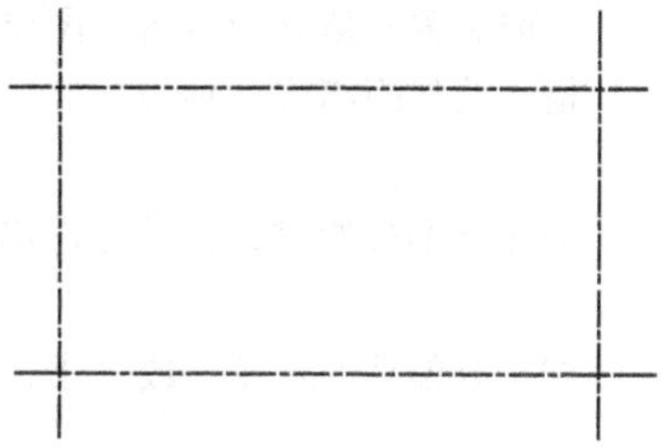

图 4-7　绘制轴线

```
命令：_offset                                                    //启动偏移命令
当前设置：删除源=否  图层=源  OFFSETGAPTYPE=0
指定偏移距离或［通过(T)/删除(E)/图层(L)］<10>：2700              //给定偏移距离 2700
选择要偏移的对象，或［退出(E)/放弃(U)］<退出>：                  //点选横向轴线
指定要偏移的那一侧上的点，或［退出(E)/多个(M)/放弃(U)］<退出>：
                                                                 //在需要偏移的一侧单击
选择要偏移的对象，或［退出(E)/放弃(U)］<退出>：                  //回车结束命令
命令：_offset                                                    //回车再次重复偏移命令
指定偏移距离或［通过(T)/删除(E)/图层(L)］<2700.0000>：5100
                                                                 //给定偏移距离 5100
选择要偏移的对象，或［退出(E)/放弃(U)］<退出>：                  //点选竖向轴线
指定要偏移的那一侧上的点，或［退出(E)/多个(M)/放弃(U)］<退出>：
                                                                 //在需要偏移的一侧单击
选择要偏移的对象，或［退出(E)/放弃(U)］<退出>：                  //单击右键结束偏移命令
```

（3） 绘制墙体：在墙线图层，采用多线命令，使用定义过的 240 的墙体 Wall 多线绘制墙体。

```
命令：_mline                                   //启动多线命令
当前设置：对正=无，比例=1.00，样式=WALL
指定起点或［对正 (J) /比例 (S) /样式 (ST)］：<对象捕捉开>
                                               //打开对象捕捉，捕捉轴线各相应端点和交点
```

然后，将横向轴线向中间偏移 600，利用修剪命令，剪切出窗洞。得到如图 4-8 所示图形。

（4） 绘制窗及楼梯扶手：转到细实线图层，利用画线命令和偏移剪切等命令，绘制窗和楼梯

扶手。并在距离右边竖向轴线1500+1750处，绘制一条楼梯细实线，如图4-9所示。

图4-8　绘制墙体、门窗洞

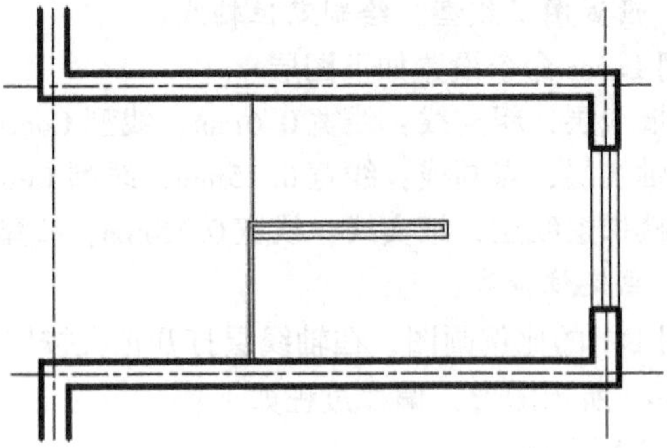

图4-9　绘制楼梯扶手

(5) 使用多重偏移命令，绘制楼梯：

命令：_ offset　　// 启动偏移命令

当前设置：删除源=否　图层=源　OFFSETGAPTYPE=0

指定偏移距离或［通过（T）/删除（E）/图层（L）］<250.0000>：

// 默认或设置偏移距离250（一个楼梯的踏步宽）

选择要偏移的对象，或［退出（E）/放弃（U）］<退出>：

// 选择图4-9中绘制的楼梯细实线

选择要偏移的对象，或［退出（E）/放弃（U）］<退出>：

// 回车结束选择

指定要偏移的那一侧上的点，或［退出（E）/多个（M）/放弃（U）］<退出>：m

// 输入m，要进行多重偏移

指定要偏移的那一侧上的点，或［退出（E）/放弃（U）］<下一个对象>：

// 在细实线的右侧单击，则出现第二条楼梯细实线

指定要偏移的那一侧上的点，或［退出（E）/放弃（U）］<下一个对象>：

// 在第二条细实线的右侧单击，则出现第三条楼梯细实线

指定要偏移的那一侧上的点，或［退出（E）/放弃（U）］<下一个对象>：

// 依此类推，共单击7次

另外一侧的楼梯偏移方法类似，读者可以自己练习。完成后图形如图4-10所示。

此题中的楼梯扶手也可以不通过偏移的方法得到，也可以采用多线中的STANDARD样式，选用合适的比例（如30），用下对正的方法绘制出来。读者可以自行练习。

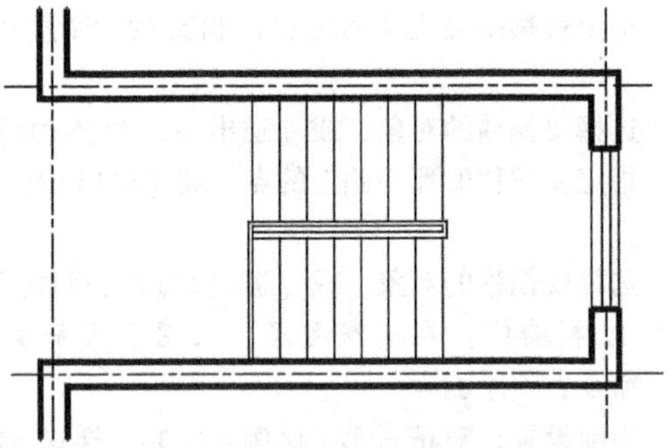

图4-10　利用偏移命令绘制楼梯

4.4　阵列

在绘制工程图样时，经常遇到布局规则的各种图形，例如建筑立面图中窗的布置、建筑平

面图中柱网的布置、装修施工图中各种装饰花样的布置。当它们成矩形或环形阵列布局时，AutoCAD 向用户提供了快速进行矩形或环形阵列复制的命令，即【阵列】命令。启动【阵列】命令的方法有：

- 下拉菜单：【修改】/【阵列】。
- 修改工具栏：。
- 命令行：array。
- 快捷命令：ar。

阵列一共有三种方式，如果采用 array 命令进行阵列，后面会跟着提示：

```
命令：ARRAY
选择对象：
输入阵列类型 [矩形(R)/路径(PA)/极轴(PO)] <矩形>：
```

根据情况去选择阵列类型。路径阵列可以选择某些对象作为阵列的路径，下面通过例子来说明一下矩形阵列和极轴阵列的用法。

【例 4-4】 用阵列命令完成如图 4-11 所示的电视墙的立面图。

(1) 根据尺寸，先画出外框及要偏移的矩形（这里采用了绝对坐标输入的方式，读者也可以尝试采用捕捉与追踪的方式）。

```
命令：_ rectang                                              // 画外框矩形
指定第一个角点或 [倒角(C)/标高(E)/圆角(F)/厚度(T)/宽度(W)]：0, 0
                                                              // 起点
指定另一个角点或 [面积(A)/尺寸(D)/旋转(R)]：@ 3000, 2200
                                                              // 另一个角点
命令：_ line 指定第一点：0, 200                               // 给定直线起点
指定下一点或 [放弃(U)]：3000                                  // 将鼠标放在正右方，输入线的长度
指定下一点或 [放弃(U)]：                                      // 回车或击右键结束画线
命令：_ rectang                                              // 画里面要阵列的小矩形
指定第一个角点或 [倒角(C)/标高(E)/圆角(F)/厚度(T)/宽度(W)]：200, 300
                                                              // 起点
指定另一个角点或 [面积(A)/尺寸(D)/旋转(R)]：@ 350, 350
                                                              // 指定矩形另一角点，如图 4-12 所示
```

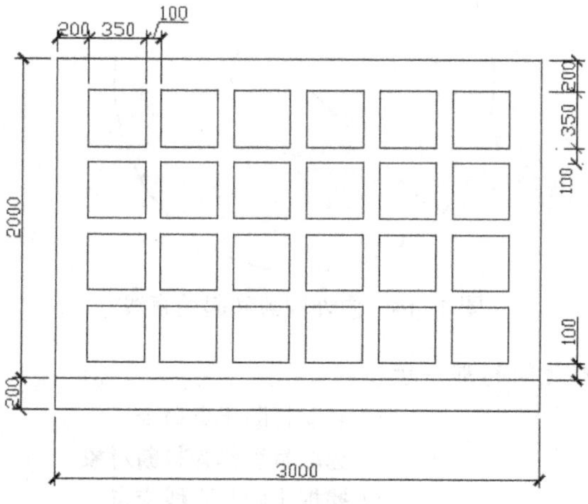

图 4-11　电视墙的立面图

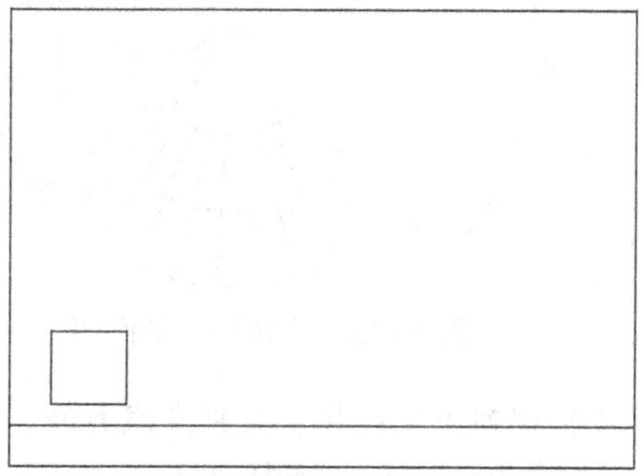

图 4-12　电视墙外框和小矩形

(2) 阵列：

```
命令： _arrayrect                                              // 启动矩形阵列命令
选择对象：找到 1 个                                             // 选择要阵列的正方形
选择对象：                                                     // 回车结束选择
类型 = 矩形   关联 = 是
为项目数指定对角点或 [基点(B)/角度(A)/计数(C)] <计数>: b          // 基点阵列
指定基点或 [关键点(K)] <质心>:                                   // 回车默认质心为基点
为项目数指定对角点或 [基点(B)/角度(A)/计数(C)] <计数>:             // 回车默认计数
输入行数或 [表达式(E)] <4>: 4                                    // 给定行数
输入列数或 [表达式(E)] <4>: 6                                    // 给定列数
指定对角点以间隔项目或 [间距(S)] <间距>: s                         // 选择间距
指定行之间的距离或 [表达式(E)] <525>: 450                          // 输入行间距
指定列之间的距离或 [表达式(E)] <525>: 450                          // 输入列间距
按 Enter 键接受或 [关联(AS)/基点(B)/行(R)/列(C)/层(L)/退出(X)] <退出>:
                                                               // 按 Enter 键接受
```

【例 4-5】 使用极轴阵列命令完成如图 4-13 所示的旋转楼梯平面图。

(1) 画内外圆弧和起始直线：

```
命令： _circle 指定圆的圆心或 [三点(3P)/两点(2P)/相切、相切、半径(T)]:
                                                       // 启动画圆命令
指定圆的半径或 [直径 (D)] <10.0000>: 500                  // 给定内圆半径 500
命令： _circle 指定圆的圆心或 [三点(3P)/两点(2P)/相切、相切、半径(T)]:
                                                       // 画圆
指定圆的半径或 [直径 (D)] <500.0000>: 1300                // 给定外圆半径 1300
命令： _line 指定第一点：                                  // 画线，捕捉圆心作为直线起点
指定下一点或 [放弃 (U)]: @ 1300 <220                       // 画所要阵列的直线
指定下一点或 [放弃 (U)]:                                   // 回车结束画线
```

此时图形如图 4-14 所示。

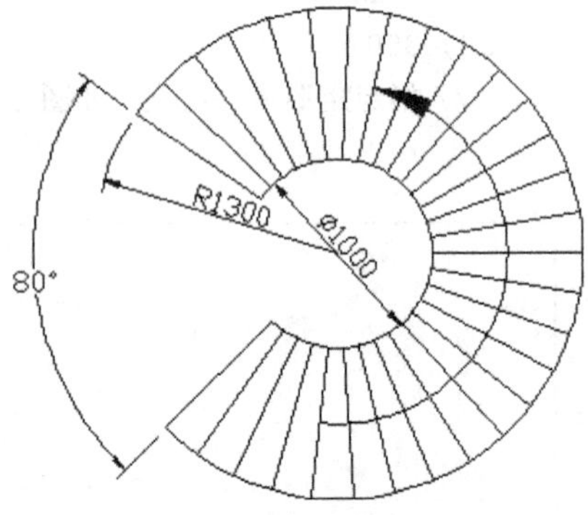

图 4-13　旋转楼梯平面图

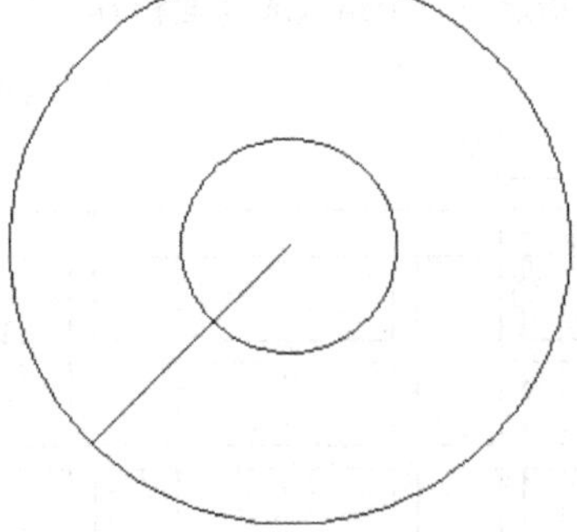

图 4-14　内外圆弧和起始直线

(2) 阵列产生楼梯。先将直线打断，只阵列两圆之间的那一段：

```
命令： _break 选择对象：                                   // 启动打断于点命令
指定第二个打断点或 [第一点 (F)]: _f                         // 选取直线作为打断对象
指定第一个打断点：                                         // 捕捉小圆与直线交点
指定第二个打断点： @
```

阵列：

```
命令：_ arraypolar                                      // 启动极轴阵列命令
选择对象：找到 1 个                                      // 选择两圆之间的楼梯线作为阵列对象
选择对象：                                              // 回车结束选择
类型 = 极轴  关联 = 是
指定阵列的中心点或 [基点(B)/旋转轴(A)]：                  // 选择圆心作为阵列中心点
输入项目数或 [项目间角度(A)/表达式(E)] <4>: 30           // 输入楼梯数
指定填充角度 (+ =逆时针、- =顺时针) 或 [表达式(EX)] <360>: 280
                                                        // 输入填充角度
按 Enter 键接受或 [关联(AS)/基点(B)/项目(I)/项目间角度(A)/填充角度(F)/行(ROW)/层
(L)/旋转项目(ROT)/退出(X)]                                // 回车接受
```

此时图形如图 4-15 所示。

(3) 删除掉多余线条：

```
命令：_ trim                                            // 启动修剪命令
当前设置：投影 = UCS，边 = 无
选择剪切边...
选择对象或 <全部选择>：找到 1 个                          // 提示选择剪切边
选择对象：找到 1 个，总计 2 个                            // 选择楼梯边缘两条直线作为边界
选择对象：                                              // 击右键结束选择
选择要修剪的对象，或按住 Shift 键选择要延伸的对象，或
[栏选(F)/窗交(C)/投影(P)/边(E)/删除(R)/放弃(U)]：          // 在大圆要去掉的部分单击
选择要修剪的对象，或按住 Shift 键选择要延伸的对象，或
[栏选(F)/窗交(C)/投影(P)/边(E)/删除(R)/放弃(U)]：          // 在小圆要去掉的部分单击
选择要修剪的对象，或按住 Shift 键选择要延伸的对象，或
[栏选(F)/窗交(C)/投影(P)/边(E)/删除(R)/放弃(U)]：          // 回车结束剪切命令
```

(4) 用多段线命令画楼梯的箭头：

```
命令：_ pline                                           // 启动多段线命令
指定起点：                                              // 捕捉左下角第五条楼梯线中点
当前线宽为 0.0000
指定下一个点或 [圆弧(A)/半宽(H)/长度(L)/放弃(U)/宽度(W)]: a
                                                        // 切换画圆弧
指定圆弧的端点或
[角度(A)/圆心(CE)/方向(D)/半宽(H)/直线(L)/半径(R)/第二个点(S)/放弃(U)/宽度(W)]：
ce                                                      // 指定圆心来画圆弧
指定圆弧的圆心：                                          // 捕捉圆心，与大圆小圆同心
指定圆弧的端点或 [角度(A)/长度(L)]：                       // 捕捉箭头线终点处楼梯线段的中点，
                                                           画出箭头线
指定圆弧的端点或
[角度(A)/圆心(CE)/闭合(CL)/方向(D)/半宽(H)/直线(L)/半径(R)/第二个点(S)/放弃(U)/
宽度(W)]: w                                              // 改变线宽画箭头
指定起点宽度 <0.0000>: 100
指定端点宽度 <100.0000>: 0
指定圆弧的端点或
```

[角度(A)/圆心(CE)/闭合(CL)/方向(D)/半宽(H)/直线(L)/半径(R)/第二个点(S)/放弃(U)/宽度(W)]:　　　　// 向前拉伸一段距离，捕捉前面相隔两条楼梯段的中点

指定圆弧的端点或

[角度(A)/圆心(CE)/闭合(CL)/方向(D)/半宽(H)/直线(L)/半径(R)/第二个点(S)/放弃(U)/宽度(W)]:　　　　// 回车结束多段线命令

完成图形如图 4-16 所示。

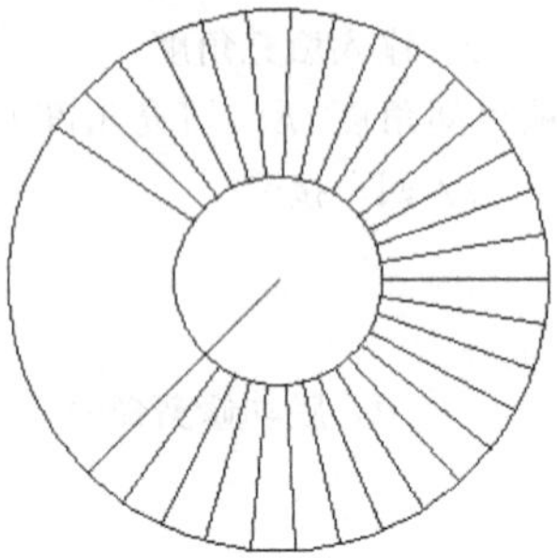

图 4-15　阵列后效果

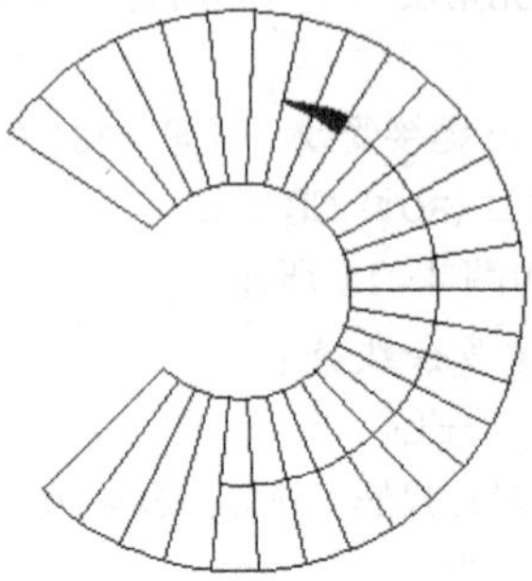

图 4-16　旋转楼梯平面图

4.5　缩放

【缩放】命令可以将图形对象按指定比例因子进行放大或缩小。它只改变图形对象的大小而不改变图形的形状，即图形对象在 X、Y 方向的缩放比例是相同的。启动【缩放】命令的方法有：

- 下拉菜单：【修改】/【缩放】。
- 工具栏按钮：。
- 命令行：scale。
- 快捷命令：sc。

执行上述命令后，命令行提示：

命令：_ scale　　　　// 启动缩放命令

选择对象：找到 1 个　　　　// 选择对象

选择对象：　　　　// 继续选择对象或结束选择

指定基点：　　　　// 指定基点以确定缩放中心的位置和缩放后图形对象的位置

指定比例因子或 [复制(C)/参照(R)] <1.0000>:

然后根据提示给定比例因子、或进行复制缩放或者参照缩放。

4.5.1　比例缩放

比例缩放就是在命令行提示“指定比例因子或 [复制(C)/参照(R)] <1.0000>:”时，直接输入已知的比例因子。比例因子大于 1 时，图形放大；小于 1 时，图形缩小。这种方法适用于比例因子已知的情况。

【例 4-6】　使用【缩放】命令将如图 4-17 所示的窗放大 1.5 倍。

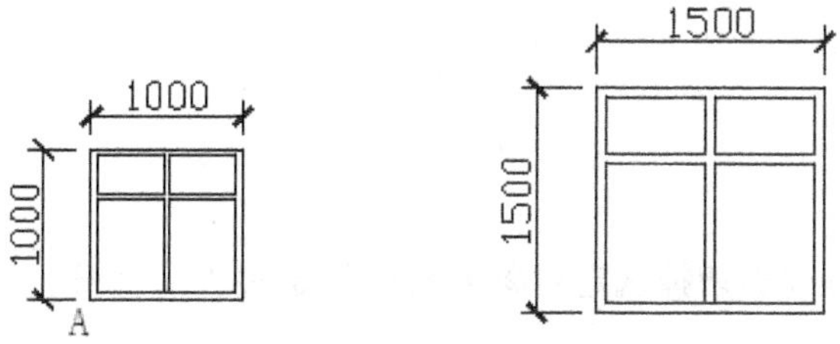

图 4-17　比例缩放实例

命令：_ scale
选择对象：　　// 选择整个窗图形
选择对象：　　// 回车结束对象选择
指定基点：　　// 捕捉 A 点
指定比例因子或［复制(C)/参照(R)］：1.5　　// 输入比例因子 1.5，回车

复制缩放就是在命令行提示“指定比例因子或［复制(C)/参照(R)］<1.0000>：”时，输入“c”，然后再输入比例因子或参照缩放，就会再原有对象仍然存在不变的情况下，再产生一个新的缩放后的对象。

4.5.2　参照缩放

如果用户不能事先确定缩放比例，只知道缩放后的尺寸或缩放前后的尺寸都不知道，可以使用参照缩放使图形对象缩放后与图中某一边对齐。

【例 4-7】　使用【缩放】命令将如图 4-18a 所示窗户的 AB 边放大到与窗洞口的 AC 边重合。

命令：_ scale
选择对象：　　// 选择整个窗图形
选择对象：　　// 回车结束对象选择
指定基点：　　// 捕捉 A 点
指定比例因子或［复制 (C) /参照 (R)］：r　　// 输入 r，选择“参照”选项
指定参照长度 <1>：指定第二点：　　// 先捕捉 A 点，再捕捉 B 点
指定新长度：1500　　// 输入缩放后的长度并回车，如图 4-18b 所示（如果不知道长度可以捕捉 C 点）。

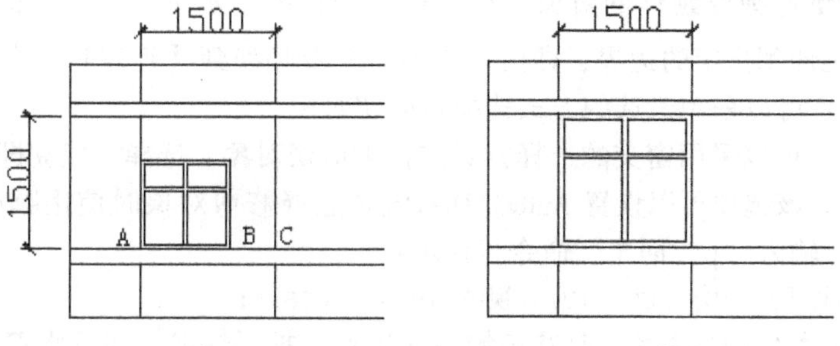

a)　　b)

图 4-18　参照缩放实例

缩放与视图缩放不同。视图缩放只是改变图形对象在屏幕上的显示大小，并不改变图形本身的尺寸；缩放将改变图形本身的尺寸。

4.6　修剪与延伸

4.6.1　修剪

【修剪】命令可以准确地剪切掉选定对象的超出指定边界的部分，这个边界称为剪切边。启动【修剪】命令的方法有：

- 下拉菜单：【修改】/【修剪】。
- 工具栏按钮：。
- 命令行：trim。
- 快捷命令：tr。

执行【修剪】命令后，命令行提示：

```
命令：_ trim
当前设置：投影 = UCS，边 = 无
选择剪切边...
选择对象或 < 全部选择 >：找到 1 个                        // 选择剪切边
选择对象：                                                // 继续选择剪切边或回车结束选择
选择要修剪的对象，或按住 Shift 键选择要延伸的对象，或
[栏选（F）/窗交（C）/投影（P）/边（E）/删除（R）/放弃（U）]：   // 选择需要修剪的对象，选择对象
                                                            的同时执行【修剪】命令
选择要修剪的对象，或按住 Shift 键选择要延伸的对象，或
[栏选（F）/窗交（C）/投影（P）/边（E）/删除（R）/放弃（U）]：   // 继续选择要修剪的对象，或回车
                                                            结束命令
```

执行【修剪】命令的过程中，需要用户选择两种对象。首先选择作为剪切边的对象，可以使用任何对象选择方式来选择；继而选择需要修剪的对象，这时要选择被剪切对象需要剪掉的一侧。

命令行出现的“选择要修剪的对象，或按住 Shift 键选择要延伸的对象，或

[栏选(F)/窗交(C)/投影(P)/边(E)/删除(R)/放弃(U)]：”提示中其余选项的含义为：

（1）按住 Shift 键选择要延伸的对象。在上述命令行的提示下，按住 Shift 键单击选择的对象，可以将该对象延伸到指定的边界，即由【修剪】命令切换到【延伸】命令。

（2）栏选（F）：可以采用栏选的方式选择被剪切对象。

（3）窗交（C）：可以采用窗交的选择方式选择被剪切对象，选择完成立即执行修剪命令。

（4）投影（P）。该选项可以设置 AutoCAD 系统在选择修剪对象时使用哪种投影模式。在上述命令行的提示下，输入“p”回车，命令行提示：

```
输入投影选项 [无 (N) /UCS (U) /视图 (V)] < UCS >：
```

其中，【无】表示 AutoCAD 系统是在三维空间进行无投影修剪，即只修剪在三维空间中与剪切边相交的对象；【UCS】表示在当前的用户坐标系 XY 平面进行二维修剪，即 XY 平面上的二维对象以及空间三维对象在 XY 平面上的投影，都可以进行修剪，不管空间是否相交，该项为系统默认选项；【视图】表示在当前视图平面进行二维修剪。

（5）边（E）。当修剪对象与剪切边没有相交形成交点时，使用上述【修剪】命令不能对其进行修剪。这时可以使用该选项对没有交点（但延长线相交）的对象进行隐含修剪设置。在上述

命令行的提示下，输入“e”回车，命令行提示：

输入隐含边延伸模式 [延伸(E)/不延伸(N)] <不延伸>：

其中【不延伸】表示不能进行隐含修剪，该项为系统默认选项；【延伸】表示可以进行隐含修剪。

(6) 删除 (R)。切换到删除命令，继续选择的对象将被整体删除。

(7) 放弃 (U)。取消最后一次修剪操作。

【例 4-8】 使用【修剪】命令将如图 4-19 所示的图形修改成如图 4-20 所示的标题栏。

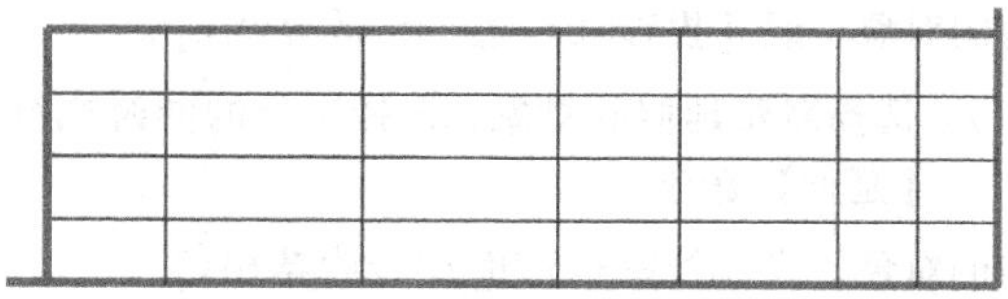

图 4-19　修剪前的图形

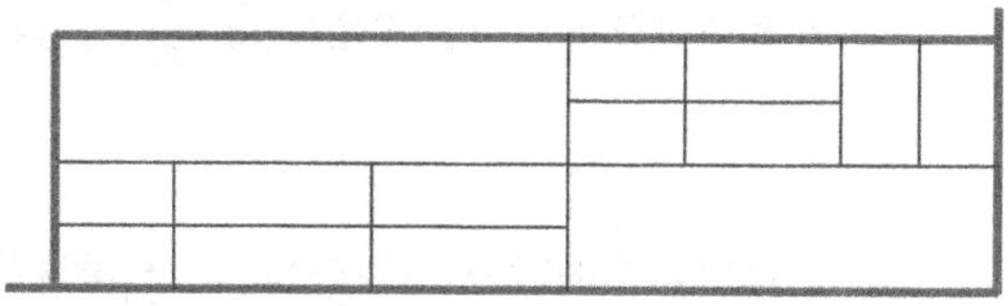

图 4-20　修剪后的标题栏

```
命令：_trim                                              // 启动修剪命令
当前设置：投影=UCS，边=无
选择剪切边...                                            // 提示要选择剪切边界
选择对象或<全部选择>：找到 1 个                          // 光标变为拾取框，选择图 4-21 中亮显的三
                                                            条直线作为剪切边界
选择对象或<全部选择>：找到 1 个，总计 2 个
选择对象或<全部选择>：找到 1 个，总计 3 个
选择对象：                                               // 回车结束边界选择
选择要修剪的对象，或按住 Shift 键选择要延伸的对象，或
[栏选(F)/窗交(C)/投影(P)/边(E)/删除(R)/放弃(U)]：
                                                         // 点取图 4-21 中带 x 号的部分，即要剪切掉
                                                            的直线部分
[栏选(F)/窗交(C)/投影(P)/边(E)/删除(R)/放弃(U)]：
                                                         // 回车结束剪切命令
```

绘图结果如图 4-21 所示。

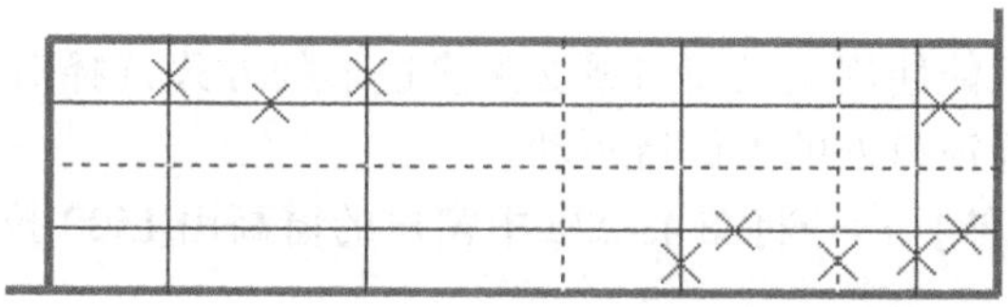

图 4-21　修剪边界与被修剪对象的选择

4.6.2　延伸

【延伸】命令可以将图形对象延长到指定的边界。启动【延伸】命令的方法有：

- 下拉菜单：【修改】/【延伸】。
- 工具栏按钮：-/。

- 命令行：extend。
- 快捷命令：ex。

执行【延伸】命令后，命令行提示：

命令：_ extend
当前设置：投影 = UCS，边 = 无
选择边界的边...
选择对象：　　　　// 选择边界
选择对象：　　　　// 继续选择或回车结束选择
选择要延伸的对象，或按住 Shift 键选择要修剪的对象，或 [投影 (P)/边 (E)/放弃 (U)]：
　　　　// 选择需要延伸的对象，选择对象的同时执行【延伸】命令
选择要延伸的对象，或按住 Shift 键选择要修剪的对象，或 [投影 (P)/边 (E)/放弃 (U)]：
　　　　// 继续选择需要延伸的对象，或回车结束命令

【延伸】命令与【修剪】命令相类似，在执行命令的过程中也需要选择两种对象。首先选择作为边界的对象，可以使用任何对象选择方式来选择；然后选择需要延伸的对象，同样，这时也只能使用点选和栏选两种方式选择对象。

命令行出现的“选择要延伸的对象，或按住 Shift 键选择要修剪的对象，或 [投影(P)/边(E)/放弃(U)]：”提示中的各选项含义与【修剪】命令相类似。

4.7　拉伸与拉长

4.7.1　拉伸

【拉伸】命令可以拉伸对象中选定的部分，没有选定的部分保持不变。启动【拉伸】命令的方法有：

- 下拉菜单：【修改】/【拉伸】。
- 工具栏按钮：。
- 命令行：stretch。
- 快捷命令：s。

在选择拉伸对象时，只能使用交叉窗口或交叉多边形的方式选择对象。包含在选择窗口内的所有点都可以移动，在选择窗口外的点保持不动。

【例 4-9】 使用【拉伸】命令将图 4-22a 中窗户的窗高由 1500 拉伸到 1800。

命令：_ stretch
以交叉窗口或交叉多边形选择要拉伸的对象...
选择对象：指定对角点：找到 17 个　　　　// 使用交叉窗口选择对象（虚线为选中对象）
选择对象：　　　　// 回车结束对象选择
指定基点或 [位移 (D)]：　　　　// 捕捉 A 点
指定位移的第二个点或 <使用第一个点作为位移>：<正交开> 300
　　　　// 打开正交模式，光标向上移动，输入拉伸长度并回车，结果如图 4-22b 所示

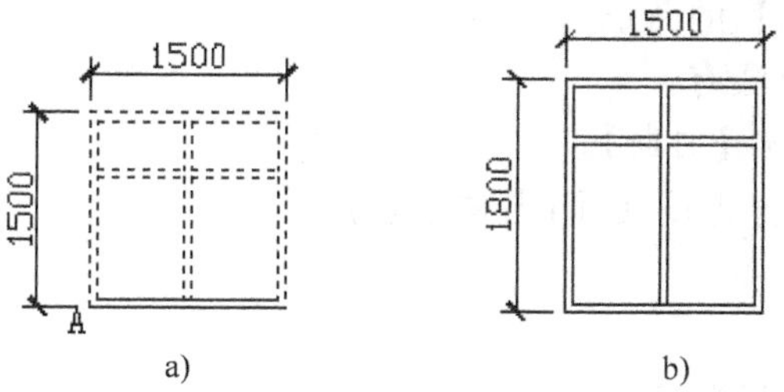

图 4-22　拉伸窗高

选择对象时，只能选择图形对象的一部分，当对象全部位于选择窗口内时（即全部选中），此时【拉伸】命令等同与【移动】命令。应注意圆、文本、图块等对象不能被拉伸。

4.7.2　拉长

【拉长】命令用来改变直线的长度及弧线的长度和角度。启动【拉长】命令的方法有：

- 下拉菜单：【修改】/【拉长】。
- 命令行：lengthen。
- 快捷命令：len。

执行上述命令后，命令行提示：

命令：_ lengthen
选择对象或［增量(DE)/百分数(P)/全部(T)/动态(DY)］：

确定拉伸长度的方法有四种，下面简单介绍各选项的含义：

（1）增量。在上述命令行的提示下输入“de”并回车，命令行继续提示：

输入长度增量或［角度 (A)］ <50.0000>：　　// 输入长度增量或角度增量
选择要修改的对象或［放弃 (U)］：　　// 选择要拉伸的对象

（2）百分数。在上述命令行的提示下输入“p”并回车，命令行继续提示：

输入长度百分数<100.0000>：　　// 输入一个百分数
选择要修改的对象或［放弃 (U)］：　　// 选择要拉伸的对象

输入的百分数是指拉长后对象的长度与源对象长度的百分比值。当百分比大于 100 时，对象被拉长；当百分比小于 100 时，对象被缩短。

（3）全部。在上述命令行的提示下输入“t”并回车，命令行继续提示：

指定总长度或［角度 (A)］ <100.0000) >：　　// 输入拉长后的总长度或角度
选择要修改的对象或［放弃 (U)］：　　// 选择要拉伸的对象

（4）动态。在上述命令行的提示下输入“dy”并回车，命令行直接提示：

选择要修改的对象或［放弃 (U)］：　　// 选择要拉伸的对象
指定新端点：　　// 用鼠标确定需要拉长的长度或角度

4.8　打断与分解

4.8.1　打断

【打断】命令可以删除对象上指定两点之间的部分，如果两点重合，则对象被分解为两个实体对象，相当于【打断于点】的命令。

启动【打断】命令的方法有：

- 下拉菜单：【修改】/【打断】。
- 工具栏按钮：（打断）、（打断于点）。
- 命令行：break。
- 快捷命令：br。

执行上述命令后，命令行提示：

```
命令：_ break 选择对象：                        // 选择对象
指定第二个打断点或［第一点（F）］：
```

指定打断点有两种方法：

- 在命令行提示“指定第二个打断点或［第一点（F）］：”时，直接指定一点。此时系统会把该点作为第二个打断点，选择对象时的拾取点作为第一个打断点。
- 在命令行提示“指定第二个打断点或［第一点（F）］：”时，输入“f”回车。命令行继续给出如下的提示，根据提示重新指定第一个和第二个打断点。

```
指定第一个打断点：                              // 指定第一个打断点
指定第二个打断点：                              // 指定第一个打断点
```

【例 4-10】 使用【打断】命令将图 4-23a 修改为图 4-23b。

```
命令：_ break 选择对象：                        // 选择圆作为打断对象
指定第二个打断点或［第一点（F）］：f             // 输入 F 选项
指定第一个打断点：                              // 捕捉 A 点
指定第二个打断点：                              // 捕捉 B 点
```

这里要注意的是，A 点和 B 点选择顺序不一样，对圆来讲，打断效果就不一样。如果先选 B 点作为第一点，A 点作为第二点，效果如图 4-24 所示，即圆的打断总是逆时针进行。

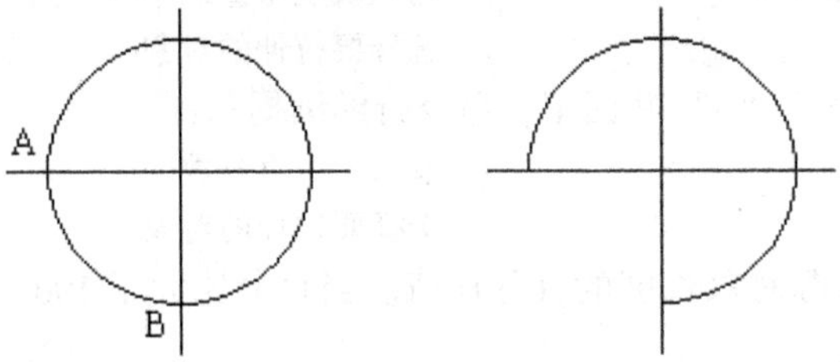

a) b)

图 4-23 【打断】命令的使用

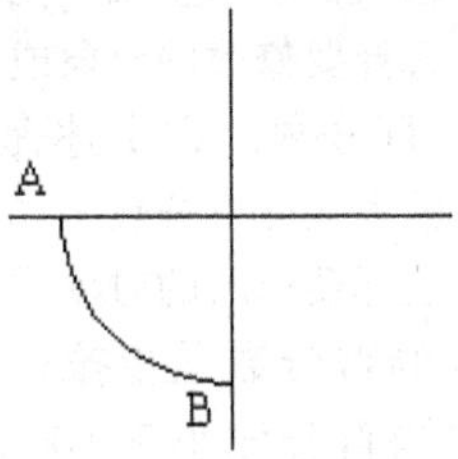

图 4-24 打断的不同效果

当两个打断点重合时，对象被分解为两个对象，与【打断于点】命令等效。

4.8.2 分解

对于矩形、多边形、块等组合对象，有时需要对里面的单个对象进行编辑，这时可使用【分解】命令将其分解为多个对象对象。启动【分解】命令的方法有：

- 下拉菜单：【修改】/【分解】。
- 工具栏按钮：。
- 命令行：explode。
- 快捷命令：x。

启动分解命令后，根据提示，选择要分解的对象就可以了。例如，对【矩形】命令绘制的一个矩形执行【分解】命令后，矩形由原来的一个整体对象分解为组成它的四个直线对象。

4.9　倒角与圆角

4.9.1　倒角

【倒角】命令是为两个不平行的对象的边加倒角，可以用于【倒角】命令的对象有：直线、多段线、构造线、射线。启动【倒角】命令的方法有：

- 下拉菜单：【修改】/【倒角】。
- 工具栏按钮：。
- 命令行：chamfer。
- 快捷命令：cha。

启动该命令后，命令行提示：

命令：_ chamfer
（“修剪”模式）当前倒角距离 1 = 0.0000，距离 2 = 0.0000
// 当前倒角模式
选择第一条直线或［放弃(U)/多段线(P)/距离(D)/角度(A)/修剪(T)/方式(E)/多个(M)］：
// 选择要进行倒角的直线或其他选项。

命令行出现的“选择第一条直线或［放弃（U)/多段线（P)/距离（D)/角度（A)/修剪（T)/方式（E)/多个（M)］:”提示中各选项含义分别为：

（1）放弃。放弃倒角操作。

（2）多段线。该选项可以对整个多段线全部执行【倒角】命令。在上述命令行的提示下，输入“p”回车，命令行提示：

选择二维多段线：　　// 选择对象

在选择对象时，除了可以选择利用【多段线】命令绘制的图形对象，还可以选择【矩形】命令、【正多边形】命令绘制的图形对象。

（3）距离。可以改变或指定倒角的两个距离。

（4）角度。在上述命令行的提示下，输入“a”回车，命令行提示：

指定第一条直线的倒角长度 <0.0000>：　　// 给定倒角的一个距离
指定第一条直线的倒角角度 <0>：　　// 给定倒角倾斜角度
选择第一条直线或［放弃(U)/多段线(P)/距离(D)/角度(A)/修剪(T)/方式(E)/多个(M)］：
选择第二条直线：

“角度”选项要求用户通过输入第一个倒角长度和倒角的角度来确定倒角的大小。

（5）修剪。该选项用来设置执行【倒角】命令时是否使用修剪模式。在上述命令行的提示下，输入“t”回车，命令行提示：

输入修剪模式选项［修剪(T)/不修剪(N)］<修剪>：

在执行【倒角】命令的开始，命令行会显示系统当前采用的修剪模式。图 4 - 25 为是否使用修剪模式的效果对比。

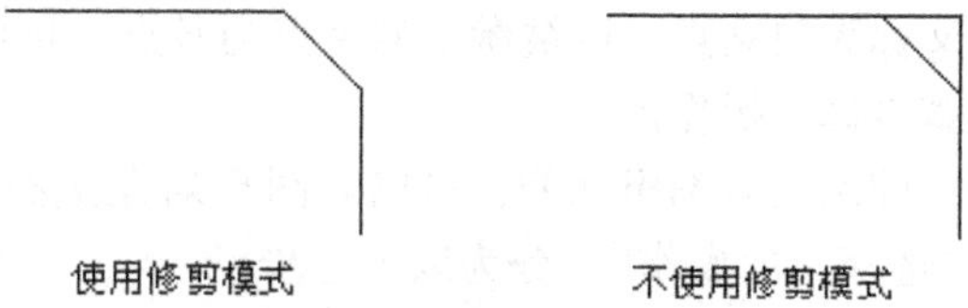

图 4 - 25　是否使用修剪模式效果对比

（6）方式。在上述命令行的提示下，输入“e”回车，命令行会有如下的提示，根据提示选择相应选项来确定倒角的方式。

输入修剪方法 [距离(D)/角度(A)] <距离>:

(7) 多个。选择改选项可以连续进行多次倒角处理，当然这些倒角的大小是一致的。

4.9.2　圆角

【圆角】命令可以用指定半径的圆弧将两个对象光滑地连接起来。可以用于【圆角】命令的对象有：直线、多段线、构造线、射线。启动【圆角】命令的方法有：

- 下拉菜单：【修改】/【圆角】。
- 工具栏按钮：。
- 命令行：fillet。
- 快捷命令：f。

执行【圆角】命令后，命令行提示：

命令：_ fillet

当前设置：模式 = 修剪，半径 = 0.0000　　　　// 显示系统当前的模式和圆角半径

选择第一个对象或 [放弃(U)/多段线(P)/半径(R)/修剪(T)/多个(M)]:

其中各选项的含义：

(1) 放弃。放弃圆角操作。

(2) 多段线。该选项可以对整个多段线全部执行【圆角】命令。在上述命令行的提示下，输入“p”回车，命令行提示：

选择二维多段线：　　　　// 选择二维多段线

(3) 半径。在执行【圆角】命令的开始，命令行会显示系统当前的圆角半径，如果对半径值不满意，可以在上述命令行的提示下，输入“r”回车，重新输入需要的半径值。

(4) 修剪。用来设置执行【圆角】命令时是否使用修剪模式。其使用效果与【倒角】命令相似。

(5) 多个。可以连续进行多次圆角处理，且每次都采用相同的圆角半径。

4.10　夹点编辑

如果在未启动命令的情况下，单击选中某图形对象，那么被选中的图形对象就会以虚线显示，而且被选中图形的特征点（如端点、圆心、象限点等）将显示为蓝色的小方框，如图 4-26 所示。这样的小方框被称为夹点。

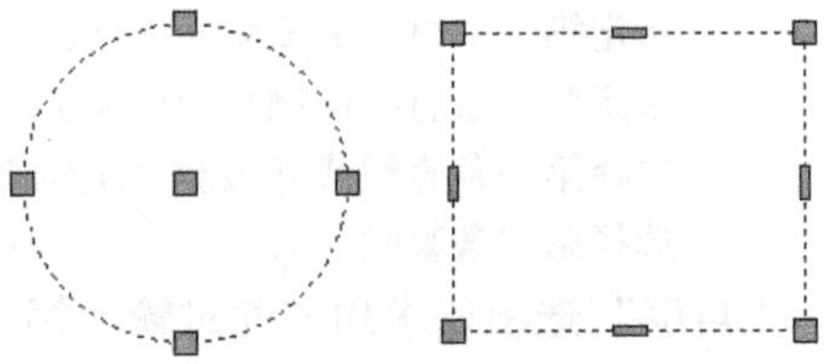

图 4-26　夹点的显示状态

夹点有两种状态：未激活状态和被激活状态。选择某图形对象后出现的蓝色小方框，就是未激活状态的夹点。如果单击某个未激活夹点，该夹点就被激活，以红色小方框显示，这种处于被激活状态的夹点又称为热夹点，以被激活的夹点为基点，可以对图形对象执行拉伸、移动、复制、缩放和镜像等基本修改操作。

使用夹点编辑功能，可以对图形对象进行各种不同类型的修改操作。其基本的操作步骤是“先选择，后操作”，分为以下三步：

- 在不输入命令的情况下，单击选择对象，使其出现夹点。

- 单击某个夹点，使其被激活，成为热夹点。
- 根据需要在命令行输入拉伸（st）、移动（mo）、复制（co）、缩放（sc）、镜像（mi）等基本操作命令的缩写，执行相应的操作。

4.10.1　夹点拉伸

拉伸是夹点编辑的默认操作，不需要再输入拉伸命令 st。当激活某个夹点以后，命令行提示如下：

命令：
* * 拉伸* *
指定拉伸点或 [基点 (B) /复制 (C) /放弃 (U) /退出 (X)]：

此时直接拉动鼠标，就可以将热夹点拉伸到需要的位置，如图 4-27 所示。

如果不直接拖动鼠标，还可以选择中括号中的选项：

【基点】：选择其他点为拉伸的基点，而不是以选中的夹点为基准点。

【复制】：可以对某个夹点进行连续多次拉伸，而且每拉伸一次，就会在拉伸后的位置上复制留下该图形，如图 4-28 所示。该操作实际上是拉伸和复制两项功能的结合。

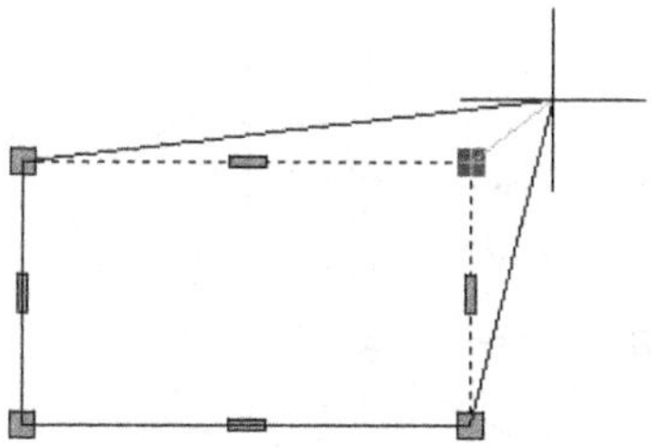

图 4-27　夹点拉伸

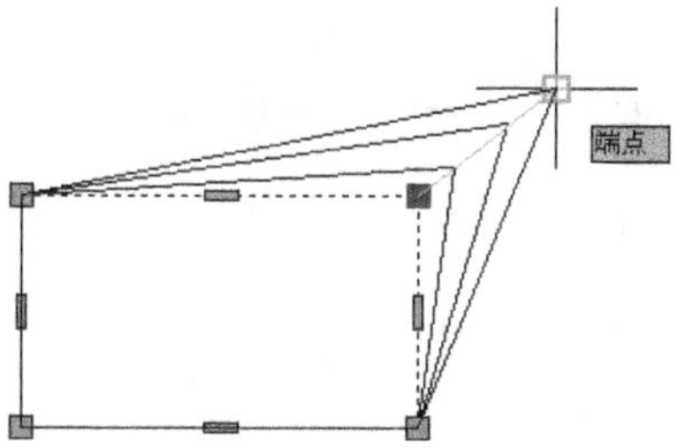

图 4-28　拉伸和复制的结合

4.10.2　夹点平移

激活图形对象上的某个夹点，在命令行输入移动命令的简写“mo”，就可以移动该对象。命令行提示如下：

命令：
* * 拉伸* *
指定拉伸点或 [基点 (B) /复制 (C) /放弃 (U) /退出 (X)]：mo 输入命令“mo”，切换到移动方式；
* * 移动* *
指定移动点或 [基点 (B) /复制 (C) /放弃 (U) /退出 (X)]：拖动鼠标移动图形，如图 4-29 所示，单击鼠标把图形放在合适位置。

如果不直接拖动鼠标，还可以选择中括号中的选项：

【基点】：选择其他点为移动的基点，而不是以选中的夹点为基准点。

【复制】：可以对某个夹点进行连续多次移动，而且每移动一次，就会在移动后的位置上复制留下该图形。该操作实际上是移动和复制两项功能的结合。

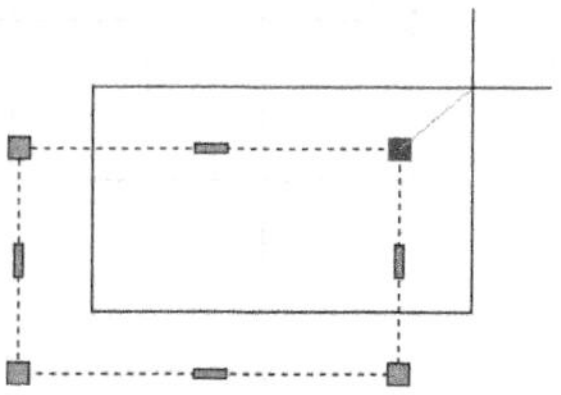

图 4-29　移动图形

4.10.3　夹点旋转

激活图形对象上的某个夹点，在命令行输入旋转命令的简写“ro”，就可以绕着热夹点旋转该对象。命令行提示如下：

命令：

＊＊拉伸＊＊

指定拉伸点或［基点(B)/复制(C)/放弃(U)/退出(X)]：ro 输入命令“ro”，切换到旋转方式；

＊＊旋转＊＊

指定旋转角度或［基点(B)/复制(C)/放弃(U)/参照(R)/退出(X)]：拖动鼠标旋转图形，如图4-30所示，通过单击鼠标或输入角度的办法把图形转到需要位置。

如果不直接拖动鼠标，还可以选择中括号中的选项：

【基点】：选择其他点为旋转的基点，而不是以选中的夹点为基准点。

【复制】：可以绕某个夹点进行连续多次旋转，而且每旋转一次，就会在旋转后的位置上复制留下该图形，如图4-31所示。该操作实际上是旋转和复制两项功能的结合。

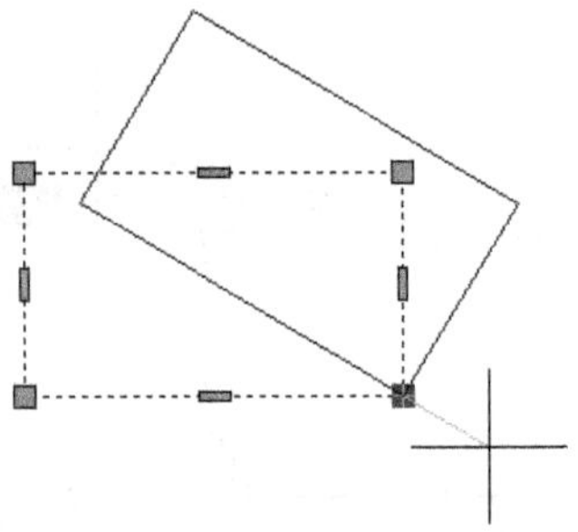

图4-30　旋转图形

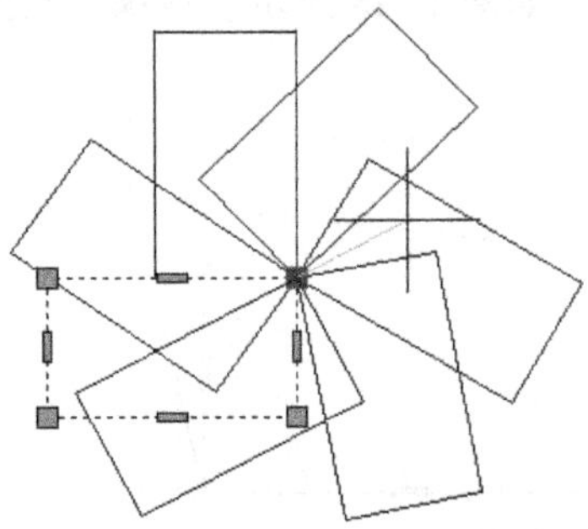

图4-31　旋转与复制的结合

4.10.4　夹点镜像

激活图形对象的某个夹点，然后在命令行输入镜像命令的简写 mi，可以对图形进行镜像操作。其中热夹点已经被确定为对称轴上的一点，只需要确定另外一点，就可以确定对称轴位置。在此不再详述。

【例4-11】　将如图4-32所示图形用夹点拉伸修改为如图4-33所示。

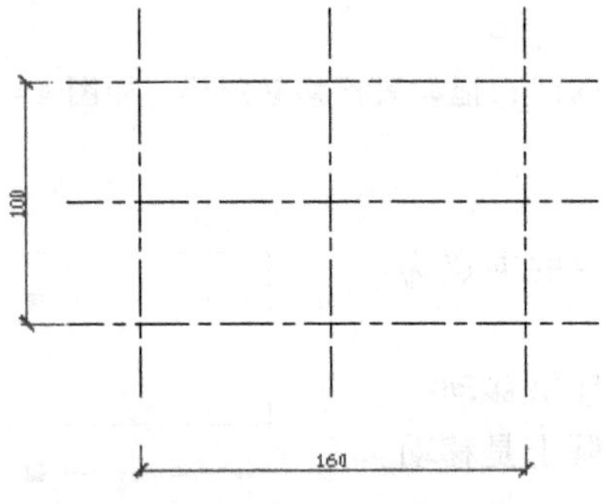

图4-32　修改前的中心线

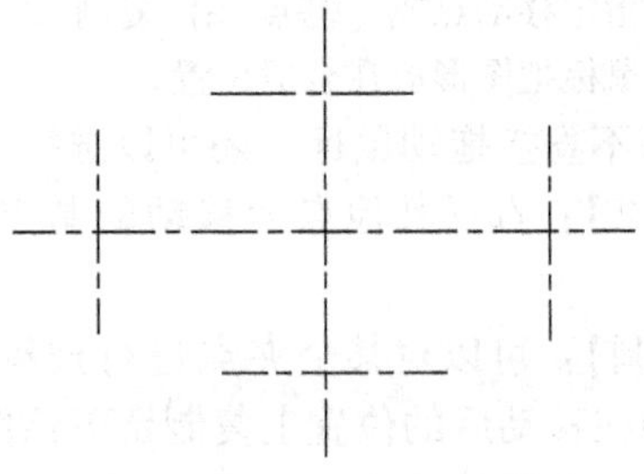

图4-33　修改后的中心线

选中上部横向直线，则该直线出现三个夹点，单击右边夹点使其变为热态，如图4-34所示；然后将鼠标向左移动，到合适位置单击，则确定出该线条新的右端点。如图 4-35 所示。类似地，可以将该线条的左端点右移，线条变短。其余线条也都可以通过夹点拉伸进行编辑，得到如图 4-33 所示图形。

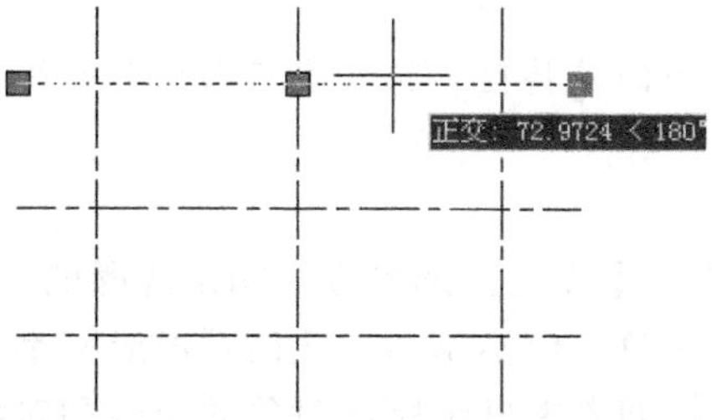

图 4-34　夹点拉伸直线

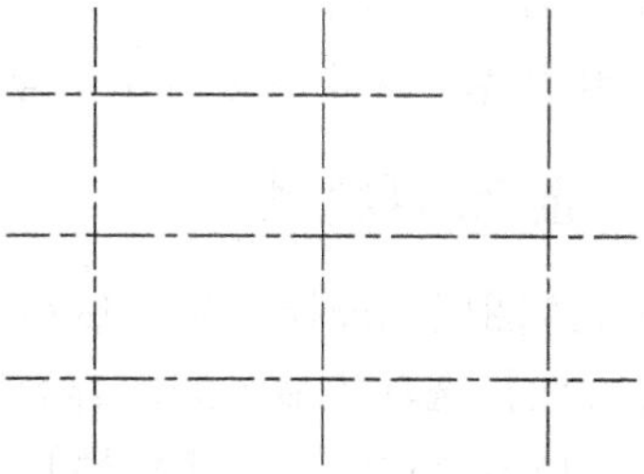

图 4-35　拉伸后的直线

使用夹点编辑以后，按 Esc 键退出夹点状态。

4.11　对象特性

4.11.1　【对象特性】工具栏

利用【对象特性】工具栏，可以快捷地对当前图层上的图形对象的颜色，线型、线宽、打印样式进行设置或修改。对象特性工具栏见图 4-36。在 AutoCAD2012 中，“AutoCAD 经典”界面中，有【对象特性】工具栏。而在别的界面中，没有【对象特性】工具栏，如果用户需要，可以在任意工具栏上单击鼠标右键，将其调出。

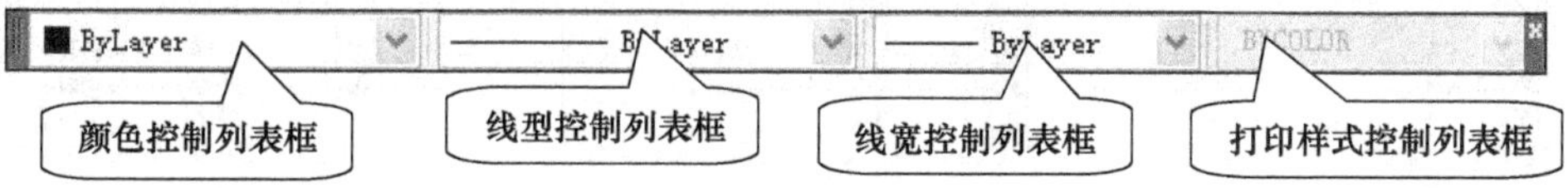

图 4-36　【对象特性】工具栏

通常，在【对象特性】工具栏的四个列表框中，均采用随层（Bylayer）控制选项，也就是说，在某一图层绘制图形对象时，图形对象的特性采用该图层设置的特性。利用【对象特性】工具栏可以随时改变当前图形对象的特性，而不使用当前图层的特性。

不建议用户在【对象特性】工具栏中对图形对象进行修改，这样不利于图层对象的统一管理。

4.11.2　【特性】选项板

所有的图形、文字和尺寸，都称为对象。这些对象所具有的图层、颜色、线型、线宽、坐标值、大小等属性都称为对象的特性。用户可以通过如图 4-37 所示的【特性】选项板来显示选定对象或对象集的特性并修改任何可以更改的特性。

启动【特性】选项板的方法有：

- 下拉菜单：【修改】/【特性】。
- 工具栏按钮：。
- 命令行：properties。
- 快捷菜单：选中对象后单击右键选择快捷菜单中的【特性】选项或双击图形对象。

4.11.3　显示对象特性

首先在绘图区域选择对象，然后使用上述方法启动【特性】选项板。如果选择的是单个对象，则【特性】选项板显示的内容为所选对象的特性信息，包括基本、几何图形或文字等内容；如果选择的是多个对象，在【特性】选项板上方的下拉列表中显示所选对象的个数和对象类型，如图 4-38 所示，选择需要显示的对象，这时【特性】选项板中显示的才是该对象的特性信息；如果同时选择多个相同类型的对象，如同时选择了两个圆，则【特性】选项板中的几何图形信息栏显示为“＊多种＊”，如图 4-39 所示。

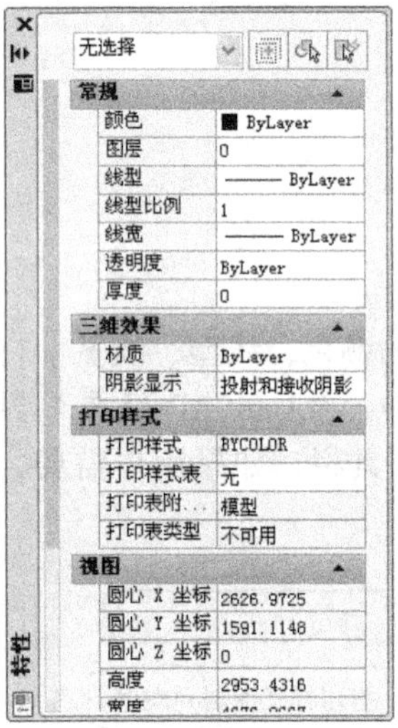

图 4-37　【特性】选项板图

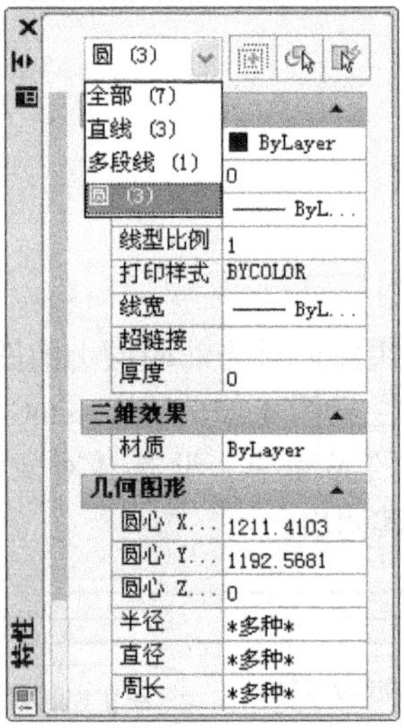

图 4-38　选择多个对象的下拉列表

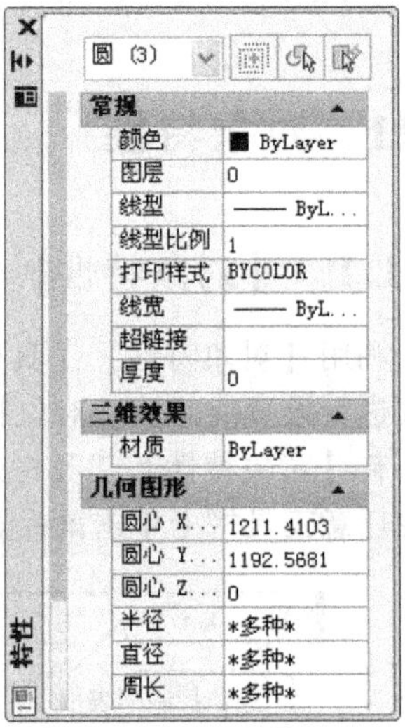

图 4-39　选择相同类型对象的信息显示

在【特性】选项板的右上角还有三个功能按钮，它们分别具有下述功能：

（1）按钮：用来切换 PICKADD 系统变量的值。当按钮图形为时，只能选择一个对象，如果使用窗选或交叉窗选同样可以一次选择多个对象，但只选中最后一次执行窗选或交叉窗选选择的对象；当按钮图形为时，可以选择多个对象。两个按钮图形可以通过鼠标单击进行切换。

（2）按钮：用来选择对象。单击该按钮，【特性】选项板暂时消失，选择需要的对象，单击右键、按 Enter 键或空格键结束选择，返回【特性】选项板，在选项板中显示所选对象的特性信息。

（3）按钮：用来快速选择对象。

另外，为了节省【特性】选项板所占空间，便于用户绘图，可以对其进行移动、大小、关闭、允许固定、自动隐藏、说明等操作。方法为：在标题栏处单击右键，将显示快捷菜单，在快捷菜单中选择相应的操作。

4.11.4　修改对象特性值

利用【特性】选项板还可以修改选定对象或对象集的任何可以更改的特性值。当选项板显示所选对象的特性时，可以使用标题栏旁边的滚动条在特性列表中滚动查看，然后单击某一类别信息，在其右侧可能会出现不同的显示，如下拉箭头、可编辑的编辑框、按钮、快速计算器按钮或按钮。可以使用下列方法之一修改其特性值：

- 单击右侧的下拉箭头，从列表中选择一个值。
- 直接输入新值并回车。
- 单击按钮，并在对话框中修改特性值。
- 单击快速计算器按钮，通过计算器按钮可计算新值。
- 单击按钮，使用定点设备修改坐标值。

在完成上述任何操作的同时，修改将立即生效，用户会发现绘图区域的对象随之发生变化。如果要放弃刚刚进行的修改，在【特性】选项板的空白区域单击鼠标右键，选择【放弃】选项即可。

4.11.5　对象特性的匹配

将一个对象的某些或所有特性复制到其他对象上，在 AutoCAD 中被称为对象特性的匹配。可以进行复制的特性类型包括（但不仅限于）：颜色、图层、线型、线型比例、线宽、打印样式等。这样，用户在修改对象特性时，就不必逐一修改，可以借用已有对象的特性，使用【特性匹配】命令将其全部或部分特性复制到指定对象上。

启动【特性匹配】命令的方法有：

- 下拉菜单：【修改】/【特性匹配】。
- 工具栏按钮：。
- 命令行：matchprop 或 painter。

执行上述命令后，命令行提示：

命令：'_ matchprop　　// 执行【特性匹配】命令
选择源对象：　　// 选择源对象
当前活动设置：颜色 图层 线型 线型比例 线宽 厚度 打印样式 标注 文字 填充图案 多段线 视口 表格材质 阴影显示 多重引线　　// 显示当前选定的特性匹配设置
选择目标对象或 [设置 (S)]：　　// 选择目标对象
选择目标对象或 [设置 (S)]　　// 继续选择目标对象或输入“s”调用【特性设置】对话框，或回车结束选择

其中，源对象是指需要复制其特性的对象；目标对象是指要将源对象的特性复制到其上的对象；【特性设置】对话框是用来控制要将哪些对象特性复制到目标对象，哪些特性不复制。在系统默认情况下，AutoCAD 将选择【特性设置】对话框中的所有对象特性进行复制。如果用户不想全部复制，可以在命令行提示“选择目标对象或 [设置 (S)]：”时，输入“s”并回车或单击右键选择快捷菜单的【设置】选项，调用如图 4-40 所示的【特性设置】对话框来选择需要复制的对象特性。

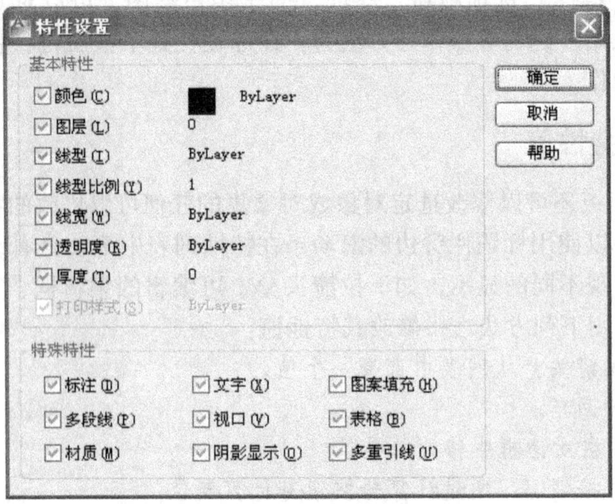

图 4-40 【特性设置】对话框

在该对话框的【基本特性】选区和【特殊特性】选区中勾选需要复制的特性选项，然后单击 确定 按钮即可。

特性匹配是一种高效有用的编辑工具，它的作用如同 word 中的格式刷。

4.12 实例练习

【例 4-12】 绘制如图 4-41 所示的一段楼梯剖面图。

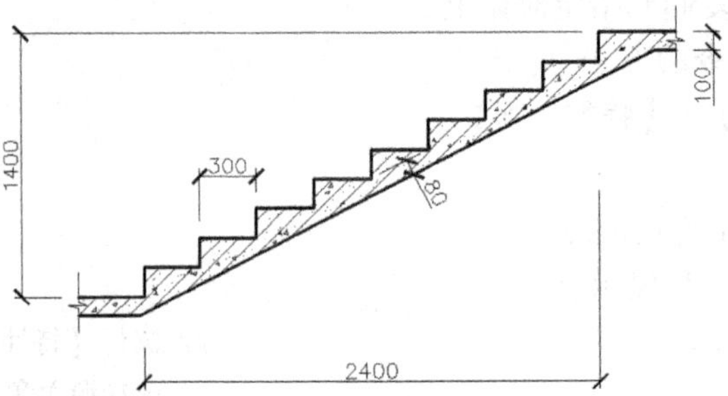

图 4-41 一段楼梯剖面图

绘制步骤：

(1) 设置图层如图 4-42 所示。

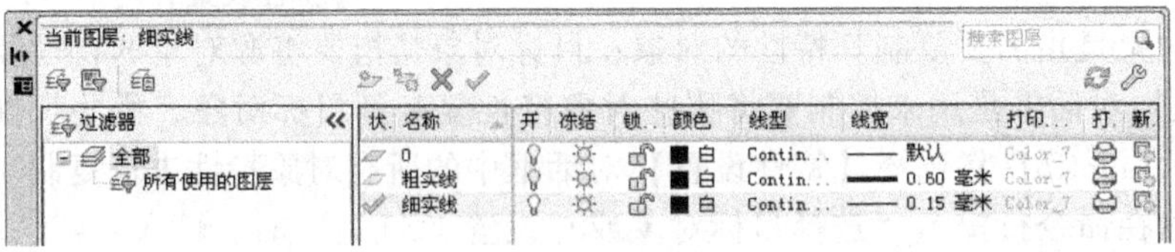

图 4-42 图层的设置

(2) 确定平台和梯段的位置。细实线置为当前图层，利用【直线】、【偏移】命令按照梯段的水平投影长度和平台间的高度，确定平台和梯段的位置，如图4-43所示。

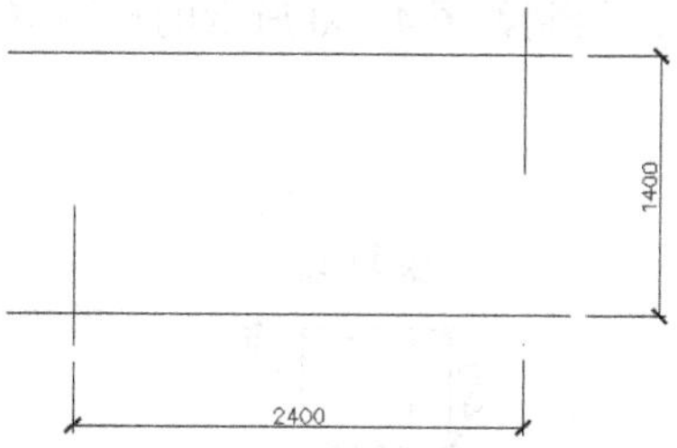

图4-43　图层的设置

(3) 绘制踏步。共9级台阶，即9个踢面、8个踏面。首先绘制直线CD，并利用点的【定数等分】命令将其等分9份；将【对象捕捉】设置为节点捕捉，使用直线命令，配合【对象追踪】绘制出第一个踢面AB，向右画长度为300的一个踏步宽，如图4-44所示。然后复制出其余八个楼梯，如图4-45所示。

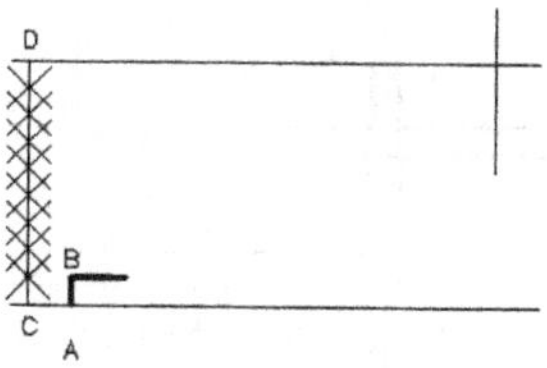

图4-44　绘制台阶踏步

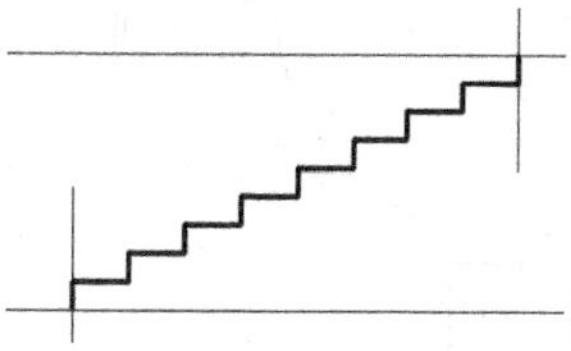

图4-45　绘制9级台阶投影线

(4) 绘制平台板和梯段板。根据平台板的厚度和梯段板的厚度绘制平台板和梯段板，再利用【修剪】、【延伸】、【删除】命令整理图样结果如图4-46所示。

(5) 整理图样。最后将图样进行整理，并将轮廓线转换到粗实线图层，结果如图4-47所示。

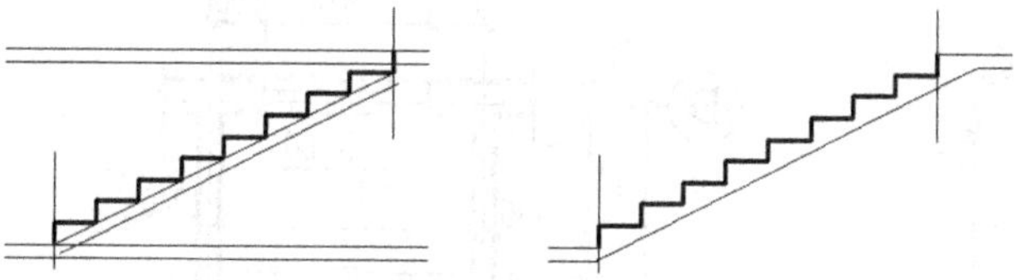

图4-46　绘制平台板和梯段板

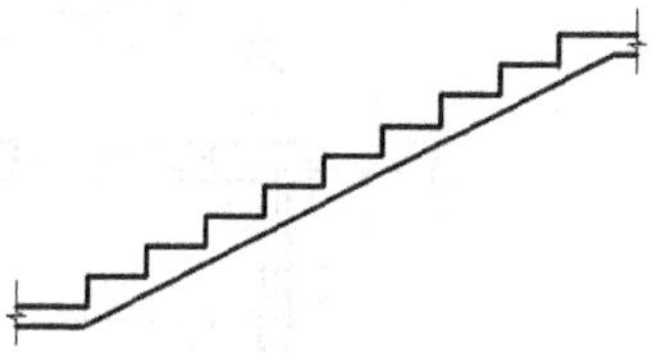

图4-47　整理图样

(6) 填充材料图例。第一次先用ANSI31图案填充，如图4-48a所示。第二次用AR-CONC图案填充，结果如图4-48b所示。

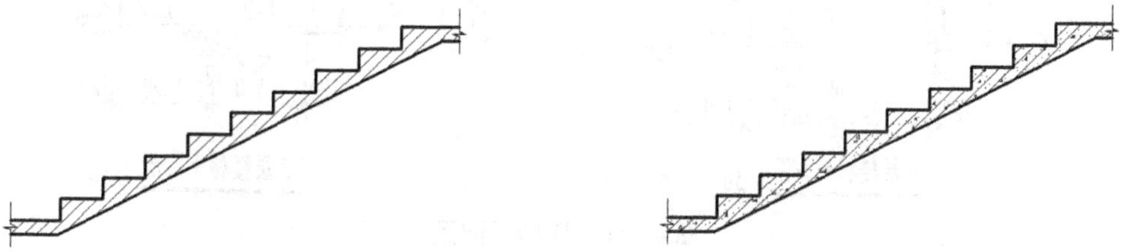

a)　b)

图4-48　图案填充

4.13　习题

1. 绘制如图4-49所示的餐桌椅平面图。

2. 绘制如图 4-50 所示的传达室平面图。

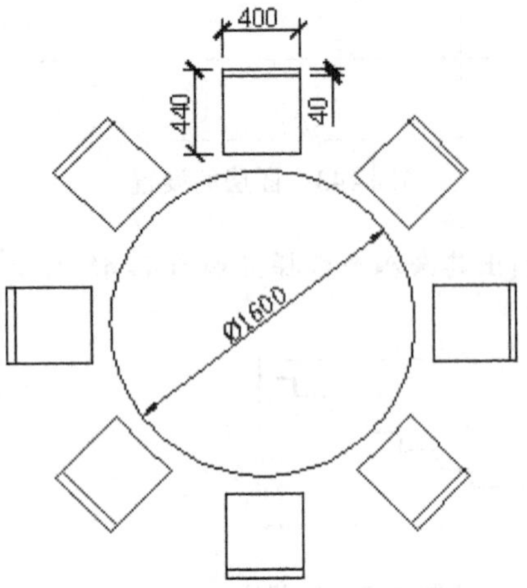

图 4-49　餐桌椅平面图

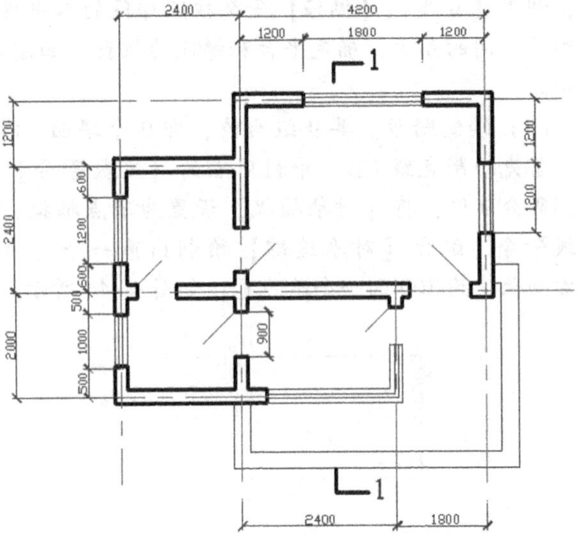

图 4-50　传达室平面图

3. 绘制如图 4-51 所示的楼梯平面图。

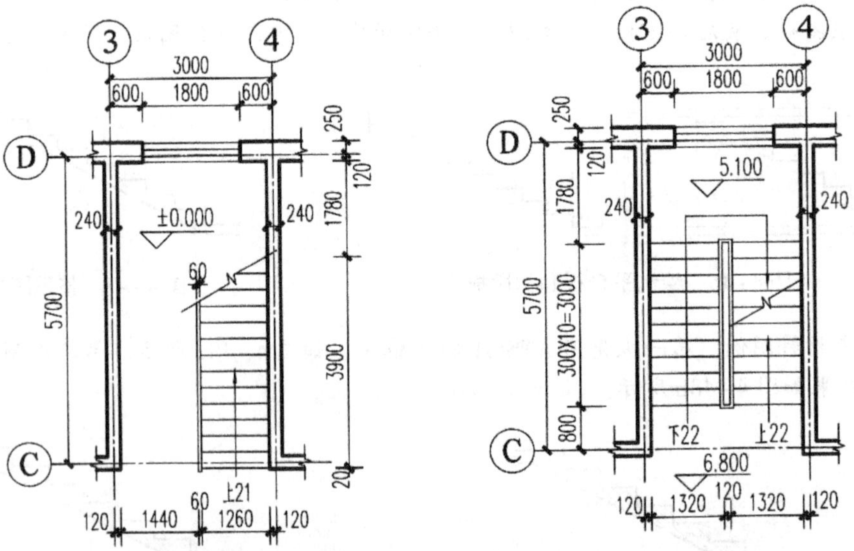

图 4-51　楼梯平面图

第5章　文字、表格与尺寸标注

【本章重点】

- 文字样式；
- 单行文字、多行文字的输入及修改；
- 设置表格样式、创建和插入表格；
- 标注样式；
- 尺寸标注及修改；
- 同一张图中，不同比例图形的尺寸标注。

在绘制图样时，往往还需要进行文字注写，如书写技术要求、填写标题栏和明细栏等，这些都需要使用文字工具。在绘制建筑施工图和结构施工图时，设计人员都要必不可少地绘制两个表格：门窗表和钢筋表，在AutoCAD2004及以前的版本中，没有提供专门绘制及编辑表格的功能，需要设计人员用【直线】命令绘制表格，然后再对每个单元格进行文字输入，表格一旦画好，再想进行编辑和修改是非常麻烦的。为此，AutoCAD2005以后的版本增加了创建表格的功能，用户可以使用【插入表格】对话框方便地创建表格、向表格中添加文字或块、添加单元以及调整表格的大小，还可以修改单元内容的特性。

一张完整的工程图样，除了图形的绘制之外，还要进行尺寸标注，它是施工人员进行现场施工的重要依据。AutoCAD具有强大的文字输入、尺寸标准及编辑功能，用户可以根据不同专业、不同图样的各种要求，简单、快捷地进行尺寸标注。

5.1　文字样式的设定

在工程图样中输入的文字，必须符合国家的标准，国家标准（GB/T 14691—1993）中规定的文字样式：汉字为长仿宋体，字体宽度约等于字体高度的2/3，字体高度有20mm、14mm、10mm、7mm、5mm、3.5mm、2.5mm、1.8mm八种，汉字高度不小于3.5mm。字母和数字可写为直体和斜体，若文字采用斜体字体，文字须向右倾斜，与水平基线成75°。

因此在用AutoCAD进行文字输入之前，应该先定义一个文字样式（系统有一个默认样式—Standard)，然后再使用该样式输入文本。在输入文字时，用户是使用AutoCAD提供的当前文字样式进行输入的，该样式已经设置了文字的字体、字号、倾斜角度、方向及其他特征，输入的文字将按照这些设置在屏幕上显示。当然，像其他的功能工具一样，AutoCAD允许用户设置自己喜欢和需要的文字样式，并将其设置为当前样式进行文字输入。

用户可以定义多个文字样式，不同的文字样式用于输入不同的字体。要修改文本格式时，不需要逐个文本修改，而只要对该文本的样式进行修改，就可以改变使用该样式书写的所有文本的格式。

5.1.1　文字样式的创建

文字样式的创建是通过【文字样式】对话框完成的。启动【文字样式】对话框的方法有：

● 下拉菜单：【格式】/【文字样式】。

● 【样式】工具栏和【文字】工具栏按钮（如图5-1所示）：。

● 命令行：style。

执行上述命令后，弹出如图5-2所示的【文字样式】对话框。AutoCAD中文字样式的默认设置是标准样式（Standard）。这一种样式不能满足使用者的要求，用户可以根据需要创建一个新的文字样式。下面以工程图中常用的“长仿宋体”样式为例，讲述文字样式的设置。

图5-1　【文字】工具栏

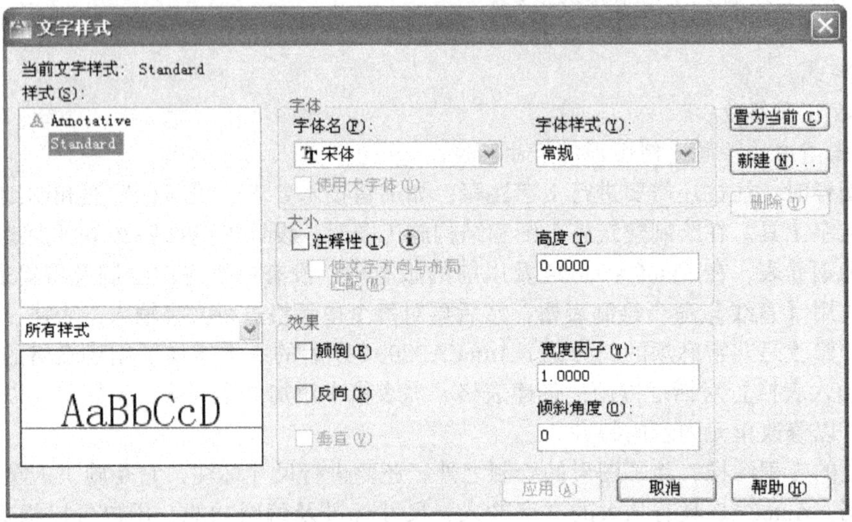

图5-2　【文字样式】对话框

(1) 执行下拉菜单【格式】/【文字样式】，弹出如图5-2所示的【文字样式】对话框。在【样式名】下拉列表中显示的是当前所应用的文字样式。AutoCAD默认的文字样式是“Standard”，用户可以在此基础上，修改新建文字样式。

(2) 单击 新建(N)... 按钮：弹出如图5-3所示的【新建文字样式】对话框。在该对话框的【样式名】编辑框中填写新建的文字样式名，文字样式名最长可以用255个字符，其中包括字母、数字、空格和一些特殊字符（如美元符号、下划线、连字符等），如填写“长仿宋体”。然后单击 确定 按钮，返回【文字样式】对话框。这时，在【文字样式】对话框的【样式名】下拉列表中已经增加了“长仿宋体”样式名。

图5-3　【新建文字样式】对话框

(3) 在【文字样式】对话框中对新建的“长仿宋体”样式进行设置：

【字体】选区，用来设置所用字体：

1) 字体名：在【字体名】的下拉列表中显示了所有的TrueType字体和AutoCAD的矢量字体。

● TrueType字体，即ttf，用该字体标注中文，一般不会出现中文显示不正常的问题。它具有字体清晰、美观、占有内存空间大、出图速度慢的特点。TrueType字体的左边带有T图标。

● SHX字体，是一种用线划来描述字符轮廓的字体。它具有占有内存空间小、打印速度快的特点。它分为小字体和大字体，小字体用于标注西文，大字体用于标注亚洲语言文字。SHX字体前面带有图标。

在定义“长仿宋体”时字体选区时选用仿宋-GB2312。

2）字体样式：用来选择字体的样式。

● 使用TrueType字体定义文字样式时，在【字体名】下拉列表中选择一种TrueType字体，这时【使用大字体】的复选框不可用，在【字体样式】下拉列表中默认为常规。

● 使用SHX字体定义文字样式时，在【字体名】下拉列表中选择一种SHX字体，再选中【使用大字体】复选框，这时，【字体名】下拉列表变为【SHX字体】列表，【字体样式】下拉列表变为【大字体】列表。选中其中的gbcbig.shx大字体，它是Autodesk公司专为中国用户开发的字体，“gb”代表“国家标准”，“c”代表“Chinese-中文”，要是用SHX字体显示中文，必须选择gbcbig.shx大字体。如果遇到中英文字体高度和宽度不一致的问题时，用户可以在【SHX字体】列表中选择gbenor.shx（控制英文直体）或gbeitc.shx（控制英文斜体，中文不斜体）来解决。

(4)【大小】选区：

1）注释性复选框：是指设定文字是否为注释性对象。

2）高度：用来设置字体的高度。通常将字体高度设为0，这样，在单行文字输入时，系统会提示输入字体的高度。

(5)【效果】选区。该选区主要用来设置字体的显示效果。包括颠倒、反向、垂直、宽度比例和倾斜角度。通过勾选相应的选框来进行设置，同时在预览框中显示效果。

垂直对齐显示字符这个功能对TrueType字体不可用。宽度比例：默认值是1，如果输入值大于1，则文本宽度加大，按照制图标准，宽高比例是2/3，因此，这里可输入0.7。我们将长仿宋体其余默认不选，宽度比例设置为0.7。

设置好以后，在如图5-2所示的【文字样式】对话框左下角处，会出现预览指定文字的效果。

完成了上述的文字样式设置后，单击 应用(A) 按钮，系统保存新创建的文字样式并应用。然后退出【文字样式】对话框完成一个新文字样式的创建。

在【文字样式】对话框中，还有一些按钮：

删除(D) 按钮：用来删除不用的文字样式。其中正在使用的样式和“Standard”样式不能被删除。

置为当前(C) 按钮：将某种样式置为当前使用。当某种字体样式设置完成后，就会显示在【样式】工具栏上的文字样式下拉列表中，如图5-4所示，以供用户方便文字样式的切换，在这里也可以方便地把某种字体样式设为当前样式。如果单击文字样式管理器按钮可以快速打开【文字样式】对话框，进行文字样式定义和修改。

图5-4 【样式】工具栏

也可以通过执行 text 或 mtext 命令，在命令行选择【样式（s)】选项，通过输入样式名来作为当前样式。

5.1.2　修改文字样式

在【文字样式】对话框中，显示了所有已创建的文字样式。用户可以随时修改某一种已建文字样式，并将所有使用这种样式输入的文字特性同时进行修改；也可以只修改文字样式的定义，使它只对以后使用这种样式输入的文字起作用，而不修改之前使用该样式输入的文字特性。

在【样式名】列表中选择需要修改的文字样式，并在【文字样式】对话框的【字体】选区和【效果】选区进行修改，如果修改了其中任何一项，对话框中的 应用(A) 按钮就会被激活。如果先单击 应用(A) 按钮，系统会将更新的样式定义保存，同时更新所有使用这种样式输入的文字的特性，然后退出【文字样式】对话框；如果在修改完某一文字样式后先单击 置为当前(C) 按钮，屏幕上会弹出如图 5-5 所示的系统提示，单击 是(Y) 按钮就可以保存当前样式的修改并退出对话框，但此时系统只是保存更新的样式定义，并不修改之前使用该样式输入的文字特性。

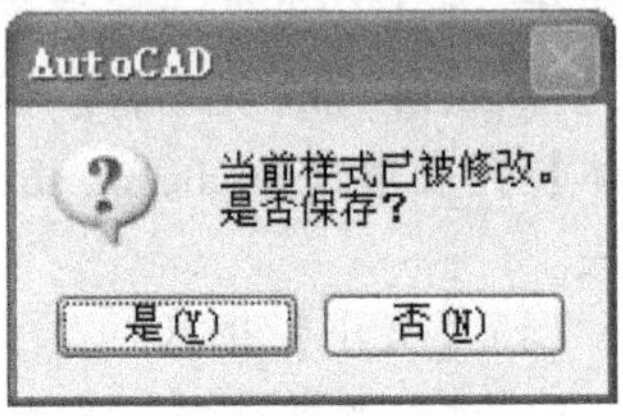

图 5-5　样式修改的提示

5.2　单行文字

AutoCAD 提供了两种文字输入的方式：单行文字输入和多行文字输入。所谓的单行输入，并不是用该命令每次只能输入一行文字，而是输入的文字，每一行单独作为一个实体对象来处理。相反，多行输入就是不管输入几行文字，AutoCAD 都把它作为一个实体对象来处理。

5.2.1　单行文字的输入

单行文字的每一行就是一个单独的整体，不可分解，只能具有整体特性，不能对其中的字符设置另外的格式。单行文字除了具有当前使用文字样式的特性外，还具有的特性包括：内容、位置、对齐方式、字高、旋转角度。

执行【单行文字】输入命令的方法有：

- 下拉菜单：【绘图】/【文字】/【单行文字】，如图 5-6 所示。
- 文字工具栏按钮（见图 5-1）：A|。
- 命令行：text 或 dtext。

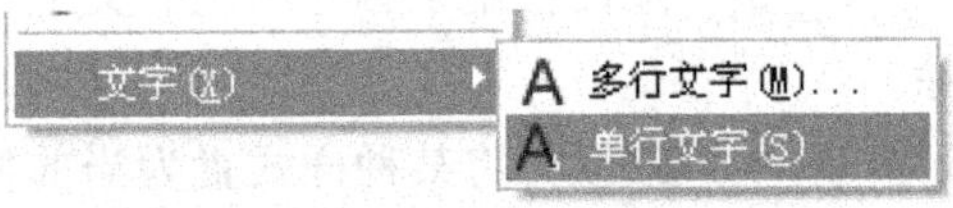

图 5-6　单行文字下拉菜单

执行上述命令后，命令行提示：

```
命令：_dtext                                        // 执行【单行文字】输入命令
当前文字样式：“长仿宋体”　文字高度：318.6022　注释性：否
                                                    // 显示当前文字样式信息
指定文字的起点或 [对正 (J) /样式 (S)]：             // 指定文字起点或选择其余选项
指定高度〈318.6022〉：100                           // 输入文字高度
指定文字的旋转角度〈84〉：0                          // 输入文字旋转角度
输入文字：                                          // 继续输入所需文字，或回车结束命令
```

在命令行提示"指定文字的起点或［对正（J）/样式（S）］:"时，如果输入"j"选择【对正】选项，可以用来指定文字的对齐方式；如果输入"s"选择【样式】选项，可以用来指定文字的当前输入样式。下面详细介绍各选项的使用。

1. 【对正】选项

在命令行提示"指定文字的起点或［对正（J）/样式（S）］:"时，如果输入"j"回车，命令行提示：

输入选项

［对齐(A)/调整(F)/中心(C)/中间(M)/右(R)/左上(TL)/中上(TC)/右上(TR)/左中(ML)/正中(MC)/右中(MR)/左下(BL)/中下(BC)/右下(BR)］:

其中各选项的含义分别为：

- 对齐（Align）：将文字限制在指定基线的两个端点之间。输入的文字正好嵌入在指定的两个端点之间，文字的倾斜角度由指定的两个端点决定，高度由系统计算得到，而不需用户来指定，注意文字的高宽比保持不变。
- 调整（Fit）：也是将文字限制在指定基线的两个端点之间，与"对齐"不同的是，需要用户指定字高，字符的宽度因子由系统计算得到。
- 中心（Center）：以指定点为中心点对齐文字。需要用户指定基线的中心点、文字高度和旋转角度。
- 中间（Middle）：文字基线的水平中点与文字高度的垂直中点重合，需要用户指定文字的中间点、文字高度和旋转角度。
- 右（Right）：在基线上以指定点为基准右对齐文字，需要用户指定文字的右端点、文字高度和旋转角度。
- 正中（Middle Center）：以指定点作为文字高度上的中点，并且以该点为基准居中对齐文字，需要用户指定文字的中间点、文字高度和旋转角度。"中间"选项与"正中"选项不同，"中间"选项使用的中点是所有文字包括下行文字在内的中点，而"正中"选项使用大写字母高度的中点。
- 其余选项作用类似，读者可以自行试验。

文字的对正方式还可以在【特性】选项板中进行调整。

---

2. 【样式】选项

在命令行提示"指定文字的起点或［对正（J）/样式（S）］:"时，如果输入"s"回车，命令行提示：

```
指定文字的起点或［对正 (J) /样式 (S)］: s        // 输入 s 回车
输入样式名或［?］〈样式 4〉:                      // 输入样式名或回车默认括号中的文字样式
```

5.2.2　特殊符号的输入

在使用单行文字输入时，常常需要输入一些特殊符号，如直径符号"ϕ"，角度符号"°"等。根据当前文字样式所使用的字体不同，特殊符号的输入分用 ttf 字体输入特殊字符和用 SHX 字体输入特殊字符两种情况。

1. 用 TrueType 字体输入特殊字符

如果当前的文字样式使用的是 TrueType 字体，就可以使用 Windows 提供的软键盘进行输入。任选一种输入法，例如智能 ABC 输入法，在输入法状态条的按钮上，单击鼠标右键，出现键盘快捷菜单，如图 5-7 所示。例如选择【希腊字母】，就会出现如图 5-8 所示的软键盘，在需要的字母键上单击鼠标，就可以输入对应的字母。

2. 用 SHX 字体输入特殊字符

如果当前样式使用的字体是 SHX 字体，并且勾选了如图 5-2 所示的【使用大字体】复选框，依然可以使用上述软键盘进行输入；如果没有勾选【使用大字体】复选框，就不能用上述方法输入特殊符号，因为输入的符号 AutoCAD 系统不认，显示为“?”。这时可以使用 AutoCAD 提供的控制码输入，控制码由两个百分号（%%）后紧跟一个字母构成。表 5-1 中是 AutoCAD 中常用的控制码。

图 5-7　键盘快捷菜单

图 5-8　软键盘

表 5-1　AutoCAD 控制码

控制码	功能
%%o	加上划线
%%u	加下划线
%%d	度符号
%%p	正、负符号
%%c	直径符号

【例5-1】 使用控制码输入如图5-9所示的特殊符号。

```
命令: _dtext                      // 执行【单行文字】输入命令
当前文字样式:"Standard"   文字高度: 10.0000  注释性: 否
                                  // 显示当前文字样式和文字高度
指定文字的起点或 [对正 (J) /样式 (S)]:
                                  // 单击一点作为文字的起点
指定高度 <10.0000>:               // 回车默认文字高度为10
指定文字的旋转角度 <0>:           // 回车默认文字旋转角度为0
输入文字:%%u%%o%%c25%%o%%u
                                  // 输入直径符号，同时加上划线和下划线
输入文字:%%p0.000                 // 输入正负号
输入文字: 60%                     // 输入百分号
输入文字:%%u建筑绘图%%u           // 加下划线
输入文字:                         // 回车结束命令
```

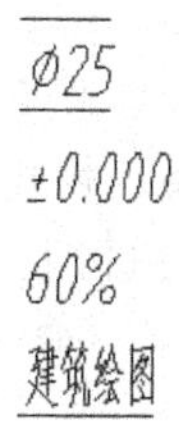

图5-9 特殊符号的输入

5.2.3 单行文字的编辑与修改

用户既可以编辑已输入单行文字的内容，也可以修改单行文字对象的特性。

1. 编辑单行文字的内容

对单行文字的编辑有以下几种方法：

- 单击下拉菜单【修改】/【对象】/【文字】/【编辑】，这时命令行提示“选择注释对象或 [放弃 (U)]:”，用拾取框选择要进行编辑的单行文字，文字就处于可编辑状态，如图5-10所示。这时，直接输入修改后的文字即可。
- 在命令行输入“ddedit”或“ed”命令，也可以启动文字的编辑命令。
- 在绘图区域选中单行文字对象，单击右键选择快捷菜单中的【编辑】选项，作用与方法同上。
- 双击单行文字对象，也可编辑文字。

图5-10 文字的可编辑状态

2. 修改单行文字特性

除了编辑单行文字的内容，用户还可以通过【特性】选项板来修改文字的样式、高度、对正方式等特性。选中文字对象，单击右键选择快捷菜单中的【特性】选项，屏幕上将弹出【特性】选项板，在选项板中修改对象的特性。同时单击选项板中【文字】的【内容】类别，还可以对内容进行编辑。

5.3 多行文字

多行文字可以包含任意多个文本行和文本段落，并可以对其中的部分文字设置不同的文字格式。整个多行文字作为一个对象处理，其中的每一行不再为单独的对象。但是多行文字可以使用explode命令进行分解，分解之后的每一行将重新作为单个的单行文字对象。

【多行文字】输入命令用于输入内部格式比较复杂的多行文字。

5.3.1 多行文字的输入

执行【多行文字】输入命令的方法有：

- 下拉菜单：【绘图】/【文字】/【多行文字】。
- 【文字】工具栏或【绘图】工具栏按钮：A。
- 命令行：mtext。
- 快捷命令：mt。

执行上述命令后，命令行提示：

命令：_mtext　当前文字样式："长仿宋体"　文字高度：10　注释性：否

　　　　// 执行【多行文字】输入命令，并显示系统当前文字样式信息

指定第一角点：　　　　// 指定第一角点

指定对角点或[高度(H)/对正(J)/行距(L)/旋转(R)/样式(S)/宽度(W)/栏(C)]：

　　　　// 指定第二角点或选择相应选项

如果在上述命令行提示下，直接指定第二个角点，屏幕会弹出如图 5-11 所示的多行文字编辑器。指定的两个角点是文字输入边框的对角点，用来定义多行文字对象的宽度。

多行文字编辑器由上面的【文字格式】工具栏和下面的内置多行文字编辑窗口组成。多行文字编辑窗口类似于 Word 等文字编辑工具，用户对它的使用应该比较熟悉。输入文字并设置好后，单击 确定 按钮，即可关闭多行文字编辑器，屏幕指定位置处就输入了相应格式的文字。

图 5-11　多行文字编辑器

下面分别介绍【文字格式】工具栏中常用各控件的功能：

(1) 样式下拉列表。该控件列出所有定义的文字样式，当前样式保存在 TEXTSTYLE 系统变量中。

(2) 字体下拉列表。该控件为新输入的文字指定字体或改变选定文字的字体。

(3) 字体高度下拉列表。该控件按图形单位设置新文字的字符高度或更改选定文字的高度。多行文字对象可以包含不同高度的字符。

(4) 粗体 B：为新输入文字或选定文字打开或关闭粗体格式。此选项仅适用于使用 TrueType 字体的字符。

(5) 斜体 I：为新输入文字或选定文字打开或关闭斜体格式。此选项仅适用于使用 TrueType 字体的字符。

(6) 下划线 U：为新输入文字或选定文字打开或关闭下划线格式。

(7) O：为新输入文字或选定文字打开或关闭上划线格式。

(8) 放弃 ↶：在多行文字编辑器中撤销操作，包括对文字内容或文字格式的更改。也可以使用 Ctrl + Z 组合键。

（9）重做 ↷：在多行文字编辑器中重做操作，包括对文字内容或文字格式的更改。也可以使用 Ctrl + Y 组合键。

（10）文字堆叠按钮 $\frac{a}{b}$：控制文字是否堆叠。当文字中包含“/”、“^”、“#”符号时，如 9/8，可以先选中这三个字符，然后单击按钮 $\frac{a}{b}$，就会变成分数形式；如果选中堆叠成分数形式的文字，单击按钮 $\frac{a}{b}$，可以取消堆叠。用户可以编辑堆叠文字、堆叠类型、对齐方式和大小。

（11）文字颜色。该控件可为新输入文字指定颜色或修改选定文字的颜色。

（12）确定 按钮。该控件可关闭多行文字编辑器并保存所作的任何修改，也可以在编辑器外的图形中单击或使用 Ctrl + Enter 组合键。要关闭多行文字编辑器而不保存修改，按 Esc 键。

5.3.2　多行文字的编辑与修改

用户可以使用下面介绍的多种方法对多行文字进行编辑与修改。当光标位于多行文字编辑器中时，也常会用到右键快捷菜单完成对多行文字的相关操作。

1. 对多行文字的编辑方法：

- 单击下拉菜单【修改】/【对象】/【文字】/【编辑】，这时命令行提示“选择注释对象或［放弃（U）］:”，用拾取框选择要进行编辑的多行文字，屏幕将弹出如图 5-11 所示的多行文字编辑器和【文字格式】工具栏。在多行文字编辑器中重新填写需要的文字，然后单击 确定 按钮。这时，命令行继续提示“选择注释对象或［放弃（U）］:”，可以连续执行多个文字对象的编辑操作。
- 在命令行输入“ddedit”或“ed”命令，命令行的提示与操作同上。
- 在绘图区域选中多行行文字对象，单击右键选择快捷菜单中的【编辑多行文字】选项，命令行的提示与操作依然同上。
- 双击多行文字对象，也可以用同样的方法来编辑文字。但是这种方法只能执行一次编辑操作，如果要编辑其他多行文字对象需要重新双击对象。

2. 多行文字编辑器快捷菜单

在打开多行文字编辑器后，单击右键，会弹出一个多行文字编辑器快捷菜单。利用这个快捷菜单可以进行相关选项的操作，如“查找与替换”、“插入符号”等操作。

多行文字编辑器仅显示 Microsoft Windows 能够识别的字体。由于 Windows 不能识别 AutoCAD 的 SHX 字体，所以在选择 SHX 或其他非 TrueType 字体进行编辑时，AutoCAD 在多行文字编辑器中提供等效的 TrueType 字体。

5.4　字段

字段是被设置为显示随图形变化而变化的具有图形特性的可更新文字。字段更新时，将显示最新的图形特性值。字段可以包含很多信息，例如面积、图层、日期、文件名和页面设置大小等。例如，“文件名”字段的值就是文件的名称，如果该文件名修改，字段更新时将显示新的文件名。

5.4.1　创建并插入字段

字段可以插入到任意种类的文字（公差除外）中，其中包括表单元、属性和属性定义中的文字。激活任意文字命令后，右键快捷菜单上将显示【插入字段】选项。

字段的创建是通过【字段】对话框来完成的。调用【字段】对话框的方法有：

- 下拉菜单：【插入】/【字段】。
- 命令行：field。

执行上述命令后，弹出如图5-12所示的【字段】对话框。以在文字中插入字段为例，介绍创建字段并将其插入指定的位置的操作步骤。

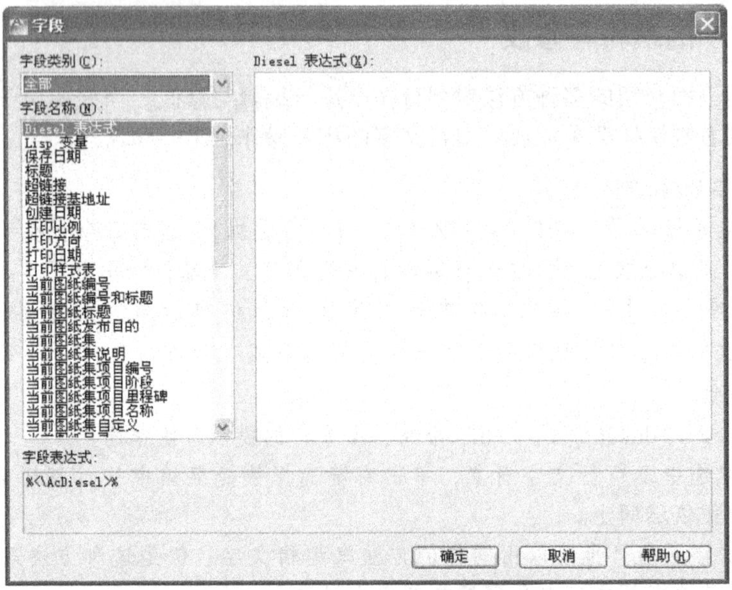

图5-12　【字段】对话框

【例5-2】　在图5-13a的表格中插入字段以显示圆的面积，如图5-13b所示。

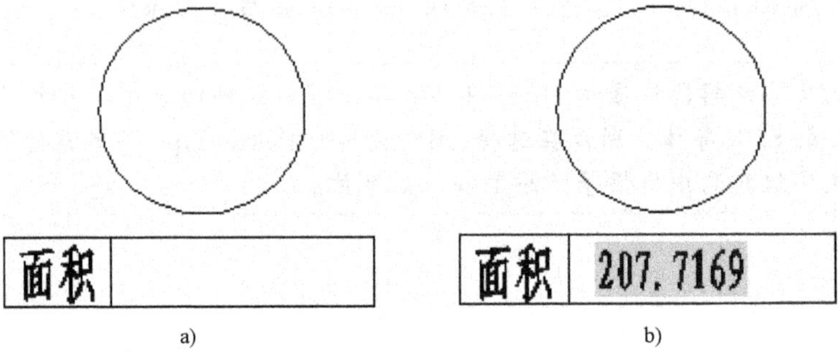

图5-13　插入字段实例

操作步骤为：

(1) 首先画圆，并在圆的下方，建立表格，如图5-13a所示。然后执行下拉菜单【插入】/【字段】，弹出图5-12所示的【字段】对话框。

(2) 在【字段】对话框的【字段类别】下拉列表中，选择“全部”；在【字段名称】列表中，选择“对象”。

(3) 然后单击按钮，【字段】对话框暂时消失，在绘图区域拾取圆后，重新返回【字段】对话框。

(4) 在【字段】对话框中的【特性】列表中选择“面积”，在【格式】列表中选择“小数”，如图5-14所示；单击 确定 按钮，退出【字段】对话框。这时出现面积数字，并跟随光标移动，将光标放到圆下方的表格中单击，就将圆的面积数字字段放到了表格中，字段的底色为灰色。如图5-13b所示。

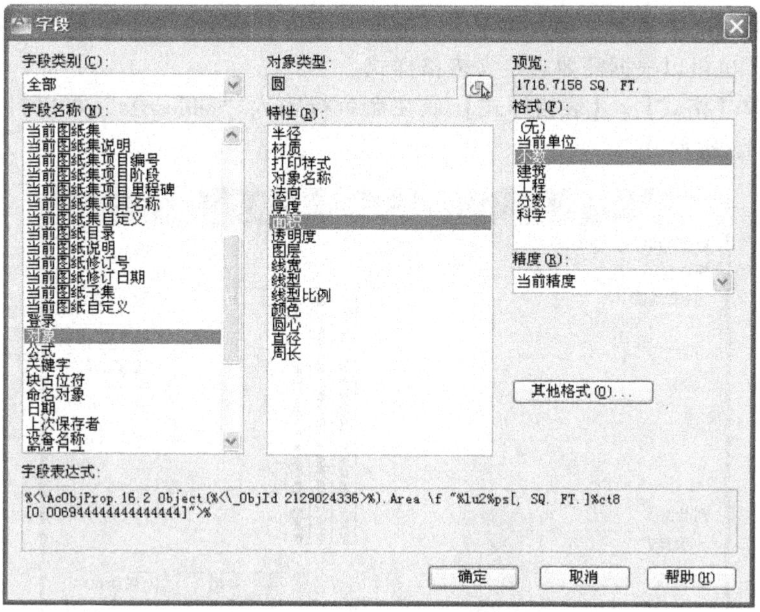

图5-14 圆的面积【字段】对话框的设置

(5) 当我们用夹点编辑改变了圆的大小后，然后执行【工具】/【更新字段】命令，并在提示下选择面积字段，表格中的字段会进行更新。

字段文字所使用的文字样式与其插入的文字对象所使用的样式相同。默认情况下，字段用不会打印的浅灰色背景显示。

5.4.2 编辑字段

因为字段是文字对象的一部分，所以不能直接进行选择。必须选择该文字对象并激活编辑命令。编辑字段的方法为：双击插入字段的文字对象，显示相应的文字编辑对话框；单击右键，在快捷菜单上会出现【编辑字段】的选项；选择【编辑字段】将弹出【字段】对话框，在该对话框中重新设置字段，然后单击 确定 按钮，系统将会以新的设置显示字段。

如果不再希望更新字段，可以通过将字段转换为文字来保留当前显示的值（选择一个字段，在快捷菜单上选择【将字段转化为文字】）。

5.5　插入表格

在绘制建筑施工图和结构施工图时，设计人员都要必不可少地绘制两个表格，那就是门窗表和钢筋表。AutoCAD2012 中，可以创建表格，也可以从 Microsoft Excel 中直接复制表格，并将其作为 AutoCAD 对象粘贴到图形中，也可以从外部直接导入表格对象，还可以输出表格数据，还可以修改单元内容的特性，例如类型、样式和对齐。

5.5.1　创建新的表格样式

表格样式控制一个表格的外观，用于保证标准的字体、颜色、文本、高度和行距。可以使用默认的表格样式，也可以根据需要自定义表格样式。

单击下拉菜单【格式】/【表格样式】或在命令行输入“tablestyle”可以打开【表格样式】对话框，如图 5-15 所示。

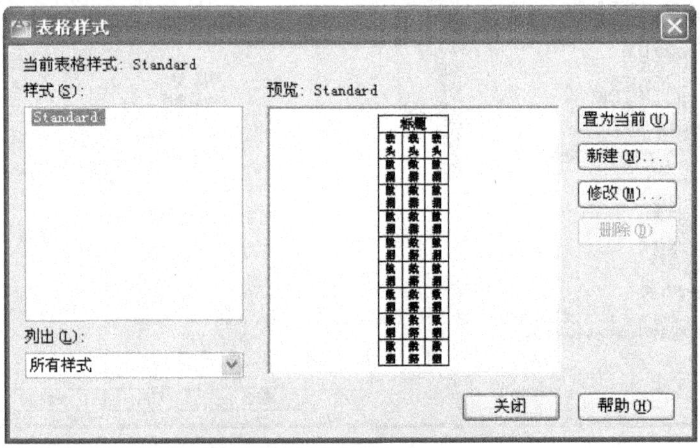

图 5-15　【表格样式】对话框

在对话框的最上面显示当前表格样式名称。在【样式】显示框中显示所有样式，在【预览】显示框中显示选中样式的预览效果。使用右侧的编辑按钮，可以将所选表格样式置为当前样式，或者新建表格样式、或者对已有样式进行修改和删除。

单击 新建(N)... 按钮，弹出“创建新的表格样式”对话框，如图 5-16 所示，在“新样式名”处输入新的表格样式名称，选好基础样式，单击 继续 按钮，弹出【新建表格样式】对话框，如图 5-17 所示。

在“新建表格样式”对话框中，“单元样式”有“数据”“表头”“标题”三个选项，可以设置表格中数据表头标题的对应样式。另外三个选项卡内容相似。

- 常规选项卡：可以对表格的填充颜色、对齐方向、格式、类型、页边距等特性进行设置。
- 文字选项卡：设置表格中的文字样式、高度、颜色和角度。

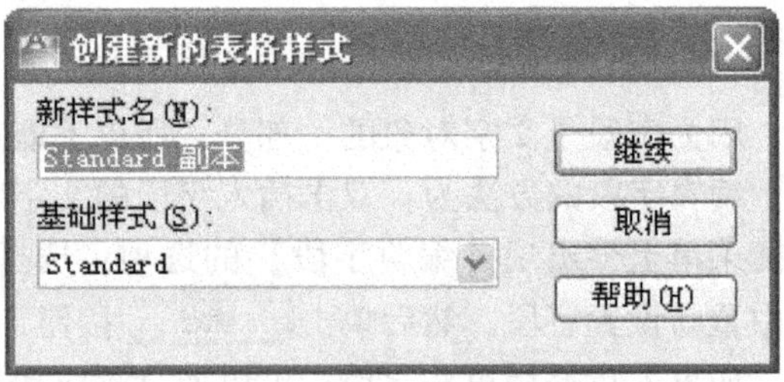

图 5-16　【创建新的表格样式】对话框

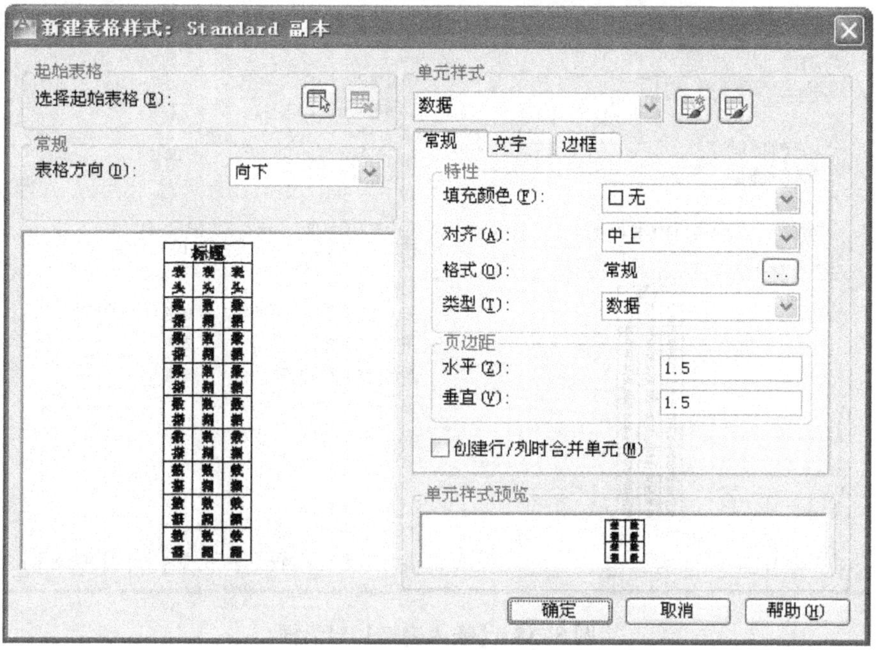

图 5 - 17 【新建表格样式】对话框

- 边框选项卡：设置表格是否有边框，以及有边框时的线宽、线型、颜色和间距等。

设置好表格样式后，单击 确定 按钮就创建好了表格样式。

5.5.2 编辑表格样式

当单击如图 5 - 15 所示的【表格样式】对话框的 修改(M)... 按钮，会弹出【修改表格样式】对话框。其内容与图 5 - 17 所示的【新建表格样式】对话框类似，可以对各种选项重新进行设置。

如果在图 5 - 15 中的样式列表中，选中一种表格样式，右侧的删除按钮就会变成激活可用状态，单击该按钮就能删除选定的表格样式。

5.5.3 插入表格

执行插入表格的方法有：

- 下拉菜单：【绘图】/【表格】。
- 工具栏按钮：。
- 命令行：table。

执行上述命令后，会弹出如图 5 - 18 所示的【插入表格】对话框。

在【表格样式】选区，单击下拉列表，列表中提供了所有的表格样式，同时，在该选区的显示框中可以看到当前表格样式的图样。

在【插入选项】区中，选择“从空表格开始”可以创建一个空的表格。选择“自数据链接”可以从外部导入数据来创建表格；选择“自图形中的对象数据”选项，可以从可输出的表格或外部文件的图形中提取数据来创建表格。

【插入方式】选区，可以选【指定插入点】按钮，可以在绘图窗口中的某点插入固定大小的表格；选【指定窗口】按钮，可以在绘图窗口中通过拖动表格边框来创建任意大小的表格。

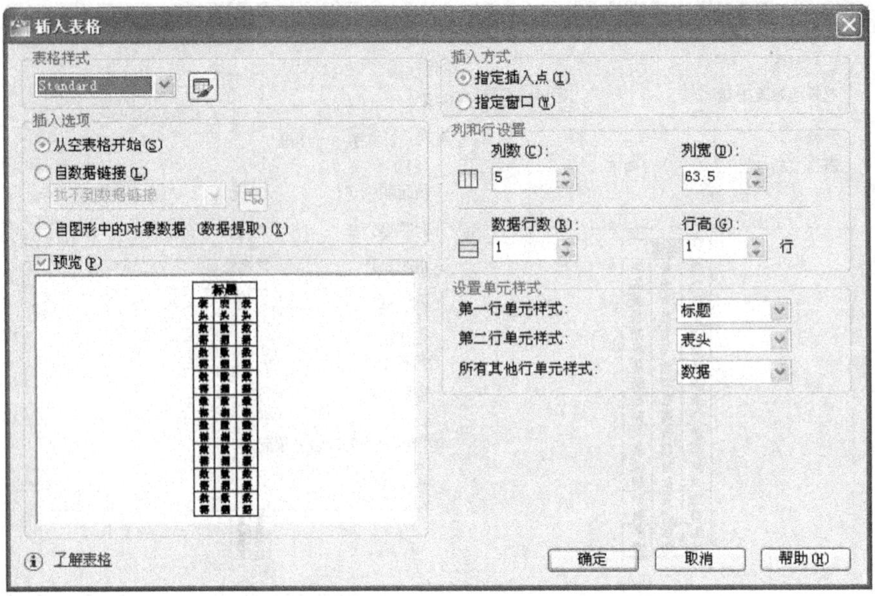

图 5-18　【插入表格】对话框

在【列和行设置】选项中，可以改变列数、列宽、行数、行高等。

设置好插入表格对话框后单击 确定 按钮，即可按照选定插入方式插入表格。

5.6　标注样式

在建筑工程图样中，图样用来表示建筑构件的形状，尺寸标注用来表示构件的大小和相对位置关系，是现场施工的重要依据。

在建立尺寸标注样式之前，先来认识一下尺寸标注的各组成部分。一个完整的尺寸标注一般是由尺寸线（标注角度时的标注弧线）、尺寸界线、尺寸起止符号（建筑制图为倾斜 45°短粗线）、尺寸数字这四部分组成。标注以后这四部分作为一个整体来处理。如图 5-19 所示，是这几部分的位置关系。

在进行尺寸标注之前，先要设置各种需要的标注样式以满足不同专业、不同图样的要求。

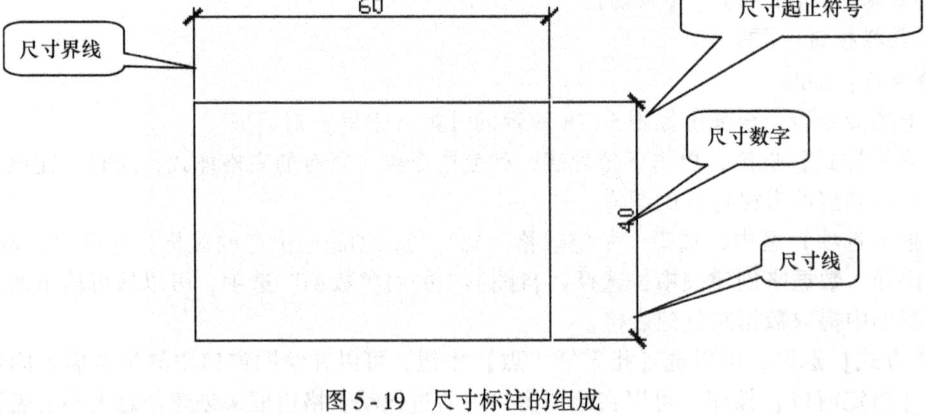

图 5-19　尺寸标注的组成

5.6.1 标注样式管理器

AutoCAD 允许用户自行设置需要的标注样式，它是通过【标注样式管理器】对话框来完成的。启动【标注样式管理器】对话框的方法有：

- 单击下拉菜单：【标注】/【标注样式】。
- 【标注】工具栏按钮（如图 5-20 所示）：。
- 命令行：dimstyle。
- 快捷命令：ddim。

图 5-20 【标注】工具栏

执行上述命令后，弹出如图 5-21 所示的【标注样式管理器】对话框。对话框中各控件的功能为：

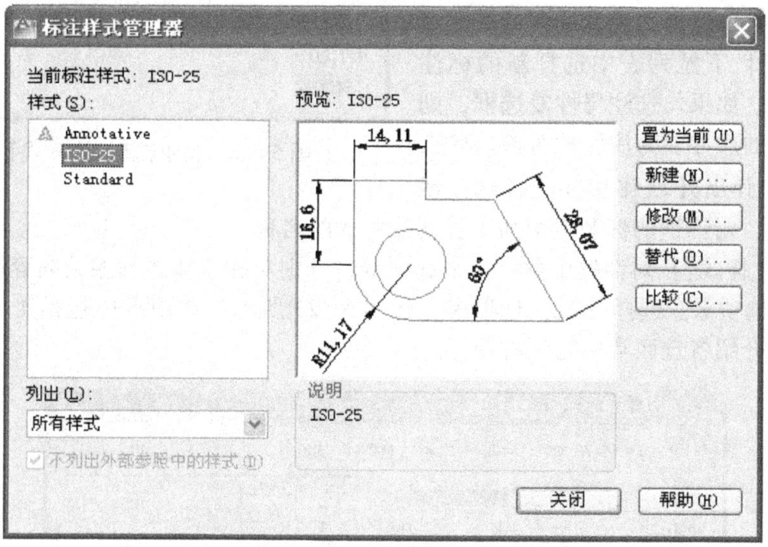

图 5-21 【标注样式管理器】对话框

（1）【样式】列表框。该控件在【样式】列表框中显示所有满足筛选要求的标注样式。当前标注样式会加亮显示。

（2）【列出】列表框。该控件可设置显示标注样式的筛选条件，即通过下拉列表的选项来控制【样式】列表框中的显示范围。

（3）【预览】显示框。该控件用来预览当前标注样式的效果。

（4）置为当前(U) 按钮。该控件用来将【样式】列表框中的已有样式置为当前标注样式。

（5）新建(N)... 按钮。该控件用来创建新的标注样式。

（6）修改(M)... 按钮。该控件用来修改已创建的标注样式。

（7）替代(O)... 按钮。该控件可在当前样式的基础上更改某个或某些设置作为临时标注样式，来代替当前样式的使用，但不将这些改动保存在当前样式的设置中。

（8）比较(C)... 按钮。该控件用来比较指定的两个标注样式之间的区别，也可以查看一个标注样式的所有标注特性。

5.6.2　新建标注样式对话框

当采用无样板方式打开一个新的文件时，系统通常会提供默认标注样式。采用公制测量单位时，默认的标注样式有 ISO－25、Standard 和 Annotative（可注解）这几种样式。

通常默认的标注样式并不完全适合我国的制图标准和制图习惯，用户在使用时，必须在它的基础上进行修改来创建需要的尺寸标注样式。新的标注样式是在【标注样式管理器】对话框中创建完成的。

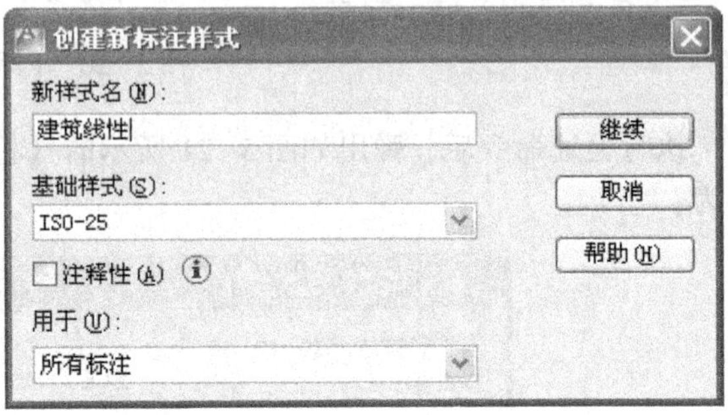

图 5-22　【创建新标注样式】对话框

在【标注样式管理器】对话框，单击 新建(N)... 按钮，弹出如图 5-22 所示的【创建新标注样式】对话框。在该对话框的【新样式名】编辑框中填写新的标注样式名，如图填写“建筑线性”；在【基础样式】下拉列表中选择以哪一个标注样式为基础创建新标注样式；在【用于】下拉列表中选择新的标注样式的适用范围。如果勾选注释性复选框，则用这种样式标注的尺寸成为注释性对象。单击 继续 按钮，弹出【创建新标注样式：建筑线性】对话框，对话框的标题栏中加入了新建样式的名称。

【创建新标注样式：】对话框中共有 7 个选项卡，分别对标注样式的相关内容进行设置。

（1）【线】选项卡。选择【线】选项卡，如图 5-23 所示，选项卡中包括 4 个选区和一个预览框。下面分别介绍各选区常用选项的功能。

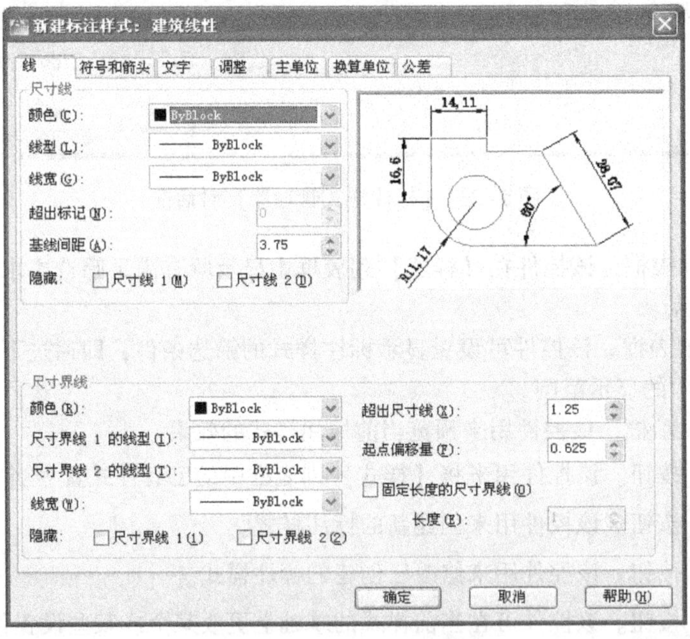

图 5-23　【线】选项卡

1）【尺寸线】选区。

【颜色】下拉列表：用于设置尺寸线的颜色。

【线型】下拉列表：用于设置尺寸线的线型。

【线宽】下拉列表：用于设置尺寸线的线宽。

【超出标记】：当箭头选为倾斜、建筑标记、小标记、完整标记和无标记时才可用，是指尺寸线超过尺寸界线的距离，如图 5-24 所示。

【基线间距】：用于【基线标注】时设置相邻两条尺寸线之间的距离，如图 5-25 所示。

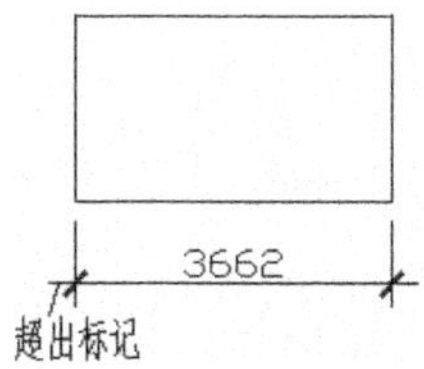

图 5-24　超出量设置

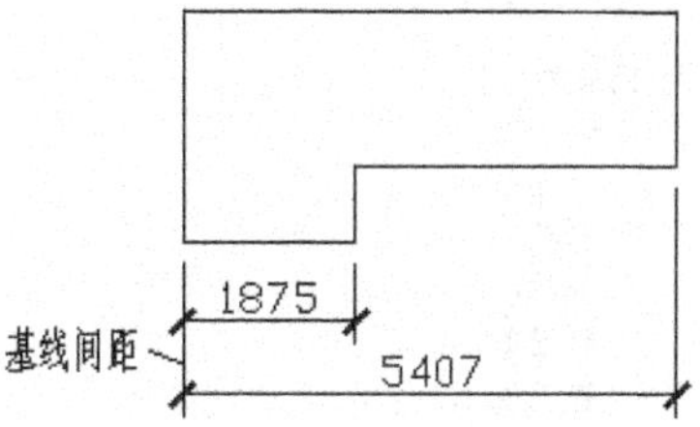

图 5-25　基线间距

2）【尺寸界线】选区。延伸线，就是我们常说的尺寸界线。

【颜色】下拉列表：用于设置尺寸界线的颜色，使用默认设置即可。

【尺寸界线的线型】：用于设置尺寸界线的线型，使用默认设置即可。

【线宽】下拉列表：用于设置尺寸界线的线宽，使用默认设置即可。

【超出尺寸线】：用于设置尺寸界线超出尺寸线的量，如图 5-26 所示。

【起点偏移量】：用于设置从图形中定义标注的点到尺寸界线起点的偏移距离，如图 5-26 所示。

【隐藏】：选中【尺寸界线 1】隐藏第一条尺寸界线，选中【尺寸界线 2】隐藏第二条尺寸界线（可以与【隐藏】尺寸线合用）。

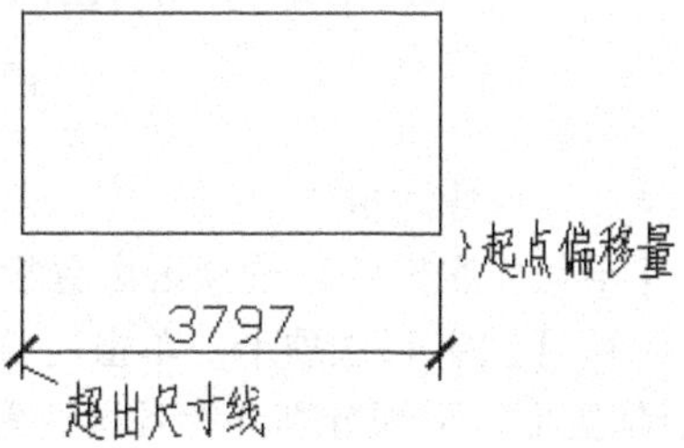

图 5-26　超出尺寸线量和起点偏移量

【固定长度的尺寸界线】：用于设置尺寸界线从起点一直到终点的长度，不管标注尺寸线所在位置距离被标注点有多远，只要比这里的固定长度加上起点偏移量更大，那么所有的尺寸界线都是按固定长度绘制的。

（2）【符号和箭头】选项卡。单击【符号与箭头】选项卡，如图 5-27 所示。

1）【箭头】选区。

【第一个】下拉列表：设置尺寸线的箭头类型。当改变第一个箭头的类型时，第二个箭头将自动改变以同第一个箭头相匹配。

【第二个】下拉列表：当两端箭头类型不同时，也可设置尺寸线的第二个箭头。

【引线】：设置引线箭头。

【箭头大小】：设置箭头的大小。

2）【圆心标记】选区。在 AutoCAD 中可以单击【标注】工具栏上的【圆心标记】按钮，迅速对圆或弧的中心进行标记。用此命令之前，可以在【圆心标记】选项区设置圆心标记的样式。

3）弧长符号。

【弧长符号】选项区用于设置弧长符号的形式。

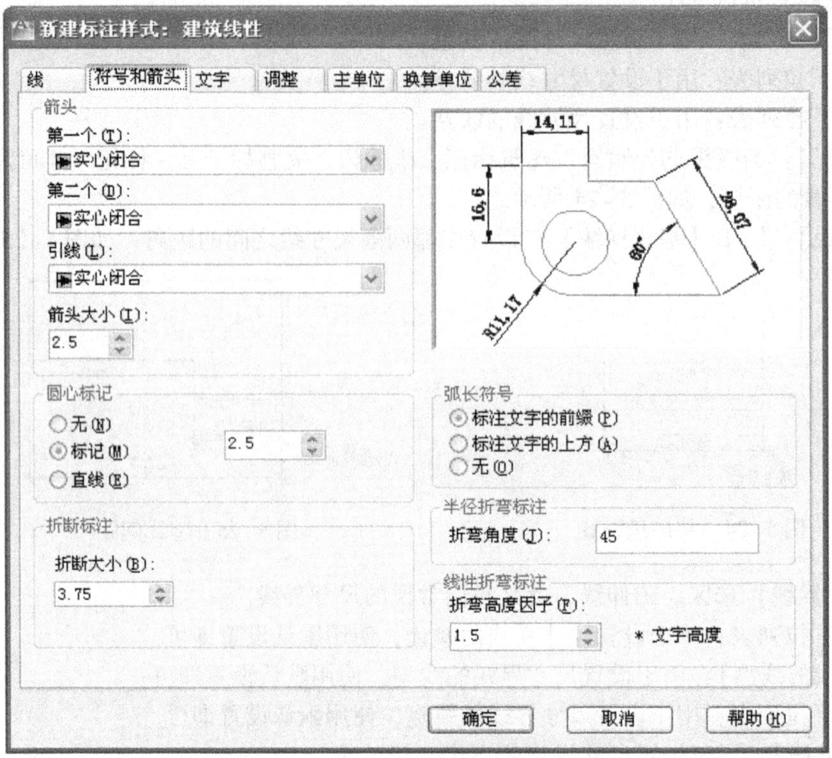

图 5-27 【符号和箭头】选项卡

4）半径标注折弯。

【半径标注折弯】选项区设置折弯标注的折弯角度。

(3)【文字】选项卡。单击【文字】选项卡，如图 5-28 所示，该选项卡中包括三个选区和一个预览框。下面分别介绍各选区常用选项的功能：

1)【文字外观】选区。

【文字样式】：通过下拉列表选择文字样式，也可通过单击按钮打开【文字样式】对话框设置新的文字样式。

【文字颜色】：通过下拉列表选择颜色，默认设置为“随块”。

【文字高度】：在文本框中直接输入高度值，也可通过按钮增大或减小高度值。需要注意的是，选择的文字样式中的字高应设为零（不能为具体值），否则在【文字高度】文本框中输入的值对字高无影响。

【分数高度比例】：设置相对于标注文字的分数比例。仅当在【主单位】选项卡上选择“分数”作为【单位格式】时，此选项才可用。在此处输入的值乘以文字高度，可确定标注分数相对于标注文字的高度。

【绘制文字边框】：在标注文字的周围绘制一个边框。

2)【文字位置】选区。

【垂直】：控制标注文字相对尺寸线的垂直位置。通常选择“上方”选项。

【水平】：控制标注文字相对于尺寸线和尺寸界线的水平位置。通常选择“居中”选项。

【从尺寸线偏移】：用于确定尺寸文本和尺寸线之间的偏移量，如图 5-29 所示。

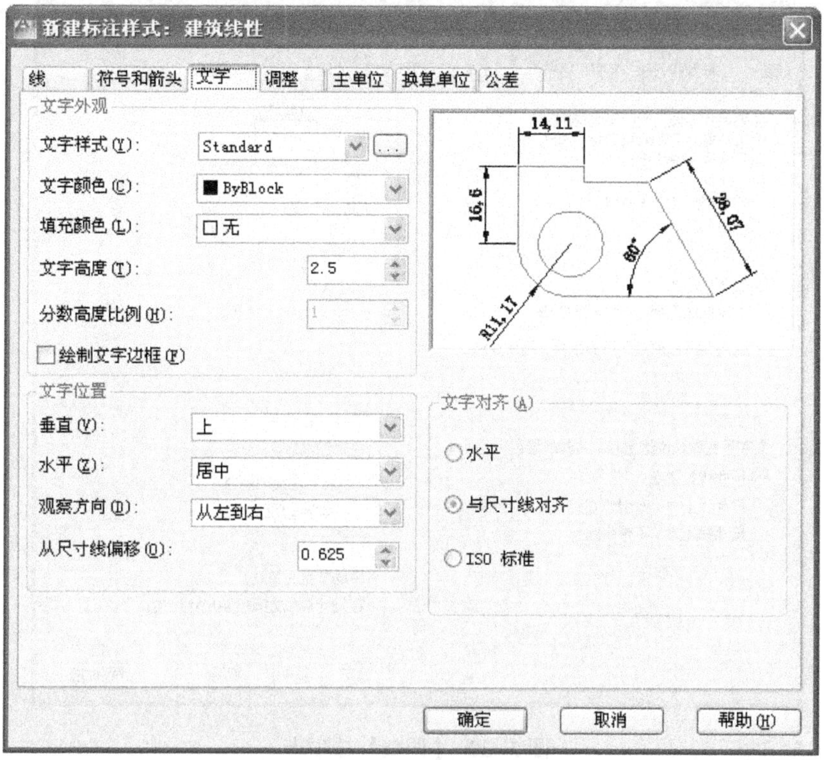

图 5-28 【文字】选项卡的设置

3)【文字对齐】选区。

【水平】：无论尺寸线的方向如何，尺寸数字的方向总是水平的。

【与尺寸线对齐】：尺寸数字保持与尺寸线平行。

【ISO 标准】：当文字在尺寸界线内时，文字与尺寸线对齐。当文字在尺寸界线外时，文字水平排列。

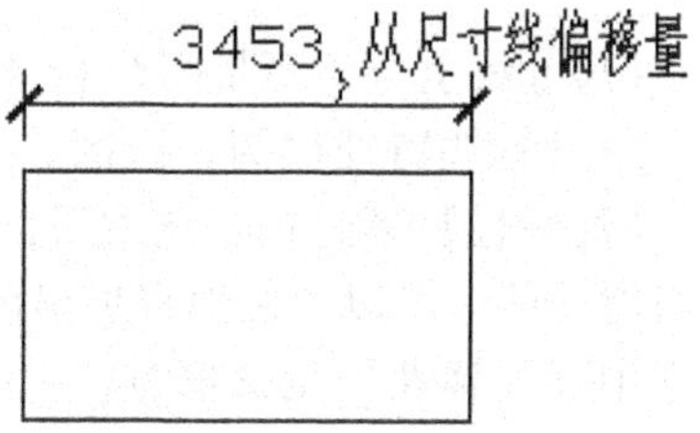

图 5-29　文字从尺寸线偏移量

(4)【调整】选项卡。单击【调整】选项卡，如图 5-30 所示，选项卡中包括 4 个选区和一个预览框。下面分别介绍各选区常用选项的功能：

1)【调整选项】选区。当尺寸界线的距离很小不能同时放置文字和箭头时，进行下述调整：

【文字或箭头（最佳效果）】：AutoCAD 根据最好的效果将文字或箭头放在尺寸界线之外。通常选择该选项。

【箭头】：首先移出箭头。

【文字】：首先移出文字。

【文字和箭头】：文字和箭头都移出。

【文字始终保持在尺寸界线之间】：不论尺寸界线之间能否放下文字，文字始终在尺寸界线之间。

【若箭头不能放在尺寸界线内，则将其消除】：若尺寸界线内只能放下文字，则消除箭头。

2)【文字位置】选区。当标注文字不在默认位置时，按照选项设置文字位置。

【尺寸线旁边】：编辑标注文字时，文字只可移到尺寸线旁边。

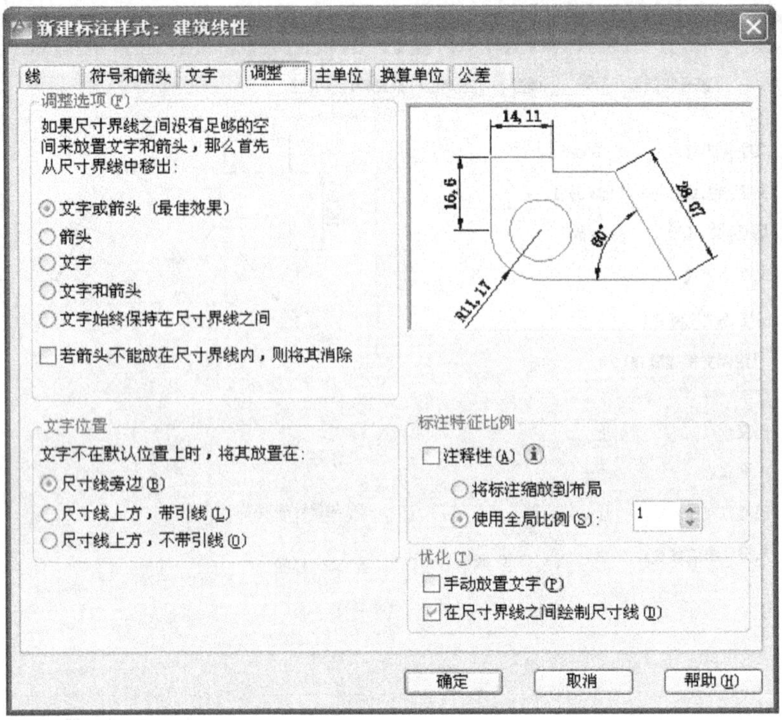

图 5-30 【调整】选项卡

【尺寸线上方，带引线】：编辑标注文字时，文字移动到尺寸线上方时带引线。通常选择该项。

【尺寸线上方，不带引线】：编辑标注文字时，文字移动到尺寸线上方时不带引线。

3）【标注特征比例】选区。

【注释性】复选框：选中后，将标注的尺寸设置为注释性对象，这是 AutoCAD2008 以后版本的新增功能，可以方便地根据出图比例来调整注释比例，使打印出的图样中各项参数满足要求。当选中【注释性】复选框时，后面的【使用全局比例】和【将标注缩放到布局】选项不可用。

【使用全局比例】：以文本框中的数值为比例因子缩放标注的文字和箭头的大小，但不改变标注的尺寸值。(模型空间标注选用此项)

【将标注缩放到布局】：以当前模型空间视口和图纸空间之间的比例为比例因子缩放标注(如在图纸空间标注选用此项)。

4）【优化】选区。

【手动放置文字】：进行尺寸标注时标注文字的位置不确定，需要通过拖动鼠标单击来确定。

【在尺寸界线之间绘制尺寸线】：不论尺寸界线之间的距离大小，尺寸界线之间必须绘制尺寸线。通常选择该项。

(5)【主单位】选项卡。

【主单位】选项卡主要用来设置标注的主单位的格式和精度，以及标注文字的前缀和后缀。选项卡中包括的选区及各功能选项如图 5-31 所示。

1)【线性标注】。

此选项区用来设置线性标注的单位格式、精度、小数分隔符号，以及尺寸文字的前缀与后缀。

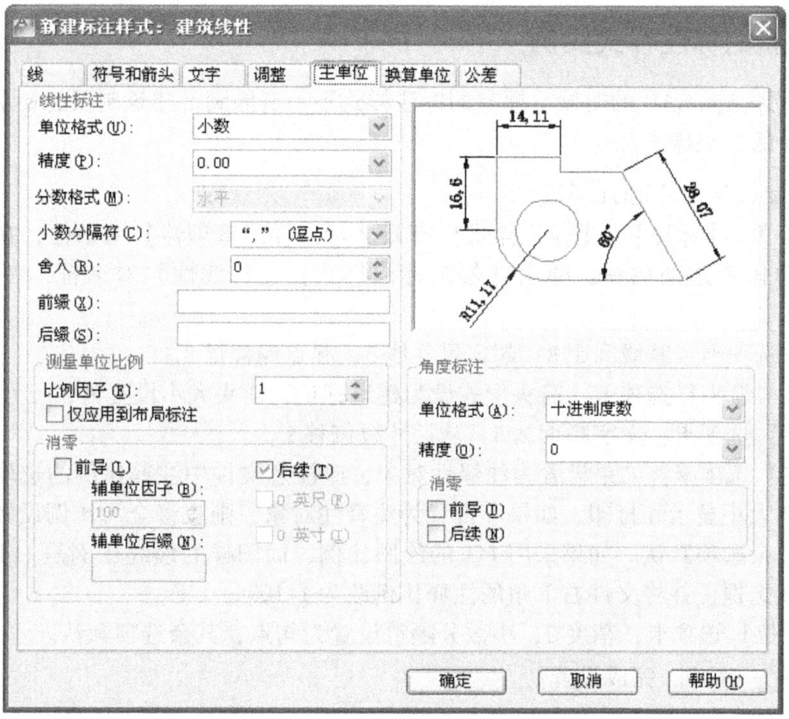

图5-31　【主单位】选项卡

【单位格式】下拉列表：用于设置标注文字的单位格式，可供选择的有小数、科学、建筑、工程、分数和 Windows 桌面等格式，工程制图中常用格式是小数。

【精度】下拉列表：用于确定主单位数值保留几位小数，这里选择精度为0。

【分数格式】：当【单位格式】采用分数格式时，用于确定分数的格式，有三个选择：水平、对角和非堆叠。

【小数分隔符】：当【单位格式】采用小数格式时，用于设置小数点的格式，根据国家标准。

【前缀】：输入指定内容，在标注尺寸时，会在尺寸数字前面加上指定内容，如输入“%%c”，则在尺寸数字前面加上“ϕ”这个直径符号，这在标注非圆视图上圆的直径非常有效。

【后缀】：输入指定内容，在标注尺寸时，会在尺寸数字后面加上指定内容，注意前缀和后缀可以同时加。

2）【测量单位比例】。设置线性标注测量值的比例因子。AutoCAD 按照此处输入的数值放大标注测量值。例如，如果画了一条 200 个绘图单位长的线，直接默认标注，会标注 200。如果此线表示 100mm 长，则在此处设置测量单位比例为 0.5，AutoCAD 会在标注时自动标注为 100。可见，测量比例因子总是与绘图比例成倒数关系。

3）【消零】。该选项用于控制前导零和后续零是否显示。选择【前导】，用小数格式标注尺寸时，不显示小数点前的零，如小数 0.500 选择【前导】后显示为 .500。选择【后续】，用小数格式标注尺寸时，不显示小数后面的零，如小数 0.500 选择【后续】后显示为 0.5。

4）【角度标注】。此选项区用来设置角度标注的单位格式与精度以及消零的情况，设置方法与【线性标注】的设置方法相同，一般【单位格式】设置为“十进制度数”，【精度】为“0”。

【新建标注样式】对话框中还有【换算单位】和【公差】两个选项卡。由于这两个选项卡在建筑绘图中很少使用，用户可以根据选项卡中的内容，在实践练习中学习，这里不再作介绍。

5.6.3　创建新的标注样式实例

在第一次进入 AutoCAD 的时候，原有的标注样式不一定能满足建筑制图的要求，可以通过下面的方法设置新的标注样式。

1. 设置建筑线性尺寸标注样式

单击下拉菜单：【标注】/【标注样式】打开【标注样式管理器】对话框，在样式中选中建筑公制，然后单击右边的按钮，弹出【修改标注样式：建筑线性】对话框，在对话框中进行设置。

(1)【线】选项卡：基线间距 8；超出尺寸线 3，起点偏移量 3。

(2)【符号与箭头】选项卡：箭头形式设为建筑标记，箭头大小设置为 3。

(3)【文字】选项卡：文字高度 2.5，从尺寸线偏移 1。

(4)【调整】选项卡：如果设置为注释性对象，应注意文件中注释比例的选取，以使尺寸标注能够以正确的大小显示和打印。如果不设置为注释性对象，则应将全局比例设置得与出图比例成倒数关系，其余选项默认。如果采用 1:1 的绘图比例，而图样的最终比例是 1:100 的话，可在此选择注释性复选框，并将文件右下角的注释比例改为 1:100。

(5)【主单位】选项卡：精度 0，小数分隔符设置为句点，其余选项默认。

单击 确定 按钮，完成设置。

2. 设置圆形尺寸标注样式

单击下拉菜单：【标注】/【标注样式】打开【标注样式管理器】对话框，单击 新建(N)... 按钮，弹出【创建新标注样式】对话框。在该对话框的【新样式名】编辑框中填写新的标注样式名“圆形尺寸”；然后单击 继续 按钮，弹出【创建新标注样式：圆形尺寸】对话框，在对话框中进行设置。

(1)【线】选项卡：基线间距 8；超出尺寸线 3，起点偏移量 0。

(2)【符号与箭头】选项卡：箭头形式设为实心闭合，箭头大小设置为 3。

(3)【文字】选项卡：文字高度 2.5，ISO 标准，从尺寸线偏移 1。

(4)【调整】选项卡：调整选区，选择箭头；标注特征比例同建筑线性标注样式；优化选区选手动放置文字，在尺寸界线之间绘制尺寸线。

(5) 主单位选项卡：精度 0，其余选项默认。

单击 确定 按钮，完成设置。

3. 设置角度尺寸标注样式

在标注角度型尺寸时，不论是多大的角度，位置如何，都要求将尺寸数字水平放置。

单击下拉菜单：【标注】/【标注样式】打开【标注样式管理器】对话框，单击 新建(N)... 按钮，弹出【创建新标注样式】对话框。在该对话框的【新样式名】编辑框中填写新的标注样式名“角度尺寸”；然后单击 继续 按钮，弹出【创建新标注样式：角度尺寸】对话框，在对话框中进行设置。

(1)【线】选项卡：基线间距 8；超出尺寸线 3，起点偏移量 0。

(2)【符号与箭头】选项卡：箭头形式设为实心闭合，箭头大小设置为 3。

(3)【文字】选项卡：文字高度 2.5，从尺寸线偏移 1，文字对齐方式设为水平。

(4)【调整】选项卡：标注特征比例同建筑线性标注样式；其余默认。

（5）主单位选项卡：精度 0，其余选项默认。

单击 确定 按钮，完成设置。

5.6.4　设置当前标注样式

在进行尺寸标注的时候，总是使用当前标注样式标注的。将已有标注样式设置为当前样式的方法：

- 在【标注样式管理器】对话框的【样式】显示框中选中已有标注样式，然后单击 置为当前(U) 按钮。
- 在【标注样式管理器】对话框的【样式】显示框中选中已有标注样式，单击右键选择快捷菜单中的【置为当前】选项。
- 在【标注】工具栏或【样式】工具栏的【标注样式控制】下拉列表中，选择其中一种标注样式单击将其置为当前。

5.6.5　修改、替代、删除标注样式

在【标注样式管理器】对话框中可以修改、替代、删除已创建的标注样式。

1. 修改标注样式

在【标注样式管理器】对话框的【样式】显示框中选中一个标注样式，如选择“建筑线性”样式，然后单击 修改(M)... 按钮，弹出【修改标注样式：建筑线性】对话框。该对话框与【新建标注样式：建筑线性】对话框的内容完全一样，在对话框的各选项卡中进行修改，然后单击 确定 按钮返回【标注样式管理器】对话框，再单击 关闭 按钮退出对话框完成标注样式的修改操作。

2. 替代标注样式

替代标注样式只是临时在当前标注样式的基础上作部分调整，并替代当前样式进行尺寸标注。它并不是一个单独的新样式，同时所作的部分调整也不保存在当前样式中。当替代标注样式被取消后，当前标注样式的设置不会发生改变，并且不影响使用替代标注样式已经标注的尺寸样式。

只有当前标注样式，才能执行替代操作。因此，如果标注样式不为当前样式，首先在【标注样式管理器】对话框的【样式】显示框中选中一个标注样式，如“建筑公制”样式。然后单击 置为当前(U) 按钮将其置为当前，这时 替代(O)... 按钮可用。单击 替代(O)... 按钮，弹出【替代当前样式：建筑公制】对话框，该对话框与【新建标注样式：建筑线性】对话框的内容完全一样，在对话框的各选项卡中作部分更改，然后单击 确定 按钮返回【标注样式管理器】对话框。这时，在【标注样式管理器】对话框的【样式】显示框中添加了“样式替代”的字样。再单击 关闭 按钮退出对话框完成标注样式的替代操作。

从设置替代样式为当前标注样式开始，以后的尺寸标注都采用该替代样式进行标注，直到将其他标注样式置为当前样式或将替代样式删除。

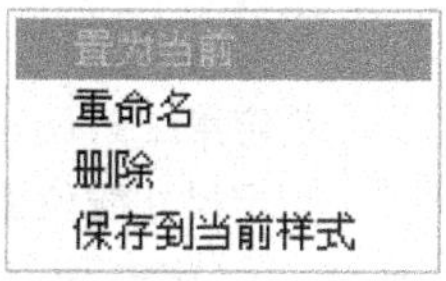

图 5-32　【样式替代】快捷菜单和删除样式替代的提示

一旦将其他标注样式设置为当前样式，替代样式将自动取消。也可以主动删除替代标注样式，方法为：在【标注样式管理器】对话框的【样式】显示框中选中替代标注样式，单击右键，选择快捷菜单中的【删除】选项，见图 5-32，系统会提示【是否确实要删除〈样式替

代〉】提示，单击 是(Y) 按钮完成删除操作。在快捷菜单中还可以选择【重命名】选项对替代样式重新起名；选择【保存到当前样式】选项将所作的更改保存到当前样式中。

3. 删除标注样式

在【标注样式管理器】对话框的【样式】显示框中选中标注样式，单击右键，选择快捷菜单中的【删除】选项，屏幕上会弹出系统提示，单击 是(Y) 按钮完成删除操作。

应注意的是，当前标注样式和正在使用的标注样式不能删除，其右键快捷菜单的【删除】选项不可用。

5.7 尺寸标注

尺寸标注样式设置好之后就可以进行尺寸标注了。AutoCAD 提供了多种尺寸标注的方式，每一种标注方式都有其对应的标注命令。下面分别介绍常用的几种尺寸标注方式。

5.7.1 线性标注

线性尺寸标注，是指标注对象在水平或垂直方向的尺寸。启动【线性】标注命令的方法有：

- 下拉菜单：【标注】/【线性】(如图 5-33 所示)。
- 【标注】工具栏按钮：![线性] (如图 5-20 所示)。
- 命令行：dimlinear。

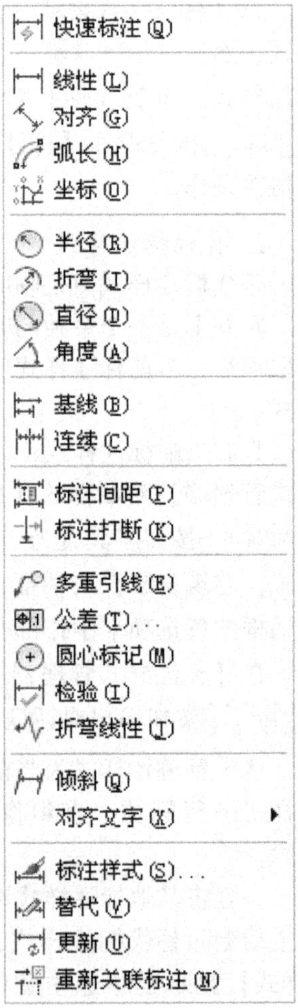

图 5-33 【标注】下拉菜单

【例 5-3】 下面以矩形为例介绍【线性标注】的使用，如图 5-34所示。

使用上述创建的“建筑线性”样式进行标注，即将该样式设置为当前样式后，再执行以下程序操作（以后讲述的标注实例均采用该标注样式）。

命令：_dimlinear　　　　// 执行【线性标注】命令
指定第一条尺寸界线原点或〈选择对象〉：
　　　　　　　　　　　　// 捕捉矩形左上角点
指定第二条尺寸界线原点：　　// 捕捉矩形的右上角点
指定尺寸线位置或
[多行文字(M)/文字(T)/角度(A)/水平(H)/垂直(V)/旋转(R)]：
　　　　　　　　　　　　// 上移光标到合适位置单击标注水平尺寸
标注文字 =5000　　　　// 显示水平尺寸大小
命令：_dimlinear　　　　// 执行【线性标注】命令
指定第一条尺寸界线原点或〈选择对象〉：
　　　　　　　　　　　　// 捕捉矩形右下角点
指定第二条尺寸界线原点：　　// 捕捉矩形的右上角点
指定尺寸线位置或[多行文字(M)/文字(T)/角度(A)/水平(H)/垂直(V)/旋转(R)]：
　　　　　　　　　　　　// 右移光标到合适位置单击标注垂直尺寸
标注文字 =3800　　　　// 显示垂直尺寸大小

在命令行提示“指定尺寸线位置或［多行文字（M）/文字（T）/角度（A）/水平（H）/垂直（V）/旋转（R）］:”时，也可以通过输入“h”或“v”选择尺寸标注的方向。其余选项的含义分别为：

【多行文字（M）】：在提示后输入“m”，就可以打开【文字格式】对话框，如图 5-35 所示，在文字框中显示可编辑状态的数字，代表的是 AutoCAD 自动测量的尺寸数字，用户可以在里面加上需要的字符。编辑完毕，单击确定按钮即可。

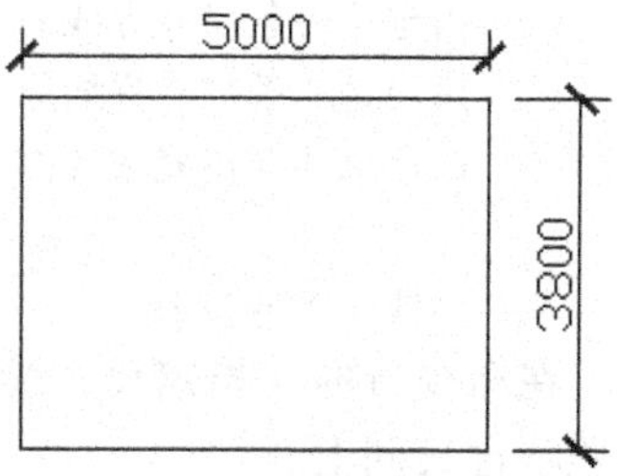

图 5-34 【线性标注】实例

图 5-35 【文字格式】对话框

【文字（T）】：以单行文本形式输入尺寸文字内容。

【角度（A）】：设置尺寸文字的倾斜角度。

【水平（H）】和【垂直（V）】：用于选择水平或者垂直标注，或者通过拖动鼠标也可以切换水平和垂直标注。

【旋转 R】：将尺寸线旋转一定角度后进行标注。

5.7.2 对齐标注

对齐尺寸标注可以让尺寸线始终与被标注对象平行，它也可以标注水平或垂直方向的尺寸，如果被标注的边不是水平或垂直边，可以使用【对齐标注】，当然【对齐标注】同样可以标注水平边或垂直边的尺寸。启动【对齐标注】命令的方法有：

- 下拉菜单：【标注】/【对齐】。
- 【标注】工具栏按钮：。
- 命令行：dimaligned。

【例 5-4】 标注如图 5-36 所示三角形的尺寸，练习【对齐标注】的使用。

```
命令：_dimaligned              //执行【对齐标注】命令
指定第一条尺寸界线原点或〈选择对象〉：
                               //捕捉 A 点
指定第二条尺寸界线原点：       //捕捉 B 点
指定尺寸线位置或［多行文字（M）/文字（T）/角度（A）］：
                               //移动光标，尺寸线始终保
                                 持与斜边 AB 平行来回移
                                 动，在合适位置单击标注
                                 AB 边尺寸
标注文字 =4687                 //显示斜边 AB 尺寸大小
命令：_dimaligned              //执行【对齐标注】命令
```

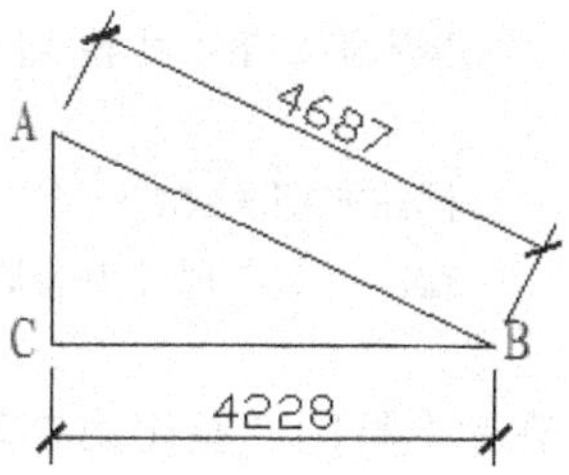

图 5-36 【对齐标注】实例

指定第一条尺寸界线原点或〈选择对象〉: // 捕捉 C 点
指定第二条尺寸界线原点: // 捕捉 B 点
指定尺寸线位置或 [多行文字 (M) /文字 (T) /角度 (A)]:
// 光标下移到合适位置单击标注 CB 边尺寸
标注文字 =4228 // 显示水平边 CB 尺寸大小

在命令行的“指定尺寸线位置或 [多行文字 (M) /文字 (T) /角度 (A)]:”提示中其余各选项含义同上。

5.7.3 连续标注

【连续标注】方式可以在执行一次标注命令后，在图形的同一方向连续标注多个尺寸。【连续标注】命令必须在执行了【线性标注】、【对齐标注】、【角度标注】或【坐标标注】之后才能使用，系统将自动捕捉到上一个标注的第二条尺寸界线作为【连续标注】的起点。启动【连续标注】命令的方法有：

- 下拉菜单：【标注】/【连续】。
- 【标注】工具栏按钮：。
- 命令行：dimcontinue。

【例 5-5】 使用【连续标注】对图 5-37 所示的图形进行尺寸标注。

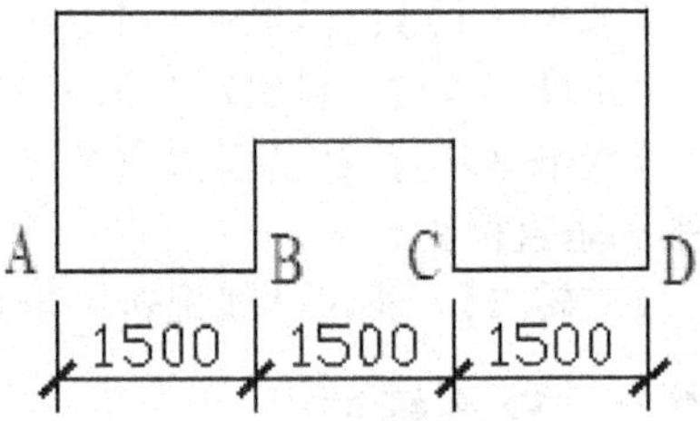

图 5-37 【连续标注】实例

首先使用【线性标注】方式对 AB 边进行标注。

命令: _dimlinear // 执行【线性标注】命令
指定第一条尺寸界线原点或〈选择对象〉:
// 捕捉 A 点
指定第二条尺寸界线原点: // 捕捉 B 点
指定尺寸线位置或[多行文字(M)/文字(T)/角度(A)/水平(H)/垂直(V)/旋转(R)]:
// 光标下移到合适位置单击标注水平边 AB 的尺寸
标注文字 =1500 // 显示 AB 边尺寸大小
命令: _dimcontinue // 执行【连续标注】命令
指定第二条尺寸界线原点或 [放弃 (U) /选择 (S)]〈选择〉:
// 捕捉 C 点
标注文字 =1500 // 显示 BC 之间的水平间距
指定第二条尺寸界线原点或 [放弃 (U) /选择 (S)]〈选择〉:
// 捕捉 D 点
标注文字 =1500 // 显示 CD 边尺寸大小
指定第二条尺寸界线原点或 [放弃 (U) /选择 (S)]〈选择〉:
// 回车结束命令

在命令行的“指定第二条尺寸界线原点或 [放弃 (U) /选择 (S)]〈选择〉:”提示中其余各选项含义为：

【放弃 (U)】：放弃上一步的操作。

【选择 (S)】：输入“s”后，用户可以自主选择【线性标注】、【对齐标注】、【角度标注】或【坐标标注】中的尺寸界线作为【连续标注】的第一条尺寸界线。

5.7.4　基线标注

【基线标注】是将上一个标注的基线或指定的基线作为标注基线，执行连续的【基线标注】，所有的【基线标注】共用一条基线。它与【连续标注】相似，必须事先执行【线性】、【对齐】或【角度标注】。默认情况下，系统自动以上一个标注的第一条尺寸界线作为【基线标注】的基线；基线也可以由用户来指定。启动【基线标注】命令的方法有：

- 下拉菜单：【标注】/【基线】。
- 【标注】工具栏按钮：。
- 命令行：dimbaseline。

【例 5-6】 对如图 5-38 所示的图形指定基线，进行【基线标注】。

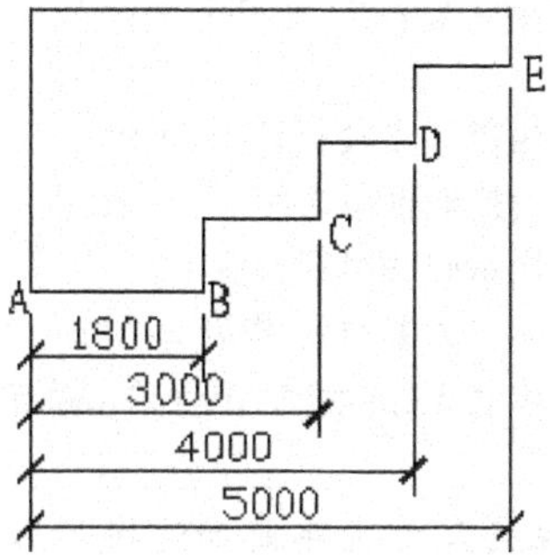

图 5-38　【基线标注】实例

```
命令：_dimlinear                                   //执行【线性标注】命令
指定第一条尺寸界线原点或〈选择对象〉：              //捕捉 A 点
指定第二条尺寸界线原点：                            //捕捉 B 点
指定尺寸线位置或 [多行文字 (M) /文字 (T) /角度 (A) /水平 (H) /垂直 (V) /旋转 (R)]：
                                                   //光标下移到合适位置单击标注水平尺寸
标注文字 =1800                                     //显示 AB 边尺寸大小
命令：_dimbaseline                                 //执行【基线标注】命令
指定第二条尺寸界线原点或 [放弃 (U) /选择 (S)]〈选择〉：
                                                   //捕捉 C 点
标注文字 =3000                                     //显示 AC 间的水平距离
指定第二条尺寸界线原点或 [放弃 (U) /选择 (S)]〈选择〉：
                                                   //捕捉 D 点
标注文字 =4000                                     //显示 AD 间的水平距离
指定第二条尺寸界线原点或 [放弃 (U) /选择 (S)]〈选择〉：
                                                   //捕捉 E 点
标注文字 =5000                                     //显示 AE 间的水平距离
指定第二条尺寸界线原点或 [放弃 (U) /选择 (S)]〈选择〉：
                                                   //回车结束选择
选择基准标注：                                      //回车结束命令
```

当用户对并联标注方式中的基线间距不满意时，可利用标注工具栏的按钮，进行调整，这是 AutoCAD2008 以后版本的新增功能。

5.7.5　半径标注

用来标注圆或圆弧的半径。启动【半径标注】命令的方法有：

- 下拉菜单：【标注】/【半径】。
- 【标注】工具栏按钮：。
- 命令行：dimradius。

【例5-7】 使用【半径标注】对如图5-39所示的图形进行半径标注。

在使用“建筑线性”样式对半径、直径和角度进行标注时，由于箭头为建筑标记，所有标注效果如图5-39a所示，这样不满足建筑标注的要求。我们需要将标注样式切换到“直径尺寸”。

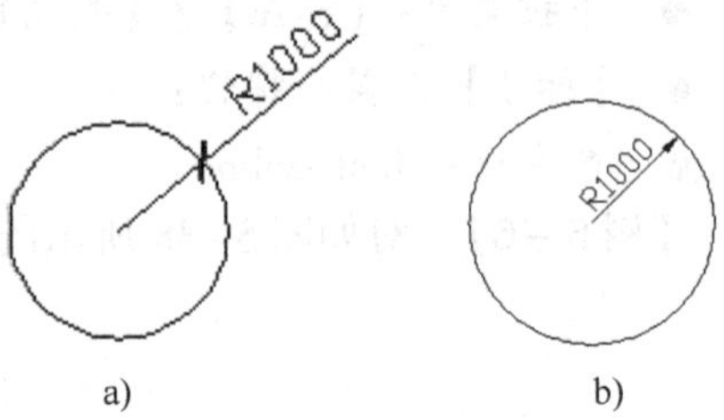

图5-39　【半径标注】实例

```
命令：_dimradius          // 执行【半径标注】命令
选择圆弧或圆：            // 用拾取框单击圆
标注文字 =1000            // 显示圆的半径长度
指定尺寸线位置或[多行文字(M)/文字(T)/角度(A)]：
                          // 移动光标到合适位置单击确定尺寸线位置，如图5-39b所示
```

系统会自动在半径标注的尺寸文字前加注字母R，同时根据光标的位置可以将尺寸文字放置在圆的内部或外部。

5.7.6　直径标注

用来标注圆或圆弧的直径。启动【直径标注】命令的方法有：

- 下拉菜单：【标注】/【直径】。
- 【标注】工具栏按钮：。
- 命令行：dimdiameter。

标注方法和过程与半径标注类似。

系统会自动在直径标注的尺寸文字前加注字母φ，同时根据光标的位置可以将尺寸文字放置在圆的内部或外部。可以使用夹点来改变标注尺寸线的角度。

5.7.7　圆心标记

平时绘制圆或圆弧，它们的圆心位置并不显现。【圆心标记】命令可以对圆心进行标记，使得圆心位置非常明显。启动【圆心标记】命令的方法有：

- 下拉菜单：【标注】/【圆心标记】。
- 【标注】工具栏按钮：。
- 命令行：dimcenter。

5.7.8　角度标注

可以标注圆弧对应的圆心角、两条不平行直线之间的角度（两直线相交或延长线相交均可）。

启动【角度标注】命令的方法有：

- 下拉菜单：【标注】/【角度】。
- 【标注】工具栏按钮：△。
- 命令行：dimangular。

在建筑尺寸标注中要求角度数字一律水平书写。在进行角度尺寸标注之前，要将"角度标注"样式置为当前。否则就会出现图 5-40a 所示的不合要求的标注效果。

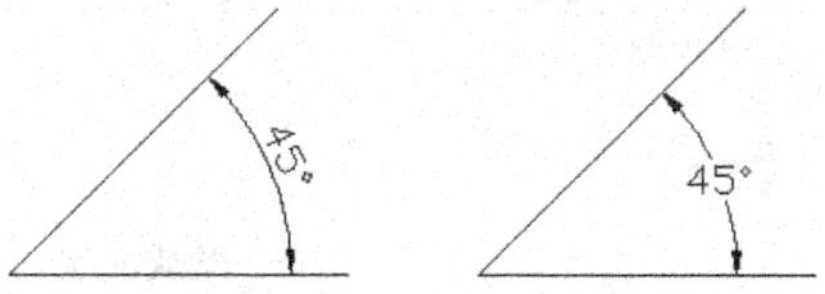

a)　b)

图 5-40　【角度标注】实例

```
命令：_dimangular　　// 执行【角度标注】命令
选择圆弧、圆、直线或〈指定顶点〉：
　　　　　　　　　　　// 用拾取框单击角度的斜边
选择第二条直线：　　　// 用拾取框单击角度的水平边
指定标注弧线位置或[多行文字(M)/文字(T)/角度(A)]：
　　　　　　　　　　　// 移动光标可以标注角度的内角（锐角角）或补角（钝角），在合适位置
　　　　　　　　　　　　单击标注角度
标注文字 =45　　　　　// 显示角度值，如图 5-40b 所示
```

5.7.9　快速标注

【快速标注】是通过选择图形对象本身来执行一系列的尺寸标注。当标注多个圆、圆弧的直径或半径时，【快速标注】显得十分有效。启动【快速标注】命令的方法有：

- 下拉菜单：【标注】/【快速标注】。
- 【标注】工具栏按钮：。
- 命令行：qdim。

读者可以自行练习。

5.7.10　多重引线标注

AutoCAD2008 以后的版本增强了引线标注功能，专门设置了【多重引线】工具栏。可以在任意工具栏上单击鼠标右键选中调出，如图 5-41 所示。启动【快速引线标注】命令的方法有：

- 下拉菜单：【标注】/【多重引线】。
- 【多重引线】工具栏按钮：。
- 命令行：mleader。

图 5-41　多重引线工具栏

启动该命令后，命令行提示：

```
指定引线箭头的位置或［引线基线优先（L）/内容优先（C）/选项（O）］〈选项〉：
```

这时，直接单击确定引线箭头的位置，然后在打开的文字输入窗口中输入注释内容即可。

当用户对目前默认的引线标注样式不满意时，可以进行修改，或者建立自己需要的引线标注样式。这些操作都可以通过【多重引线样式管理器】来实现。打开该管理器的方法有：

- 下拉菜单【格式】/【多重引线样式】。
- 多重引线工具栏：。
- 命令行：mleaderstyle。

【多重引线样式管理器】如图 5-42 所示。

与【标注样式管理器】类似，通过【多重引线样式管理器】，用户可以新建、修改、删除相应的多重引线样式。

单击[新建(N)...]按钮，出现【创建新多重引线样式】对话框，如图5-43所示。在【新样式名】中输入要创建的新样式的名称，然后单击[继续(O)]按钮，弹出【修改多重引线样式】对话框，如图5-44所示。

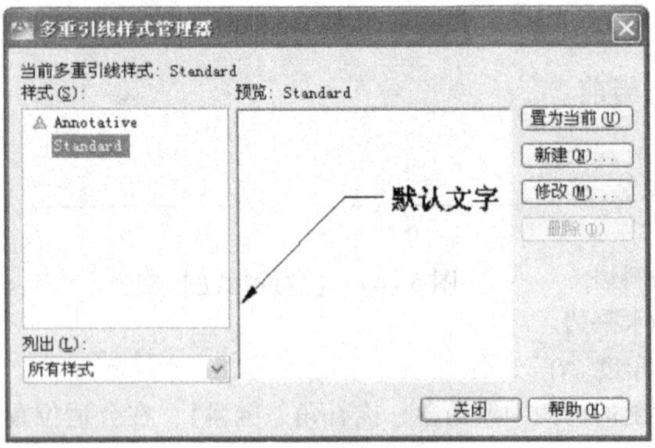

图5-42 【多重引线样式管理器】对话框

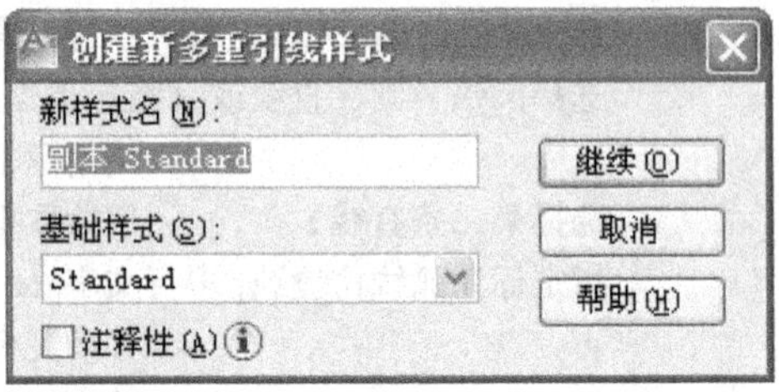

图5-43 【创建新多重引线样式】对话框

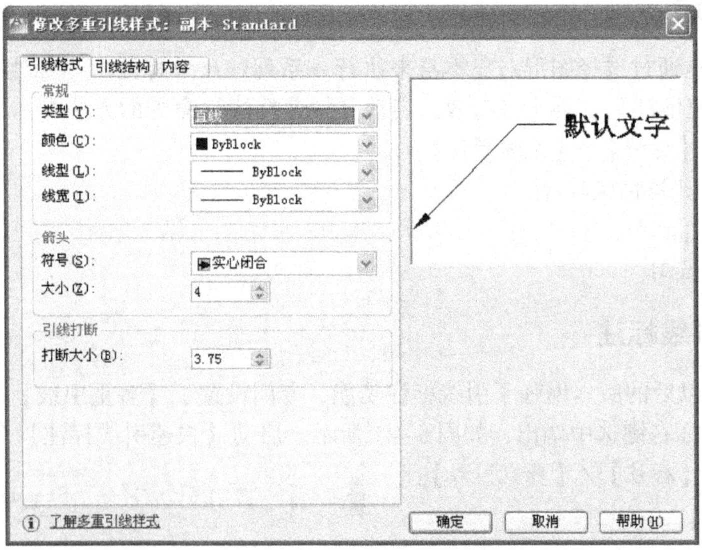

图5-44 【修改多重引线样式】对话框

在【修改多重引线样式】对话框中，有【引线格式】【引线结构】【内容】三个选项卡。在【引线格式】选项卡中，可以设置引线的类型、颜色、线型、线宽以及箭头的符号、大小等。在【引线结构】选项卡中，可以设置引线的约束数目和角度、基线样式以及引线比例、是否设置为注释性对象等。在【内容】选项卡，可是对文字类型样式、引线连接方式进行设置。

当用户进行多重引线标注后，还可以通过【多重引线】工具栏中的按钮进行引线的添加、删除、对齐、合并等操作。

5.7.11 标注打断

标注过程有时会出现尺寸界线或尺寸线之间相交的情况，如图5-45a所示，这会使标注显得较乱，为了使标注更加清晰，层次分明，AutoCAD2008 以后的版本，增加了【标注打断】功能。启动【标注打断】命令的方法有：

- 下拉菜单：【标注】/【标注打断】。
- 【标注】工具栏按钮：。
- 命令行：dimbreak。

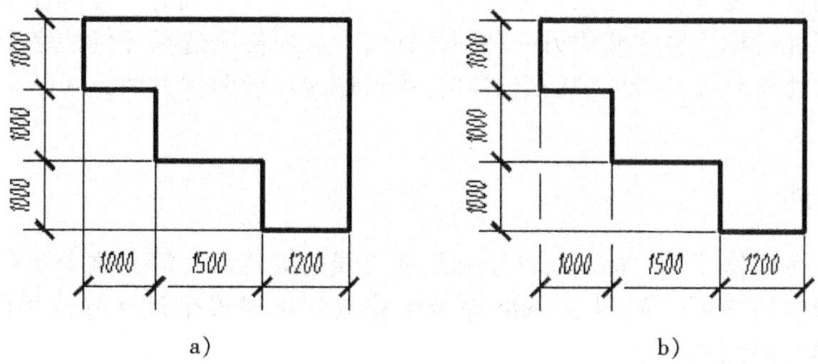

图 5-45　标注打断实例

```
命令：_DIMBREAK                              // 启动标注打断命令
选择标注或 [多个 (M)]：                        // 选择一个或多个要被打断的标注
选择要打断标注的对象或 [自动 (A) /恢复 (R) /手动 (M)] 〈自动〉：
                                             // 选择要保留的对象
选择要打断标注的对象：                          // 进一步选择或回车结束选择
```

图 5-45b，是先选择横向 1500 和 1000 的尺寸作为被打断的标注，然后选择竖向最下方的 1000 作为要打断标注的保留对象的结果。

5.7.12　折弯线性标注

启动【折弯线性】命令的方法有：

- 下拉菜单：【标注】/【折弯线性】。
- 【标注】工具栏按钮：。
- 命令行：dimjogline。

启动该命令后，命令行提示：

```
命令：_DIMJOGLINE
选择要添加折弯的标注或 [删除 (R)]：          // 选择要添加折弯的标注或者输入 R 选择要删除
                                           的折弯标注
指定折弯位置 (或按 ENTER 键)：               // 指定折弯位置或回车默认折弯位置
```

图 5-46b 是图 5-46a 添加折弯线性标注后的效果。

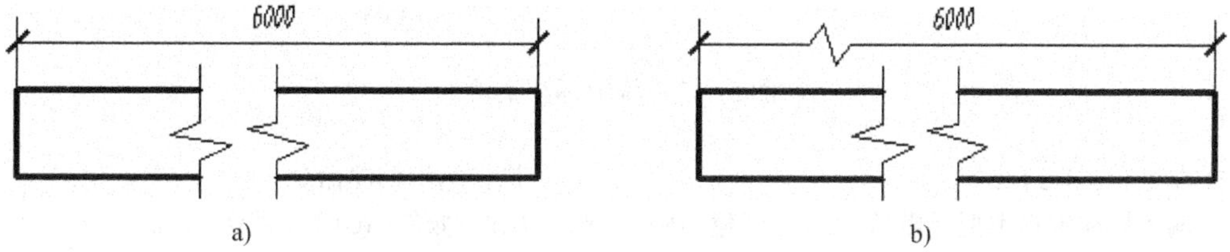

图 5-46　折弯标注效果

5.8　修改尺寸标注

当用户需要修改已有的尺寸标注时，可以通过多种方法来实现。可以使用编辑标注命令 dimedit 对标注的文字内容和尺寸界线进行修改；也可以使用编辑标注文字命令 dimtedit 修改标注文字的位置和旋转角度；也可以通过更新标注样式将所有采用该样式的尺寸标注全部进行修改；还可以将部分尺寸标注的标注样式套用另一种标注样式，从而使所选尺寸标注完全符合另一种样式的设置。前两种方法是对尺寸标注中的组成部分进行修改；后两种方法是对整个尺寸标注的样式进行修改。

5.8.1　编辑标注

编辑标注命令可以修改尺寸标注的文字和尺寸界线的旋转角度等，这个命令先设置修改的元素，然后选择对象。用户可以使用 dimedit 命令来修改一个或多个尺寸标注中的标注文字内容、旋转角度和尺寸界线的倾斜角度。

启动 dimedit 命令的方法有：

- 下拉菜单：【标注】/【对齐文字】/【默认】。
- 【标注】工具栏按钮：。
- 命令行：dimedit。

执行上述命令后，命令行提示：

命令：dimedit　　　　　　　　　　　　　　// 执行编辑标注命令
输入标注编辑类型［默认（H）/新建（N）/旋转（R）/倾斜（O）］〈默认〉：

上述命令行提示中各选项的含义：

【默认】：按默认方式放置尺寸文字。

【新建】：选择此选项会打开多行文字编辑器，在编辑器中修改编辑尺寸文字，注意编辑器中显示的“◇”是默认尺寸数字。

【旋转】：将尺寸数字旋转指定角度。

【倾斜】：将尺寸界线倾斜指定角度，如图 5-47b 中的垂直尺寸标注。

【例 5-8】　将图 5-47a 中的尺寸标注修改为如图 5-47b 所示的样子。其中，将标注文字 80 旋转 45°，将垂直尺寸标注的尺寸界线倾斜 30°。

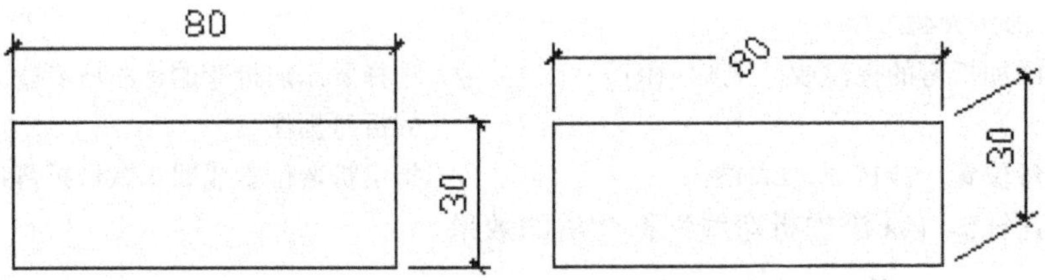

a)　　　　b)

图 5-47　编辑标注实例

命令：dimedit　　　　　　　　　　　　　　// 执行编辑标注命令
输入标注编辑类型［默认（H）/新建（N）/旋转（R）/倾斜（O）］〈默认〉：r
　　　　　　　　　　　　　　　　　　　　// 输入 r 选择旋转选项

```
指定标注文字的角度：45                          // 输入旋转角度
选择对象：找到 1 个                              // 选择修改对象 80
选择对象：                                      // 回车结束命令
命令：dimedit                                   // 执行编辑标注命令
输入标注编辑类型［默认 (H) /新建 (N) /旋转 (R) /倾斜 (O)］〈默认〉：o
                                                // 输入 o 选择倾斜选项
选择对象：找到 1 个                              // 选择修改对象 30 尺寸
选择对象：                                      // 回车结束选择
输入倾斜角度 (按 ENTER 表示无)：30               // 输入倾斜角度，回车结束命令
```

5.8.2 编辑标注文字

用户可以使用 dimtedit 命令来修改标注文字的位置及旋转角度。启动 dimtedit 命令的方法有：

- 下拉菜单：【标注】/【对齐文字】/除【默认】外的其他选项之一。
- 【标注】工具栏按钮：![]。
- 命令行：dimtedit。

执行上述命令后，命令行提示：

```
命令：dimtedit                                  // 执行编辑标注文字命令
选择标注：                                      // 选择标注
指定标注文字的新位置或［左 (L) /右 (R) /中心 (C) /默认 (H) /角度 (A)］：
```

上述命令行提示中各选项的含义：

【左】和【右】：尺寸文字靠近尺寸线的左边或右边。

【中心】：尺寸文字放置在尺寸线的中间。

【默认】：按照默认位置放置尺寸文字。

【角度】：将标注的尺寸文字旋转指定角度，如图 5-48 所示。

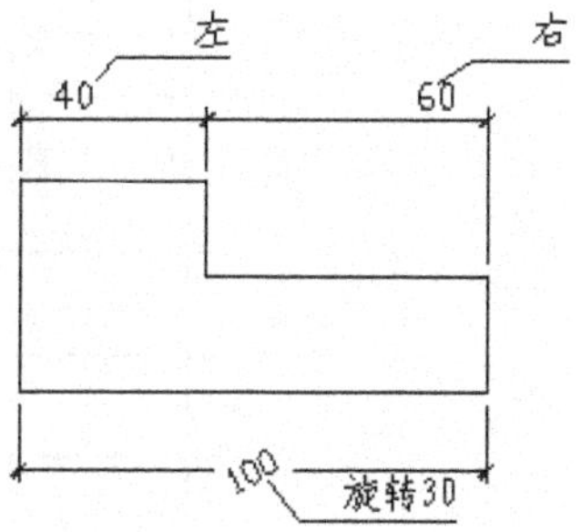

图 5-48　编辑标注文字实例

5.8.3 更新标注样式

更新标注样式有以下几种方法：

1. 更新尺寸标注样式

要修改用某一种样式标注的所有尺寸，用户可以在【标注样式管理器】对话框中修改这个标注样式即可。在完成修改的同时，绘图区域中所有使用该样式的尺寸标注都将随之更改。

2. 套用另一种标注样式

在绘图区域选中需要修改的一个或多个尺寸标注，单击【标注】工具栏中【标注样式控制】列表的▾按钮，在列表中选中另外一种标注样式，然后按 Esc 键，则所选尺寸标注完全按照另一种标注样式显示。

3. 用【标注】工具栏的标注更新按钮

首先将要修改成为的那种标注样式置为当前，然后单击标注更新按钮，在系统的提示下选择被修改的尺寸标注。

除以上介绍的多种修改尺寸标注的方法外，还可以使用【特性】选项板来进行修改。

5.9 同一张图中不同比例的图形的尺寸标注

如果一张图形，采用的是1:1的比例绘图，就可以直接使用跟前面介绍过的“建筑线性”、“圆形尺寸”以及“角度尺寸”来进行标注了。如果比例采用的不是1:1，需要对设置好的尺寸标注样式“建筑线性”、“圆形尺寸”、“角度尺寸”进行修改调整，才能正确的标注出来。详见例5-9。

如果一个*.dwg文件中，存在好几个绘图比例不一样的图形，那么在标注过程中，就不能直接使用前面所说的“建筑线性”、“圆形尺寸”、“角度尺寸”进行标注。需要在标注过程中，每一种比例建立一个自己的标注样式，以原有的“建筑线性”、“圆形尺寸”、“角度尺寸”标注样式为基础，修改其测量比例因子，使其等于绘图比例的倒数。有几种比例的图形需要进行尺寸标注，就建立几种对应的标注样式，每个图形使用自己对应的标注样式，才不会出错。

5.10 综合实例

【例5-9】 绘制大理石地面做法详图，并添加文字说明，如图5-49所示。

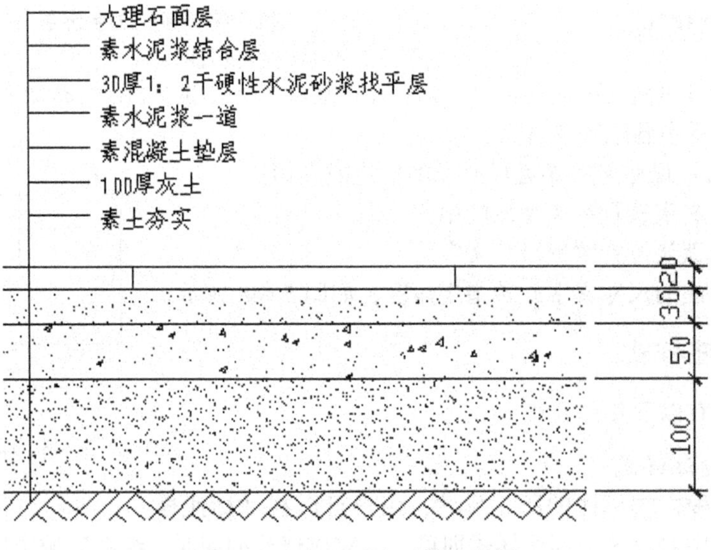

图5-49 大理石地面做法详图

绘制步骤：

(1) 绘制多层结构分隔线，如图5-50所示。

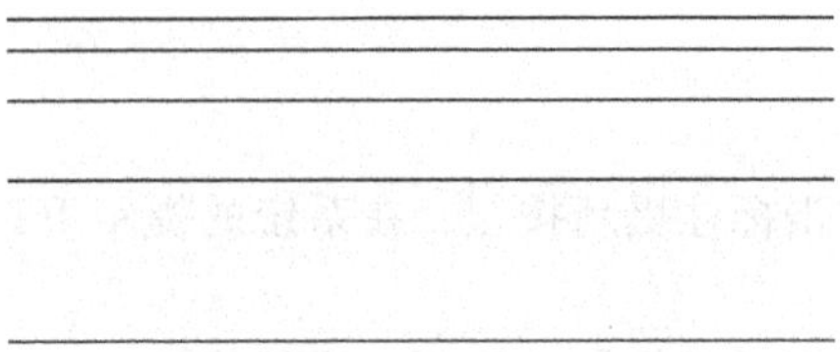

图5-50 多层结构分隔线

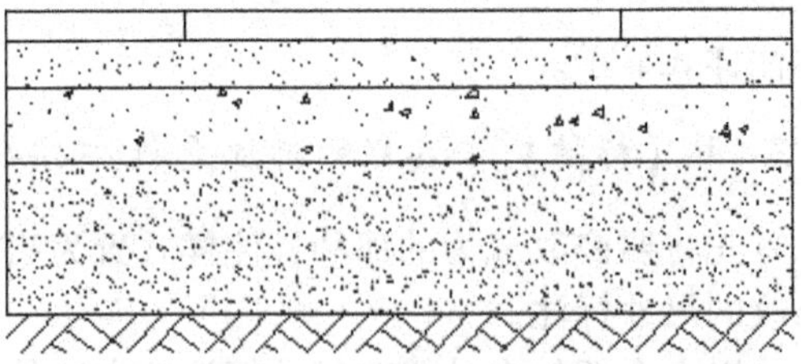

图5-51 填充图案

```
命令：_line 指定第一点：                    // 绘制直线，单击鼠标指定第一点
指定下一点或 [放弃 (U)]：〈正交开〉500     // 打开【正交】模式，右移光标，输入直线长度
指定下一点或 [放弃 (U)]：                   // 回车结束命令
```

然后通过偏移命令，分别指定偏移距离20、30、50、100得到另外的四条线。

(2) 填充图案，如图5-51所示。先在两侧绘制两条直线，使每一层为封闭区域。素土夯实手工绘制，然后利用【复制】命令进行复制；灰土填充AR-SAND图案，比例为0.3；混凝土填充AR-CONC图案，比例为0.3；素水泥浆填充AR-SAND图案，比例为0.2；大理石地面用直线绘制分隔线。

(3) 绘制多层结构索引线，并使用【单行文字】命令注写结构材料说明，如图5-52所示。

```
命令：_line 指定第一点：                    // 执行【直线】命令，在素土夯实层合适位置单击
指定下一点或 [放弃 (U)]：〈正交开〉480     // 打开【正交】模式，上移光标，输入直线长度
指定下一点或 [放弃 (U)]：                   // 回车结束命令
命令：_line 指定第一点：〈对象捕捉开〉〈对象捕捉追踪开〉
                                            // 打开【对象捕捉】和【对象捕捉追踪】功能，在
                                               索引线上确定一点
指定下一点或 [放弃 (U)]：50                 // 左移光标，输入直线长度
指定下一点或 [放弃 (U)]：                   // 回车结束命令
命令：text                                  // 执行【单行文字】输入命令
当前文字样式：Standard 当前文字高度：2.5000
指定文字的起点或 [对正 (J) /样式 (S)]：    // 回车
指定高度〈2.5000〉：20                      // 输入文字高度
指定文字的旋转角度〈0〉：                   // 回车
输入文字：                                  // 素土夯实
输入文字：                                  // 回车结束命令
```

(4) 输入其余结构层材料说明文字。利用上述方法，注写其余说明文字，如图5-53所示。

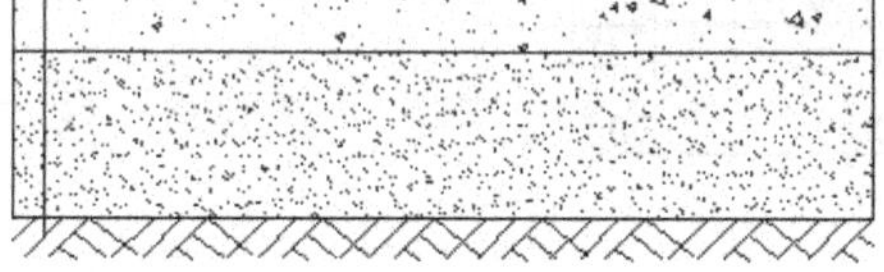

图5-52　绘制索引线并输入一行单行文字

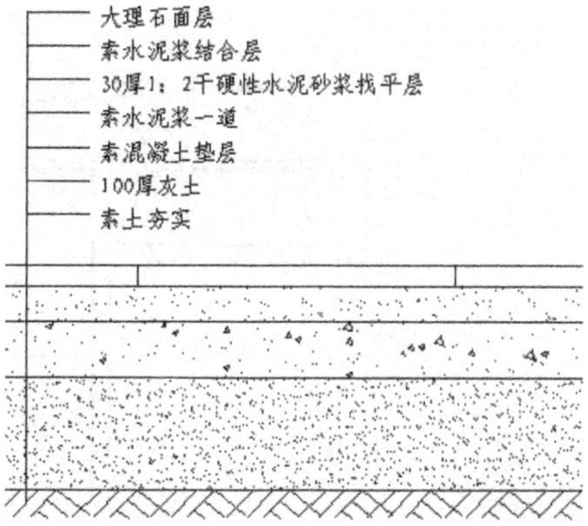

图5-53　输入其余结构层的材料说明文字

5.11　习题

1. 绘制下列标题栏，并填写标题栏的文字内容，如图5-54所示（提示：CAD技能等级考试试题中，所给的汉字字体，一般常用txt.gbcbig字体）。

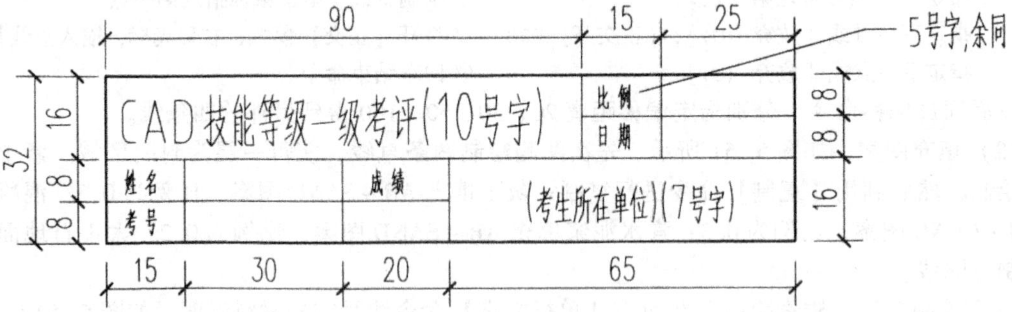

图 5-54 填写标题栏

2. 绘制下列的标题栏，并填写内容，如图 5-55 所示。

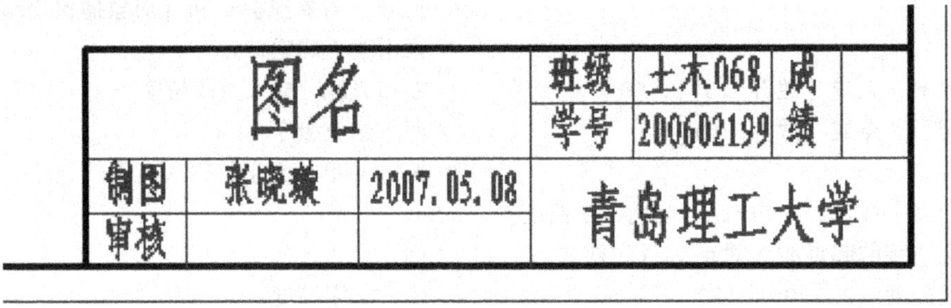

图 5-55 标题栏

3. 绘制檐口详图，并完成文字注写，并标注尺寸，如图 5-56 所示。

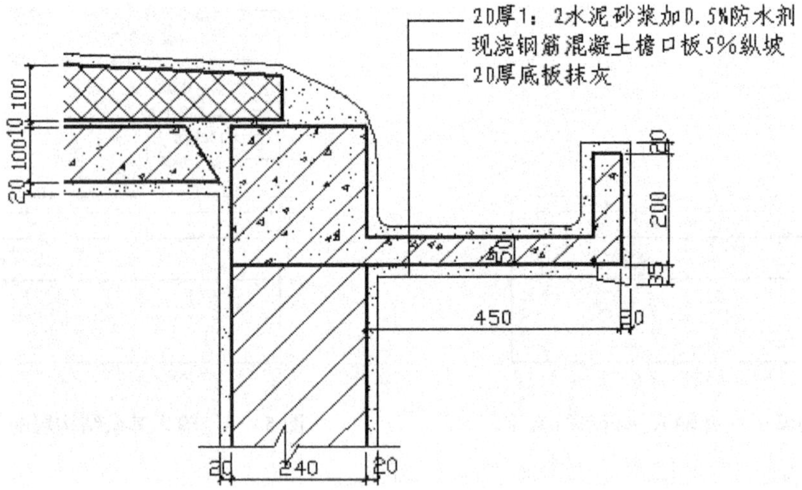

图 5-56 檐口详图

4. 建立下列门窗表，如表 5-2 所示。

表 5-2　门窗表

序号	门窗代号	洞口尺寸		数量	备注
		宽	高		
1	DM1	1500	2100	1	对讲电控防盗门
2	M1	900	2100	8	多功能防火防盗分户门
3	M2	800	2100	16	木质夹板门
4	M3	900	2100	16	木质夹板门
5	M4	2700	2000	6	特制卷帘门甲方定
6	M5	900	2000	4	木质夹板门
7	M6	2700	2500	8	塑钢推拉门
8	C1	1500	1600	16	塑钢推拉窗
9	C1A	1500	1600	3	塑钢推拉窗
10	C2	1200	1600	8	塑钢推拉窗
11	C3	1500	1600	8	塑钢推拉窗

注：门窗做法详见厂家图集，窗户为绿色玻璃。

第6章　图块、外部参照与设计中心

【本章重点】

- 内部块和外部块的创建与插入；
- 块参照的修改；
- 带属性块的创建与插入；
- 修改块参照的属性；
- 块的清理；
- 外部参照；
- 设计中心。

块是把一组图形或文本作为一个实体的总称，在块中，每个图形实体仍有其独立的图层、线型和颜色特征，但 AutoCAD 把块中所有实体作为一个整体来处理。使用块可以进一步提高绘图效率，简化相同或者类似结构的绘制，减少文件的储存空间。还可以给块定义属性，并进行修改。

外部参照就是把已有的图形文件插入到当前图形中，但外部参照不同于块，也不同于插入文件。外部参照功能不但使用户可以利用一组子图形构造复杂的主图形，而且还允许单独对这些子图形作各种修改。

设计中心可以方便地对图形文件进行管理，从而实现资源共享，简化绘图过程。

6.1　图块的概念

前面介绍过的【复制】命令和【阵列】命令，可以完成相同对象的多重复制。如果要复制沿 X、Y 轴具有不同缩放比例或旋转角度的相似对象时，除了使用【复制】命令和【阵列】命令外，还需要使用【比例缩放】和【旋转】命令进行二次处理。这样不仅增加了操作步骤，而且复制的每一个对象都要占用一定的储存空间。

为了解决这一问题，AutoCAD 提供了“块”的处理方法，将创建好的“块”以不同的比例因子和旋转角度插入到图形中，AutoCAD 系统只记录一次定义“块”的图形数据，对于插入图形中的“块”，系统只记录插入点、比例因子和旋转角度等数据。因此“块”的内容越复杂、插入的次数越多，越节省储存空间。“块”在工程图样绘制中的使用非常普遍。

要正确地使用块，就必须很好地理解块的真正含义。块就是将一个或多个对象结合起来形成的单一对象，并保存在图形符号表中。

在使用块之前，必须定义用户需要的块，块的相关数据储存在块定义表中。然后通过执行块的插入命令，将块插入到图形的需要位置。块的每次插入都称为块参照，它不仅仅是从块定义复制到绘图区域，更重要的是，它建立了块参照与块定义间的链接。因此，如果修改了块定义，所有的块参照也将自动更新。同时，每一个插入的块参照都是作为一个整体对象进行处理的。

块具有以下几方面的优点：

- 提高绘图效率。用 AutoCAD 绘制建筑图样时，经常遇到一些重复出现的图样，如门、窗、轴线符号和标高符号等。如果把经常使用的图形组合制作为块，绘制它们时以插入块的方式实现，可以大大提高绘图效率。

● 节省存储空间。AutoCAD 需要保存图中每一个对象的相关信息，如对象的类型、位置、图层、线型、颜色等，这些信息要占用存储空间。比如标高符号和数值，它是由直线和数字等多个对象构成，保存它要占用存储空间。如果一张图上有较多的标高符号，就会占据较大的磁盘空间。如果把标高符号定义为带属性的块，绘图时把它插到图中各个相应位置并给定属性值，这样既满足绘图要求，又可以节约磁盘空间。

● 便于修改。如果图中用块绘制的图样有错误，可以按照正确的方法再次定义块，图中插入的所有块均会自动的修改。

● 加入属性。每一个标高符号可能有不同参数值，如果对不同参数值的标高符号都单独制作为块是很不方便的，也是不必要的，AutoCAD 允许用户为块创建某些文字属性，这个属性是一个变量，可以根据用户的需要输入，这就大大丰富了块的内涵，使块更加实用。

● 交流方便。用户可以把常用的块保存好，与别的用户交流使用。

6.2 块的创建

要使用块，首先要建立块。AutoCAD 提供了两种创建块的方法。一种是使用 block 命令通过【块定义】对话框创建内部块；另一种是使用 wblock 命令通过【写块】对话框创建外部块。前者是将块储存在当前图形文件中，只能本图形文件调用或使用设计中心共享。后者是将块写入磁盘保存为一个图形文件，所有的 AutoCAD 图形文件都可以调用。

6.2.1 内部块的创建（block 命令）

启动 block 命令创建块的方法有：

● 下拉菜单：【绘图】/【块】/【创建】。

● 工具栏按钮：。

● 命令行：block。

● 快捷命令：b。

执行上述命令后，弹出如图 6-1 所示的【块定义】对话框。通过该对话框可以对每个块定义都应包括的块名、一个或多个对象、用于插入块的基点坐标值和所有相关的属性数据进行设置。

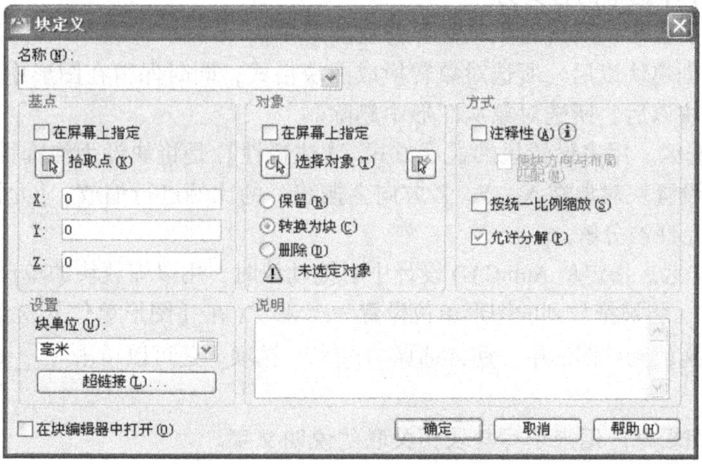

图 6-1 【块定义】对话框

下面介绍以下对话框中各个选项的意义：

（1）【名称】编辑框。在【名称】编辑框中输入块的名称。如果输入的名称与已有块的名称相同，在完成块定义后，单击【块定义】对话框的［确定］按钮时，系统会给出如图6-2所示的提示。如果单击不重新定义选项，可以在【名称】编辑框中重新填写块的名称，如果单击重新定义块，则原有块的定义被更新。

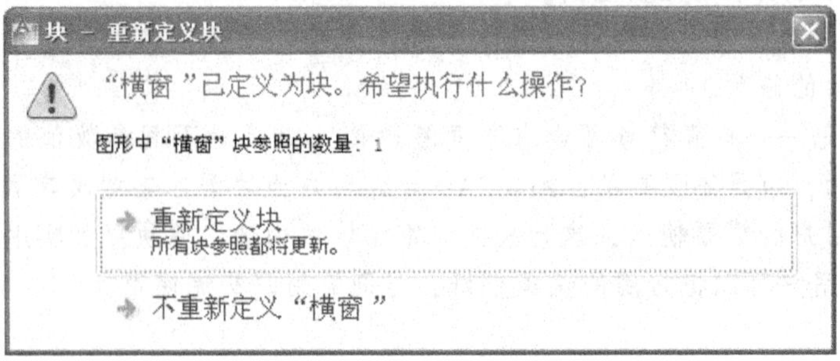

图6-2　块名称相同的提示

（2）【基点】选区。用来指定基点的位置。基点是指插入块时，光标附着在图块的哪个位置。指定基点的方法有两种。一种是使用该选区的按钮，单击该按钮，对话框临时消失，用光标捕捉要定义为块的图形中的某个点作为插入基点，然后单击确定；另一种是在该选区的【X】、【Y】和【Z】文本框中分别输入坐标值确定插入基点，其中Z坐标通常设为0。通常使用第一种方法。AutoCAD默认的基点是（0，0，0）。

插入点虽然可以定义在任何位置，但插入点是插入图块时的定位点，所以在拾取插入点时，应选择一个在插入图块时能准确确定图块位置的特殊点。

（3）【对象】选区。用来选择组成块的图形对象。两个按钮的功能分别为：单击按钮，对话框临时消失，用拾取框选择要定义为块的图形对象，选择完后返回【块定义】对话框；也可以用按钮进行快速选择。

选区下方的三个单选框的含义为：

【保留】：创建块以后，所选对象依然保留在图形中。

【转换为块】：创建块以后，所选对象转换成图块格式，同时保留在图形中。

【删除】：创建块以后，所选对象从图形中删除。

（4）【方式】选区。用来设置块的显示方式。【注释性】是将块设为注释性对象；【按统一比例缩放】是指是否设置块对象在X，Y，Z方向上按统一的比例进行缩放；【允许分解】复选框用来设置块对象是否允许被分解。

（5）【设置】选区。指定从AutoCAD设计中心拖动块时，用以缩放块的单位。例如，这里设置拖放单位为“毫米”，将被拖放到的图形单位设置为“米”（在【图形单位】对话框中设置），则图块将缩小1000倍被拖放到该图形中。通常选择“毫米”选项。还可以单击［超链接(L)...］插入超链接。

（6）【说明】编辑框。用来填写与块相关联的说明文字。

【例 6－1】 将如图 6-3 所示的图形创建为块，名称为“横窗”。

(1) 首先在绘图区域绘制一个长宽各为 1 的正方形，将其分解，删除两边的竖线，然后将两条横线分别向内偏移 0.35，得到如图 6-3 所示的窗平面图的图形。

(2) 执行 block 命令，弹出如图 6-1 所示的对话框。

(3) 设置对话框的各选项：

在【名称】编辑框中输入块的名称“横窗”，选用四条线的左下角点作为基点，单击【对象】选区的按钮，选择图 6-3 中的四条直线，并选中【转换为块】选项；在【方式】选区，选择【允许分解】，在【设置】选区，选择块单位为毫米。【块定义】对话框设置好之后，单击 确定 按钮完成内部块的创建操作，同时绘图区域原先的图形已经变成一个图块。这时再打开【块定义】对话框，在【名称】下拉列表中已加入“横窗”的名称。

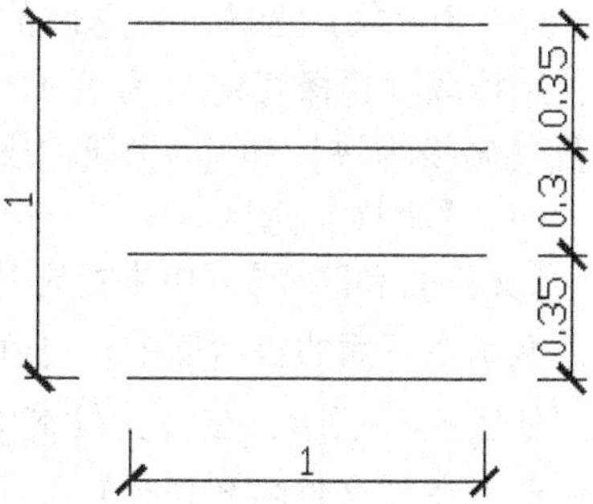

图 6-3　绘制横窗平面图

选择【保留】选项或【转换为块】选项创建块后，选定的对象从外表上看没什么变化，但用鼠标单击就会发现变化，选择【保留】选项创建块后，选定的对象之间仍是独立的，也就是说用户可以单独对其中的某个对象进行编辑，如移动、复制等。但选择【转换为块】选项创建块后，选定的对象转化为块的属性，成为不可分割的整体，不能单独选中某一个对象进行编辑。

6.2.2　外部块的创建（wblock 命令）

上述用 block 命令，创建的块为内部块，只能在本文件中插入，别的文件不能直接使用。（后面会介绍通过设计中心等方法，也可以在别的文件中间接使用）。为了使块在别的文件中也能方便地直接调用，用户可以使用 wblock 命令来创建外部块，相当于建立了一个单独的图形文件，保存在磁盘中，任何 AutoCAD 图形文件都可以调用，这对于协同工作的设计成员来说特别有用。

启动 wblock 命令创建块的方法有：

- 命令行：wblock。
- 快捷命令：w。

执行上述命令后，弹出如图 6-4 所示的【写块】对话框。通过该对话框可以完成外部块的创建。下面介绍该对话框中常用功能选区的意义：

(1)【源】选区。该选区用来指定需要保存到磁盘中的块或块的组成对象。选区有三个单选框，三个单选框的含义分别为：

- 【块】：如果将已定义过的块保存为图形文件，选中该单选框。选中以后，【块】的下拉列表可用，从中选择已有块的名称。一旦选中该单选框，【基点】选区和【对象】选区不可用。

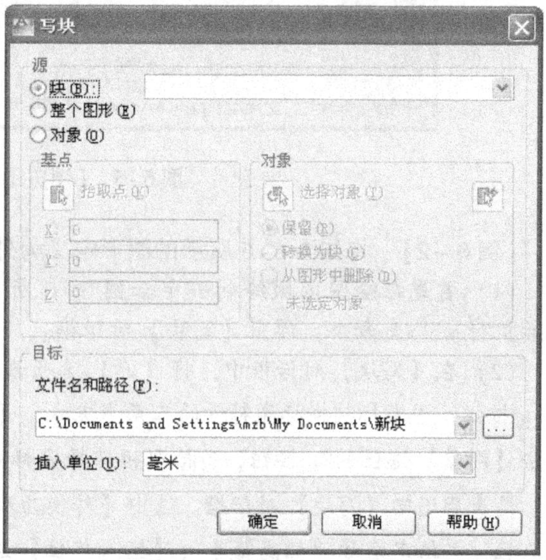

图 6-4　【写块】对话框

● 【整个图形】：绘图区域的所有图形都将作为块保存起来。选中该单选框后，【基点】选区和【对象】选区不可用。

● 【对象】：用拾取框来选择组成块的图形对象。

（2）【基点】选区。该选区的内容及其功能与【块定义】对话框中的完全相同。

（3）【对象】选区。该选区的内容及其功能与【块定义】对话框中的完全相同。单击按钮，用拾取框选择要定义为块的图形对象，结束后返回【写块】对话框。同时还需选择【保留】、【转换为块】和【从图形中删除】选项。

（4）【目标】选区。

【文件名和路径】：用来指定外部块的保存路径和文件名。系统会给出默认的保存路径和文件名，显示在下面的显示框中。也可以单击显示框后面的按钮，由用户来指定文件名和保存路径。如图6-5所示，在【文件名】编辑框中输入块的名称，单击 保存(S) 按钮返回【写块】对话框，在【文件名和路径】显示框中显示图形文件的保存路径，如图6-4中所示。

【插入单位】：指定从AutoCAD设计中心将图形文件作为块插入到其他图形文件中进行缩放时使用的单位。

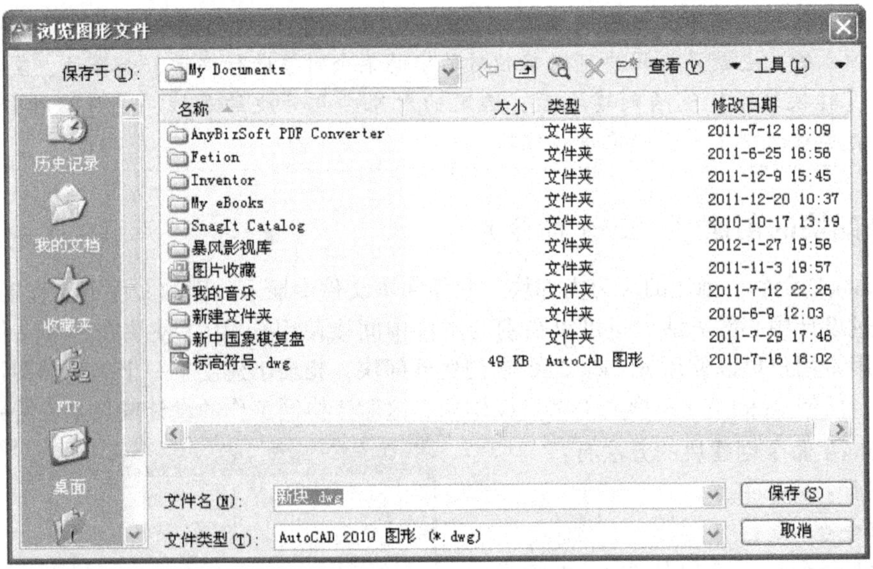

图6-5　【浏览图形文件】对话框

【例6-2】 将如图6-6所示的图形定义为外部块，名称为“标高符号”。

（1）首先在绘图区域绘制一个如图6-6所示的标高符号，然后执行wblock命令，弹出【写块】对话框。

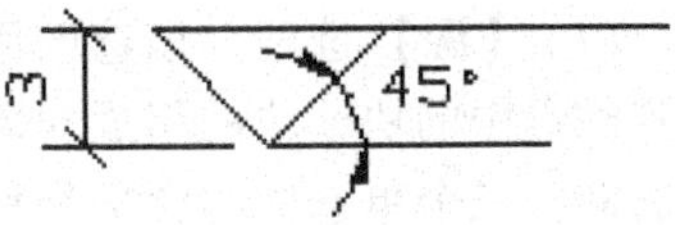

图6-6　标高符号

（2）在【写块】对话框中，将【源】选项设为【对象】，单击按钮，用光标捕捉标高符号的三角形尖点，并单击确定基点；单击【对象】选区的按钮，用拾取框选择要标高图形的三条直线，结束后返回【写块】对话框，选中【转换为块】复选项；在【文件名和路径】中设置好要保存的路径，并给定名称“标高符号”，【插入单位】选择“毫米”选项。单击 确定 完成标高符号块的创建。

6.3　块的插入

块的插入是使用 insert 命令来实现的。启动 insert 命令的方法有：

- 下拉菜单：【插入】/【块】。
- 工具栏按钮：。
- 命令行：insert。
- 快捷命令：i。

执行上述命令后，弹出如图 6-7 所示的【插入】对话框。对话框中各选项的含义为：

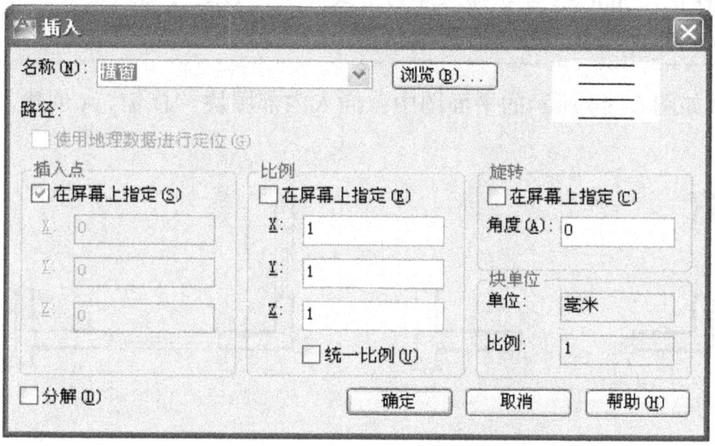

图 6-7　【插入】对话框

（1）【名称】下拉列表。该列表用来选择需要插入的块。

【名称】：在【名称】下拉列表中选择内部的块，或者单击后面的 浏览(B)... 按钮通过指定路径选择外部的块或外部的图形文件。

【路径】：当选择外部块时，将显示外部块保存的路径。

（2）【插入点】选区。该选区指定块在图形中的插入位置。

【在屏幕上指定】复选框：是指用鼠标在屏幕上单击一点确定插入的位置，通常勾选该复选框。

【X】、【Y】、【Z】编辑框：只有在不勾选【在屏幕上指定】复选框时才可用。在编辑框中输入插入点的坐标。

（3）【比例】选区。【在屏幕上指定】复选框：用鼠标在屏幕上指定比例因子，或者通过命令行输入比例因子。

【X】、【Y】、【Z】编辑框：只有在不勾选【在屏幕上指定】复选框时才可用。适用于已知 X、Y、Z 方向缩放的比例因子，在它们相应的编辑框中输入三个方向的比例因子。Z 方向通常设定为 1。应注意的是，X、Y 方向比例因子的正负将影响图块插入的效果。当 X 方向的比例因子为负时，图块以 Y 轴为镜像线进行插入；当 Y 方向的比例因子为负时，图块以 X 轴为镜像线进行插入，如图 6-8 所示。

【统一比例】复选框：当三个方向的比例因子完全相同时，勾选该复选框。

图 6-8 比例因子的正负对图块插入效果的影响

(4)【选转】选区。

【在屏幕上指定】复选框：用鼠标在屏幕上指定旋转角度，或者通过命令行输入旋转角度。

【角度】编辑框：在编辑框中输入旋转角度值。

还可以使用 minsert 命令插入阵列形式的块，它是【插入块】命令 insert 和【阵列】命令 array 的组合，用户可以自行尝试。

【例 6-3】 在如图 6-9a 所示的平面图中，插入内部图块“横窗”（创建“横窗”过程见例 6-1）。

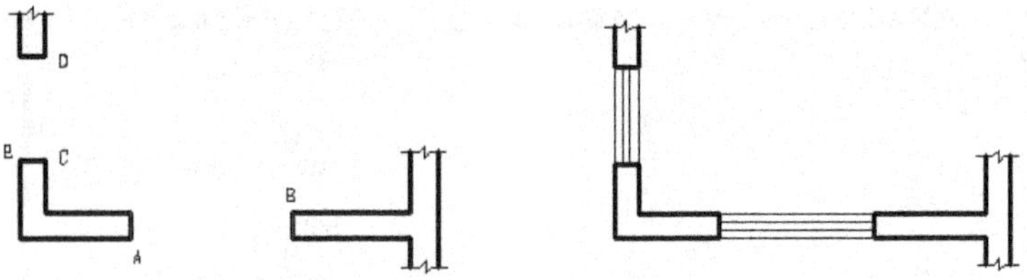

a) b)

图 6-9 插入内部块实例

命令：_insert // 执行插入块的命令，弹出如图 6-7 所示的【插入】对话框，在【名称】下拉列表中选择“横窗”，在【插入点】选区勾选【在屏幕上指定】复选框，在【缩放比例】选区勾选【在屏幕上指定】复选框，在【选转】选区的【角度】编辑框中输入 0，单击 确定 按钮

指定插入点或[基点(B)/比例(S)/X/Y/Z/旋转(R)]:

// 捕捉 A 点

输入 X 比例因子，指定对角点，或[角点(C)/XYZ(XYZ)] <1>:

// 捕捉 B 点，完成水平窗的插入

命令：_insert // 执行【插入块】命令，弹出如图 6-7 所示的【插入】对话框，在【选转】选区的【角度】编辑框中输入 90，其他设置与刚才完全相同。

指定插入点或[基点(B)/比例(S)/X/Y/Z/旋转(R)]:x

// 输入 x，回车

指定 X 比例因子〈1〉: // 捕捉 C 点

指定第二点: // 捕捉 D 点

指定插入点或[基点(B)/比例(S)/X/Y/Z/旋转(R)]:y

// 输入 y，回车

指定 Y 比例因子〈1〉: // 捕捉 C 点

指定第二点：　　　　　　　　// 捕捉 E 点
指定插入点或[基点(B)/比例(S)/X/Y/Z/旋转(R)]：
　　　　　　　　　　　　　　// 捕捉 C 点，完成垂直窗的插入，如图 6-9b 所示

此题当然也可以定义两个图块：横窗和竖窗，插入的时候更为快捷一些。从该题可以看出，旋转角度设置为 90°，块参照的 X、Y 方向也旋转了 90°，也就是说块参照的 X、Y 方向始终与块创建前的方向一致。

6.4 块参照的修改

修改插入到图形文件中的块参照可能会遇到两种情况：只修改个别的块参照，成批地修改块参照。

1. 修改个别的块参照

因为块参照被视为一个单独的对象，要对其进行修改，必须先使用分解（explode）命令将其分解，然后再进行重新的编辑与修改。修改后的图形不再作为块的形式存在。

2. 修改成批的块参照

修改成批的块参照需要对原有的块重新定义。重新定义内部块的操作步骤为：

（1）使用 insert 命令插入一个与原有块相同的块参照（X、Y 方向的缩放比例因子为 1，旋转角度为 0），利用分解（explode）命令将其分解再修改成想要的图形。如果对图形修改较多或与原块图形相差较大，也可以在绘图区域重新绘制。

（2）启动 block 命令，弹出如图 6-1 所示的【块定义】对话框，在【名称】编辑框中输入原块的名称，然后在对话框中对块重新设置。单击 确定 按钮，会弹出如图 6-2 所示的系统提示，单击 是(Y) 按钮更新原有块的定义。这时，绘图区域中所有同名的块参照全部自动更新。

重新定义外部块的操作步骤与重新定义内部块的操作大致相同。

对于图形中插入的外部块参照，重新定义外部块不会立刻对其产生影响。只有再次执行插入外部块命令时，系统会给出是否更新定义的提示对话框，单击该对话框的 是(Y) 按钮，这时，系统将更新绘图区域中所有同名的外部块参照。

在这里需要向用户简单介绍一下块与图层之间的关系。在定义块时，组成它的子对象可以来自不同的图层。向图形中插入块时，块参照本身驻留在当前层，块中非 0 图层上的子对象依然留在原图层上，0 图层上的子对象上浮到当前层。如果使用 explode 命令将块分解，非 0 图层的对象依然不改变，从 0 图层上浮的对象又返回到 0 图层。

6.5 带属性的块的创建与插入

为了增强图块的通用性，AutoCAD 允许用户为图块附加一些文本信息，我们把这些文本信息称之为属性（Attribute）。在插入有属性的图块时，用户可以根据具体情况，通过属性来为图块设置不同的文本信息。对那些经常用到的图块来讲，利用属性尤为重要。块的属性是包含在块定义中的对象，用来存储字母、数字型数据，属性值可以预定义，也可以在插入块时由命令行指定。

要创建一个带属性的块，应该经历两个过程：先定义块的属性，再将属性和组成块的图形对象一起选中创建成一个带属性的块。

6.5.1　定义块的属性

属性是与块相关联的文字信息。属性定义是创建属性的样板，它指定属性的特性及插入块时系统将显示什么样的提示信息。定义块的属性是通过【属性定义】对话框来实现的，启动该对话框的方法有：

- 下拉菜单：【绘图】/【块】/【定义属性】。
- 命令行：attdef。
- 快捷命令：att。

执行上述命令后，出现如图 6-10 所示的【属性定义】对话框。【属性定义】对话框包含四个选区，下面先介绍一下各选项的含义：

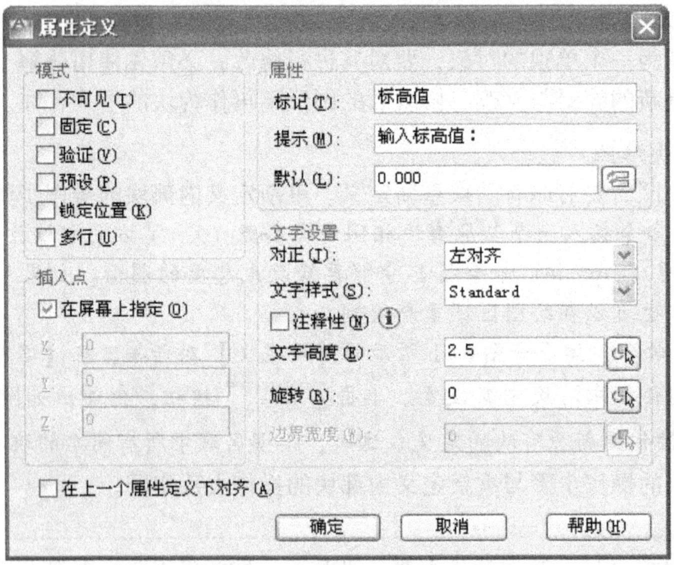

图 6-10　【属性定义】对话框

(1)【模式】选区。该选区用来设置与块相关联的属性值选项。

【不可见】复选框：插入块时不显示、不打印属性值。

【固定】复选框：插入块时属性值是一个固定值，以后在【特性】选项板中不再显示该类别的信息，将无法修改。通常不勾选此项。

【验证】复选框：插入块时提示验证属性值的正确与否。

【预设】复选框：插入块时不提示输入属性值，系统会把【属性】选区的【值】编辑框中的值作为默认值。

【锁定位置】复选框：用于固定插入块的坐标位置。

【多行】复选框：使用多段文字作为块的属性值。

(2)【属性】选区。该选区用来设置属性数据。

【标记】编辑框：输入汉字或字母都可以，用来标记属性，必须填写不能空缺，否则单击

按钮时，系统会给出如图6-11所示的提示。

【提示】编辑框：输入汉字或字母都可以，用来作为插入块时命令行的提示语句。

【默认】编辑框：用来作为插入块时属性的默认值。

按钮：单击按钮，弹出【字段】对话框，使用该对话框插入一个字段作为属性的全部或部分值。

(3)【插入点】选区。该选区用来指定插入的位置。

【在屏幕上指定】复选框：是指用鼠标在屏幕上单击一点确定插入的位置，通常勾选该复选框。

【X】、【Y】、【Z】编辑框：只有在不勾【在屏幕上指定】复选框时才可用。在编辑框中输入插入点的坐标。

图6-11　【标记】编辑框空缺提示

(4)【文字设置】选区。该选区用来设置文字的对正方式、文字样式、高度和旋转角度。

【对正】下拉列表：在下拉列表中选择对正方式。

【文字样式】下拉列表：在下拉列表中选择文字样式。

【文字高度】编辑框：输入文字高度。

【旋转】编辑框：输入旋转角度。

(5)【注释性】单选框：是否将属性作为注释性对象。【在上一个属性定义下对齐】复选框：可以将当前属性采用上一个属性的文字样式、字高和旋转角度，且另起一行，与前一个对齐。如果在此之前没有创建过属性，该复选框不可用；如果勾选此框，【插入点】选区和【文字选项】选区均不可用。

【例6-4】 创建一个带属性的标高符号。

(1) 先绘制标高符号，如图6-12a所示。

(2) 然后设置如图6-10所示的【属性定义】对话框：【模式】选区不选；【插入点】选中"在屏幕上指定"；【标记】区输入"标高值"，【提示】区输入"输入标高值:"，【默认】选项输入"0.000"；在【文字设置】区，对正方式选择"左下"选项，文字选择"Standard"选项，文字高度设为2.5，旋转角度设为0；设置好的【属性定义】对话框见图6-10。按照上述情形设置好之后，单击 确定 按钮，用光标捕捉标高符号上面水平线的中心，如图6-12b所示，然后单击确定属性的位置。

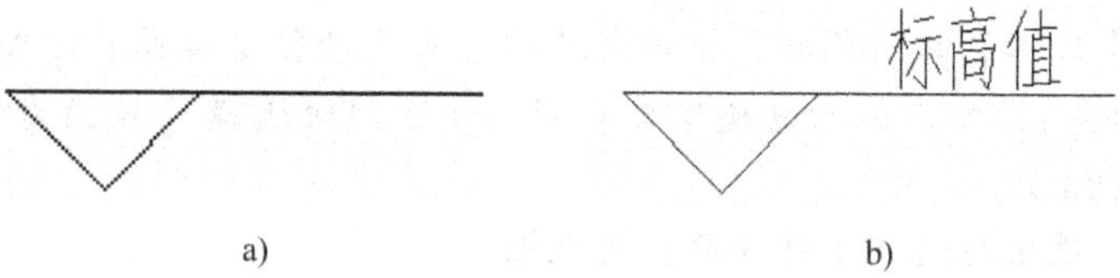

图6-12　带属性的标高符号

定义好了块的属性以后，就可以定义带属性的块了，如果对属性不满意，还可以对其进行编辑。

6.5.2　与块相关联之前属性定义的编辑

在将属性定义与块相关联之前，可以使用【编辑属性定义】对话框对其进行编辑。先用下列命令编辑文字：

● 下拉菜单：【修改】/【对象】/【文字】/【编辑】。
● 【文字】工具栏按钮：A。
● 命令行：ddedit。

执行上述命令后，命令行提示：

命令：_ddedit　　// 执行编辑命令

选择注释对象或 [放弃 (U)]：　　// 用拾取框选择需要编辑的属性，弹出如图 6-13 所示的【编辑属性定义】对话框，在对话框中可以修改属性的标记、提示文字和默认值。完成编辑后单击 确定 按钮退出对话框

选择注释对象或 [放弃 (U)]：　　// 继续选择需要编辑的属性，或回车结束命令

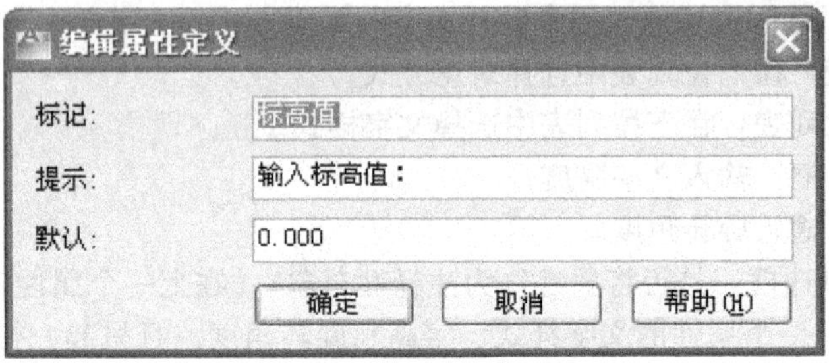

图 6-13　【编辑属性定义】对话框

6.5.3　带属性块的创建

属性创建好之后，就可以使用 block 命令创建带属性的块。依然以带属性的标高符号为例介绍创建带属性块的操作步骤。

(1) 首先画出标高符号的图形，然后按照例 6-4 定义属性。

(2) 启动 block 命令，弹出如图 6-1 所示的【块定义】对话框，在【名称】编辑框中输入“带属性的标高”。

(3) 单击【基点】选区的按钮，用光标捕捉标高符号中三角形的尖点并单击确定块的插入点。

(4) 单击【对象】选区的按钮，使用窗选的方式选择整个标高符号图形和标高属性（命令行提示找到 4 个对象），回车返回【块定义】对话框，同时选择【转换为块】单选框。这时，名称右边会出现块的预览。

(5) 在【方式】选区勾选【允许分解】复选框。

(6) 在【设置】/【块单位】下拉列表中选择“毫米”选项。

(7) 单击按钮 确定 按钮，弹出如图 6-14 所示的【编辑属性】对话框，单击 确定 按钮，对话框消失，原标高图形和属性在绘图区域转换为标有 0.000 的标高符号块。

应注意，如果在【块定义】对话框的【对象】选区勾选【保留】或【删除】选框，再单击【块定义】对话框的 确定 按钮时，不会出现【编辑属性】对话框。

在创建带属性块的时候，还可以选择多个属性，使块同时具有多个属性。选择属性的顺序将决定在插入块时提示属性信息的顺序。

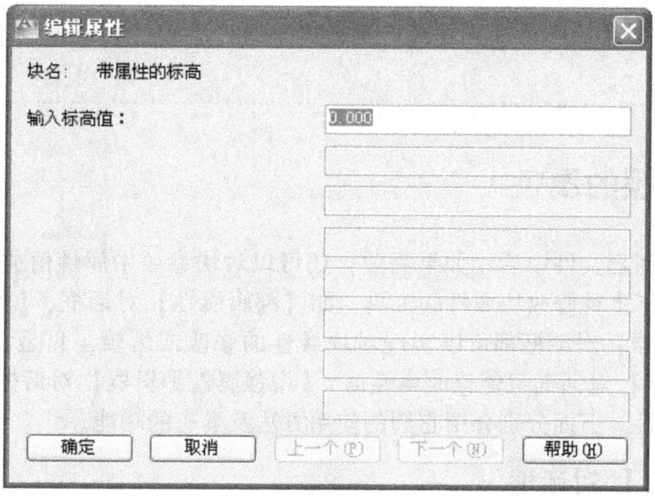

图 6-14　【编辑属性】对话框

6.5.4　插入带属性的块

插入带属性的块时，除了有前面讲过的插入块的过程，还得给块指定属性值。

【例 6-5】 将带属性的标高插入到如图 6-15 所示给定位置，并给定属性值。

分析：右边两个标高，表示的是一楼室内地坪和二楼地面的高度；左边四个标高符号，分别表示的是室外地坪、一楼窗台、一楼上窗檐以及二楼窗台的标高。右边的可以先标注室内地坪的标高，然后在标注二楼标高的时候，给定属性 2.800，注意追踪位置和一楼的标高对齐。而左边的标高，方向和右边的标高不同，可以再重新定义一个新的带属性的标高符号块。为了标注准确整齐，可以先利用对象追踪功能与其标注高度平齐着画出一段水平细实线，然后再来标注。

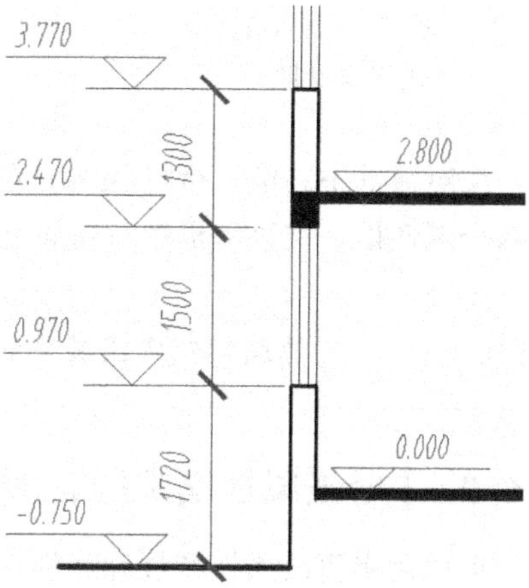

图 6-15　插入带属性的块

我们采用 insert 命令启动插入块的命令后，命令行提示：

命令：_insert　　// 启动插入块命令，弹出【插入】对话框，名称区选择“带属性的标高”，并在屏幕上指定插入点和比例

指定插入点或[基点(B)/比例(S)/X/Y/Z/旋转(R)]：

// 鼠标单击室内地坪线上面合适的位置

输入 X 比例因子,指定对角点,或[角点(C)/XYZ(XYZ)] <1>：

// 回车默认 1

输入 Y 比例因子或〈使用 X 比例因子〉：　// 回车默认

输入属性值

输入标高值：0.000　　// 在提示下，输入标高值 0.000 后回车

其余的标高插入方法类似，注意上下对齐，注意不同位置的标高应给予不同的属性值。

如果使用 expolde 命令将带属性的块参照进行分解后，块参照中的属性值还原为属性定义。

6.6 修改块参照的属性

带属性的块插入图形文件中后，如果需要，还可以对块参照中属性值或属性特性进行修改。AutoCAD 向用户提供了多种修改块属性的工具，如【编辑属性】对话框、【增强属性编辑器】对话框和【块属性管理器】对话框都可以实现对块属性的修改或编辑，只是它们在功能上有所区别。例如，【编辑属性】对话框只能修改属性值，【增强属性编辑器】对话框既可以修改属性值，又可以修改属性的特性。下面分别介绍它们的使用方法及具有的功能。

6.6.1 【编辑属性】对话框

【编辑属性】对话框只能用来修改属性值。调用【编辑属性】对话框的方法有：

- 命令行：attedit。

执行上述命令后，命令行提示：

命令：attedit　　　　　　// 执行 attedit 命令

选择块参照：　　　　　　// 用拾取框选择要修改的带属性的块参照，屏幕上弹出如图 6-14 所示的【编辑属性】对话框

在对话框中的第一行【块名】的位置，显示带属性块的名称。下面有八个显示块，用来显示前八个属性值。在显示框中编辑属性值，然后单击 确定 按钮。

不能编辑锁定图层中的属性值。

6.6.2 【增强属性编辑器】对话框

可以用来更改属性特性和属性值。调用【增强属性编辑器】对话框的方法有：

- 下拉菜单：【修改】/【对象】/【属性】/【单个】。
- 【修改Ⅱ】工具栏按钮（如图 6-16 所示）：。

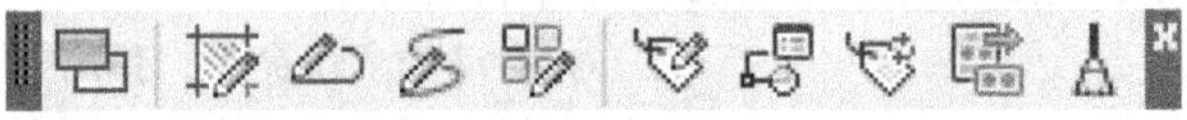

图 6-16 【修改Ⅱ】工具栏

- 命令行：eattedit。
- 快捷菜单：选中带属性的块参照，选择右键快捷菜单中的【编辑属性】选项；或直接双击带属性的块参照。

执行上述命令后，命令行提示：

命令：_eattedit　　　　　　// 执行 eattedit 命令

选择块：　　　　　　　　　// 用拾取框选择要修改的块参照，屏幕上弹出如图 6-17 所示的【增强属性编辑器】对话框

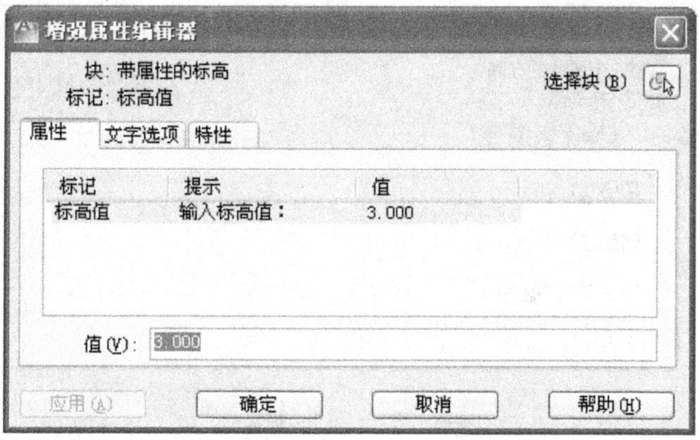

图 6-17　【增强属性编辑器】对话框

在【增强属性编辑器】对话框的顶部显示所选块参照的名称和属性的标记。该对话框共包含三个选项卡和五个按钮，它们分别为：

（1）【属性】选项卡。在该选项卡的显示框中显示属性的标记、插入块时命令行的提示和属性值，如果所选块参照同时带有多个属性，这里将显示多个属性的信息。在【值】编辑框中可以修改当前块参照中属性的值。

（2）【文字选项】选项卡。该选项卡用来修改所选块参照所带属性的文字特性，如图 6-18 所示。

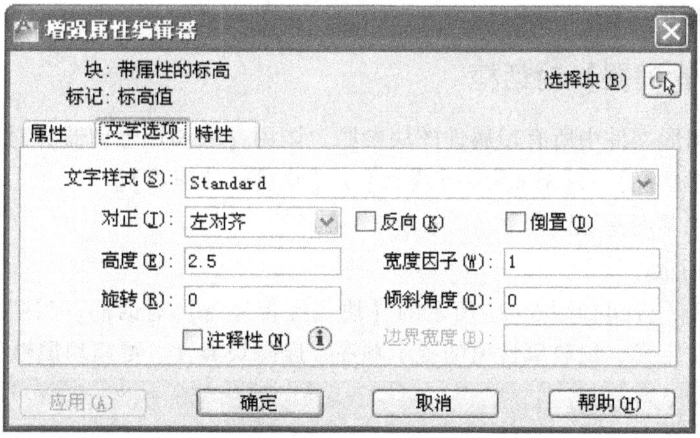

图 6-18　【文字选项】选项卡

（3）【特性】选项卡。该选项卡用来修改所选块参照所带属性的基本特性，如图 6-19 所示。

（4）应用(A)按钮和按钮。当完成对块参照所带属性的修改后，单击应用(A)按钮系统将保存所有修改并同时更新绘图区域的当前块参照的属性。【增强属性编辑器】对话框继续存在，单击按钮【增强属性编辑器】对话框暂时消失，可以继续选择需要修改的块参照。如果对属性作了修改，没有单击应用(A)按钮，而直接单击按钮，屏幕会弹出如图6-20所示的提示。

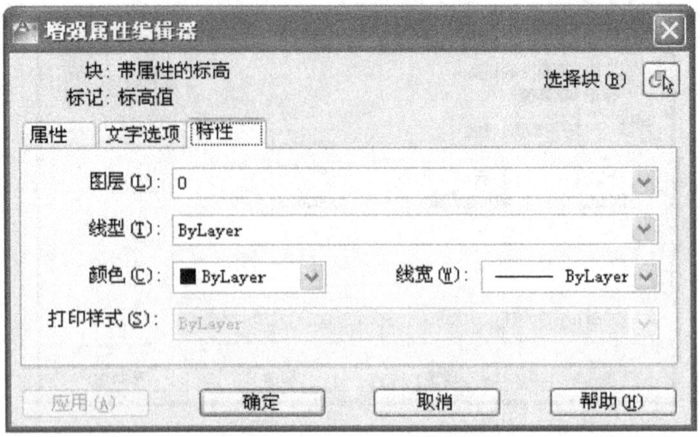

图6-19 【特性】选项卡

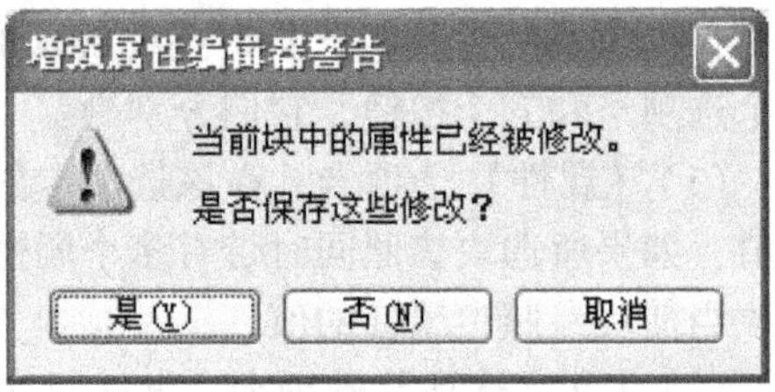

图6-20 【增强属性编辑器警告】提示

(5) 确定 按钮。确定 按钮具有与 应用(A) 按钮相同的功能，只是单击 确定 按钮后直接退出【增强属性编辑器】对话框。

(6) 取消 按钮。单击 取消 按钮直接退出【增强属性编辑器】对话框并对属性所作修改不予保存，绘图区域当前块参照的属性也不会更新。

(7) 帮助(H) 按钮。帮助(H) 按钮可以使用户得到 AutoCAD 的帮助信息。

6.6.3 【块属性管理器】对话框

用来管理当前图形文件中所有带属性的块参照。调用【块属性管理器】对话框的方法有：

- 下拉菜单：【修改】/【对象】/【属性】/【块属性管理器】。
- 【修改Ⅱ】工具栏按钮（如图6-16所示）：。
- 命令行：battman。

执行上述命令后，弹出如图6-21所示的【块属性管理器】对话框。利用该对话框可以完成编辑块定义中的属性定义、更改属性值的提示顺序、删除块属性、更新块属性的操作。

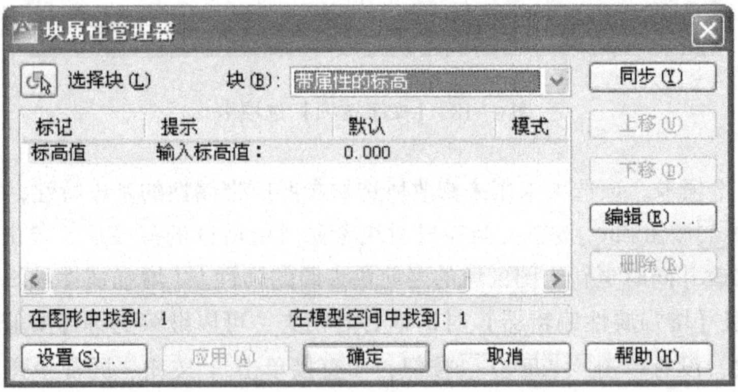

图6-21 【块属性管理器】对话框

1. 编辑块定义中的属性定义

用户可以按照以下步骤完成属性定义编辑的操作。

(1) 在【块属性管理器】对话框中，单击【块】下拉列表，列表中将显示当前图形中所有带属性的块名，选择其中一个，或者单击按钮在绘图区域中选择一个块。这时，在下面的属性列表中会显示该块所带的所有属性定义信息。在默认情况下，属性列表中只列出属性的四项信息：【标记】、【提示】、【默认】和【模式】。用户可以单击 设置(S)... 按钮通过如图 6-22 所示的【块属性设置】对话框选择更多的信息项。在【设置】对话框的底部有两个复选框：【突出显示重复的标记】是用来打开和关闭对重复标记的强调，如果勾选此项，在属性列表中，重复的属性标记显示为红色，否则不显示为红色；【将修改应用到现有参照】是用来决定单击 应用(A) 按钮保存属性定义修改的同时是否同时更新应用此块的现有块参照。

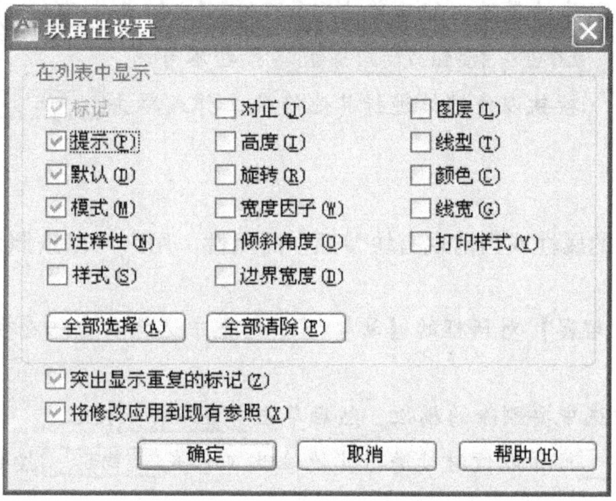

图 6-22 【块属性设置】对话框

(2) 在属性列表中双击要编辑的属性，或选中该属性再单击 编辑(E)... 按钮，弹出如图 6-23 所示的【编辑属性】对话框。其中【文字选项】和【特性】选项卡的内容与【增强属性编辑器】对话框中的完全相同，而【属性】选项卡有所不同，它可以修改属性定义的模式、标记、提示和默认值。【自动预览修改】复选框用来控制是否立即更新绘图区域，以显示用户所做的任何可视属性更改，如果勾选此项，系统立即显示所做的修改；否则，系统不会立即显示所做的修改。

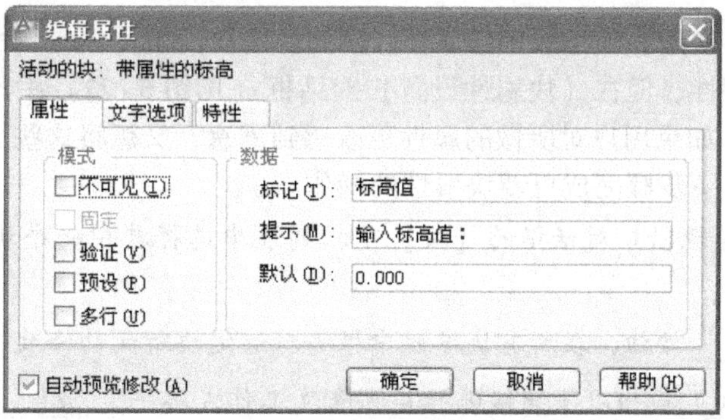

图 6-23 【编辑属性】对话框

（3）在【编辑属性】对话框中，对所需的属性进行修改，然后单击 确定 按钮返回【块属性管理器】对话框。

（4）单击 应用(A) 按钮以便继续进行其他修改工作或单击 确定 按钮直接退出【块属性管理器】对话框。

2. 更改属性值的提示顺序

在插入块时，提示属性信息的顺序是由定义块时选择属性的顺序决定的，使用【块属性管理器】对话框可以更改属性值的提示顺序。用户可以按照以下步骤完成更改属性值的提示顺序的操作。

（1）在【块属性管理器】对话框的【块】下拉列表中选择其中一个块，或者单击按钮在绘图区域中选择一个块，在属性列表中将按照提示顺序显示属性。

（2）选中需要改变顺序的属性，然后单击 上移(U) 按钮或 下移(D) 按钮。如果只有一个属性或属性值为常量， 上移(U) 按钮或 下移(D) 按钮不可用。

（3）单击 应用(A) 按钮以便继续进行其他修改工作或单击 确定 按钮直接退出【块属性管理器】对话框。

3. 删除块属性

可以删除块定义中的属性或当前现有块参照中的属性。用户可以按照以下步骤完成删除块属性的操作。

（1）在【块属性管理器】对话框的【块】下拉列表中选择其中一个块，或者单击按钮在绘图区域中选择一个块。

（2）在属性列表中选中要删除的属性，然后单击 删除(R) 按钮。

（3）单击 应用(A) 按钮以便继续进行其他修改工作或 确定 按钮直接退出【块属性管理器】对话框。

当只有一个属性时， 删除(R) 按钮不可用。另外不能从块中删除所有属性，必须至少保留一个属性，如果需要删除所有属性，则需要重定义块。

应当注意，只有使用 regen 命令重新生成该图形时，从现有块参照中删除的属性才会在绘图区域中消失。

4. 更新块属性

可以更新当前图形中所有块参照中的属性。例如，用户使用【编辑属性】对话框修改了图形中几个块定义的属性特性，但在【块属性设置】对话框（见图 6-22）中没有选择【将修改应用到现有参照】复选框，如果用户对所做的属性更改感到满意，又想将这些更改应用到当前图形中的块参照，可以按照以下步骤完成更新块属性的操作。

（1）在【块属性管理器】对话框的【块】下拉列表中选择其中一个块，或者单击按钮在绘图区域中选择一个块。

（2）单击 同步(Y) 按钮，在所有块参照中根据对选定块所做的修改进行属性更新。

（3）单击 应用(A) 按钮以便继续进行其他修改工作或单击 确定 按钮直接退出【块属性管理器】对话框。

还可以使用 attsync 更新块参照中的属性特性，以便和块定义相匹配，用户可以自行学习使用。

6.7 清理块

要减少图形文件大小，可以删除掉未使用的块定义。通过擦除可从图形中删除块参照；但是，块定义仍保留在图形的块定义表中。要删除未使用的块定义并减小图形文件，请在绘图过程中的任何时候使用 purge 命令。

在命令行中输入“purge”，就会出现【清理】对话框，如图 6-24 所示。利用这个对话框可以清理没有使用的标注样式、打印样式、多线样式、块、图层、文字样式、线型等定义。

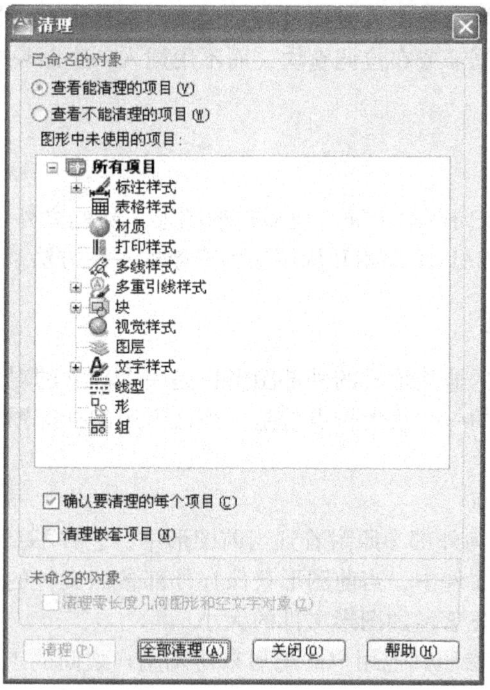

图 6-24 【清理】对话框

【查看能清理的项目】：选中此项，将在列表中显示可以清理的对象项目。如果项目前面没有符号⊞，表明此项没有可删除对象定义。单击符号⊞，出现该项包含的所有可删除对象定义。选择某个要删除的对象定义，然后单击[清理(P)]按钮，该对象定义就会被删除。单击[全部清理(A)]按钮，将删除所有可以清理的对象定义。

【查看不能清理的对象】：选中此项，将在列表中显示不能清理的对象定义。

【确认要清理的每个项目】：选中这个选项，AutoCAD 将在清理每一个对象定义时给出警告信息，如图 6-25 所示，要求用户确认是否删除，以防误删。

【清理嵌套项目】：选中此项，从图形中删除所有未使用的对象定义，即使这些对象定义包含在或被参照于其他未使用的对象定义中。

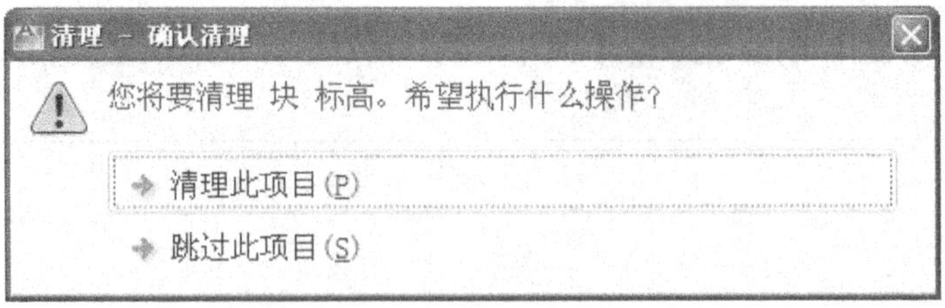

图 6-25　确认清理警告对话框

只能删除未使用的块定义。

另外，AutoCAD2006 以后的版本可以创建动态块，它具有灵活性和智能性。用户在操作时可以轻松地更改图形中的动态块参照。可以通过自定义夹点或自定义特性来操作动态块参照中的几何图形。这使得用户可以根据需要在位调整块，而不用插入一个新块或重定义现有的块。

6.8　外部参照

用户可以使用 insert 命令向图形中插入块形式的图形，除此之外 AutoCAD 还允许用户直接插入一个外部图形，它是 AutoCAD 图形相互调用更为有效的一种方法。

6.8.1　外部参照的概述

直接引用到当前图形中的非块形式的外部图形也是一个独立的对象，为了区别于块参照，将其称为外部参照。外部参照的一个最大特点就是，当被引用的外部图形发生变化时，当前图形中的外部参照将随之更新。

外部参照具有以下的特点：

(1) 可以将整个图形作为外部参照附着到当前图形中，它并不真正插入，附着的外部参照的数据仍然保存在原来的图形文件中，当前图形只保存外部参照文件的名称和路径，因此，使用外部参照可以生成图形而不会显著增加图形文件的大小。

(2) 可以通过在图形中参照其他用户的图形来协调用户之间的工作，从而与其他用户所做的修改保持同步。

(3) 确保显示参照图形的最新版本。每次打开图形文件时，AutoCAD 将自动重载每个外部参照，从而反映参照图形文件的最新状态。

(4) 可以控制参照文件图层的状态和特性，也可以对外部参照进行【比例缩放】、【移动】、【复制】、【阵列】和【旋转】等操作。外部参照在当前图形中以单个对象的形式存在，与块参照不同的是，必须先绑定外部参照才能对其进行分解。

(5) 当工程完成并准备归档时，可以使用【绑定】命令将附着的外部参照和用户图形永久合并到一起。

6.8.2　插入外部参照

一个图形可以作为外部参照同时插入到多个图形中。反之，也可以将多个图形作为外部参照插入到单个图形上。外部参照必须是模型空间对象，可以以任何比例、位置和旋转角度附着这些外部参照。

执行【附着外部参照】命令的方法有：

- 下拉菜单：【插入】/【dwg 参照】。
- 【参照】工具栏按钮（如图 6-26 所示）：。
- 命令行：xattach。
- 快捷命令：xa。

图 6-26　【参照】工具栏

执行该命令后，弹出如图 6-27 所示【选择参照文件】对话框，在该对话框中选中要插入的参照文件，然后单击 打开(O) 按钮，弹出【附着外部参照】对话框，如图 6-28 所示。

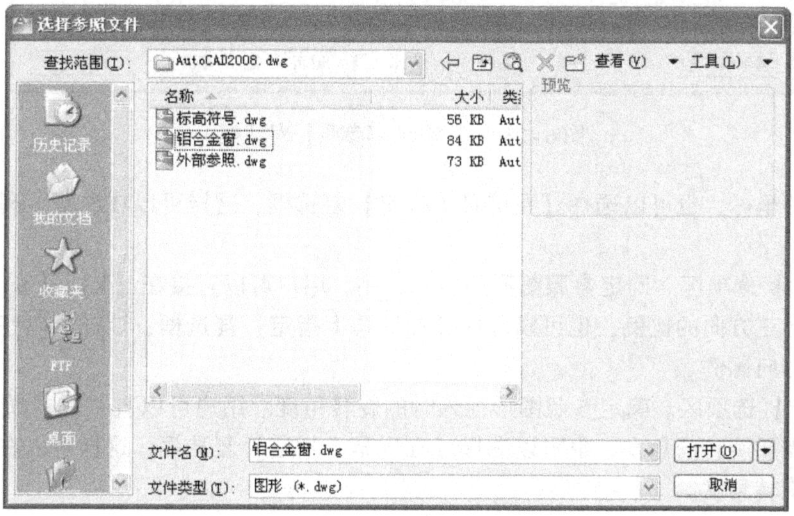

图 6-27　【选择参照文件】对话框

对话框中各主要项的功能如下。

（1）【名称】。下拉列表框中显示需要插入的外部参照文件的名称。如果需要改变参照文件，可以单击右边的 浏览(B)... 按钮，重新打开【选择参照文件】对话框并选择需要的外部参照文件。

（2）【路径类型】。指定外部参照的保存路径是完整路径、相对路径、还是无路径。将路径类型设置为【相对路径】之前，必须保存当前图形。对于嵌套的外部参照，相对路径通常是指其直接宿主的位置，而不一定是当前打开的图形的位置。

如果参照的图形位于另一个本地磁盘驱动器或网络服务器上，【相对路径】选项不可用。

（3）【参照类型】选项区。

【附着型】单选框：附着的外部参照可以被嵌套。例如图形 A 以【附加型】引用了 B 图形，当图形 A 被图形 C 引用时，在 C 图形中同时显示图形 A 和 B。

【覆盖型】单选框：附着的外部参照不可以被嵌套。例如图形 A 以【覆盖型】引用了 B 图形，当图形 A 被图形 C 引用时，在 C 图形中不显示图形 B。

（4）【插入点】选项区。确定参照图形的插入点。用户可以直接在【X】、【Y】、【Z】文本框

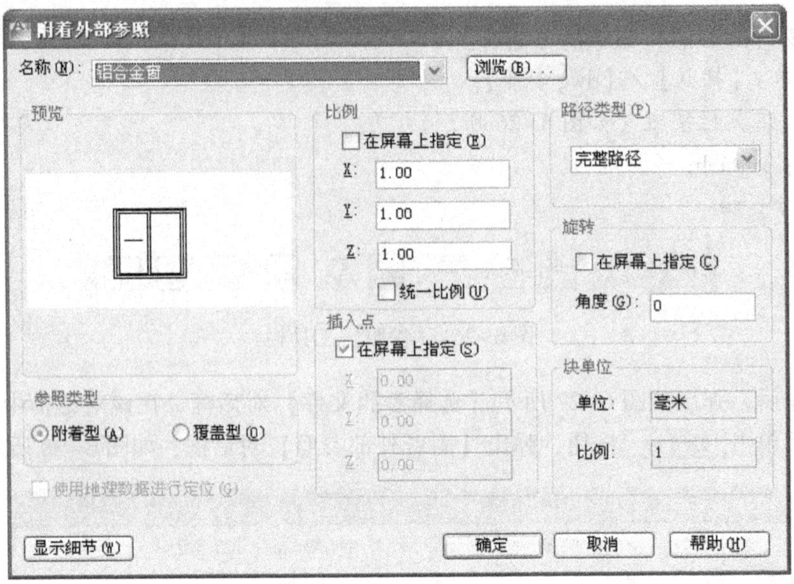

图 6-28 【附着外部参照】对话框

中输入插入点的坐标，也可以选择【在屏幕上指定】复选框，这样可以在屏幕上利用鼠标直接指定插入点。

(5)【比例】选项区。确定参照图形的插入比例。用户可以直接在【X】、【Y】、【Z】文本框中输入参照图形三方向的比例，也可以选择【在屏幕上指定】复选框，这样可以在屏幕上直接指定参照图形三方向比例。

(6)【旋转】选项区。确定参照图形插入时的旋转角度。用户可以直接在【旋转】文本框中输入参照图形需要旋转的角度，也可以选择【在屏幕上指定】复选框，这样可以在屏幕上直接指定参照图形的旋转角度。

设置完毕后单击 确定 按钮，就可以按照插入块的方法插入外部参照。

【例 6-6】 在如图 6-29a 所示的图形中，插入“铝合金窗”外部参照，并编辑图形使其成为图 6-29b 所示的某楼房立面图。

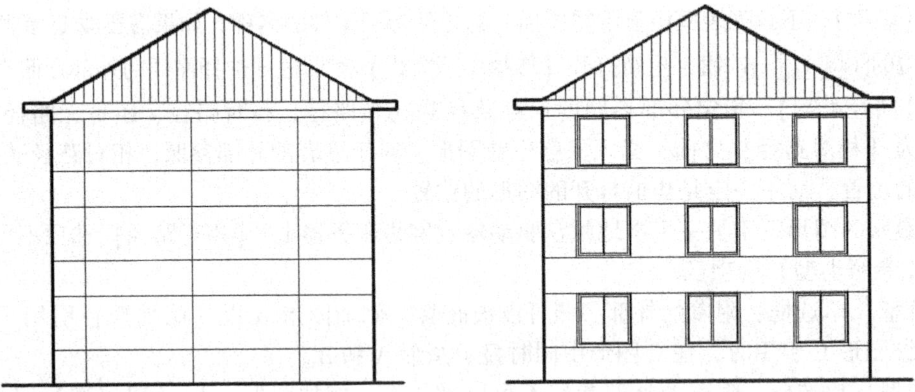

a) b)

图 6-29 插入“铝合金窗”外部参照

（1）单击下拉菜单【插入】/【dwg 参照】，弹出【选择参照文件】对话框，如图 6-27 所示。

（2）在【选择参照文件】对话框中，选择“铝合金窗”，然后单击 打开(O) 按钮，弹出如图 6-28 所示的【附着外部参照】对话框。在【附着外部参照】对话框的【参照类型】选区选择【附着型】。在【插入点】选区选择【在屏幕上指定】复选框，【比例】选区和【旋转】选区不变，如图 6-28 所示。

（3）单击 确定 按钮，退出【附着外部参照】对话框，单击鼠标确定外部参照的插入位置，如图 6-30所示。用同样方法插入其余窗户。

（4）然后删除三条竖向辅助线，即得如图 6-29b 所示的楼房立面图。

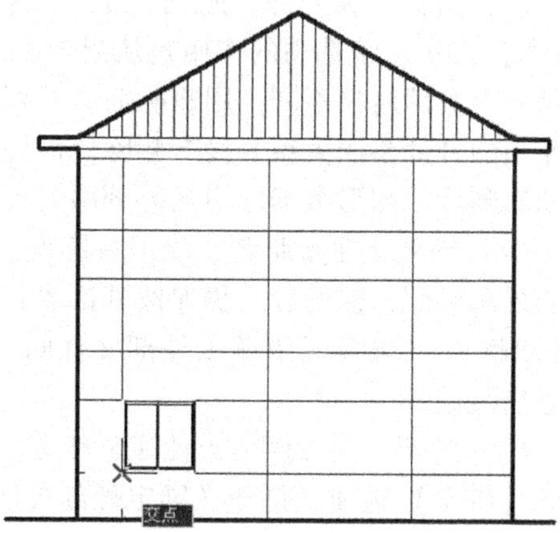

图 6-30　“铝合金窗”外部参照插入位置

6.8.3　外部参照管理

假设一张图中使用了外部参照，用户要知道外部参照的一些信息，如参照名、状态、大小、类型、日期、保存路径等，或者要对外部参照进行一些操作，如附着、拆离、卸载、重载、绑定等，这就需要使用外部参照管理器。它的作用就是在图形文件中管理外部参照，下面来具体看一下外部参照管理器的用法。

假设在当前图形中使用了外部参照，单击【参照】工具栏上的外部参照管理器按钮，打开【外部参照】选项板，如图 6-31 所示。如果看不全各项的内容，可以移动鼠标到项目中间的竖线上，当鼠标指针变为形状✛时，按住鼠标左键左右拖动就可以看到各项的内容。

（1）状态栏各选项含义。

【参照名】：显示当前图形外部参照图形文件的名字。

【状态】：显示外部参照的状态，可能的状态有已加载、卸载、未参照、未找到、未融入或已孤立或标记为卸载或重载。

【大小】：显示各参照文件的大小。如果外部参照被卸载、未找到或未融入，则不显示其大小。

【类型】：显示各参照文件的参照类型。参照类型有两种：附着型和覆盖型。

【日期】：显示关联的图形的最后修改日期。如果外部参照被卸载、没有找到或未融入，则不显示此日期。

【保存路径】：显示参照文件的存储路径。

（2）按钮。如果在参照列表中没有选择外部参照，单击此按钮会弹出【选择参照文件】对话框，从中选择要参照的文件。

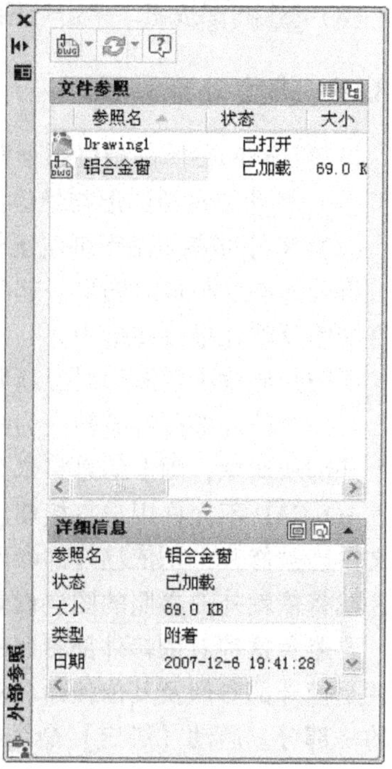

图 6-31　【外部参照】选项板

如果在参照列表中选中某个外部参照，单击鼠标右键，在快捷菜单上选择【附着】选项，将直接显示【附着外部参照】对话框，用户可以插入此参照。

（3）拆离。在外部参照列表中，选择一个外部参照后，单击鼠标右键，在快捷菜单上选择【拆离】选项。该选项的作用是从当前图形中移去不再需要的外部参照。与用删除命令在屏幕上删除一个参照对象不同。用删除命令在屏幕上删除的仅仅是外部参照的一个引用实例，但图形数据库中的外部参照关系并没有删除。而使用【拆离】不仅删除了屏幕上的所有外部参照实例，而且彻底删除了图形数据库中的外部引用关系。

（4）卸载。在参照名上使用右键快捷菜单中的【卸载】选项，可以从当前图形中卸载不需要的外部参照，但卸载后仍保留外部参照文件的路径。这时【状态】显示所参照文件的状态是"已卸载"。当希望再参照该外部文件时，在参照名上使用右键快捷菜单中的【重载】选项，即可重新装载。

（5）绑定。在参照名上使用右键快捷菜单中的【绑定】选项，打开【绑定外部参照】对话框，如图6-32所示。

图6-32　【绑定外部参照】对话框

若选择绑定类型为【绑定】，则选定的外部参照及其依赖符号（如块、标注样式、文字样式、图层和线型等）成为当前图形的一部分。

（6）打开。在新建窗口中打开选定的外部参照进行编辑。在参照名上使用右键快捷菜单中的【打开】选项，显示外部参照文件。

（7）【详细信息】区。可以修改【附着】类型和定位外部参照文件的位置。

（8）按钮和按钮。单击这两个按钮或者按F3和F4键实现列表图或树状图形式的切换。

6.8.4　绑定外部参照

将包含外部参照的最终图形归档时，有以下两种选择：

（1）将外部参照图形与最终图形一起存储。

（2）将外部参照图形绑定至最终图形。

将外部参照与最终图形一起存储，要求外部参照与图形总是保持在一起。参照图形的任何修改将继续反映在最终图形中。

要防止修改参照图形时更新归档图形，请将外部参照绑定到最终图形。

将一个外部参照对象转变为一个外部块文件的过程，称为绑定。绑定以后，外部参照变成了一个外部块对象，图形信息将永久性地写入当前文件内部，形成当前文件的一部分。

AutoCAD不允许用户直接使用依赖外部参照的图层或其他命名对象，这是因为如果参照的图形文件已被修改，则依赖外部参照的命名对象的定义也将更改。例如，不能插入依赖外部参照的块，或将依赖外部参照的图层设置为当前图层并在其中创建新对象。

要避免这种对依赖外部参照的命名对象的限制，可以使用绑定外部参照的办法。绑定外部参照就是使外部参照及其依赖命名对象（例如块、文字样式、标注样式、图层和线型）成为当前图形的一部分。启动【绑定】命令的方法有：

- 下拉菜单：【修改】/【对象】/【外部参照】/【绑定】。
- 工具栏按钮：。
- 命令行：xbind。
- 快捷命令：xb。

执行上述命令后，弹出如图 6-33 所示的【外部参照绑定】对话框。对话框中有两个显示列表：在【外部参照】列表中列出当前附着在图形中的外部参照，单击外部参照前面的+图标，将列出五种类型的命名对象定义（块、标注样式、图层、线型和文字样式），单击其中的一种定义类型前面的+图标，将列出定义表条目的名称。在【绑定定义】列表中列出要绑定到当前图形中的外部参照依赖命名对象定义。

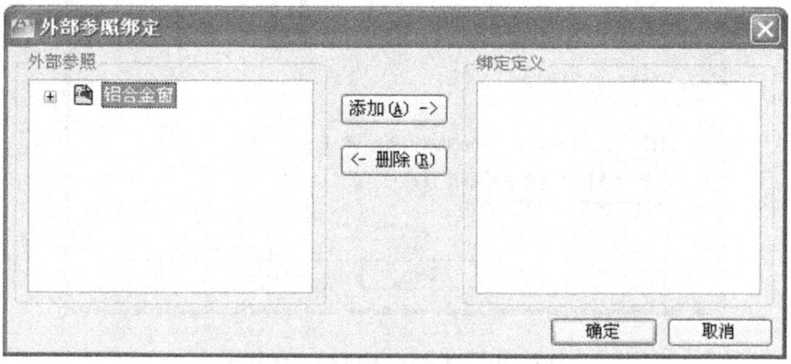

图 6-33　【外部参照绑定】对话框

单击 添加(A) -> 按钮可以将【外部参照】列表中选定的命名对象定义添加到【绑定定义】列表中。单击 <- 删除(R) 按钮可以将【绑定定义】列表中选定的外部参照依赖命名对象定义移回到它的外部参照相关定义表中。

6.8.5　修改外部参照

已经创建好的外部参照对象有两种修改方法：第一种方法是打开外部参照的源文件，修改并保存，目标文件中的外部参照对象就会自动更新；第二种方法可以在目标文件中直接修改外部参照。本节主要讲述怎样在目标文件中修改外部参照。

在位参照编辑就是在当前图形中原来位置直接修改外部参照，或者重定义当前图形中的块定义。这样，当对外部参照作较小的修改时，不必打开外部参照的图形，直接在当前图形中进行在位编辑并将修改保存到参照图形即可，这样不仅减少了操作步骤，而且也不必在图形之间来回切换。但是，如果需要对外部参照作较大的改动，还是需要打开外部参照图形来进行修改，因为如果使用在位参照编辑进行较大修改，会使在位参照编辑任务期间当前图形文件的大小明显增加。对于块参照，可以对其进行修改并更新块定义，但不能对使用 minsert 命令插入的块参照进行在位编辑。在这里，块和外部参照都被视为参照。

启动【在位编辑参照】命令的方法有：

- 【参照编辑】工具栏按钮（如图 6-34 所示）：。
- 命令行：refedit。

图 6-34　【参照编辑】工具栏

执行该命令后，命令行提示：

```
命令：_refedit                //执行 refedit 命令
选择参照：                    //选择要修改的参照，弹出如图 6-35 所示的【参照编辑】对话框
```

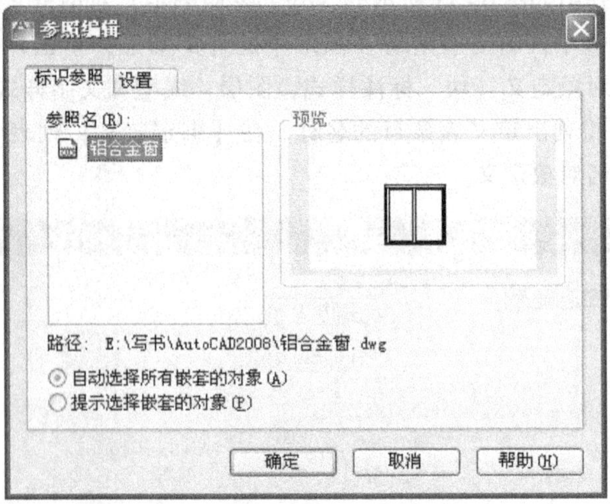

图6-35 【参照编辑】对话框

选择要进行编辑的特定参照。选择【标识参照】选项卡，在【参照名】列表中显示所选参照的名称。如果所选参照为任何嵌套参照，列表中将显示所有供选择的嵌套参照。【设置】选项卡采用系统默认的设置，AutoCAD锁定该参照文件以防止多个用户同时打开该文件。

如果另一个用户正在使用参照所在的图形文件，则不能在位编辑参照。

单击[确定]按钮，【参照编辑】对话框关闭。此时，在当前图形除参照外，其余图形对象均褪色显示，用户就可以对参照中的对象进行编辑。

6.8.6 更新外部参照

可以随时在【外部参照】选项板的参照名上使用右键快捷菜单中的【重载】选项对选定参照进行更新，以确保使用最新版本。另外打开图形时，AutoCAD自动重载每个外部参照，使其反映参照图形的最新版本。

将外部参照附着到图形时，AutoCAD将定期检查从最后一次加载或重载外部参照时起参照的文件是否已经更改。

6.8.7 剪裁外部参照和块

剪裁外部参照和块就是通过定义剪裁边界，使参照在当前图形中只显示被指定部分的图形。【剪裁】只适用于外部参照的单个实例，而不适用于外部参照定义本身。外部参照或块在剪裁边界内的部分仍然可见，而剩余部分则变为不可见。参照几何图形本身并没有改变，只是改变了其显示区域。

可以使用XCLIPFRAME系统变量决定是否显示剪裁边框。变量为1时，显示剪裁边框；变量为0时，不显示剪裁边框。当剪裁边框打开（设置为1）时，可以将它作为对象的一部分进行选择和打印。

执行【剪裁】命令的方法有：

- 下拉菜单：【修改】/【剪裁】/【外部参照】。

- 【参照】工具栏按钮：。
- 命令行：xclip。
- 快捷命令：xc。

命令：_xclip　　　　　　　　　　　　　// 执行【剪裁】命令
选择对象：找到 1 个　　　　　　　　　// 用拾取框选择要剪裁的外部参照
选择对象：　　　　　　　　　　　　　　// 继续选择或回车结束选择
输入剪裁选项
[开(ON)/关(OFF)/剪裁深度(C)/删除(D)/生成多段线(P)/新建边界(N)]〈新建边界〉：
外部模式 - 边界外的对象将被隐藏。
指定剪裁边界或选择反向选项：
[选择多段线(S)/多边形(P)/矩形(R)/反向剪裁(I)]〈矩形〉：
　　　　　　　　　　　　　　　　　　　// 按提示选定一定形状的边界作为剪裁边

选好剪裁边后，边界外面的部分外部参照将被剪裁掉，不再显示。

在当前图形中，被剪裁的参照所在图层不能进行锁定。

6.9 设计中心

设计中心是一种直观、高效、与 Windows 资源管理器界面类似的工作控制中心，用于在多文档和多人协同设计环境下管理众多的图形资源。通过设计中心，既可以管理本地计算机上的图形资源，又可以管理局域网或 Internet 上的图形资源。使用设计中心，可以将 AutoCAD 文件中的图块、图层、外部参照、标注样式、文字样式、线型和布局等内容直接插入到当前图形中，从而实现资源共享，简化绘图过程。

单击【标准】工具栏上的设计中心按钮，或者执行【工具】/【选项板】/【设计中心】菜单命令，可以打开【设计中心】选项板，如图 6-36 所示。

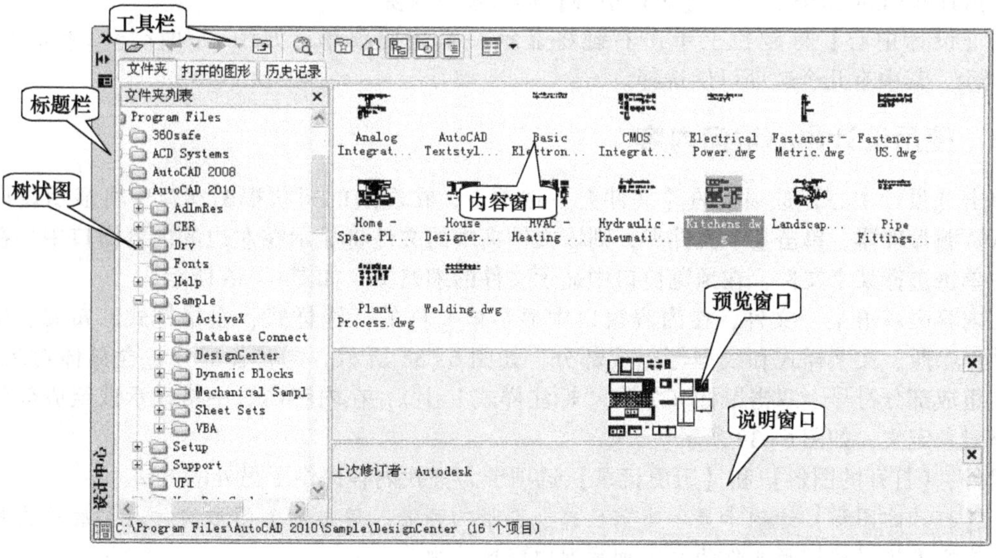

图 6-36 【设计中心】选项板

6.9.1　设计中心的功能

一般使用设计中心做如下工作：

- 浏览用户计算机、网络驱动器和 Web 页上的图形内容（例如图形或符号库）。
- 在定义表中查看图形文件中命名对象（例如块和图层）的定义，然后将定义插入、附着、复制和粘贴到当前图形中。
- 更新（重定义）块定义。
- 创建指向常用图形、文件夹和 Internet 网址的快捷方式。
- 向图形中添加内容（例如外部参照、块和填充）。
- 在新窗口中打开图形文件。
- 将图形、块和填充拖动到工具选项板上以便于访问。

【设计中心】窗口分为两部分，左边为树状图，右边为内容区域。可以在树状图中浏览内容的源，而在内容区域显示内容。可以在内容区域中将项目添加到图形或工具选项板中。

在内容区域的下面，也可以显示选定图形、块、填充图案或外部参照的预览或说明。选项板顶部的工具栏提供若干选项和操作。

用户可以控制设计中心的大小、位置和外观。

- 要调整设计中心的大小，可以拖动内容区域和树状图之间的双线，或者拖动它的边框。
- 要固定设计中心，请将其拖动到 AutoCAD 窗口的右侧或左侧的固定区域上，直到捕捉到固定位置。也可以通过双击【设计中心】选项板标题栏将其固定。
- 要浮动设计中心，请拖动工具栏上方的区域，使设计中心远离固定区域。拖动时按住 Ctrl 键可以防止选项板固定。
- 单击设计中心标题栏上的自动隐藏按钮可使设计中心自动隐藏。

如果打开了设计中心的自动隐藏功能，那么当鼠标指针移出【设计中心】选项板时，设计中心树状图和内容区域将消失，只留下标题栏。将鼠标指针移动到标题栏上时，【设计中心】选项板将恢复。

在【设计中心】标题栏上单击右键将显示一个快捷菜单，如图6-37所示，其中有几个选项可供选择。

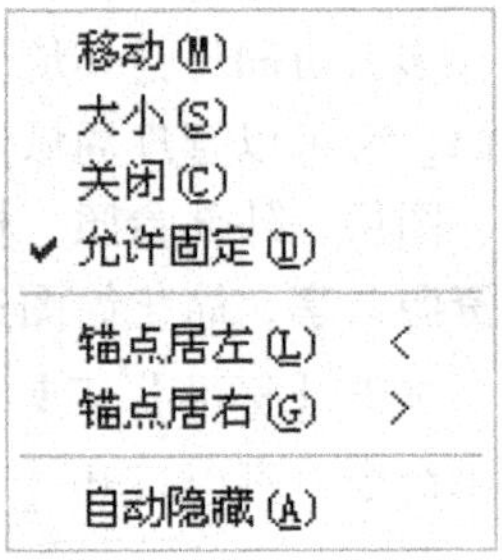

图6-37　快捷菜单

6.9.2　使用设计中心访问内容

单击【设计中心】选项板的【文件夹】选项卡，在左边的树状视图窗口中将显示设计中心的树状资源管理器，单击某个文件夹，则该文件夹中的文件将显示在左边的内容窗口中。在内容窗口中单击选择某个文件，在预览窗口中显示文件的缩略图，如图6-36所示。

在内容区双击某个文件，在内容窗口中显示该文件的标注样式、表格样式、布局、块、图层、外部参照、文字样式和线型等组成部分，如图6-38所示。要看各部分包含具体对象定义，再次在组成部分符号上双击鼠标（如在“标注样式”上），在内容窗口中将显示该组成部分包含的具体对象定义，如图6-39所示。

另外，【打开的图形】和【历史记录】选项卡为查找内容提供了另外的方法。

- 【打开的图形】选项卡显示当前已打开图形的列表。单击某个图形文件，然后单击列表中的一个定义表可以将图形文件的内容加载到内容区域中。

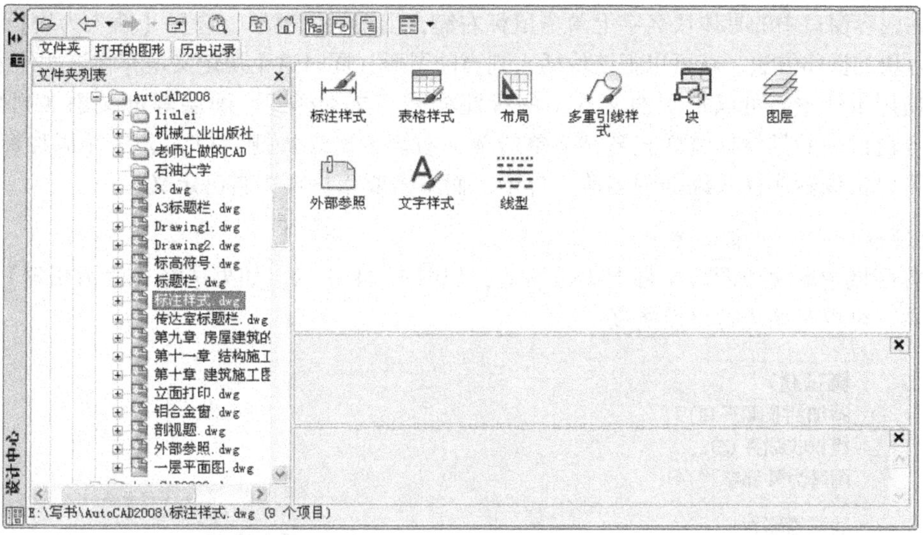

图 6-38 文件的组成部分

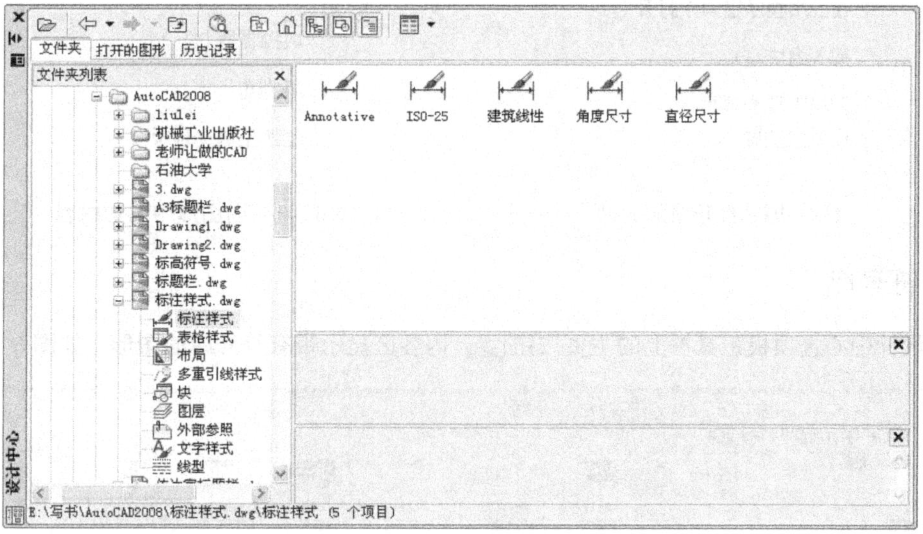

图 6-39 具体对象定义

● 【历史记录】选项卡显示设计中心中以前打开的文件列表。双击列表中的某个图形文件，可以在【文件夹】选项卡中的树状视图中定位此图形文件并将其内容加载到内容区域中。

6.9.3 打开图形文件

要在设计中心中直接打开某个文件，在内容窗口中的文件名上单击鼠标右键，出现快捷菜单，如图 6-40 所示，选择【在应用程序窗口中打开】选项即可。

6.9.4 共享图形资源

1. 向图形添加内容

使用设计中心可以把在别的文件中定义的块或者外部参照等直接插入到当前文件中，如图 6-41

中所示，在内容窗口中的具体块名字上单击鼠标右键，出现快捷菜单，选择【插入为块】选项，然后按照插入块的操作方法，就可以把该块插入到当前图形（同时这个块定义也存在该文件中）。

同样使用设计中心可以把别的文件中的标注样式、文本样式、图层等定义添加到当前文件中。在内容窗口中的具体标注样式名字上单击鼠标右键，出现快捷菜单，选择【添加标注样式】选项，就可以把该标注样式添加到当前文件中，而不需要用户再去自己定义。

2. 通过设计中心更新块定义

在内容区域中的块或图形文件上单击右键，如图6-41所示，如果选择【块编辑器】，则打开了块编辑器，可以对块进行修改更新。

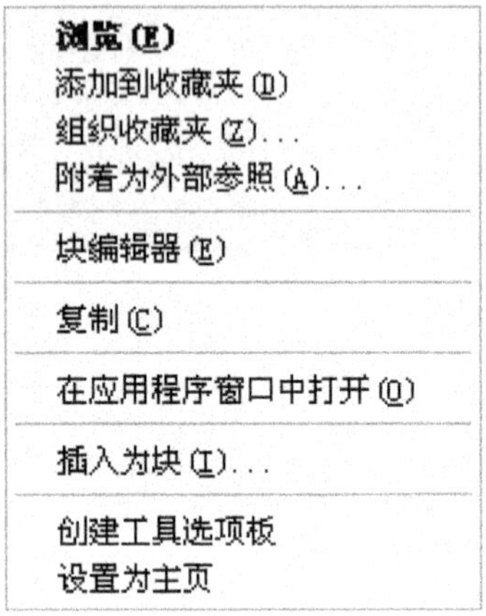

图6-40 打开图形文件

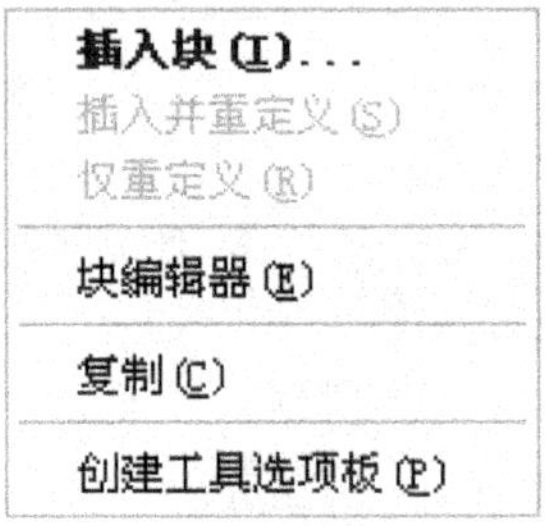

图6-41 向图形中添加内容

6.9.5 符号库

单击设计中心选项板工具栏上的主页按钮，内容区显示带有符号库的图形，如图6-42所示。

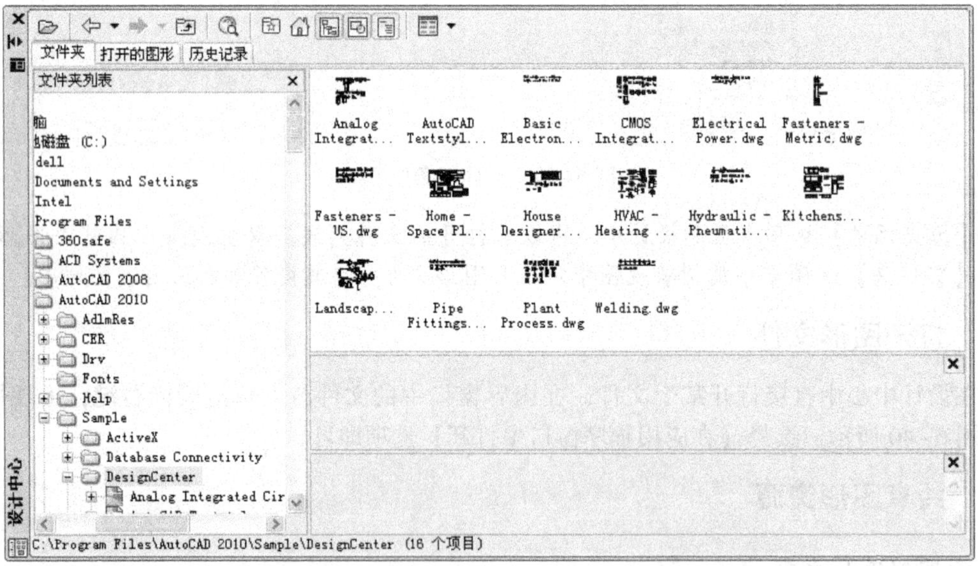

图6-42 显示文件

在内容区域中，双击要加载到设计中心的符号库图形，然后双击【块】图标。选择的符号库将被加载到设计中心内容区域。

用户可以在需要的符号上单击鼠标右键，出现快捷菜单，选择【插入为块】选项，然后按照插入块的操作方法，就可以把该符号插入到当前图形。也可以通过复制的方法把符号粘贴到当前图形中。从上面可以看出，所谓符号实际上是文件中的图块。

通过设计中心选项板中的【联机设计中心】选项卡，可以从单个位置访问本地驱动器、网络驱动器或 Autodesk. com 上的内容。

6.10　习题

1. 将如图 6-43 所示的轴线符号和标高符号定义为带属性的块。

图 6-43　轴线符号和标高符号

2. 绘制以下各种图形，如图 6-44 所示，未给尺寸自定。将它们保存为非块的图形文件，并在其他图形（如一些建筑平面图）中引用它们来练习外部参照的使用。

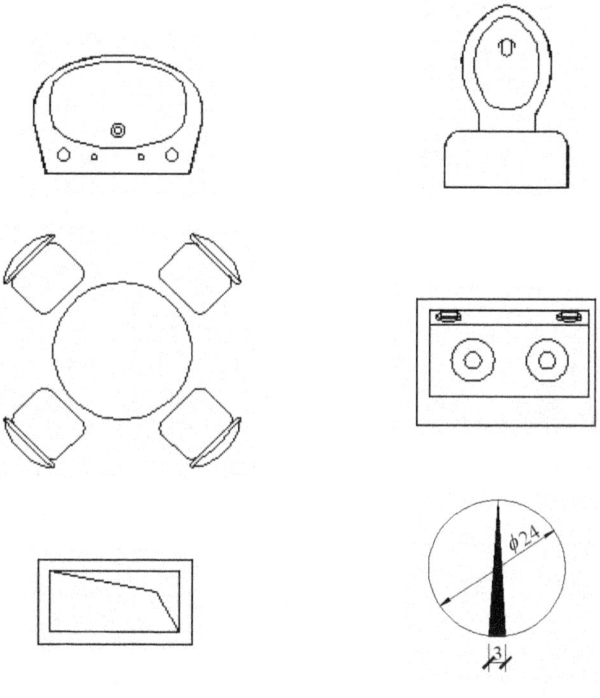

图 6-44　面盆、坐便器、餐桌、煤气灶、烟道图样、指北针

第二篇　TArch8. 5

第 7 章　TArch8.5 的安装与界面

TArch 是由北京天正工程软件公司开发的一套绘制工程图的系列软件。天正公司从 1994 年开始就在 AutoCAD 图形平台上开发了一系列建筑、装修、给排水、暖通、电气等专业绘图软件，这些软件特别是建筑绘图软件取得了极大的成功。近年来，天正建筑软件版本不断推陈出新，受到中国建筑设计师的厚爱。在国内的建筑设计领域，天正建筑软件的影响力可以说无处不在。天正建筑软件早已成为全国建筑设计 CAD 事实上的行业标准。

由于天正 CAD 绘图软件是在 AutoCAD 平台上二次开发的，而 TArch 建筑绘图软件在绘制建筑施工图，尤其是绘制建筑平面图、立面图和剖面图以及尺寸标注方面比 AutoCAD 等通用软件快几倍甚至几十倍，所以建筑类学生在学习 AutoCAD 的基础上进一步学习 TArch 建筑绘图软件是十分必要的。

天正公司在 2001 推出的 TArch5 系列从界面到核心技术都发生了全新的改变，此后相继推出了 TArch6、TArch7、TArch8 系列，每次版本都是根据用户的使用经验和建议及版本中存在的不足对前一版本进行了更新和改进，目前发布的最新版本是天正建筑 TArch8.5，在新版本的开发中，开发者更加重视了施工图设计的要求，把专业对象 CAD 技术进一步加以完善，解决了用户急需解决的一批绘图效率问题和图纸知识产权保护问题，本章主要介绍 TArch8.5 的安装和界面组成。

【本章重点】

- TArch8.5 的安装与启动；
- TArch8.5 的界面组成；
- TArch8.5 与 AutoCAD 命令的使用范围。

7.1　安装 TArch8.5

由于 TArch 是在 AutoCAD 平台上二次开发的，所以安装 TArch，要求预装 AutoCAD。TArch8.5 在 AutoCAD2010 - 2012 图形平台上安装和运行。如果系统中预装了 AutoCAD，则安装 TArch8.5 后会在桌面上生成快捷图标。如图 7-1 所示。

图 7-1　TArch8.5 快捷图标

安装 TArch 与安装其他应用软件的方法相同。预装了 AutoCAD 后，在 Windows 下双击 TArch 软件包中的 Setup.exe 文件，根据安装向导程序的屏幕提示就能够完成安装。

7.2　启动 TArch8.5

软件安装完毕后，双击桌面上的 TArch 快捷图标就可以启动 TArch。第一次启动时在使用界面上显示出【日积月累】对话框，如图 7-2 所示。

【日积月累】对话框显示了所装 TArch 版本的新功能和一些使用技巧，要想学习这些新功能和使用技巧，可以单击 下一条 按钮进行浏览，如果暂时不想学习，可以单击 关闭 按钮，关闭此【日积月累】对话框。由于在对话框左下方的【启动时显示】选项前面已经打上“√”

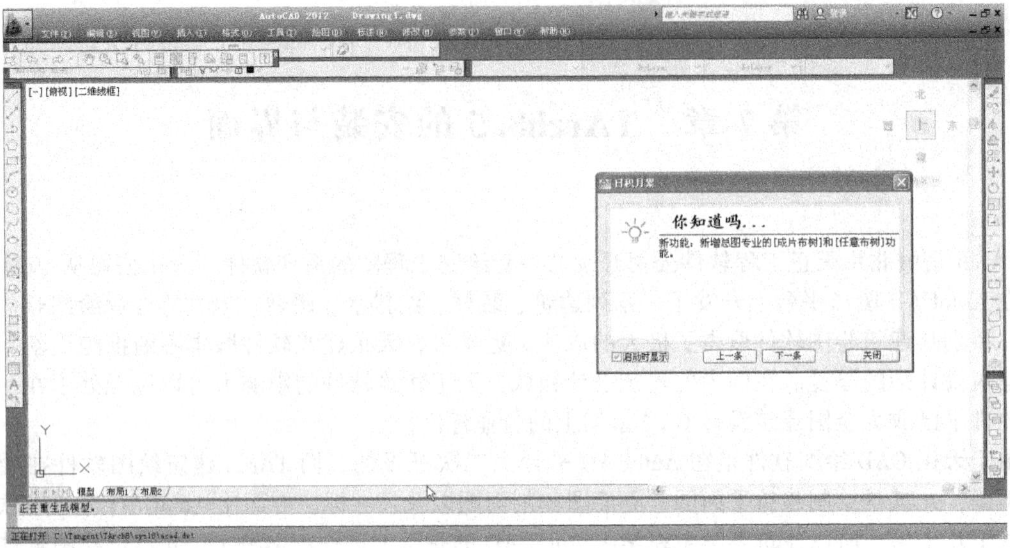

图 7-2　刚进入 TArch 时的【日积月累】对话框界面

号，所以每次启动 TArch 时都会显示这个【日积月累】对话框。如果以后不想显示此对话框，可以将【启动时显示】选项前面的“√”去掉。

单击 关闭 按钮后，关闭【日积月累】对话框，这时的屏幕状态如图 7-3 所示。

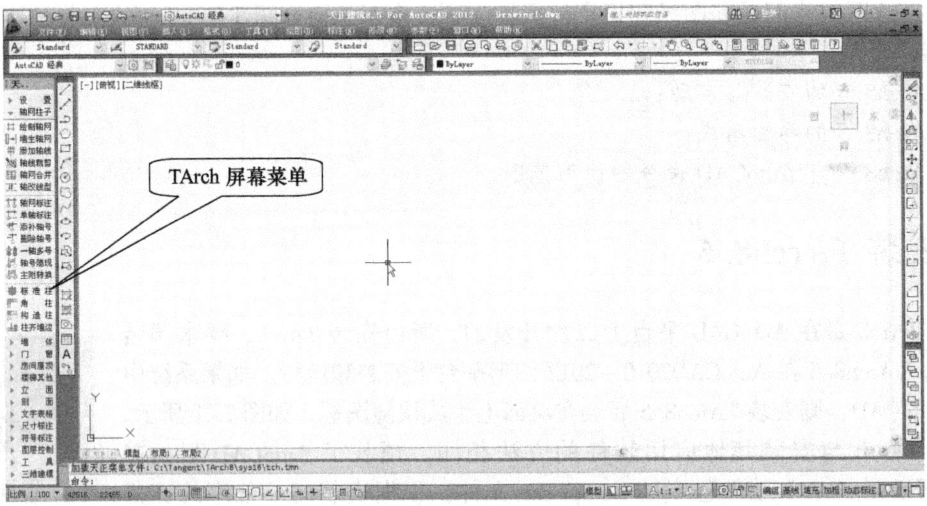

图 7-3　TArch 的界面

7.3　TArch 的界面组成

从图 7-3 可以看出，TArch 的界面与 AutoCAD 的界面组成基本相同。由于 TArch 是运行在 AutoCAD 下的，所以 TArch 的界面只是在 AutoCAD 的基础上增加了一些专门绘制建筑图形的命令，这些命令显示在屏幕左侧的屏幕菜单中。TArch 的命令调用方法与 AutoCAD 相同。

默认情况下，系统的窗口底色为黑色，我们可以将它调整为白色。首先打开 AutoCAD 的下拉菜单【工具】/【选项】对话框，如图 7-4 所示。

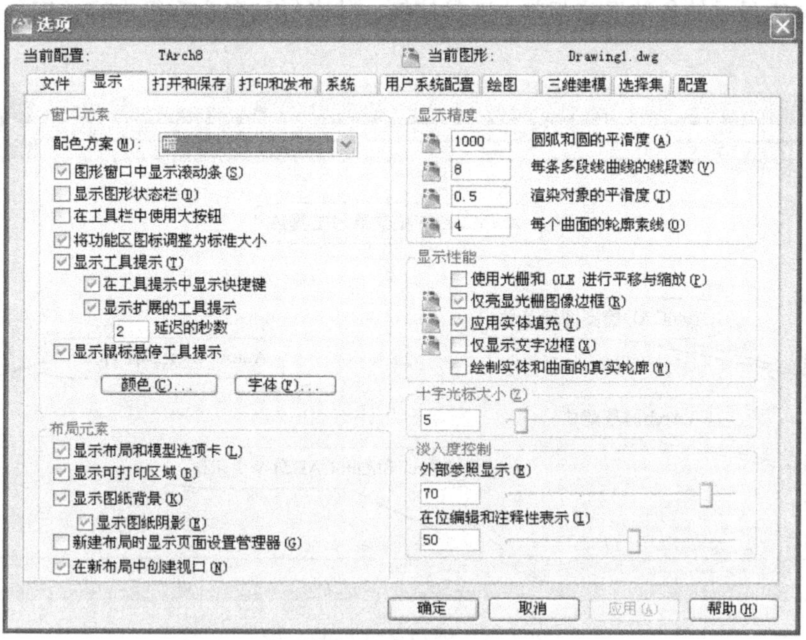

图 7-4　AutoCAD 的【工具】/【选项】对话框

在对话框中的【显示】选项卡中单击 颜色(C)... 按钮，弹出的【图形窗口颜色】对话框，如图 7-5 所示。将【颜色】从“黑色”改为“白色”，单击 应用并关闭(A) 按钮，最后单击 确定 按钮，退出对话框，则屏幕中绘图区域的颜色由黑色改为了白色。

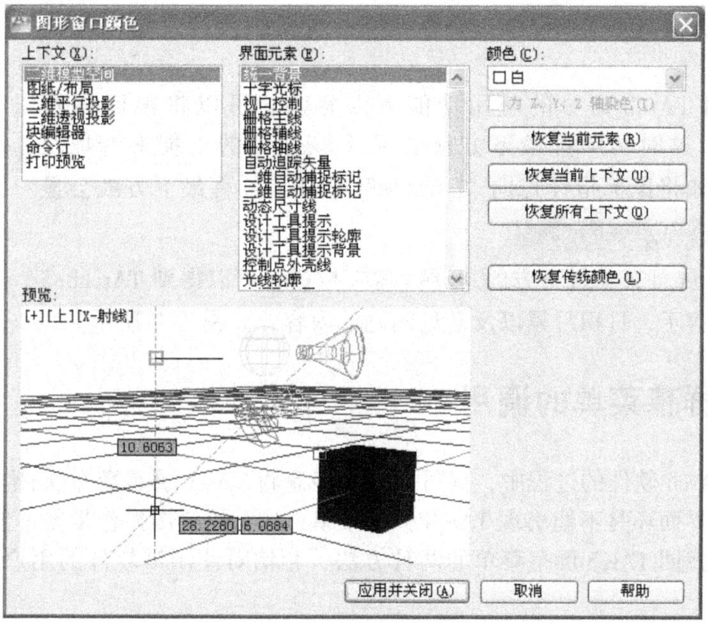

图 7-5　【图形窗口颜色】对话框

在 TArch 的绘图窗口中，各部分的名称如图 7-6 所示。

AutoCAD 原来显示的各种下拉菜单、工具按钮、状态栏和命令行等内容，安装 TArch 后没有变化。

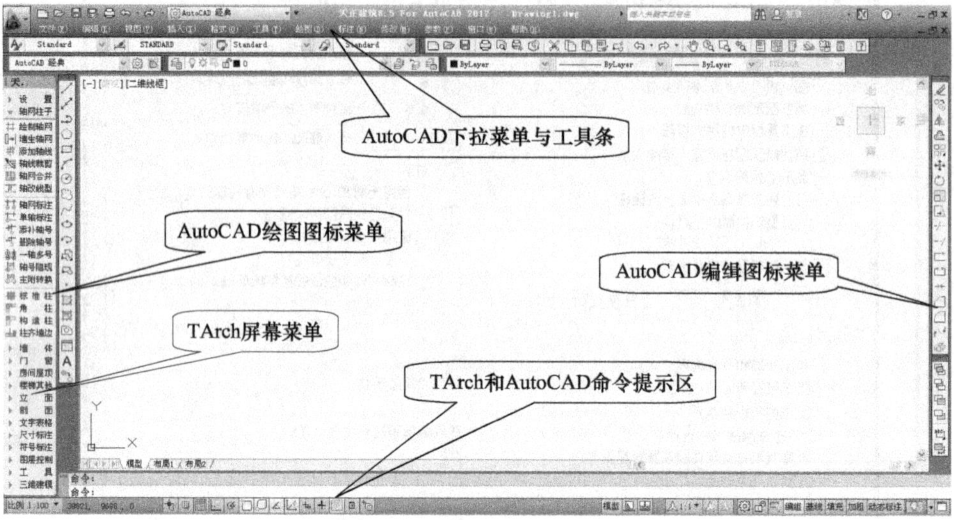

图 7-6　窗口各部分的名称

在增加的 TArch 屏幕菜单中，有 18 个菜单按钮，如 轴网柱子 、 墙　体 、 门　窗 等，单击按钮会显示下一级菜单，单击下一级菜单中的相应命令按钮，即可启动相应的命令。

除了使用屏幕菜单中的工具按钮调用命令的方法外，TArch 还可以通过在命令行输入命令的方式进行人机对话。为了符合中国人的使用习惯，TArch 的命令名称都是使用其中文名称的每一个汉字拼音的第一个字母来表示的。例如，要调入“绘制墙体”命令，可以在命令行输入“hzqt”，系统就会进入绘制墙体状态。

另外，如果对 TArch 命令的使用功能不太熟悉，可以将鼠标移到某一命令按钮上，这时在屏幕最下方就会显示该命令的功能简介以及该命令的简称。例如将鼠标指针指向 绘制轴网 按钮，屏幕最下方就会显示 生成直线轴网、斜交轴网或弧线轴网：HZZW 。

单击 TArch8.5 屏幕菜单最下方的 帮助演示 按钮，可以得到 TArch8.5 的在线帮助、教学演示、日积月累以及常见问题等内容，如图 7-7 所示。

图 7-7　【帮助演示】菜单

7.4　TArch 屏幕菜单的调用

用户在操作 TArch 软件的过程中，很可能会不经意将 TArch 屏幕菜单关闭，这时即使关闭程序再次重新启动，界面还是不能出现 TArch 屏幕菜单，这会给绘图操作带来不便。

这里介绍重新找回 TArch 屏幕菜单的两种方法，相信对使用该软件的用户（特别是新用户）非常有用。

- 使用组合键：【Ctrl】键 +【=】键。
- 使用加载天正菜单命令：【TMNLOAD】命令。在命令行输入该命令，回车即可。

7.5　TArch 命令与 AutoCAD 命令的联系与区别

由于 TArch 是在 AutoCAD 平台上经过二次开发的一个软件，所以一般来讲，使用 TArch 绘图软件对 AutoCAD 没有限制。两者可以融为一体，相辅相成。

但是，在绘制建筑平面图、立面图、剖面图，以及标注建筑图的常用符号和尺寸时，使用 TArch 命令比使用 AutoCAD 命令更有效，更快捷。

需要注意的是，所有天正符号和标注都是对象化的，天正的二维自定义对象可以自动生成三维的功能。那些对象内部带有参数的，尽量不要分解它，应该使用 TArch 自带的专门对象编辑命令来修改，如果使用 AutoCAD 的命令修改有可能在生成三维模型时出现麻烦。

TArch 命令主要是针对建筑图中的不变结构和标准结构而开发的，而实际工程中有很多非标准结构，使用 AutoCAD 的命令可以解决这些问题。

本书以介绍 TArch 命令为主，对一些 TArch 命令难以解决的地方用 AutoCAD 命令加以补充。

7.6　习题

1. 概念题

（1）TArch8. 5 的安装和运行平台可以有哪些？

（2）第一次启动 TArch8. 5 时显示的【日积月累】对话框有什么作用？

（3）TArch8. 5 的界面组成与 AutoCAD2012 的界面组成有哪些相同和不同之处？

（4）TArch8. 5 的命令调用方法有哪几种？

2. 操作题

（1）运行 TArch8. 5，观察其界面和菜单，以对软件有一个感性的认识。

（2）练习重新调用天正屏幕菜单的操作。

第 8 章　建筑平面图绘制的快速入门

天正建筑 TArch 这个绘图软件最大的优势是绘制建筑平面图，在诸多的 TArch 使用教程或自学手册中都是按照使用功能一步步详细介绍每一个命令的使用方法，尽管内容详尽，但初学者不容易很快入门。本章以如图 8-1 所示的某办公楼首层平面图为例，先介绍建筑平面图的一般绘制方法和步骤，而且只介绍本图绘制过程中用到的功能，有关 TArch8.5 软件的详细功能留待后面的章节介绍。旨在使读者能深切体会到使用 TArch8.5 来绘制建筑平面图的快捷和便利，由此感受到这个绘图软件的魅力。

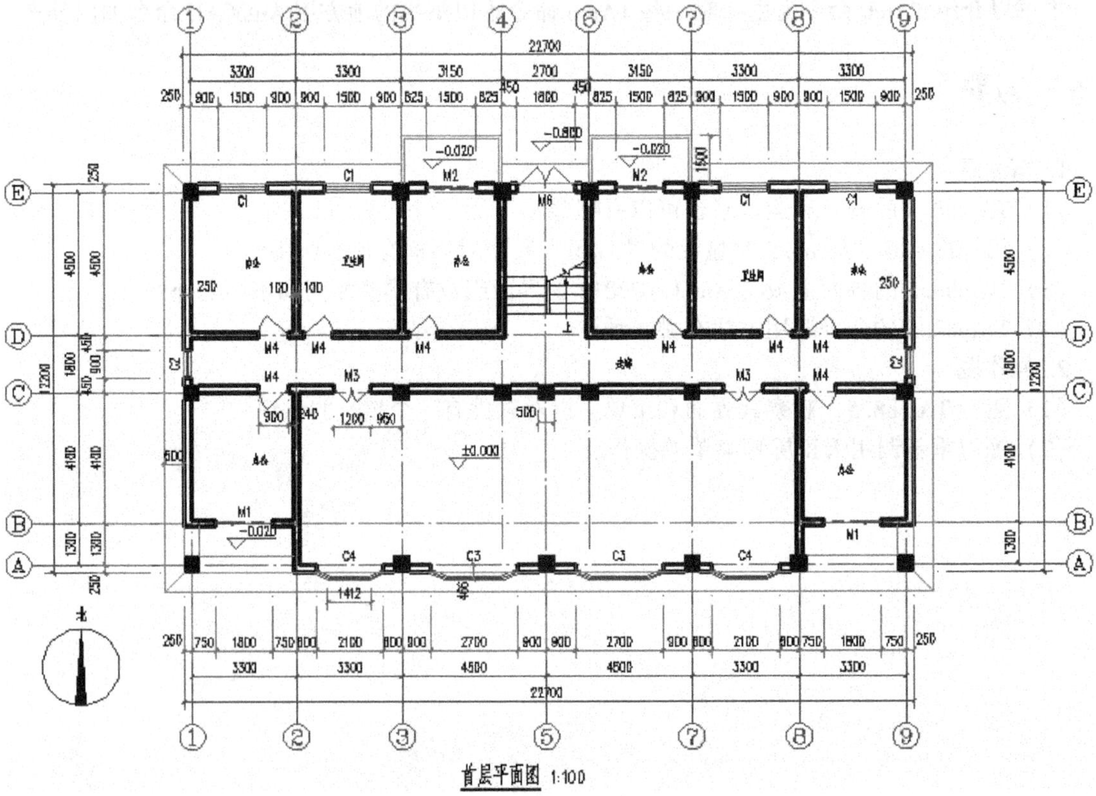

图 8-1　某办公楼的首层平面图

【本章重点】

- 绘制办公楼的定位轴线并进行轴网标注；
- 绘制建筑物墙体和柱子；
- 插入门窗；
- 绘制楼梯和室外设施；
- 进行尺寸标注和符号标注，书写文字；
- 创建工程项目。

8.1　绘制轴网

轴线是建筑物承重构件的定位中心线，本例建筑由于是框架结构，所以定位轴线是承重柱子的中心线，而墙体只起围护和分割的作用，一般将外墙边与柱子边取齐，而内墙大多是轴线居中。

启动 TArch8.5 后，在 TArch 屏幕菜单中单击主菜单 轴网柱子 按钮，则此按钮变为 轴网柱子，其左侧的黑三角箭头指向下方。下方列出了 TArch8.5 有关绘制轴网和柱子的菜单选项，如图 8-2 所示。

单击 绘制轴网 图标按钮，或者在命令行输入“hzzw”后回车，出现【绘制轴网】对话框，如图 8-3 所示。其中【下开】单选按钮前面已有黑圆点，说明默认选项选中了输入下开间轴线尺寸。单击【轴间距】下的空白表格，在弹出的下拉列表中选择 3300，【个数】下拉列表中选择 2；继续在【轴间距】列表中选择 4500，【个数】下拉列表中选择 2；继续在【轴间距】列表中选择 3300，【个数】下拉列表中选择 2，同时在左侧的预览区出现了纵向的轴线，如图 8-3 所示。

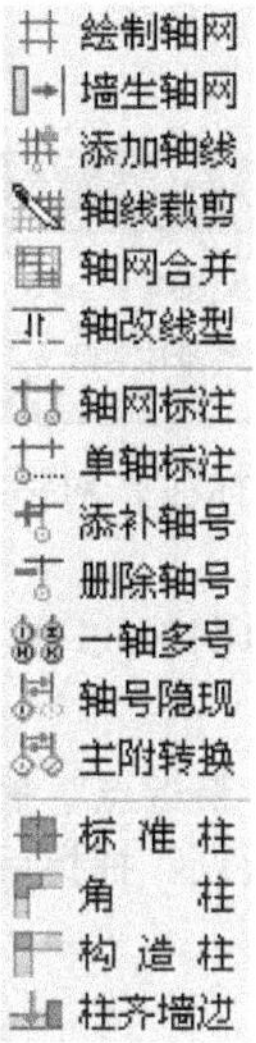

图 8-2　【轴网柱子】菜单选项

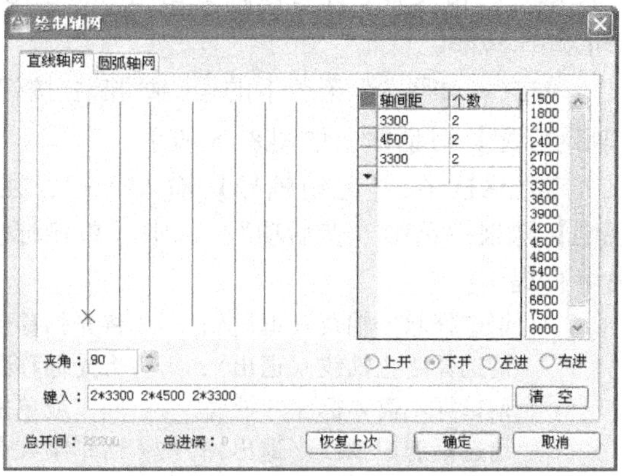

图 8-3　【绘制轴网】对话框

同样的办法添加上开间的轴线尺寸，选中【上开】单选按钮，上开间的轴线尺寸为 3300、3300、3150、2700、3150、3300、3300，选择两个 3300 添加后，由于 3150 在【尺寸】列表框中没有，需要在【轴间距】编辑框中输入“3150”，【个数】为“1”，后面的几个轴线尺寸用同样的办法添加。

如果在添加后发现轴线尺寸有错误，可以重新单击该行的下拉列表重新选择正确的轴线尺寸。

由于本图的左右两个进深尺寸相同，所以选中【左进】或【右进】都可以，依次添加进深尺寸 1300、4100、1800、4500。

轴网尺寸数据的输入也可以在【键入】文本框中依次键入数据，但两个尺寸数据之间注意用空格间隔开，输完后回车。

通过以上三步操作，本图的所有轴网尺寸数据输入完毕，左侧的预览区也显示出轴网的布局，确认无误后，单击 确 定 按钮，这时对话框消失，在绘图窗口出现一个红色的轴网并随光标移动。同时命令行提示为：

点取位置或[转90度(A)/左右翻(S)/上下翻(D)/对齐(F)/改转角(R)/改基点(T)]〈退出〉：

这时只要在绘图区合适的位置点取一下即可，则在绘图区绘制好了本例所需的轴网。如图8-4所示。

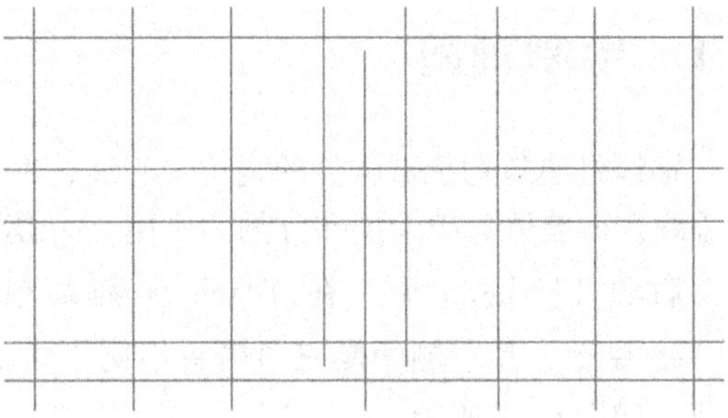

图8-4　绘制好的直线轴网

绘制好的轴网在默认状态下画的是细实线，不是点画线，如果要设置成点画线，可单击 轴改线型 按钮，则轴线由细实线变成点画线。

8.2　标注轴线编号和轴网尺寸

绘制好的轴网可以直接标注轴号和尺寸，用TArch8.5的相关命令你可以感受到比AutoCAD方便得多的标注功能。

单击 ▼ 轴网柱子 菜单下的 轴网标注 按钮，弹出【轴网标注】对话框，如图8-5所示。

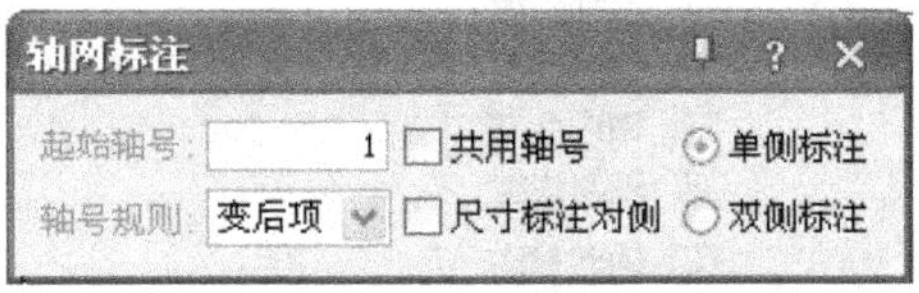

图8-5　【轴网标注】对话框

在对话框中，【起始轴号】输入“1”，在【轴号规则】选项中选中“变后项”，选中【单侧标注】单选按钮，其余默认，如图8-5所示。此时，命令行提示：

请选择起始轴线〈退出〉：　//将光标移到最左侧的轴线附近，直到出现“最近点”捕捉后单击。
请选择终止轴线〈退出〉：　//将光标移到最右侧的轴线附近，出现“最近点”捕捉后单击。
请选择不需要标注的轴线：//回车或单击鼠标右键。
请选择起始轴线〈退出〉：　//回车结束命令。

在绘图区出现已标注尺寸的轴线编号，可以看出，其上下开间的轴号已经按照建筑制图国家标准的顺序编好，各轴线之间的尺寸数值也按照前面输入的数据自动标注。

再单击一次 轴网标注 按钮，分别选取最下一根轴线和最上一根轴线作为起始轴线和终止轴线，标注进深方向的轴号和轴线尺寸。

标注好轴号和轴线尺寸的轴网如图8-6所示。

读者可以看出，绘制的轴网和标注的轴号与尺寸在TArch中已自动建立了相应的图层，这是TArch与AutoCAD最大的区别，用AutoCAD绘图需要先建立图层，而用TArch绘图，TArch可以根据所绘制的对象自动建立相应的图层，不需要用户再一一建立，一般只要使用默认的图层即可。打开【图层】的下拉列表框中可以查看TArch8.5建立的图层，随着绘图内容的增多，图层也会随之增加。

8.3　绘制墙体

单击主菜单 ▸ 墙　体，下方出现绘制和编辑墙体的各种工具按钮。如图8-7所示。

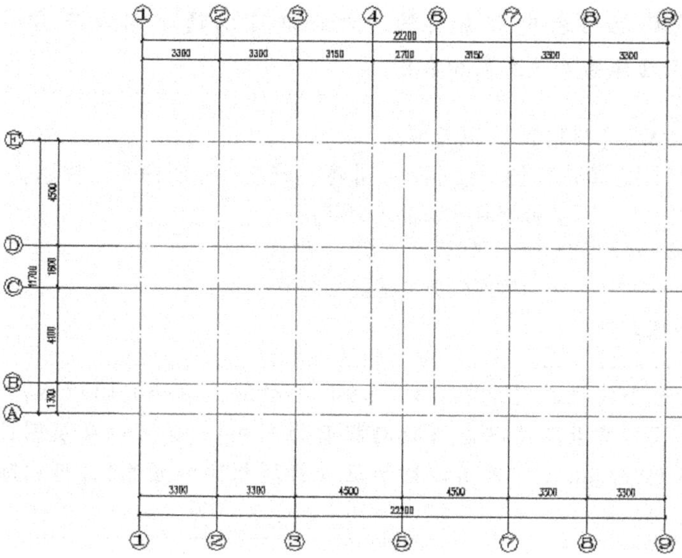

图 8-6　轴网标注

图 8-7 【墙体】工具菜单

单击其中的 绘制墙体 按钮，弹出【绘制墙体】对话框，单击对话框的任意位置激活该对话框，使最上面一行标题栏由灰色变为蓝色，如图 8-8 所示。

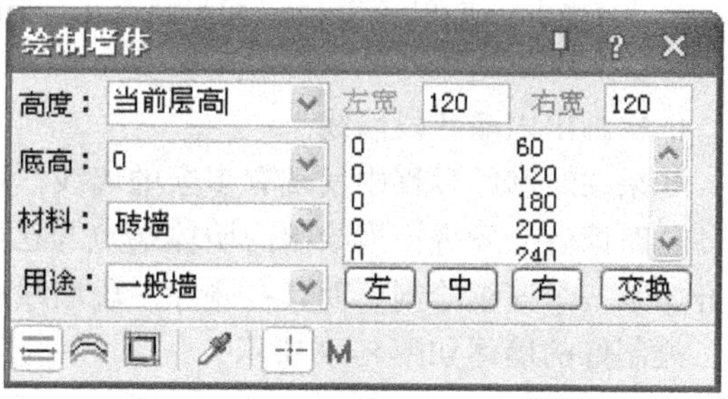

图 8-8 【绘制墙体】对话框

在此对话框中，首先要求选择墙的方式，在对话框下方有三种绘制墙体的方式和一种捕捉方式按钮，分别是：

- 【绘制直墙】：类似于 AutoCAD 中的 line 命令，当绘制墙体端点与已绘制的其他墙端相遇时，自动结束绘制，并开始下一连续绘制过程。
- 【绘制弧墙】：用三点和两点加半径方式画弧墙。
- 【矩形绘墙】：通过指定房间对角点，生成四段墙体围成的矩形房间。当组成房间的墙体与其他墙体相交时自动进行交点处理。
- 【自动捕捉】：绘制墙体时提供自动捕捉方式，并按照墙基线端点、轴线交点、墙垂足、轴线垂足、墙基线最近点、轴线最近点的优先顺序进行。自动捕捉生效时，自动关闭 AutoCAD 的对象捕捉，如果用户要利用 AutoCAD 的对象捕捉，则要把自动捕捉关闭。

本例的墙体绘制应选择【绘制直墙】，单击按钮。

然后选择墙体的左、右宽度，即沿墙体定位点顺序，基线左侧和右侧的宽度。如果按顺时针顺序画墙线，左宽在外侧。

本例中的外墙和 C 轴线墙宽度 250，沿顺时针方向看，定位轴线的左侧墙宽 250，右侧墙宽为 0。所以在对话框的【左宽】文本框中输入 250，【右宽】文本框输入 0。

如果在预先给定的墙宽数值列表中有需要的数据，则可以通过列表下方的 左 中 右 交换 四个按钮来选择墙体的左宽和右宽。

在【高度】对话框中取墙体高度 3400，【材料】选填充墙。

选择好对话框中的设计参数后，在绘图区单击，使对话框处于非激活状态，这时命令行提示：

起点或 [参考点 (R)] 〈退出〉:　　　　// 捕捉到外墙轴线交点。

直墙下一点或[弧墙 (A) / 矩形画墙 (R) / 闭合 (C) / 回退 (U)]〈另一段〉:

// 沿顺时针方向捕捉轴线下一个交点。

依次绘制出外墙墙线和 C 轴线的墙线。

【绘制墙体】时启动的是一个非模式对话框，设定墙体参数后，不必关闭对话框，只要在绘图区单击，使该对话框处于非激活状态（标题栏变为灰色），就可以在绘图区绘制墙线；单击该对话框的任意部位则可以激活该对话框（标题栏变为蓝色），可以随时改变参数，切换画墙方式。

单击【绘制墙体】对话框的任意位置，激活该对话框，将【左宽】和【右宽】都改为 100，然后在绘图区单击，在命令行提示下进行如下操作：

起点或 [参考点 (R)] 〈退出〉:　　　　// 捕捉内墙的轴线交点。

直墙下一点或[弧墙 (A) / 矩形画墙 (R) / 闭合 (C) / 回退 (U)]〈另一段〉:

// 捕捉轴线的另一个交点。

依次画出内墙各段墙线。

如果在绘制的过程中发现有多余的墙线，可以用 AutoCAD 的【删除】命令删除多余墙线。

这时读者会发现，当绘制的墙体端点与已绘制好的其他墙线相遇时，会自动结束连续绘制，并开始下一个连续绘制。而且在删除一段墙线后，会自动处理墙体的交线处。

绘制好的墙体如图 8-9 所示。

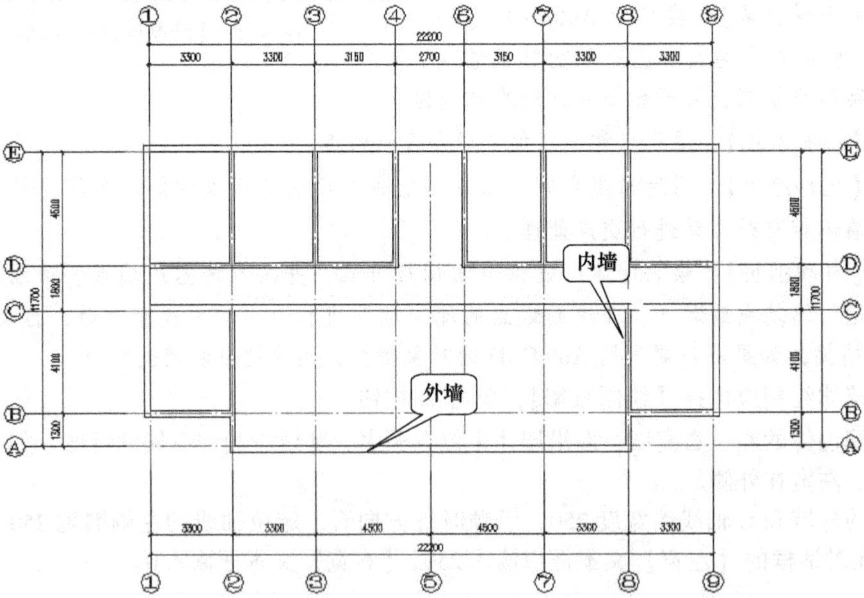

图 8-9　绘制好的墙体

绘制好的墙线显示为细实线，如果想显示为粗实线，可以在绘图区下方的状态栏中单击 ✛ 按钮，使其亮显，则在图中就可以看到加粗的墙线。由于墙线加粗后会影响图形的显示速度，所以在绘图时不打开加粗功能，在最后打印出图时再进行加粗处理。

✛ 按钮是一个开/关按钮，亮显表示打开，灰色表示关闭。

8.4　绘制柱子

本例的办公楼是框架结构，所有柱子中心点都在各定位轴线的交点处。

单击 ▾ 轴网柱子 菜单下的 标准柱 命令按钮，弹出【标准柱】对话框，此对话框也是一个非模式对话框。单击该对话框的任意位置，激活该对话框，使其最上一行标题栏变为蓝色，如图 8-10 所示。

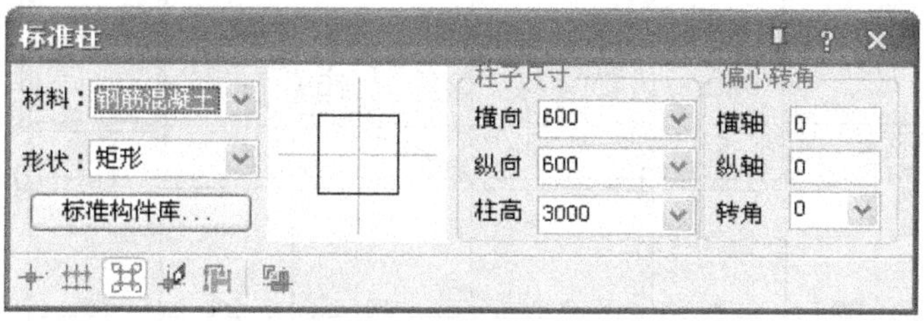

图 8-10　【标准柱】对话框

在该对话框中，有【材料】、【形状】、【预览】、【柱子尺寸】和【偏心转角】五个分区。

打开【材料】下拉列表可以看出，标准柱的材料可以在砖、石材、钢筋混凝土和金属四种材料中选择。

打开【形状】下拉列表，可以选择的柱子形状有矩形、圆形、正三角形、正五边形、正六边形、正八边形和正十二边形。你点取的形状会即时在预览区得到反映。

在【柱子尺寸】分区中，选择柱子的"横向"、"纵向"和"柱高"尺寸。本例办公楼按照设计尺寸选横向为 500，纵向为 500，柱高为 3400。

在【偏心转角】分区，【转角】文本框中的角度值是指柱子相对于轴线的倾斜角度，本例设置为 0。柱子的默认插入位置是将柱子的中心点与轴线的交点重合，因而本例的【横轴】和【纵轴】都设置为 0。

在对话框的下方有三种柱子的插入方法和一种柱子替换方法：

- 【点选插入柱子】：捕捉轴线交点插入柱子，如未捕捉到轴线交点，则在点取位置插入柱子。
- 【沿一根轴线布置柱子】：指定一根轴线，在选定的轴线与其他轴线的交点处插入柱子。
- 【矩形区域布置】：在指定的矩形区域内，在所有的轴线交点处插入柱子。
- 【替换图中已插入的柱子】：以当前参数的柱子替换图上已有的柱子，可以单个替换或者成批替换（用【窗选】的方法选择对象）。

本例中的柱子用【沿一根轴线布置柱子】比较方便。

单击 按钮，使其亮显，命令行提示：

请选择一轴线〈退出〉： // 在绘图区单击一下，使鼠标箭头变为小方框拾取点，用方框框住 A 轴线处单击，则在 A 轴线与其他轴线的交点处插入了所选柱子。

根据命令行的提示继续插入 C 轴线和 E 轴线的柱子。用 AutoCAD 的【删除】命令删除多余的几个柱子。绘制好的柱子如图 8-11 所示。

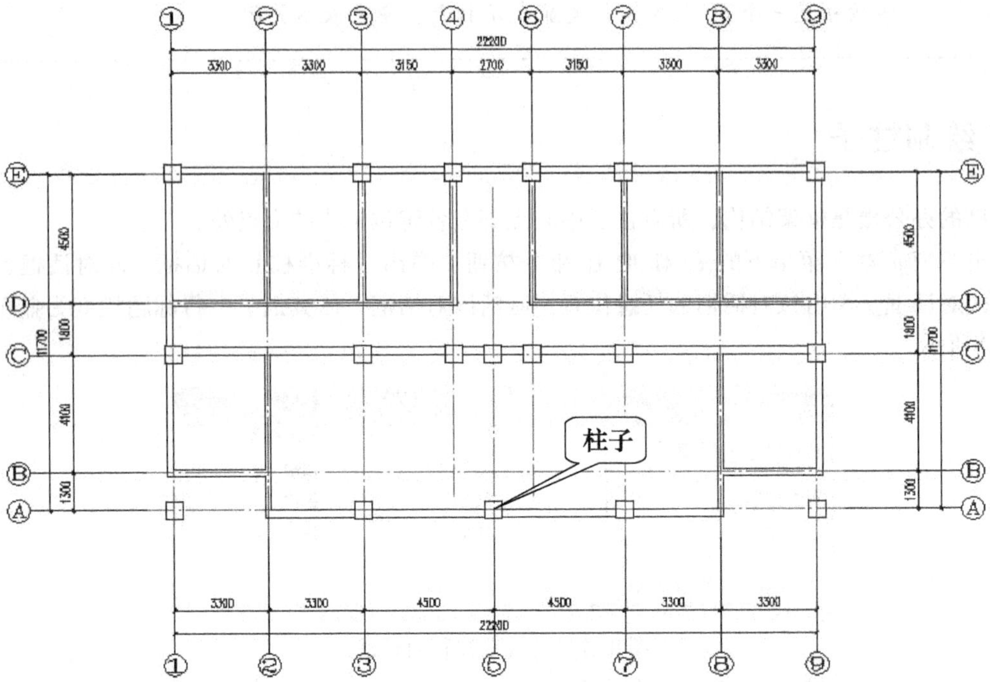

图 8-11 绘制好的柱子

读者可以看出，当前插入的柱子为空心矩形柱，如果要显示为实心柱子，可以选中柱子，单击右键弹出快捷菜单，选择快捷菜单中的【填充关闭】。

由于柱心填充后会影响图形的显示速度，所以在绘图过程中先不填充柱子，在出图时再进行填充处理。

图 8-12 【门窗】下拉菜单

8.5 插入门窗

打开天正主菜单 ▸ 门 窗，下方出现绘制和编辑门窗的各种工具按钮，如图 8-12 所示。

8.5.1 绘制门

单击菜单中的 门 窗 命令按钮，弹出【门】（或【窗】）对话框，默认为【门】对话框，如图 8-13 所示。

此对话框默认的选项是【插门】，此时下面一行的图标中【插门】按钮亮显。在对话框的左方显示一个平面门的图例预览区，将鼠标放到此图例上，光标会变为一个手形，如图 8-14 所示。

图 8-13 【门】对话框

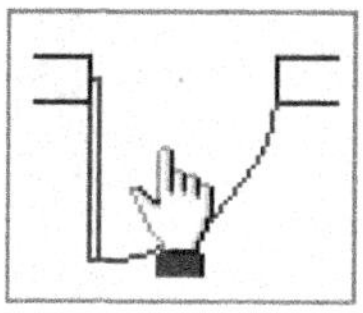

图 8-14 【平面门】图例

单击平面门图例，弹出【天正图库管理系统】对话框，展开【DorLib2D】选项，在下方的下拉列表中选中【平开门】，则对话框右方的预览区显示了多种平开门的平面图例，如图 8-15 所示。

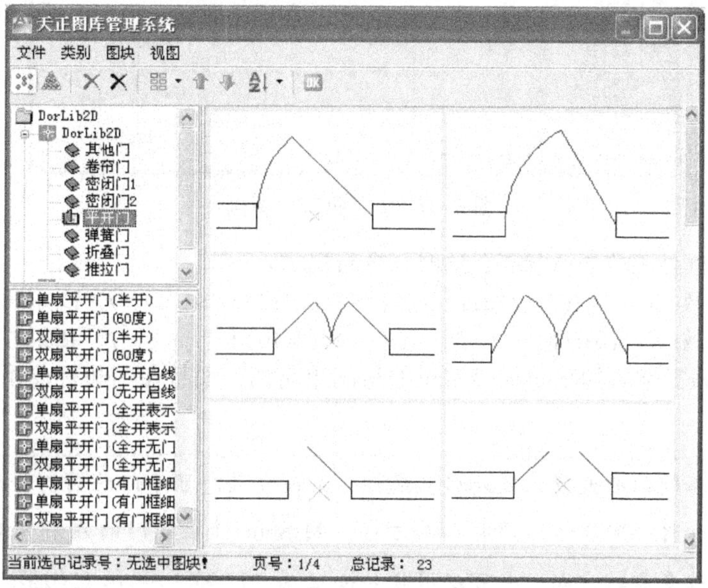

图 8-15 【天正图库管理系统】对话框

选择其中的“单扇平开门（半开）”样式，双击，返回【门】对话框，这时对话框中的“平面门”图例变为“单扇平开门（半开）”。

在对话框的右方有一个立面图图例预览区，将鼠标移到这个立面图图例上，也会出现一个手形光标，单击它，弹出【天正图库管理系统】对话框，展开其中的【WDLIB3D】\【门】\【实木门】选项，预览区显示了多种实木门的立面图例，如图 8-16 所示。

选中其中一种样式，双击，返回【门】对话框，这时的立面图图例也变为所选的样式。

虽然在绘制平面图时并不显示门的立面图图例，但是，用 TArch 绘制平面图的同时就在构建三维模型，可以由平面图生成立面图和剖面图，所以应在【门】对话框中选择立面门的样式。

在【门】对话框中，“门宽”900、“门高”2100 和“门槛高”0 均取默认值，在“编号”文本框中输入房间门的编号“M4”，然后在下方的工具图标中选择合适的插门模式。

观察本例中的单个房间门，可以发现各个门边距离定位轴线均为 240，所以在插门模式中选择【轴线定距插入】，单击按钮，在上方的【距离】文本框中输入 240，在绘图区任意位置单

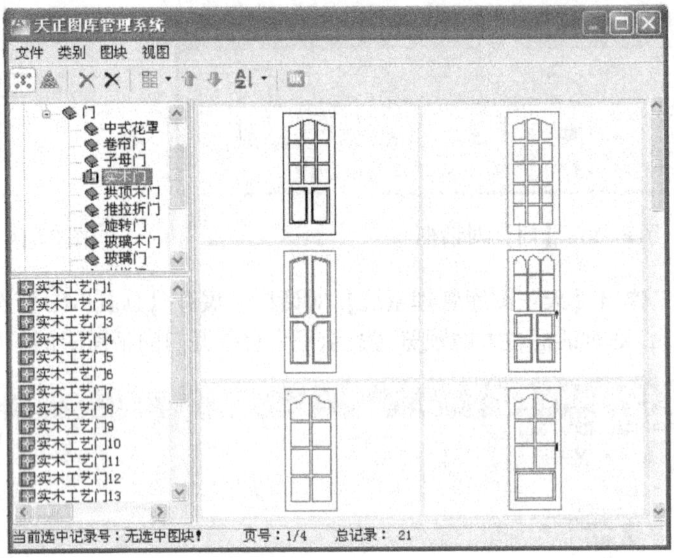

图 8-16 【立面门】图例

击，使【门】对话框处于非激活状态，这时命令行提示：

点取门窗大致的位置和开向（Shift－左右开）〈退出〉：　　　　// 移动鼠标在门的内侧单击。

点取门窗大致的位置和开向（Shift－左右开）〈退出〉：　　　　// 继续插入门。

则图中插入了按照输入的轴线距离定位的房间单扇门，而且在门边标注了门的编号 M4。如图 8-17 所示。

在各房间门的大致位置处移动鼠标，系统会动态显示门的图例和尺寸，而且光标在房间内侧和外侧时显示不同的开启方向，用 Shift 键控制门的左右开启方式。如果插入后的门要改变翻转方向，也可以用命令按钮 内外翻转 和 左右翻转 来改变。

本例的大房间中有两个双扇门，距离定位轴线为 1000，在【门】对话框的任意位置单击一下，激活该对话框，在平面门图例和立面图图例中选择合适的图例，同样选择【轴线定距插入】，但在【距离】文本框中输入 1000，【门宽】选 1200，【编号】为 M3，然后在绘图区单击一下，在图中距离 3 轴线和 7 轴线附近插入编号为 M3 的大房间双扇门。如图 8-18 所示。

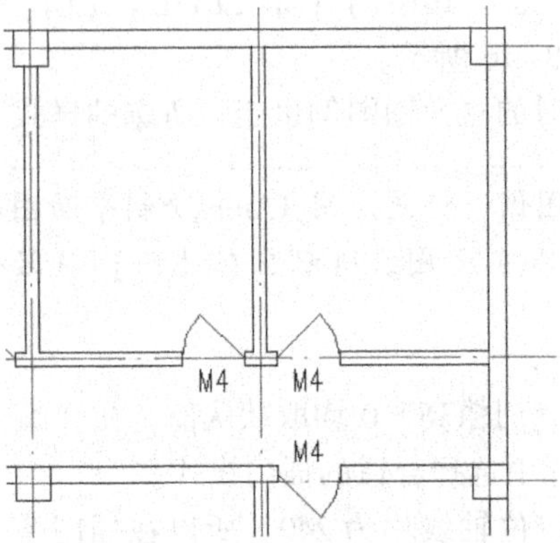

图 8-17　插入房间单扇门（半开）

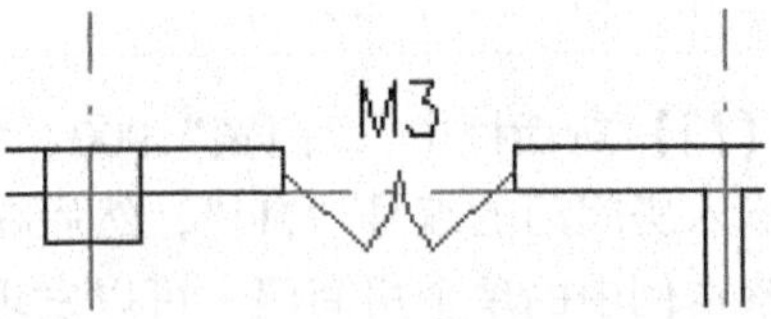

图 8-18　插入双扇门

本例还有四个推拉门 M1 和 M2，有两个门宽 1800，另两个门宽 1500，均处于两端轴线的中间。激活【门】对话框，在平面图图例和立面图图例中选择合适的双扇推拉门图例，在插入模式工具栏中单击【依据点取位置两侧的轴线进行等分插入】按钮，分别选择【门宽】1800 和 1500，在绘图区点取合适的位置插入推拉门。

最后在楼梯间绘制大门 M6。

绘制好的各种门如图 8-19 所示。

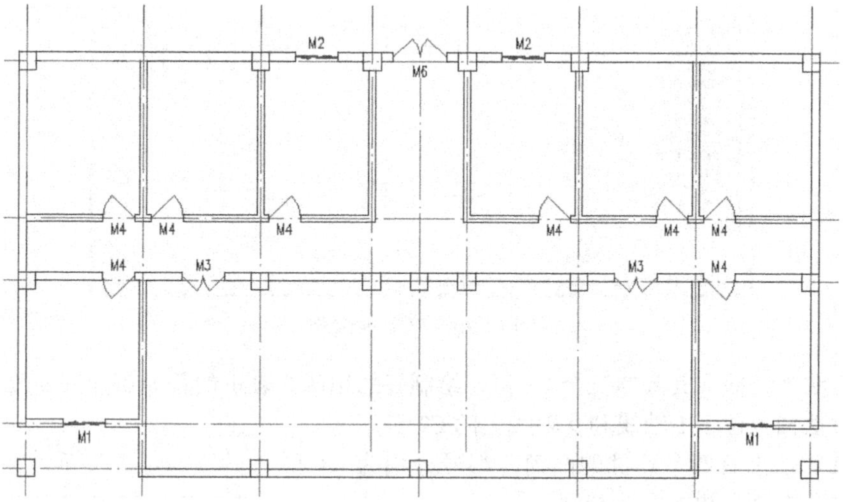

图 8-19　绘制好的各种门

插入的门如果编号有误，可以用菜单中的 门窗编号 按钮来改变编号。

8.5.2　绘制窗

如果要绘制普通窗，还是单击菜单中的 门　窗 命令按钮，弹出【门】对话框，如图 8-13所示。在最下面一行工具按钮中找到【插窗】按钮单击，则对话框变为【窗】对话框，上面的预览图例都变成了窗户的样式，将鼠标放到左方的平面窗图例预览区，光标变为手形，单击，弹出【天正图库管理系统】对话框，打开【WINLIB2D】文件，在右侧的预览区出现多种样式的平面窗图例，如图 8-20 所示。

选择其中的【四线表示】平面图例，双击，返回【窗】对话框。再用同样方法打开立面图图例，选择其中的【推拉窗】立面图例。

在【窗宽】文本框输入 1500，【窗高】选 1500，【窗台高】选 900，【编号】选 C1，然后在下面的工具栏中单击【依据点取位置两侧的轴线进行等分插入】按钮。

至此，插入普通窗的基本参数和插入方式已设置好，将鼠标移到绘图区单击一下，使对话框处于非激活状态，需要在 E 轴线墙的相应位置插入四个编号为 C1 的普通窗。

命令行提示为：

点取门窗大致的位置和开向 (Shift-左右开)〈退出〉: // 将鼠标移到两根轴线之间的外墙上，待显示图例尺寸时单击。

指定参考轴线 [S] /门窗或门窗组个数 (1~2)〈1〉:　// 单击右键或回车插入一个 C1 窗。

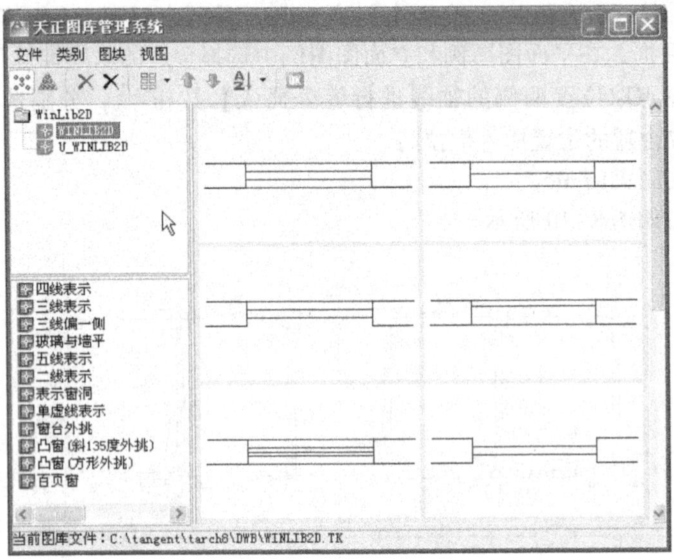

图 8-20　平面窗图例

同样的方法连续插入其余的三个 C1 窗。绘制好的用四线表示的普通窗如图 8-21 所示。

同样的方法插入位于 1 轴线和 9 轴线上的 C2 窗。

本例的 A 轴线上有四个外挑的凸窗，编号分别为 C3 和 C4，绘制方法与前面所讲的方法相同。

将鼠标移到【窗】对话框，单击，激活该对话框。在平面窗图例预览区单击，弹出【天正图库管理系统】对话框，选择其中的【凸窗（斜 135°外挑）】样式，双击返回对话框，在立面图图例中选择【平开窗 4】样式，在【窗宽】文本框中输入 2100，选【窗高】1500，【窗台高】900，仍然采取【依据点取位置两侧的轴线进行等分插入】，插入两个宽度为 2100 的外挑凸窗。

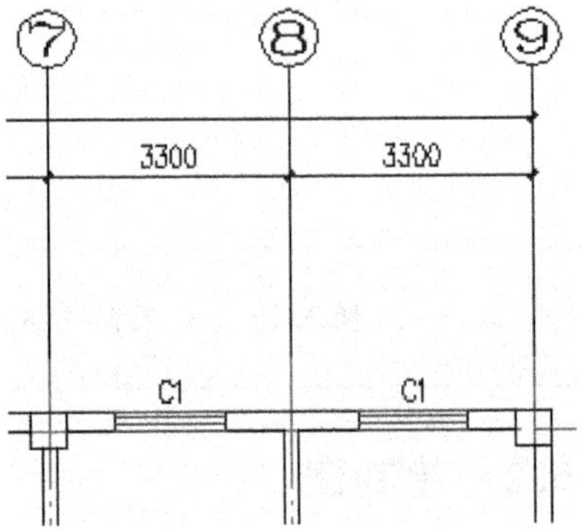

图 8-21　绘制的普通窗

用同样的方法插入两个宽度为 2700 的外挑凸窗。

绘制好的门窗图形如图 8-22 所示。

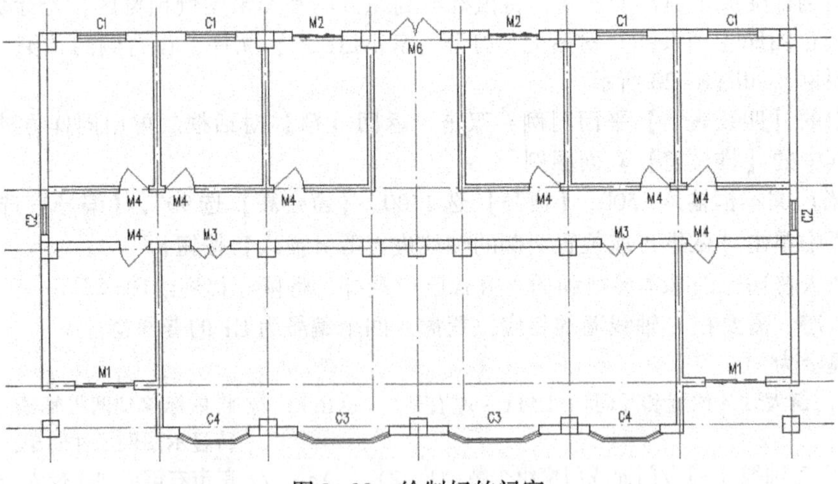

图 8-22　绘制好的门窗

8.6　绘制楼梯

将楼梯间部位局部放大，单击天正主菜单 楼梯其他 按钮，下方出现【楼梯其他】二级菜单，绘制楼梯、电梯和地面设施的各种工具按钮均在此菜单中，如图 8-23 所示。

本例中的楼梯为典型的双跑楼梯，所以单击菜单中的 双跑楼梯 按钮，弹出【双跑楼梯】对话框，如图 8-24 所示。

图 8-23 【楼梯其他】菜单

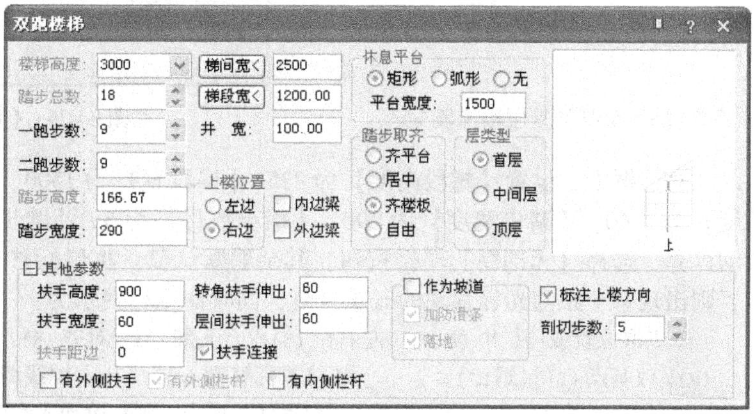

图 8-24 【双跑楼梯】对话框

对话框中列出了绘制典型双跑楼梯所需的各种参数。其中在【楼梯参数】分区中的楼梯高度、踏步总数和踏步高度是三个相关联的参数，输入其中的两个数，TArch 会自动计算出剩余一个数的数值。

根据本例中的楼梯参数，我们在对话框中选中【层类型】为“首层”，【休息平台】默认“矩形”，【宽度】改为 1500，【扶手】取默认值，【踏步取齐】取默认值，【上楼位置】改为“右边”。

在【楼梯参数】分区中，我们将【楼梯高度】改为 3000（同层高），【梯间宽】改为 2500（为楼梯间的净开间尺寸），【井宽】取 100，单击【梯段宽】编辑框，则系统自动计算出【梯段宽】为 1200。

设置【踏步总数】为 18，本例中【一跑步数】和【二跑步数】均为 9，则系统自动计算出【踏步高度】为 167.67。【踏步宽度】改为 290。

至此，绘制本例楼梯所需的所有参数设置完毕，在右侧的预览区显示了所设置楼梯的样式，检查无误后，将鼠标移至绘图区，则出现一个跟随十字光标移动的楼梯段，同时命令行提示为：

点取位置或[转 90 度(A)/左右翻(S)/上下翻(D)/对齐(F)/改转角(R)/改基点(T)]〈退出〉:

//将光标移到 4 轴线墙与 E 轴线柱的交界处，结合自动追踪功能捕捉到楼梯间左上角净尺寸的交界处，单击。

则插入了首层楼梯间的一个梯段，同时带有向上箭头，结果如图 8-25 所示。

在首层楼梯间还有往下走的五步台阶，可以用【直线梯段】命令来绘制。

单击 直线梯段 按钮，弹出【直线梯段】对话框，如图 8-26 所示。

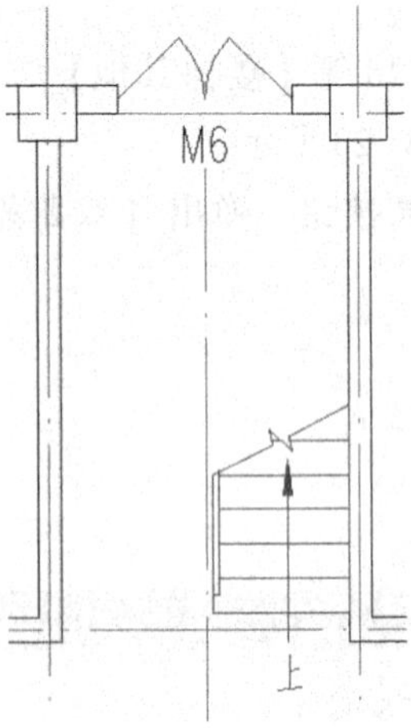

图 8-25 绘制的首层楼梯段

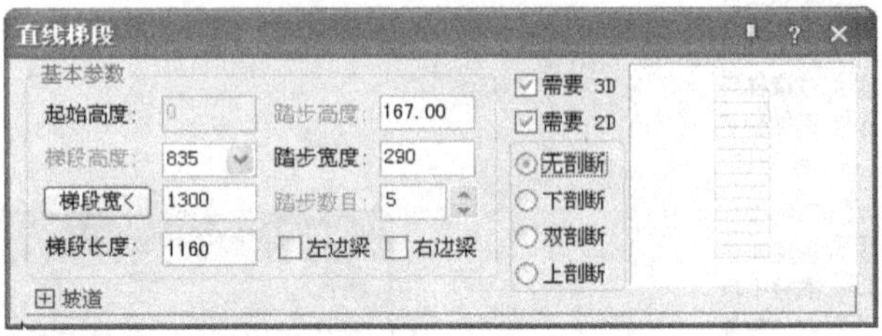

图 8-26 【直线梯段】对话框

在对话框中，设置【梯段高度】为 835，【梯段宽】为 1300，【梯段长度】为 1160，【踏步宽度】为 290，【踏步数目】为 5，【踏步高度】自动计算，选择【无剖断】单选按钮，其余取默认值。将鼠标移至绘图区，则出现一个跟随光标移动的五步台阶，同时命令行提示为：

点取位置或[转 90 度(A)/左右翻(S)/上下翻(D)/对齐(F)/改转角(R)/改基点(T)]〈退出〉:　　//将鼠标移到 D 轴线与 4 轴线墙内侧的交界处，单击，则台阶插入到此处。

至此，首层楼梯间绘制完成，绘制好的首层楼梯间如图 8-27 所示。

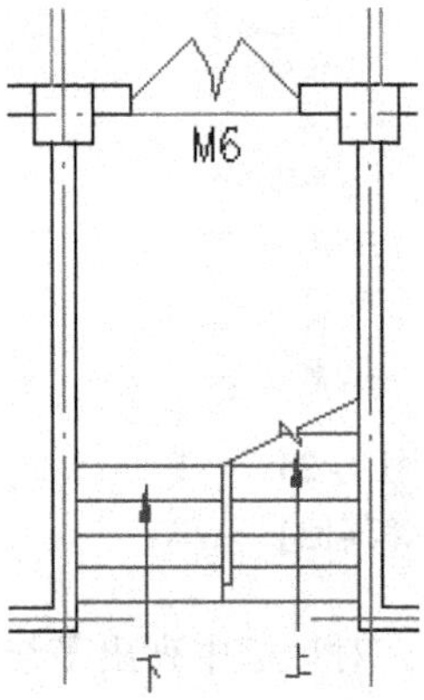

图 8-27 绘制好的首层楼梯间

8.7 绘制室外设施

室外设施包括阳台、室外台阶、坡道和散水等。

8.7.1 阳台

本例中有四个阳台，分别位于南北两面，先将北面楼梯间左侧绘制阳台的部位局部放大。

单击 阳台 按钮，屏幕弹出【绘制阳台】对话框，在对话框中，将【地面标高】改为 -20，其余参数取默认值，如图 8-28 所示。

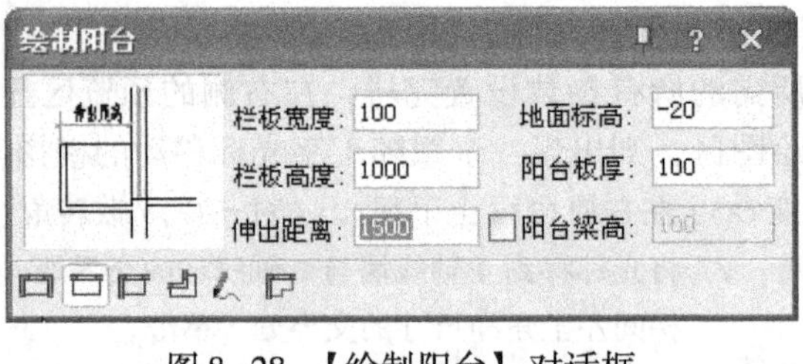

图 8-28 【绘制阳台】对话框

单击对话框下方的【矩形三面阳台】按钮▭，命令行提示为：

阳台起点〈退出〉：　　　// 捕捉 E 轴线墙外侧与 4 轴线的交点，单击。
阳台终点或［翻转到另一侧（F）］〈取消〉：
　　　　　　　　　　　// 捕捉 E 轴线墙外侧与 3 轴线的交点，单击，绘制好一个北阳台。
阳台起点〈退出〉：　　　// 捕捉 E 轴线墙外侧与 7 轴线的交点，单击。
阳台终点或［翻转到另一侧（F）］〈取消〉：
　　　　　　　　　　　// 捕捉 E 轴线墙外侧与 6 轴线的交点，单击，绘制好另外一个北阳台。
阳台起点〈退出〉：　　　// 右键或回车结束命令。

绘制好的北阳台如图 8-29 所示。

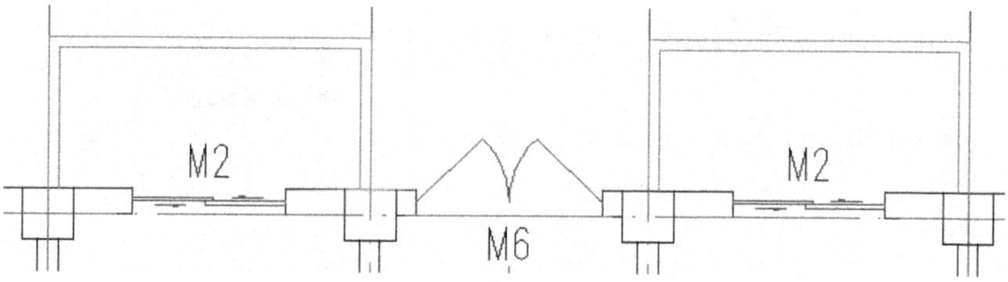

图 8-29　绘制好的北阳台

使用同样的命令绘制西南角和东南角的阳台，注意【栏板宽度】为 500，【伸出距离】为 1450。单击对话框下方的【阴角阳台】按钮▭，命令行提示为：

阳台起点〈退出〉：　　// 捕捉 B 轴线外墙与 2 轴线外墙的交点，单击。
阳台终点或［翻转到另一侧（F）］〈取消〉：
　　　　　　　　　　// 捕捉 B 轴线外墙拐角，单击，则绘制好西南角阳台。

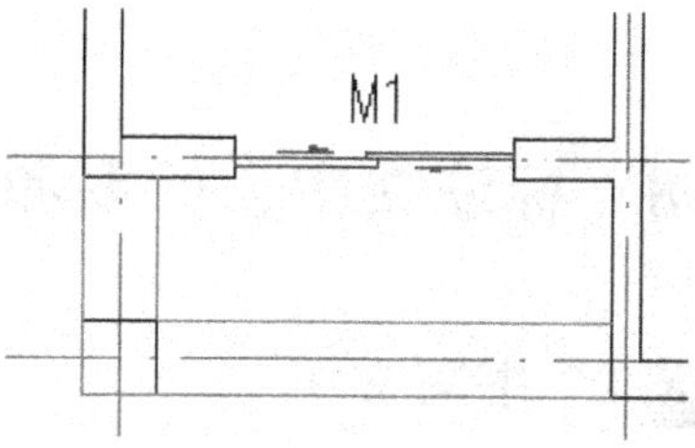

图 8-30　绘制好的西南角阳台

绘制好的西南角阳台如图 8-30 所示。

8.7.2　绘制散水

在办公楼的外面有一圈宽度为 600 的散水，可以使用单击 散　水 按钮，屏幕弹出【散水】对话框，在对话框中设置【散水宽度】600，其余默认，如图 8-31 所示。

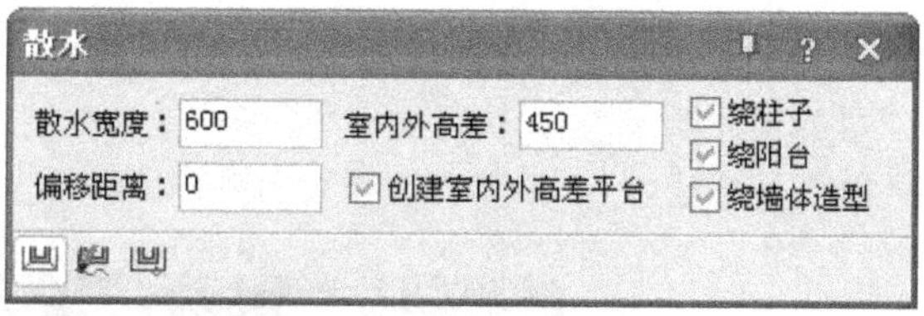

图 8-31　【散水】对话框

单击对话框下方的“搜索自动生成”按钮，同时命令行提示为：

请选择构成一完整建筑物的所有墙体（或门窗、阳台）〈退出〉：指定对角点：找到 70 个
　　　　　　　　　　　// 框选整个建筑物（两个北阳台除外）。
请选择构成一完整建筑物的所有墙体（或门窗、阳台）〈退出〉：
　　　　　　　　　　　// 回车结束命令。

则图中沿外墙绘制了宽度为600的散水，如图8-32所示。因为北阳台处散水断开，南阳台处散水连续，所以在选择建筑物时，不应选中两个北阳台。

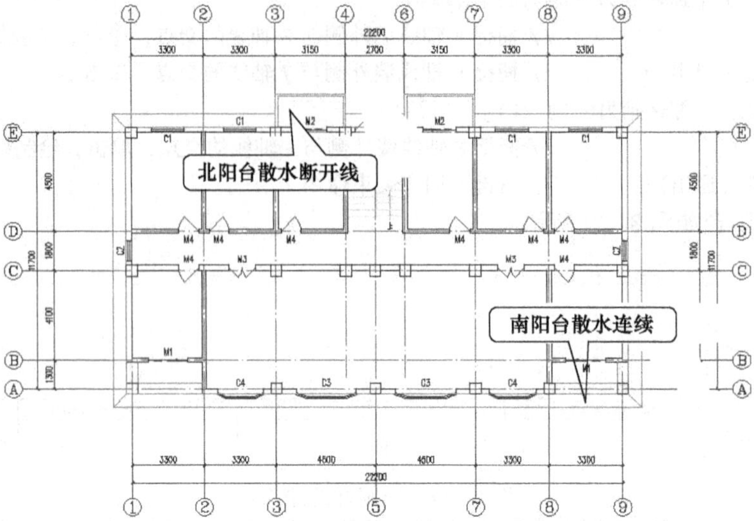

图8-32　绘制好的散水

8.8　标注文字、标高和尺寸

8.8.1　书写文字

要在图中书写文字，需要单击天正主菜单 文字表格 按钮，下方出现【文字表格】二级菜单，书写文字和绘制表格的各种工具按钮均在此菜单中。如图8-33所示。

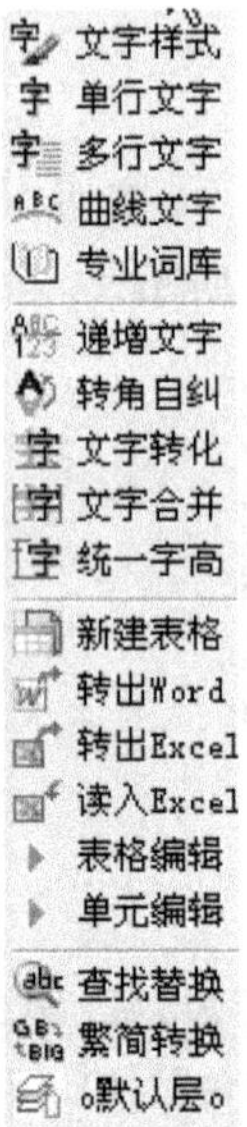

图8-33　【文字表格】二级菜单

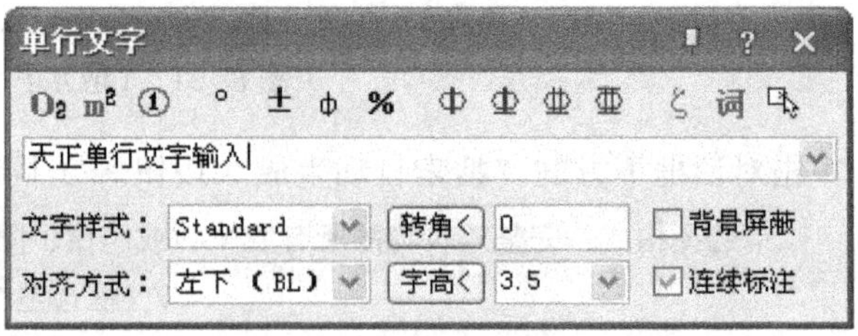

图8-34　【单行文字】对话框

单击菜单中的 字 单行文字 按钮，弹出【单行文字】对话框，如图 8-34 所示。

在此对话框中的文本框中输入“办公”两字，其余取默认值，在绘图区单击鼠标，则文字随十字光标在绘图区移动，选取合适位置单击便在点取位置插入“办公”两字。

使用【单行文字】在各个房间书写“办公”、“卫生间”、“走廊”字样。

如果插入的字体出现?? 号，说明是文字样式选择不合适，在【文字样式】中选择其他字体即可解决这一问题。有关文字样式的设置以及书写其他类型文字和表格的详细内容见第 13 章。

8.8.2　插入标高

要在图中注写标高，需要单击天正主菜单的 ▸ 符号标注 按钮，下方出现【符号标注】二级菜单，标注各种符号的工具按钮均在此菜单中，如图 8-35 所示。

单击 标高标注 按钮，屏幕弹出【标高标注】对话框，勾选【手工输入】选项，【楼层标高】输入 0.000，其余默认，如图 8-36 所示。

图 8-35 【符号标注】菜单

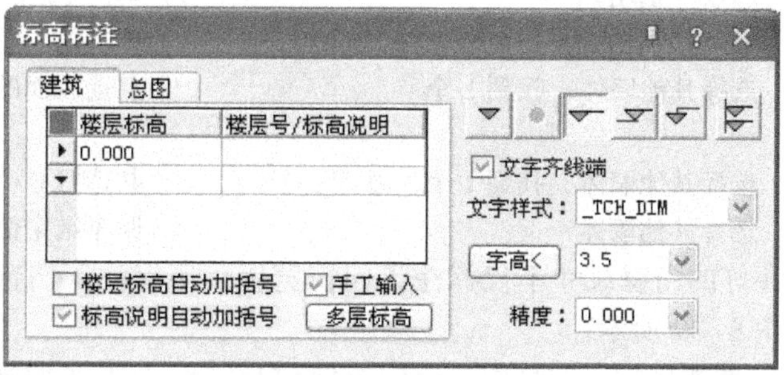

图 8-36 【标高标注】对话框

将鼠标移至绘图区，在合适位置单击即可，分别输入一层地面（±0.000）、阳台（-0.020）、室外地坪（-0.800）的标高。

书写文字和插入标高后的图形如图 8-37 所示。

8.8.3　标注尺寸

本例中的尺寸除了在轴网中标注的尺寸外，还有很多尺寸没有标全，如建筑物外部门窗的细部尺寸、内部门窗的定位尺寸、墙体厚度、阳台宽度、散水宽度等尺寸，这些尺寸的标注都可以在天正主菜单 ▸ 尺寸标注 中找到相应的命令。

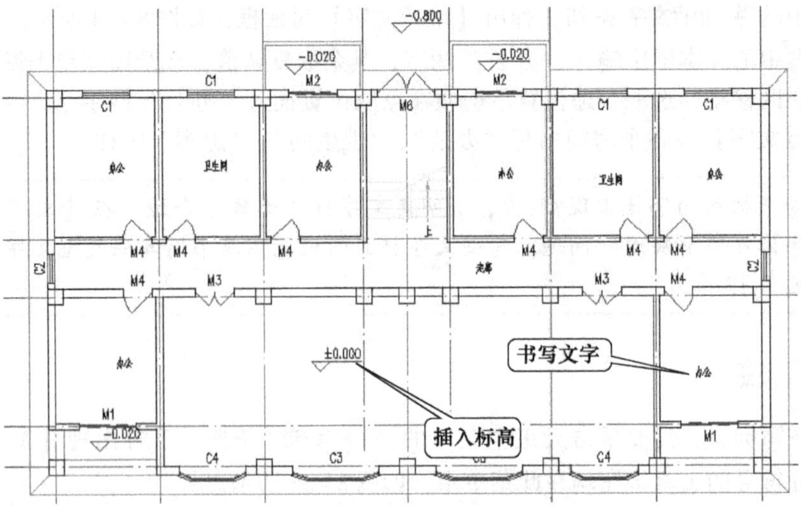

图 8-37 书写文字和标注标高的图形

单击 ▸ 尺寸标注 按钮，下方弹出如图 8-38 所示的【尺寸标注】二级菜单。

图 8-38 【尺寸标注】二级菜单

下面我们分步骤标注几种尺寸：

（1）标注建筑外部的门窗定位尺寸。

单击 门窗标注 按钮，命令行提示为：

请用线选第一、二道尺寸线及墙体！
起点〈退出〉: // 单击 P1 点。
终点〈退出〉: // 单击 P2 点。
选择其他墙体：找到 1 个 // 点选后面的墙体。
…
选择其他墙体：找到 1 个，总计 6 个 // 共选择 6 个墙体。
选择其他墙体： // 回车结束命令。

标注好的门窗尺寸不仅标注了门窗宽度，还标注了门窗到定位轴线的距离。如图 8-39 所示。

（2）增加尺寸。在最内一道门窗定位尺寸线上需要增加 1 轴线和 9 轴线到外墙边缘的距离，可以单击主菜单 ▾ 尺寸编辑 中的 增补尺寸 按钮，命令行提示为：

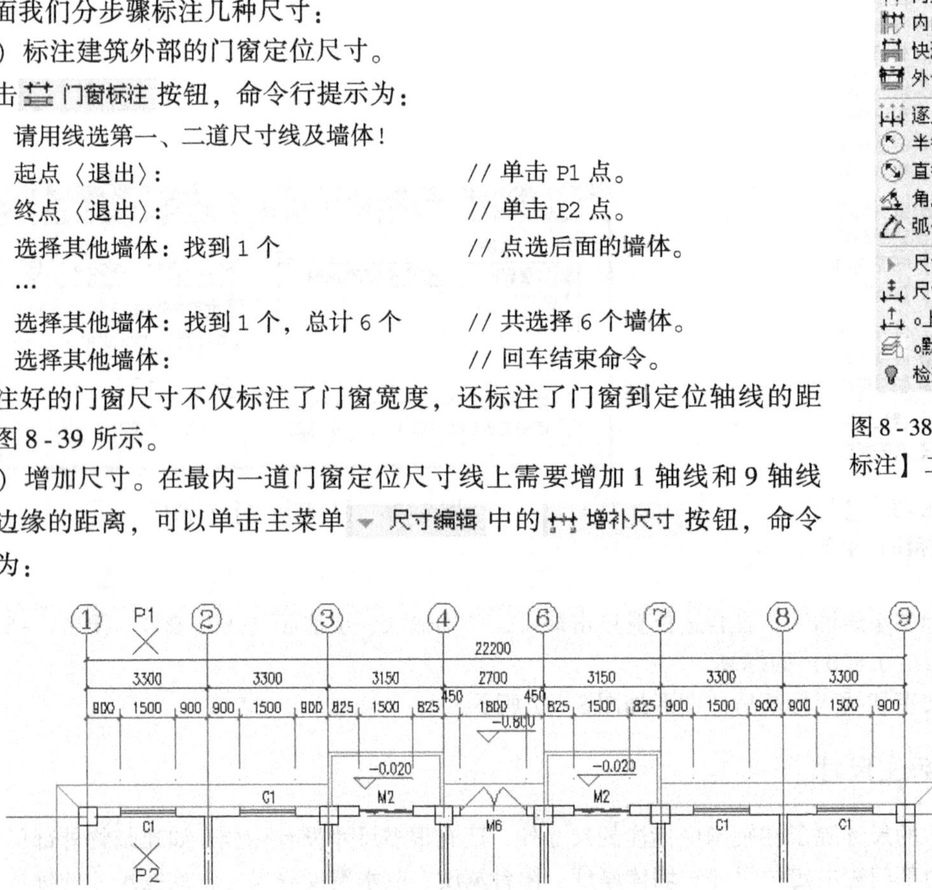

图 8-39 标注门窗尺寸

请选择尺寸标注〈退出〉：　　　// 选择增补的尺寸，即最左侧的 900 的尺寸标注。
点取待增补的标注点的位置或［参考点 (R)］〈退出〉：
　　　// 点取 1 轴线和外墙的交点。
点取待增补的标注点的位置或 {参考点［R］}〈退出〉：
　　　// 点取 1 轴线柱子的外侧角点。

则图中在原尺寸线的延伸位置增加了一道 250 的尺寸标注。如图 8-40 所示。

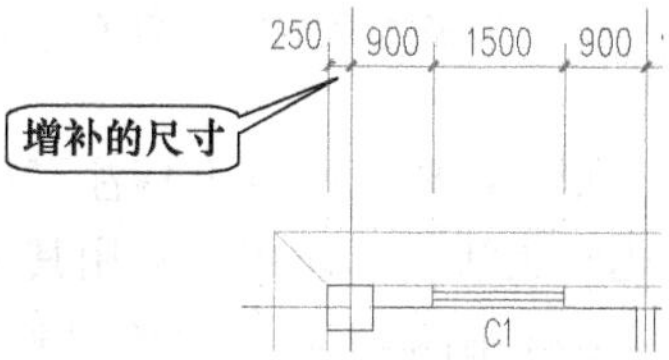

图 8-40　用【增补尺寸】命令增加的尺寸

(3) 修正建筑总尺寸。在轴网标注中最外一道总尺寸只标注从 1 轴线到 9 轴线的轴线总尺寸，根据建筑制图国家标准规定总尺寸要标注建筑物的总长和总宽尺寸，即图中的尺寸界线要分别从 1 轴线和 9 轴线向外侧移到外墙边。

要解决这个问题，将图形左下方部位局部放大，然后单击主菜单 尺寸编辑 中的 剪裁延伸 按钮，则命令行提示为：

请给出裁剪延伸的基准点或［参考点 (R)］〈退出〉：　　　// 单击 A 点。
要裁剪或延伸的尺寸线〈退出〉：　　　// 点取总尺寸的尺寸线。

则 1 轴线处的总尺寸的尺寸线向左移动到新的尺寸界线处（即外墙），起止符号随之移动，同时总尺寸数值也增加了 250。同样方法将 9 轴线处的总尺寸的尺寸线向右移动到外墙处。至此，建筑物的总尺寸按照国标的要求修改完成，如图 8-41 所示。

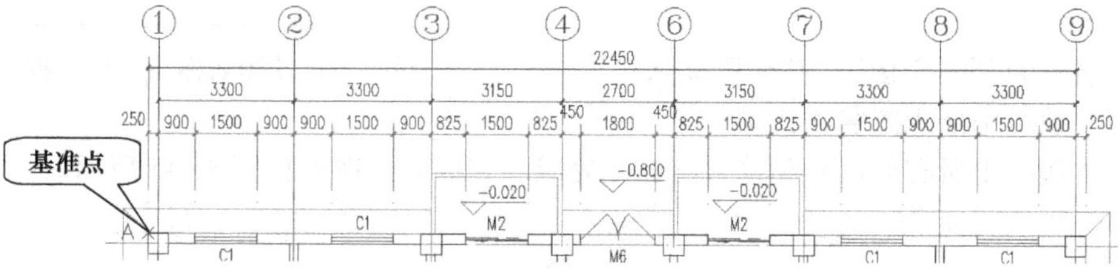

图 8-41　修正建筑总尺寸

(4) 标注墙厚。TArch 的【墙厚标注】命令可以标注一组墙体的厚度。

单击 墙厚标注 按钮，命令行提示为：

直线第一点〈退出〉：　// 在要标注墙体的一侧 P1 单击。
直线第二点〈退出〉：　// 在要标注墙体的另一侧 P2 单击。

则图中标出了这两点连线所经过的全部墙体上的墙厚尺寸，并且自动使尺寸数字避开墙线。

同样的方法标注纵墙上的墙厚尺寸。

标注好的墙厚尺寸如图 8-42 所示。

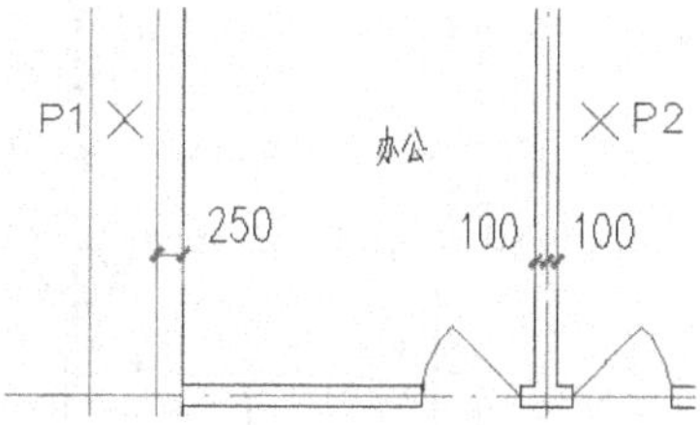

图 8-42　标注墙厚尺寸

(5) 标注内门。在图形内部需要标注内门的宽度和定位尺寸。可以单击 内门标注 按钮，这时命令提示为：

标注方式：轴线定位．请用线选门窗，并且第二点作为尺寸线位置！
起点或［垛宽定位 (A)］〈退出〉：　　　// 单击 P1 点。
终点〈退出〉：　　　// 单击 P2 点。

则在第二点的点取位置处标注此门的宽度以及与轴线的定位距离。如图 8-43 所示。

(6) 标注阳台、散水、凸窗台等尺寸。图中有很多零散的尺寸，如阳台宽度、散水宽度等，可以用【逐点标注】命令来标注。

单击 逐点标注 按钮，命令行提示为：

起点或［参考点（R）］〈退出〉：　　// 捕捉标注的起点。

第二点〈退出〉：　　// 捕捉标注的第二点。

请点取尺寸线位置或［更正尺寸线方向（D）］〈退出〉：

　　// 点取一点作为尺寸线位置。

请输入其他标注点或［撤销上一标注点（U）］〈结束〉：

　　// 进行标注或回车结束。

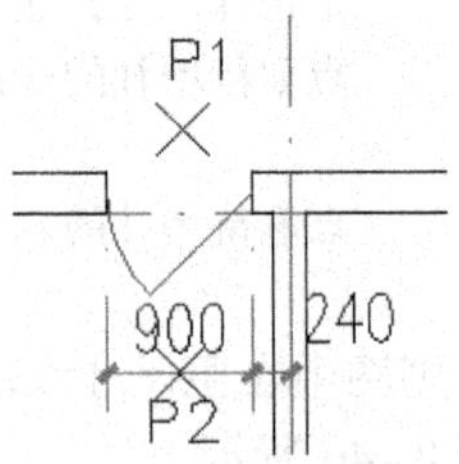

图 8-43　标注内门尺寸

则在需要的位置上标注了所需的尺寸。【逐点标注】命令标注尺寸比较灵活，可以用在使用其他标注命令无法标注的地方。

（7）画指北针。在首层平面图的左下方有一个指北针符号，可以单击 符号标注 按钮，下方出现【符号标注】二级菜单，单击 画指北针 按钮，图中出现一个跟随光标移动的指北针，此时命令行提示为：

指北针位置〈退出〉：　　// 在图形左下角单击一点插入指北针。

指北针方向〈90.0〉：　　// 回车。

则图中插入了指北针。

（8）注写图名和比例。在图的正下方要注写图名和比例，单击 符号标注 菜单中的 图名标注 按钮，弹出【图名标注】对话框，如图 8-44 所示。

图 8-44　【图名标注】对话框

输入图名“首层平面图”，其余取默认值，按照提示即可在图中插入图名和比例。

至此，本例图中所有的尺寸和符号已标注完成。完成后的图形如图 8-45 所示。

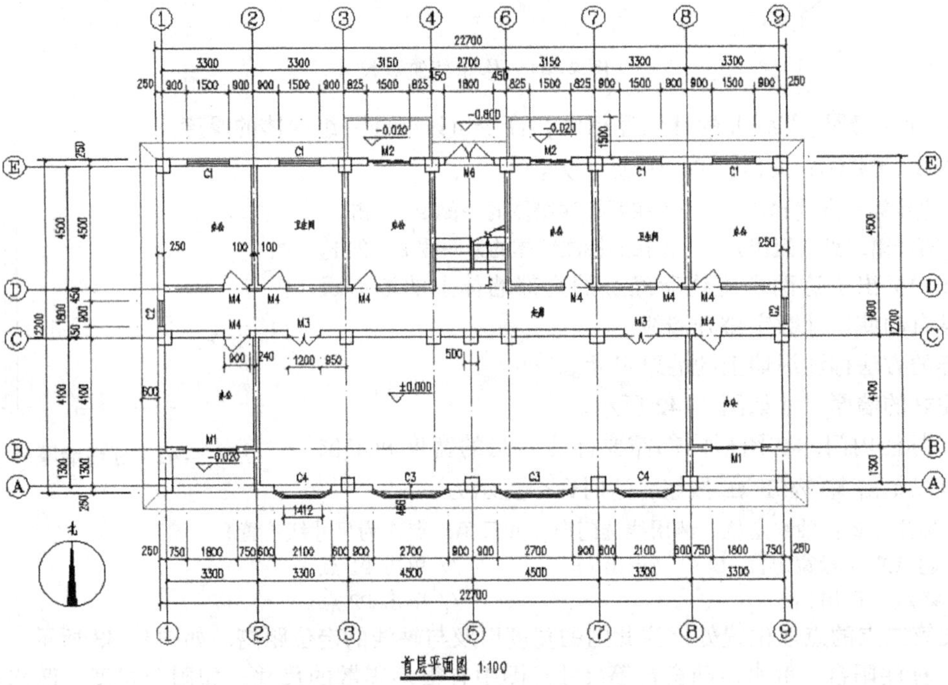

图 8-45　绘制完成的首层平面图

8.8.4 加粗墙线与填充柱子断面

从图 8-45 可以看出，图中的各图线均为细实线，按照国家制图标准，平面图中剖切到的墙线应为粗实线，剖到的钢筋混凝土柱子断面应涂黑。墙线的加粗和柱子断面涂黑都可利用 AutoCAD 中的相关命令进行修改。

TArch 系统自动创建的各图层中，其线宽均为默认线宽（显示为细实线），若图层线宽不符合制图标准，需要用户自己在【图层特性管理器】中调整。单击按钮，在弹出的【图层特性管理器】对话框中，将【建筑 - 墙体】图层的线宽改为 0.7mm，然后单击按钮，使线宽显示模式打开，则图中的所有墙线显示为粗实线。

单击按钮，将柱子断面填充“SOLID”图案，则图中所有的柱子断面全部涂黑。

加粗墙线和填充柱子断面后的图形如图 8-46 所示。

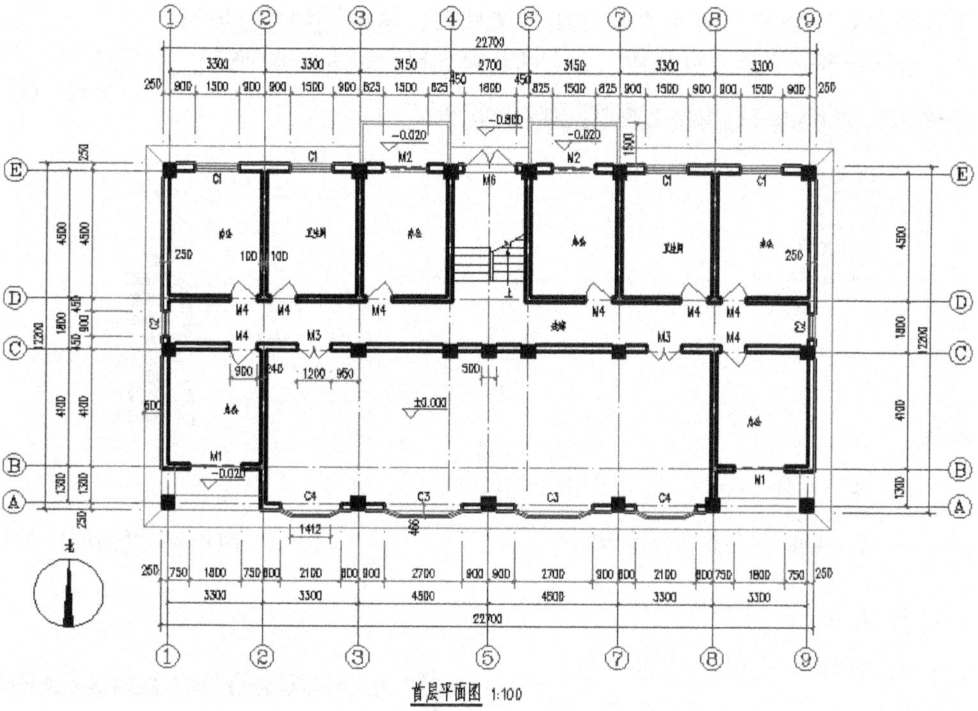

图 8-46　加粗墙线和填充柱子断面

8.9 工程项目管理

在 TArch8.5 绘图过程中，许多命令都需要在当前“工程”状态下使用，即事先创建好一个“工程”，如果没有创建，系统会给出相应的提示，则该命令将无法使用，例如【门窗总表】、【建筑立面】、【建筑剖面】等。

天正工程管理其实是将用户所设计的大量图形文件按“工程”或者说“项目”区别开来，即要求用户把属于同一个工程的所有文件放在同一个文件夹下进行管理，这样做非常有利于大量文件的日常管理。

TArch8.5的【工程管理】允许用户使用一个dwg文件通过楼层范围（默认不显示）保存多个楼层平面，通过楼层范围定义自然层与标准层关系；同时也允许用一个dwg文件保存一个楼层平面，此时也需要定义楼层范围，用于区分在dwg文件中属于工程的平面图部分，通过楼层范围中的对齐点把各楼层平面对齐并组装起来。

单击 ▸ 文件布图 按钮，打开二级菜单，单击其中的 工程管理 按钮，打开【工程管理】对话框，单击上方的下拉列表，可以打开工程管理菜单，如图8-47所示。

图8-47　【工程管理】对话框

8.9.1　新建工程

该命令是为当前的图形文件创建一个新工程。

单击图8-47所示的工程管理菜单中的【新建工程】选项，弹出图8-48所示的【另存为】对话框，输入“办公楼”文件名，单击 保存(S) 按钮，则【图纸】选区出现一个以“办公楼”命名的新建工程，如图8-49所示。

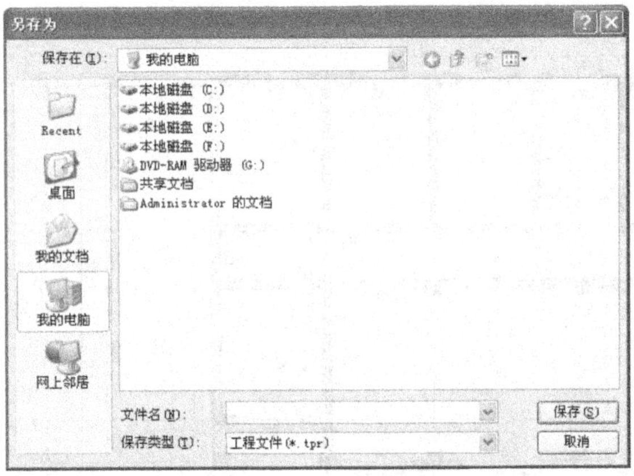

图8-48　【另存为】对话框

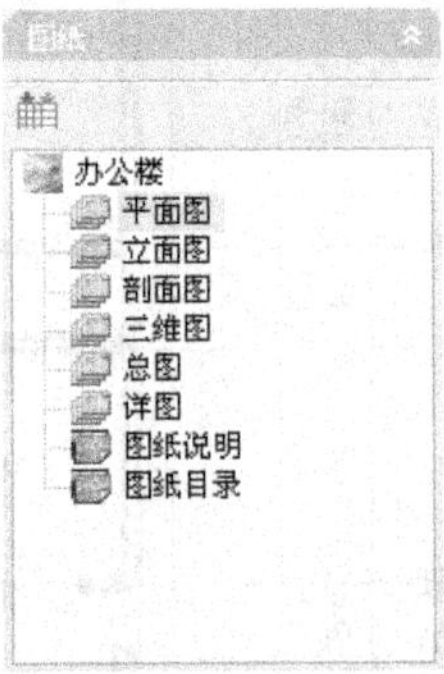

图8-49　【图纸】选区

8.9.2　打开工程

该命令可以打开一个已经存在的工程。

单击如图8-47所示的【工程管理】对话框中的【打开工程】选项，弹出如图8-50所示的【打开】对话框，选择“办公楼”工程文件，单击 打开(O) 按钮，则【图纸】选区显示打开的“办公楼”工程。

图8-50　【打开】对话框

8.9.3　图纸集

图纸集是用来管理属于一个工程的所有图形文件，以树状列表显示，通过右键菜单可以对图纸集进行【添加图纸】、【添加类别】、【添加子类别】、【移除]】、【重命名】等操作，如图8-51所示。

双击图纸集树状列表中的图纸文件名称，即可打开 dwg 的图纸文件；拖放树状列表中的类别或文件图标可以改变其在列表中的位置。

8.9.4　楼层表

楼层表可以保存各个楼层的平面图，用于以后的立面图、剖面图、门窗总表、三维模型的创建等操作。

图 8-52 为【工程管理】对话框的楼层选区。选区最上面一行按钮为楼层工具按钮。从左到右依次是【选择文件】按钮、【框选标准层】按钮、【三维组合】按钮、【建筑立面】按钮、【建筑剖面】按钮、【门窗检查】按钮、【门窗总表】按钮。

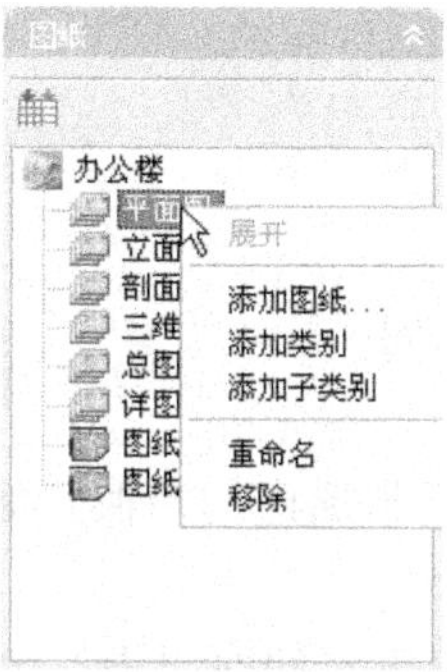

图 8-51　图纸集右键菜单

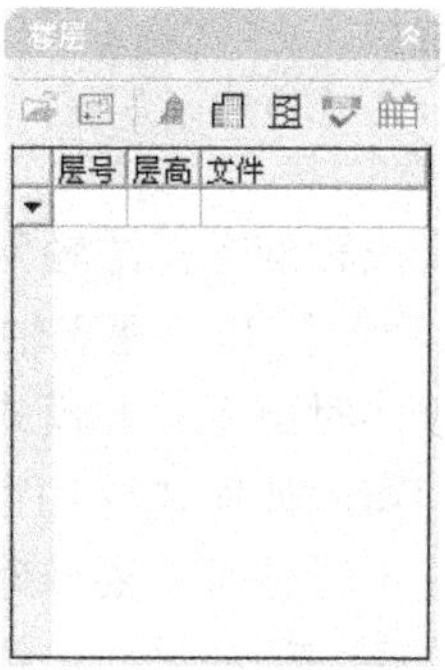

图 8-52　楼层选区

下面介绍两种保存楼层平面图的常用方法：

- 一个平面图文件以一个独立 dwg 文件保存。

在楼层选区【层号】的第一行空白处单击一下，再单击【选择文件】按钮，弹出如图 8-53 所示的对话框，选择“1 层平面图”打开，则在楼层选区的列表中增加了一个楼层（显示楼层号、层高、文件路径）。同时在图纸选区的【平面图】下增加了“1 层平面图”的 dwg 文件图标，如图 8-54 所示。

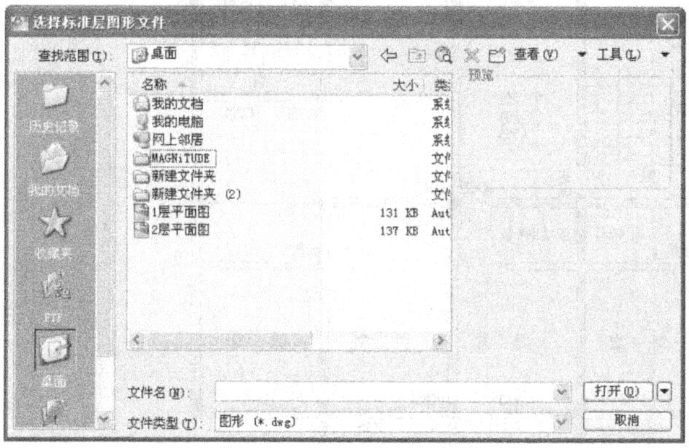

图 8-53　【选择标准层图形文件】对话框

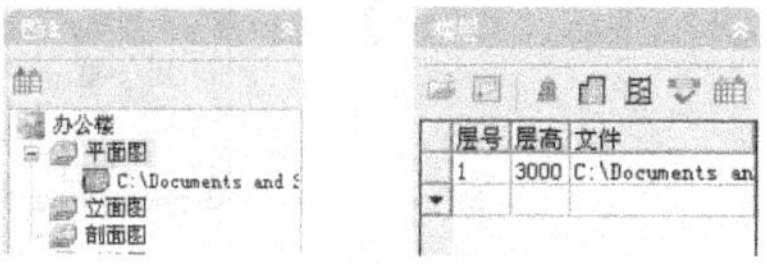

图 8-54　用独立 dwg 文件保存楼层平面图

- 把整个工程的多个平面图保存在同一个 dwg 文件中。

在楼层选区【层号】的第一行空白处单击一下，再单击【框选标准层】按钮，命令行提示为：

选择第一个角点〈取消〉：　// 单击第一个角点。
另一个角点〈取消〉：　// 单击第二个角点。
对齐点〈取消〉：　// 单击对齐点（一般选择 1 轴线和 A 轴线的交点）。
成功定义楼层！

此时便成功地保存了一个楼层的平面图，楼层选区和图纸选区的显示与图 8-53 类似，只是楼层选区的【文件】保存路径后方增加了“〈框选〉”字样。

两种保存方法可以独立使用，也可以混合使用。

8.10　习题

1. 概念题

(1) 绘制直线轴网和标注轴网的基本步骤是什么？

(2)【两点轴标】和【逐点轴标】的使用范围有什么不同？

(3) 绘制墙体时出现的非模式对话框有什么特点？

(4) 绘制门窗时如何在【门窗参数】对话框中进行插门和插窗的转换？如何替换门窗？

(5) 插入柱子时是否需要准确捕捉轴线交点？

(6) 书写文字和标注尺寸、符号的命令在那些二级菜单中？如何使用？

2. 操作题

请使用本章学过的绘制建筑平面图的基本步骤和方法，绘制如图 8-55 所示的某住宅的标准层平面图。

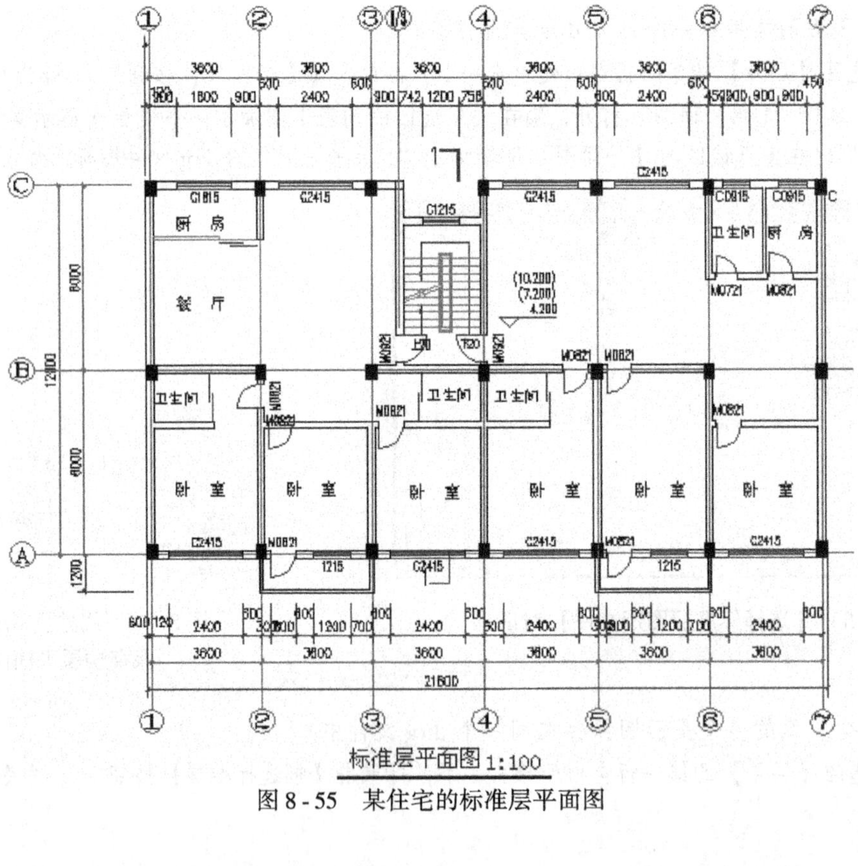

图 8-55　某住宅的标准层平面图

第 9 章　建筑平面图绘制方法详解

在第 8 章中我们介绍了使用 TArch 绘制建筑平面图的基本命令和方法，旨在使读者迅速进入绘图状态。但在实际工程中，我们遇到的工程图样是千变万化的，仅用上一章的基本命令难以解决所有绘图问题，所以本章介绍 TArch8.5 绘制建筑平面图的绝大多数命令的使用方法和技巧，用来解决形式多样的建筑平面图的绘制。如果读者想快速进入建筑平面图、立面图和剖面图的绘制练习，可以忽略本章，直接进入第 10 章的学习。

【本章重点】

- 轴网的绘制与标注；
- 墙体的绘制与编辑；
- 柱子的绘制与编辑；
- 门窗的插入、编辑与门窗表制作。

9.1　初始设置

我们在第 8 章的绘图练习中使用的是天正默认的初始设置，对于初学者来说，使用默认初始设置即可，当需要改变某些参数的设置时，可以通过下面的介绍根据不同内容选择相应对话框或选项卡进行修改。

天正参数的设置可以通过【天正选项】、【自定义】两个命令进行设置，TArch8.5 版本把以前在 AutoCAD 的【选项】命令中添加的【天正基本设定】和【天正加粗填充】两个选项页面与【高级选项】命令三者，集成为新的【天正选项】命令。单独的【自定义】命令用于设置界面的默认操作，如菜单、工具栏、快捷键和在位编辑界面。

单击天正主菜单 ▶设　置 按钮，弹出【设置】二级菜单，单击 自定义 按钮，弹出【天正自定义】对话框，如图 9-1 所示。该对话框有五个选项卡，通过【屏幕菜单】选项卡可以选择屏幕菜单的折叠风格和菜单背景颜色；通过【操作配置】选项卡选择自己习惯的操作设置；通过【基本界面】选项卡可以对“文档标签”和“在位编辑”进行设置；通过【工具条】选项卡对工具命令进行添加或删除；通过【快捷键】选项卡设置命令快捷键。

单击天正主菜单 ▶设　置 按钮，再单击二级菜单中的 天正选项 按钮，弹出【天正选项】对话框，如图 9-2 所示。该对话框有三个选项卡，其中【基本设定】选项卡是对绘图的全局参数进行设置，比如【图形设置】选区的【当前比例】是指绘制对象的出图比例，设置好的当前比例会显示在屏幕命令行的最左端，单击该处会弹出常用的出图比例列表，当前比例也可以从弹出的菜单列表中选择相应的比例进行修改；当选择【门窗编号大写】复选框时，无论原始输入的是大写还是小写，图中统一使用大写字母标注门窗编号。【加粗填充】选项卡可以对墙体与柱子选择不同的填充图案和加粗线宽。【高级选项】选项卡是用来控制天正建筑全局变量（除了尺寸样式需专门设置）设置界面。

在【天正选项】对话框的下方有【导入】和【导出】按钮，这是 TArch8 开始推出的新功能，可以将精心设置好的【天正选项】保存为 xml 格式文件，由一个设计团队统一导入，使设计

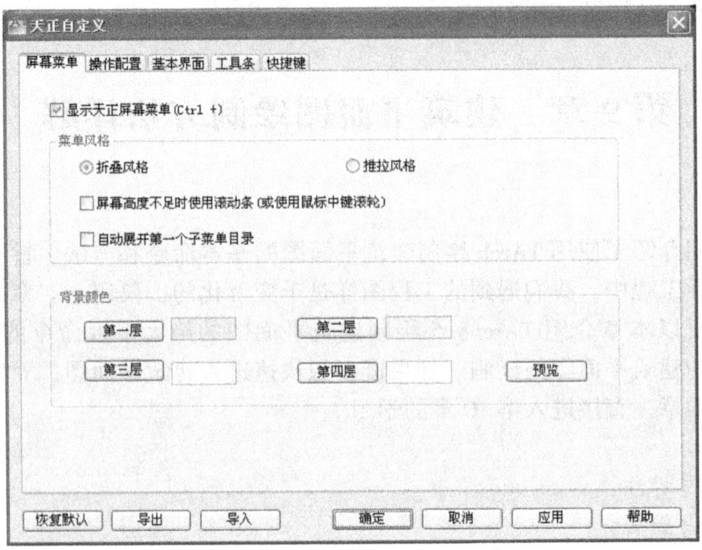

图9-1　【天正自定义】对话框

人员的设计参数统一，提高图样的设计质量，同时方便图样的修改。

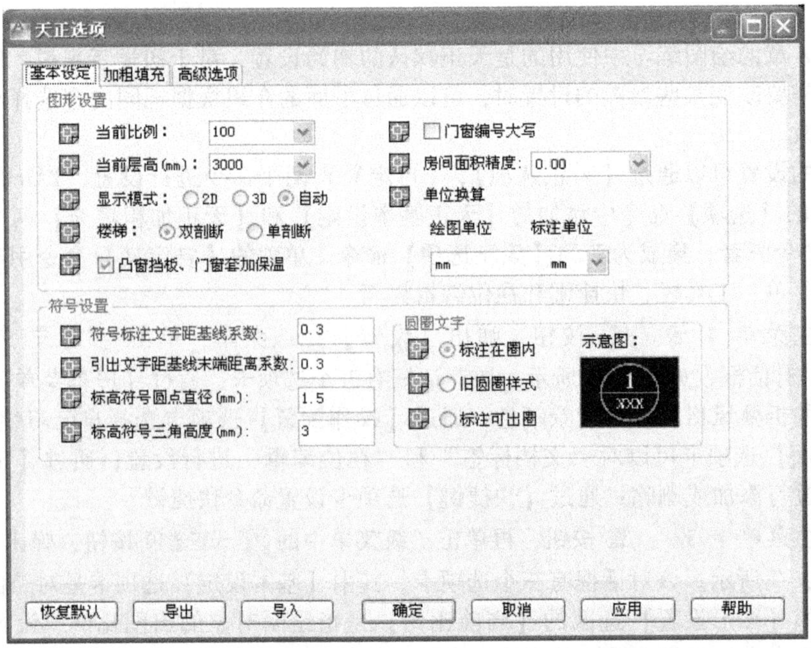

图9-2　【天正选项】对话框

【图形设置】选区的所有选项，只影响设置以后绘制的图形，不影响已有的图形。

9.2　绘制轴网和标注轴网

在第 8 章中，我们介绍了如何绘制直线轴网的基本方法，本节将介绍斜交轴网、单线轴网、弧线轴网以及墙生轴网的绘制方法和标注方法。

9.2.1　绘制轴网

9.2.1.1　绘制正交轴网、单向轴网和斜交轴网

单击左侧天正主菜单中的 轴网柱子 按钮，弹出【轴网柱子】二级菜单，单击 绘制轴网 按钮，弹出如图 9-3 所示的【绘制轴网】对话框。

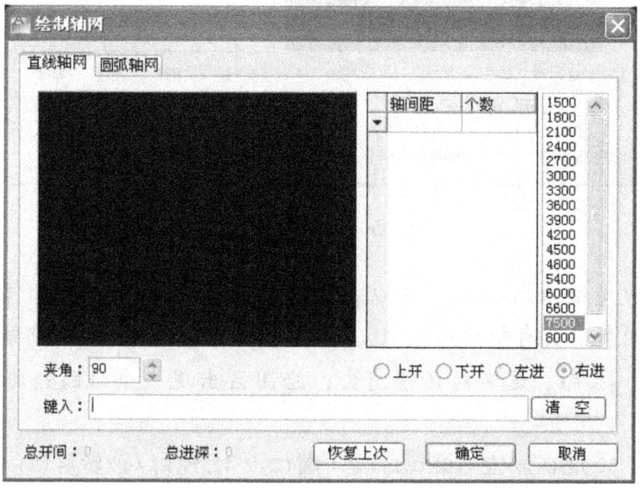

图 9-3　【绘制轴网】对话框

在第 8 章中我们已经介绍了绘制最普通的正交轴网的方法。下面我们介绍如何绘制斜交轴网和单向轴网。正交轴网横向和纵向轴线的夹角为 90°；斜交轴网横向和纵向轴线的夹角不是 90°；单向轴网由相互平行的轴线组成。

【例 9-1】 绘制一个倾斜的正交轴网，如图 9-4 所示。

图 9-4 所示的正交轴网与水平方向成 20°夹角。在如图 9-3所示的【绘制轴网】对话框中按照第 8 章所述的方法输入开间和进深尺寸，操作步骤为：

(1) 在【绘制轴网】对话框的【直线轴网】选项卡中，选中【下开】，单击【轴间距】下的空白表格，在弹出的下拉列表中选择 3300，同样的方法在【个数】表格中选择 3，则在【键入】编辑框显示 3 * 3300，表示开间方向有三根间距为 3300 的定位轴线。如果上开间与下开间轴线尺寸不同，还要选中【上开】再输入上开间的尺寸。如果上下开间尺寸相同，则【上开】和【下开】输入一组数据即可。

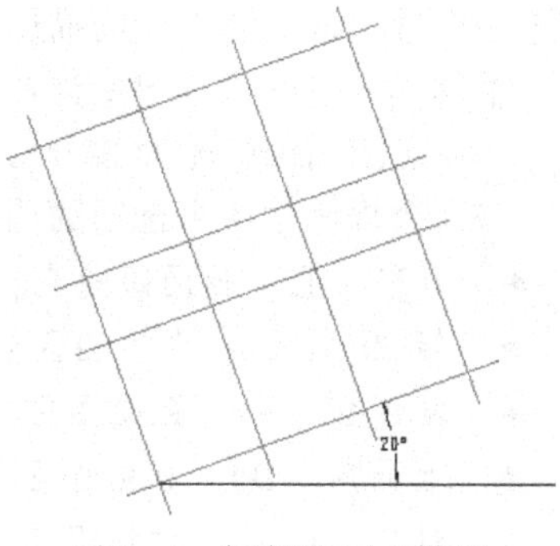

图 9-4　倾斜的正交轴网

(2) 再选中【左进】，依次选择【轴间距】为 4500、2100、3900，【个数】均为 1，如图 9-5 所示，则在【键入】编辑框中显示三个不同的轴线进深

距离，表示进深方向有三根定位轴线，间距分别为4500、2100、3900。如果右进深与左进深尺寸不同，还要选中【右进】再输入右进深的尺寸。如果左右进深尺寸相同，则在【左进】和【右进】输入一组数据即可。

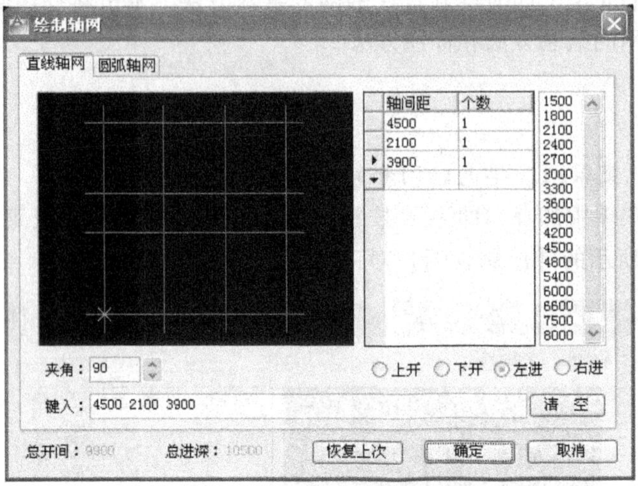

图9-5　设置轴网进深

(3) 开间和进深尺寸若输入有误，可以在相应的位置单击，重新对【轴间距】和【个数】进行选择，如果下拉列表中没有想要的数值，可以在相应位置利用键盘直接输入即可，确认数据无误后，单击 确定 按钮，这时对话框消失，绘图区出现一个跟随光标移动的轴网，同时命令行提示为：

点取位置或[转90度(A)/左右翻(S)/上下翻(D)/对齐(F)/改转角(R)/改基点(T)]〈退出〉:r

// 改转角

旋转角度：20　　　　　　　// 输入横转角角度20°

点取位置或[转90度(A)/左右翻(S)/上下翻(D)/对齐(F)/改转角(R)/改基点(T)]〈退出〉:

在绘图区选取一点单击

则绘制出一个横向轴线与水平方向成20°夹角的正交轴网。如图9-4所示。

TArch8.5在确定轴网的定位点时提供了灵活多样的定位方式，任凭轴网多么复杂，总能选择其中一个选项进行插入点的描述，达到轴网定位的目的。

轴网插入点的命令提示为：

点取位置或[转90度(A)/左右翻(S)/上下翻(D)/对齐(F)/改转角(R)/改基点(T)]〈退出〉:

该命令提示中各个选项的功能是：

- 点取位置：轴网跟随光标在绘图区任选一点作为插入点。
- 转90°(A)：在绘图区插入轴网时旋转90°，进深变为开间，开间变为进深。
- 左右翻(S)：在绘图区插入轴网时水平翻转180°。
- 上下翻(D)：在绘图区插入轴网时上下翻转180°。
- 对齐(F)：通过捕捉点，指定轴网的倾斜角度。
- 改转角(R)：通过输入旋转角度，改变轴网与水平方向的倾斜角度。
- 改基点(T)：改变轴网的插入基点。轴网基点的作用与图块基点相同，插入轴网后与插入点重合。

调用以上的命令选项时，输入字母后，不能按回车键。TArch8.5的大部分命令选项不能按回车。

用开间和进深的概念来定义轴网是建筑中最常用的制图方法，但在复杂的平面布置时有时不能满足要求。在某些情况下还需要补充单向轴网。

【例9-2】 绘制单向轴网，如图9-6所示。

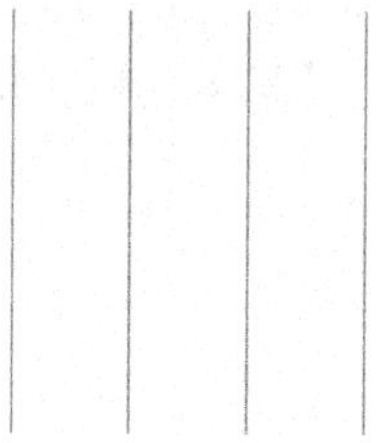

图9-6 单向轴网

单向轴网是在开间或进深中每次只选取一个，生成一个方向的轴线网格。生成单向轴网的步骤为：

(1) 打开图9-3所示的【绘制轴网】对话框，选择【直线轴网】选项卡，选中【下开】，【轴间距】选择3300，【个数】选择4。

(2) 单击 确定 按钮，这时对话框消失，命令行提示为：

单向轴线长度〈13200〉: // 输入新值或回车接受默认

点取位置或[转90度(A)/左右翻(S)/上下翻(D)/对齐(F)/改转角(R)/改基点(T)]〈退出〉 // 点取位置

则生成如图9-6所示的单向轴网。

【例9-3】 生成斜交轴网，如图9-7所示。

斜交轴网需要使用单向轴网分两次生成，在如图9-6所示单向轴网的基础上再绘制与水平方向成30°的单向轴网。具体步骤为：

(1) 在图9-6的轴网中绘制一条辅助线AB，使A点重合在轴网左下角点，AB长约10000左右，与水平方向倾斜角度为30°，如图9-8所示。AB线作为目标轴的参考线。

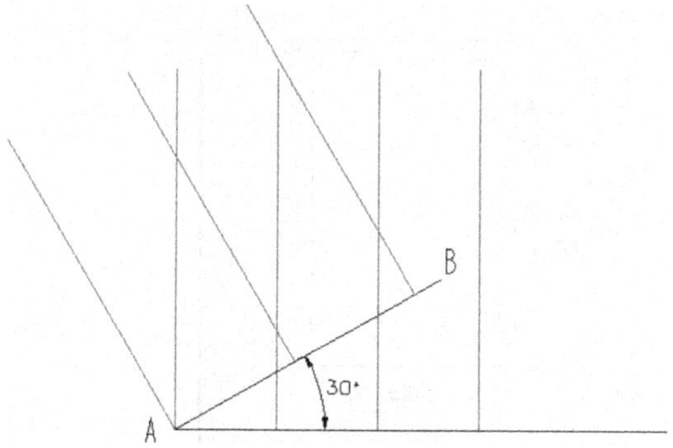

图9-7 斜交轴网

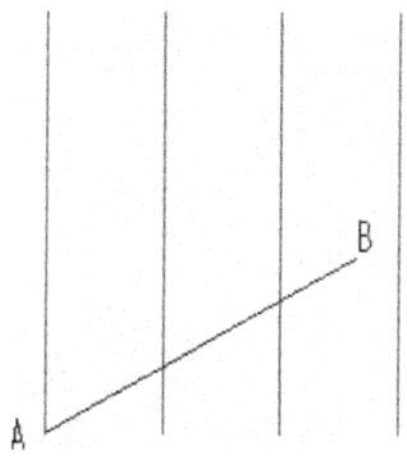

图9-8 斜交轴网目标轴的参考线

(2) 打开【绘制轴网】对话框，选择【直线轴网】选项卡，选中【下开】，【轴间距】选择4500，【个数】选择2，单击 确定 按钮。这时命令行提示为：

单向轴线长度〈9000〉: // 回车默认

点取位置或[转90度(A)/左右翻(S)/上下翻(D)/对齐(F)/改转角(R)/改基点(T)]〈退出〉:f // 输入f选择对齐功能，这时新建轴网停在绘图区不随光标移动

对齐参考点: // 捕捉轴网的左下角作为参考点

对齐参考轴: // 捕捉轴网的右下角点，以这两点的连线作为参考轴

对齐目标点: // 捕捉原有轴网的左下角点即A点作为目标点

对齐目标轴: // 捕捉辅助线的另一端B点，以AB连线作为目标轴

则在绘图区绘出了另一个单向轴网，与原有轴网斜交，如图9-7所示。

(3) 根据需要将轴线延伸或裁剪，具体方法见后面的介绍。

9.2.1.2　绘制弧线轴网

弧线轴网由一组同心圆弧线和过圆心的辐射线组成，由圆心、半径、圆心角和进深等参数确定，通过对话框输入各参数。

【例9-4】　绘制如图9-9所示的弧线轴网与直线轴网相接。

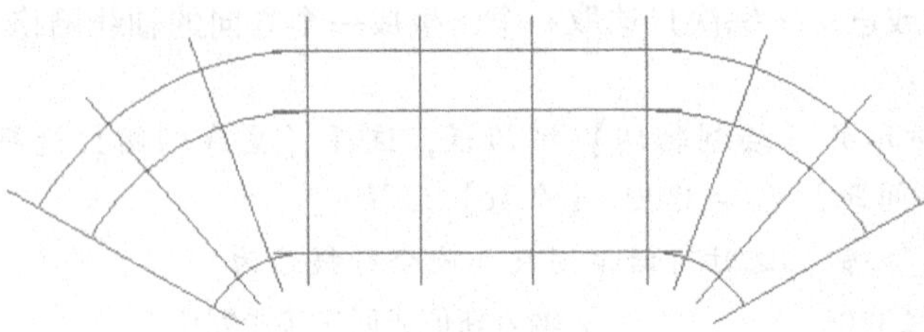

图9-9　弧线轴网

打开如图9-3所示的【绘制轴网】对话框，选择【圆弧轴网】选项卡，如图9-10所示。弧线轴网的参数输入与直线轴网的基本相同。弧线轴网的开间是轴网的周向尺寸，用度作单位，即“圆弧轴网”选项卡中【圆心角】选项；进深是轴网的径向尺寸，用毫米作单位，即“圆弧轴网”选项卡中【进深】选项。

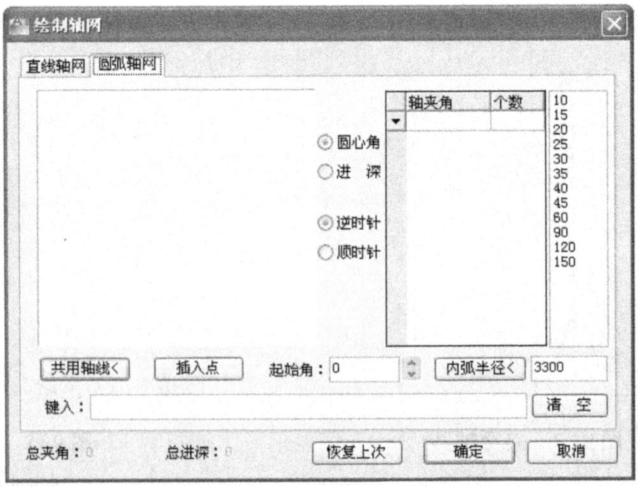

图9-10　【圆弧轴网】选项卡

具体绘制步骤如下：

(1) 按照前面绘制直线轴网的方法先绘制中间的直线轴网，即在【绘制轴网】对话框的【直线轴网】选项卡中，选中【下开】，【轴间距】为3000，【个数】为3；选中【左进】，【轴间距】分别为4200、1800，【个数】都为1，绘出直线轴网。

(2) 单击【绘制轴网】对话框的【圆弧轴网】选项卡，选中【圆心角】，【轴夹角】为20，【个数】为3；再选中【进深】选项，设置【轴间距】为3300和2400，【个数】均为1个。

（3）若画左侧的弧线轴网，【内弧半径】默认为 3300，单击 共用轴线< 按钮，对话框消失，选择直线轴网最左边的定位轴线，这时光标为十字光标，移动光标，圆弧轴网会以选中的最左边的定位轴线为对齐轴线在其左上、左下、右上、右下移动，选择左下方单击，返回刚才的对话框，如果有误可以进行修改，若无误，单击 确定 按钮，效果如图 9-11 所示；同样的方法绘制右侧的弧线轴网，即完成如图 9-9 所示的图样。

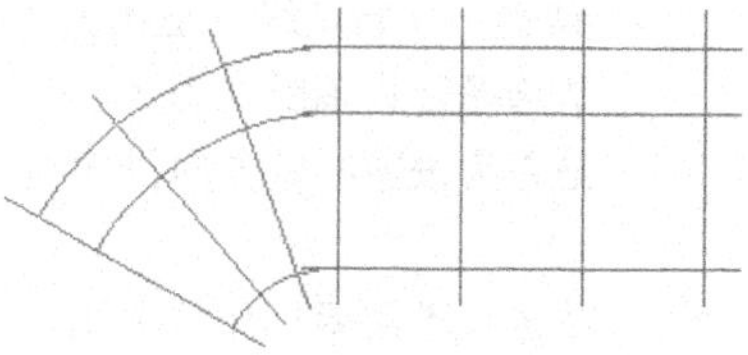

图 9-11　绘制左侧圆弧轴网

绘图步骤中的第 2 步，【进深】选项不设置也可，系统会自动将直线轴网的进深默认为弧线轴网的进深。

9.2.1.3　墙生轴网

在方案设计中，建筑师需反复修改平面图，如增加或删减墙体，改开间、进深，用轴线定位有时不方便，为此，TArch8.5 提供了在已有墙中按墙基线生成定位轴线的功能。

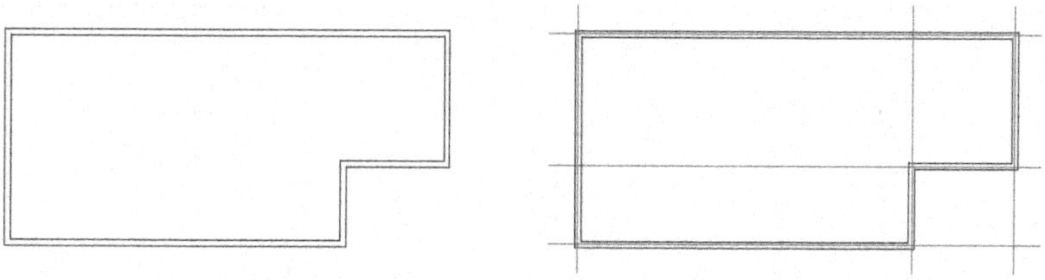

a)　　b)

图 9-12　绘制左侧圆弧轴网

利用【绘制墙体】命令绘制如图 9-12a 所示的建筑物外墙体（【绘制墙体】命令参见 8.3 节）。这单击 墙生轴网 按钮，命令行提示：

请选取要从中生成轴网的墙体：

选择六道外墙后回车即可按所选墙体生成相应的轴网，效果如图 9-12b 所示。

9.2.2　标注轴网

生成轴网后，可以对直线轴网和弧线轴网进行智能化的尺寸标注和轴号标注。

标注轴网尺寸所用的命令主要有【轴网标注】和【单轴标注】，轴号编辑所用的命令主要有【添补轴号】、【删除轴号】、【一轴多号】、【轴号隐现】、【主附转换】、【重排轴号】、【倒排轴号】，轴网编辑所用的命令有：【添加轴线】、【轴网合并】和【轴改线型】。下面分别介绍这些命令。

9.2.2.1　轴网标注

单击 轴网柱子 菜单下的 轴网标注 按钮，弹出【轴网标注】对话框，如图 9-13 所示。

在对话框中，【起始轴号】输入“1”，【轴号规则】选中“变后项”，选中【单侧标注】选项，其余默认，如图 9-13 所示。此时，命令行提示：

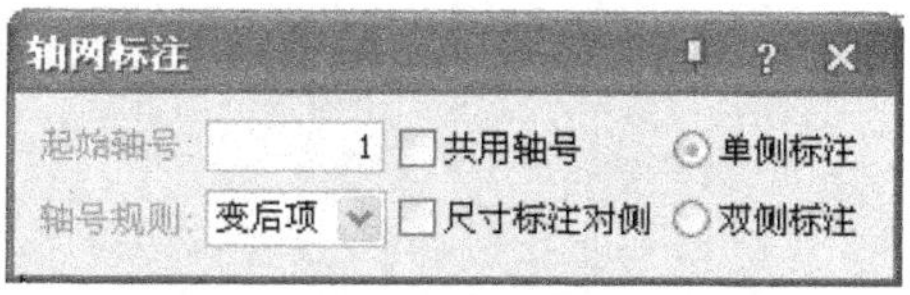

图 9-13　【轴网标注】对话框

请选择起始轴线〈退出〉:　　　　// 点取左侧弧线轴网最左端轴线。
请选择终止轴线〈退出〉:　　　　// 点取左侧弧线轴网最右端轴线。
是否为按逆时针方向排序编号?[是(Y)/否(N)]〈Y〉:N
　　　　// 输入N，轴线编号按顺时针方向编写。
请选择不需要标注的轴线:　　　　// 回车或单击鼠标右键。
请选择起始轴线〈退出〉:　　　　// 回车结束命令，结果如图9-14所示。

再次单击 轴网标注 按钮，弹出【轴网标注】对话框，勾选【共用轴号】复选框，其余选项不变，命令行提示:

请选择起始轴线〈退出〉:　　　　// 点取直线轴网最左端轴线，即编号为4的轴线。
请选择终止轴线〈退出〉:　　　　// 点取直线轴网最右端轴线。
是否为按逆时针方向排序编号?[是(Y)/否(N)]〈Y〉:N
　　　　// 输入N，轴线编号按顺时针方向编写。
请选择不需要标注的轴线:　　　　// 回车或单击鼠标右键。
请选择起始轴线〈退出〉:　　　　// 回车结束命令，结果如图9-15所示。

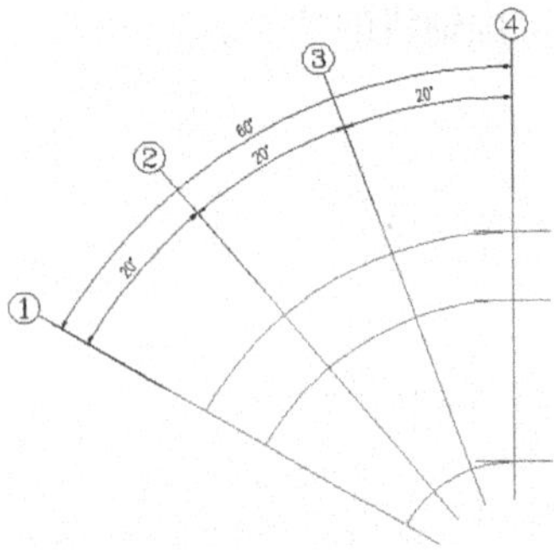

图9-14　标注左侧弧线轴网

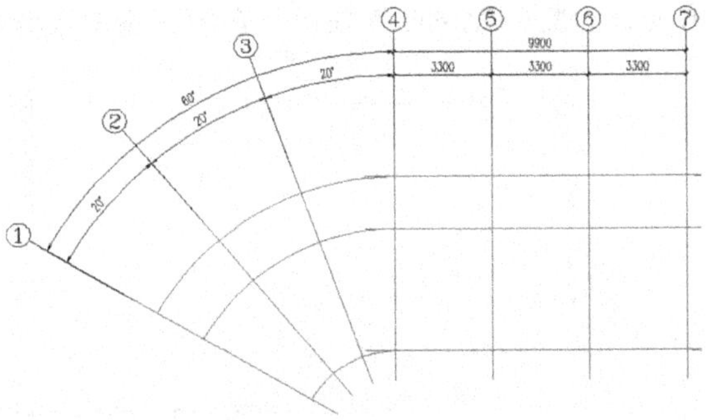

图9-15　标注直线轴网

第三次单击 轴网标注 按钮，在弹出的【轴网标注】对话框中勾选【共用轴号】复选框，其余选项不变，命令行提示:

请选择起始轴线〈退出〉:　　　　// 点取右侧弧线轴网最左端轴线，即编号为7的轴线。
请选择终止轴线〈退出〉:　　　　// 点取右侧弧线轴网最右端轴线。
是否为按逆时针方向排序编号?[是(Y)/否(N)]〈Y〉:N
　　　　// 输入N，轴线编号按顺时针方向编写。
请选择不需要标注的轴线:　　　　// 回车或单击鼠标右键。
请选择起始轴线〈退出〉:　　　　// 回车结束命令，结果如图9-16所示。

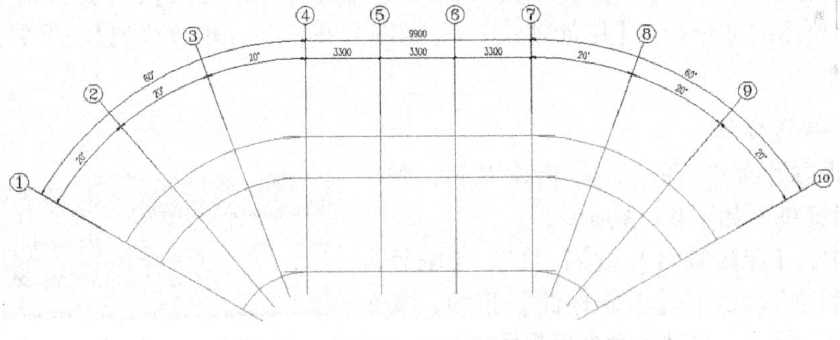

图9-16　标注直线轴网和弧线轴网的开间尺寸

要标注进深方向的轴网，也是单击 轴网标注 按钮，弹出【轴网标注】对话框，【起始轴号】输入“a”，【轴号规则】选择“变后项”，选中【单侧标注】选项，其余默认，命令行提示：

请选择起始轴线〈退出〉：　　　　// 点取左侧弧线轴网最下端轴线。
请选择终止轴线〈退出〉：　　　　// 点取左侧弧线轴网最上端轴线。
是否为按逆时针方向排序编号？[是 (Y) /否 (N)]〈Y〉：N
　　　　　　　　　　　　　　　　// 输入 N，轴线编号按顺时针方向编写。
请选择不需要标注的轴线：　　　　// 回车或单击鼠标右键。
请选择起始轴线〈退出〉：　　　　// 回车结束命令，结果如图 9-17 所示。

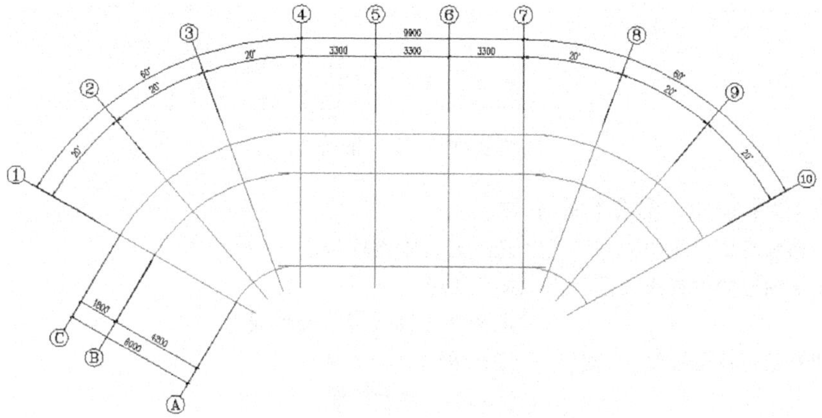

图 9-17　全部轴网标注

在如图 9-13 所示的【轴网标注】对话框中，不选中【尺寸标注对侧】复选框不选表示默认将尺寸标注在轴线编号标注一侧，选中表示将尺寸标注在轴线编号标注的对侧。当选择【双侧标注】选项，表示两侧同时标注轴线编号和尺寸，此时【尺寸标注对侧】复选框变为灰色不可用。

9.2.2.2 单轴标注

【单轴标注】命令可以逐个选择轴线，标注互不相关的多个轴号。一般用于【轴网标注】方式不能标注的轴网，如建筑立面图、剖面图和详图中的轴线标注。

单击 单轴标注 按钮，弹出【单轴标注】对话框，如图 9-18 所示，在该对话框中可以设置引线的长度、轴号形式、轴号的编号，执行该命令后，命令行提示为：

点取待标注的轴线〈退出〉：　// 单击需要标注轴号的轴线。
点取待标注的轴线〈退出〉：　// 继续选择要标注的轴线，否则回车结束命令。

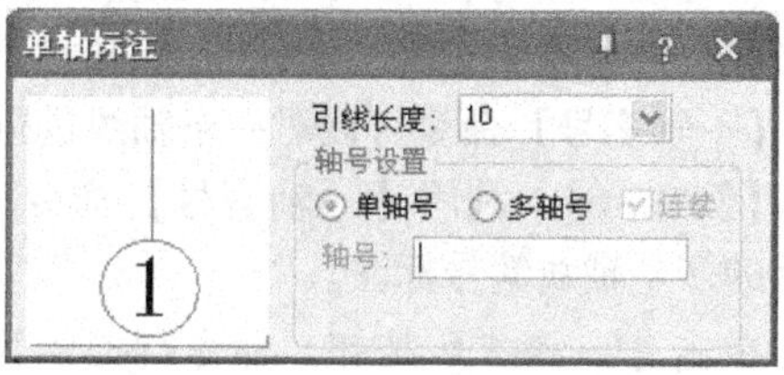

图 9-18　【单轴标注】对话框

9.2.2.3 添补轴号

当图样中出现需要标注的新轴线或出现分轴号时，可以使用【添补轴号】命令将新轴线添加到已经标注好的轴网中，并将轴线编号重新编写，或者对分轴线进行分轴线标注。

【例9-5】 对如图9-19a所示的分轴线进行标注。

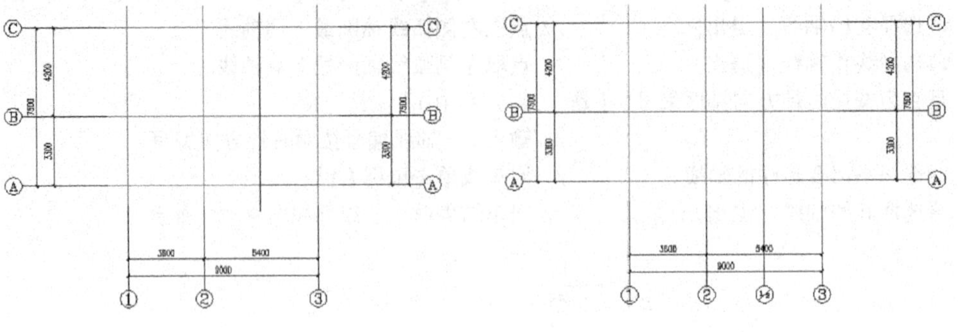

a) b)

图9-19 添补轴号

单击 添补轴号 按钮，命令行提示为：

请选择轴号对象〈退出〉： // 选择开间轴网标号。

请点取新轴号的位置或［参考点 (R)］〈退出〉：

// 选择2号轴线后的分轴线。

新增轴号是否双侧标注？［是 (Y)/否 (N)］〈Y〉：N

// 输入N，单侧标注。

新增轴号是否为附加轴号？［是 (Y)/否 (N)］〈N〉：Y

// 输入Y确认为分轴号，回车结束命令，结果如图9-19b所示。

9.2.2.4 删除轴号

【删除轴号】命令可以删除多余的轴号，并将轴线编号重新编写。

单击 删除轴号 按钮，命令行提示为：

请框选轴号对象〈退出〉： // 选择要删除的轴号，应框选对象。

请框选轴号对象〈退出〉： // 继续选择要删除的轴号，否则回车结束对象选择。

是否重排轴号？［是 (Y)/否 (N)］〈Y〉：

// 输入相应字母选择重排轴线编号或不重排，回车结束命令

9.2.2.5 一轴多号

在外墙详图的表达中，常常出现多个外墙详图相同的情况，这时需要绘制一个详图，同时标注多个轴线编号。【一轴多号】命令可以对一条轴线进行多号标注。

【例9-6】 利用【一轴多号】命令完成如图9-20所示的多个轴线编号标注。

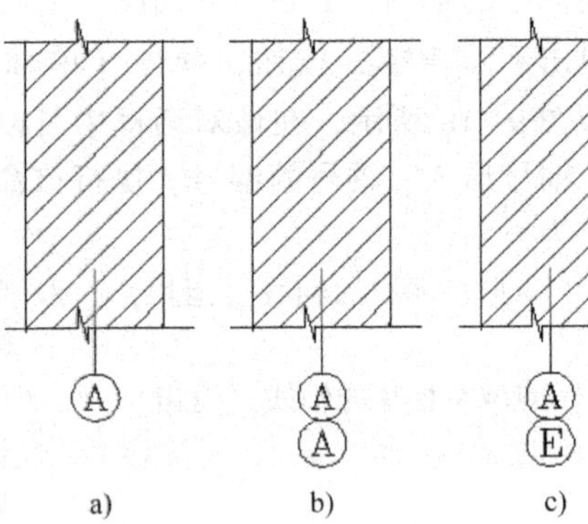

a) b) c)

图9-20 多个轴线编号标注

单击 一轴多号 按钮，命令行提示为：

请选择已有轴号或［框选轴圈局部操作 (F)/单侧创建多号 (Q)］〈退出〉： // 框选A轴号。

请选择已有轴号： // 回车结束轴号选择。

请输入复制排数〈1〉： // 输入复制的排数，这里回车选择默认值1，同时结束命令，结果如图9-20b所示。

双击刚刚复制的 A 轴号，A 为可编辑状态，这时将 A 改为 E，结果如图 9-20c 所示。

9.2.2.6　轴号隐现

【轴号隐现】命令用于在平面轴网中控制单个或多个轴号的隐藏与显示。单击 轴号隐现 按钮，命令行提示为：

请选择需隐藏的轴号或［显示轴号 (F)/设为双侧操作 (Q)，当前：单侧隐藏］〈退出〉：

// 选择图 9-21a 中的 1/3 轴号。

请选择需隐藏的轴号或［显示轴号 (F)/设为双侧操作 (Q)，当前：单侧隐藏］〈退出〉：

// 回车，结果如图 9-21b 所示。

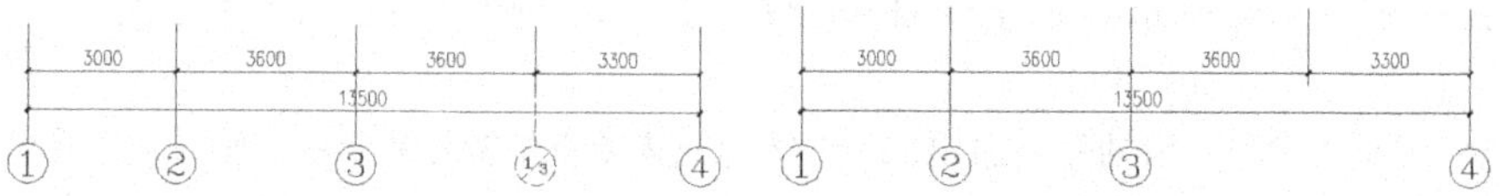

a)　　　　b)

图 9-21　轴号隐现

重新执行【轴号隐现】命令，在命令行提示“请选择需隐藏的轴号或［显示轴号 (F)/设为双侧操作 (Q)，当前：单侧隐藏］〈退出〉：”时，输入“f”选项，这时被隐藏的轴号会以虚线的形式显示出来，框选需要显示的轴号即可完成轴号的重新显示。

9.2.2.7　主附转换

【主附转换】命令可以将平面图中的主轴线编号和附加轴线编号进行转换，并可以对轴线编号进行重新编号。

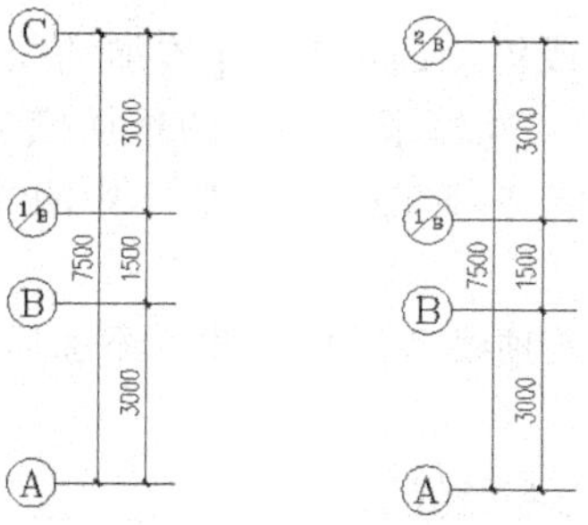

a)　　　　b)

图 9-22　主轴号变为附加轴号

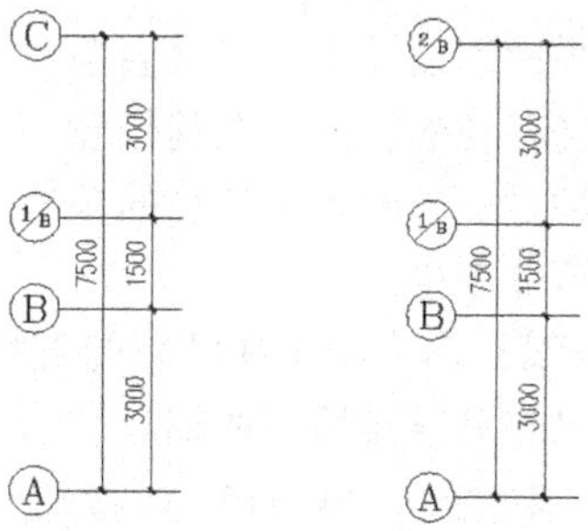

a)　　　　b)

图 9-23　附加轴号变为主轴号

单击 主附转换 按钮，命令行提示为：

请选择需主号变附的轴号或［附号变主 (F)/设为不重排 (Q)，当前：重排］〈退出〉：

// 框选图 9-22a 中的 C 轴号。

请选择需主号变附的轴号或［附号变主 (F)/设为不重排 (Q)，当前：重排］〈退出〉：

// 回车结束命令，结果如图 9-22b 所示。

单击 主附转换 按钮，命令行提示为：

请选择需主号变附的轴号或［附号变主 (F)/设为不重排 (Q)，当前：重排］〈退出〉：F

// 输入 F，选择附加轴号变主轴号的操作。

请选择需附号变主的轴号或［主号变附 (F)/设为不重排 (Q)，当前：重排］〈退出〉：

// 框选图 9-23a 中的 1/B 轴号。

请选择需附号变主的轴号或［主号变附（F）/设为不重排（Q），当前：重排］〈退出〉：

// 回车结束命令，结果如图 9-23b 所示。

9.2.2.8 重排轴号

【重排轴号】命令可以在所选择的一个轴号对象中，从所选轴号开始，对轴网的编号按给定的新轴号重新排序，默认方向为从左到右或从下到上；在此新轴号左（下）方的其他轴号不受本命令影响。

该命令是在选中轴号后的右键快捷菜单中启动，选中轴号，单击右键，弹出快捷菜单，如图 9-24 所示。单击快捷菜单中的 重排轴号 按钮，命令行提示为：

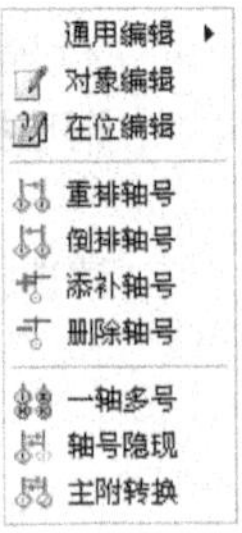

图 9-24 启动【重排轴号】的右键快捷菜单

请选择需重排的第一根轴号〈退出〉： // 点选需要重排轴号的第一根轴号。

请输入新的轴号（. 空号）〈2〉： // 输入新的轴号，并回车结束命令。

这时系统将指定的一组轴号按照给定的数字重新排列，其余轴号不变。

应注意执行【重排轴号】命令时，轴号对象若事先执行过倒排轴号，则重排轴号的排序方向按当前轴号的排序方向。

9.2.2.9 倒排轴号

【倒排轴号】命令可以倒排轴线的编号，适用于特定方向的轴线绘制。该命令也是通过图 9-24 所示的右键快捷菜单启动。单击快捷菜单中的 倒排轴号 按钮，单击的同时执行【倒排轴号】命令，同时命令结束，命令行没有交互命令提示。

9.2.2.10 添加轴线

在建筑平面图设计中，经常会遇到个别轴线需要裁剪或添加的情况，【添加轴线】命令可以参考一根已经存在的轴线，在其任意一侧添加一根新轴线，同时根据用户的选择赋予新的轴号，把新轴线和轴号一起融入到存在的参考轴号系统中，TArch8.5 将 TArch6.5 版本中的【添加径轴】命令合并在该命令中。

【添加轴线】命令用于在已有的直线和弧形轴网上加入轴线和附加轴线，添加后可以自动插入轴号，并且自动重排后面的轴号。

单击 添加轴线 轴网合并 按钮，对于直线轴网，命令行提示：

选择参考轴线〈退出〉： // 选择一根已存在的轴线。

新增轴线是否为附加轴线？（Y/N）［N］：

// 输入 Y，表示添加的轴线为附加轴线，否则为主轴线，如果为主轴线，其后的轴号自动重排。

偏移方向〈退出〉： // 在添加一侧单击。

距参考轴线的距离〈退出〉： // 输入偏移距离，回车结束命令。

对于圆弧轴网，命令行提示：

选择参考轴线〈退出〉： // 选择一根已存在的圆弧径向轴线。

新增轴线是否为附加轴线？（Y/N）［N］： // 选项含义同上。

输入转角〈退出〉： // 输入转角度数，回车后命令结束，在指定位置增加一条径向轴线。

9.2.2.11　轴网合并

该命令可以将多个正交轴网，延伸到指定的边界，达到合并成一个轴网的效果，同时清除其中重合的轴线。

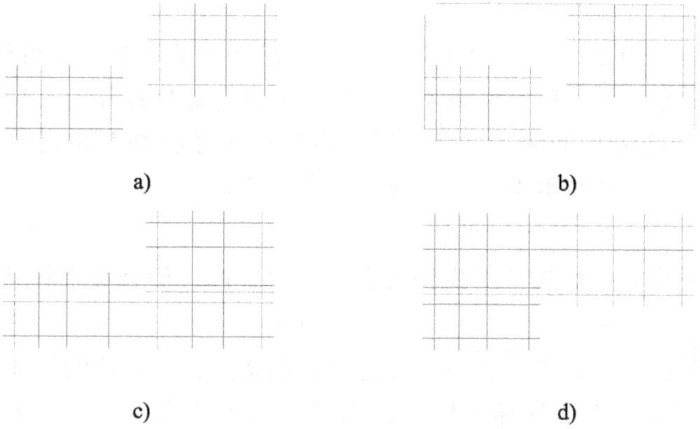

图9-25　【轴网合并】命令的使用

单击 轴网合并 按钮，命令行提示：

请选择需要合并对齐的轴线〈退出〉：指定对角点：找到7个
　　　　// 选择图9-25a左下的正交轴网。
请选择需要合并对齐的轴线〈退出〉：指定对角点：找到7个，总计14个
　　　　// 选择图9-25a右上的正交轴网。
请选择需要合并对齐的轴线〈退出〉：
　　　　// 回车结束轴线选择，此时在绘图区自动出现四条边界线，如图9-25b所示。
请选择对齐边界〈退出〉：　// 选择下边界线。
请选择对齐边界〈退出〉：　// 选择右边界线。
请选择对齐边界〈退出〉：　// 回车结束命令，结果如图9-25c所示。

如果，将对齐边界选择上边界线和右边界线，其结果如图9-25d所示。

【轴网合并】命令只能对正交轴网进行合并，不能对非正交轴网及多个非正交排列的轴网进行合并。

9.2.2.12　轴改线型

【轴改线型】命令是将轴线的线型在连续线和点画线之间切换。绘图时要求轴线为点画线，但是点画线不利于对象捕捉，所以通常在绘图时用连续线，出图时改为点画线。单击 轴改线型 按钮后，则将轴网切换为点画线；再次单击 轴改线型 按钮，轴线变为连续线。

9.2.2.13　用夹点编辑轴号和尺寸

轴号和尺寸作为自定义对象，它的夹点被定义为具有方便编辑的特性。可以经过拖动实现轴号和尺寸的移动。

在轴号上单击后，在轴号和轴线上显示蓝色夹点，将鼠标指向某一夹点，系统将显示该夹点的功能显示。具体功能有：

● 将鼠标移动到轴号夹点处，鼠标右侧会出现“轴号偏移”的功能提示，再单击该夹点使其显示为红色，这时命令行提示为：

拉伸* *

指定拉伸点或［基点 (B)/复制 (C)/放弃 (U)/退出 (X)］：指定一个拉伸点，轴号向指向的方向偏移

● 将鼠标指向轴线靠近轴号的一端夹点，鼠标右侧会出现“改单轴引线长度”的功能提示，再单击该夹点使其显示为红色，即可在命令行的提示下改变定位轴线的长度。

● 将鼠标指向定位轴线的尾段，鼠标右侧会出现“轴号横移”的功能提示，再单击该夹点使其显示为红色，在命令行的提示下可实现轴号的横向偏移。

在最端头的夹点位置可以提供更多的移动功能，请移动鼠标查看其功能显示。

在尺寸数字处单击后，数字和轴线端头会显示蓝色夹点，各夹点的具体功能有：

● 将鼠标指向数字处夹点，鼠标右侧会出现“移动尺寸文本”的功能提示。在命令行的提示下可以实现尺寸文本的移动。

● 将鼠标指向尺寸线端头的夹点，会出现“移动尺寸线”的功能提示，在命令行的提示下会完成尺寸线的移动。

● 将鼠标指向中间轴线的尾部夹点，会出现“更改（合并）尺寸开间”的功能提示，在命令行的提示下会实现尺寸开间的合并。

● 将鼠标指向两端轴线的尾部夹点，会出现“移动定位点和更改开间”的功能提示，在命令行的提示下会实现定位点的移动和开间更改。

利用轴号对象的夹点行为可以很方便地编辑直线轴网和弧线轴网的轴号和尺寸，希望读者能熟练掌握。

图9-26 【墙体】菜单

9.3 创建墙体和编辑墙体

利用前面绘制的图9-17，我们在这个标注了尺寸的轴网上绘制墙体。此轴网由直线轴网和弧线轴网两部分组成，所以墙体也由直线墙和弧线墙组成。

绘制和编辑墙体的命令在天正主菜单的 ▸墙　体 菜单中，单击该按钮，【墙体】菜单如图9-26所示。

9.3.1 创建墙体

在【墙体】菜单的命令中，绘制墙体常用的命令是【绘制墙体】、【等分加墙】、【单线变墙】、【墙体分段】和【转为幕墙】，下面分别介绍这些命令的使用方法。

9.3.1.1 绘制墙体

【绘制墙体】命令可以绘制直墙、弧墙、矩形墙，其墙体的具体参数是通过【绘制墙体】对话框来设置的。

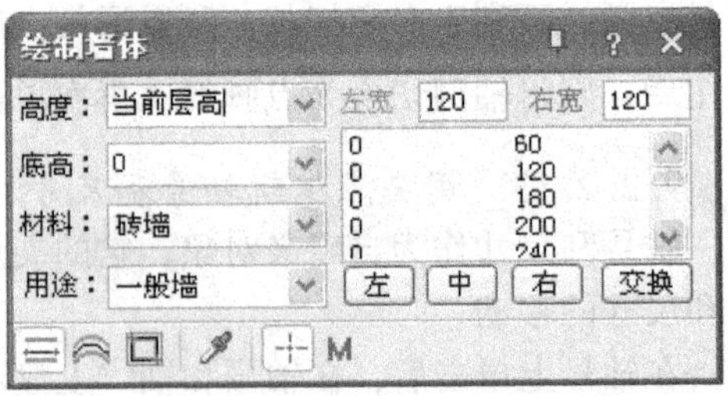

图9-27 【绘制墙体】对话框

单击 绘制墙体 按钮，弹出如图9-27所示的

【绘制墙体】对话框，在对话框中可以设置墙体的左宽、右宽、墙体高度、材料等参数，参数设置好后，单击对话框下方的 、 、 按钮选择绘制直墙、弧墙或矩形墙。

【例 9-7】 按照如图 9-9 所示的弧线和直线轴网绘制成如图 9-28 所示的墙体。

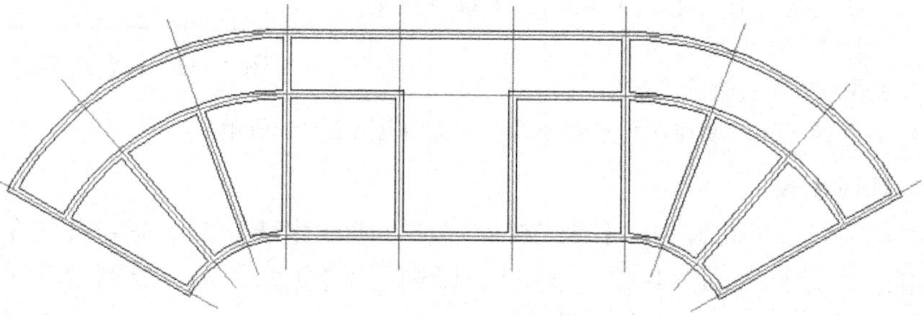

图 9-28 【绘制墙体】命令的使用

（1）单击 绘制墙体 按钮，弹出【绘制墙体】对话框，墙体参数设置如图 9-27 所示。

（2）单击【绘制墙体】对话框下方的 按钮，捕捉轴线交点绘制直线墙体，如图 9-29 所示。

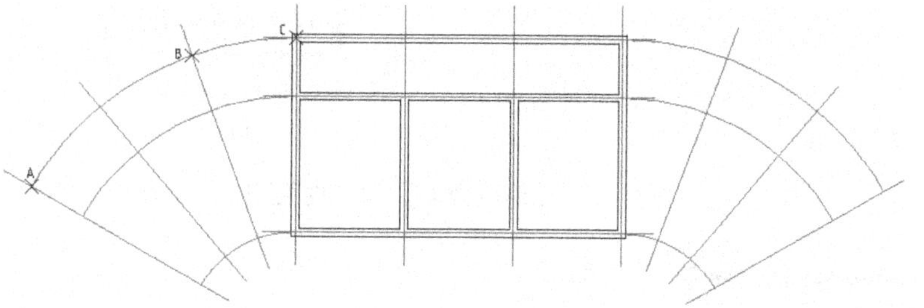

图 9-29 绘制直线墙体

（3）单击【绘制墙体】对话框下方的 按钮，命令行提示：

起点或［参考点 (R)］〈退出〉:　　　　　　　　// 捕捉 A 点单击。
弧墙终点或［直墙 (L)/矩形画墙 (R)］〈取消〉:　　// 捕捉 C 点单击。
点取弧上任意点或［半径 (R)］〈取消〉:　　　　// 捕捉 B 点单击，结果如图 9-30 所示。

（4）同样的方法绘制其余的弧线墙体和剩余的直线墙体，结果如图 9-28 所示。

9.3.1.2　等分加墙

【等分加墙】 命令可以在开间较大的房间内增加等分距离的多道墙体。

【例 9-8】 利用【等分加墙】将如图 9-31a 所示房间增加三道等分的墙体。

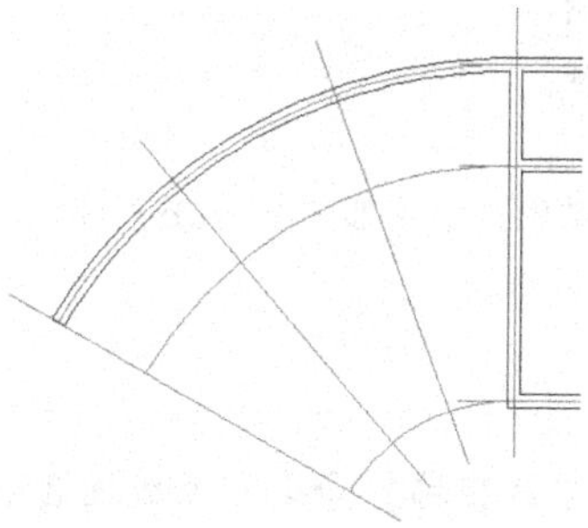

图 9-30 绘制弧线墙体

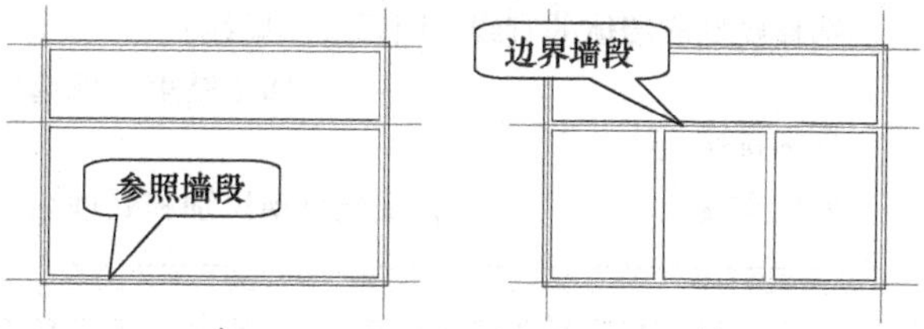

图 9-31 【等分加墙】命令的使用

单击 等分加墙 按钮，命令行提示：

选择等分所参照的墙段〈退出〉：

// 选择最下面的墙体作为参照墙段，这时弹出【等分加墙】的对话框，参数设置如图 9-32 所示。

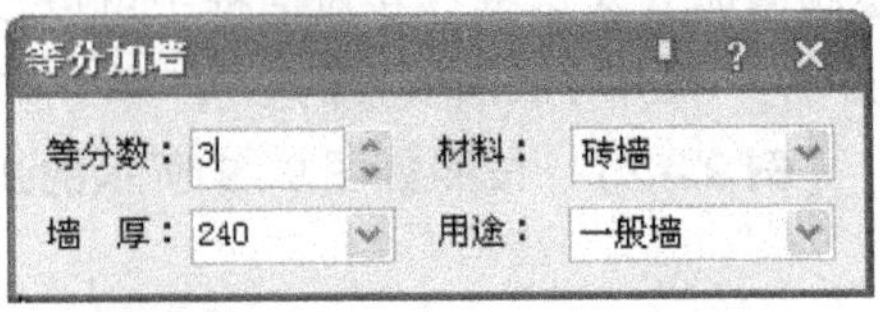

图 9-32　【等分加墙】对话框

选择作为另一边界的墙段〈退出〉：

// 选择中间的墙体作为边界墙段，结果如图 9-31b 所示。

9.3.1.3　单线变墙

TArch8.5 将 TArch6.5 版本中的【单线变墙】和【轴线生墙】两个命令合并在一起。所以该命令有两个功能：一是将 AutoCAD 的【直线】、【圆】和【圆弧】命令绘制的单线生成墙体，并使墙体的基线与单线重合；二是在基于设计好的轴网创建墙体。该命令对于在方案设计阶段用单线草图转化为双线墙体以及绘制高层建筑等不规则的平面图时非常有效。

【例 9-9】　将如图 9-33a 所示的单线墙绘制成如图 9-33b 所示的双线墙。

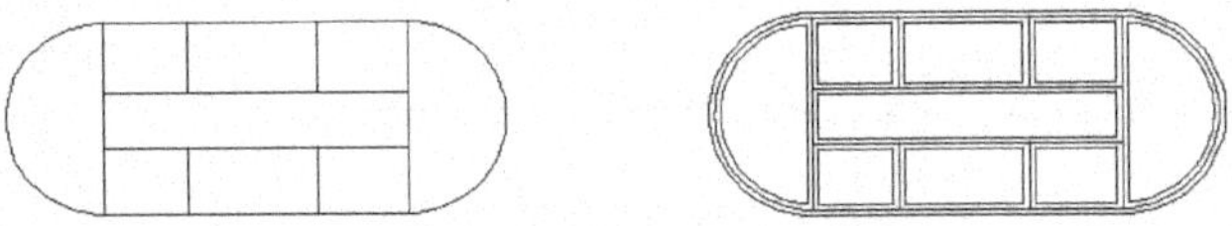

a)　　　　b)

图 9-33　【单线变墙】命令的使用

（1）使用 AutoCAD 命令绘制单线墙。

（2）单击 单线变墙 按钮，弹出【单线变墙】对话框，如图 9-34 所示。选择【单线变墙】选项，选中【保留基线】复选框，其余参数设置如图 9-34 所示。

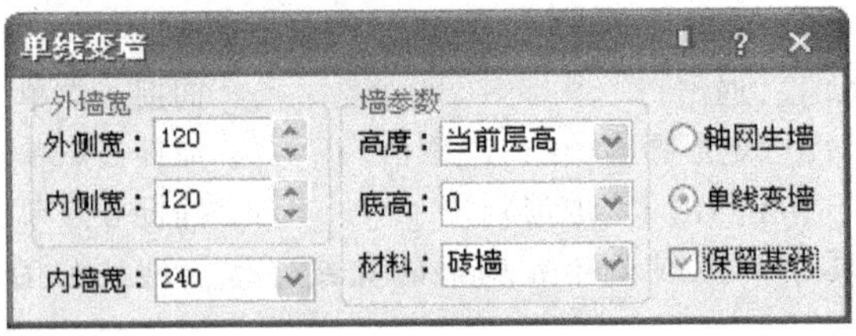

图 9-34　【单线变墙】对话框

命令行提示：

选择要变成墙体的直线、圆弧或多段线：指定对角点：找到 12 个

// 选择要变成墙体的直线、圆弧或多段线。

选择要变成墙体的直线、圆弧或多段线：

// 右键或回车结束对象选择，同时命令结束，结果如图 9-33b 所示。

处理重线...

处理交线...　　　　// 系统自动识别和处理相交的墙体。

系统变量 PELLIPSE 设为 1 创建基于多段线的椭圆，【单线变墙】命令可生成椭圆墙。

9.3.1.4　墙体分段

【墙体分段】命令可将原来的一段墙按给定的两点分为两段或者三段，两点间的墙段可以重新设置其材料、保温层厚度、左右墙等参数。在 TArch8.5 新增加了保温层分段功能，即可以对不同的墙段设置不同的保温层厚度。

单击 墙体分段 按钮，命令行提示为：

请选择一段墙〈退出〉:　　　　// 选择要分段的墙体。

选择起点〈返回〉:　　　　// 选择起点。

选择终点〈返回〉:　　　　// 选择终点，这时弹出如图 9-35 所示的【墙体编辑】对话框，在对话框中可以对墙体的材料、宽度以及保温层厚度等参数进行设置。

请选择一段墙〈退出〉:　　　　// 继续选择要分段的墙体或回车结束命令。

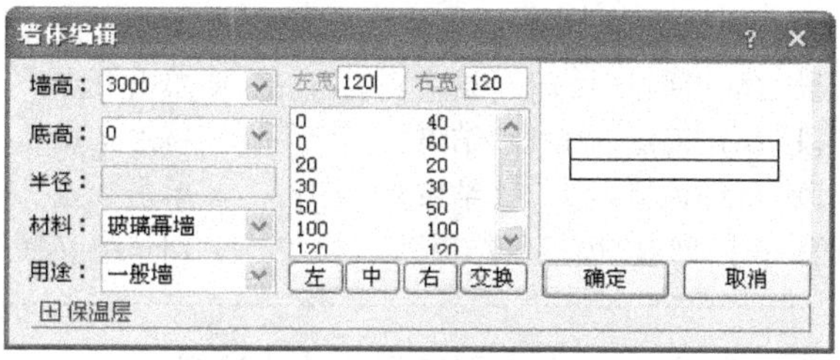

图 9-35　【墙体编辑】对话框

如果将图 9-36a 中的墙段执行【墙体分段】命令，参数设置同上面的【墙体编辑】对话框，命令的执行结果如图 9-36b 所示。

a)　　　　b)

图 9-36　【墙体编辑】命令执行结果

在如图 9-35 所示的【墙体编辑】对话框中单击 保温层 按钮，保温层参数设置编辑框就会显现，此时可以对保温厚度进行设置。【墙体分段】命令暂不能将玻璃幕墙进行分段，但可以把其他墙体分段为玻璃幕墙对象。

9.3.1.5　墙体造型

对于常见的墙体造型如墙垛、壁炉、烟道等，它们与墙砌筑在一起，在平面图中不易使用普通墙线绘制，【墙体造型】命令可以绘制“外凸造型”以及内开洞的“内凹造型”。

【例 9-10】　利用【墙体造型】命令将如图 9-37a 所示的普通墙体变为如图 9-37b 所示的有外凸及内凹的墙体造型。

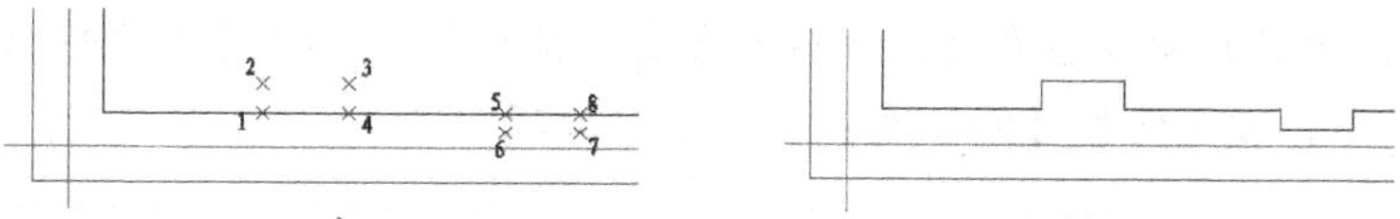

a)　　　　b)

图 9-37　【墙体造型】命令执行结果

单击 墙体造型 按钮，命令行提示为：

选择［外凸造型 (T)/内凹造型 (A)］〈外凸造型〉：　// 回车选择默认的“外凸造型”选项。
墙体造型轮廓起点或［点取图中曲线 (P)/点取参考点 (R)］〈退出〉：
　// 单击 1 点。
直段下一点或［弧段 (A)/回退 (U)］〈结束〉：　// 单击 2 点。
直段下一点或［弧段 (A)/回退 (U)］〈结束〉：　// 单击 3 点。
直段下一点或［弧段 (A)/回退 (U)］〈结束〉：　// 单击 4 点。
直段下一点或［弧段 (A)/回退 (U)］〈结束〉：　// 回车结束命令。
命令：T81_TAddPatch　// 单击 墙体造型 按钮，执行该命令。
选择［外凸造型 (T)/内凹造型 (A)］〈外凸造型〉：A　// 输入 A，选择“内凹造型”选项。
墙体造型轮廓起点或［点取图中曲线 (P)/点取参考点 (R)］〈退出〉：
　// 单击 5 点。
直段下一点或［弧段 (A)/回退 (U)］〈结束〉：　// 单击 6 点。
直段下一点或［弧段 (A)/回退 (U)］〈结束〉：　// 单击 7 点。
直段下一点或［弧段 (A)/回退 (U)］〈结束〉：　// 单击 8 点。
直段下一点或［弧段 (A)/回退 (U)］〈结束〉：　// 回车结束命令，结果如图 9-37b 所示。

选择造型对象，使用 erase 命令即可删除墙体造型。

9.3.1.6　净距偏移

【净距偏移】命令的作用与 AutoCAD 的【偏移】命令类似，可以将墙体以墙体到墙体的净距为偏移距离进行偏移。

单击 净距偏移 按钮，命令行提示为：

输入偏移距离〈4000〉：2100　// 输入偏移距离。
请点取墙体一侧〈退出〉：　// 点取图 9-38a 中 Ⓐ 轴线墙体的内侧。
请点取墙体一侧〈退出〉：　// 回车结束命令，结果如图 9-38b 所示，系统自动表示出来偏移墙体与原有墙体的交接部位。

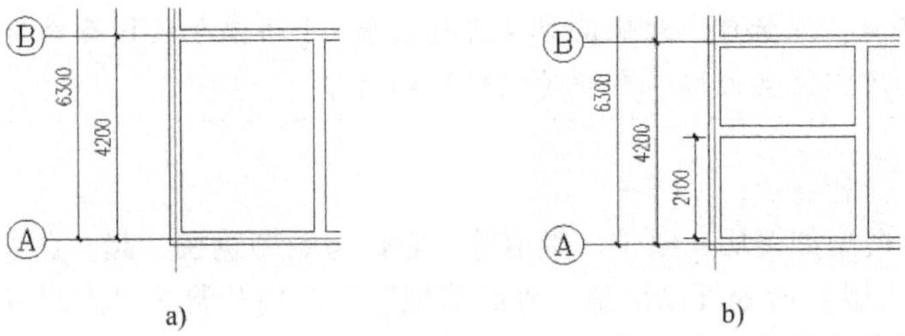

图 9-38　【净距偏移】命令执行结果

【净距偏移】命令会自动处理与原有墙交接的部位，但对于偏移墙体的相交处该命令不作处理，可以使用【修墙角】命令自行处理。

9.3.1.7　转为幕墙

【转为幕墙】命令可以将普通墙体转换为玻璃幕墙。单击 转为幕墙 按钮，命令行提示为：

请选择要转化为玻璃幕墙的墙体：　　　　// 选择要转化为玻璃幕墙的墙体。
请选择要转化为玻璃幕墙的墙体：　　　　// 可以继续选择，或回车结束命令。

图9-39中的A轴线中间的一段墙体被转为玻璃幕墙，这里系统自动用浅蓝色、四条线来表示玻璃幕墙。

图9-39 【转为幕墙】命令执行结果

用三线还是四线表示玻璃幕墙要根据当前绘图比例大小而定。

9.3.2 编辑墙体

用TArch8.5命令绘制的墙体可以使用AutoCAD的大多数编辑命令来编辑，编辑过的墙体能自动修正端口的交接处。另外TArch8.5还提供了一些专门的编辑命令对墙体进行编辑。下面分别介绍墙体的编辑方法。

9.3.2.1 使用AutoCAD命令编辑墙体

在TArch8.5系统中，可以直接使用AutoCAD的大部分编辑命令对墙体进行操作，各编辑命令对墙体的操作效果和操作中需注意的问题说明如下：

- 【删除】命令：可以删除单段或多段墙体。墙体删除后，与该墙体相连的其他墙体会自动更新。墙体上的门窗自动删除。
- 【复制】、【移动】、【镜像】命令：可以复制、移动、镜像单段或多段墙体，被操作墙体上的门窗自动参与操作（不管用户是否选中）。应当注意：选择被操作墙体时应避免在操作结果中出现重合墙体。
- 【偏移】命令：可按偏移距离和方向生成新的墙体。偏移圆弧墙时，可快速画出不同间距的同心圆弧墙体。
- 【修剪】、【打断】、【延伸】命令：可以修剪、打断、延伸墙体到指定边界，自动修正端口和交接处。
- 可以用【缩放】命令，改变平面图两个方向的大小，用【拉伸】命令改变平面图一个方向上的大小，不改变墙体的宽度。
- 不能用【倒角】、【圆角】命令编辑墙体。应当使用TArch8.5【墙体】菜单下的【倒墙角】命令。
- 不能用【分解】命令分解墙体，因为墙体和柱子、门窗是互相关联的对象。应当使用TArch8.5【文件布图】菜单下的【分解对象】命令。

9.3.2.2 对象编辑

TArch8.5提供了以对话框形式对一个墙段进行编辑的功能。具体步骤是：

（1）选择要编辑的墙体对象。

（2）单击鼠标右键，弹出如图9-40所示的快捷菜单。

（3）选取右键菜单中的【对象编辑】命令，弹出如图9-35所示的【墙体编辑】对话框，修改相应的参数，单击【确定】按钮，即可实现墙体的更新。

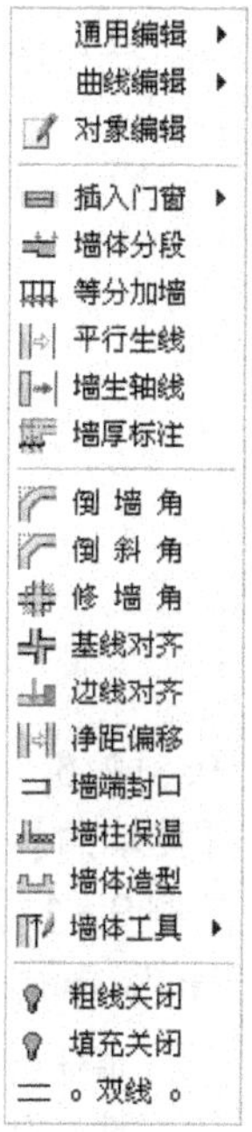

图9-40 右键快捷菜单

9.3.2.3　倒墙角

用 TArch 绘制的墙体不能用 AutoCAD 中的【倒角】和【圆角】命令编辑，TArch 提供了专门的【倒墙角】命令。

单击 倒墙角 按钮，命令行提示为：

选择第一段墙或［设圆角半径（R），当前=0］〈退出〉：R　// 输入 R，选择设置圆角半径。
请输入圆角半径〈0〉：200　// 输入圆角半径。
选择第一段墙或［设圆角半径（R），当前=200］〈退出〉：　// 选择第一段墙体。
选择另一段墙〈退出〉：　// 选择第二段墙体，同时命令结束。

则将墙角按照指定半径倒出圆角。

> 如倒角半径不为 0，可在厚度和样式相同的墙段之间倒圆角；如倒角半径为 0，则可用于不平行的两段墙体的连接，这时两个墙段的厚度和样式可以不同。

9.3.2.4　倒斜角

【倒斜角】命令是用来处理两段不平行的墙体的端头交角，使两段墙以指定倒角长度进行连接，倒角距离按墙中线计算。

单击 倒墙角 按钮，命令行提示为：

选择第一段直墙或［设距离（D），当前距离 1=0，距离 2=0］〈退出〉：D
// 输入 D 选择设置距离选项。
指定第一个倒角距离〈0〉：500　// 输入第一个倒角距离。
指定第二个倒角距离〈0〉：400　// 输入第一个倒角距离。
选择第一段直墙或［设距离（D），当前距离 1=500，距离 2=1000］〈退出〉：
// 选择图 9-41a 中的第一段直墙（竖墙）。
选择另一段直墙〈退出〉：　// 选择图 9-41a 中的第二段直墙（横墙），结果如图 9-41b 所示。

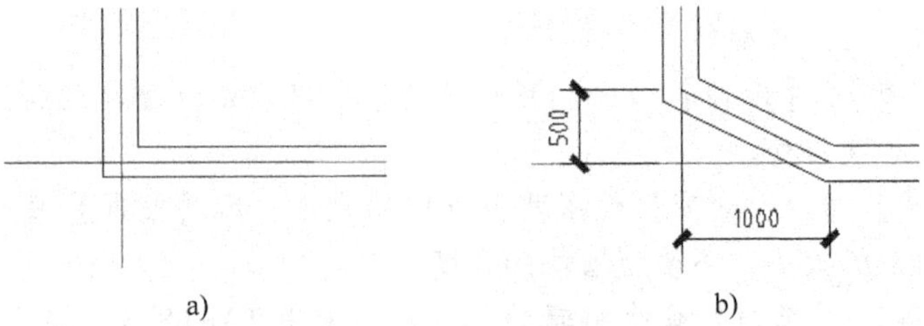

图 9-41　【倒斜角】命令执行结果

9.3.2.5　修墙角

【修墙角】命令可以修正墙体相交处出现的异常情况。

【例 9-11】　修正如图 9-42a 所示的中间墙角。

单击 修墙角 按钮，命令行提示为：

请框选需要处理的墙角、柱子或墙体造型。
请点取第一个角点或［参考点（R）］〈退出〉：　// 点取第一个角点 A。
点取另一个角点〈退出〉：　// 点取第二个角点 B。
请点取第一个角点或［参考点（R）］〈退出〉：　// 右键或回车结束命令。

则图 9-42a 中的墙角修正为图 9-42b 的样式。

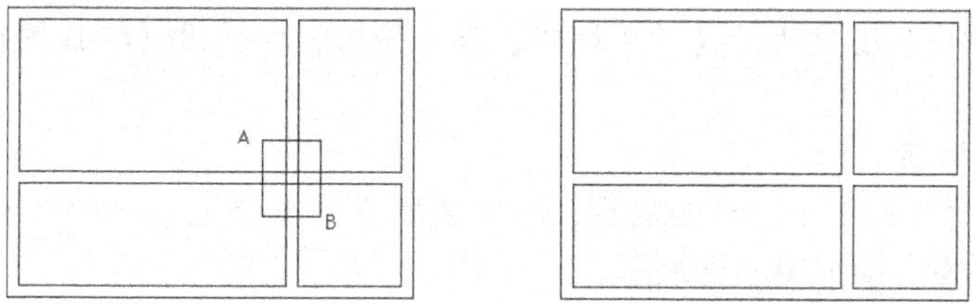

a)　　　　　　　　b)

图 9-42 【修墙角】命令执行结果

9.3.2.6 基线对齐

【基线对齐】命令用于纠正由于墙体基线不对齐（或未精确对齐）而造成墙体显示错误。单击 基线对齐 按钮，命令行提示为：

请点取墙基线的新端点或新连接点或 [参考点 (R)]〈退出〉:

// 点取作为对齐点的一个基线端点，不应选取端点外的位置。

请选择墙体 (注意：相连墙体的基线会自动联动！)〈退出〉:

// 选择要对齐该基线端点的墙体对象。

请选择墙体 (注意：相连墙体的基线会自动联动！)〈退出〉:

// 继续选择对齐的对象后回车退出。

请点取墙基线的新端点或新连接点或 [参考点 (R)]〈退出〉:

// 点取其他基线交点作为对齐点。

9.3.2.7 边线对齐

【边线对齐】命令可以使墙边线通过一指定点，调整墙体的位置，经常用于墙齐柱边的操作。

【例 9-12】 将如图 9-43a 所示的外墙边线与柱子外侧对齐。

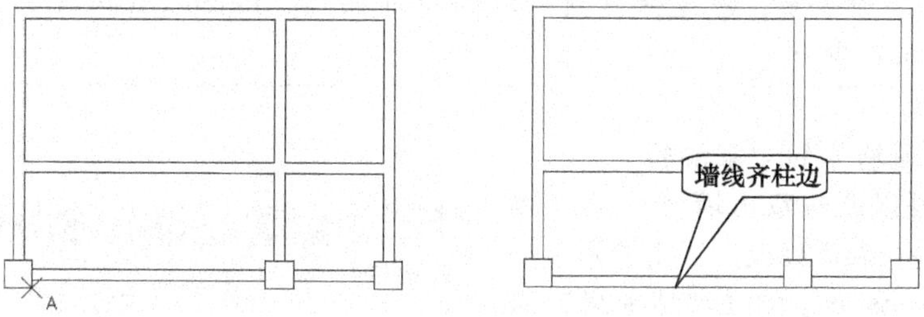

a)　　　　　　　　b)

图 9-43 对齐墙边线

单击 边线对齐 按钮，命令行提示为：

请点取墙边应通过的点或 [参考点 (R)]〈退出〉:

// 捕捉图 9-43a 中的 A 点单击。

请点取一段墙〈退出〉: // 选择最下面的一道墙体单击，这时弹出图 9-44 所示的对话框，单击 是(Y) 按钮，结果如图 9-43b 所示。

请点取一段墙〈退出〉: 点取下面的外墙

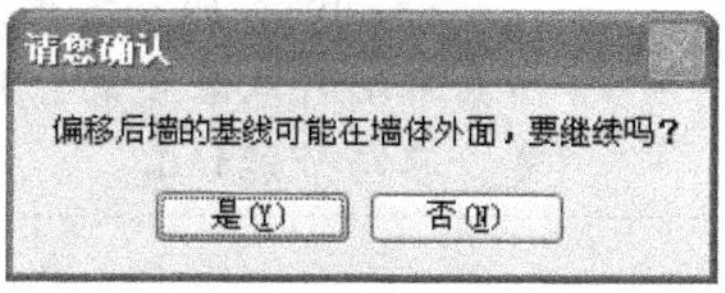

图 9-44 【请您确认】对话框

由于本命令把选中的墙体都改成中线定位的墙体，不适合于修改偏心墙，因此要谨慎使用，对偏心墙应使用【对象编辑】逐一修改，或使用【特性编辑】统一修改墙厚。

9.3.2.8 墙体保温

【墙体保温】命令可在图中已有的墙段、墙体造型或柱子指定一侧加入或删除保温层线，遇到门自动打断，遇到窗自动把窗厚度加厚。

单击 墙柱保温 按钮，命令行提示为：

指定墙、柱、墙体造型保温一侧或［内保温（I）/外保温（E）/消保温层（D）/保温层厚（当前=80）（T）］〈退出〉：　　// 鼠标可以在添加保层（墙体或柱子）一侧单击，选择图 9-45a 中所有墙体和柱子的外侧单击。

指定墙、柱、墙体造型保温一侧或［内保温（I）/外保温（E）/消保温层（D）/保温层厚（当前=80）（T）］〈退出〉：　　// 继续在添加保温层一侧单击。

…

指定墙、柱、墙体造型保温层一侧或［内保温（I）/外保温（E）/消保温层（D）/保温层厚（当前=80）（T）］〈退出〉：　　// 回车或右键结束命令，结果如图 9-45b 所示。

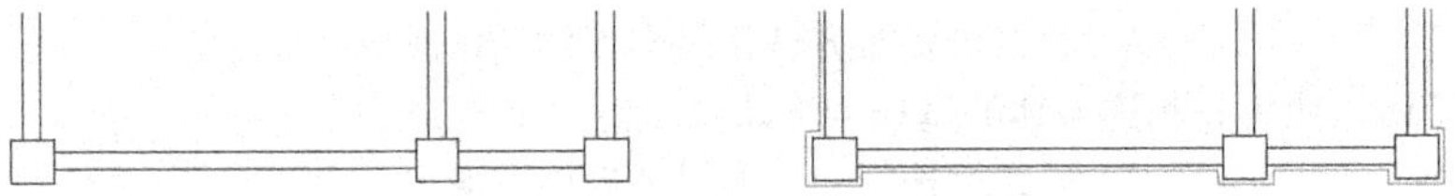

a)　　　　b)

图 9-45 【墙体保温】命令

在命令提示选项中，输入“t”可以修改保温层厚度；输入“d”可以删除已有的多处保温层；输入“i”或“e”，系统自动排除内墙，提示选择外墙，对选中外墙的内侧或外侧加保温层线。

运行本命令前，应先做好内外墙的识别操作。TArch8.5 取消了 TArch6.5 版本的【消保温层】命令。

9.3.2.9 普通墙体的对象编辑

墙体编辑还可以通过双击墙体后的【墙体编辑】对话框进行参数修改。双击绘图区的墙体会弹出如图 9-46 所示的【墙体编辑】对话框，在对话框中可以修改墙体参数，然后单击 确定 按钮完成修改，如果单击绘图区墙体的保温层，对话框将展开保温层参数修改编辑框，在此可以修改保温层的参数。

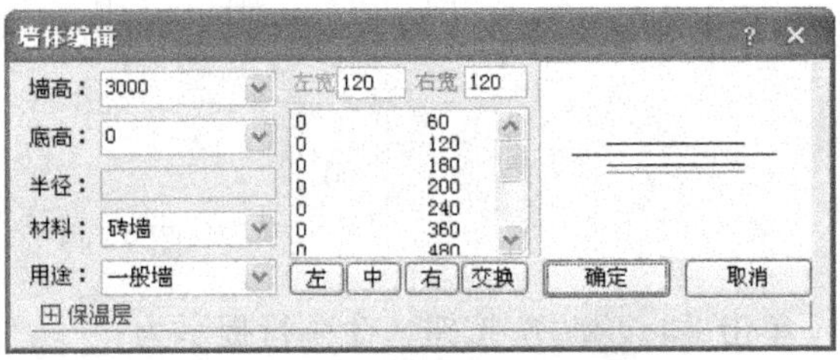

图 9-46 【墙体编辑】对话框

TArch8.5 版本考虑了后面的节能分析，材料中不再提供“示意幕墙”，而是提供按示意幕墙样式表示的“玻璃幕墙”，因为只有玻璃幕墙对象才能由天正节能软件识别为窗，参与节能计算。

9.3.3　使用墙体工具

对于单个墙体的编辑，可以双击进行本墙段的对象编辑修改，但对于多个墙段的编辑，使用墙体编辑工具更为有效。在【墙体】菜单下还有一个【墙体工具】二级菜单，单击 墙体工具 按钮，系统弹出如图 9-47 所示的【墙体工具】菜单。

图 9-47　【墙体工具】菜单

9.3.3.1　改墙厚

【改墙厚】命令是按照墙基线居中的原则修改墙体的厚度，该命令常常用于批量修改墙体的厚度。但不适合修改偏心墙。

单击 改 墙 厚 按钮，命令行提示为：

选择墙体：　　　　// 选择要修改的一段或多段墙体。
选择墙体：　　　　// 继续选择或回车结束对象选择。
新的墙厚〈240〉：　　// 输入新的墙厚值，回车执行命令，则选中的墙段的墙厚变为新值，并自动处理墙段和其他构件的连接处。

由于本命令把选中的墙体都改成中线定位的墙体，不适合于修改偏心墙，因此要谨慎使用，对偏心墙应使用【墙体编辑】逐一修改，或使用【特性编辑】统一修改墙厚。

9.3.3.2　改外墙厚

【改外墙厚】命令用于修改外墙厚度。

单击 改外墙厚 按钮，命令行提示为：

请选择外墙：　　　　// 框选墙体，只有外墙亮显。
内侧厚〈120〉：　　　// 输入外墙基线到外墙内侧边线距离。
外侧厚〈240〉：　　　// 输入外墙基线到外墙外侧边线距离，回车执行命令，则选中的外墙的墙厚变为新值，并自动处理墙段和其他构件的连接处。

在调用与外墙有关的命令之前，应当识别好内外墙，单击【墙体】菜单下的【识别内外】命令，指定哪些墙体为外墙。【识别内外】操作见 9.3.4 的叙述。

9.3.3.3　改高度

【改高度】命令主要用于成批地修改柱、墙体及其造型的高度和底标高，修改底标高时，门窗底的标高可以和柱、墙联动修改。

单击 改 高 度 按钮，命令行提示为：

选择墙体、柱子或墙体造型：　　// 选择需要修改的建筑对象。
新的高度〈3000〉：　　　　　// 输入新的对象高度。
新的标高〈0〉：　　　　　　// 输入新的对象底面标高（相对于本层楼面的标高）。
是否维持窗墙底部间距不变？(Y/N)［N］：　// 输入 Y 或 N，认定门窗底标高是否同时修改。

【改外墙高】命令类似【改高度】命令，但只是仅对外墙有效。在执行命令前，应做好内外墙的识别操作。

9.3.3.4　平行生线

【平行生线】命令与 AutoCAD 的【偏移】命令相似，可以生成与墙或柱子平行的直线或曲线。用该命令可以绘制墙体的粉刷线、勒脚线等。

单击 平行生线 按钮，命令提示为：

请点取墙边或柱子〈退出〉：　　　// 点取一墙边线或柱边线。
输入偏移距离〈100〉：　　　　　// 输入偏移距离。

则生成与墙边或柱边平行的辅助线。

9.3.3.5　墙端封口

【墙端封口】命令可以将墙体的端部以两种形式显示：封闭和开口。单击 墙端封口 按钮，命令提示为：

选择墙体：找到 1 个　　　　　　// 选择图 9-48a 墙段。
选择墙体：　　　　　　　　　　// 回车执行命令，如图 9-48b 所示。

a)　　　　　　b)

图 9-48　【墙端封口】命令

【墙端封口】命令不影响墙体的三维效果，对已经与其他墙相接的墙端不起作用。

9.3.4　墙体内外识别工具

【识别内外】工具在【墙体】主菜单下，单击 识别内外 按钮，系统弹出如图 9-49 所示的【识别内外】菜单。

图 9-49　【识别内外】菜单

（1）识别内外。本命令可以识别内墙和外墙。在执行【加保温层】、【改外墙厚】等命令之前，需要用【识别内外】命令识别内外墙。

单击 识别内外 按钮，命令行提示为：

请选择一栋建筑物的所有墙体（或门窗）：　　　// 选择全部墙体

结束选择后，系统自动判断内外墙，识别出的外墙用红色的虚线示意。用【视图】/【重画】或【重生成】命令可以消除亮显的虚线。

如果外墙包括多个封闭区域，可以多次调用本命令，分别进行识别。也可以结合下面所讲的【指定内墙】和【指定外墙】命令进行手工指定。

（2）指定内墙。单击 指定内墙 按钮，选择内墙线，可以将选中的墙体置为内墙。

（3）指定外墙。单击 指定外墙 按钮，选取外墙线，系统将所选墙线指定为外墙。

（4）加亮外墙。单击 加亮外墙 按钮，系统用红色亮显外墙的外边线，用来检查哪些是室外墙线，哪一侧是外墙。用【重画】命令可以消除亮显虚线。

当绘图区用红线亮显外墙边线时，除了用【重画】命令可以消除亮显虚线外，在【实时平移】、【实时缩放】以及相应的缩放命令后，亮显虚线均随之消失。

9.4　插入柱子

柱和墙一样，都是本系统构建的建筑专业自定义对象。柱插入图中后，如果绘制墙体通过柱，则墙在柱心自动打断；如果柱插入图中已有的墙段上，墙段也会在柱心自动打断。柱同样可以采用 AutoCAD 的编辑命令进行修改，修改后相应墙段会自动更新。此外，柱和墙可以同时用夹点拖动编辑。下面分别介绍柱子的绘制和编辑命令。

9.4.1　柱子的绘制

TArch8.5 绘制柱子的命令有【标准柱】、【角柱】、【构造柱】。

9.4.1.1　插入标准柱

【标准柱】命令可以在轴线的交点或任何位置插入矩形柱、圆柱或正多边形柱以及创建异形柱。

在第 8 章中我们已经详细介绍了标准柱的插入方法，在此不再赘述。下面做一个插入标准柱的练习。

【例 9－13】　在如图 9-50a 所示的墙体中添加柱子，使其结果如图 9-50b 所示。

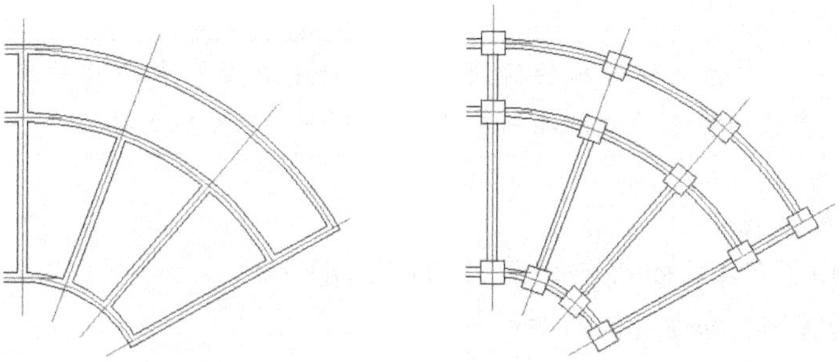

a)　　　　b)

图 9-50　插入标准柱

（1）单击标准柱按钮，弹出【标准柱】对话框。设置好柱的材料、形状、尺寸等参数，如图 9-51 所示。

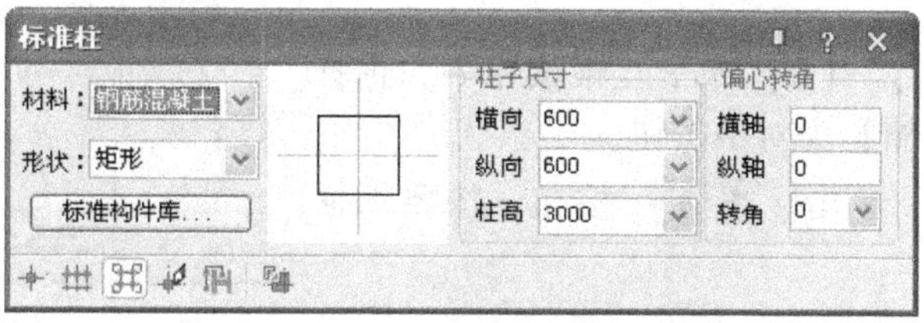

图 9-51　【标准柱】对话框

（2）单击对话框下方的按钮（指定的矩形区域内的轴线交点插入柱子），然后用鼠标框选要插入标准柱的所有轴线交点，结果如图 9-50b 所示。

标准柱的偏心与转角均依照自身的几何中心而定，柱子的默认位置是将柱子的中心点与轴线的交点重合，系统自动调节柱子的倾斜方向，以保证与倾斜轴线的方向一致。

9.4.1.2 插入角柱

【角柱】命令用来在墙角插入形状与墙角一致的柱子。

单击 角 柱 按钮，命令行提示为：

请选取墙角或［参考点（R）］〈退出〉： // 选取一个墙角单击，系统弹出【转角柱参数】对话框，设置 A、B 两个方向的长度和宽度，如图 9-52 所示。

单击 确 定 按钮，则在选定墙角插入一个角柱。角柱不但可以插在直角墙角，还可以插在丁字墙角和十字墙角，在命令的提示下选取的墙角是什么形状，对话框就会显示什么形状的预览图形和相应参数。插入的各种角柱如图 9-53 所示。

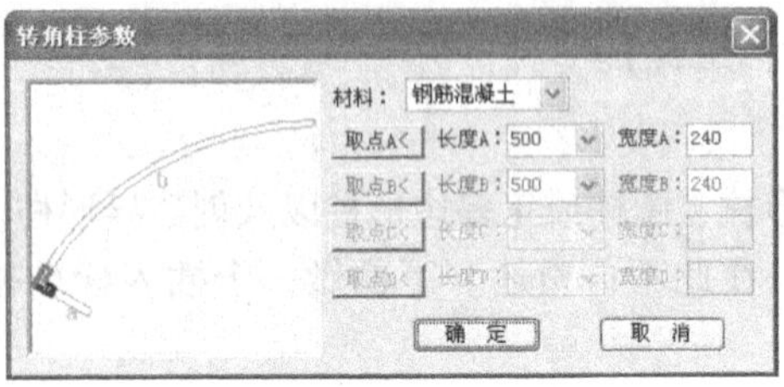

图 9-52 【转角柱参数】对话框

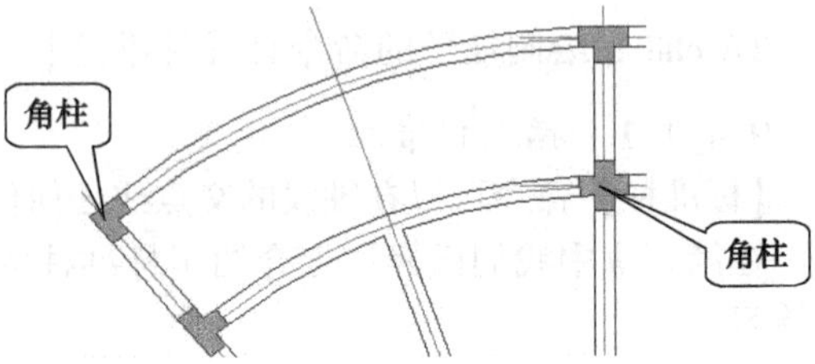

图 9-53 插入的角柱

选择柱子，单击右键弹出快捷菜单，选择快捷菜单中的【填充关闭】或【填充打开】选项，可以交替显示或隐藏填充图例，图 9-53 为显示填充。

9.4.1.3 插入构造柱

【构造柱】命令用于在墙角插入与墙线平行的四边形柱子。

单击 构 造 柱 按钮，命令行提示为：

请选取墙角或［参考点（R）］〈退出〉： // 点取欲插入构造柱的墙角，弹出【构造柱参数】对话框，如图 9-54 所示。

柱子的四条边线自动与墙线平行，从【A－C 尺寸】中选择构造柱沿 A－C 方向的尺寸（最大不能超过墙厚），从【B－D 尺寸】中选择构造柱沿 B－D 方向的尺寸（最大不能超过墙厚）。

从【A】、【B】、【C】、【D】四个互锁按钮中，选择柱子靠近哪边的墙线。【M】为对中按钮。

设置好各种参数后，单击 确 定 按钮，按要求插入构造柱。

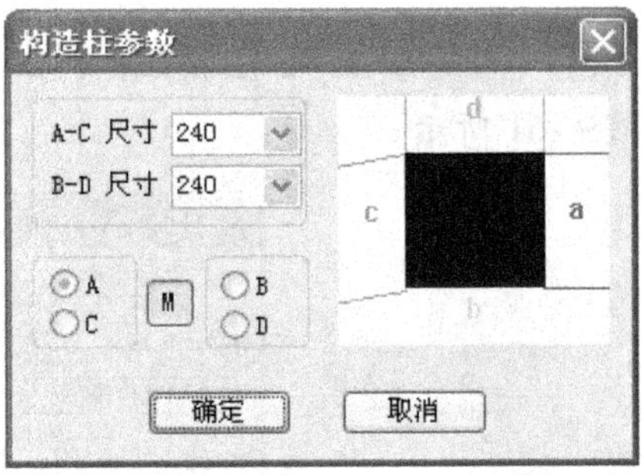

图 9-54 【构造柱参数】对话框

9.4.2 柱子的编辑

插入图中的柱子如果需要移动和修改，可以使用下面的两种方法来编辑。

9.4.2.1 柱齐墙边

插入的柱子是以轴线交点作为柱心的插入基点，柱边与墙边不对齐，如图 9-55a 所示，欲调整柱的位置，可以使用【柱齐墙边】命令。

单击 柱齐墙边 按钮，命令行提示为：

请点取墙边〈退出〉:　　　　// 点取作为柱子对齐基准的墙边。
请点取柱边〈退出〉:　　　　// 依次选择四个柱的外侧柱边单击（如图 9-55a 所示）。
…
请点取柱边〈退出〉:　　　　// 回车结束命令。

则柱子按照选定的墙边对齐。如图 9-55b 所示。

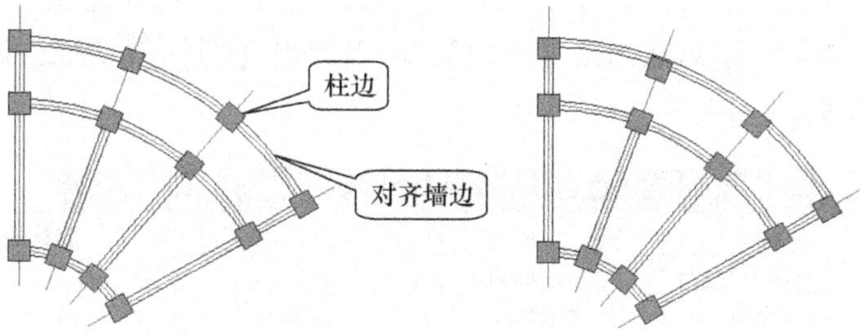

a)　　　　b)

图 9-55 【柱齐墙边】命令

9.4.2.2 柱子的对象编辑

与墙一样，柱子也可以利用夹点功能和【对象编辑】命令进行编缉。

点取需要编辑的柱子，该柱子虚线显示，出现蓝色夹点。

如果需要移动柱子，将鼠标移到虚显柱子的夹点上，右方会弹出“移动柱子”的夹点显示，点取该夹点，柱子即跟随鼠标移动，此时用户可随意点取柱子的插入点，点取后，程序自动处理交线。

如果需要修改编辑柱子，点取柱子后，再单击鼠标右键，在弹出的菜单中选取【对象编辑】命令，屏幕会弹出【标准柱】对话框，可对柱子重新修改编辑。

> 如果是非标准柱，则不能进行对象编辑。

9.5 插入门窗

门窗的命令在 门　窗 菜单中。单击 门　窗 按钮，系统弹出【门窗】二级菜单，如图 9-56 所示。

TArch 将门窗分为普通门窗与特殊门窗两类自定义对象，采用了不同的定义和绘制方法。本节除了介绍这两类门窗的绘制方法，还介绍门窗的编辑方法、门窗编号和门窗表以及门窗制作与门窗库。

> 在插入窗之前，将柱子所在的图层关闭，以方便窗户插入时的捕捉定位。

图 9-56 【门窗】二级菜单

9.5.1　绘制门窗

9.5.1.1　绘制普通门

单击门　窗按钮执行绘制门窗命令，该命令可以绘制普通门、普通窗、弧窗、凸窗和矩形洞等类型的门窗，其插入方式有 11 种方式可供选择。此对话框的功能在第 8 章中已详细介绍。

单击门　窗按钮，默认状态是【插门】，所以弹出【门】对话框，如图 9-57 所示，对话框下部的按钮亮显。

图 9-57　【门】对话框

选择一个双扇门，设置【平面门图例】、【编号】、【门宽】、【门高】、【立面图图例】等参数，插入方式选择“依据点取位置两侧的轴线进行等分插入”，然后在大门入口处插入编号为 M1 的双扇门。

再选择一个单扇门图例，【编号】为 M2，【门宽】为 900，用“垛宽定距插入”方式各个房间的门。

插入了普通门的图形如图 9-58 所示。

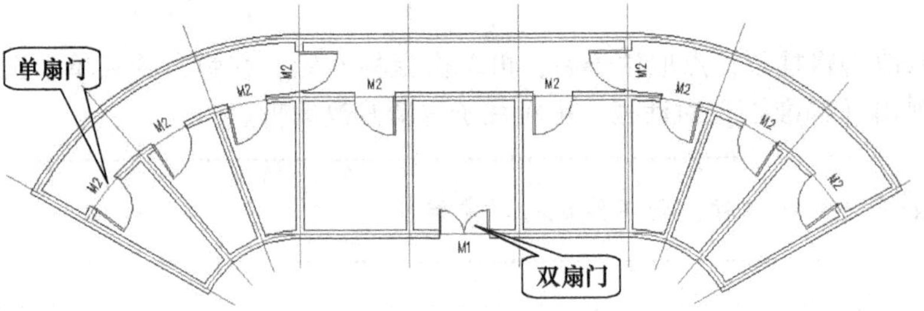

图 9-58　插入普通门

单击【门】对话框中的查表按钮，会弹出如图 9-59 所示的【门窗编号验证表】对话框，对话框中将显示已插入的门窗，当门窗编号发生冲突时，列表会显示“冲突”字样。可以在列表中选中某个门窗，再单击确　定按钮，将该门窗设为当前。

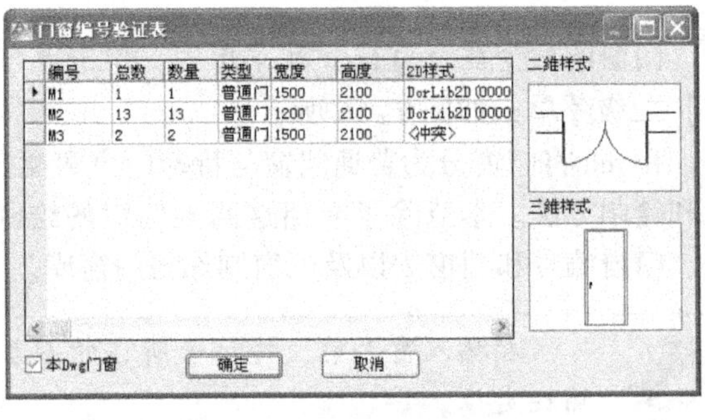

图 9-59　插入普通门

9.5.1.2　绘制组合门窗

【组合门窗】命令不会直接插入一个组合门窗，而是把使用【门窗】命令插入的多个门窗组合为一个整体的“组合门窗”，组合后的门窗按一个门窗编号进行统计。

单击 组合门窗 按钮，命令行提示为：

选择需要组合的门窗和编号文字：　　　// 选择要组合的第一个门窗。
选择需要组合的门窗和编号文字：　　　// 选择要组合的第二个门窗。
选择需要组合的门窗和编号文字：　　　// 选择要组合的第三个门窗。
选择需要组合的门窗和编号文字：　　　// 回车结束选择。
输入编号：　　　// 键入组合门窗编号，更新这些门窗为组合门窗。

【组合门窗】命令不会自动对各子门窗的高度进行对齐，修改组合门窗时临时分解为子门窗，修改后重新进行组合。

9.5.1.3　绘制带形窗

【带形窗】命令用来在一段或连续多段墙上插入带窗，墙线可以是直线或弧线。

单击 带形窗 按钮，弹出如图 9-60 所示的【带形窗】对话框，在对话框中设置窗的参数，同时命令行提示为：

起始点或［参考点（R）］〈退出〉：　　　// 捕捉 A 点单击。
终止点或［参考点（R）］〈退出〉：　　　// 捕捉 B 点单击。
选择带形窗经过的墙：找到 1 个　　　// 选择水平外墙单击。
选择带形窗经过的墙：找到 1 个，总计 2 个　　　// 选择竖直外墙单击。
选择带形窗经过的墙：// 回车结束命令，结果如图 9-61 所示。

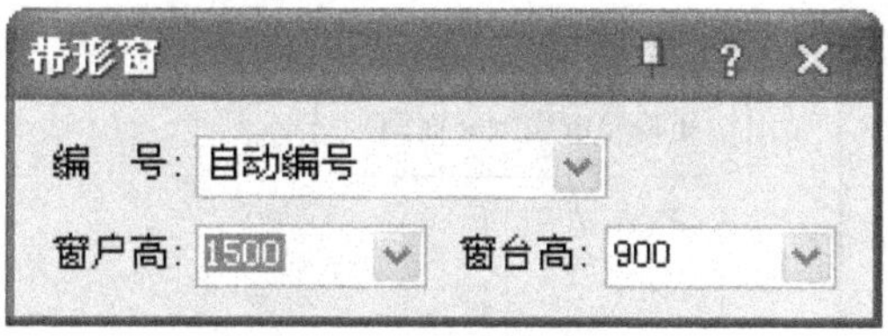

图 9-60　【带形窗】对话框

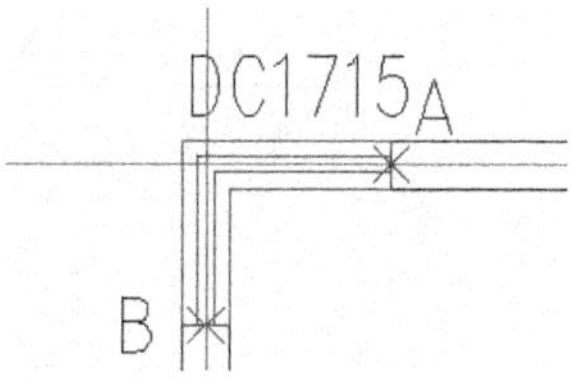

图 9-61　绘制带形窗

9.5.1.4　绘制转角窗

【转角窗】命令用于在墙角插入等高窗，包括普通角窗和角凸窗两种形式。

单击 转角窗 按钮，弹出【绘制角窗】对话框，在对话框中设置角窗的各项参数，勾选【凸窗】，单击 按钮，对话框展开如图 9-62 所示。

图 9-62　【绘制角窗】对话框

然后在绘图区单击，命令行提示为：

请选取墙内角〈退出〉：　　　// 点取墙内角（内外墙角均可）。
转角距离 1〈1000〉：1500　　　// 输入图中显示虚线的墙体上的窗户宽度。

转角距离 2〈1000〉：2000　　　　// 输入图中显示虚线的墙体上的窗户宽度。

请选取墙内角〈退出〉：　　　　// 回车结束命令，结果如图 9-63 所示。

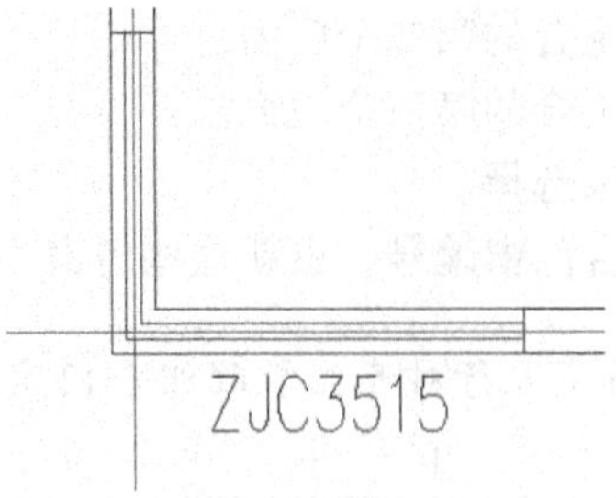

图 9-63　绘制普通角窗

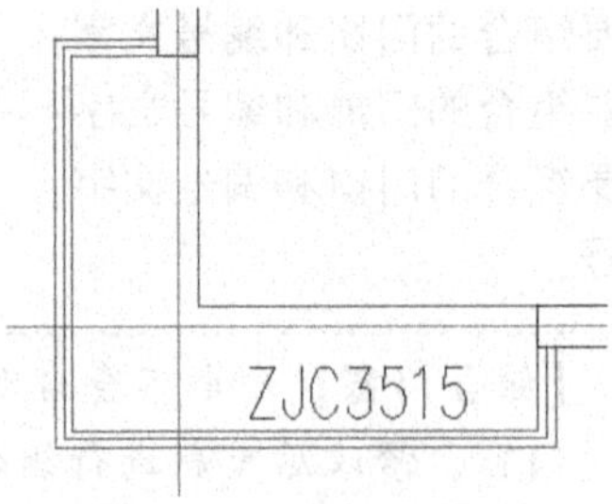

图 9-64　绘制角凸窗

除了插入普通角窗外，还可以在【绘制角窗】对话框中设置凸窗参数，然后插入角凸窗，如图 9-64 所示。

9.5.1.5　绘制异形洞

【异形洞】命令是在直墙面上按给定的闭合 PLINE 轮廓线生成任意形状的洞口，平面图例与矩形洞相同。使用该命令应先将屏幕设为两个或更多视口，分别显示平面和正立面，在立面视口用闭合多段线画出洞口轮廓线，然后使用【异形洞】命令创建异形洞。

例如，绘制一个矩形房间，将屏幕设为两个视口，左侧为平面图，右侧为立面图，在立面图视口绘制一个矩形轮廓线，如图 9-65 所示。

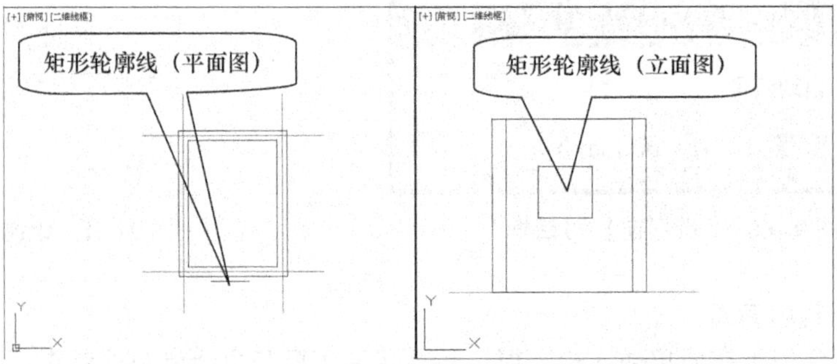

图 9-65　绘制异形洞时将屏幕设为两个视口

单击单击 异形洞 按钮，命令行提示为：

请点取墙体一侧〈退出〉：　　　　// 在平面图视口的最下面墙体内侧单击。

选择墙面上洞口轮廓线的封闭多段线：　// 在立面图视口单击矩形轮廓线。

这时屏幕弹出【异形洞】对话框，取消勾选【穿透墙体】复选框，【洞深】设为 200，如图 9-66 所示，单击 确定 按钮，结果如图 9-67 所示。

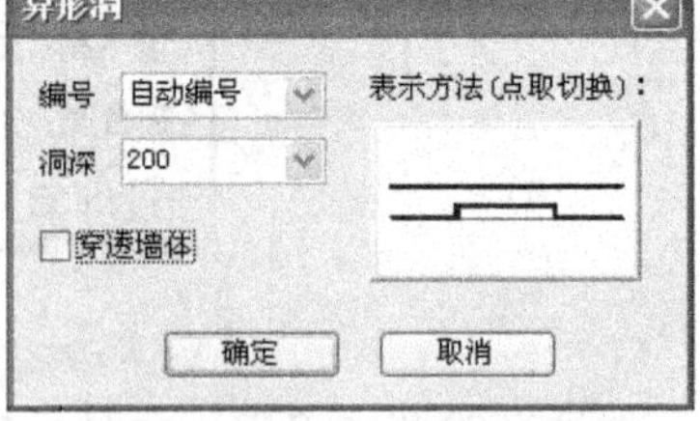

图 9-66　【异形洞】对话框

9.5.2　门窗的编辑

编辑门窗的命令，包括【内外翻转】、【左右翻转】、【门窗规整】、【门窗填墙】、门窗的夹点编辑、门窗的对象编辑、门窗工具等，本节主要介绍门窗编辑命令的使用方法。

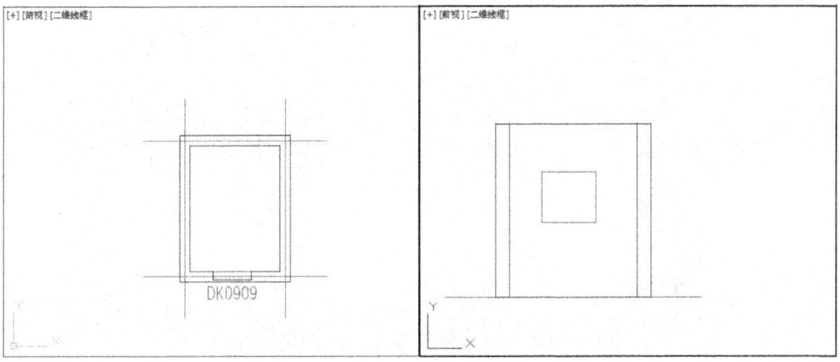

图 9-67　绘制异形洞

9.5.2.1　内外翻转

此命令用于对插入的门、窗进行内外翻转处理，被选的门窗以墙中为轴线进行了内外翻转。

单击 内外翻转 按钮，命令行提示为：

选择待翻转的门窗：　// 单击一个要翻转的门或窗。

选择待翻转的门窗：　// 继续选择要翻转的门窗，或回车结束并执行命令，结果如图 9-68 所示。

（翻转前）　　（翻转后）

图 9-68 【内外翻转】命令的使用

9.5.2.2　左右翻转

此命令用于对插入的门、窗进行左右翻转处理，被选的门窗以墙中为轴线进行了左右翻转。

单击 左右翻转 按钮，命令行提示为：

选择待翻转的门窗：　// 单击一个要翻转的门或窗。

选择待翻转的门窗：　// 继续选择要翻转的门窗。

选择待翻转的门窗：　// 回车结束选择。

9.5.2.3　门窗规整

在做建筑方案设计时，门窗的插入位置往往较为粗略，往往不够准确或规则，【门窗规整】命令可以调整这些不规则位置的门窗，使其位置符合规定，以便生成准确的施工图。

单击 门窗规整按钮，弹出【门窗规整】对话框，如图 9-69 所示。在对话框中可以设置规整的方式，有三种方式，即“垛宽小于 XX 归整为 0”、“垛宽小于 XXX 规整为 YYY”、“门窗居中”，三种方式可以组合。

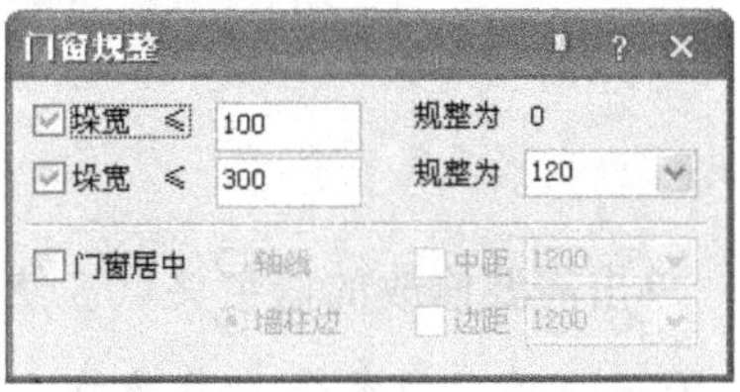

图 9-69 【门窗规整】对话框

如图 9-69 所示设置，命令行提示为：

选择待规整的门窗：　// 单击一个要规整的门 M3，门 M3 位置立即调整，如图 9-70 所示。

选择待规整的门窗：　// 继续选择要规整的门窗或回车结束命令。

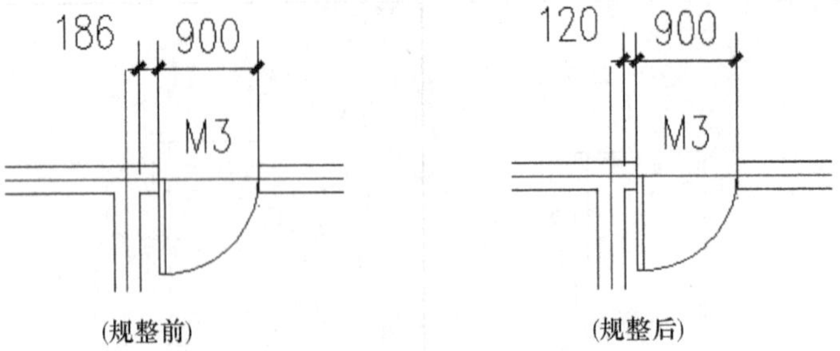

图 9-70　【门窗规整】命令的使用

9.5.2.4　门窗填墙

【门窗填墙】命令是将选中的门窗删除，并在此位置填充上选定材料的墙体。

单击 门窗填墙 按钮，命令行提示为：

请选择需删除的门窗〈退出〉：　　　　// 选择删除的门窗。

请选择需删除的门窗：　　　　// 继续选择或回车结束选择。

请选择需填补的墙体材料：[填充墙(0)/填充墙1(1)/填充墙2(2)/砖墙(3)/无(4)]〈3〉：

// 选择填充墙体的材料，回车结束命令。

【门窗填墙】命令适用于除带形窗、转角窗和老虎窗以外的其他所有门窗类别。

9.5.2.5　门窗的夹点编辑

门窗和墙体一样，也是一种自定义对象，可以预设一系列夹点。在没有命令提示的情况下单击门窗，会显示相应的蓝色夹点。将鼠标移到某一个夹点上，系统会显示出该夹点的功能提示。门窗各夹点的功能提示如图 9-71 所示。

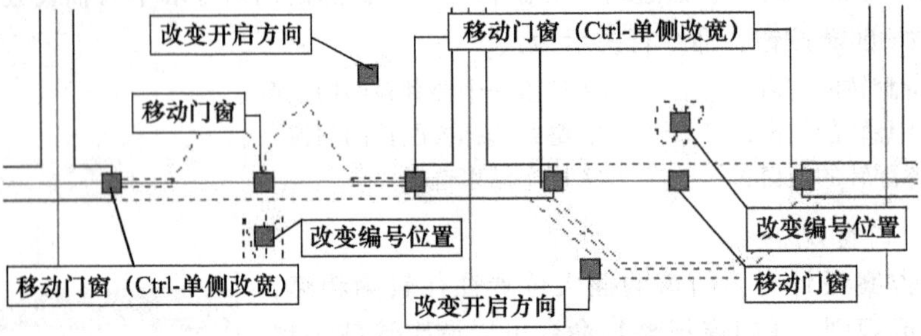

图 9-71　门窗夹点的功能提示

单击需要修改的蓝色夹点，使其变为红色激活状态，即可进行相应的编辑。

9.5.2.6　门窗的对象编辑

选择门窗，使其显示蓝色夹点后，单击鼠标右键，弹出一个关于门窗操作的快捷菜单，如图 9-72 所示。

单击其中的【对象编辑】选项，会调出与选择的门窗对应的【门】(【窗】) 对话框，如图 9-73所示。

图 9-72　门窗
右键快捷菜单

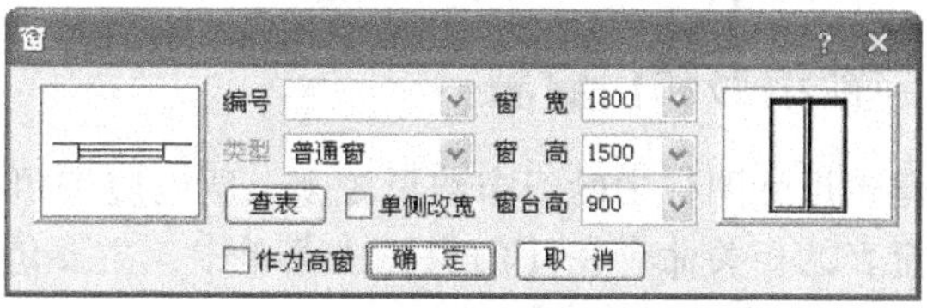

图 9-73　【门】(【窗】) 对话框

根据需要修改【门】(【窗】) 对话框中的参数，单击 确 定 按钮后，系统会自动将所选门窗修改为新参数。

9.5.2.7　用 AutoCAD 的【特性】命令修改门窗

AutoCAD2012 的对象特性管理器是一个功能强大的编辑工具，TArch8.5 的自定义对象支持 AutoCAD 的特性编辑功能。

选择需要修改的门窗，然后单击 AutoCAD 工具栏上面的【特性】命令按钮，弹出【特性】对话框，如图 9-74 所示。

在此对话框中修改相应的门窗参数，使用也十分方便。

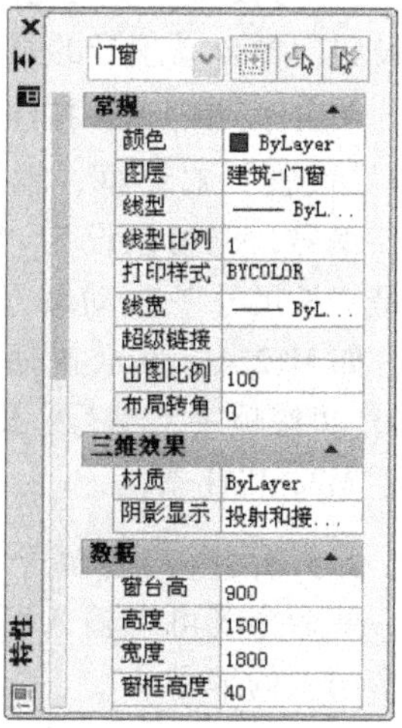

图 9-74　【特性】对话框

9.5.2.8　门窗工具编辑

【门窗工具】菜单主要包括：【编号复位】、【编号后缀】、【门窗套】、【门口线】、【加装饰套】等命令。

- 【编号复位】：该命令是把门窗编号恢复到默认位置，当想利用夹点改变其位置，但是"改变编号位置"夹点与其他夹点重合，这时可以使用该命令将重合的夹点分开。
- 【编号后缀】：该命令是把选定的一批门窗编号添加指定的后缀，适用于对称的门窗在编号后增加"反"缀号的情况，添加后缀的门窗与原门窗独立编号。
- 【门窗套】：该命令可以为外墙窗或门连窗添加凸出外墙的窗（门）套，添加的窗（门）套是沿窗的四周一圈添加。单击按钮，屏幕弹出如图 9-75 所示的【门窗套】对话框，在对话框中可以对添加的门窗套设置长度、宽度、材料的参数，也可勾选【消门窗套】选项，取消已添加的门窗套。
- 【门口线】：当门槛的一侧或两侧地面标高不同时，可以使用该命令在门的一侧或两侧绘制门口线。TArch8.5 版本的门口线与开门方向互相独立，改变开门方向不会导致门口线的翻转。单击 门 口 线 按钮，屏幕弹出如图 9-76 所示的【门口线】对话框，通过对话框中设置，完成门口线的绘制或删除。

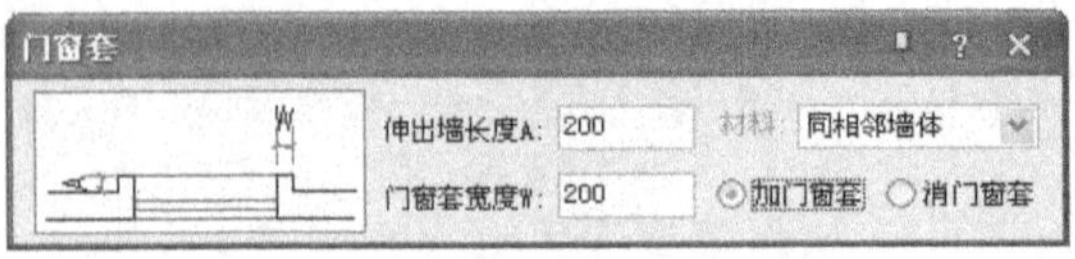

图 9-75　【门窗套】对话框

图 9-76　【门口线】对话框

● 【加装饰套】：该命令可以详细绘制门窗套的装饰线，一般用于室内设计或装修图的绘制。

9.5.3　门窗编号和门窗表

因为建筑设计图样中的门窗数量较多，所以应按照一定的规则对所有的门窗进行编号。门窗编号和门窗表的相关命令在【门窗】主菜单中，主要包括【编号设置】、【门窗编号】、【门窗检查】、【门窗表】、【门窗总表】。

9.5.3.1　编号设置

【编号设置】是 TArch8.5 新增命令，主要用来设置门窗自动编号的规则。

单击 编号设置 按钮，弹出如图 9-77 所示的【编号设置】对话框，编号规则可以设为“按尺寸”编号，也可以设为“按顺序”编号，默认状态是“按尺寸”自动编号，即编号加门窗宽高尺寸，如 M1224，表示普通门，其宽为 1200，高为 2400。“按顺序”编号，即编号加自然数序号，如 M1，M2，FM1 等。

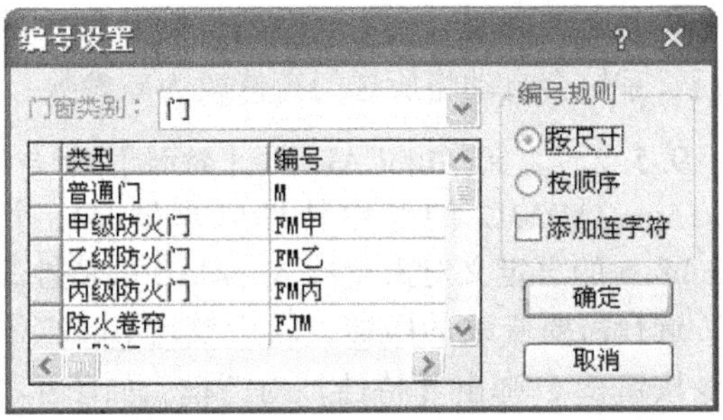

图 9-77　【编号设置】对话框

9.5.3.2　门窗编号

此命令既可以输入所选门窗的编号，也可以改变门窗的编号。

如果要输入新的门窗编号，单击 门窗编号 按钮后，命令行提示为：

请选择需要改编号的门窗的范围〈退出〉:　　　　// 选择要输入编号的门窗。
请选择需要改编号的门窗的范围〈退出〉:　　　　// 继续选择或回车结束选择。
请选择需要修改编号的样板门窗或 [自动编号 (S)]〈退出〉:　// 选择要修改编号的门窗。
请选择需要修改编号的样板门窗或 [自动编号 (S)]〈退出〉:　// 继续选择或回车结束选择。
请输入新的门窗编号或 [删除编号 (E)]〈M-0921〉:　　// 输入新编号，或回车默认给出的编号。

如果要改变原有的门窗编号，单击 门窗编号 按钮后，命令行提示为：

请选择需要改编号的门窗的范围:　　　　// 选择要改名的门窗。
请选择需要改编号的门窗的范围:　　　　// 回车结束选择。
请输入新的门窗编号 (删除编号请输入 NULL)〈M2224〉:　　// 输入新名，回车即可。

在新门窗编号的默认值中，系统可以根据所选门或窗的宽度和高度，自动设置一个编号供用户选择。

9.5.3.3　门窗检查

此命令可以对图中已有的门窗进行列表统计，检查数据有冲突的门窗。

单击 门窗检查 按钮，弹出如图 9-78 所示的【门窗检查】对话框。

在该对话框中对当前图形文件中所有的门窗进行统计显示，同时显示图形内数据冲突的门窗。在右侧的列表中可以直接更改门窗的高、宽，但在单击 更新原图 按钮后，系统不会自动更新其编号，所以应在更改门窗高、宽值时，紧接着更改其编号，再单击 更新原图 按钮。

单击 设置... 按钮，会弹出如图 9-79 所示的对话框，在对话框中可以对检查内容和显示参数进行设置。

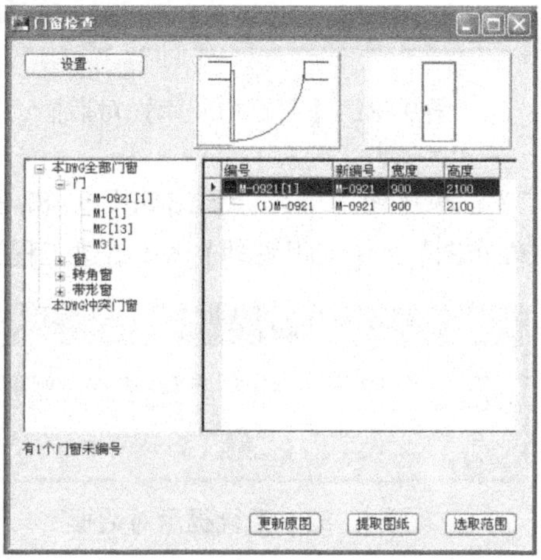

图 9-78　【门窗检查】对话框

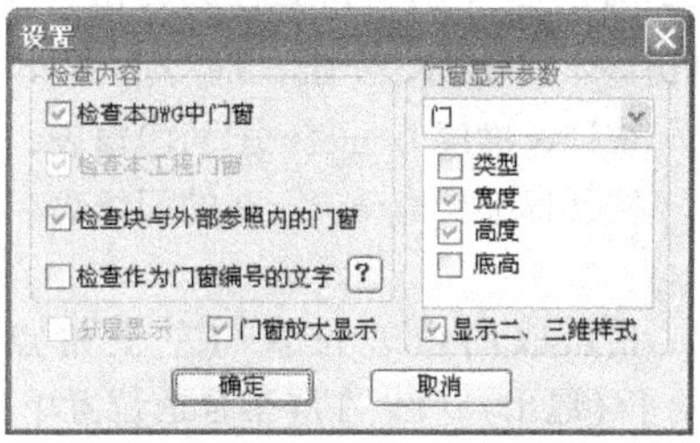

图 9-79　【设置】对话框

> TArch8.5 将门窗形式不同、名称相同的视为冲突；但门窗形式相同、名称不同的不视为冲突。

9.5.3.4　门窗表

此命令可以统计本图中使用的门窗参数，检查后生成统一样式的门窗表。当然 TArch8.5 也允许用户自定义门窗表，然后将其加入门窗表库。

单击 门 窗 表 按钮，命令行提示为：

请选择门窗或［设置（S）］〈退出〉：指定对角点：　　// 选择要统计的门窗。
请选择门窗：　　// 继续选择或回车结束选择。
请点取门窗表位置（左上角点）〈退出〉：　　// 单击确定门窗表的插入位置。

在命令出现的第一行，也可输入“s”选项，在弹出的【选择门窗表样式】对话框（见图 9-80）中设置门窗表样式。单击 选择表头 按钮或单击预览框，会弹出【天正构件库】对话框，如图 9-81 所示，选择表样式后，单击确定按钮即可。

9.5.3.5　门窗总表

【门窗总表】命令用来统计本工程多个平面图使用的门窗参数，检查后生成门窗总表。使用该命令前，必须打开一个工程，执行【门窗总表】命令，将会对当前工程包含的多个平面图的门

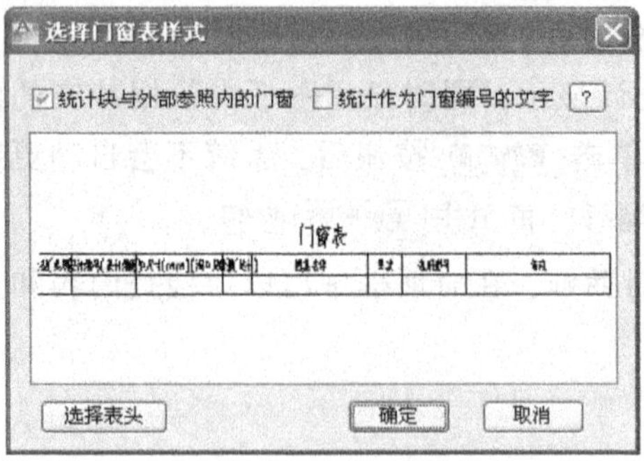

图 9-80　【选择门窗表样式】对话框

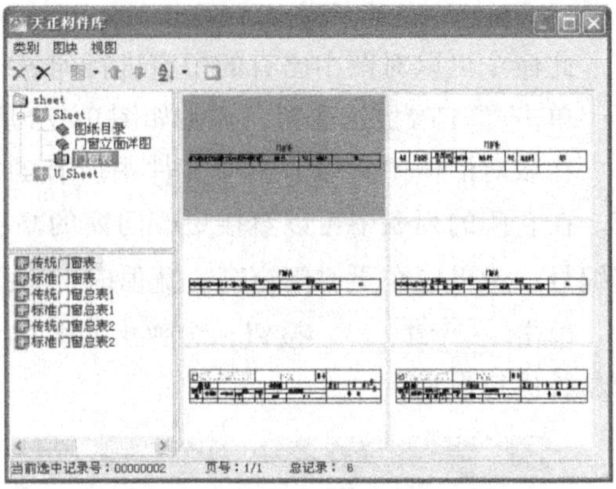

图 9-81　【天正构件库】对话框

窗进行统计。如果当前工程没有打开或建立，单击 门窗总表 按钮，屏幕会弹出如图 9-82 所示的系统提示对话框（创建新工程的方法：单击主菜单【文件布图】/【工程管理】/【新建工程】）。

单击 门窗总表 按钮，命令行显示：

统计标准层 Drawing1 的门窗表...

统计标准层 Drawing2 的门窗表...

...

请点取门窗表位置（左上角点）或［设置(S)］〈退出〉：// 在屏幕合适位置单击插入门窗总表，如图 9-83 所示。

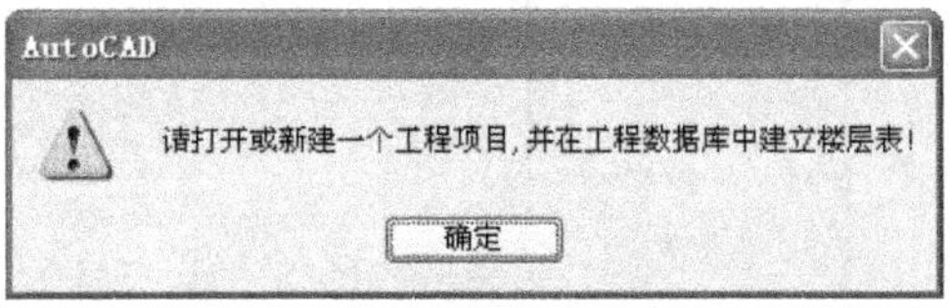

图 9-82　系统提示对话框

门窗表

类型	设计编号	洞口尺寸（mm）	数量			图集选用			备注
			1	2	合计	图集名称	页次	选用型号	
普通门	M1	1500×2100	1		1				
	M2	1200×2100	13		13				
	M3	900×2100	1		1				
	M4	1500×2100		4	4				
	M-0921	900×2100	1		1				
普通窗		1800×1500	1	2	3				
	C-1815	1800×1500		2	2				
转角窗	ZJC3515	(1500+2000)×1500	1		1				
带形窗	DC1715	1734×1500	1		1				
	DC-1715	1734×1500	1		1				

图 9-83　门窗总表示意图

9.6　综合实例

【例 9－14】　绘制如图 9-84 所示的建筑平面图。

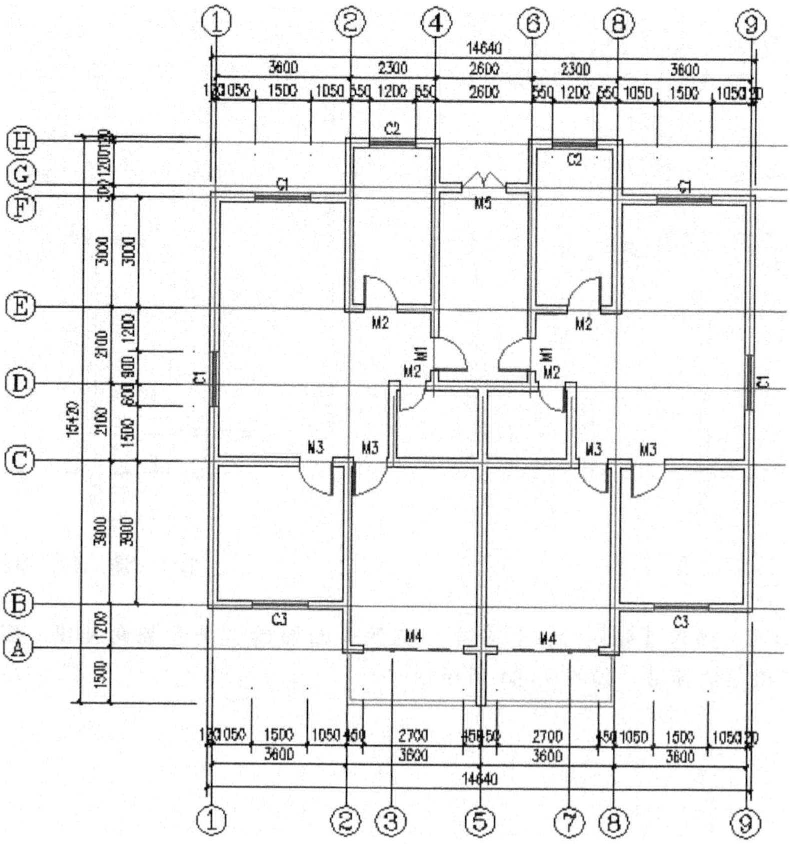

图 9-84　建筑平面图

绘制过程：

（1）绘制正交轴网。利用【绘制轴网】命令，绘制平面图的轴网。如图 9-85 所示。

（2）绘制墙体。利用【绘制墙体】命令，绘制平面图的墙体。所有墙体均为 240 宽，且轴线居中，楼层高度为 2900。如图 9-86 所示。

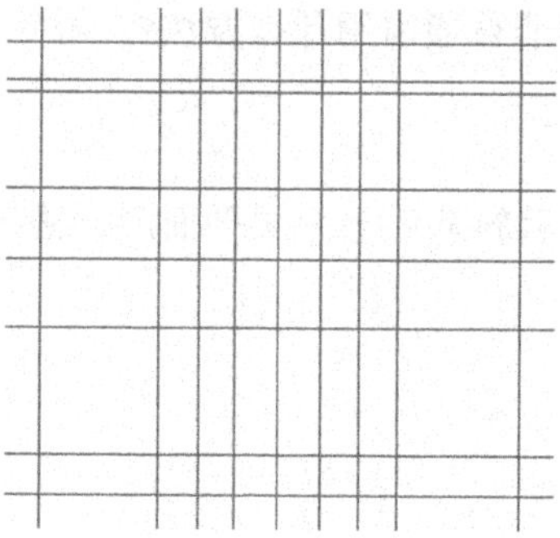

图 9-85　绘制轴网

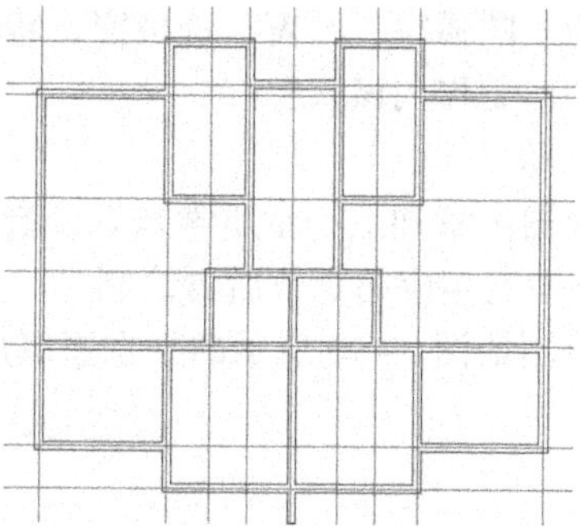

图 9-86　绘制墙体

（3）插入门窗。利用【门窗】命令，在相应位置插入门窗。平面图中共有5种门，3种窗。所有的门高为2000，所有的窗高为1600。如图9-87所示。

（4）绘制阳台（【阳台】命令参见章节10.2.1）。利用【阳台】命令，绘制南侧阳台。阳台外挑1500，阳台台面高900，绘制方式选择【阴角阳台】。如图9-88所示。

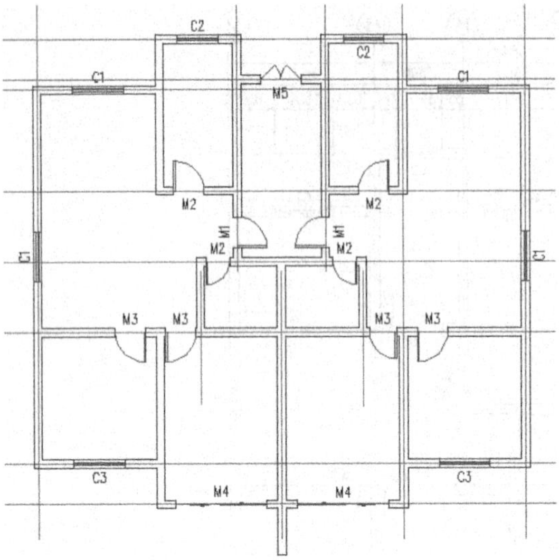

图9-87 插入门窗

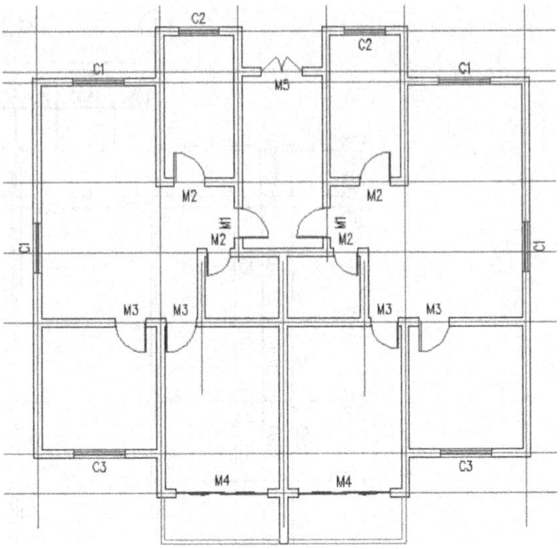

图9-88 绘制阳台

（5）轴网标注。利用【轴网标注】命令，标注平面图的水平和竖向轴线。因为图形左右对称，竖向轴线可以单侧标注。如图9-84所示。

9.7 习题

1. 概念题

（1）弧线轴网的开间和进深是怎么规定的？

（2）斜交轴网和直线轴网的绘制有什么区别？

（3）如何编辑和标注轴网？

（4）【轴线生墙】和【绘制墙体】命令各有什么优缺点？

（5）如何使用对象编辑和夹点编辑功能来编辑墙体？

（6）柱子、门窗的编辑方法与墙体的编辑方法类似吗？

（7）插入圆弧窗、凸窗、带型窗、转角窗、门连窗等非普通窗用什么方法？

（8）如何制作门窗表？

2. 操作题

（1）根据本章和上一章所学知识，绘制如图9-89所示的某住宅一层平面图，楼梯及尺寸标注部分可待学完相应的章节后再绘制。

（2）绘制如图9-90所示的某别墅底层平面图。

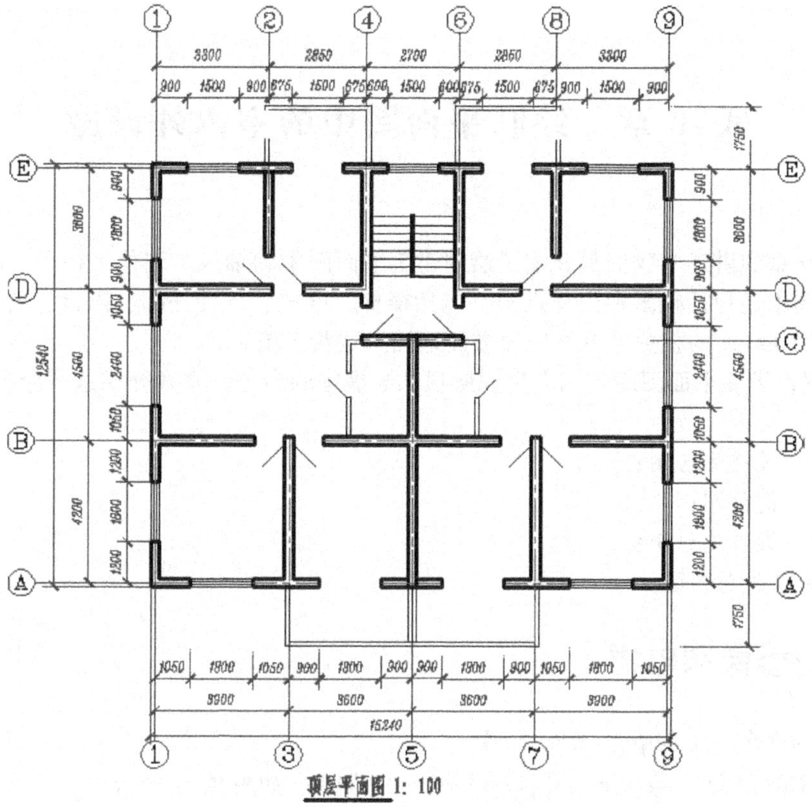

图 9-89　某住宅一层平面图

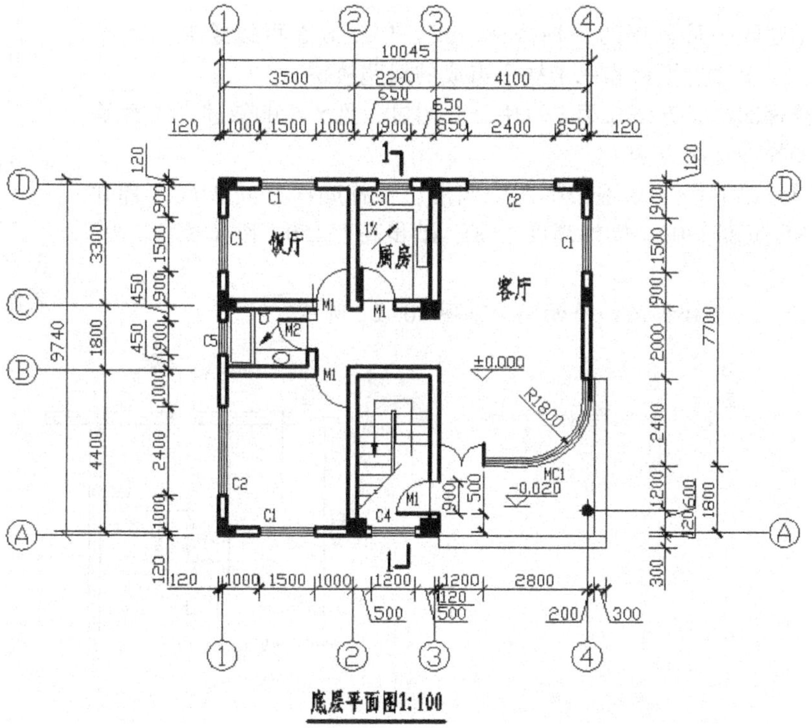

图 9-90　某别墅底层平面图

第 10 章　绘制平面图中的室内外设施

在前面第 9 章的讲述中我们只介绍了绘制建筑平面图中的轴线、墙体、柱子、门窗等主要框架，建筑平面图中还包括很多室内外设施，包括楼梯、电梯、自动扶梯、阳台、坡道、散水、卫生洁具等，使用 TArch 的相关命令可以很方便地插入这些设施。

TArch 还提供了在平面图的基础上生成屋顶和老虎窗的命令，本章介绍这些命令的使用方法。

【本章重点】

- 垂直交通设施的绘制；
- 室外设施的绘制；
- 室内卫浴设备的绘制；
- 生成屋顶和老虎窗。

10.1　绘制楼梯和电梯

绘制楼梯的命令在主菜单 ▸ 楼梯其他 中。

单击 ▸ 楼梯其他 按钮，系统弹出【楼梯其他】二级菜单，如图 10-1 所示。

图 10-1 【楼梯其他】二级菜单

10.1.1　绘制双跑楼梯

双跑楼梯是建筑中最常用的一种楼梯形式，TArch8.5 可以绘制由两个矩形直线梯段、一个休息平台和一个扶手组成的双跑楼梯。

关于双跑楼梯的绘制方法在第 8 章中已介绍过，见 8.6 的叙述。本章练习一个中间层楼梯的绘制方法。

【例 10-1】 绘制一个双跑楼梯的中间层，楼梯间净开间 2460，梯井宽 150，休息平台宽度 1300，楼梯高度 2700，踏步高度 150，踏步宽度 270。

操作步骤为：

(1) 首先绘制一个楼梯间的平面图，如图 10-2a 所示。

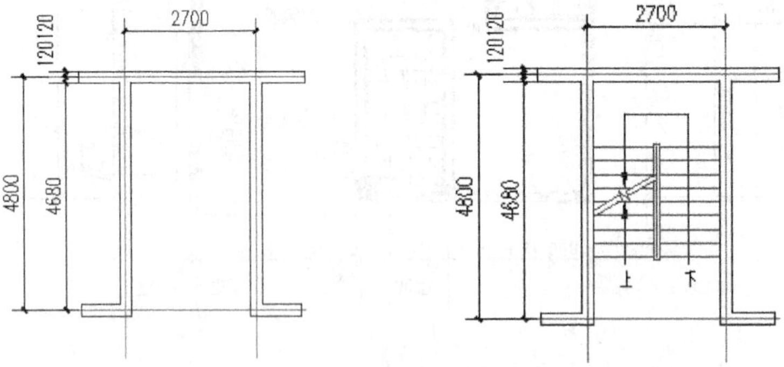

a)　　　b)

图 10-2　楼梯间平面图

（2）单击 双跑楼梯 按钮，弹出【双跑楼梯】对话框，设置中间层的各项参数，如图 10-3 所示。

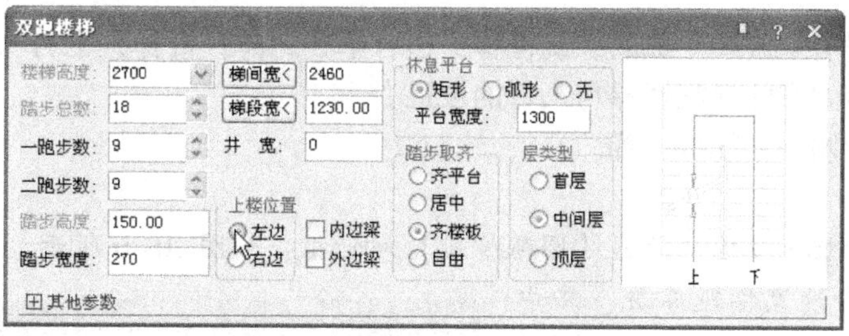

图 10-3 【双跑楼梯】对话框

（3）鼠标移至绘图区，绘图区出现一个跟随光标移动的楼梯，同时命令行提示为：

点取位置或[转 90 度(A)/左右翻(S)/上下翻(D)/对齐(F)/改转角(R)/改基点(T)]〈退出〉：

// 在楼梯间内墙的左上角单击，插入楼梯。

点取位置或[转 90 度(A)/左右翻(S)/上下翻(D)/对齐(F)/改转角(R)/改基点(T)]〈退出〉：

// 回车结束命令。

则图中插入了一个按照上述参数设定的中间层楼梯，如图 10-2b 所示。

从 Tarch8.0 开始，楼梯的方向箭头作为楼梯对象的一个组成部分，在插入楼梯的同时自动绘制好楼梯的上、下箭头，而不必单独绘制。

10.1.2　直线梯段

此命令用于绘制直线楼梯，或者用来组合复杂楼梯。

【例 10-2】　绘制一个直线单跑楼梯。

操作步骤为：

（1）单击 直线梯段 按钮，弹出【直线梯段】对话框，如图 10-4 所示。

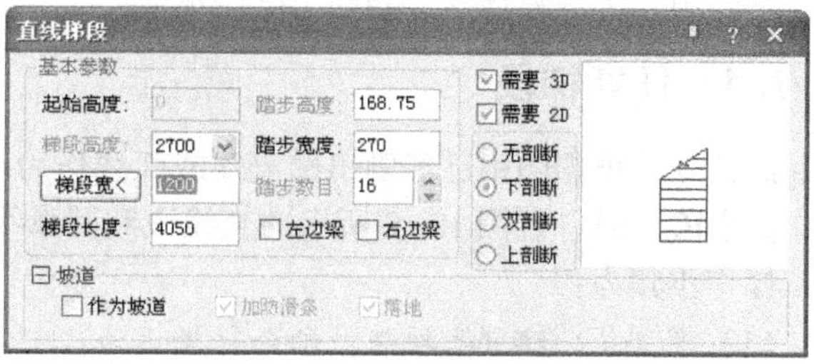

图 10-4 【直线梯段】对话框

（2）在对话框中设置梯段的各项参数，其中【梯段宽】参数即可以在文本框中输入数值，也可以单击 梯段宽< 按钮，在图中选取两点距离作为梯段宽度。

（3）在对话框中还可以选择有无左边梁或右边梁；是否需要“2D”或“3D”（大多数用户关心的是二维视图，可以设定不显示三维视图）；在四种剖断方式中选择一种。如果选择了【作为坡道】，还可以选择是否“加防滑条”和是否“落地”。

（4）设置完成后，鼠标移至绘图区，绘图区出现一个跟随光标移动的直线楼梯，同时命令行提示为：

点取位置或[转 90 度(A)/左右翻(S)/上下翻(D)/对齐(F)/改转角(R)/改基点(T)]〈退出〉：　　// 在合适位置单击。

点取位置或[转 90 度(A)/左右翻(S)/上下翻(D)/对齐(F)/改转角(R)/改基点(T)]〈退出〉：　　// 回车结束命令。

则绘出一个直线梯段。如图 10-5 所示。

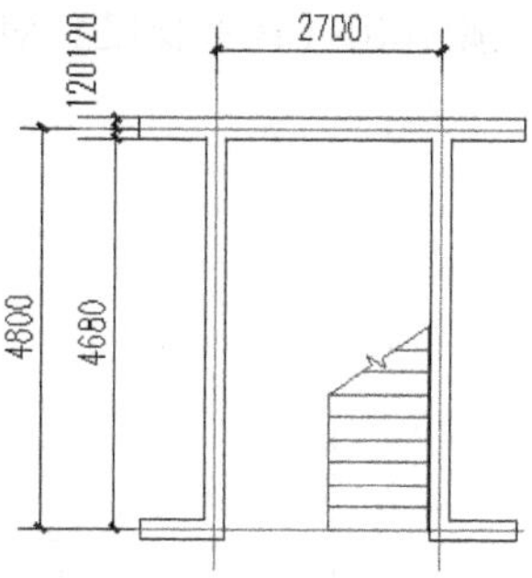

图 10-5　绘制直线梯段

10.1.3　圆弧梯段

此命令用来绘制沿螺旋线生成的螺旋楼梯，适合单独的圆弧楼梯，也可与直线梯段组合创建复杂楼梯和坡道，如大堂的螺旋楼梯与入口的坡道。

【例 10-3】　绘制一个螺旋楼梯。

操作步骤为：

(1) 单击 圆弧梯段 按钮，弹出【圆弧梯段】对话框，如图 10-6 所示。

(2) 在对话框中设置梯段参数，其中【内圆半径】、【外圆半径】和【起始角】三个参数均为按钮方式，既可以在文本框中输入数值，也可以单击按钮在图中选取。由于【外圆半径】=【内圆半径】+【梯段宽度】，所以在梯段宽度一定时，只能输入外圆半径和内圆半径中的一个。

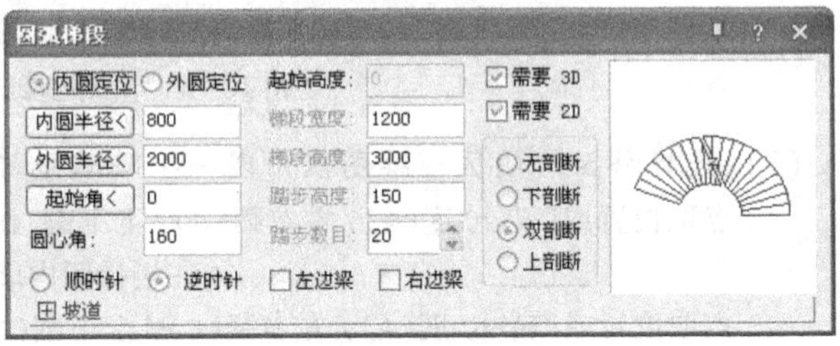

图 10-6　【圆弧梯段】对话框

(3) 在对话框中还可以选择是内圆还是外圆定位，是否有左边梁或右边梁，需要 3D 还是 2D，在四种剖断方式中选取一种，上楼位置是顺时针还是逆时针，是否作为坡道。

(4) 按照如图 10-6 所示对话框设置完成后，鼠标移至绘图区，绘图区出现一个跟随光标移动的圆弧楼梯，同时命令行提示为：

点取位置或[转 90 度(A)/左右翻(S)/上下翻(D)/对齐(F)/改转角(R)/改基点(T)]〈退出〉：　　// 在合适位置单击。

点取位置或[转 90 度(A)/左右翻(S)/上下翻(D)/对齐(F)/改转角(R)/改基点(T)]〈退出〉：　　// 回车结束命令。

则绘出一个圆弧梯段，如图 10-7 所示。

图 10-7　绘制圆弧梯段

10.1.4　任意梯段

此命令是根据图中已经画出的直线或弧线作为梯段边线，输入踏步参数来绘制楼梯。

【例 10-4】　以图 10-8 所示的直线段和圆弧线段作为左右边线绘制楼梯段

操作步骤为：

(1) 单击 任意梯段 按钮，命令行提示为：

请点取梯段左侧边线 (LINE/ARC)：点取左边的直线段

请点取梯段右侧边线 (LINE/ARC)：点取右边的弧线段

则弹出【任意梯段】对话框，如图 10-9 所示。

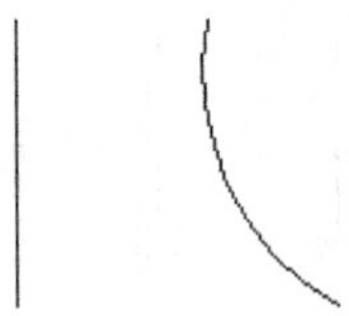

图 10-8　楼梯段的左右边线

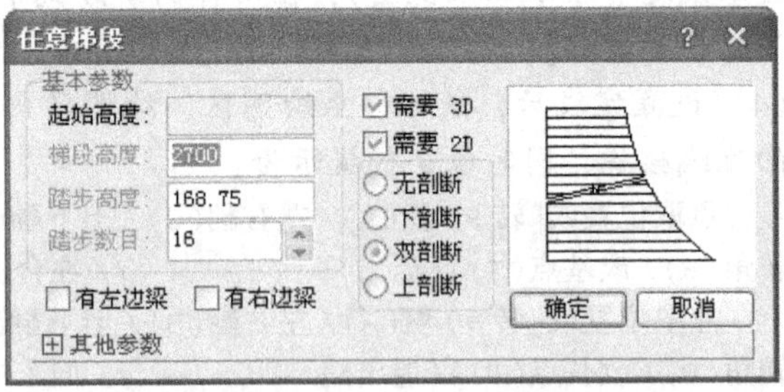

图 10-9　【任意梯段】对话框

（2）在对话框中设置各项参数，方法与前面所讲基本相同。

（3）鼠标移至绘图区，则绘出按照指定参数设置的任意梯段，如图 10-10 所示。

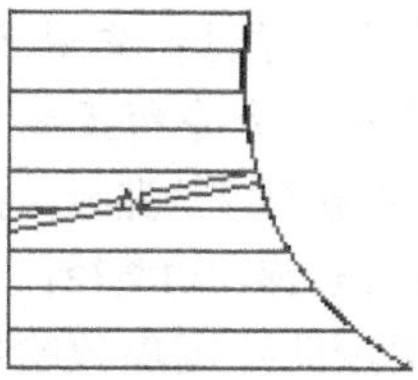

图 10-10　绘制好的任意梯段

10.1.5　多跑楼梯

此命令用来绘制有多个梯段和休息平台组成的楼梯。图 10-11 是几种常见的多跑楼梯。

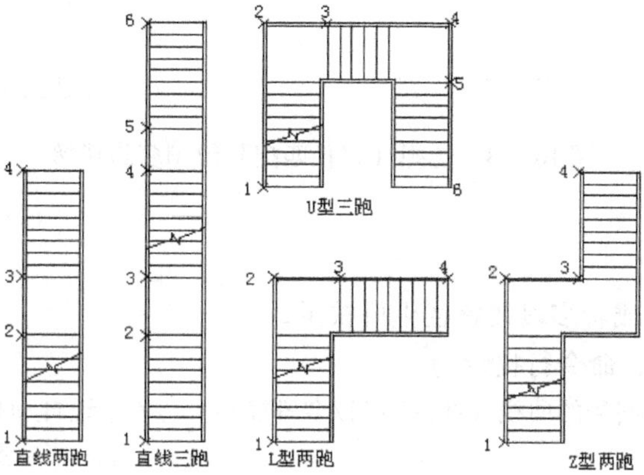

图 10-11　常见的多跑楼梯

单击 多跑楼梯 按钮，弹出【多跑楼梯】对话框，打开【其他参数】，则对话框如图 10-12 所示。

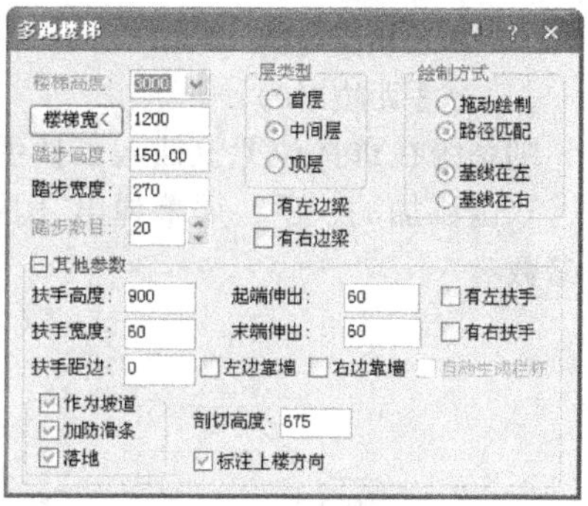

图 10-12　【多跑楼梯】对话框

从对话框中可以看出，与其他的直线楼梯相比，【多跑楼梯】多了一个【绘制方式】分区。有【拖动绘制】和【路径匹配】两种绘制方式。

在绘制多跑楼梯之前，一般先画出楼梯的边界线作为基线，基线可以在楼梯的左侧也可以在右侧。

两种绘制方法如下：

- 【拖动绘制】：设置好梯段和扶手参数后，选择【拖动绘制】和【基线在左】，鼠标移至绘图区，命令行提示为：

起点〈退出〉：　　　　　// 捕捉图 10-11 中的 1 点作为第一个梯段的起点。

输入下一点或［路径切换到右侧（Q）］〈退出〉：

　　　　　　　　　　　// 捕捉 2 点作为第一个梯段的终点。

输入下一点或［路径切换到右侧（Q）/撤销上一点（U）］〈退出〉：

　　　　　　　　　　　// 捕捉 3 点为休息平台的终点同时也是第二个梯段的起点。

输入下一点或［绘制梯段（T）/路径切换到右侧（Q）/撤销上一点（U）］〈切换到绘制梯段〉：

　　　　　　　　　　　// 捕捉 4 点为第二个梯段的终点同时也是第二个休息平台的起点。

以此类推，系统会按照给定参数绘出多跑梯段。

> 【多跑楼梯】不要求基线与实际边界完全等长，按照基线给定的路径，当步数达到给定的数目（即高度达到给定的数值）时候结束绘制。

● 【路径匹配】：先用多段线命令画出基线，设置好楼梯和扶手参数，选择【路径匹配】，鼠标移至绘图区，命令行提示为：

选择楼梯左边路径：找到 1 个　　　　　　　// 点取画好的多段线。

选择楼梯左边路径：　　　　　　　　　　　// 右键或回车结束命令。

则系统按照给定参数绘出多跑楼梯，如图 10 - 13 所示。

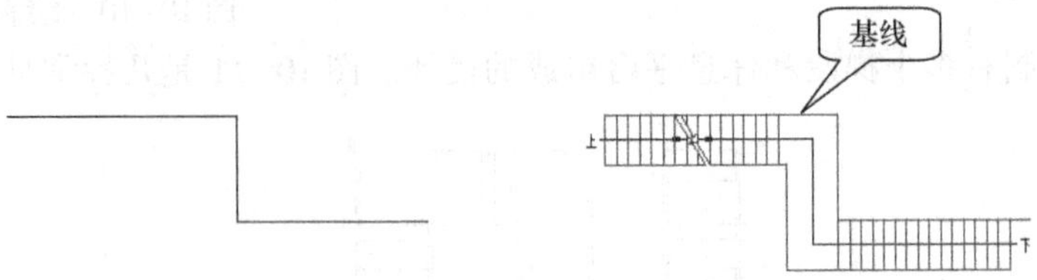

图 10 - 13　选择【路径匹配】绘制多跑楼梯

10. 1. 6　添加扶手

此命令可以沿着楼梯或者多段线路径生成扶手。

单击 添加扶手 按钮，命令行提示为：

请选择梯段或作为路径的曲线（线/弧/圆/多段线）：　// 系统自动打开最近点捕捉，捕捉梯段上一点或要加扶手的线。

是否为该对象？[是 (Y)/否 (N)]〈Y〉：　// 确认选择的对象。

扶手宽度〈60〉：　// 输入扶手宽度。

扶手顶面高度〈900〉：　// 输入扶手高度。

扶手距边〈0〉：　// 回车默认。

则系统在选择位置上插入了扶手。同样的方法插入另一侧扶手，如图 10 - 14 所示。

双击添加的扶手，屏幕弹出【扶手】对话框，如图 10 - 15 所示，在对话框中可以重新设置扶手参数。

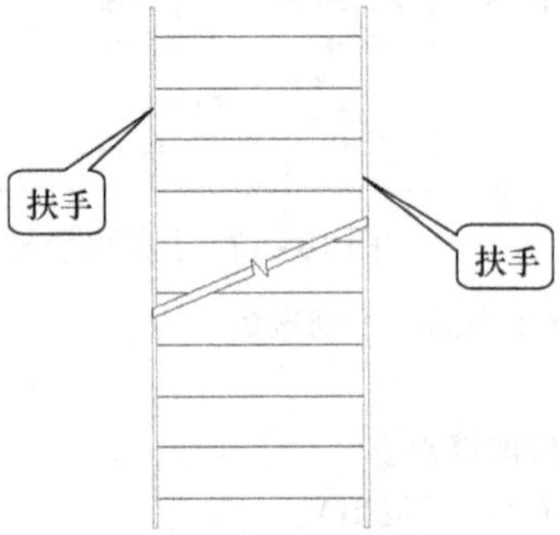

图 10 - 14　插入扶手

图 10 - 15　【扶手】对话框

【添加扶手】命令可自动识别楼梯段和台阶，但是不识别组合后的多跑楼梯与双跑楼梯。

10. 1. 7　连接扶手

此命令可以将两段扶手连接成一段。

单击 连接扶手 按钮，命令行提示为：

选择待连接的扶手（注意与顶点顺序一致）：　　// 选取第一段扶手。
选择待连接的扶手（注意与顶点顺序一致）：　　// 选取第二段扶手。
选择待连接的扶手（注意与顶点顺序一致）：　　// 回车。

则系统将两段扶手连接为一段。

本命令适用于各种扶手情况，如多段直线扶手和双跑楼梯扶手等，连接前要求两段扶手之间不能有出头的部分，否则要通过夹点拖动先给予纠正。如果两段扶手样式不同，以第一段扶手为准统一扶手的样式。

10.1.8　电梯

此命令用于在电梯间井道内插入电梯门，并绘制电梯简图。

插入电梯前需要先画出封闭的电梯间，电梯间一般为矩形，在弧形和圆形建筑中电梯间可能为扇形。电梯间绘制内容包括绘制轿厢、平衡块和门。

单击 电　梯 按钮，弹出【电梯参数】对话框，如图 10-16 所示。

在此对话框中，打开【电梯类别】的下拉列表，可以看到天正提供的电梯类型有客梯、住宅梯、医梯、货梯四种，选中一种电梯形式，然后设置电梯的其他设计参数，设好后，在绘图区任意位置单击一下，使对话框处于非激活状态，这时命令行提示为：

请给出电梯间的一个角点或［参考点（R）］〈退出〉：　　// 捕捉电梯间的第一个角点。
再给出上一角点的对角点：　　// 捕捉电梯间的第二个角点。
请点取开电梯门的墙线〈退出〉：　　// 点取电梯间的墙体。
请点取平衡块的所在的一侧〈退出〉：　　// 点取平衡块所在一侧。
请点取其他开电梯门的墙线〈无〉：　　// 若为双开门电梯，点取其他门所在的墙体。

回车结束后，即在指定位置绘制好电梯，如图 10-17 所示。

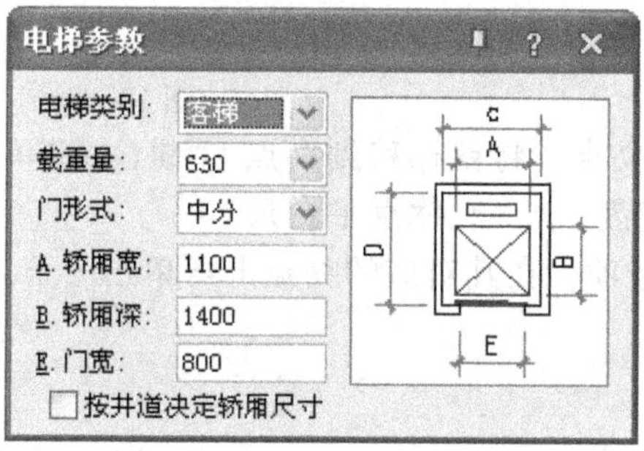

图 10-16　【电梯参数】对话框

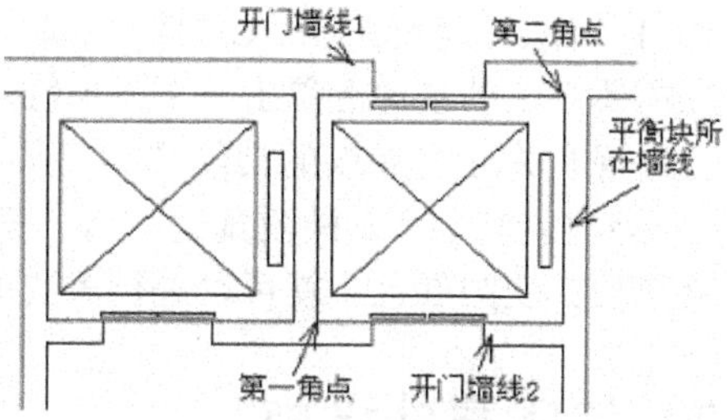

图 10-17　绘制电梯

10.1.9　自动扶梯

此命令用来绘制单排或双排自动扶梯。

单击 自动扶梯 按钮，弹出【自动扶梯】对话框，如图 10-18 所示。

在对话框下方选择单排或是双排电梯，从【倾斜角】的下拉列表中选择扶梯的倾斜角，有 27.3°、32°、35°三种。调整其他各参数，单击 确定 后，命令行显示为：

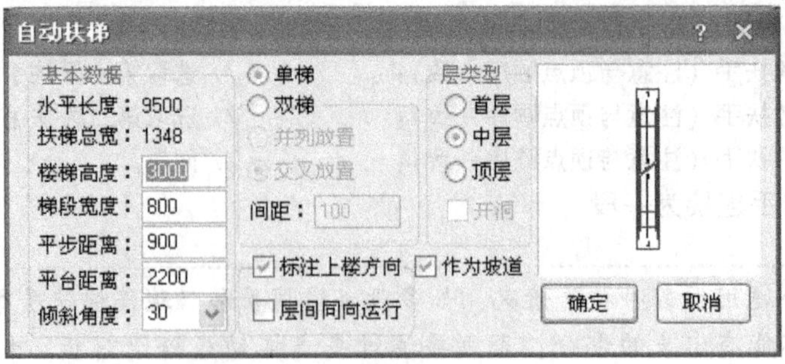

图 10-18　【自动扶梯】对话框

点取位置或[转 90 度(A)/左右翻(S)/上下翻(D)/对齐(F)/改转角(R)/改基点(T)]〈退出〉:
//点取插入点。

系统即将自动扶梯插入图中。

10.1.10　楼梯的编辑

楼梯作为天正的自定义对象，与墙、柱、门窗等其他自定义对象一样，支持对象编辑和夹点编辑。

10.1.10.1　对象编辑功能

在绘制好的楼梯处单击，楼梯将显示为虚线，并出现蓝色夹点，再单击鼠标右键，弹出一个快捷菜单，如图 10-19 所示。

单击菜单中的【对象编辑】命令，会弹出相应的对话框。如果选中的是双跑楼梯，会弹出【双跑楼梯】对话框，对双跑楼梯进行编辑修改；如果选中的是直线楼梯，会弹出【直线梯段】对话框；如果选中的是螺旋楼梯，会弹出【圆弧梯段】对话框；如果选中的是任意梯段，会弹出【任意梯段】对话框。使用【对象编辑】命令，用户可以对绘制好的各种楼梯进行编辑修改。

如果选择图中的扶手部位，在【对象编辑】命令中会弹出【扶手】对话框，可对扶手进行编辑修改。

图 10-19　右键快捷菜单

10.1.10.2　楼梯的夹点编辑

在需要修改的楼梯上单击一下，关键部位出现蓝色夹点，将鼠标移到夹点处，会出现有关这个夹点的功能提示，如“改楼梯间宽度”、“改休息平台尺寸”、“移动楼梯”、“改梯段宽度”等，选择要修改的选项，在其对应的夹点上再单击一下，激活该夹点使其变为红色，就可以进行需要的编辑修改。

10.2　绘制室外设施

室外设施包括阳台、台阶、散水和坡道。绘制室外设施的命令在图 10-1 所示【楼梯其他】的二级菜单中。

10.2.1　绘制阳台

10.2.1.1　阳台的绘制方法

【阳台】命令可以用来直接绘制阳台，也可以将预先绘制好的多段线转化为阳台。

【例 10－5】　用直接绘制法绘制如图 10-20 所示的阳台。

操作步骤为：

(1) 单击阳台按钮，屏幕弹出【绘制阳台】对话框，在对话框中，将【地面标高】改为－20，其余参数取默认值，如图 10-21 所示。

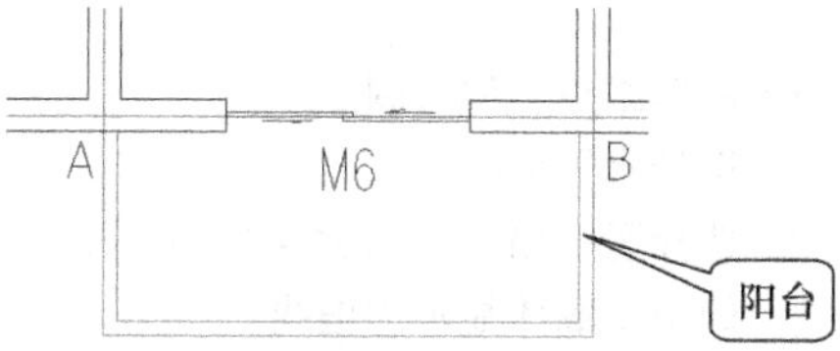

图 10-20　绘制阳台

图 10-21　【绘制阳台】对话框

(2) 单击对话框下方的【矩形三面阳台】按钮，命令行提示为：

阳台起点〈退出〉：　// 捕捉 A 点。

阳台终点或［翻转到另一侧（F）］〈取消〉：　// 捕捉 B 点。

阳台起点〈退出〉：　// 右键或回车结束命令，绘制好的阳台如图 10-20 所示。

【例 10－6】　利用多段线绘制如图 10-22 所示的阳台。

操作步骤为：

(1) 先利用【多段线】命令绘制一条多段线，如图 10-23 所示。

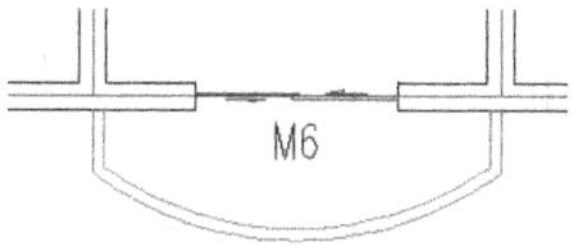

图 10-22　利用多段线绘制阳台

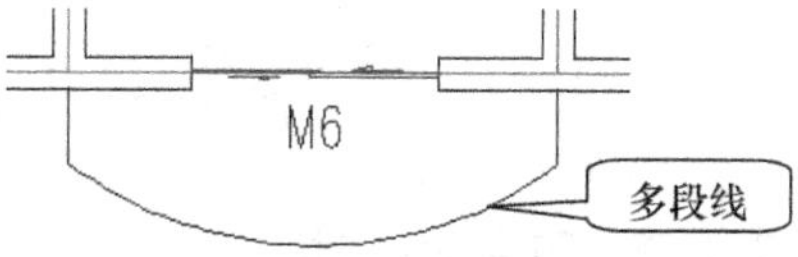

图 10-23　绘制多段线

(2) 单击阳台按钮，屏幕弹出【绘制阳台】对话框，在对话框中，将【地面标高】改为－20，其余参数取默认值，如图 10-21 所示。

(3) 单击对话框下方的【选择已有路径生成】按钮，命令行提示为：

选择一曲线（LINE/ARC/PLINE）〈退出〉：　// 选择多段线。

请选择邻接的墙（或门窗）和柱：找到 1 个　// 选择水平方向墙体。

请选择邻接的墙（或门窗）和柱：　// 回车结束选择。

请点取接墙的边：　// 在靠近水平墙体处单击。

请点取接墙的边：　// 回车结束选择。

选择一曲线（LINE/ARC/PLINE）〈退出〉：　// 回车结束命令，绘制好的阳台如图 10-22 所示。

【例 10－7】　【任意绘制】法绘制如图 10-24 所示的阳台。

操作步骤为：

(1) 单击阳台按钮，屏幕弹出【绘制阳台】对话框，在对话框中，将【地面标高】改为－20，其余参数取默认值，如图 10-21 所示。

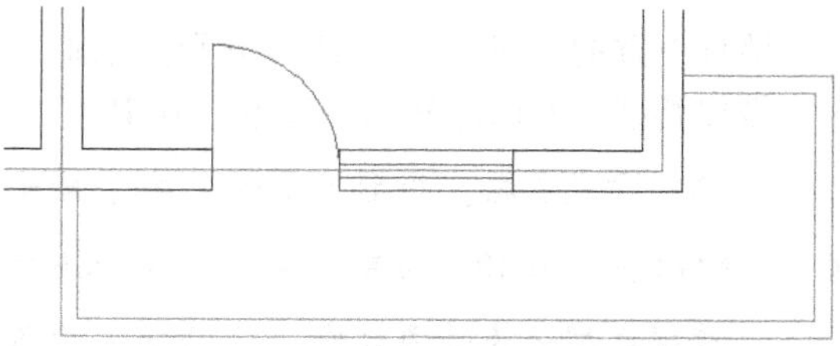

图 10-24　【任意绘制】法绘制阳台

（2）单击对话框下方的【任意绘制】按钮，命令行提示为：

起点〈退出〉：　　// 根据提示，绘制四条直线。
直段下一点或［弧段（A）/回退（U）］〈结束〉：
直段下一点或［弧段（A）/回退（U）］〈结束〉：
直段下一点或［弧段（A）/回退（U）］〈结束〉：
直段下一点或［弧段（A）/回退（U）］〈结束〉：
直段下一点或［弧段（A）/回退（U）］〈结束〉：　　// 回车结束直线绘制。
请选择邻接的墙（或门窗）和柱：找到 1 个　　// 选择水平墙。
请选择邻接的墙（或门窗）和柱：找到 1 个，总计 2 个　　// 选择竖直墙，如图 10-25 所示，选择的两个墙体显示为虚线。
请选择邻接的墙（或门窗）和柱：　　// 回车。
请点取接墙的边：　　// 水平墙附近单击。
请点取接墙的边：　　// 竖直墙附近单击。
请点取接墙的边：　　// 回车。
起点〈退出〉：　　// 回车，绘制好的阳台如图 10-24 所示。

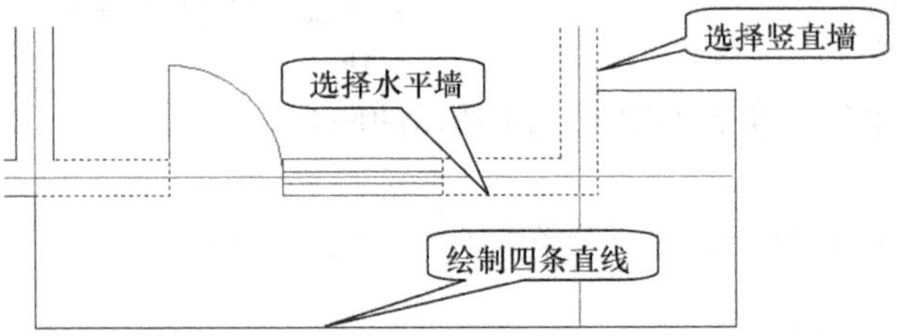

图 10-25　绘制四条直线、选择邻接的墙体

10.2.1.2　阳台的编辑

阳台是天正的自定义对象，同样可以利用对象编辑和夹点编辑功能对阳台进行编辑修改。具体方法参照楼梯、门窗等的编辑方法。

10.2.2　绘制台阶

【台阶】命令可以直接绘制矩形单面台阶、矩形三面台阶、阴角台阶、沿墙偏移等预定样式的台阶，也可以将预先绘制好的多段线转化为台阶。

单击 台　阶 按钮，屏幕弹出如图 10-26 所示的【台阶】对话框。

在对话框中设置台阶参数，完成后单击对话框下方的台阶绘制方式，即可在绘图区绘制台阶。

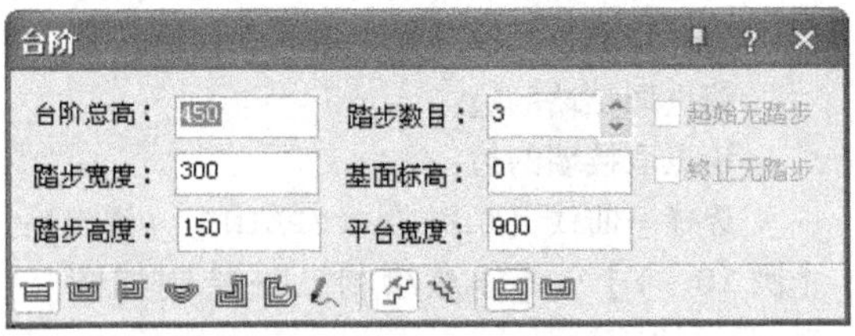

图 10-26　【台阶】对话框

对话框下方的工具栏从左到右分别为绘制方式、楼梯类型、基面定义三个区域。其中：

（1）绘制方式包括：矩形单面台阶、矩形三面台阶、矩形阴角台阶、弧形台阶、沿墙偏移绘制、选择已有路径绘制和任意绘制共 7 种绘制方式。

（2）楼梯类型分为普通台阶与下沉式台阶两种，前者用于门口高于地坪的情况，后者用于门口低于地坪的情况。

(3) 基面定义可以是平台面和外轮廓面两种，后者多用于下沉式台阶。

图 10-27 为 7 种台阶绘制方式示意图。

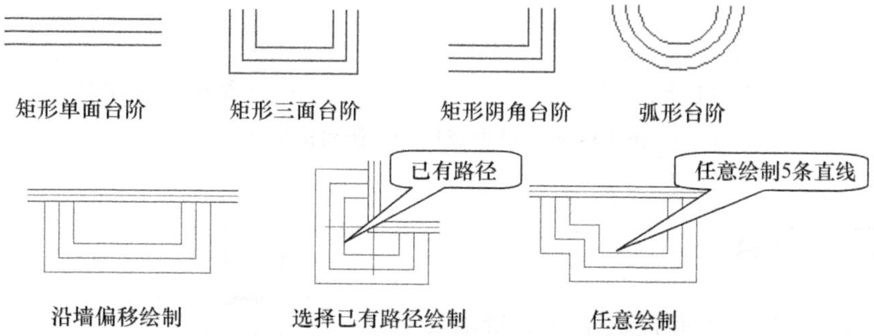

图 10-27　7 种台阶绘制方式示意图

绘出的台阶同样可以用对象编辑和夹点编辑两种方法进行编辑修改。

10.2.3　绘制坡道

【坡道】命令用来绘制坡道。

单击 坡　道 按钮，弹出【坡道】对话框，如图 10-28 所示。

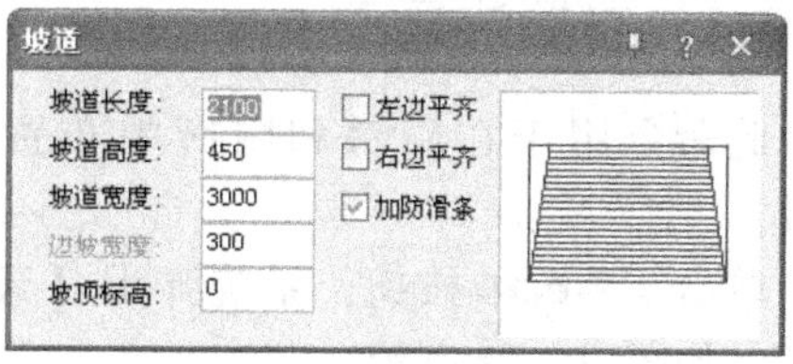

图 10-28　【坡道】对话框

对话框中有【左边平齐】、【右边平齐】、【加防滑条】多种选项，右侧的预览图形会随着不同的选项而变化，在对话框中设置各项参数后，鼠标移至绘图区，出现一个跟随光标移动的坡道，同时命令行提示为：

点取位置或 [转 90 度 (A)/左右翻 (S)/上下翻 (D)/对齐 (F)/改转角 (R)/改基点 (T)] 〈退出〉：　　// 在需要的位置点取。

则图中插入一个坡道。

10.2.4　绘制散水

此命令可以自动搜索外墙线，绘制平面散水。

单击 散　水 按钮，屏幕弹出【散水】对话框，在对话框中设置散水宽度、偏移距离、室内外高差等参数，如图 10-29 所示。

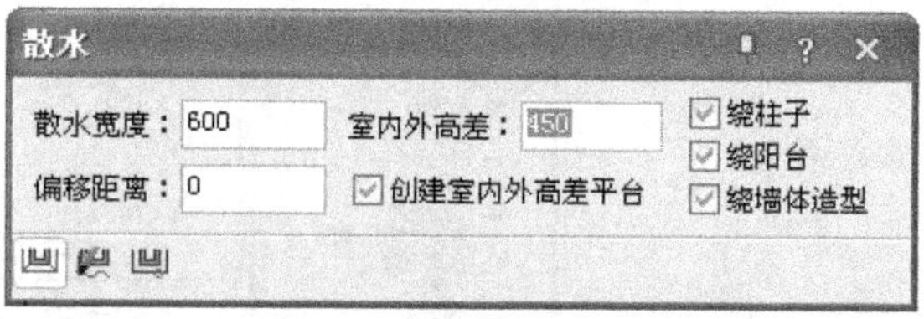

图 10-29　【散水】对话框

散水的生成方式有三种，即对话框下面的三个按钮。

(1) 搜索自动生成：在所选择的对象中自动搜索墙体，沿墙体生成散水。

(2) 任意绘制：是逐点给出散水的基点，动态地绘制散水对象，注意散水在路径的右侧生成。

(3) 选择已有路径生成：选择已经绘制好的多段线或圆作为散水的路径，生成散水对象，多段线不要求闭合。

图 10-30 为是否选择【绕柱子】、【绕阳台】的效果对比。

散水的编辑可以利用夹点编辑、对象编辑（双击散水进入对象编辑）、特性编辑几种方法。

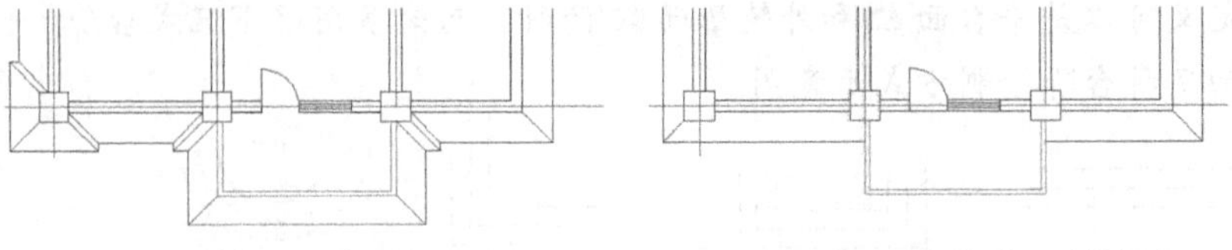

a）绕柱子、绕阳台　　b）不绕柱子、不绕阳台

图 10-30　是否绕柱子、阳台的效果

10.3　厨卫间布置

TArch8.5 针对厨房卫生间提供了【布置洁具】、【布置隔断】等命令，单击 TArch 主菜单 房间屋顶 按钮，弹出【房间屋顶】二级菜单，如图 10-31a 所示。再单击二级菜单中的 房间布置 按钮，将展开如图 10-31b 所示的【房间布置】的三级菜单。

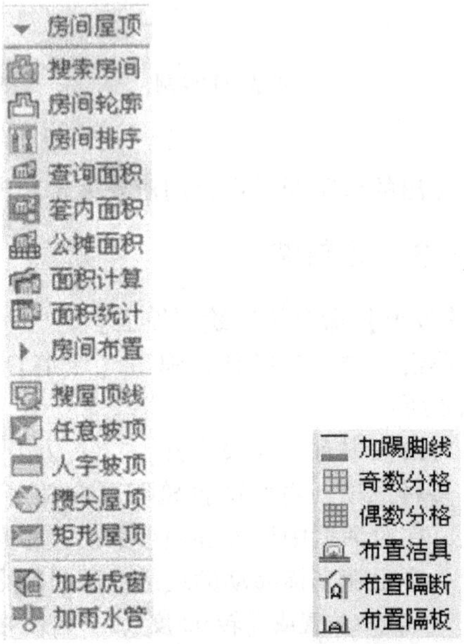

a)【房间屋顶】二级菜单　　b)【房间布置】三级菜单

图 10-31　【房间屋顶】二级菜单和【房间布置】三级菜单

10.3.1　布置洁具

此命令用于在厨房和厕所中布置厨具或卫生洁具。

单击 布置洁具 按钮，系统弹出【天正洁具】对话框。如图 10-32 所示。

在对话框中，预设了各种洁具和厨具的图块，可以插入不同的淋浴喷头、洗脸盆、洗涤盆、大便器等。单击左上方类别区中的洗脸盆名称，下方的名称区会出现 11 种洗脸盆的名称，同时右侧的预览区显示这些脸盆的平面图样式，其中被选中的一个样式会出现红色框，如图 10-32 所示。

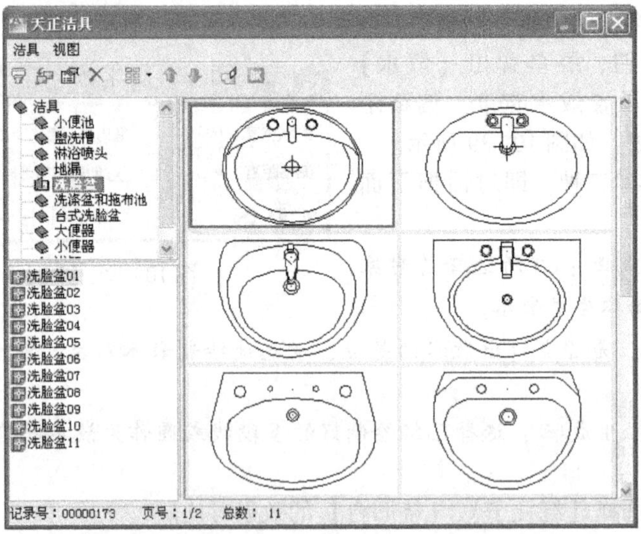

图 10-32　【天正洁具】对话框

双击选中的图块，弹出【布置洗脸盆 01】对话框，如图 10-33 所示。

根据具体情况在对话框中设置初始间距、设备间距、离墙间距及设备尺寸等参数，然后根据命令行的提示在绘图区选择合适位置插入。

图 10-34 是插入了坐式大便器、淋浴喷头和洗脸盆的卫生间平面图。

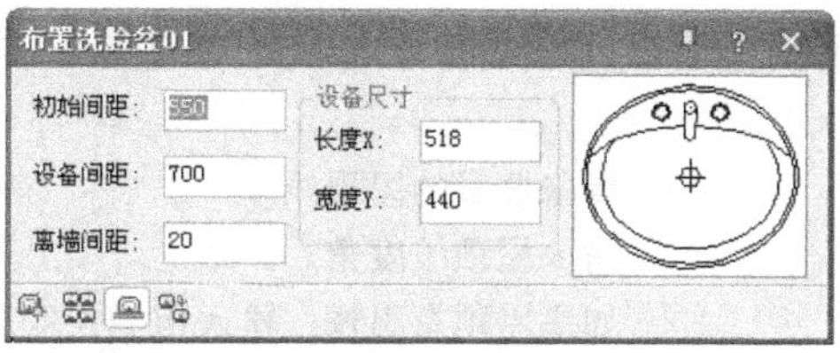

图 10-33 【布置洗脸盆 01】对话框

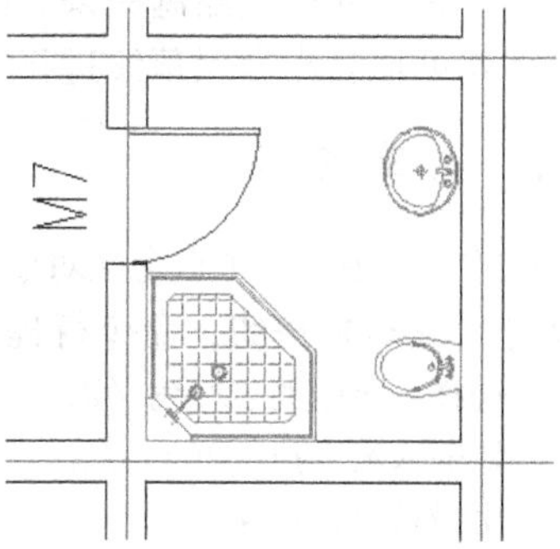

图 10-34 插入洁具的卫生间

10.3.2 布置隔断、布置隔板

这两个命令通过两点选取已经插入的洁具，布置卫生间隔断和隔板。

单击 布置隔断 按钮，命令行提示为：

输入一直线来选洁具！
起点：　　　　　　　　// 点取起点。
终点：　　　　　　　　// 点取终点。
隔板长度〈900〉：　　　// 输入隔板长度。
隔断门宽〈600〉：默认　// 输入隔板宽度。

单击 布置隔板 按钮，命令行提示为：

输入一直线来选洁具！
起点：　　　　　　　　// 点取起点。
终点：　　　　　　　　// 点取终点。
隔板长度〈700〉：　　　// 输入隔板长度。

图 10-35 是在坐式大便器、小便器之间加入了隔断和隔板的公共卫生间平面图。

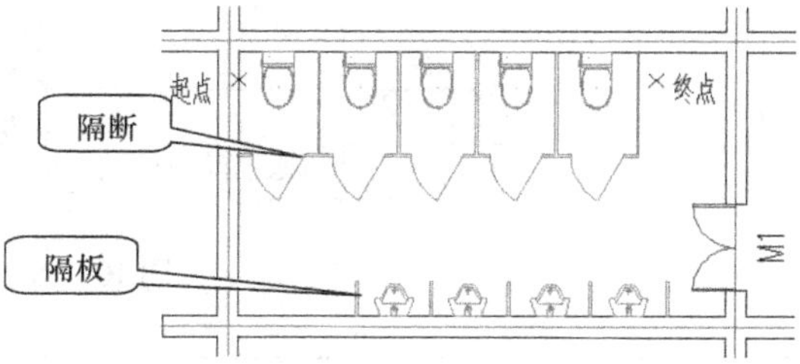

图 10-35 布置隔断和隔板

10.4 生成屋顶

TArch8.5 针对屋顶提供了【搜屋顶线】、【标准坡顶】、【加老虎窗】、【加雨水管】等命令，这些命令在图 10-31a 所示的【房间屋顶】二级菜单中。

10.4.1 搜屋顶线

此命令能自动跨越门窗洞口搜索墙线的封闭区域，生成屋顶平面轮廓线。屋顶线指围绕建筑最外边界生成的封闭多段线，可以作为平面施工图的屋顶线的表示，也可以用于在以后构造三维屋顶。

单击 搜屋顶线 按钮，命令行提示为：

请选择构成一完整建筑物的所有墙体（或门窗）：　　// 应选择组成建筑体的所有墙体，以便软件判断建筑外轮廓。

偏移外皮距离〈600〉：　　// 键入出檐长度或回车接受默认值。

交互完毕后自动生成屋顶线，在个别情况下屋顶线有可能无法自动生成，此时用户可手工绘制屋顶线。先沿外墙皮绘制一条封闭的多段线（PLINE），然后再用 offset 命令偏移出一个屋檐宽度，以后就可把它当做屋顶线进行操作。

10.4.2　任意坡顶

天正的坡屋顶是一个自定义对象，支持夹点编辑和对象编辑。本功能用于构造任意边界的坡屋顶。

单击 任意坡顶 按钮，命令行提示为：

选择一封闭的多段线〈退出〉：　　// 点取搜索的屋顶线。

请输入坡度角〈30〉：　　// 输入屋顶坡度角。

出檐长〈600〉：　　// 如果屋顶有出檐，输入出檐长度。

则生成屋顶线，如图 10-36 所示。

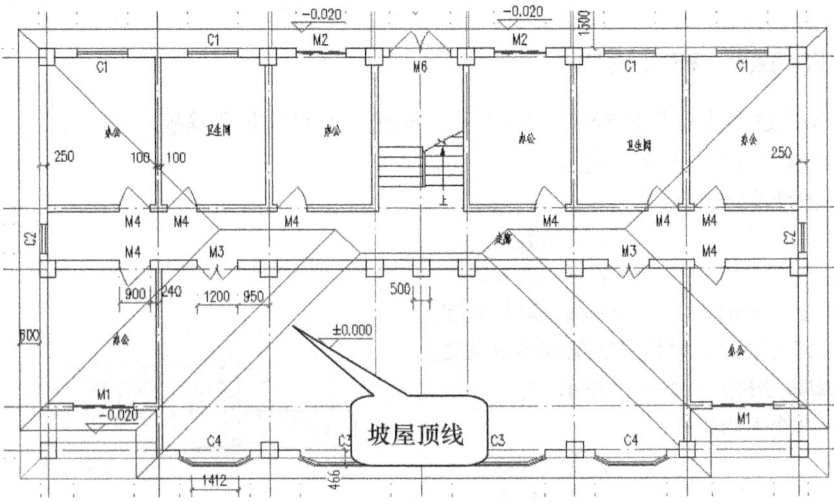

图 10-36　生成任意坡屋顶线

由于通常大家都是利用顶层平面生成屋顶，生成的屋顶与顶层平面叠加在一起，使得对屋顶和顶层平面的操作均不方便。因此最好将生成的屋顶单独存成一张图，以便在组合楼层，生成立面、剖面和三维图时将屋顶作为一个独立楼层进行操作。

10.4.3　屋顶的编辑

屋顶生成后可通过夹点和交互对话框方式进行修改，如图 10-37 所示为一个任意坡顶的夹点。屋顶夹点有以下两种：

（1）位于边界顶点上的夹点用于控制屋顶边界的顶点，拖动该夹点可改变屋顶边界。

（2）位于屋顶边界线上中点的夹点一方面用于控制屋顶边界线位置，另一方面可用于控制屋顶坡度，激活该夹点后，屏幕弹出【任意坡顶】对话框用于修改屋顶坡度，如图 10-38 所示。同时对话框中显示屋顶表面积、底面积参数。提供常用坡角的下拉列表，输入 90°的坡度可实现如双坡或其他特殊形状的屋顶。

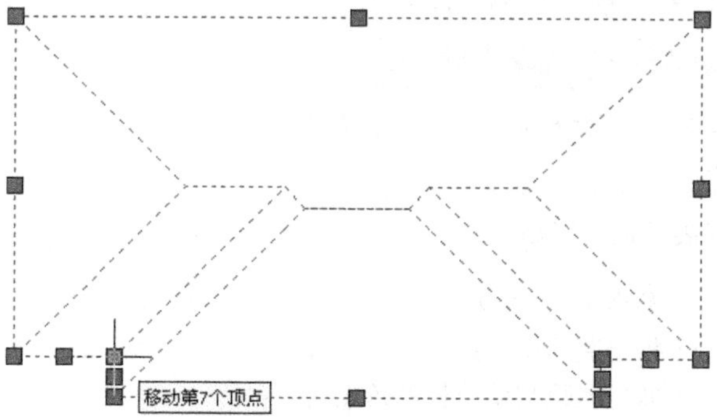

图 10-37　屋顶的夹点编辑

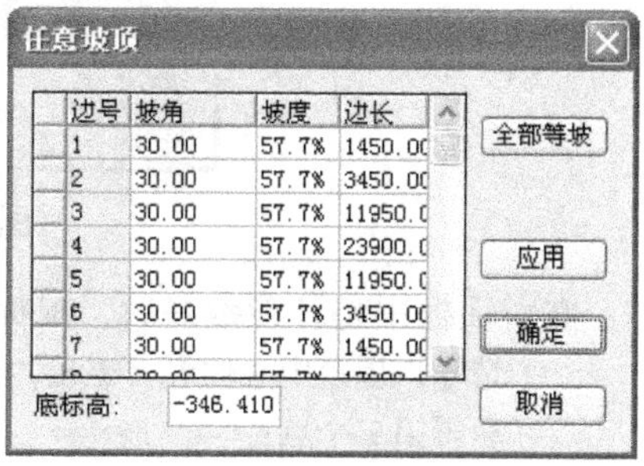

图 10-38　【任意坡顶】对话框

对边号的选择提供了实时的反馈，单击边号某一行时，图中对应的坡面中间会显示一个红圈，表示当前处理的是这个坡面，有效地减少了坡面编辑的麻烦。坡屋顶的某些边可以指定坡角为 90°，表示双坡屋面的情况。

10.4.4　人字坡顶

此命令可建立多种三维屋顶，在双坡与单坡屋顶中同时可以生成山墙，与下部墙体连接。

单击 人字坡顶 按钮，命令行提示为：

请选择一封闭的多段线〈退出〉：　　　　// 选择作为坡屋顶边界的多段线。

请输入屋脊线的起点〈退出〉：　　　　// 在屋顶一侧边界上给出一点作为屋脊起点。

请输入屋脊线的终点〈退出〉：　　　　// 在起点对面一侧边界上给出一点作为屋脊终点。

系统弹出【人字坡顶】对话框，如图 10-39 所示。

在对话框中设置左坡倾斜角度、右坡倾斜角度、屋脊标高等参数，然后单击 确定 按钮，随即创建人字坡屋顶。图 10-40 为创建的人字坡屋顶的平面图和三维图。

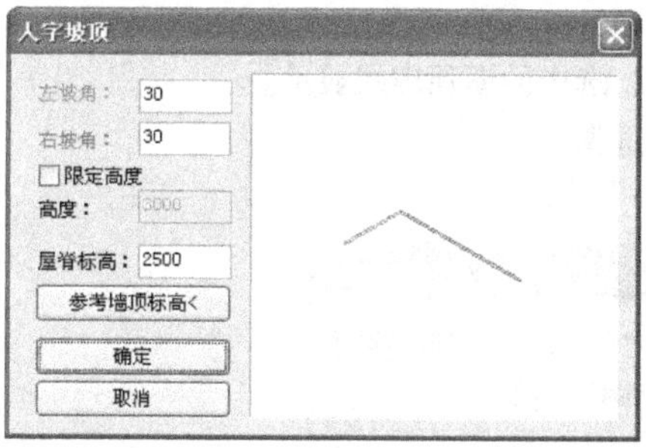

图 10-39　【人字坡顶】对话框

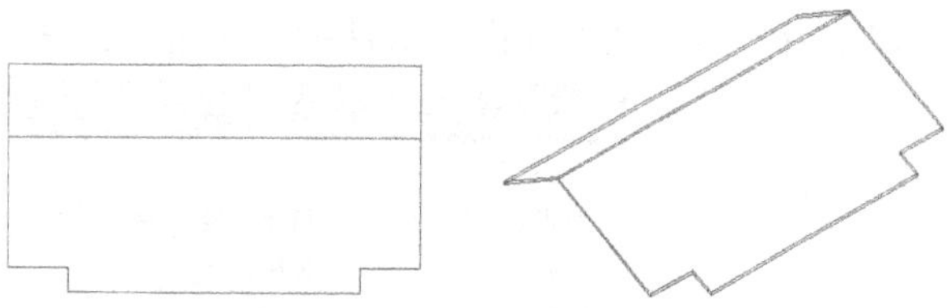

图 10-40　创建的人字坡屋顶

10.4.5　攒尖屋顶

此命令用来生成对称的正多边锥形攒尖屋顶，考虑出挑与出脊，可加宝顶或尖锥。

为表现中国传统建筑及协调环境的需要，一些建筑物要求设计成坡屋顶或攒尖屋顶，古典园林建筑中的亭台楼阁使用攒尖屋顶的就更多了。为了减轻建筑师设计这类建筑构件时的劳动强度，提供了构造攒尖屋顶三维模型，其中可以选择的是在攒尖屋顶上加不加突出屋脊的宝顶或塔尖，还可以选择屋面转折处是否形成屋脊，为简化起见，把宝顶或塔尖的顶端圆顶近似以圆台表示，但不能生成曲面构成的中国古建亭子屋顶。

单击 攒尖屋顶 按钮，系统弹出【攒尖屋顶】对话框，如图 10-41 所示。

图 10-41　【攒尖屋顶】对话框

在对话框中将各参数好后，鼠标移至绘图区，命令行提示为：

请输入屋顶中心位置〈退出〉：　　　　// 指定屋顶中心点。

获得第二个点：　　　　// 捕捉屋顶与墙或柱的角点。

则图中绘出所需的攒尖屋顶。图 10-42 是绘制好边数为 5 的攒尖屋顶的平面图和三维图。

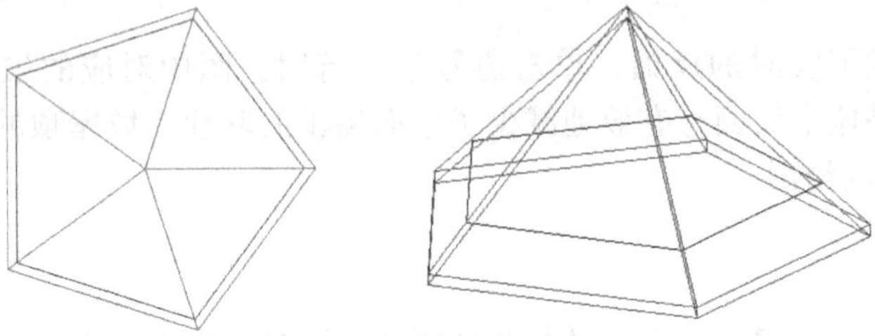

图 10-42　绘制好的攒尖屋顶

从 TArch8.0 开始，攒尖屋顶提供了新的夹点，拖动夹点可以调整出檐长，特性栏中提供了可编辑的檐板厚度参数。

10.4.6　加老虎窗

此命令用于在三维屋顶生成多种老虎窗形式，老虎窗对象提供了墙上开窗功能，并提供了图层设置、窗宽、窗高等多种参数，可通过对象编辑修改。

单击 加老虎窗 按钮，命令行提示为：

请选择屋顶：找到 1 个　　　　// 选择屋顶，选中的屋顶虚线显示。

请选择屋顶：　　　　// 回车结束选择。

回车后弹出【加老虎窗】对话框，如图 10-43 所示。

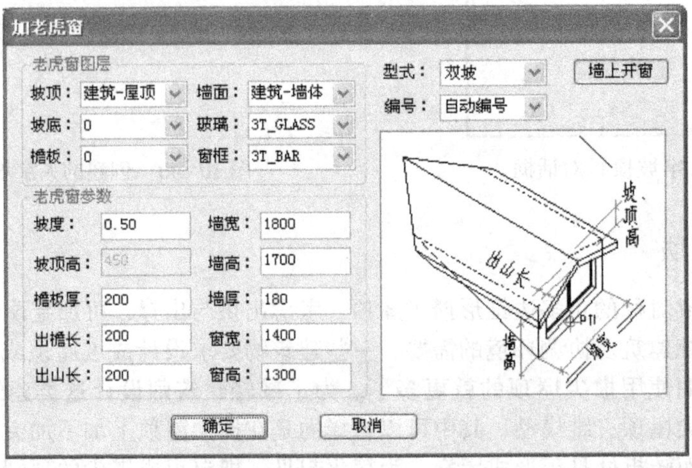

图 10-43　【加老虎窗】对话框

对话框中的【型式】下拉列表中有“三角坡、双坡、三坡、梯形坡、平顶窗”五种老虎窗的型式供选择，设置各项参数后，单击 确定 按钮，退出对话框，命令行提示为：

请点取插入点或［修改参数（S）］〈退出〉：　　　// 在合适位置单击，插入老虎窗。
请点取插入点或［修改参数（S）］〈退出〉：　　　// 回车结束命令。

则图中在坡顶处插入指定形式的老虎窗，并求出与坡顶的相贯线。如图 10-44 所示。

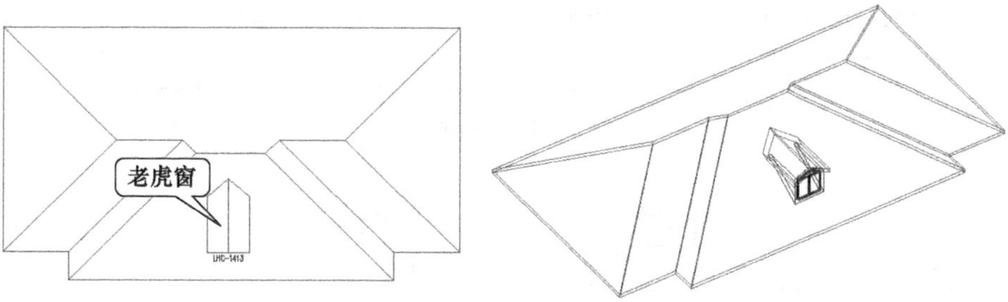

图 10-44　插入老虎窗

由于老虎窗是自定义对象，可以反复修改，通过点取老虎窗，右击鼠标即可激活右键快捷菜单，选取【对象编辑】命令即可重新进入对话框进行修改。此外也可以用【特性编辑】命令修改老虎窗。统计门窗表的时候，老虎窗也将被统计。

10.4.7　加雨水管

此命令用于在屋顶平面图中绘制穿过女儿墙或檐板的雨水管。

单击 加雨水管 按钮，命令行提示为：

当前管径为 200，洞口宽 140
请给出雨水管入水洞口的起始点［参考点（R）/管径（D）/洞口宽（W）］〈退出〉：
　　　　　　　　　　// 点取雨水管入水洞口的起始。
出水口结束点［管径（D）/洞口宽（W）］〈退出〉：　　　// 点取雨水管出水口的结束点。

在平面图中即绘制好雨水管。

在命令行的提示下，输入相应的字母选项，可以对洞口、管径进行设置。

10.5　综合实例

【例 10-8】　在例 9-14 绘制的平面图上，添加楼梯，布置洁具（厨具），绘制散水，完成一层平面图。并在平面图的基础上生成人字坡屋顶。

绘制过程：

（1）绘制首层楼梯。利用【双跑楼梯】命令，绘制底层楼梯。【双跑楼梯】对话框的参数设置如图 10-45 所示。将绘制好的首层楼梯移动到楼梯间内部，如图 10-46 所示。

（2）布置洁具和厨具。利用【天正图库管理系统】对话框，在卫生间添加洁具，在厨房添加厨具（厨具的添加可以参见第 15 章内容）。如图 10-47 所示。

（3）绘制散水。利用【散水】命令，绘制散水。散水对话框参数设置如图 10-48 所示。绘制好散水的图样如图 10-49 所示。

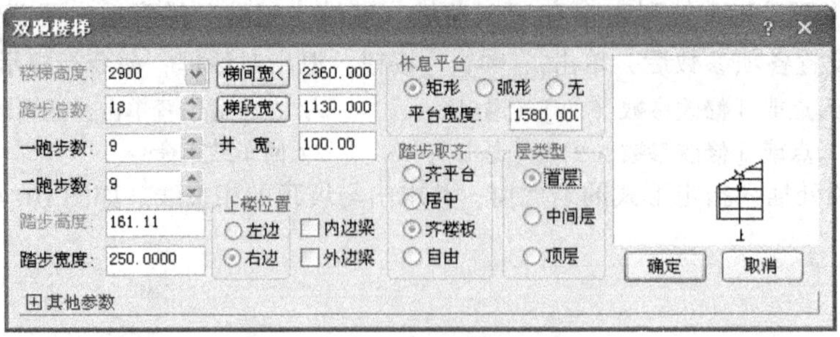

图 10-45 【双跑楼梯】对话框

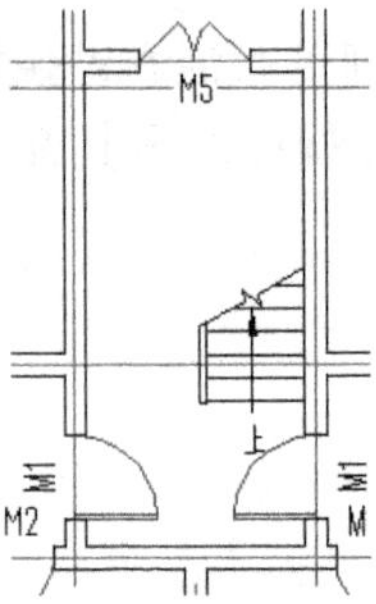

图 10-46 绘制首层楼梯

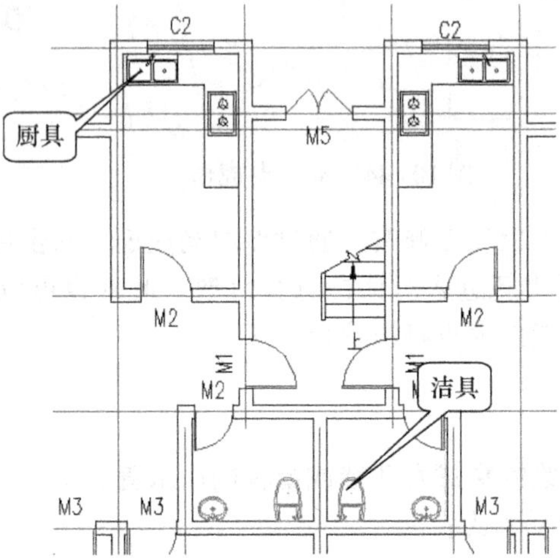

图 10-47 添加洁具、厨具

图 10-48 【散水】对话框

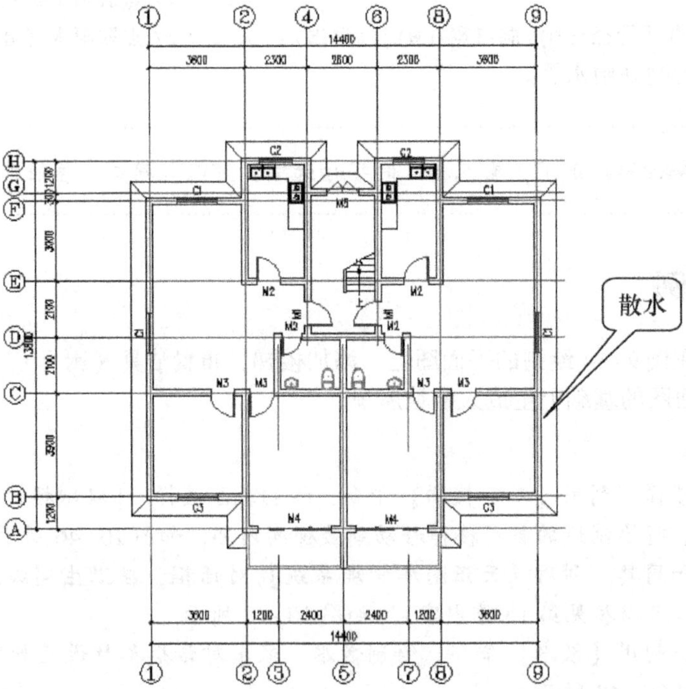

图 10-49 绘制散水

(4) 生成屋顶。利用【搜屋顶线】命令，自动生成屋顶线（其中【偏移外皮距离】设为 0）。再使用【人字坡顶】命令生成坡度为 30 的坡屋顶。如图 10-50 所示。

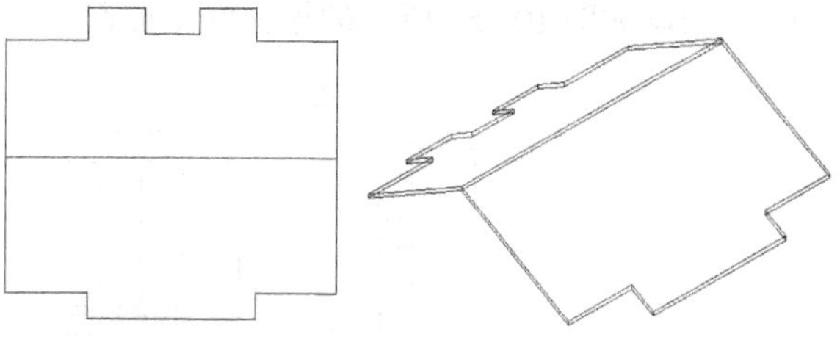

图 10-50　生成人字坡屋顶

10.6　习题

1. 概念题

(1)【双跑楼梯】命令和【直线梯段】命令有什么相同和不同之处？

(2) 如何使用楼梯和扶手的对象编辑和夹点编辑功能？

(3) 如果阳台的形状较为复杂，如何使用【绘制阳台】命令来绘制？

(4) 如何绘制阳角和阴角台阶？

(5) 如何布置浴缸、洗脸盆、淋浴喷头？插入洁具时的非模式对话框如何操作？

(6) 生成的各种坡屋顶如何编辑？

2. 操作题

(1) 利用所学命令绘制如图 10-51 所示的平面图及练习厨房和卫生间卫生洁具的插入方法。

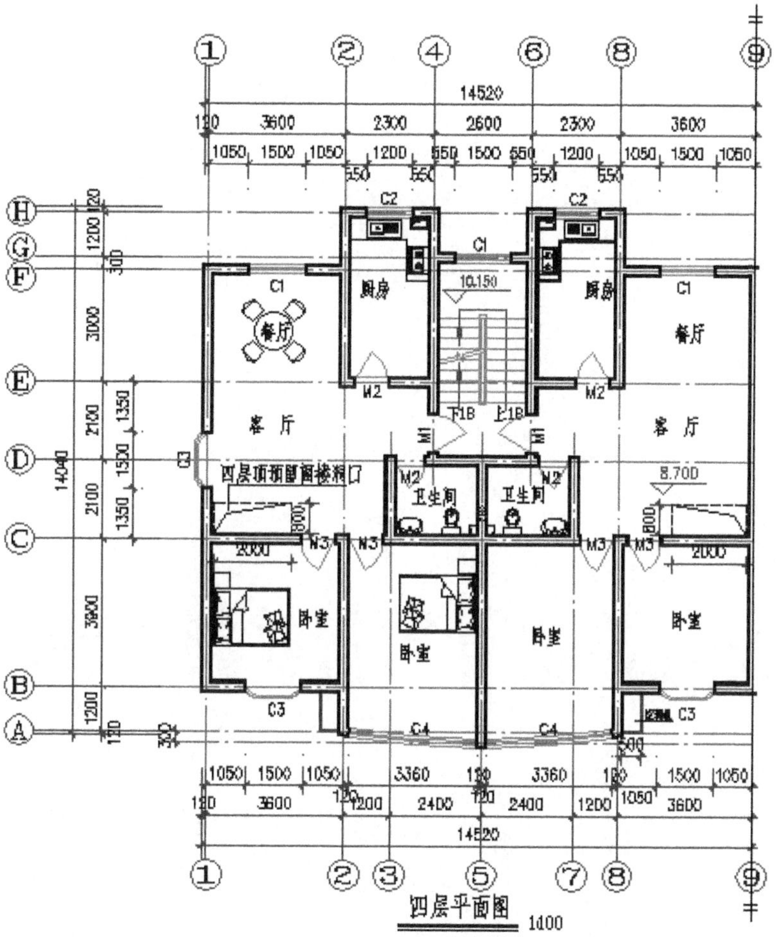

图 10-51　四层平面图

（2）绘制如图 10-52 所示的楼梯间平面图。

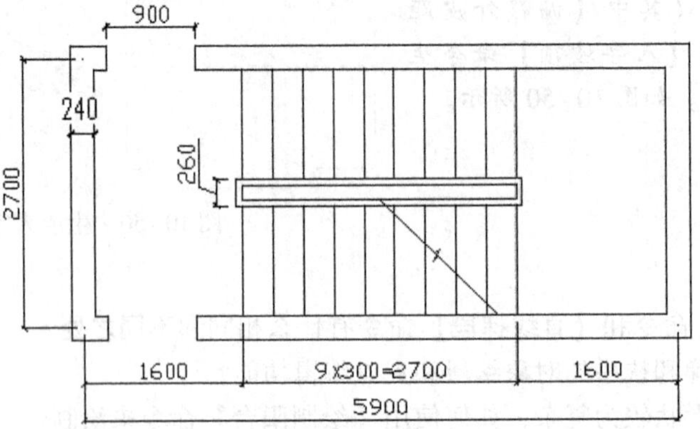

图 10-52 楼梯间平面图

第 11 章　绘制建筑立面图

前面三章我们重点介绍了建筑平面图的绘制方法，虽然天正建筑 CAD 软件最大的优势在于绘制建筑平面图，但建筑立面图是建筑施工图中不可缺少的主要图样之一，所以 TArch 提供了绘制建筑立面图的便捷方法，可以利用绘制好的平面图生成立面图，局部地方利用 AutoCAD 进行修改，比单纯用 AutoCAD 命令绘制立面图要快捷的多。读者可以在学习了第 8 章建筑平面图快速绘制方法之后直接进入本章的学习。

【本章重点】

- 由平面图直接生成立面图的方法；
- 修改立面图上的门窗阳台等构件；
- 屋顶画法与立面标注。

11.1　构成立面图的平面图

TArch 可以从平面图生成立面图，所以本节将第 8 章图 8-1 的某办公楼首层平面图列于下面，如图 11-1 所示。

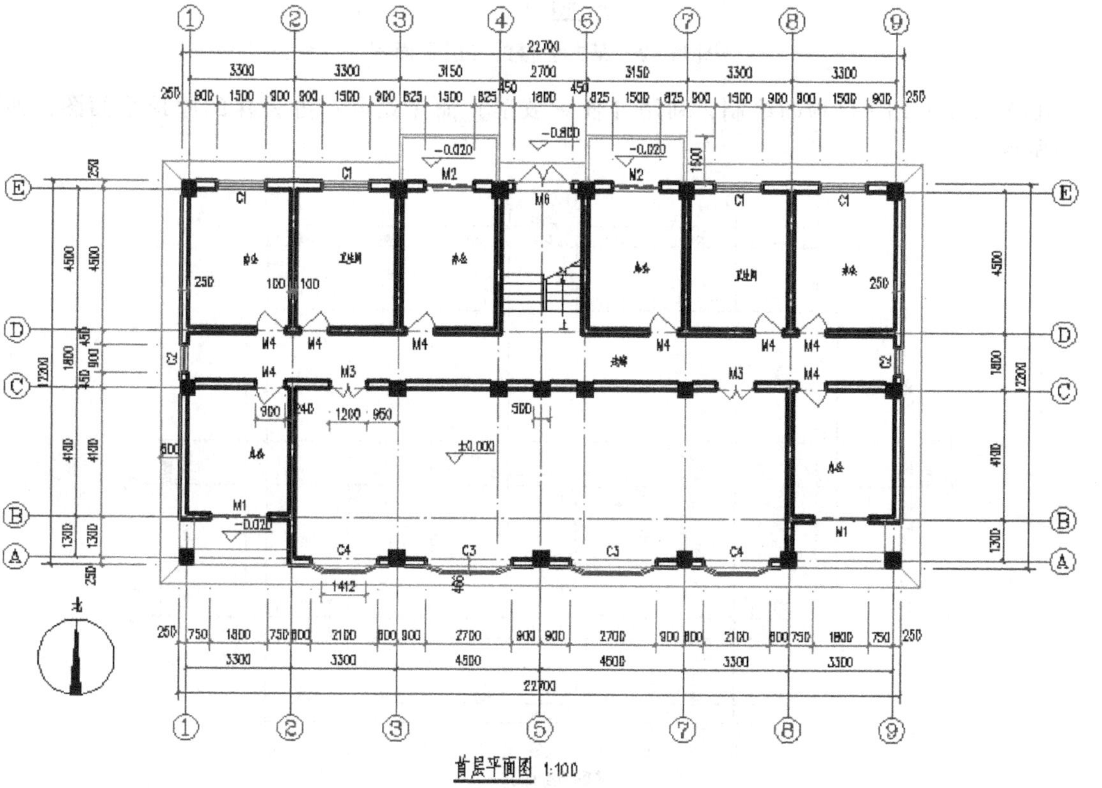

图 11-1　某办公楼的首层平面图

在首层平面图基础上修改图名、标高、楼梯及楼梯间门等，删除指北针、散水、坡道，存为二层平面图，如图 11 - 2 所示，同样可以在二层平面图的基础上修改标高和楼梯间，得到顶层平面图（略）。

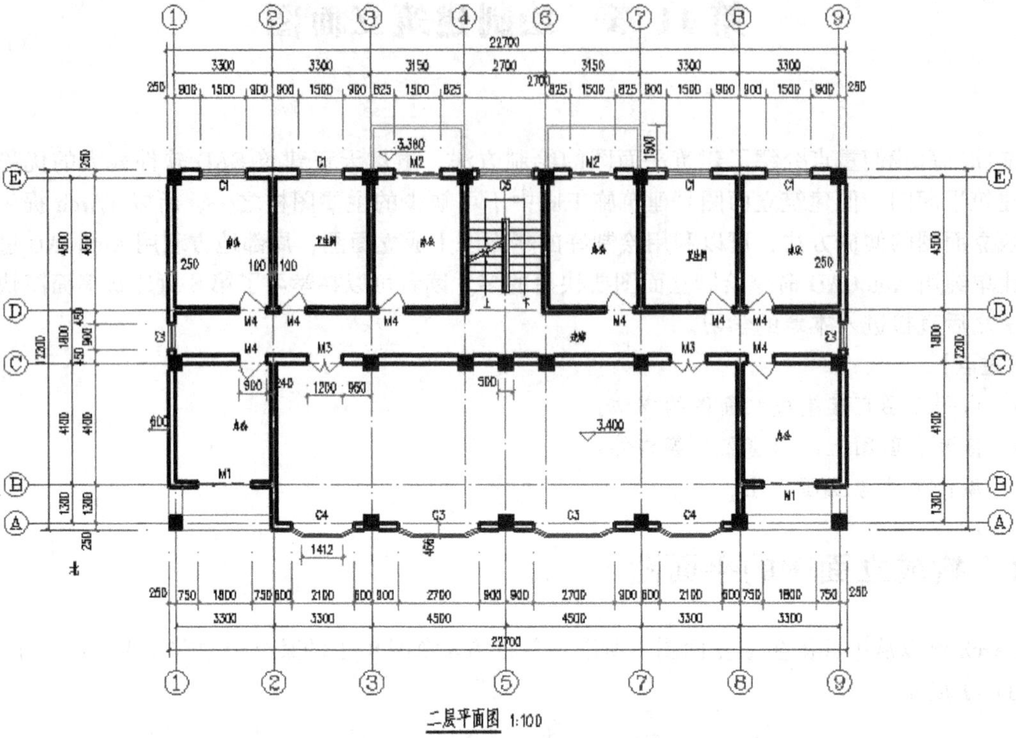

图 11 - 2　某办公楼的二层平面图

在第 10 章介绍了屋顶的绘制，利用【任意坡顶】命令绘制该办公楼的屋顶平面图，如图 11 - 3所示。

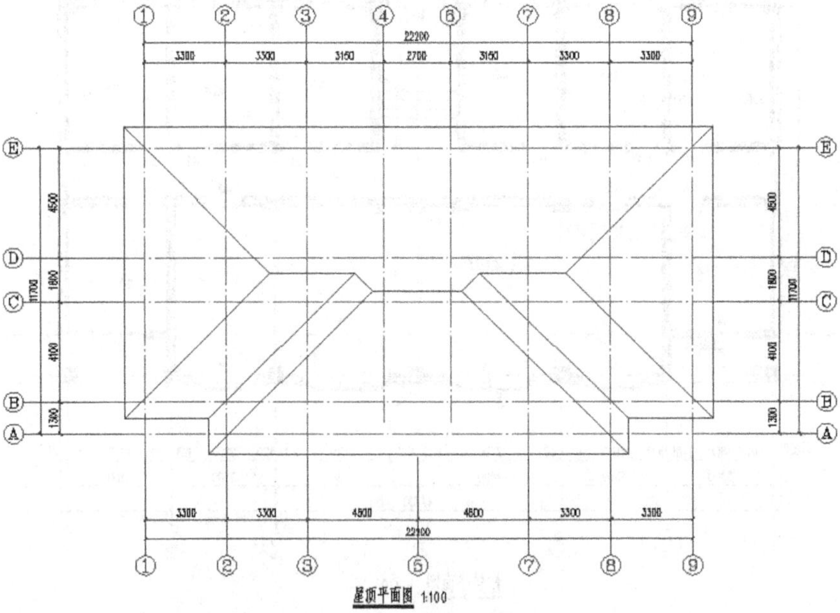

图 11 - 3　屋顶平面图

11.2　由平面图生成立面图

绘制立面图的命令在主菜单【立面】的二级菜单中，单击立　面按钮，打开【立面】二级菜单，如图 11-4 所示。

菜单中提供了【建筑立面】和【构件立面】命令，可以用平面图生成立面图。

图 11-4　【立面】二级菜单

11.2.1　建筑立面

此命令可以用楼层的建筑立面图。

生成立面图之前，首先为本工程创建一个“工程项目”，并将上面绘制的“首层平面图”、“二层平面图”、“三层平面图”、“屋顶平面图”保存在“楼层表”，创建新工程和保存楼层平面图的方法详见章节 8.9。

工程项目和楼层定义完成之后，单击建筑立面按钮，命令行提示为：

请选择要出现在立面图上的轴线：请输入立面方向或［正立面(F)/背立面(B)/左立面(L)/右立面(R)］〈退出〉：F　　// 输入相应字母选择要生成的立面方向。

请选择要出现在立面图上的轴线：找到 1 个

// 选择 1 轴线。

请选择要出现在立面图上的轴线：找到 1 个，总计 2 个

// 选择 9 轴线，注意必须选轴线，选轴线编号无效。

请选择要出现在立面图上的轴线：

// 回车结束选择。

这时，屏幕弹出【立面生成设置】对话框，如图 11-5 所示，按要求设置好对话框后，单击生成立面按钮，弹出【输入要生成的文件】对话框，输入文件名，单击保存(S)按钮，则完成立面图的生成，结果如图 11-6 所示。

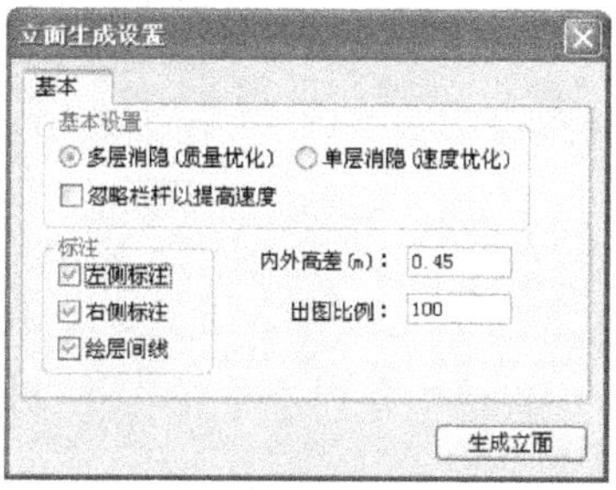

图 11-5　【立面生成设置】对话框

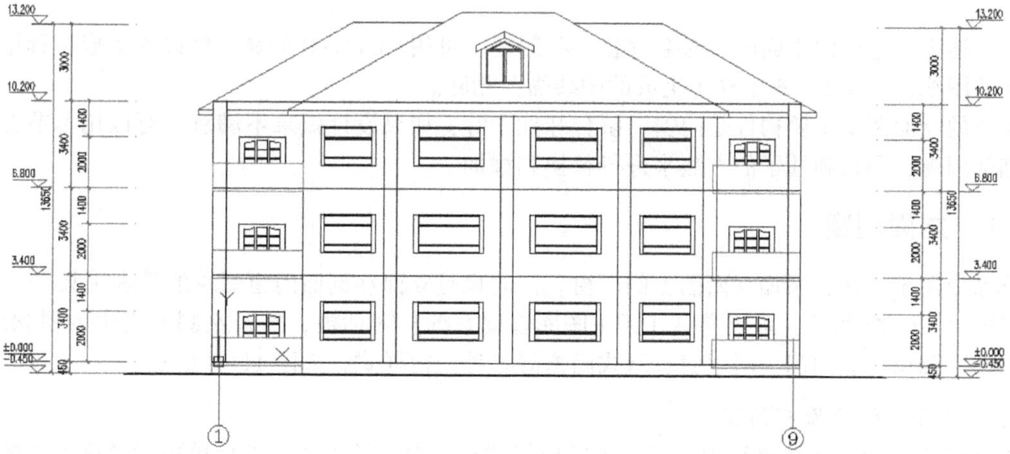

图 11-6　完成的立面图

11.2.2 构件立面

此命令用于生成某些局部构件的立面图。如门窗、阳台、楼梯等。

类似于单层立面，只是针对于局部构件生成立面图。本命令既可以用来实现单个构件的立面，也可以用来实现单个标准层的立面，用于做单个标准层立面时，注意不要选择无关的物体，例如内墙和室内构件都不应选取，以便有足够快的响应速度。

单击 构件立面 按钮，命令行提示为：

请输入立面方向或[正立面(F)/背立面(B)/左立面(L)/右立面(R)/顶视图(T)]〈退出〉：
// 选择立面方向。
请选择要生成立面的建筑构件： // 选择构件。
请选择要生成立面的建筑构件： // 继续选择构件或回车结束选择。
请点取放置位置： // 鼠标在合适位置单击，插入构件立面图。

【例 11－1】 以办公楼的 M1 构件为例，生成 M1 的正立面图。

单击 构件立面 按钮，命令行提示为：

请输入立面方向或[正立面(F)/背立面(B)/左立面(L)/右立面(R)/顶视图(T)]〈退出〉:F
// 选择正立面。
请选择要生成立面的建筑构件：找到 1 个 // 在平面图中选择 M1 门。
请选择要生成立面的建筑构件： // 回车结束选择。
请点取放置位置： // 鼠标在合适位置单击，插入构件立面图。

则门 M1 的正立面图如图 11-7 所示。

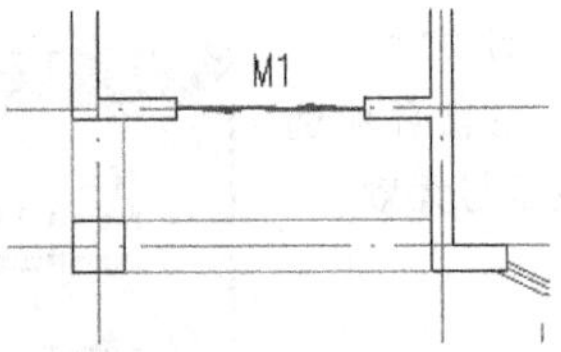

M1平面图

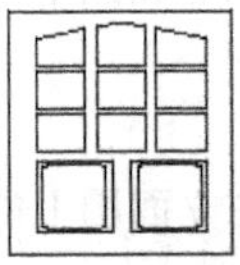
M1立面图

图 11-7 【构件立面】命令执行结果

11.3 修改立面门窗和阳台

用上述方法生成的立面图有时会存在一些问题，可用 AutoCAD 的命令修改在生成过程中多余或遗漏的图线，如图 11-6 中柱子生成的图线需要删除。

生成的立面图中主要构件是门窗、阳台和柱子等，如果设计效果不满意，可以用本节介绍的修改细部门窗、阳台和柱子的方法来进行替换和添加。

11.3.1 立面门窗

此命令用于替换、添加立面图上的门窗，同时也是立面和剖面门窗图块的管理工具。

单击 立面门窗 按钮，系统弹出【天正图库管理系统】对话框，打开左侧列表中的树状结构，可以选择立面窗、立面门、门联窗、欧式门窗等各种门窗样式，如图 11-8 所示。

11.3.1.1 替换原有门窗

在【天正图库管理系统】中选择一种门窗样式后，单击该图块，然后单击对话框上方的【替

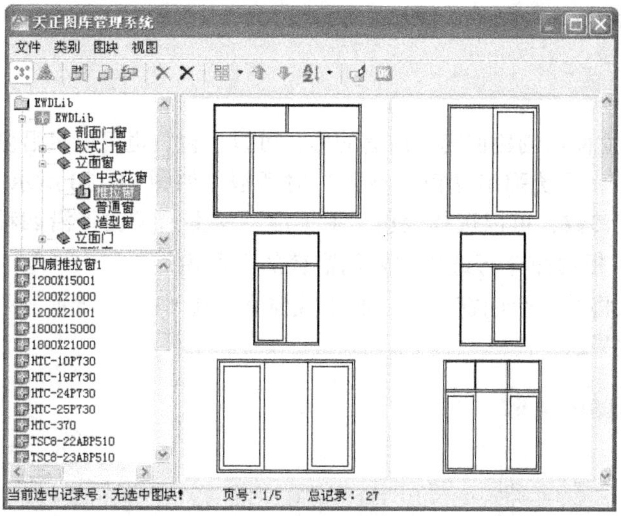

图 11-8 【天正图库管理系统】对话框

换】按钮，命令行提示为：

选择图中将要被替换的图块!

选择对象： // 点取原有门窗。

选择对象： // 继续选择或回车结束选择。

则程序自动识别图块中由插入点和右上角定位点对应的范围，用相等尺寸替换对应的门窗。

11.3.1.2 添加新门窗

在【天正图库管理系统】中选择一种样式后，双击该图块，则弹出一个【图块编辑】对话框，如图 11-9 所示。

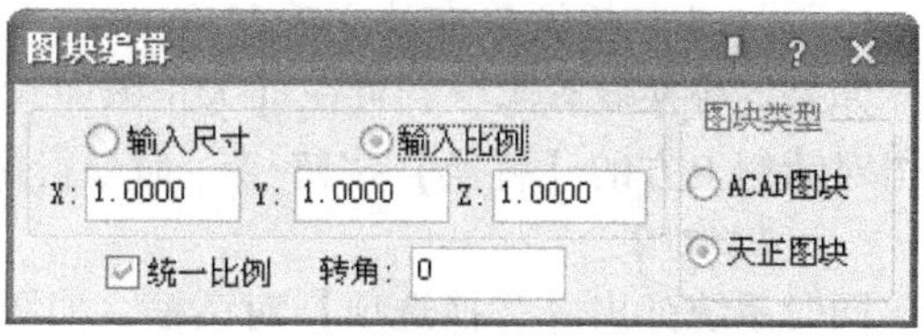

图 11-9 【图块编辑】对话框

在对话框中可以输入新门窗的尺寸和比例，然后鼠标移至绘图区，这时命令行提示为：

点取插入点[转 90(A)/左右(S)/上下(D)/对齐(F)/外框(E)/转角(R)/基点(T)/更换(C)]〈退出〉： // 鼠标单击插入新的门窗。

点取插入点[转 90(A)/左右(S)/上下(D)/对齐(F)/外框(E)/转角(R)/基点(T)/更换(C)]〈退出〉： // 继续插入或回车结束命令。

即可在指定位置插入一个新门窗。

11.3.2 门窗参数

此命令用来修改立面门窗的尺寸和位置。可以用已经生成的立面门窗尺寸以及门窗底标高作为默认值，修改尺寸后生成新立面门窗。

单击 门窗参数 按钮，命令行提示为：

选择立面门窗： // 选择要修改尺寸的门窗。

选择立面门窗： // 回车结束选择。

底标高〈3900〉： // 输入新的底标高。

高度〈1800〉： // 输入新的高度。

宽度〈1500〉： // 输入新的宽度。

则图中门窗按照新的参数更新。

11.3.3　立面窗套

此命令是为已有的立面窗创建窗套，窗套的形式可以全包，也可以只沿窗的上沿线或下沿线。

单击 立面窗套 按钮，系统弹出【窗套参数】对话框，如图 11-10 所示。

根据设计需要设置参数，可以选择全包、上下沿、窗上沿、窗下沿四种窗套形式，设置完毕后单击 确定 按钮，根据命令行选择需要加窗套的立面窗。

也可以根据需要，将若干个门窗连在一起生成窗套。图 11-11 所示的是将同一层窗连在一起加上了上沿和下沿的效果。

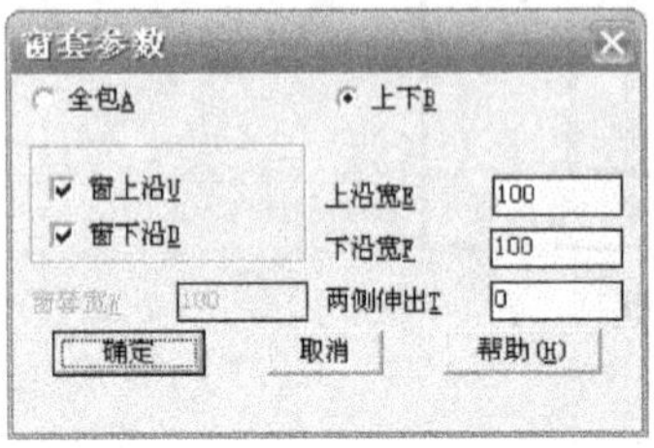

图 11-10　【窗套参数】对话框

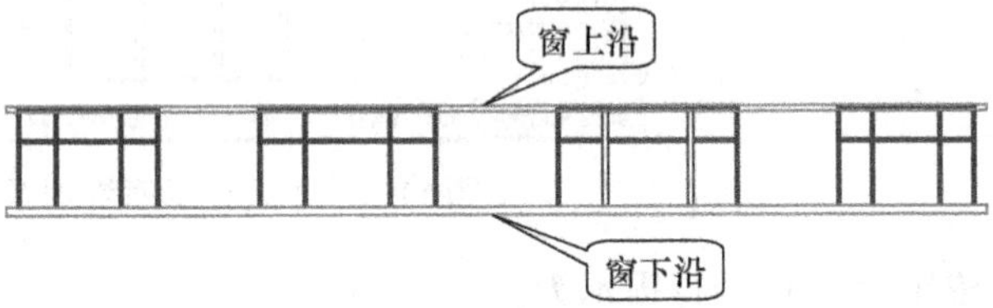

图 11-11　加立面窗套

11.3.4　立面阳台

此命令用来替换或添加立面图上阳台的样式，同时也是立面阳台图块管理的工具。

单击 立面阳台 按钮，系统弹出【天正图库管理系统】对话框，如图 11-12 所示。

11.3.4.1　替换原有的立面阳台

如果要替换原有阳台，可在【天正图库管理系统】中选择一个阳台样式，单击该图块，然后单击对话框上方的【替换】按钮，命令行提示为：

　选择对象：

同时系统弹出【替换选项】对话框，如图 11-13 所示。

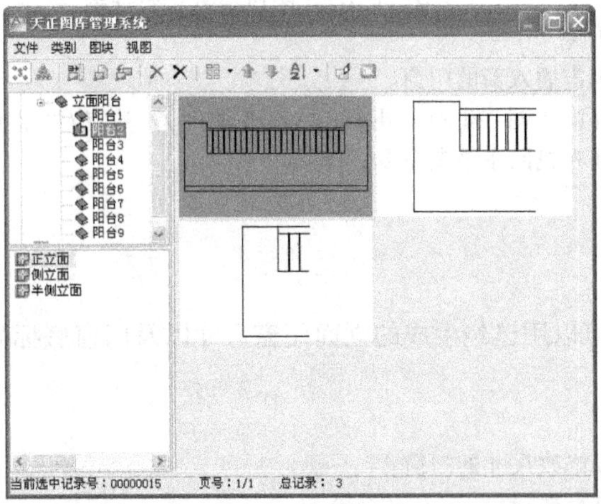

图 11-12　【天正图库管理系统】对话框

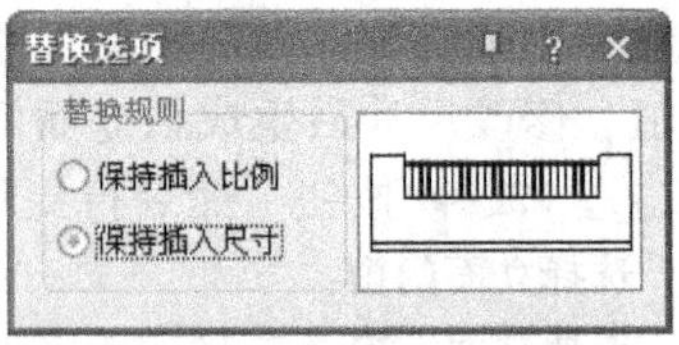

图 11-13　【替换选项】对话框

在对话框中选择【保持插入比例】或【保持插入尺寸】，然后在绘图区任意位置单击一下，在命令行的提示下选择要替换的原有阳台。

则图中的阳台被替换。替换立面窗和阳台后的立面图如图 11-14 所示。

图 11-14　替换了立面窗和阳台

11.3.4.2　添加新阳台

如果要添加一个新阳台，需在【天正图库管理系统】对话框中选择一种阳台样式，双击该图块，系统弹出【图块编辑】对话框，如图 11-15 所示。

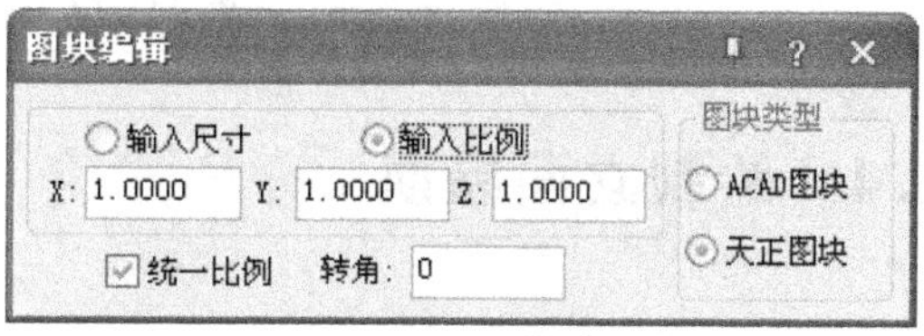

图 11-15　【图块编辑】对话框

在对话框中选择【输入尺寸】或【输入比例】，然后将鼠标移至绘图区，命令行提示为：

点取插入点 [转 90 (A)/左右 (S)/上下 (D)/对齐 (F)/外框 (E)/转角 (R)/基点 (T)/更换 (C)]〈退出〉:

将鼠标在绘图区单击一下，即在所选位置添加新阳台。

11.3.5　柱立面线

此命令用来绘制圆柱的立面过渡线。可以按默认的正投影方向模拟圆柱立面投影，在柱子立面范围内画出表示曲率变化的竖向投影线，使其有立体感。

单击 柱立面线 按钮，命令行提示为：

输入起始角〈180〉:　　// 输入平面圆柱的起始投影角度或取默认值。
输入包含角〈180〉:　　// 输入平面圆柱的包角或取默认值。
输入立面线数目〈12〉:　　// 输入立面投影线数量或取默认值。
输入矩形边界的第一个角点〈选择边界〉:　　// 给出柱立面边界的第一角点。
输入矩形边界的第二个角点〈退出〉:　　// 给出柱立面边界的第二角点。

则在两个角点指定的矩形范围内绘出圆柱立面线。图 11-16 分别表示包含角为 90°、180°时的圆柱立面线（起始角均为 180°）。

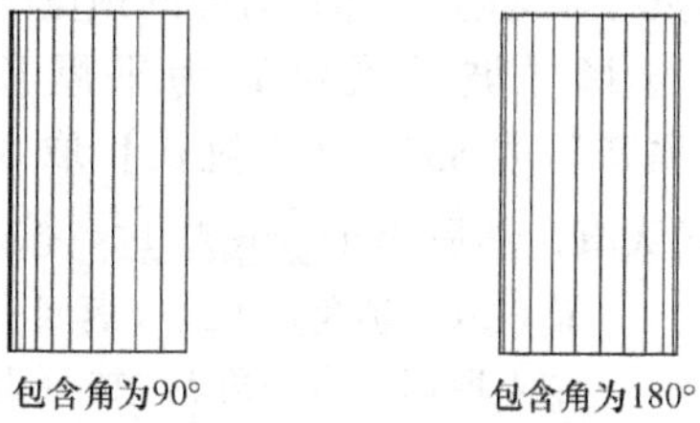

图 11-16　绘制圆柱立面线

11.3.6　修改立面其余不合理图线

在图 11-14 所示的立面图中还存在不符合投影关系的图线，还应使用 AutoCAD 命令进行修改。例如，2～8 轴线的柱子与外墙平齐，在立面图中不会有柱子的投影线，屋顶与顶层墙体的连接处，被屋顶挡住的墙体线不应画出。

将不符合投影关系的图线利用 AutoCAD 命令修改后的立面图如图 11-17 所示。

图 11-17　修改正确的立面图

11.4　绘制立面屋顶

11.4.1　立面屋顶

此命令可以完成多种形式的屋顶立面图设计。

本命令适用于以下绘制：

(1) 平屋顶、单坡屋顶、双坡屋顶、四坡屋顶与歇山屋顶的正立面和侧立面。

(2) 组合的屋顶立面。

(3) 正立面一侧与其他物体（墙体或另一屋面）相连接的不对称屋顶。

单击 立面屋顶 按钮，系统弹出【立面屋顶参数】对话框，如图 11-18 所示。

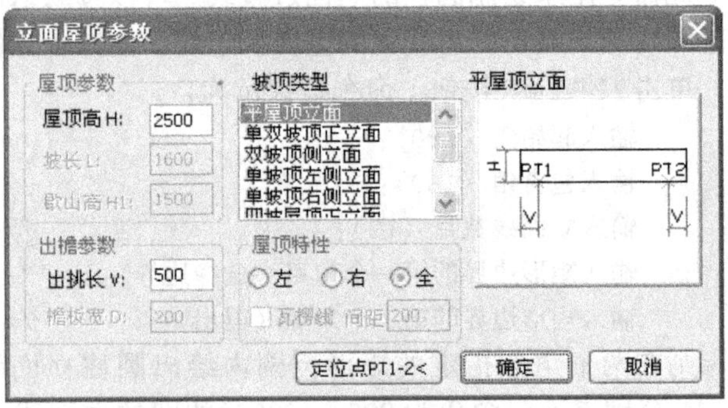

图 11-18　【立面屋顶参数】对话框

该对话框共列出了九种立面屋顶的类型，分别是平屋顶立面、单双坡顶正立面、双坡顶侧立面、单坡顶左侧立面、单坡顶右侧立面、四坡顶正立面、四坡顶侧立面、歇山顶正立面和歇山顶侧立面，每选择一种类型，在右上方都有对应的预览图形。

选择【坡顶类型】为平屋顶立面，【屋顶高】取 650，【出挑长】取 0，其余取默认值，然后单击 定位点PT1-2< 按钮，此时系统暂时隐去对话框，命令行提示为：

请点取墙顶角点 PT1〈返回〉：　　　　// 捕捉屋顶和墙的一个交点。

请点取墙顶另一角点 PT2〈返回〉：　　// 捕捉屋顶和墙的另一个交点。

返回对话框，单击 确定 按钮，则图中插入一个平屋顶。

11.4.2　雨水管线

此命令用来按给定的位置生成竖直向下的雨水管。

单击 雨水管线 按钮，命令行提示为：

当前管径为 100
请指定雨水管的起点 [参考点 (R)/管径 (D)]〈退出〉:　　// 点取去起点。
请指定雨水管的下一点 [管径 (D)/回退 (U)]〈退出〉:　　// 点取去终点。
请指定雨水管的下一点 [管径 (D)/回退 (U)]〈退出〉:　　// 回车。

则图中绘制了一个雨水管。平屋顶和雨水管绘制完成后的图样如图 11-19 所示。

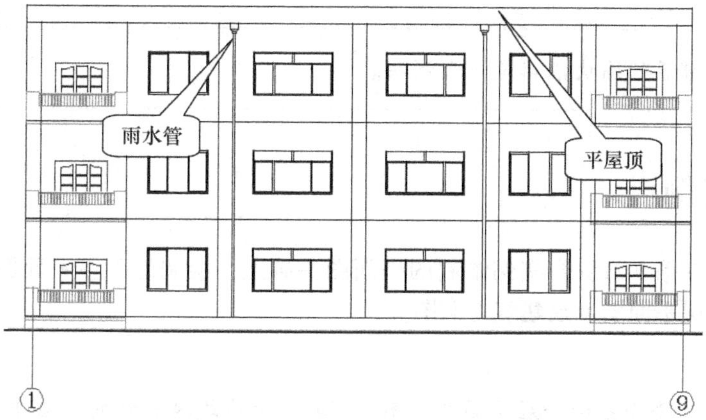

图 11-19　插入平屋顶、雨水管

【立面】菜单中的【雨水管线】命令与【房间屋顶】菜单中的【加雨水管】命令不同，前者绘制的是二维图形，后者绘制的是三维图形。

11.4.3　立面轮廓

此命令用于在建筑立面外轮廓上加一圈粗实线，系统会自动搜索建筑外轮廓，但不包括地坪线。

单击 立面轮廓 按钮，命令行提示为：

选择二维对象：指定对角点：找到 132 个　　// 框选整个建筑物。
选择二维对象：　　// 回车结束选择。
请输入轮廓线宽度（按模型空间的尺寸）〈0〉: 5　　// 设置线宽。
成功地生成了轮廓线！

则在所选的建筑物的外轮廓上添加一圈粗实线。

在无法生成正确的外轮廓线时，可以用【多段线】命令逐点绘制。

11.5　图形裁剪

此命令用来对立面图形进行裁剪，实现立面遮挡。

单击 图形裁剪 按钮，命令行提示为：

请选择被裁剪的对象：单击一个阳台图块作为被裁剪对象

请选择被裁剪的对象：回车结束选择

矩形的第一个角点或｛多边形裁剪[P]/多段线定边界[L]/图块定边界[B]｝〈退出〉：指定裁剪框的第一个角点

另一个角点〈退出〉：指定裁剪框的另一个角点

则裁剪框中的图形被裁剪掉。

由于 AutoCAD 的【修剪】命令不能修剪图块，如果将图块分解后再作修剪，工作量很大，Tarch 的【图形裁剪】命令则可以直接修剪图块，特别适合修剪立面图上被其他构件遮挡的图线。

被裁剪后的图块依然是一个图块。

11.6 综合实例

【例 11-2】 在第 9 章综合实例绘制的平面图基础上，绘制地下室平面图、标准层平面图、顶层平面图，依各层平面图创建建筑立面图。

绘制过程：

(1) 绘制地下室平面图和一层平面图。图 9-84 表示的是建筑物的一层平面图，现在一层底部增加一层地下室，让地下室位于地平线以上。这样就需要作一些改动，应将图 9-84 中的散水放在地下室平面图中，地下室的墙体划分与一层不同，车库外墙为卷帘门。绘制好的地下室平面图，如图 11-20 所示。一层平面图只需在图 9-84 上稍作改动，即将楼梯间的门应改为窗即可，这里不再表示一层平面图。

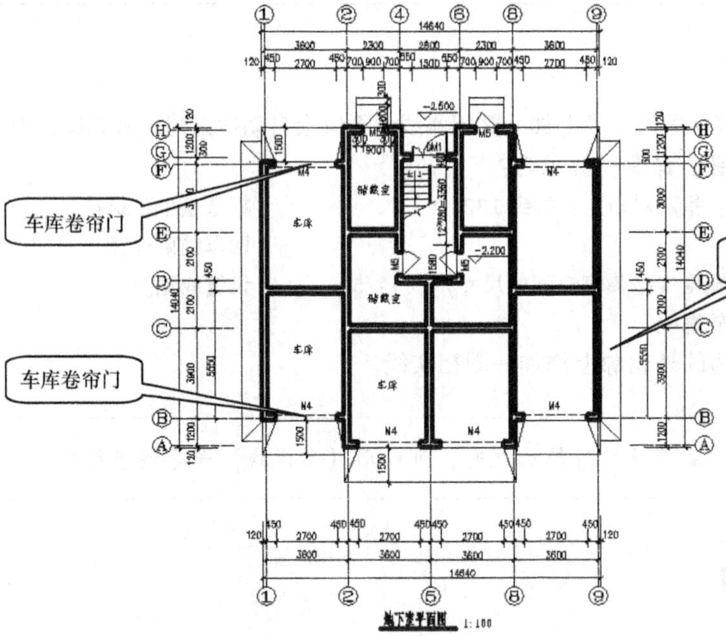

图 11-20 地下室平面图

(2) 绘制标准层平面图。在图 9-84 的基础上，将其改为标准层平面图，如图 11-21 所示。

(3) 绘制顶层平面图。在图 9-84 的基础上，将其改为顶层平面图，如图 11-22 所示。

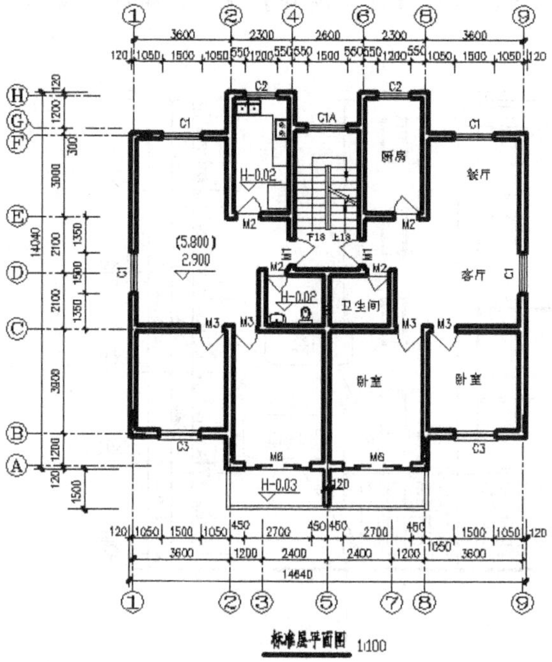

图 11-21　标准层平面图

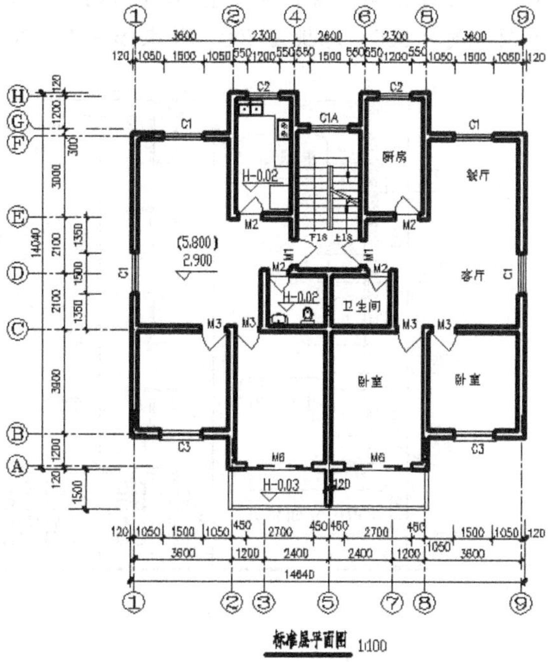

图 11-22　顶层平面图

(4) 根据各楼层平面图，创建建筑立面图。首先创建一个“工程项目”，并将如图 9-84 所示的“首层建筑平面图”，以及上面绘制的“地下室平面图”、“标准层平面图”、“顶层平面图”、保存在“楼层表”，创建新工程和保存楼层平面图的方法详见章节 8.9。工程项目和楼层定义完成之后，单击 建筑立面 按钮，自动生成建筑立面图。如图 11-23 所示。

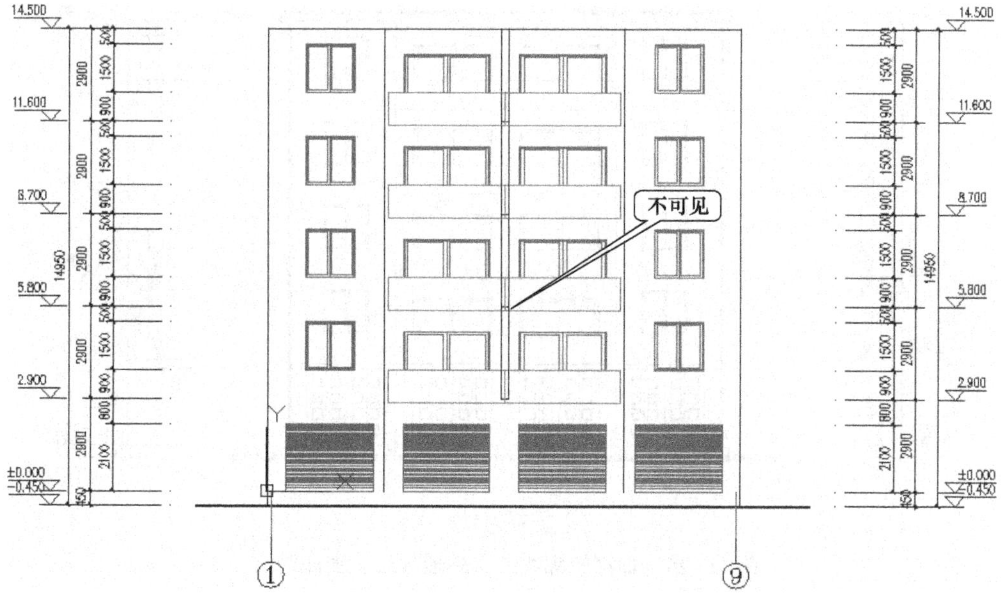

图 11-23　自动生成建筑立面图

（5）修改立面图。自动生成的立面图中有一些不合要求的地方，应进行修改。如：阳台之间的隔板被阳台挡住的部分；卷帘门上加雨篷；车库外加坡道；标高的 ±0.000 应以一层地面为准。另外使用【立面门窗】命令将卷帘门的立面样式调换；利用【立面屋顶】命令，添加平屋顶，屋顶高度为 500，外挑为 500。结果如图 11-24 所示。

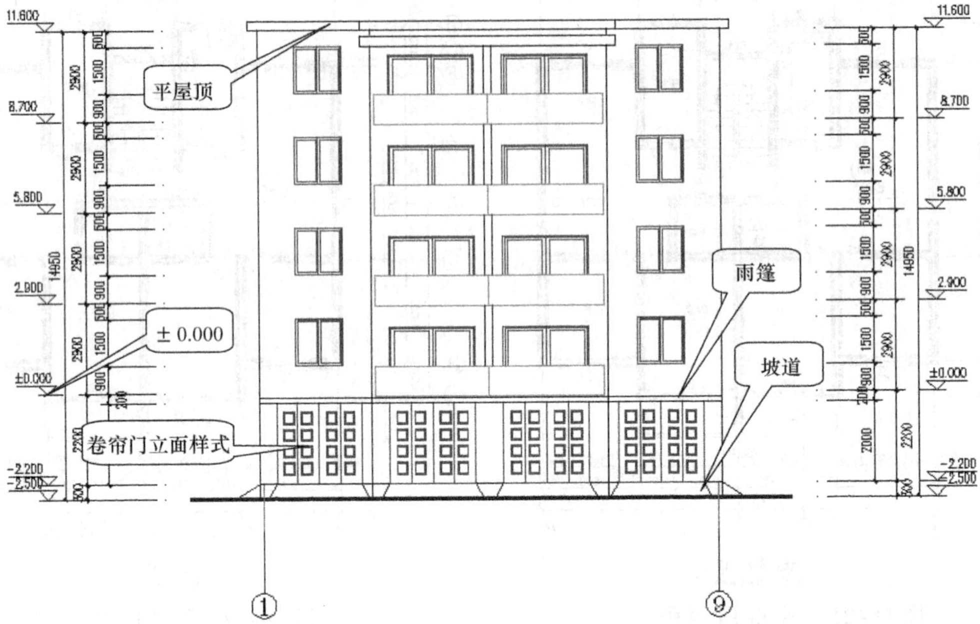

图 11-24　修改后的建筑立面图

（6）加深立面外包轮廓线。利用【立面轮廓】命令，自动搜索建筑物外轮廓，并将其加深。另外加深室外地坪线。利用【图名标注】命令，加注图名。结果如图 11-25 所示。

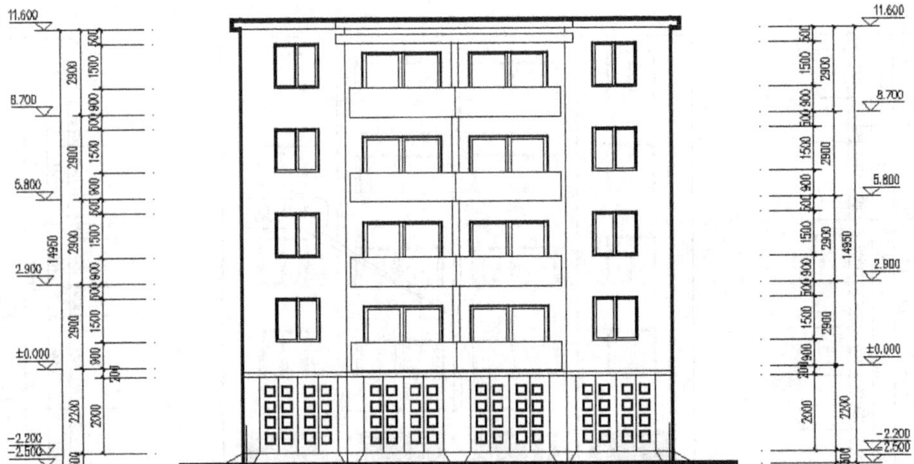

图 11-25　加深轮廓线、室外地坪线、加注图名

11.7　习题

1. 概念题

（1）有哪几个命令可以由平面图直接生成立面图?

（2）用 AutoCAD 命令绘制的平面图，能否直接生成立面图?

（3）如何制作楼层表?

（4）单层立面如何组合成多层立面?

（5）如何绘制立面屋顶?

（6）立面门窗如何插入与修改?

（7）如何标注立面标高?

2. 操作题

（1）本章综合实例创建的是该建筑物的正立面图，练习创建该建筑物的左侧立面图（见图11-26）和该建筑物的背立面图（见11-27）。

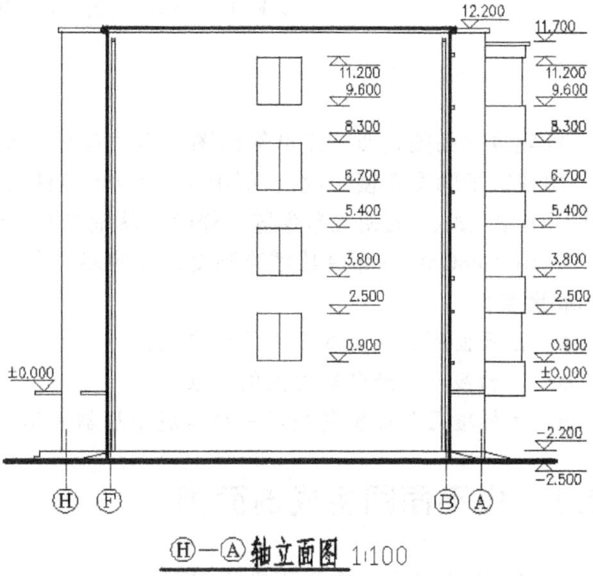

图 11-26　左侧立面图

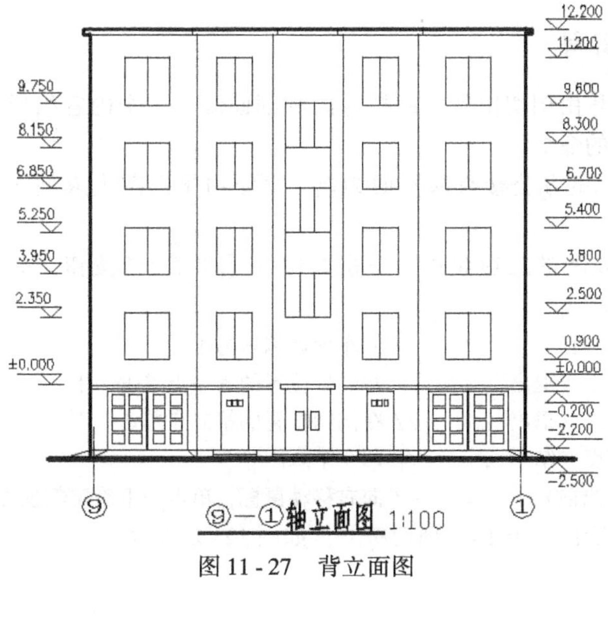

图 11-27　背立面图

第 12 章　绘制建筑剖面图

同建筑立面图相似，建筑剖面图可以由建筑平面图直接生成，也可以从轴线开始绘制剖面图。由建筑平面图直接生成剖面图的方法方便快捷，但出现的错误也较多，生成以后还需要用 AutoCAD 和 TArch 的相关命令进行修改。从轴线开始绘制剖面图是指用 TArch 的专用命令进行绘制，比用 AutoCAD 的命令从零绘制要快捷的多。本章介绍这两种方法绘制建筑剖面图。

【本章重点】

- 由平面图直接生成剖面图的方法；
- 从轴线开始绘制剖面图的方法；
- 由标准层剖面图复制或阵列生成多层剖面图。

12.1　由平面图生成剖面图

绘制剖面图的命令在主菜单【剖面】的二级菜单中，单击 ▸ 剖　面 按钮，打开【剖面】二级菜单，如图 12-1 所示。

首先打开要生成剖面的平面图，绘制好剖切符号。

图 12-1　【剖面】二级菜单

12.1.1　标注剖切符号

建筑图中的剖切符号由剖切位置、剖视方向和剖面编号三个内容组成。天正提供了绘制剖切符号的命令。

下面以图 11-1 所示的办公楼首层平面为例，介绍由平面图生成剖面图的操作过程。

打开主菜单 ▸ 符号标注 的二级菜单，单击其中的 剖面剖切 按钮，命令行提示为：

请输入剖切编号〈1〉：　　　　// 回车默认编号为 1。
点取第一个剖切点〈退出〉：　　// 在剖切位置的第一点单击一下。
点取第二个剖切点〈退出〉：　　// 在剖切位置的第二点单击一下。
点取下一个剖切点〈结束〉：　　// 回车结束。
点取剖视方向〈当前〉：　　　　// 向右移动鼠标，单击一下确定剖视方向。

则在首层平面图中绘出一个 1-1 剖切符号，如图 12-2 所示。

12.1.2　建筑剖面

同【建筑立面】命令类似，此命令可以按照楼层表的组合数据，生成建筑剖面。所以生成剖面图之前，首先将 11.2.1 中创建的“工程项目”打开，作为当前工程。

再单击 建筑剖面 按钮，命令行提示为：

请选择一剖切线：　　　　　　// 选择 1-1 剖切线。
请选择要出现在剖面图上的轴线：// 分别选择 B、C、D、E 轴线。

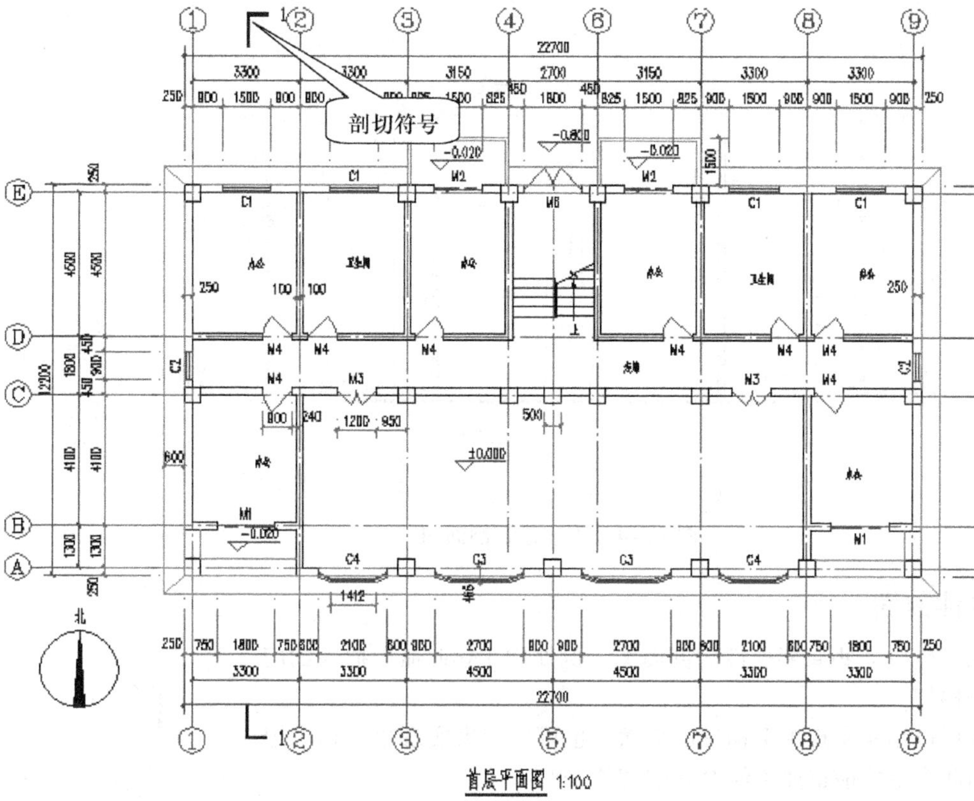

图 12-2　绘制剖切符号

请选择要出现在剖面图上的轴线：// 回车结束选择。

系统弹出【剖面生成设置】对话框，如图 12-3 所示。

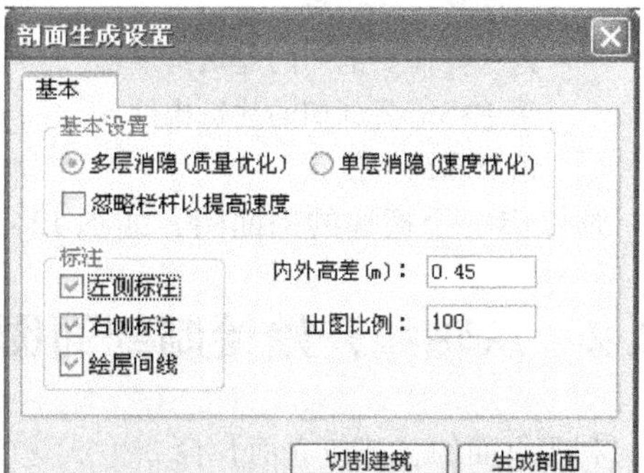

图 12-3　【剖面生成设置】对话框

在对话框中设置各项参数，可以勾选【忽略栏杆以提高速度】选项，优化计算，忽略复杂栏杆的生成，然后单击 生成剖面 按钮，弹出【输入要生成的文件】对话框，输入文件名，单击 保存(S) 按钮，则完成剖面图的生成，结果如图 12-4 所示。

利用【建筑立面】命令生成的建筑剖面图往往还存在不符合要求的地方，例如屋顶与外墙的连接处存在投影错误、楼板没有体现板厚、剖到的构件轮廓线没有加粗等，这些问题有的可以直接用 CAD 命令修改，有的可以利用后面介绍的剖面编辑命令修改。

在完成如图 12-3 所示的【剖面生成设置】对话框后，如果单击 切割建筑 按钮，则将三维建筑沿指定的剖切平面切割，形成了一个切割后的三维模型。

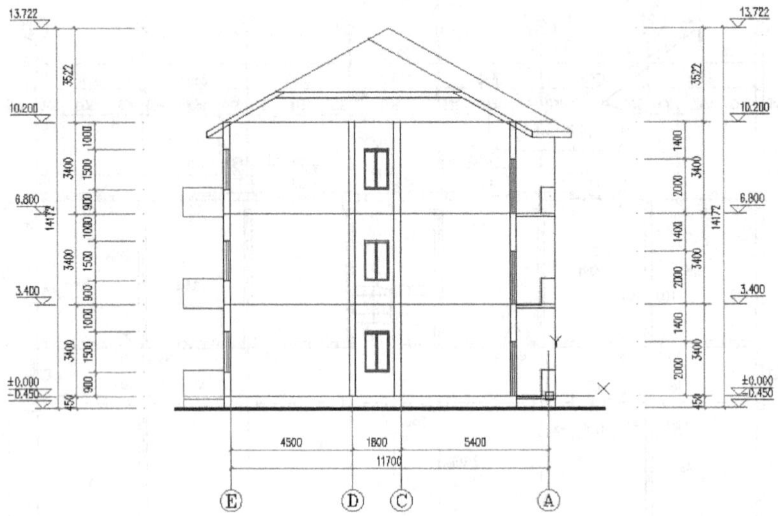

图 12-4　生成建筑剖面图

12.1.3　构件剖面

此命令用于生成某些局部构件的剖面图。例如用 TArch 命令插入的门窗、阳台、楼梯等。

本命令既可以用来实现单个构件的剖面，也可以用来实现单个标准层的剖面。使用此命令之前也要求绘制好剖切符号。

例如绘制二层楼梯的剖面图，先在楼梯间绘制 2－2 剖切符号，如图 12-5 所示。

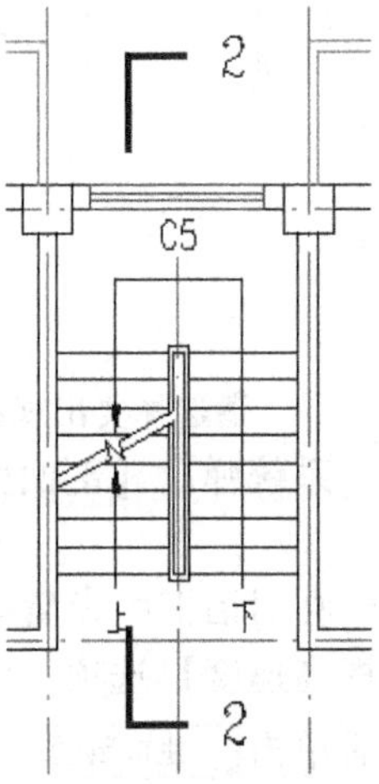

图 12-5　绘制二层楼梯构件的剖切符号

单击 构件剖面 按钮，命令行提示为：

请选择一剖切线：　　　　　　// 单击楼梯间处的 2－2 剖切符号。
请选择需要剖切的建筑构件：　// 选择楼梯。
请选择需要剖切的建筑构件：　// 回车结束选择。
请点取放置位置：　　　　　　// 在合适位置单击。

则绘出一个楼梯的剖面图，如图 12-6 所示。

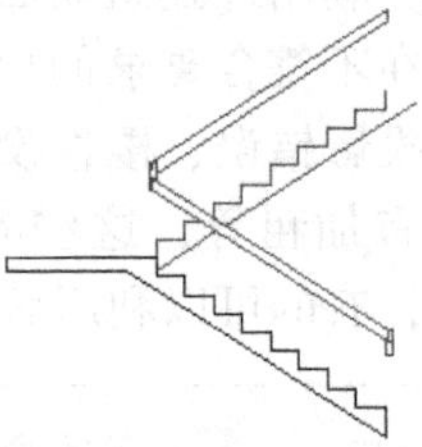

图 12-6　楼梯剖面图

12.2　从轴线开始绘制剖面图

利用上面的【建筑立面】命令生成建筑剖面图的方法尽管快捷，但生成的剖面图错误较多，需要用 AutoCAD 的命令和天正的其他剖面命令来修正。

当生成的剖面图错误过多时，可以不用直接生成的方法画剖面图，而是采用 TArch 的剖面图专用命令配合 AutoCAD 的命令来绘制剖面图，基本步骤如下：

（1）绘制标准层剖面图的轴线。
（2）绘制剖面墙线。
（3）绘制楼板和剖断梁。
（4）插入剖面门窗、阳台。
（5）绘制楼梯和栏杆。

（6）按层数复制标准层剖面图。

（7）画屋顶、地坪等。

下面以如图 12 - 7 所示的 1 – 1 剖面图为例，介绍用 AutoCAD 和 TArch 的命令配合绘制剖面图的基本方法。此剖面图与图 12 - 2 首层平面图中的 1 – 1 剖切符号相对应，绘图时可以先打开首层平面图和标准层平面图，然后新建一张图，与平面图对应绘制剖面图，也可以将剖面图与平面图绘在同一幅图面中。

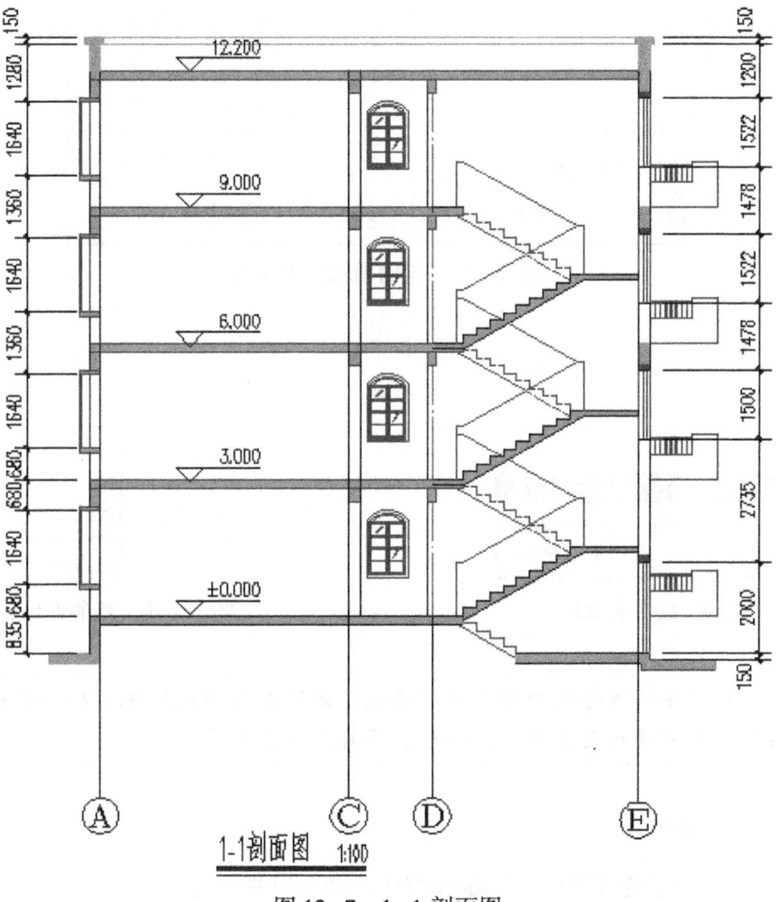

图 12 - 7　1 - 1 剖面图

12.2.1　绘制标准层剖面图的轴线

使用平面图的【直线轴网】命令绘制剖面图的轴线比较简便。

单击【轴网柱子】二级菜单下的 绘制轴网 按钮，弹出【绘制轴网】对话框，在【下开】尺寸中依次输入 4500、1800、4100 三个轴线尺寸，如图 12 - 8 所示。

单击 确定 按钮，命令行提示为：

单向轴线长度 〈11700〉：　　　　　　　　　　// 输入 3400。

点取位置或[转 90 度(A) / 左右翻(S) / 上下翻(D) / 对齐(F) / 改转角(R) / 改基点(T)]〈退出〉：

// 在适当位置单击。

则图中绘出了一个直线轴网，单击【轴网标注】命令，弹出【轴网标注】对话框，在对话框的【起始轴号】中输入 B，勾选【单侧标注】，如图 12 - 9 所示，标注好的轴网如图 12 - 10 所示。

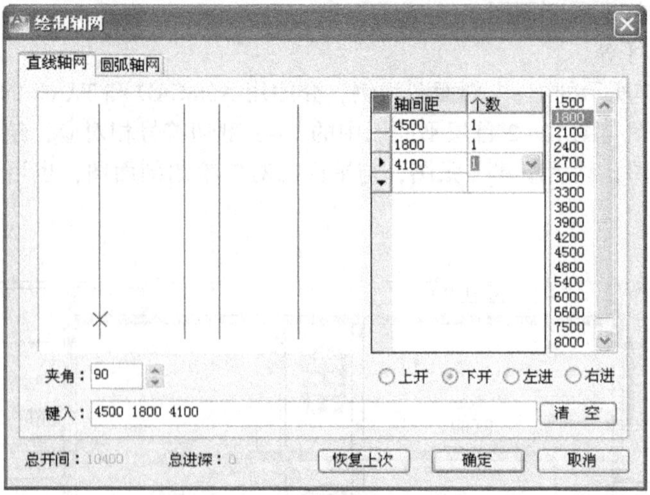

图 12-8　【绘制轴网】对话框

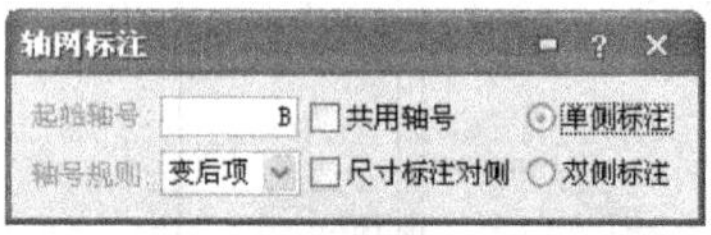

图 12-9　绘制直线图

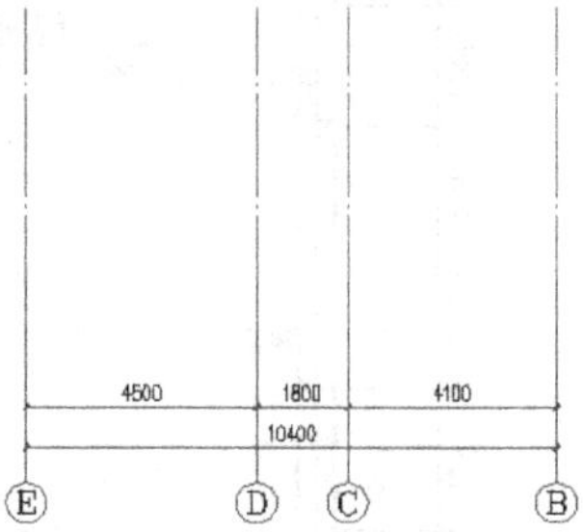

图 12-10　绘制好的轴线

本图标注轴线编号只为后面叙述清楚，实际绘图中也可先不标轴线编号，待单层剖面图绘制好并且复制为多层剖面图后，再标注轴线标号。

12.2.2　绘制剖面墙线

单击 剖　面 二级菜单下的 画剖面墙 按钮，命令行提示为：

请点取墙的起点（圆弧墙宜逆时针绘制）/F-取参照点/D-单段/〈退出〉：
　　　　　　　　　　　　　　　　　　　　　　// 捕捉 E 轴线的下端点。
墙厚当前值：左墙 120，右墙 240。
请点取直墙的下一点/A-弧墙/W-墙厚/F-取参照点/U-回退/〈结束〉：
　　　　　　　　　　　　　　　　　　　　　　// 键入 w 改墙厚。
请输入左墙厚〈120〉：　　　　　　　　　　　　// 输入 250。
请输入右墙厚〈240〉：　　　　　　　　　　　　// 输入 0。
墙厚当前值：左墙 250，右墙 0。
请点取直墙的下一点/A-弧墙/W-墙厚/F-取参照点/U-回退/〈结束〉：
　　　　　　　　　　　　　　　　　　　　　　// 捕捉 E 轴线的上端点。
墙厚当前值：左墙 250，右墙 0。
请点取直墙的下一点/A-弧墙/W-墙厚/F-取参照点/U-回退/〈结束〉：　// 回车结束。

则绘制出 E 轴线的剖面墙线。

同样的方法绘制 D、C、B 轴线上的剖面墙线，或者用【复制】命令复制其他墙线。绘制好的标准层剖面墙如图 12 - 11 所示。

12. 2. 3　绘制楼板和剖断梁

绘制楼板有【双线楼板】和【预制楼板】两个命令，可分别用来绘制现浇楼板和预制楼板。无论前面的剖面图是由平面图直接生成的，还是由轴线、剖面墙线命令绘制的，都需要用这个方法来绘制楼板。因为工程中预制楼板使用较少，这里只介绍【双线楼板】命令的使用。

12. 2. 3. 1　双线楼板

此命令用来绘制双线楼板。

单击 双线楼板 按钮，命令行提示为：

请输入楼板的起始点〈退出〉：　　// 捕捉 E 轴线的端点。
结束点〈退出〉：　　// 捕捉 B 轴线的端点。
楼板顶面标高〈12695〉：　　// 一般回车接受系统测定的默认值。
楼板的厚度（向上加厚输负值）〈200〉：　　// 回车默认。

则绘制出如图 12 - 12 所示的双线楼板。

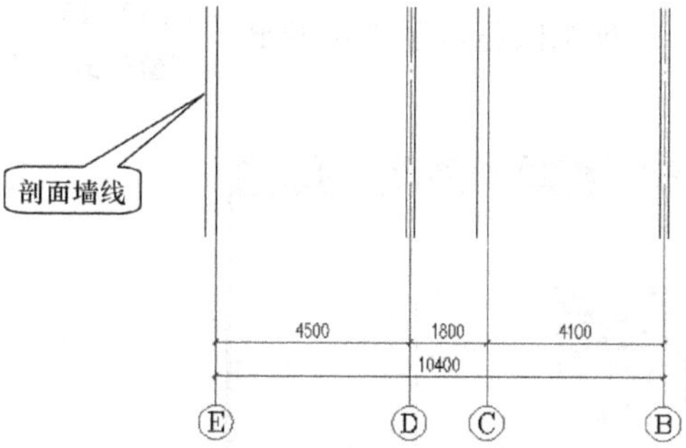

图 12 - 11　绘制剖面墙

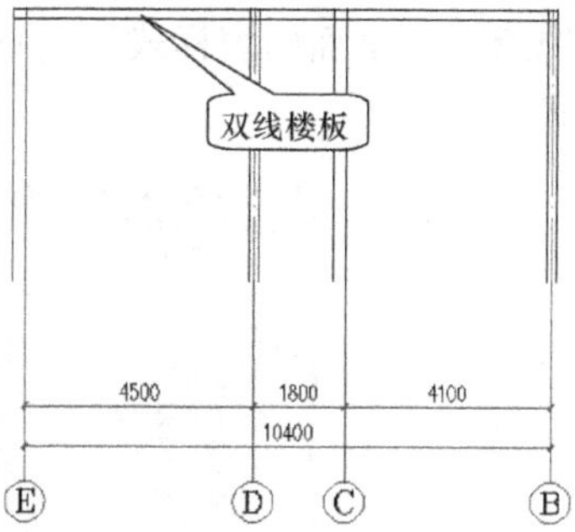

图 12 - 12　绘制双线楼板

12. 2. 3. 2　画剖断梁

此命令用来绘制楼板和休息平台板下的梁断面。

单击 加剖断梁 按钮，命令行提示为：

请输入剖面梁的参照点〈退出〉：　　// 捕捉 E 轴线与楼板底边的交点。
梁左侧到参照点的距离〈100〉：250　　// 输入新值。
梁右侧到参照点的距离〈100〉：0　　// 输入新值。
梁底边到参照点的距离〈300〉：　　// 回车默认。

则在图中绘出了一个矩形的剖断梁（楼板下的圈梁）。同样的方法绘制其他剖断梁，结果如图 12 - 13 所示。梁左侧、右侧及梁底边到参照点的距离的示意图如图 12 - 14 所示。

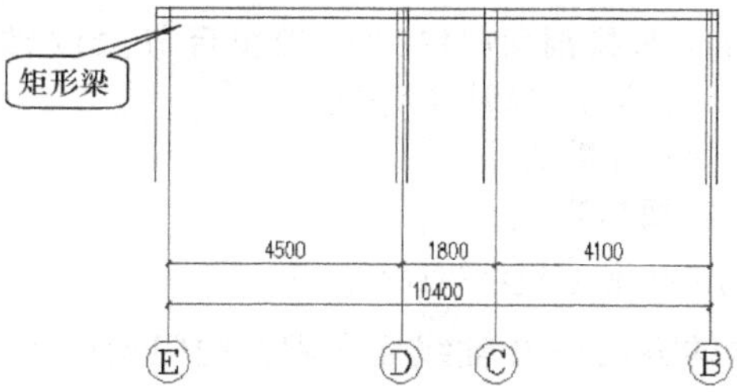

图 12 - 13　绘制剖断梁图

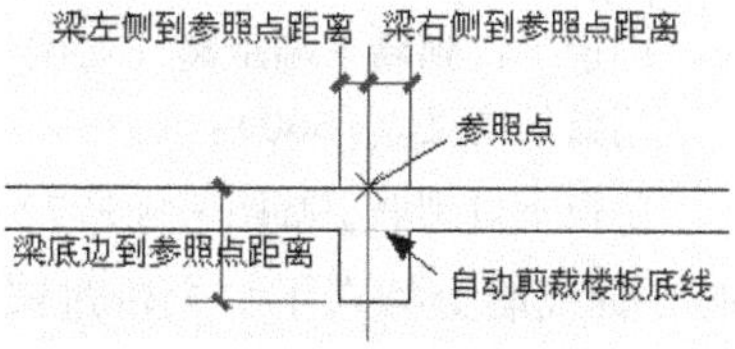

图 12 - 14　绘制剖断梁图示意图

> 由于剖断梁为矩形梁，所以也可以使用【矩形】命令来绘制。

12.2.4　插入剖面门窗和立面门窗、阳台

在剖面图中的门窗有两种，一种是在剖切到的墙内的剖面门窗，还有一种是未剖到但是投影时看到的门窗。这两种门窗的插入方法不同。

12.2.4.1　剖面门窗

此命令用来插入剖面门窗，或者对已经插入的剖面门窗进行替换，此外还可以修改剖面门窗高度与窗台高度值。

单击 剖面门窗 按钮，系统弹出【剖面门窗样式】对话框，如图 12-15 所示。

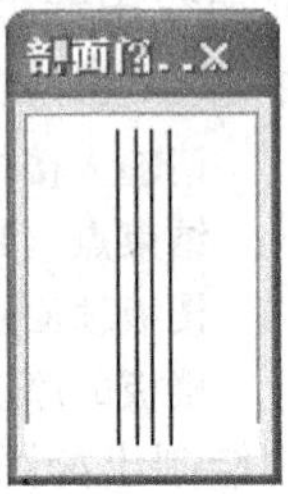

图 12-15　【剖面门窗样式】对话框

单击对话框使其激活，在预览区单击可以弹出【天正图库管理系统】对话框，如图 12-16 所示。

对话框中显示了各种剖面门窗的样式，选中一个“过梁门窗”样式，双击，系统返回【剖面门窗样式】对话框，这时在预览区显示了选中的剖面门窗样式。

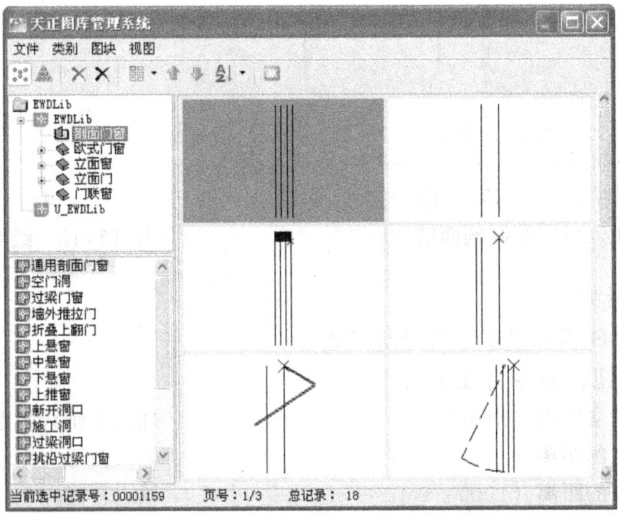

图 12-16　【天正图库管理系统】对话框

命令行提示为：

请点取剖面墙线下端或[选择剖面门窗样式(S)/替换剖面门窗(R)/改窗台高(E)/改窗高(H)]〈退出〉：　　//点取 E 轴线墙的下端。

门窗下口到墙下端距离〈900〉：　　//回车默认。

门窗的高度〈1500〉：　　//回车默认。

门窗下口到墙下端距离〈900〉：　　//按 Esc 键结束命令。

则 E 轴线墙上插入了一个带过梁的剖面窗。同样的方法在 B 轴线插入阳台的门 M1，结果如图12-17所示。

12.2.4.2　立面门窗

单击 ▸立　面 二级菜单下的 立面门窗 按钮，系统弹出【天正图库管理系统】对话框，选择其中的一款窗样式，如图 12-18 所示。双击该图块，系统弹出【图块编辑】对话框，如图 12-19 所示。

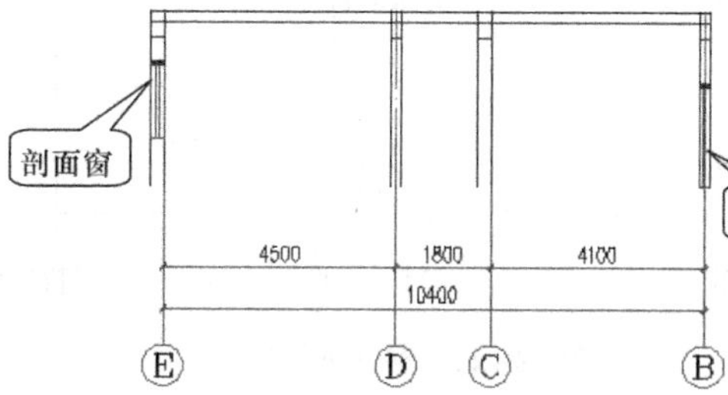

图 12-17　插入剖面窗、门

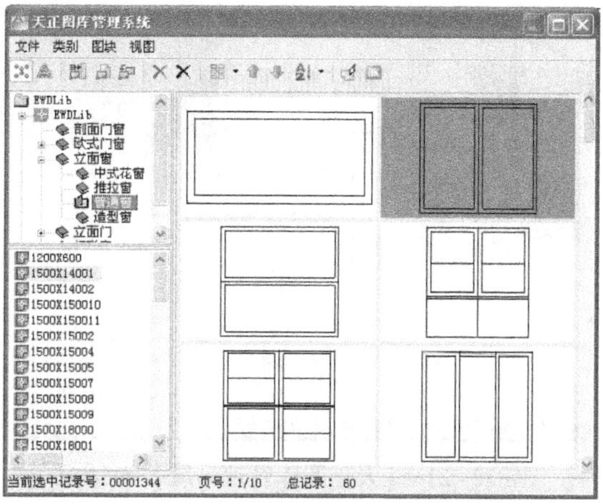

图 12-18　【天正图库管理系统】对话框

在【图块编辑】对话框中去掉【统一比例】前面的"√"号，选中【输入尺寸】，在【X】一栏输入 900。【Y】一栏输入 1500，然后鼠标移至绘图区，命令行提示为：

点取插入点[转 90(A)/左右(S)/上下(D)/对齐(F)/外框(E)/转角(R)/基点(T)/更换(C)]〈退出〉：　　// 捕捉 D 轴线的下端点作为对象追踪的起始点，鼠标向上输入追踪距离 900，回车后插入一个立面窗。

使用 AutoCAD 的【移动】命令将此窗沿水平方向向右移动 450，即可得到在剖面图中看到的 D 轴线和 C 轴线之间走廊尽头的窗户。如图 12-20 所示。

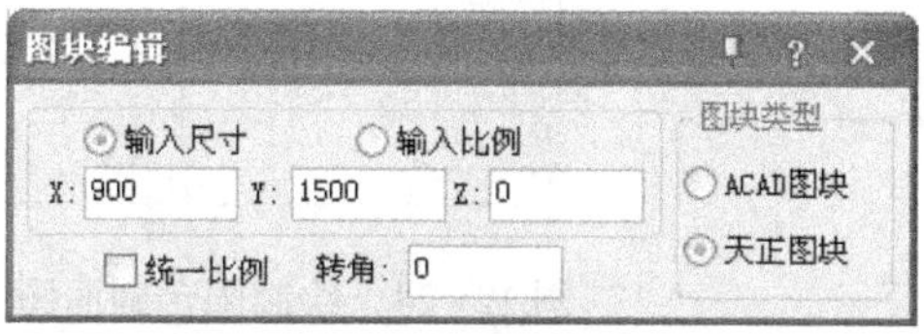

图 12-19　【图块编辑】对话框

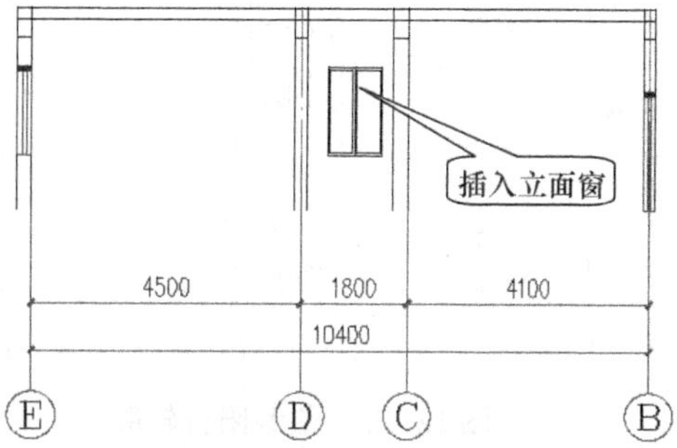

图 12-20　插入立面窗

12.2.4.3　插入立面阳台

在剖面图中绘制未剖切到但投影看到的立面阳台仍然用立面图中的阳台画法。

单击 ▸立　面 二级菜单下的 立面阳台 按钮，系统弹出【天正图库管理系统】对话框，选择阳台的侧立面样式，如图 12-21 所示。

双击该图块，弹出如图 12-19 所示的【图块编辑】对话框。在【图块编辑】对话框中去掉【统一比例】前面的"√"号，选中【输入尺寸】，在【X】一栏输入 1500。【Y】一栏输入 900，然后鼠标移至绘图区，命令行提示为：

点取插入点[转 90(A)/左右(S)/上下(D)/对齐(F)/外框(E)/转角(R)/基点(T)/更换(C)]〈退出〉:　　　　　　//在合适位置单击，插入一个立面窗阳台。

使用 AutoCAD 的【移动】命令将此阳台移到正确位置，如图 12-22 所示。

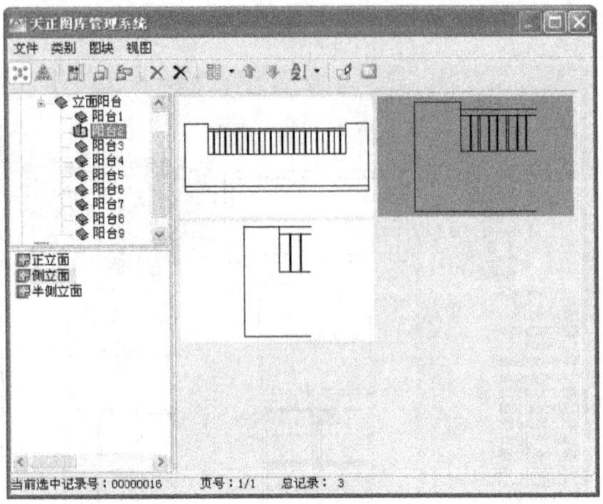

图 12-21 【天正图库管理系统】对话框

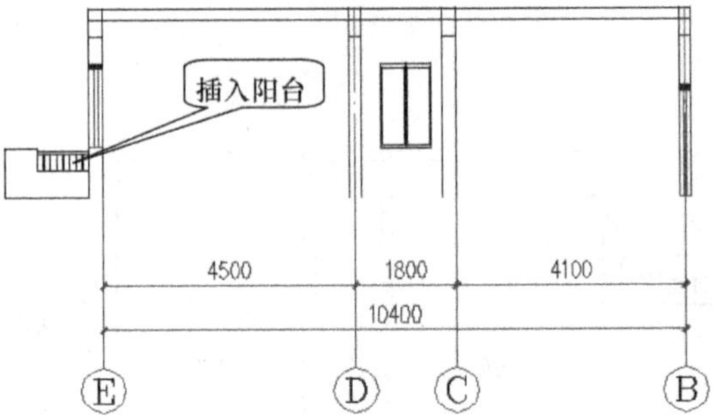

图 12-22 插入阳台

12.2.4.4 绘制剖面阳台

图中 B 轴线外侧有一个南阳台被剖到，如果使用【剖面】菜单中的【构件剖面】命令，得到的阳台剖面图与图 12-4 阳台剖面相同，它与所选阳台样式不一致。而在【剖面】菜单命令中又不能直接生产所选阳台的剖面，所以需要用 AutoCAD 的绘图命令来绘制。

用【直线】命令绘制阳台的剖面轮廓（尺寸参照平面图与立面图，阳台地面比室内地面低 20mm），如图 12-23 所示。

在详细绘制阳台剖面图（包括阳台栏杆），结果如图 12-24 所示。

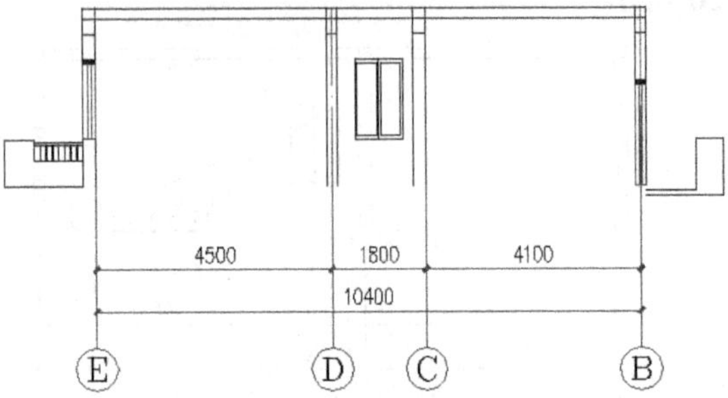

图 12-23 绘制阳台轮廓

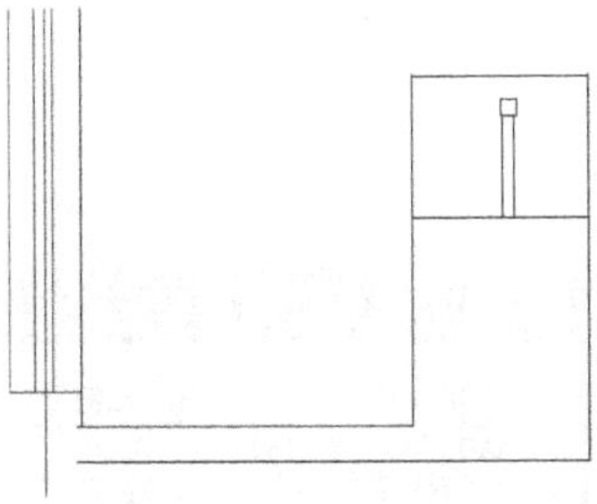

图 12-24 绘制阳台剖面图

12.2.4.5 绘制门窗过梁

如果绘制的门窗不是样式图块，没有加入到【天正图库管理系统】，就不能使用【剖面】的【门窗过梁】和【剖面填充】命令来插入过梁。

可以使用 AutoCAD 的【图案填充】功能进行涂黑填充，如图 12-25 所示。

如果剖面墙上的门窗是使用【剖面门窗】命令插入的，则可以用 TArch 的【门窗过梁】命令直接插入过梁。方法如下：

单击 ▸ 剖　面 二级菜单下的 门窗过梁 按钮，命令行提示为：

选择需加过梁的剖面门窗：　　　　　　//点取剖面门窗。

选择需加过梁的剖面门窗：　　　　// 回车结束选择。
输入梁高〈120〉：　　　　　　　// 输入新值，或回车默认梁高 120。

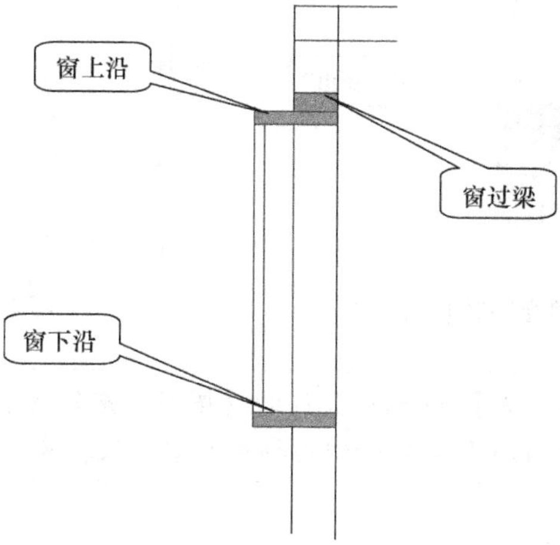

图 12-25　填充窗过梁、窗台、窗上沿

则在选择的剖面门窗上加上了涂黑的剖面过梁。

12.2.5　用 AutoCAD 命令绘制可见墙线并对剖断面进行剖面填充

A 轴线墙体为未剖到的可见墙体轮廓线，不能使用 TArch 命令绘制，需要用 AutoCAD 命令进行补充。剖到的钢筋混凝土构件（楼板、阳台、过梁）断面需要使用【剖面填充】命令进行填充。此外对于用命令绘制的多余图形也可以用 AutoCAD 的编辑命令进行修改。

使用【直线】命令绘制 A 轴线墙体的投影线，如图 12-26 所示。

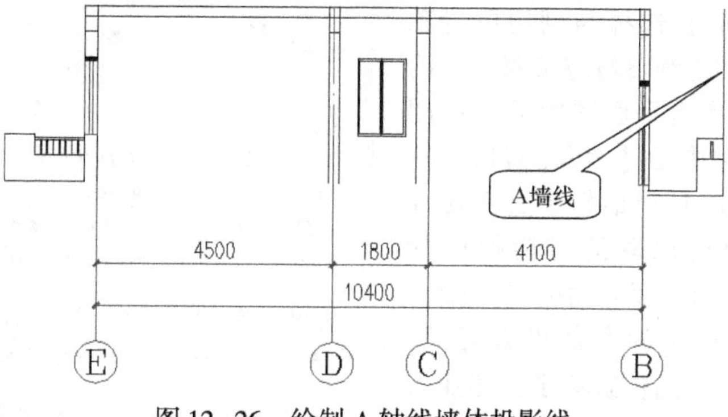

图 12-26　绘制 A 轴线墙体投影线

对剖到的楼板、楼板下的圈梁、阳台板进行剖面填充。

【剖面填充】命令是将剖到的墙线与楼梯等按指定材料图例进行填充，与 AutoCAD 的【图案填充】命令使用条件不同，本命令不要求墙端封闭即可填充图案。

单击 剖面填充 按钮，命令行提示为：

请选取要填充的剖面墙线梁板楼梯〈全选〉：　　// 用窗口方式选择所有要填充的楼梯段、楼板和剖断梁。

系统弹出【请点取所需的填充图案】对话框，如图 12-27 所示。

选中【涂黑】图案，单击 确 定 按钮，对则图中的楼板、楼板下的圈梁、阳台底板填充

【涂黑】图案，如图 12-28 所示。

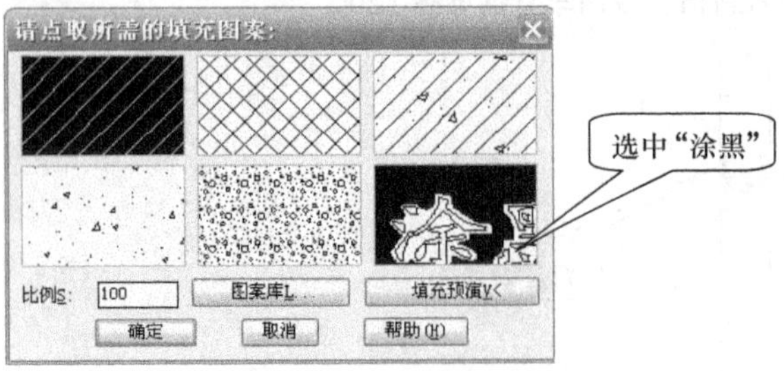

图 12-27 【请点取所需的填充图案】对话框

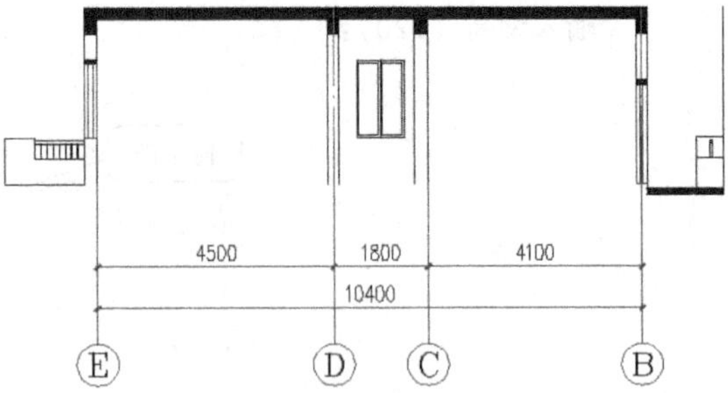

图 12-28 剖面填充

TArch 的【剖面填充】和 AutoCAD 的【图案填充】功能相似，但 TArch 不要求墙端封闭，且只能填充用 TArch 命令绘制的楼梯和梁、板、墙。

12.2.6 绘制楼梯、栏杆

TArch8.5 提供了【参数楼梯】、【参数栏杆】、【楼梯栏杆】、【楼梯栏板】、【扶手接头】五个命令来绘制剖面楼梯。

12.2.6.1 参数楼梯

此命令可以按参数交互方式生成剖面的或可见的楼梯。

单击 参数楼梯 按钮，系统弹出【参数楼梯】对话框，单击下方的【详细参数】，则对话框展开后如图 12-29 所示。

对话框中的【走向】选择与剖切位置和剖视方向有关。楼梯的详细参数应按照平面图中楼梯的相关参数（单击平面图中的楼梯图形，选择右键快捷菜单中的【对象编辑】，在弹出的【矩形双跑梯段】对话框中查看楼梯相关参数）设置。也可以取消对话框中的【栏杆】选项，然后使用下面介绍的【参数栏杆】绘制栏杆。对话框中的参数设置好后，将鼠标移至绘图区，在合适位置单击，即插入一个梯段，如图 12-30 所示。

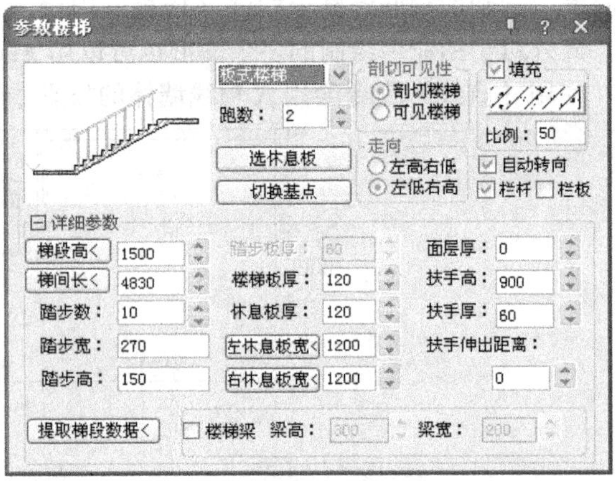

图 12-29 【参数楼梯】对话框

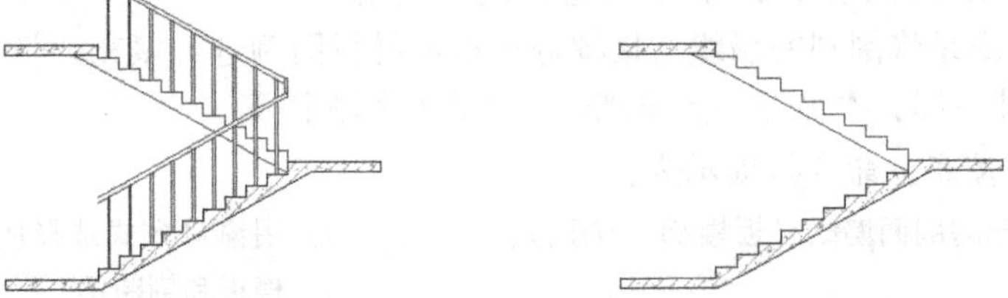

勾选【栏杆】选项　　　　取消【栏杆】选项

图 12-30 插入剖面楼梯段

12.2.6.2　参数栏杆

此命令可以按参数交互方式生成楼梯栏杆。且楼梯栏杆库可以由用户自行扩充。

单击 参数栏杆 按钮，系统弹出【剖面楼梯栏杆参数】对话框，如图 12-31 所示。

在对话框中选择一种栏杆的形式，设置与剖面楼梯对应的各项参数，注意插入时基点的位置，然后单击 确定 按钮，这时命令行提示为：

请给出剖面楼梯栏杆的插入点〈退出〉：

// 捕捉楼梯第一个踏步的下端点。

则图中插入一段剖切梯段的栏杆。再次调用【参数栏杆】命令，设置可见梯段栏杆的各项参数，在命令行的提示下捕捉插入点，插入另一段未剖切梯段的栏杆，结果如图 12-32 所示。从图 12-32 可以看出，使用【参数栏杆】命令时，被遮挡部分的栏杆没有做自动打断处理。

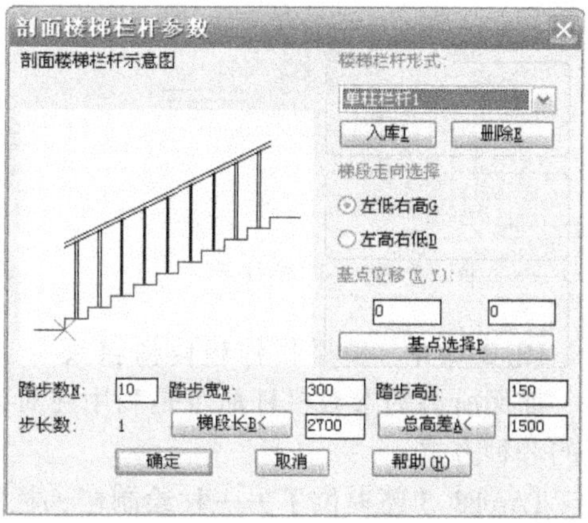

图 12-31　【剖面楼梯栏杆参数】对话框

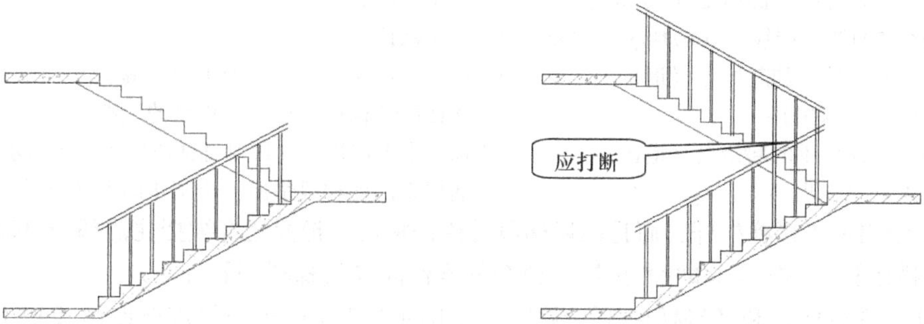

图 12-32　插入楼梯栏杆

在【剖面楼梯栏杆参数】对话框中，还有一个 入库I 按钮，是用来建立新的栏杆样式，并将栏杆样式加入到样式库中。

12.2.6.3　扶手接头

从图 12-32 中可以看出，分两次插入的剖切梯段栏杆和可见梯段栏杆之间的扶手没有连接好，栏杆两端的扶手没有闭合，可以使用【扶手接头】命令对楼梯扶手的接头部位作细部处理。

单击 扶手接头 按钮，命令行提示为：

请输入扶手伸出距离〈0.00〉：　　　　// 输入扶手伸出距离

请选择是否增加栏杆［增加栏杆（Y）/不增加栏杆（N）］〈增加栏杆（Y）〉：

// 选择是否加栏杆。

请指定两点来确定需要连接的一对扶手！选择第一个角点〈取消〉：

// 点取第一点。

另一个角点〈取消〉：给出第二点，　　　　// 点取第二点，将选框范围内的扶手接头绘制完成。

则图中的扶手自动连接好。同样的方法连接栏杆端头，连接好的扶手如图 12-33 所示。

图 12-34 为扶手伸出距离分别为 0 和 100，扶手处增加和不增加栏杆的示意图。

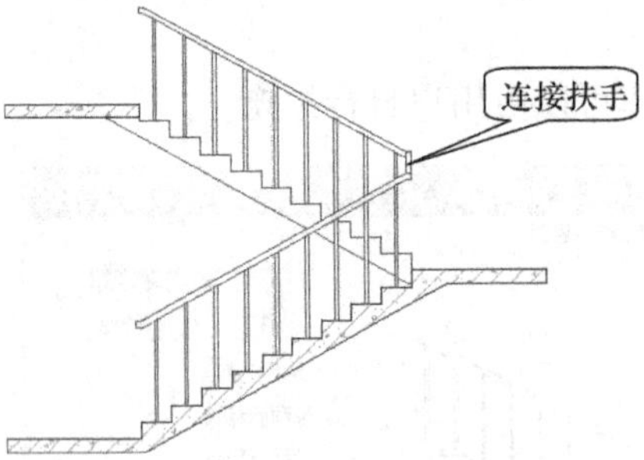

图 12-33　连接扶手

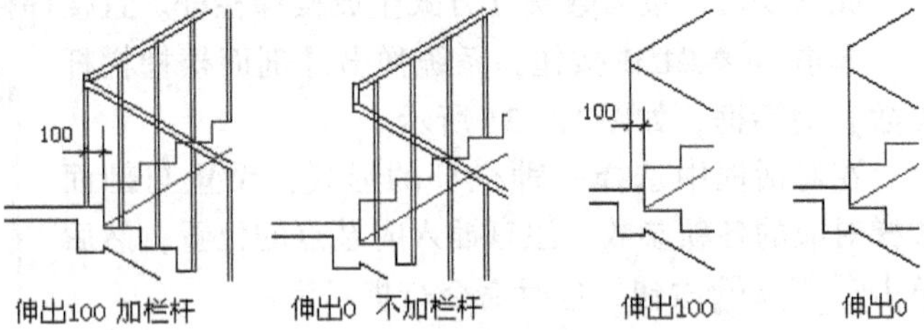

图 12-34　栏杆及栏板的扶手处理示意图

12.2.6.4　楼梯栏杆和楼梯栏板

前面所讲的参数栏杆命令是利用在对话框中设置各项参数，按照参数交互方式绘制栏杆和栏板的一种方式。

TArch8.5 还提供了另一种绘制楼梯栏杆和栏板的方法，能自动识别剖面楼梯与可见楼梯，绘制楼梯栏杆及扶手。而且能自动处理遮挡关系。

单击 楼梯栏杆 按钮，命令行提示为：

请输入楼梯扶手的高度〈1000〉：　　// 回车默认。
是否要打断遮挡线〈Yes/No〉?〈Yes〉：// 回车默认。
输入楼梯扶手的起始点〈退出〉：　　// 捕捉剖切梯段第一个踏步的上端点。
结束点〈退出〉：　　// 捕捉剖切梯段最后一个踏步的上端点。
输入楼梯扶手的起始点〈退出〉：　　// 捕捉未剖切梯段（即可见梯段）第一个踏步的上端点。
结束点〈退出〉：　　// 捕捉未剖切梯段最后一个踏步的上端点。

则图中绘出两段楼梯栏杆，而且剖切梯段的栏杆将可见梯段栏杆被挡住的部分自动切断。

【楼梯栏板】（单击 楼梯栏板 按钮）命令的操作同【楼梯栏杆】命令。

使用【楼梯栏杆】和【楼梯栏板】命令绘制出的栏杆和栏板仍然需要使用【扶手接头】命令处理扶手的接头部位。

图 12-35 所示为处理了扶手接头的楼梯栏板。

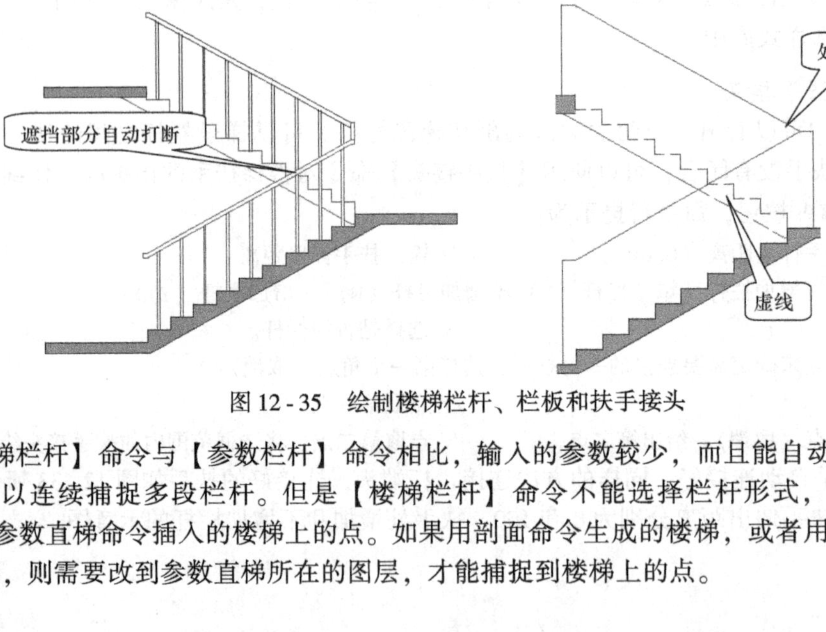

图 12-35　绘制楼梯栏杆、栏板和扶手接头

【楼梯栏杆】命令与【参数栏杆】命令相比，输入的参数较少，而且能自动去掉被遮挡的部分，还可以连续捕捉多段栏杆。但是【楼梯栏杆】命令不能选择栏杆形式，而且只能捕捉用 TArch 的参数直梯命令插入的楼梯上的点。如果用剖面命令生成的楼梯，或者用 AutoCAD 命令绘制的楼梯，则需要改到参数直梯所在的图层，才能捕捉到楼梯上的点。

12.3　形成多层剖面图并绘制屋顶

12.3.1　形成多层剖面图

绘制好标准层剖面图并经过修改无误后，可以使用 AutoCAD 的【复制】或【阵列】命令绘制多层剖面图，本例将图 12 - 28 经复制三次，再绘制出一层地板，得到如图 12 - 36 所示的图形。

在此基础上再绘制一层地面、室外地坪（比室内地面低 450）、将最顶层楼板补齐后，图形如图 12 - 37 所示。

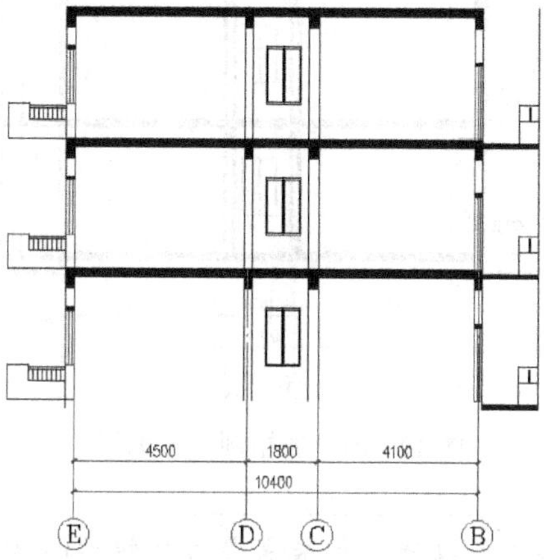

图 12 - 36　复制多层剖面图

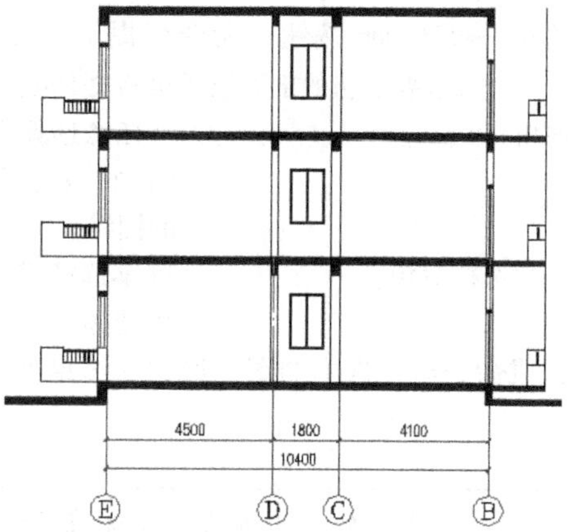

图 12 - 37　补绘地面、室外地坪、顶层楼板

12.3.2　绘制屋顶

按照如图 12 - 4 所示的坡屋顶及尺寸绘制轮廓线，如图 12 - 38 所示。

在此基础上用【图案填充】命令将剖到的屋顶断面进行填充，最后再补充绘制阳台雨篷，结果如图 12 - 39 所示。

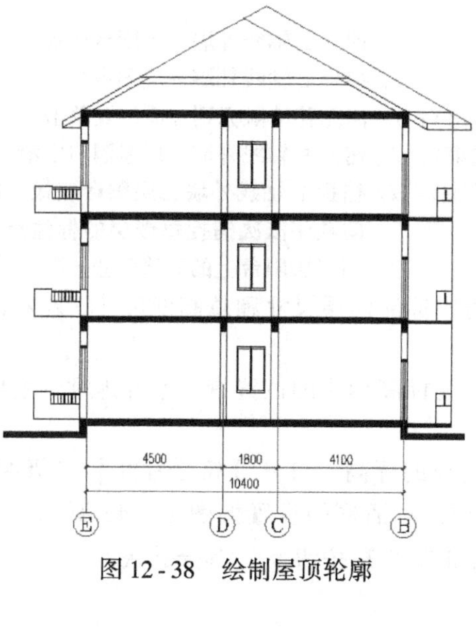

图 12 - 38　绘制屋顶轮廓

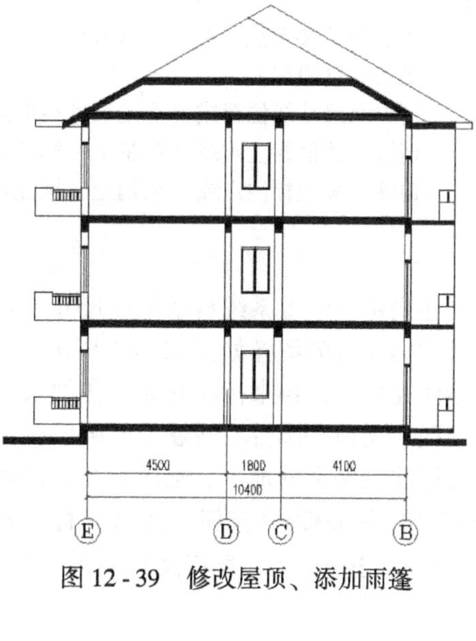

图 12 - 39　修改屋顶、添加雨篷

12.3.3　剖面线加粗

图 12-39 所示的剖面图，所有的图线都为默认线宽，按照国家制图标准，剖到的构件轮廓线应为粗实线。

TArch 在【剖面】的二级菜单中，向用户提供了【居中加粗】、【向内加粗】、【取消加粗】的命令，方便用户加粗剖切轮廓线及对其进行编辑。其中【居中加粗】是对所选对象沿中轴线同时向两侧加粗；【向内加粗】是对所选对象向内侧加粗；【取消加粗】是对所选对象取消加粗，恢复原状。

单击 居中加粗 按钮，命令行提示为：

请选取要变粗的剖面墙线梁板楼梯线（向两侧加粗）〈全选〉：　// 以任意选择方式选取图12-38中需要加粗的图线。

选择对象：　// 继续选择或者回车结束选择。

完成命令后，选中的图线加粗，结果如图 12-40 所示。

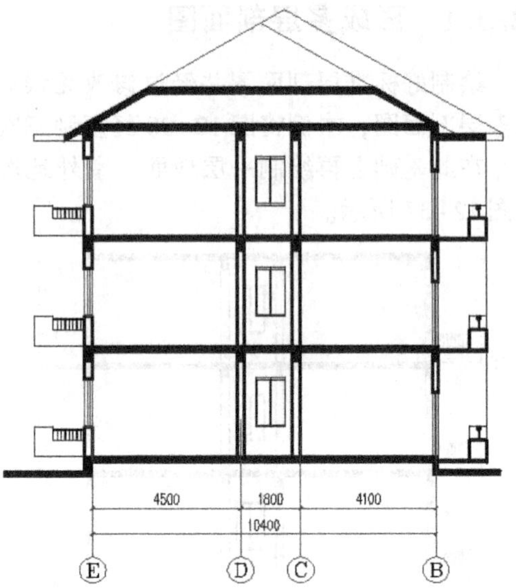

图 12-40　加粗剖切轮廓线

这些加粗的墙线是绘制在 PUB_WALL 图层的多段线，如果需要对加粗后的墙线进行编辑，应该先执行【取消加粗】命令。

12.3.4　标注剖面图尺寸

TArch 的大多数尺寸标注命令在【尺寸标注】的二级菜单中。

首先标注门窗洞口的尺寸。单击【尺寸标注】菜单中的按钮 逐点标注 按钮，命令行提示为：

起点或［参考点（R）］〈退出〉：　// 捕捉 E 轴线外墙一层阳台底板。
第二点〈退出〉：　// 捕捉 E 轴线外墙一层阳台台面。
请点取尺寸线位置或［更正尺寸线方向（D）］〈退出〉：// 向左移动鼠标到合适位置单击。
请输入其他标注点或［撤销上一标注点（U）］〈结束〉：// 捕捉 E 轴线外墙一层窗洞口上沿。
请输入其他标注点或［撤销上一标注点（U）］〈结束〉：// 捕捉 E 轴线外墙二层阳台底板。同样的顺序依次捕捉每楼层的标注点，直到三层阳台上的雨篷为止。

则在指定的位置系统自动标注尺寸。同样的方法可以标注楼层尺寸和总高度尺寸。左右两侧完成尺寸标注后的图样如图 12-41 所示。

标注完尺寸，再来标注标高，在剖面图中，通常作为标高标注的位置有：室外地坪、室内地面、楼面、屋顶、阳台、雨篷、窗洞口、台阶等。

先标注左侧室外地坪、室内地坪、楼面、雨篷、屋顶的标高。打开【符号标注】二级菜单，单击其中的 标高标注 按钮，弹出【标高标注】对话框，对话框的设置如图 12-42 所示，勾选【手工输入】选项，【楼层标高】输入 -0.450，单击【带基线】按钮，其余默认。

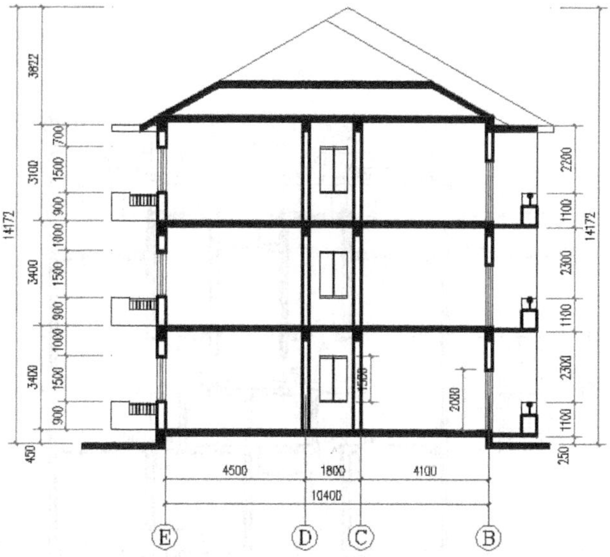

图 12-41　标注剖面尺寸

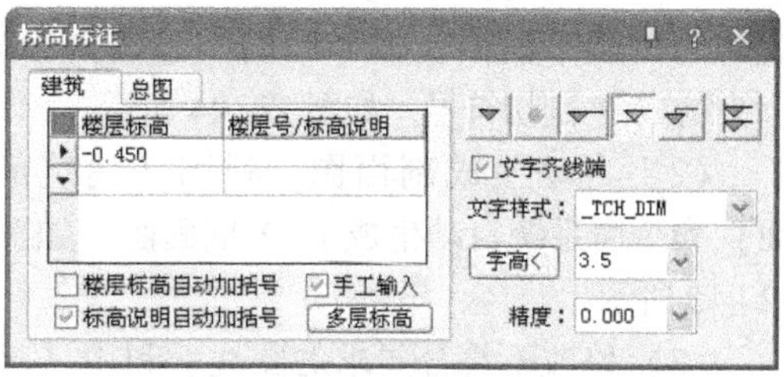

图 12-42 【标高标注】对话框

鼠标移至绘图区，命令行提示为：

请点取标高点或［参考标高（R）］〈退出〉：　　// 捕捉室外地坪单击。

请点取标高方向〈退出〉：　　// 上下左右移动鼠标，在合适位置单击。

点取基线位置〈退出〉：　　// 左右移动鼠标确定基线的长度。

这时，将鼠标移回对话框，单击【自动对齐】按钮，对话框中的【楼层标高】输入 0.000，鼠标移至绘图区，命令行提示为：

下一点或［第一点（F）］〈退出〉：　　// 捕捉 E 轴线外墙一层阳台底板单击。

将鼠标再次移回对话框，对话框中的【楼层标高】输入 3.400，鼠标移至绘图区，命令行继续提示：

下一点或［第一点（F）］〈退出〉：

// 捕捉 E 轴线外墙一层阳台台面。

按照这样的方法依次标注每一楼层的标高及雨篷和屋顶标高，则完成了左侧主要构件的标高标注。

右侧标高和楼地面标高同样方法标注。

最后，单击【符号标注】菜单中的图名标注按钮，弹出【图名标注】对话框按钮，键入“1－1剖面图”的图名，鼠标在绘图区合适位置单击即可。

完成标高标注和添加图名后的图样如图 12-43 所示。

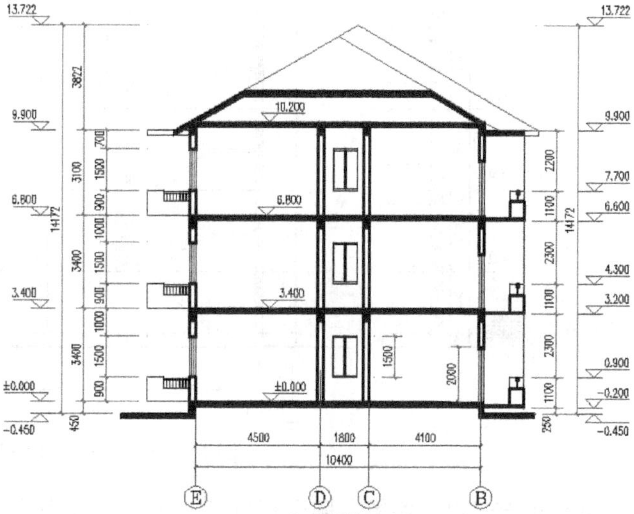

图 12-43　标注剖面标高

12.4 综合实例

【例 12－1】 在第 9 章综合实例绘制的平面图基础上，绘制 1－1、2－2 剖切符号，并创建1－1剖面图。

绘制过程：

（1）绘制剖切符号。在图 9-84 表示的建筑物的一层平面图（楼梯间的门已改为窗）上绘制 1－1 剖切符号。如图 12-44 所示。

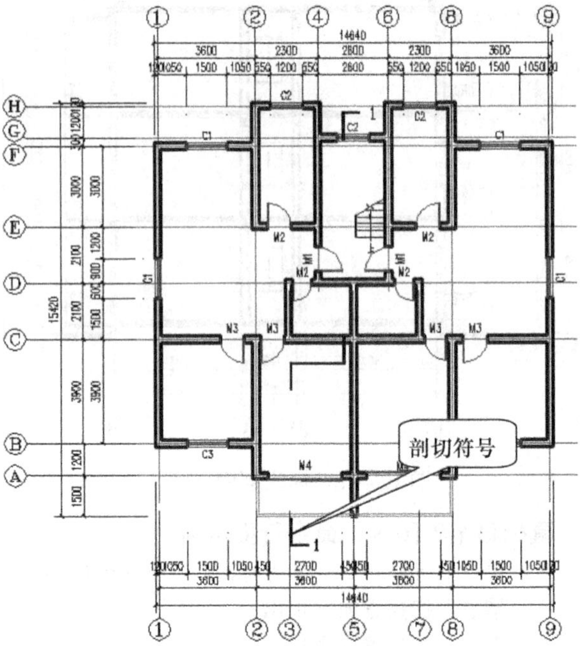

图 12-44 绘制剖切符号

（2）自动生成剖面图。利用【建筑剖面】命令由系统自动生成 1－1 剖面图。如图 12-45 所示。

（3）修改不符合要求的图线。利用【建筑剖面】命令由系统自动生成的 1－1 剖面图，存在一些不符合要求的地方，需要利用 AutoCAD 命令进行修改。如楼板没有体现板厚，没有绘制栏杆和扶手，调整楼梯间的窗的位置，添加屋顶等。其中栏杆和扶手可以利用【参数楼梯】命令、【扶手接头】命令绘制非常方便，其余的绘制即编辑工作利用 AutoCAD 命令。完成后的图样如图 12-46 所示。

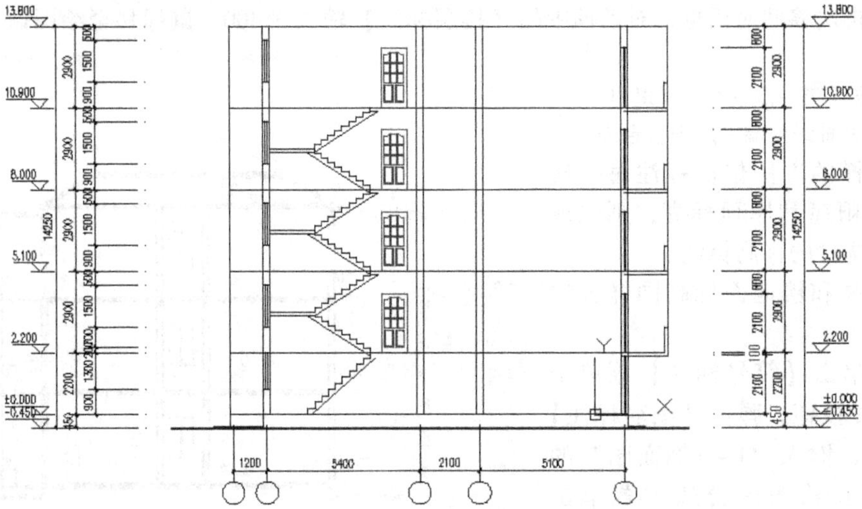
图 12-45 自动生成剖面图

（4）填充过梁、圈梁、阳台板断面以及加深墙线等。利用 AutoCAD 命令修改后的图样如图 12-47 所示。

（5）修改标高、添加图名。同绘制立面图相同，应以一层地面为 ±0.000。完成标高修改和图名添加后的图样如图 12-48 所示。

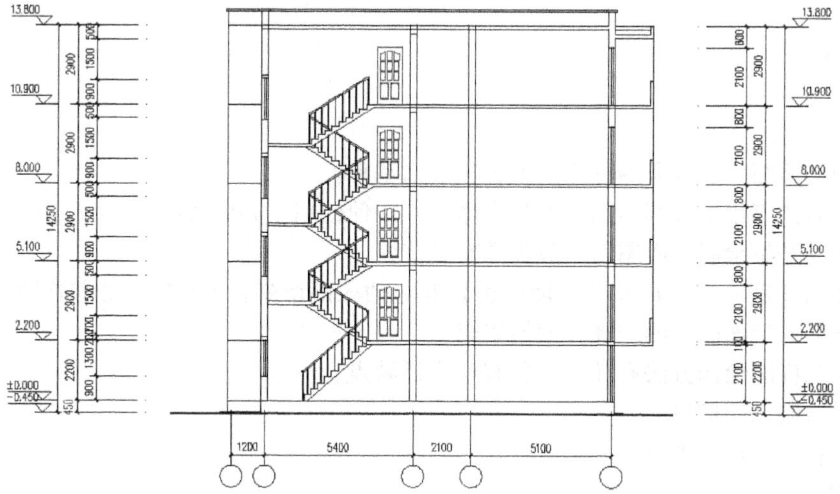

图 12-46　增加板厚、栏杆和扶手、屋顶、调整楼梯间窗的高度

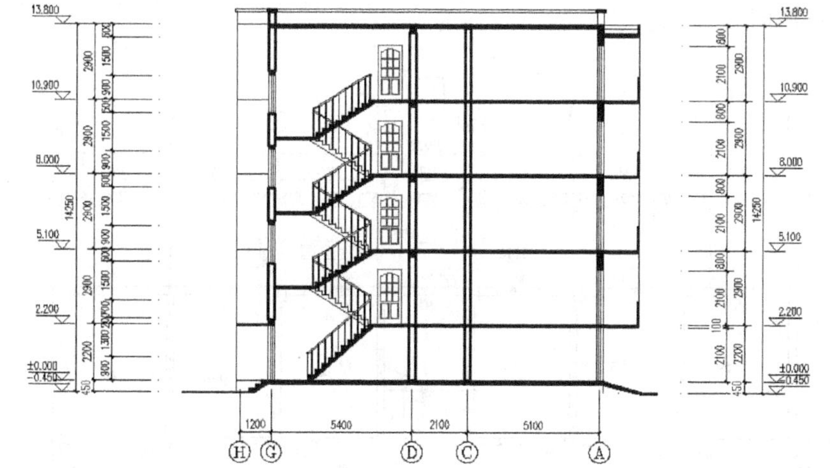

图 12-47　断面填充、加深墙线

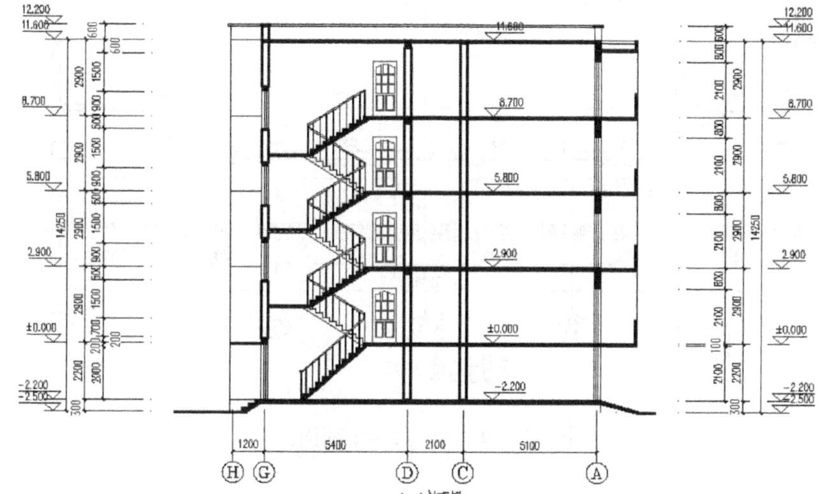

图 12-48　修改标高、添加图名

12.5　习题

1. 概念题

（1）绘制剖面图一般有哪两种方法？各有什么利弊？

（2）由平面图直接生成剖面图有哪几个命令？如何使用？如何修改？

（3）从轴线开始绘制剖面图的一般步骤有哪些？

（4）怎样用【剖面门窗】和【立面门窗】命令插入剖切窗和可见窗？如何修改替换？

（5）怎样插入剖面图中的楼梯？如何编辑？

（6）楼梯栏杆的绘制方法有几种？各有什么优缺点？

（7）怎样绘制剖面檐口？

（8）怎样在剖面进行填充？

2. 操作题

（1）根据本章所学知识，在图 12-2 的基础上添加 2-2 剖切符号，如图 12-49 所示，并由平面图生成 2-2 剖面图。

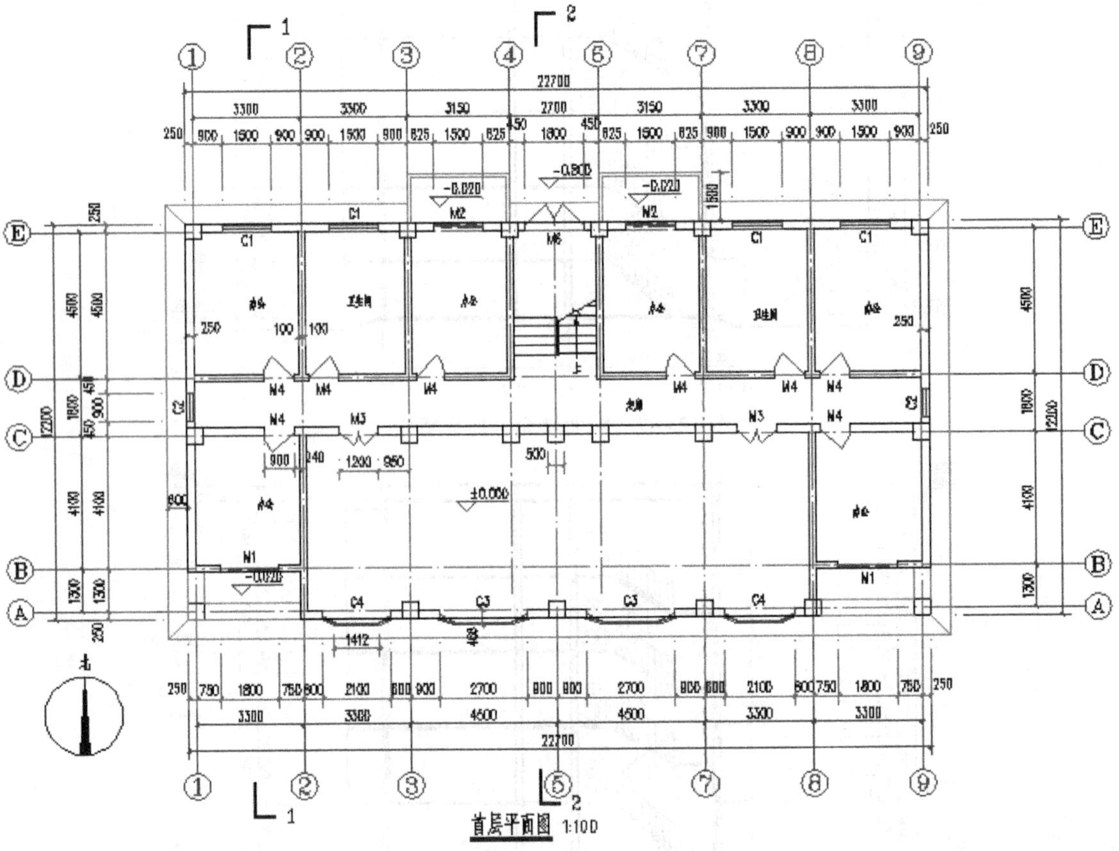

图 12-49　绘制 2-2 剖面图

（2）根据本章所学知识，绘制如图 12-50 所示的 1-1 剖面图，剖切符号和所需尺寸在前面绘制的一系列平面图和立面图中查询。剖面图中的尺寸标注可待学习了下一章内容后再进行标注。

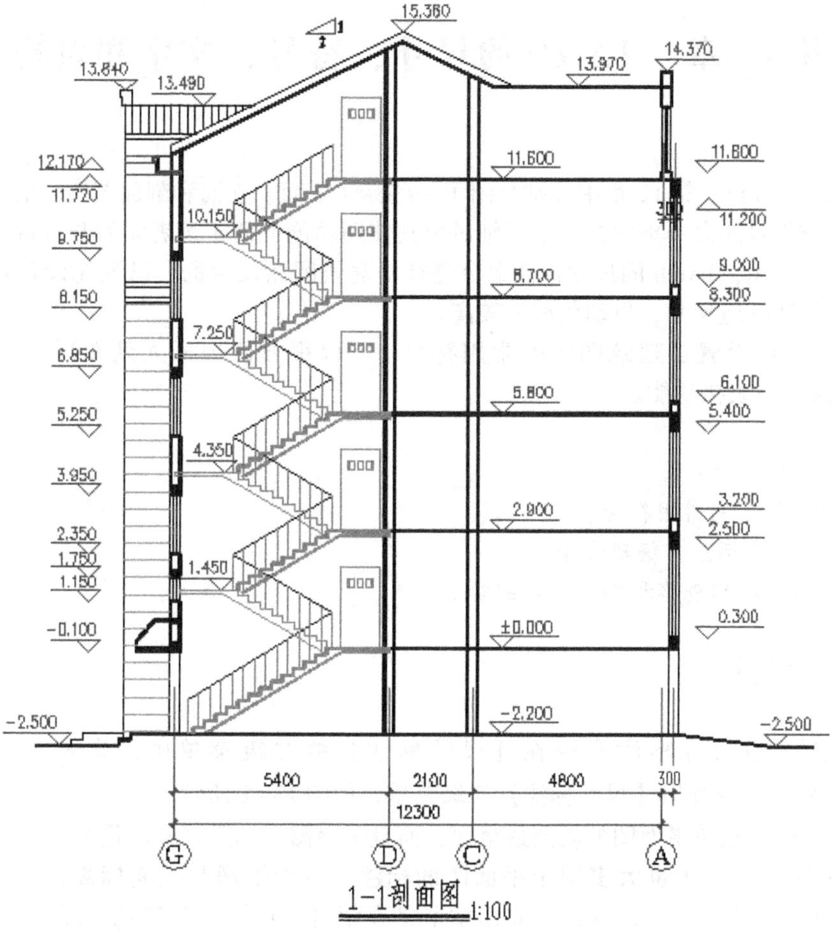

图 12-50 1-1 剖面图

第 13 章　TArch 的尺寸、符号、文字和表格

本书在第 8、第 11、第 12 章中分别介绍了一些标注平面、立面和剖面图尺寸的方法，本章将所有标注尺寸与符号的命令集中在一起详细讲解其使用功能，便于读者学习与查询。与 AutoCAD 的尺寸标注命令相比，TArch 的尺寸标注命令是针对建筑图而设置的，已预先设置好建筑尺寸样式，可以一次标注一组尺寸，自动化程度较高。

另外，TArch 还设置了建筑图中的常用符号，可以很方便地插入到图形中。本章还介绍 TArch 便捷的文字与表格功能。

【本章重点】

- 标注与编辑尺寸；
- 插入建筑图中的常用符号；
- TArch 的文字标注与编辑命令；
- 使用 TArch 绘制表格和编辑表格的功能。

13.1　尺寸标注

TArch 的大多数尺寸标注命令在【尺寸标注】的二级菜单中，单击 ▸ 尺寸标注 按钮，系统弹出【尺寸标注】二级菜单，如图 13-1 所示。

图 13-1 【尺寸标注】二级菜单

由于 TArch 绘制建筑平面图的功能最全面，而且平面图中的尺寸标注最多，所以【尺寸标注】命令中也大多用于平面图的标注。对于轴网和立面标高，TArch 另外提供了相应的命令，我们在前面章节已介绍过。在第 9 章建筑平面图的绘制和标注过程中，已介绍了用轴网标注的各项命令来标注轴号和开间进深尺寸，剩余的其他尺寸使用本章介绍的方法进行标注。

13.1.1　门窗标注

此命令用来在平面图中标注门窗的宽度和门窗到定位轴线的距离。

【例 13-1】　标注图 13-2 中的门窗尺寸。

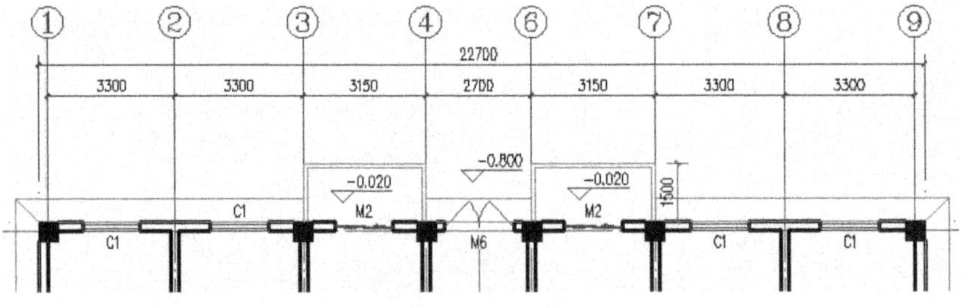

图 13-2　标注门窗尺寸

单击 门窗标注 按钮，命令行提示为：

请用线选第一、二道尺寸线及墙体!

起点〈退出〉:　　　　　　　　// 单击 P1 点。
终点〈退出〉:　　　　　　　　// 单击 P2 点。
选择其他墙体: 找到 1 个　　　// 点选后面的墙体。
…
选择其他墙体: 找到 1 个, 总计 6 个　　// 共选择 6 个墙体, 如图 13-3 所示。
选择其他墙体:　　　　　　　　// 回车结束命令。

则完成了 1~9 轴线间的外墙门窗的全部尺寸标注, 如图 13-4 所示。

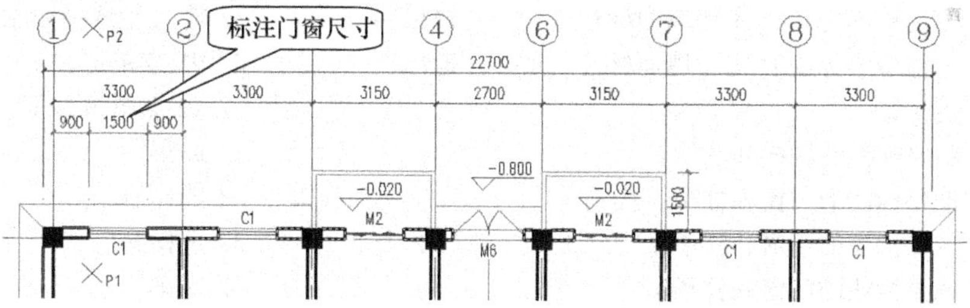

图 13-3　起点和终点的选取位置

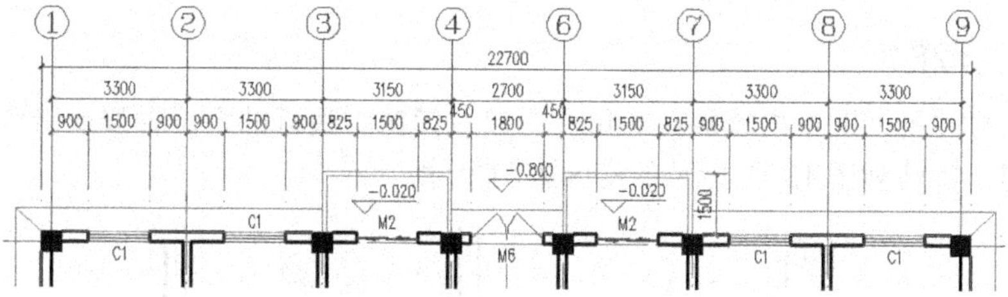

图 13-4　完成门窗尺寸标注

如果点取的起点和终点的连线没有穿过轴线尺寸、总尺寸线, 则系统自动确定门窗尺寸的尺寸线位置, 这时门窗尺寸线到轴线尺寸线的距离不等于轴线尺寸线到总尺寸线的距离。

13.1.2　墙厚标注

此命令用来在平面图中标注一组墙厚尺寸。

【例 13-2】　标注图 13-5 中的墙厚尺寸。

单击 墙厚标注 按钮, 命令行提示为:

直线第一点〈退出〉:　　　　// P1 点单击一下。
直线第二点〈退出〉:　　　　// P2 点单击一下。

则系统标注了这两点连线穿过的所有墙体的厚度尺寸, 如图 13-5 所示。

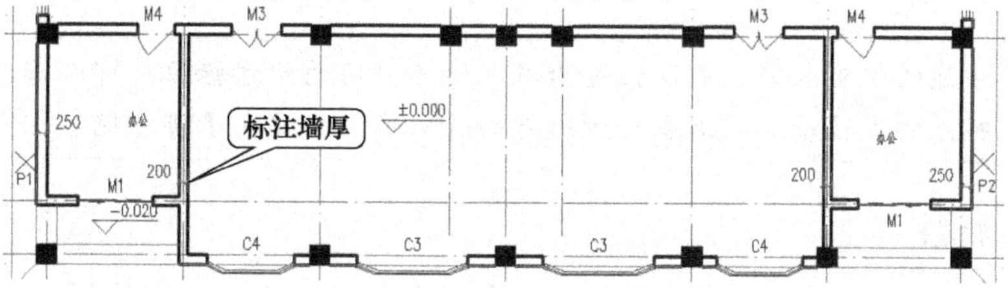

图 13-5　标注墙厚

13.1.3　两点标注

此命令通过指定两点，标注被两点连线穿过的轴线、墙线、门窗、柱子等构件的尺寸。尺寸线与这两点的连线平行。

【例 13-3】　标注如图 13-6 所示的房间内墙体和内门的尺寸与定位。

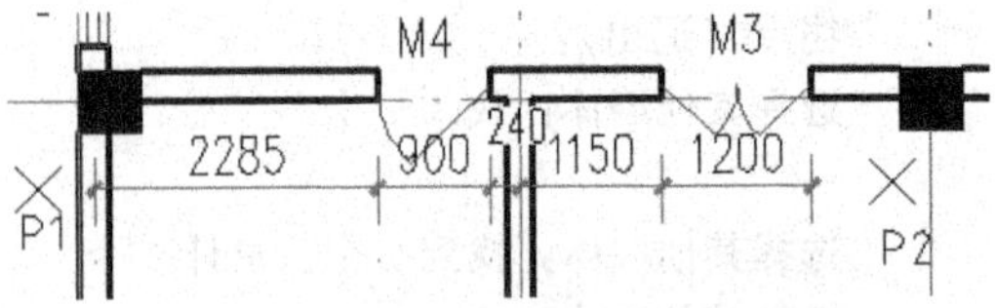

图 13-6　标注内部各构件尺寸与定位

单击 两点标注 按钮，命令行提示为：

起点（当前墙面标注）或［墙中标注（C）］〈退出〉：c　　// 输入 C 选择墙中标注。
起点（当前墙中标注）或［墙面标注（C）］〈退出〉：　　// P1 点单击一下。
终点〈退出〉：　　// P2 点单击一下。
请选择不要标注的轴线和墙体：　　// 回车。
选择其他要标注的门窗和柱子：找到 1　　// 选择 M4。
选择其他要标注的门窗和柱子：找到 1 个，总计 2 个　　// 选择 M3。
选择其他要标注的门窗和柱子：　　// 回车。
请输入其他标注点或［参考点（R）］〈退出〉：　　// 回车。

则完成图中门与墙体轴线的定位尺寸标注，如图 13-6 所示。

13.1.4　内门标注

此命令用于标注平面图中内墙的门窗尺寸，以及门窗与最近的定位轴线或者墙边的关系。

【例 13-4】　标注如图 13-7 所示的房间内门尺寸。

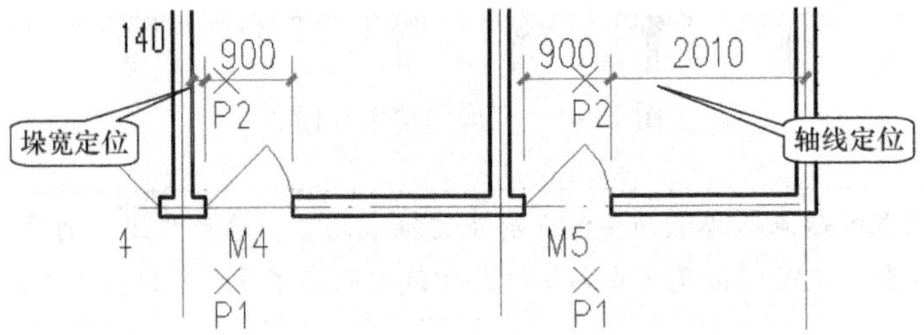

图 13-7　标注房间内门

单击 内门标注 按钮，命令行提示为：

标注方式：轴线定位．请用线选门窗，并且第二点作为尺寸线位置！
起点或［垛宽定位（A）］〈退出〉：a　　// 输入 a，选择垛宽定位。
标注方式：垛宽定位．请用线选门窗，并且第二点作为尺寸线位置！
起点或［轴线定位（A）］〈退出〉：　　// 单击 P1 点。
终点〈退出〉：　　// 单击 P2 点。

则完成图中 M4 的尺寸标注。右侧 M5 是选择【轴线定位】的方式进行尺寸。

> 尺寸线的位置以终点点取位置为准。另外，门的尺寸标注也可以选门垛一侧的墙体为尺寸标注的定位基准，这取决于起点的点取位置更偏向于哪一侧。

13.1.5　快速标注

【快速标注】命令方便地标注所有选取对象的外包尺寸，也可以标注所有选取对象的尺寸

（自动搜索定位轴线），也可以将这两种尺寸同时标注。可以与 AutoCAD【快速标注】命令的使用方法相同。

【例 13－5】　标注如图 13-8 所示的建筑平面图中的一道外墙尺寸。

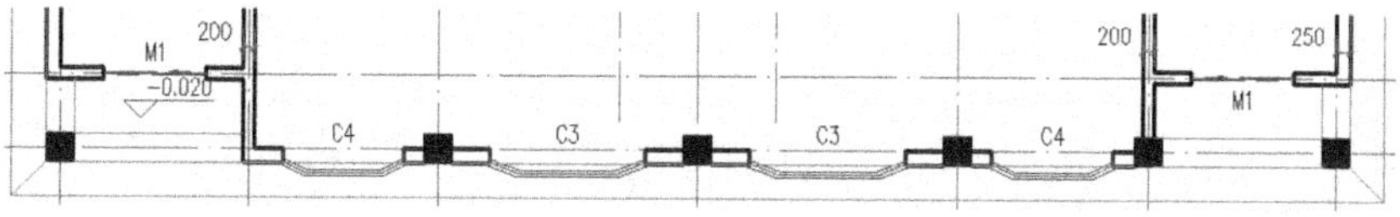

图 13-8　标注建筑平面图中的一道外墙尺寸

单击 快速标注 按钮，命令行提示为：

选择要标注的几何图形：指定对角点：找到 23 个　　// 框选所有外墙的门窗、墙体、柱子，如图 13-9 所示。

选择要标注的几何图形：　　// 回车结束选择。

请指定尺寸线位置（当前标注方式：连续）或［整体（T）/连续（C）/连续加整体（A）］〈退出〉：A　　// 输入 A，选择【连续加整体】选项。

请指定尺寸线位置（当前标注方式：连续加整体）或［整体（T）/连续（C）/连续加整体（A）］〈退出〉：　　// 移动鼠标，合适位置单击确定尺寸线的位置。

则完成图中所有选取对象的尺寸及外包尺寸，如图 13-10 所示。如果在命令行提示：请指定尺寸线位置（当前标注方式：连续加整体）或［整体（T）/连续（C）/连续加整体（A）］〈退出〉时，输入“t”或“c”，则只标注其中相应的一道尺寸。

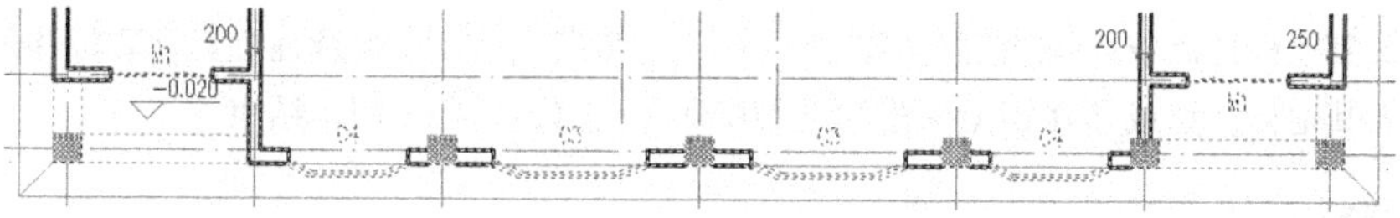

图 13-9　选择要标注的对象

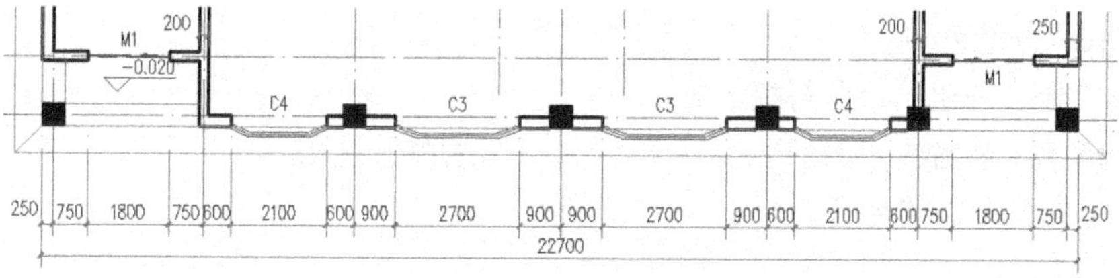

图 13-10　标注所有门窗尺寸及外包尺寸

13.1.6　外包尺寸

【外包尺寸】命令是用来将没有体现外包尺寸的尺寸进行快速修改，修改的结果是将所选的尺寸标注的两端都延长到构件的最外轮廓线的位置。

【例 13－6】　将图 13-11a 所示的尺寸标注改为外包尺寸。

单击 外包尺寸 按钮，命令行提示为：

请选择建筑构件：指定对角点：找到 4 个　　// 框选，将图形全部选中。

请选择建筑构件：　　// 回车结束选择。

请选择第一、二道尺寸线：指定对角点：找到 4 个　　// 框选，将图形全部选中。

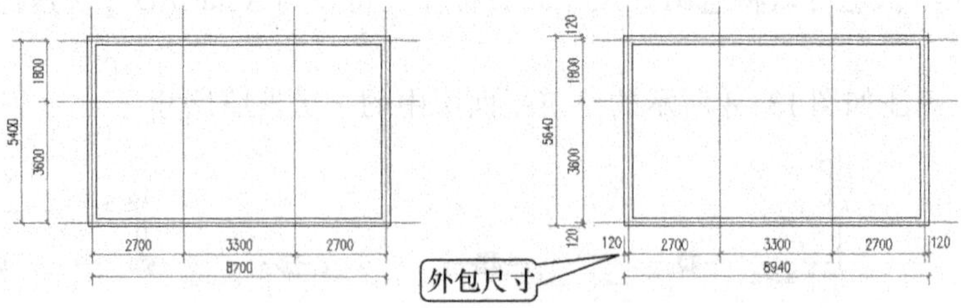

a)　　　　b)

图 13-11　修改尺寸为外包尺寸

请选择第一、二道尺寸线：　　　　　　　　// 回车结束命令。

则将图 13-11a 中所有尺寸改为外包尺寸，如图 13-11b 所示。

13.1.7　逐点标注

此命令可以逐个点取标注点，沿给定的一个直线方向标注连续尺寸。

【逐点标注】命令与 AutoCAD【连续标注】命令的使用方法相同。也可以标注用 AutoCAD 命令绘制的图形。

单击 逐点标注 按钮，命令行提示为：

起点或［参考点（R）］〈退出〉：　　　　　　// 捕捉标注的第一点。
第二点〈退出〉：　　　　　　// 捕捉标注的第二点。
请点取尺寸线位置或［更正尺寸线方向（D）］〈退出〉：　// 合适位置单击，确定尺寸线位置。
请输入其他标注点或［撤销上一标注点（U）］〈结束〉：　// 继续捕捉其他要标注的点。
请输入其他标注点或［撤销上一标注点（U）］〈结束〉：　// 回车结束。

13.1.8　半径标注

此命令用于在图中标注弧线或圆弧墙的半径，尺寸文字容纳不下时，会按照制图标准规定，自动引出标注在尺寸线外侧。

单击 半径标注 按钮，命令行提示为：

请选择待标注的圆弧〈退出〉：　　　　// 点取圆弧上一点。

即可在图中标出圆弧的半径。

13.1.9　直径标注

此命令用于在图中标注弧线或圆弧墙的直径。

命令调用方法同【半径标注】。

13.1.10　角度标注

此命令用来标注两直线之间的角度。

单击 角度标注 按钮后，命令行提示为：

请选择第一根直线：　　　　// 点取第一根线。
请选择第二根直线：　　　　// 点取第二根线。

注意：在图中标注两线之间的角度，按逆时针方向标内角，顺时针方向标外角。

13.1.11　弧长标注

此命令用来标注圆弧轴线或墙线的弧长。可以连续标注。

单击 弧长标注 按钮，命令行提示为：

请选择要标注的弧段：　　// 点取一段弧线。
请点取尺寸线位置〈退出〉：　　// 指定一点作为尺寸线位置。
请输入其他标注点〈结束〉：　　// 继续标注其他点。

13.2　尺寸编辑

使用 TArch 标注的尺寸有时不符合用户的要求，可用下面介绍的方法对尺寸进行编辑修改。

13.2.1　文字复位

此命令用于将尺寸文字的位置恢复到默认的尺寸线中点上方。

单击 文字复位 按钮，命令行提示为：

请选择需复位文字的对象：　　// 单击要恢复的天正尺寸标注。
请选择需复位文字的对象：　　// 回车结束命令。

此时程序立刻将所选到的尺寸标注文字恢复原始位置。

由于天正尺寸标注是包括多个标注区间的自定义对象，选中时各区间同时亮显，在一些场合，同属于一个标注对象的一些标注文字的位置可能被误拖动，引起标注文字与所属区间无法识别的混乱，以本命令恢复文字的原始位置，可保证标注文字的可识别性。

13.2.2　文字复值

此命令将尺寸文字恢复到测量的默认值。

单击 文字复值 按钮，命令行提示为：

请选择天正尺寸标注：〈退出〉：　　// 点取要恢复的任意天正尺寸标注。
请选择天正尺寸标注：〈退出〉：　　// 回车退出。

此时，程序将所选尺寸标注立刻恢复到实际测量数值。

13.2.3　剪裁延伸

此命令可以根据给定的新位置，对尺寸标注进行剪裁或延伸。绘制建筑图时经常用此命令调整平面图的总尺寸。

【例 13－7】 将如图 13-12 所示平面图的轴线总尺寸调整为墙体的外包总尺寸。

单击 剪裁延伸 按钮，命令行提示为：

请给出裁剪延伸的基准点或[参考点(R)]〈退出〉：
　　// 捕捉 1 轴墙线左上端，即剪裁线要延伸到的位置。
要剪裁或延伸的尺寸线〈退出〉：
　　// 单击要延伸的第一道尺寸线。

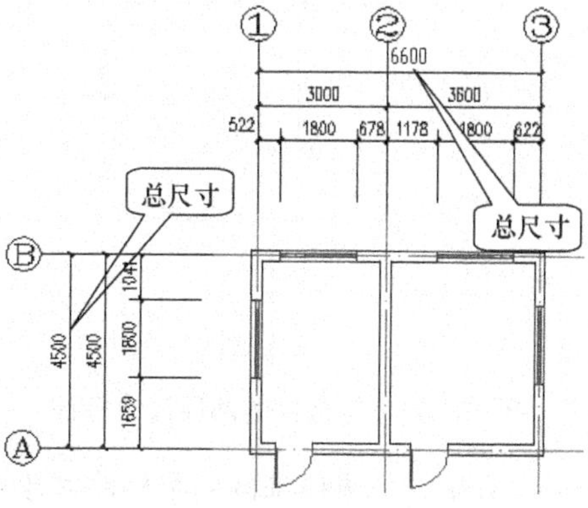

图 13-12　调整总尺寸

则系统按照捕捉的基准点自动调整了第一道尺寸界线的位置，尺寸线延伸到新的尺寸界线处，尺寸数值也随之增加。

再重复以上命令，将第一道尺寸线向右延伸到3轴线墙的最右端。则第一道尺寸变为建筑总长的外包尺寸，符合建筑施工图的要求。如图13-13所示。

同样的方法将宽度方向的第一道尺寸线延伸到外墙线，成为建筑总宽外包尺寸。

除了延伸功能外，还可以进行剪裁操作。本命令综合了剪裁（trim）和延伸（extend）两命令，自动判断对尺寸线的剪裁或延伸。

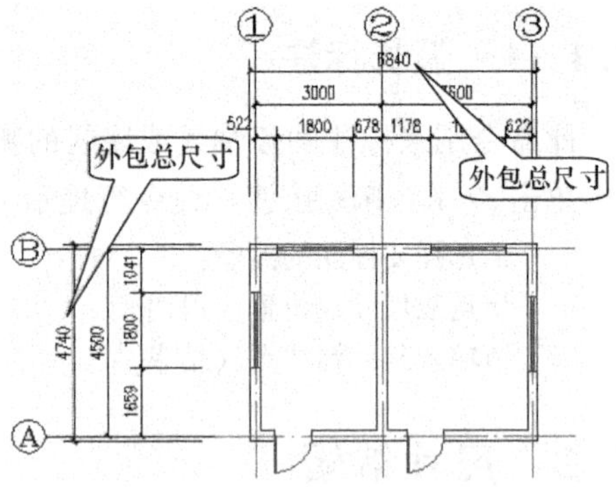

图13-13　延伸后的总尺寸

13.2.4　取消尺寸

此命令可以在一个天正自定义标注对象中，将点取的尺寸线区间段删除。

因为天正自定义标注对象不同于AutoCAD的尺寸标注对象，天正标注对象是由多个连续尺寸组成的一个整体，用普通删除命令无法做到对其中一段的删除，因此必须使用本命令完成此类操作。

单击 取消尺寸 按钮，命令行提示为：

请选择待取消的尺寸区间的文字〈退出〉：　　　　// 点取要删除的区间尺寸线。
请选择待取消的尺寸区间的文字〈退出〉：　　　　// 继续点取或者回车退出命令。

则点取的一段尺寸标注被取消。

13.2.5　连接尺寸

此命令可以连接两个独立的标注对象，合并成为一个标注对象。

【例13-8】　将如图13-14所示的两段尺寸标注连接为一段。

单击 连接尺寸 按钮，命令行提示为：

请选择主尺寸标注〈退出〉：　　　　// 点取要对齐的左端尺寸线作为主尺寸。
选择需要连接的其他尺寸标注〈结束〉：　　　　// 点取右端要连接的尺寸线。
选择需要连接的其他尺寸标注〈结束〉：　　　　// 回车结束。

则两段尺寸连接为一个标注对象，如图13-15所示。

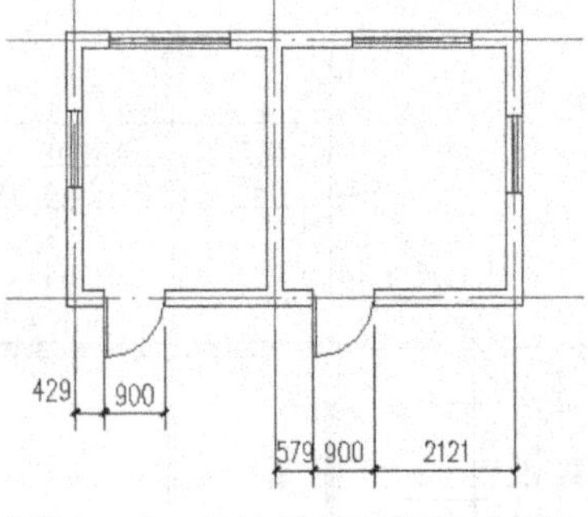

图13-14　待连接的两段尺寸标注

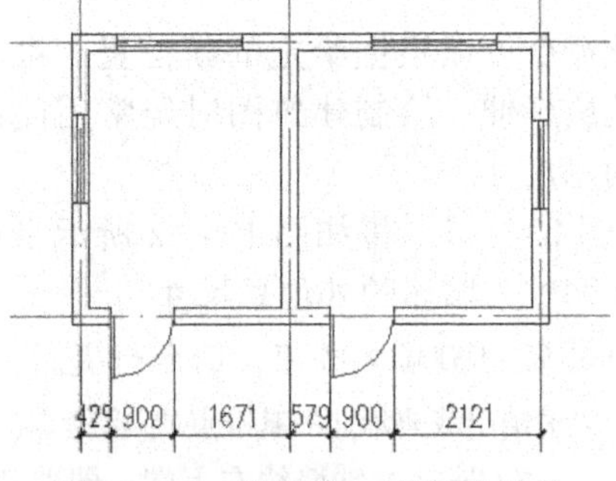

图13-15　连接为一段尺寸对象

可以看出，如果原来的两个标注对象不共线，连接后的标注对象以第一次点取的标注对象为主标注尺寸对齐。

在命令行提示：选择需要连接的其他尺寸标注〈结束〉，可以一次点取多个标注对象，如果其中有不平行的直线标注对象，程序将其按主标注的方向作投影，再连接尺寸。

13.2.6　尺寸打断

此命令是将一个整体尺寸在指定位置打断成两段独立的尺寸标注对象，各自可以独立编辑。

【例 13 –9】　将如图 13 - 16 所示的整体尺寸标注打断为两段。

单击 尺寸打断 按钮，命令行提示为：

请在要打断的一侧点取尺寸线〈退出〉：// 点取要打断位置的尺寸界线（点取 P1 点），同时命令结束。

则一个整体尺寸标注对象分为两个独立的尺寸标注对象，如图 13 - 17 所示。

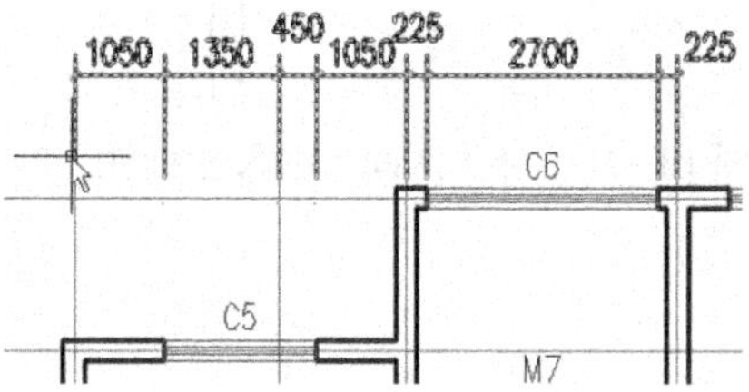

图 13 - 16　待打断的整体尺寸标注对象

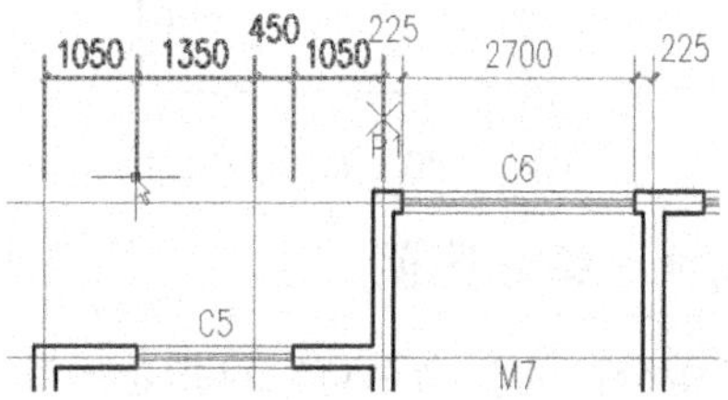

图 13 - 17　一段尺寸标注对象打断为两段

在命令行提示：请在要打断的一侧点取尺寸线〈退出〉，也可以点取尺寸线，点取点距离该尺寸哪侧尺寸界线近，那侧尺寸界线就作为打断位置。但是这种方法不如点取尺寸界线更为方便。

13.2.7　增补尺寸

此命令用来在已经标注的一个尺寸中再增加几段尺寸，加入新的尺寸界线后仍然成为一个标注对象。

【例 13 –10】　在如图 13 - 18 所示的尺寸中再增加门窗的标注。

单击 增补尺寸 按钮，命令行提示为：

点取待增补的标注点的位置或 [参考点 (R)]〈退出〉：// 选择 6600 的尺寸。

点取待增补的标注点的位置或 [参考点 (R)/撤销上一标注点 (U)]〈退出〉：

// 依次捕捉窗户两端点和中间轴线捕捉。

点取待增补的标注点的位置或 [参考点 (R)/撤销上一标注点 (U)]〈退出〉：

// 回车结束命令。

则在原来的一个尺寸线上增加了若干段尺寸标注，如图 13 - 19 所示。

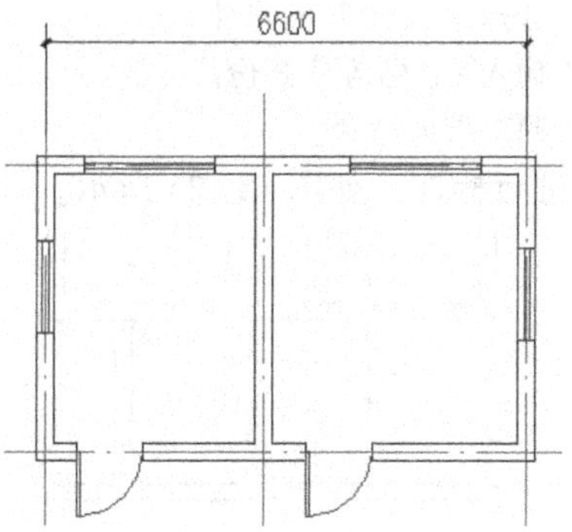

图 13 - 18　待增加尺寸

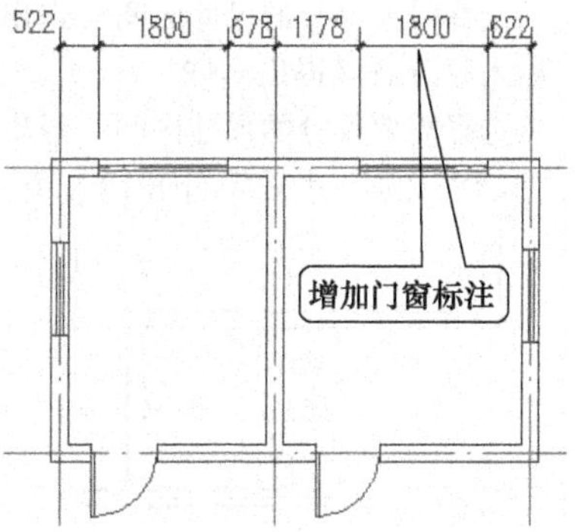

图 13 - 19　增加尺寸后

13.2.8 合并区间

此命令是【增补尺寸】命令的逆命令。【合并区间】命令可以将几个尺寸合并成一个尺寸。

【例 13 – 11】 将如图 13 - 20 所示的细部尺寸合并成一个表示轴线间距的尺寸。

单击 合并区间 按钮，命令行提示为：

请框选合并区间中的尺寸界线箭头〈退出〉： // 框选要合并的尺寸，如图 13-20。

请框选合并区间中的尺寸界线箭头或［撤销（U）］〈退出〉： // 回车结束命令。

则框选的所有尺寸合并成一个尺寸，如图 13 - 21 所示。

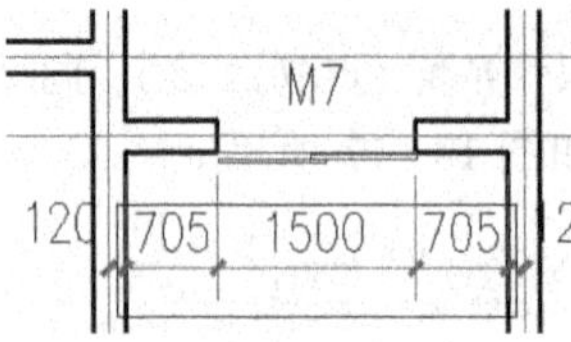

图 13 - 20 待合并尺寸

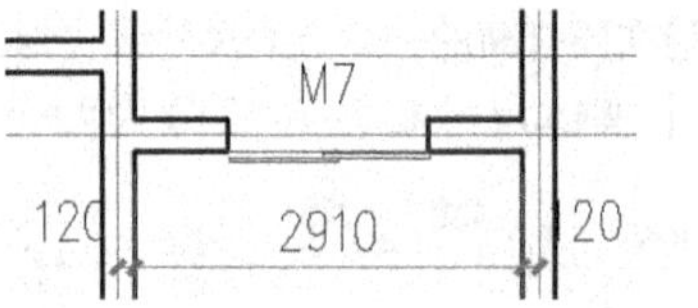

图 13 - 21 合并区间后的尺寸标注

13.2.9 等分区间

【等分区间】命令可以将指定的某一个尺寸进行等分。

【例 13 – 12】 将图 13 - 22 中的“4650”尺寸等分三份进行标注。

单击 等分区间 按钮，命令行提示为：

请选择需要等分的尺寸区间〈退出〉： // 选择“4650”的尺寸。

输入等分数〈退出〉：3 // 输入 3，即等分 3 份。

请选择需要等分的尺寸区间〈退出〉： // 回车结束命令。

则“4650”的尺寸被等分 3 份，每份重新进行标注，如图 13 - 23 所示。

图 13 - 22 待等分尺寸

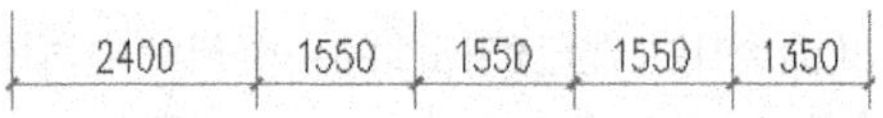

图 13 - 23 等分后的尺寸标注

13.2.10 等式标注

【等式标注】命令是将某一个尺寸按给定的份数自动以等分公式（如：180 × 8 = 1440）的形式进行标注。

【例 13 – 13】 将图 13 - 24 中的“2000”尺寸执行【等式标注】命令。

单击 等式标注 按钮，命令行提示为：

请选择需要等分的尺寸区间〈退出〉： // 选择“2000”的尺寸。

输入等分数〈退出〉：8 // 输入 8，即等分 8 份。

请选择需要等分的尺寸区间〈退出〉： // 回车结束命令。

则“2000”的尺寸被等分 8 份，并以等分公式的形式进行标注，如图 13 - 25 所示。

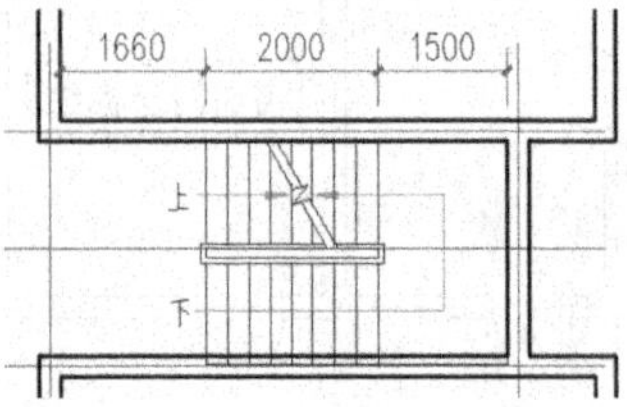

图 13 - 24 对梯段进行等式标注

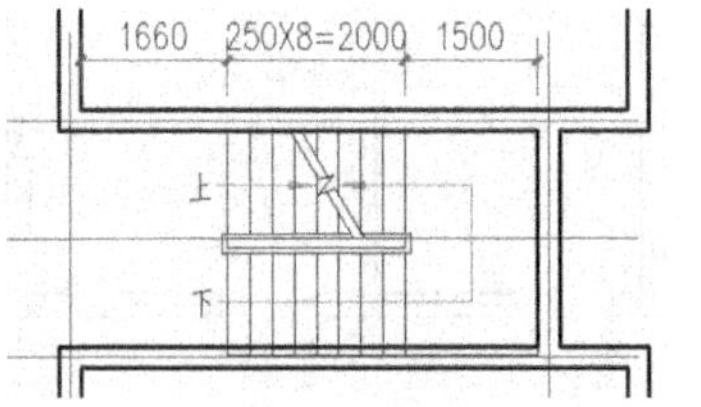

图 13 - 25 等式标注后的尺寸标注

13.2.11　对齐标注

【对齐标注】命令是将尺寸线不在同一水平或竖直位置的多个尺寸的尺寸线全部对齐。

单击 对齐标注 按钮，命令行提示为：

选择参考标注〈退出〉：　　　　　　// 选择参考标注。

选择其他标注〈退出〉：　　　　　　// 选择要对齐的标注。

选择其他标注〈退出〉：　　　　　　// 继续选择或回车结束。

则所有标注的尺寸线与参考标注的尺寸线对齐，图 13 - 26 为【对齐标注】命令执行的示意图。

图 13 - 26 【对齐标注】命令执行示意图

13.2.12　切换角标

此命令用于对角度标注、弦长标注和弧长标注进行相互转化。

【例 13－14】　将如图 13 - 27 所示的第二道角度标注转化为弧长标注。

单击 切换角标 按钮，命令行提示为：

请选择天正角度标注：　　　　　　// 单击第二道尺寸。

请选择天正角度标注：　　　　　　// 回车结束后转化为弦长标注。

则将第二道角度标注转换为弧长标注，如图 13 - 28 所示。

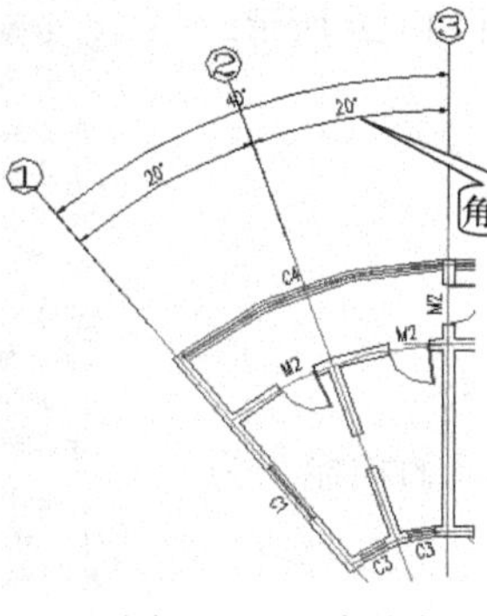

图 13 - 27　角度标注

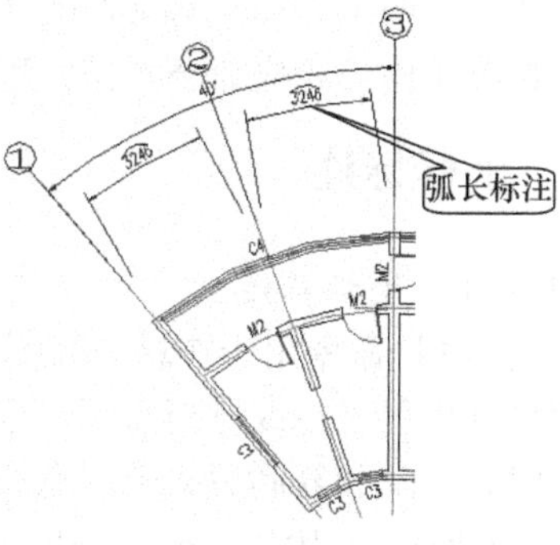

图 13 - 28　转换为弧长标注

13.2.13　尺寸转化

此命令用于将 AutoCAD 的尺寸标注对象转化为天正的尺寸标注对象。

单击 尺寸转化 按钮，命令行提示为：

请选择 ACAD 尺寸标注：　　　　　// 点取一个 AutoCAD 尺寸标注。

请选择 ACAD 尺寸标注：　　　　　// 继续点取。

请选择 ACAD 尺寸标注：　　　　　// 回车结束。

全部选中的 2 个对象成功地转化为天正尺寸标注！

13.2.14　尺寸自调

此命令可以将天正尺寸标注的位置进行自动调整，使文字不重叠。

单击 尺寸自调 按钮，命令行提示为：

请选择天正尺寸标注：　　　　　// 选择已经标注的重叠文字。

请选择天正尺寸标注：　　　　　// 继续选择或回车结束。

则所选尺寸的重叠文字自动调整分开。

13.2.15　自调开关

。上　调。按钮是一个自调开关，依次单击该按钮，可以在 。上　调。、 。下　调。和 。自调关。之间切换。

当标注的尺寸数字发生重叠时，可以选择上调或下调来移动尺寸数字。

13.2.16　检查开关

检查关闭 按钮是一个开关按钮，单击该按钮可以在 检查关闭 和 检查开启 之间切换。

在显示标注文字时，可以设定是否自动显示经人工修改过的与测量值不同的尺寸。如果有这样的尺寸存在，重生成后，尺寸数字以红色文字显示在尺寸线下面的括号内。

13.3　符号标注

TArch 将建筑图中的很多常用符号如标高、指北针、剖切符号等做成自定义对象，绘图时直接调用即可。

单击 符号标注 按钮，系统弹出【符号标注】二级菜单，如图 13-29 所示。

单击该菜单中的相应命令按钮，可以调用这些命令。

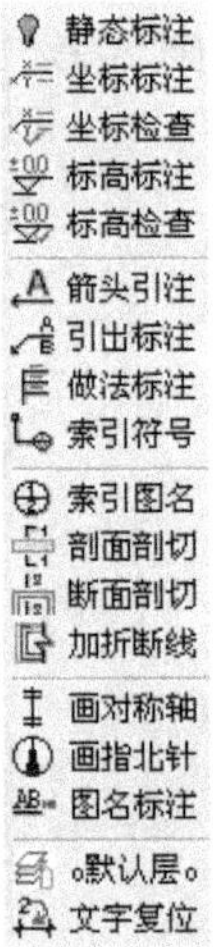

图 13-29　【符号标注】二级菜单

13.3.1　坐标标注

13.3.1.1　坐标标注

【坐标标注】命令用于在总平面图上标注测量坐标或者施工坐标。

取值根据世界坐标或者当前用户坐标 UCS，受状态开关菜单项的控制，为动态标注时，移动和复制后的坐标点按世界坐标更新标注值。

单击 坐标标注 按钮，命令行提示为：

当前绘图单位：mm，标注单位：M；以世界坐标取值；北向角度 90 度

请点取标注点或［设置（S）］〈退出〉：　// 先点取一点作为标注点。

点取坐标标注方向〈退出〉：　　　　　　// 移动鼠标选择标注方向。

请点取标注点〈退出〉：　　　　　　　　// 回车结束。

则图中自动测量出标注点处的坐标值，并绘出坐标符号，如图 13-30 所示。

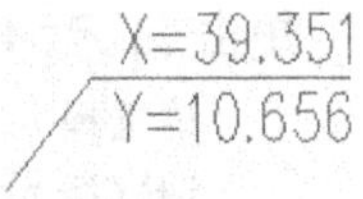

图 13-30　标注测量坐标

再次单击 坐标标注 按钮，命令行提示为：

当前绘图单位：mm，标注单位：M；以世界坐标取值；北向角度 90 度请点取标注点或［设置（S）］〈退出〉：　　　// 输入 S 进行设置。

这时系统弹出如图 13-31 所示的【坐标标注】对话框。

在对话框中可以设置如下内容：

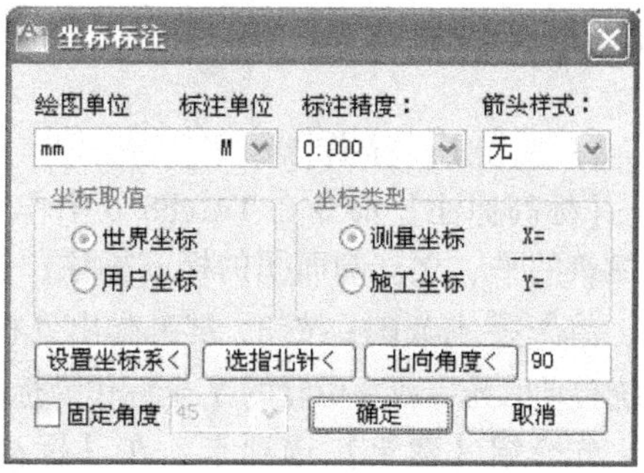

图 13-31　【坐标标注】对话框

- 设置【坐标取值】从世界坐标系还是从用户坐标系取值。
- 设置【坐标类型】是测量坐标 X/Y，还是施工坐标 A/B。
- 在【绘图单位/标注单位】下拉列表中选择是 mm/M，还是 M/M。
- 在【标注精度】下拉列表中选择取小数点后面几位数。
- 如果已知某点坐标值，可以单击 设置坐标系< 按钮，通过已知点重新设置坐标系。
- 如果已有指北针，可以单击 选指北针< 按钮，从图中已有的指北针符号获取北向的角度。
- 单击 北向角度< 按钮，可以取两点定方向或直接键入北向的角度，以东向为 0°计算。

设置完成后，单击 确定 按钮退出对话框，命令行继续按照上面执行【坐标标注】命令时的内容提示。按照命令行的提示操作完成后，坐标按照新的设置内容进行标注。

13.3.1.2　动静态开关

静态标注 按钮是一个动静态开关，依次单击它可以在 静态标注 和 动态标注 之间进行转换。

【动态标注】是指标注完坐标后，如果移动或复制坐标符号，坐标值将随之变动，变为新位置处测量的坐标值。

【静态标注】是指移动或复制坐标后，坐标值不变。

13.3.1.3　坐标检查

此命令用来在总平面图上检查所选坐标是否为系统自动测量的数值，避免由于人为修改坐标标注值导致设计位置的错误，如果修改过被认为有错误，用户选择是否改回原始数值。

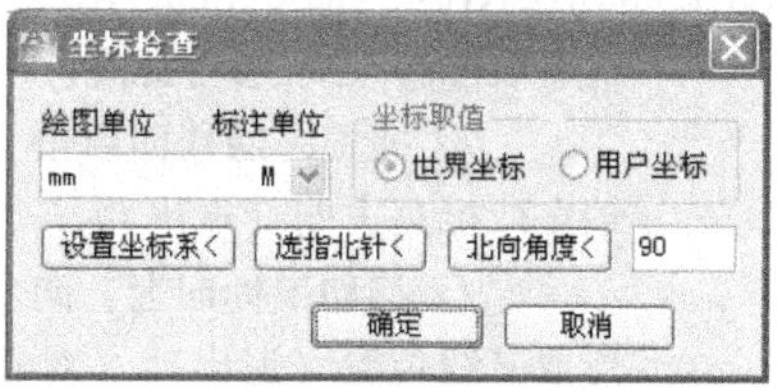

图 13-32　【坐标检查】对话框

单击 坐标检查 按钮，系统弹出【坐标检查】对话框，如图 13-32 所示。

用户可以按图形中坐标标注类型的实际情况在其中选择合适的坐标系类型、标注单位和精度，单击 确定 后进入提示：

选择待检查的坐标：　　　　　　　　// 选择以 TArch 标注的坐标符号。

选择待检查的坐标：　　　　　　　　// 回车结束选择。

选中的坐标 2 个，全部正确！

如果坐标标注不对，命令提示为：

选中的坐标 2 个，其中 1 个有错！

程序会在错误的坐标位置显示一个红框，命令行提示：

第 1/1 个错误的坐标，正确标注（X = 4.970，Y = -30.783）或［全部纠正（A）/纠正坐标（C）/纠正位置（D）/退出（X）］〈下一个〉：　// 键入 A、C 或 D，可以纠正对应错误，程序自动完成坐标纠正。

13.3.2　标高标注

13.3.2.1　标高标注

【标高标注】命令在 TArch8.5 中作了较大的改进。将对话框界面设为两个选项卡，一个适用于建筑的平、立、剖面图的标高标注，一个适用于建筑总平面图中的标高标注。

单击 标高标注 按钮，屏幕弹出【标高标注】对话框，默认状态【手工输入】选项不被勾选，系统自动取光标所在位置的 Y 坐标作为标高数值。如勾选【手工输入】选项，可以手工输入标高数值。

先介绍【建筑】选项卡。在【标高标注】对话框中，单击【建筑】选项卡，这时对话框如图 13-33 所示。左侧是两栏表格，【楼层标高】栏用来填写标高数值，【楼层号/标高说明】栏可以填写相应的说明（可以是数值，也可以是文字）。右侧是标高符合样式按钮、文字样式、字高及精度的设置。其中【自动对齐】按钮可以使所有的标高符合沿一条竖直线对齐，在建筑立面图、剖面图中经常使用。

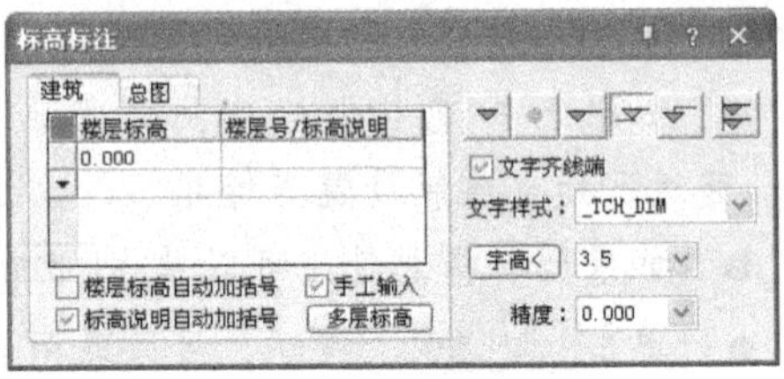

图 13-33　【建筑】选项卡

对于【建筑】选项卡，标高数值的【精度】自动设为 0.000，即只有一个选项；而对于【总图】选项卡，标高数值的【精度】下拉列表中有两个选项，0.00 和 0.000，用户根据需要自己选择。

【例 13-15】　标注如图 13-34a 所示的外墙各构件的标高。

单击 标高标注 按钮，弹出【标高标注】对话框，对话框的设置与图 13-33 一致。移动鼠标到绘图区，命令行提示为：

请点取标高点或[参考标高(R)]〈退出〉：

　　// 捕捉一层楼面单击。

请点取标高方向〈退出〉：

　　// 移动鼠标向上，向左，单击。

点取基线位置〈退出〉：〈对象捕捉关〉

　　// 移动鼠标确定基线长度。

下一点或［第一点（F）］〈退出〉：

　　// 回车结束。

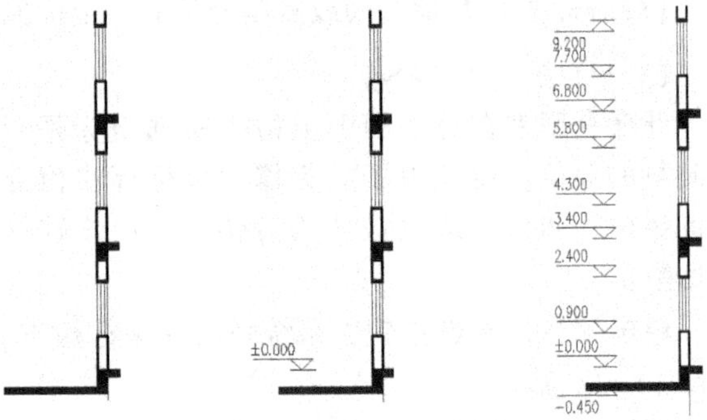

a)　　b)　　c)

图 13-34　外墙构件标高标注

则在一层楼面标注标高 ±0.000。执行【移动】命令，将 ±0.000 标高向左移动墙体外侧，如图 13-34b 所示。

打开【动态标注】，执行【复制】命令，复制 ±0.000 标高到每楼层的窗下沿、窗上沿、楼板面及室外地坪，则在复制的过程中，标高数值依据复制点到 ±0.000 的相对高度自动更新。【复制】将第二道角度标注转换为弧长标注，如图 13-34c 所示。

再介绍【总图】选项卡。在【标高标注】对话框中，单击【总图】选项卡，这时对话框如图 13-35 所示。左侧用来输入绝对标高和相对标高数值，当勾选【自动换算绝对标高】时，系统根据输入的相对标高自动换算绝对标高。右侧是标高符合样式按钮、文字样式、字高及精度的设置。

制图标准规定，总平面图中有两种标高形式：一种标注室外标高，选择▼或●样式标高符合，标高数值保留两位小数；另一种标注室内标高，选择▽样式标高符合，标高数值保留三位小数。

图 13-36 为使用【总图】选项卡标注总平面图的室内、室外标高示意图。

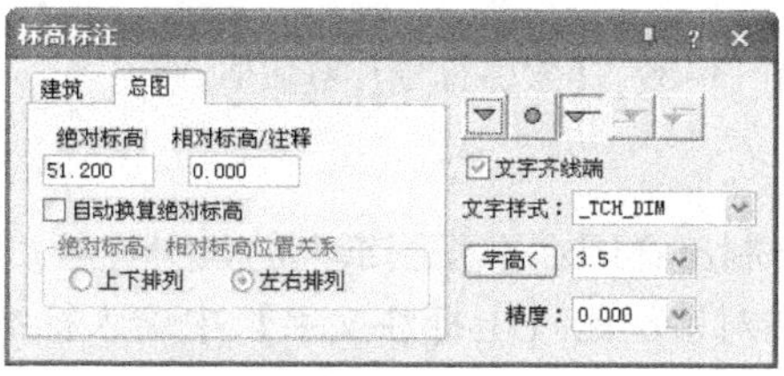

图 13-35 【总图】选项卡

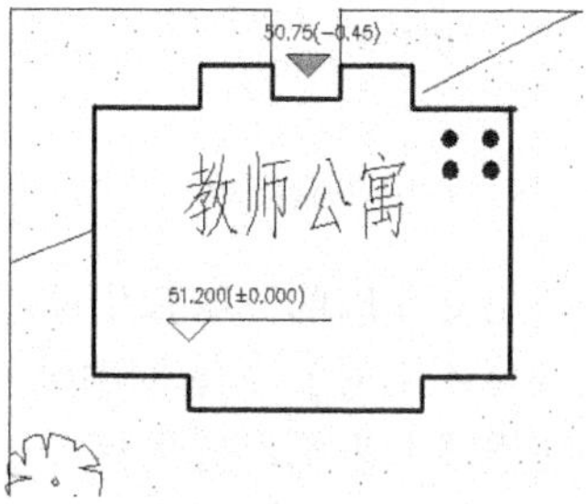

图 13-36 总平面图中室内、室外标高标注

13.3.2.2　标高检查

【标高检查】命令的使用与【坐标检查】命令类似，用来检查立面图和剖面图中标高数值是否人为修改与原标注数值不一致，如果不一致，系统会用红色线框框起来并提示修改。

【动态标注】按钮 动态标注 同样可以控制标高数值是动态标注还是静态标注。

13.3.2.3　编辑标高

插入的标高同样可以使用夹点编辑和对象编辑功能来修改编辑。

单击标注的标高符号，使其出现蓝色夹点，将鼠标移到某一夹点处，会显示出此点的功能提示，如图 13-37 所示。

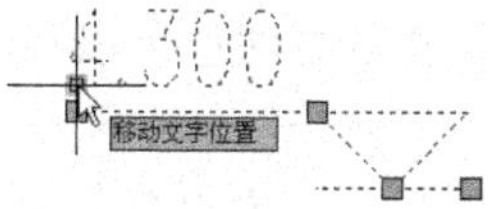

图 13-37　夹点的功能提示

另一种编辑方法是用鼠标左键单击标高标注后，再单击鼠标右键，弹出右键快捷菜单，如图 13-38 所示。

在菜单中选择【对象编辑】命令，弹出【标高标注】对话框。在对话框中可以修改标高的各种参数。

13.3.3　绘制索引符号

13.3.3.1　索引符号

【索引符号】命令是为详图指定所在的位置，即详图所在图纸编号、详图本身编号。索引符号分为“指向索引”和“剖切索引”两类。

单击 索引符号 按钮，系统弹出【索引符号】对话框，如图 13-39 所示。

勾选【指向索引】选项，在对话框的【索引图号】中输入详图所在的图纸编号“8”，在【索引编号】中输入详图编号“1”，其余取默认值，鼠标移至绘图区，命令行提示为：

请给出索引节点的位置〈退出〉：　　// 在剖面图的女儿墙顶单击一下。
请给出索引节点的范围〈0.0〉：　　// 移动鼠标改变圆的大小，调整到合适范围后单击。
请给出转折点位置〈退出〉：　　// 移动鼠标调整好转折点的位置后单击。
请给出文字索引号位置〈退出〉：　　// 移动鼠标使横线达到合适长度后单击。
请给出索引节点的位置〈退出〉：　　// 回车。

图 13-38　右键快捷菜单

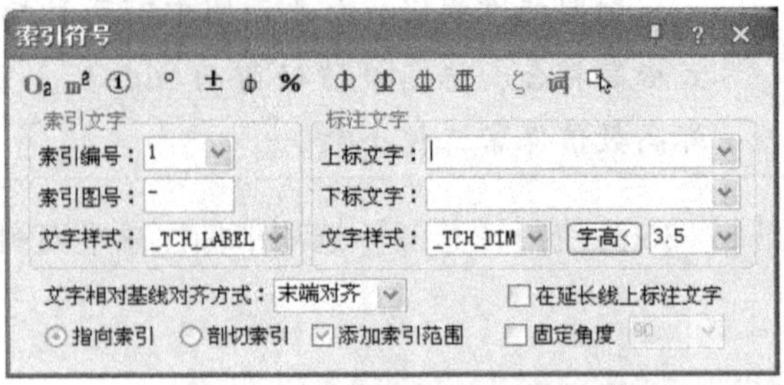

图 13-39　【索引符号】对话框

则图中绘出女儿墙的详图索引符号，如图 13-40 所示。

如果在【索引图号】文本框中键入“－”，则可以绘制出详图在本张图纸上的索引符号。

如果要在横线上表示出选用标准图集的编号，可以在对话框的【上标注文字】中键入标准图集的代号，这时插入的详图索引符号如图 13-41 所示。

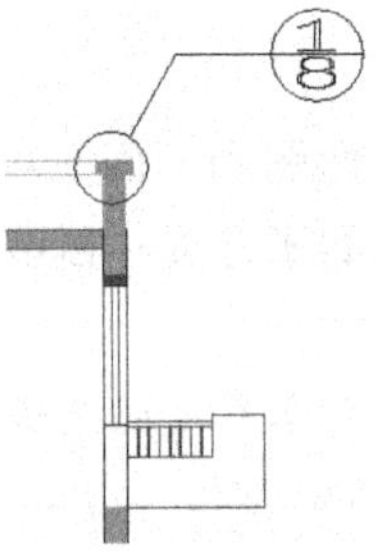

图 13-40　女儿墙的详图索引符号

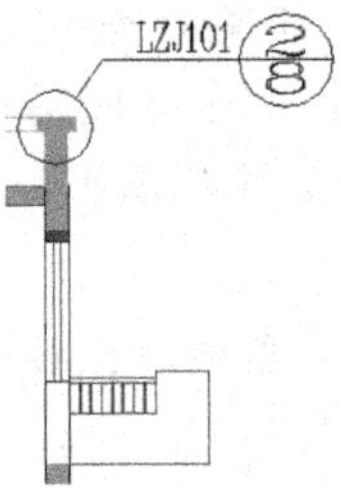

图 13-41　有上标注文字的索引符号

同样的方法也可以在横线上书写【下标注文字】。

索引符号的编辑同样可以使用夹点编辑和对象编辑两种功能。

在图 13-39 所示的【索引符号】对话框中勾选【剖切索引】选项，可以绘制剖切索引符号。

标注剖切索引号的方法与标注一般索引号的方法基本相同。图 13-42 为绘制的一个带剖切线的索引符号。

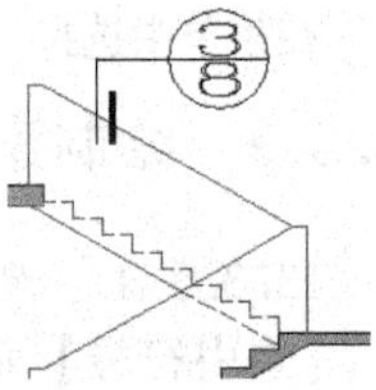

图 13-42　带剖切线的索引符号

13.3.3.2　索引图名

此命令用于为详图标注索引图名，通过索引图名可以查找到详图与被索引图样的关系。

单击 ⊕ 索引图名 按钮，命令行提示为：

请输入被索引的图号（－表示在本图内）〈－〉：　　// 回车默认。
请输入索引编号〈5〉：2　　// 输入详图本身编号。
请输入比例（－表示不绘制）1：〈100〉：20　　// 输入绘图比例。
请点取标注位置〈退出〉：　　// 合适位置单击，确定标注位置。

则绘制出一个详图与被索引的图样同在一张图纸上的详图符号。如图 13-43a 所示。

如果详图与被索引的图样不在同一张图纸上，则需要键入被索引的图号，这样绘制的详图符号在下半圆中注明了被索引图纸号。如图 13-43b 所示。

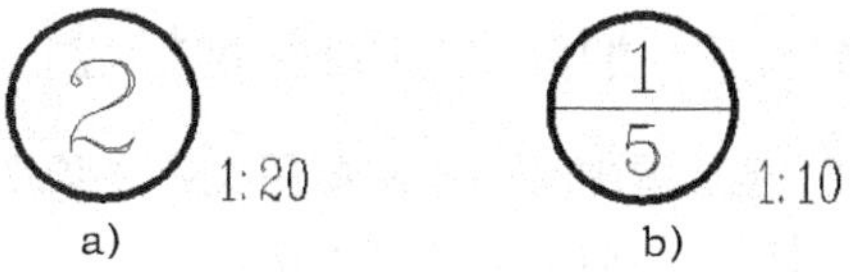

图 13-43　详图符号

13.3.4　绘制剖切符号

在【符号标注】二级菜单中有两个绘制剖切符号的命令，可以用来绘制剖面剖切符号和断面剖切符号。

13.3.4.1　剖面剖切

此命令用于在图中标注剖面剖切符号。即不仅有剖切位置，还有剖视方向。

单击 剖面剖切 按钮，命令行提示为：

请输入剖切编号〈1〉:	// 回车默认。
点取第一个剖切点〈退出〉:	// 点取起始点。
点取第二个剖切点〈退出〉:	// 点取第一个转折点。
点取下一个剖切点〈结束〉:	// 点取第二个转折点。
点取下一个剖切点〈结束〉:〈正交开〉	// 点取结束点。
点取下一个剖切点〈结束〉:	// 回车结束剖切点的选取。
点取剖视方向〈当前〉:	// 鼠标向左单击，确定剖视方向向左。

则在图中指定位置注上剖面剖切符号，如图 13-44 所示。

13.3.4.2　断面剖切

此命令用于在图中标注断面剖切符号。

断面剖切是指不画剖视方向线的断面剖切符号，以断面编号的位置表示剖视方向。

单击 断面剖切 按钮，命令行提示为：

请输入剖切编号〈1〉:	// 键入编号 2 回车。
点取第一个剖切点〈退出〉:	// 在剖切位置的起始点单击。
点取第二个剖切点〈退出〉:	// 在剖切位置的结束点单击。
点取剖视方向〈当前〉:	// 鼠标右移单击。

即在图中指定位置注上断面剖切符号，如图 13-45 所示。

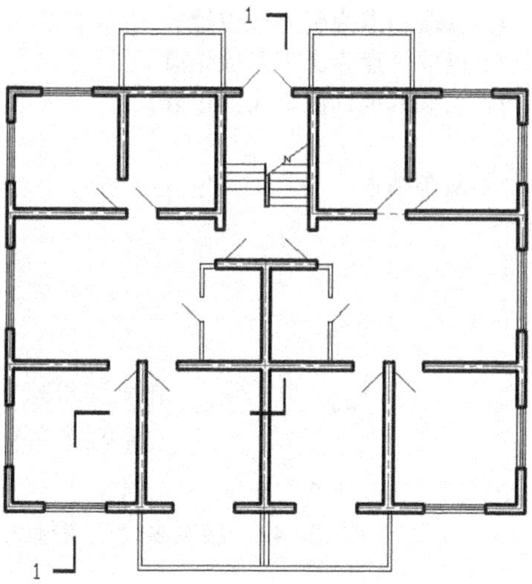

图 13-44　绘制剖面剖切符号

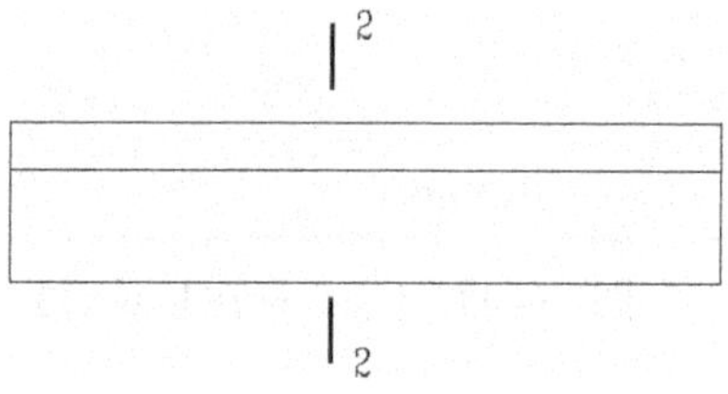

图 13-45　标注断面剖切符号

13.3.5 加注文字的各种标注

建筑图中有一些需要用文字来说明的符号标注，如图名、多层材料做法、做法说明等，本节介绍这一类命令的使用方法。

13.3.5.1 箭头引注

此命令用于绘制带有箭头的引出标注，文字从线端标注，引线可以转折。常用来表示楼梯的上下方向、坡道坡度等。

单击 箭头引注 按钮，弹出【箭头引注】对话框，在对话框的【上标文字】编辑栏中输入2%，【对齐方式】选择【齐线中】，其他默认，如图13-46所示。

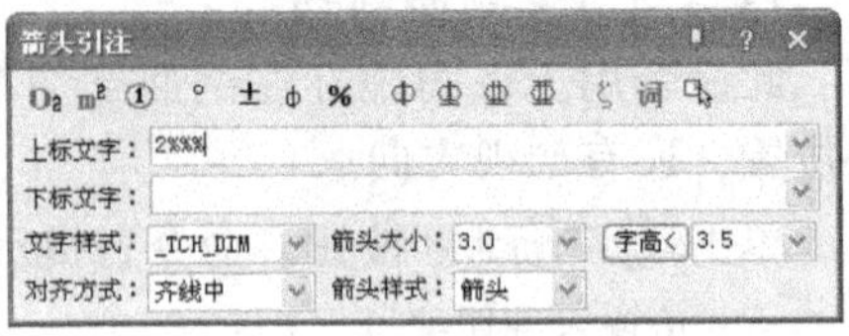

图13-46 【箭头引注】对话框

命令行提示为：

箭头起点或［点取图中曲线（P）/点取参考点（R）］〈退出〉： // 点取起始点。
直段下一点或［弧段（A）/回退（U）］〈结束〉： // 点取终点。
直段下一点或［弧段（A）/回退（U）］〈结束〉： // 回车。
箭头起点或［点取图中曲线（P）/点取参考点（R）］〈退出〉： // 回车。

则完成散水坡度的标注，如图13-47所示。

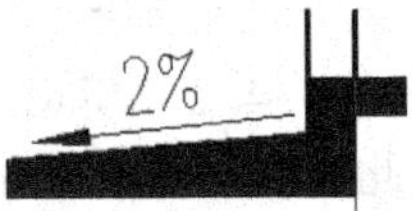

图13-47 【箭头引线】标注散水坡度

13.3.5.2 引出标注

此命令用于对多个标注点进行说明性的文字标注，自动按端点对齐文字，具有拖动自动跟随的特性。

单击 引出标注 按钮，系统弹出【引出标注】对话框，如图13-48所示。

对话框中的【箭头样式】下拉列表中有“箭头、点、十字和无”四种选择，在【上标注文字】文本框中键入“米黄色外墙涂料”，在【下标注文字】文本框中键入“窗套刷白色涂料”，其余取默认值，命令行提示为：

请给出标注第一点〈退出〉： // 点取一点为箭头位置。
输入引线位置或［更改箭头型式（A）］〈退出〉： // 点取一点为引出线位置。
点取文字基线位置〈退出〉： // 点取一点为文字基线位置。
输入其他的标注点〈结束〉： // 点取其他标注箭头的位置。
…
输入其他的标注点〈结束〉： // 回车结束。

则绘制有多个引线的文字标注，如图13-49所示。

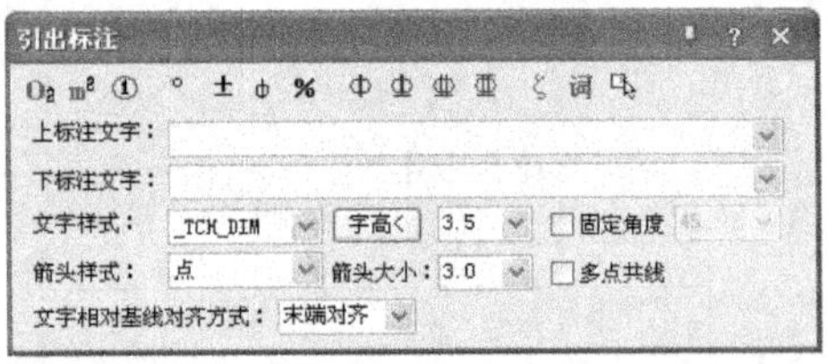

图13-48 【引出标注】对话框

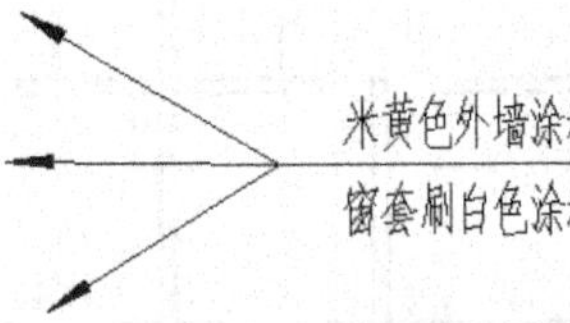

图13-49 绘制多个引线标注

13.3.5.3 做法标注

此命令用来在施工图纸上标注工程的施工做法。

单击 做法标注 按钮，系统弹出【做法标注文字】对话框，在对话框的文本框中输入几行文字，如图 13 - 50 所示。

命令行提示为：

请给出标注第一点〈退出〉：	// 点取一点作为引出线端。
请给出文字基线位置〈退出〉：	// 点取文字基线位置。
请给出文字基线方向和长度〈退出〉：	// 移动鼠标确定基线方向和长度。
请给出标注第一点〈退出〉：	// 回车。

则在图中的室外地坪处绘出了多层材料做法，如图 13 - 51 所示。

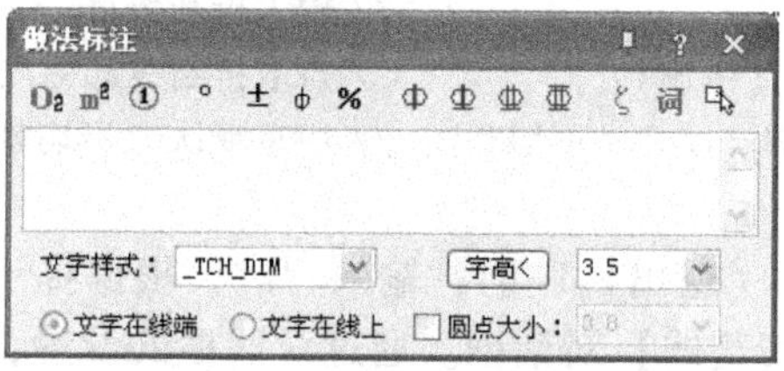

图 13 - 50　【做法标注】对话框

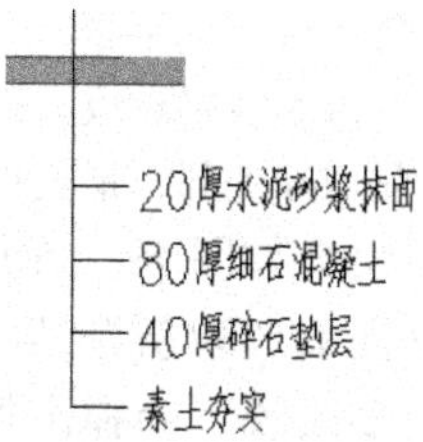

图 13 - 51　多层材料做法

13.3.5.4　图名标注

所有图样的正下方都要标注该图样的名称、比例，即图名。【图名标注】命令就是用来标注图名。

单击 图名标注 按钮，弹出如图 13 - 52 所示的【图名标注】对话框，在对话框中输入图样的名称、比例，设置文字样式、字高。

双击图名或比例可以重新对其编辑，也可单击图名利用夹点和右键快捷菜单中的【对象编辑】对图名进行修改。

图 13 - 52　【图名标注】对话框

单击选中图名，再单击特性按钮，在弹出的【特性】选项板中，TArch8.5 新增加了【间距系数】选项，用来调节图名和比例之间的距离。

13.3.6　其他符号

在【符号标注】二级菜单中还列出了【画对称轴】、【画指北针】、【加折断线】命令，用于绘制建筑制图国家标准中规定的这些符号。

13.3.6.1　画对称轴

此命令用于在施工图上绘制对称轴符号。

单击 画对称轴 按钮，命令行提示为：

起点或［参考点（R）］〈退出〉：	// 给出对称轴的第一点。
终点〈退出〉：	// 给出对称轴的第二点。

则画出的对称轴如图 13 - 53 所示。

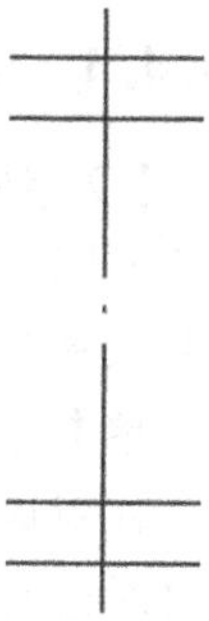

图 13 - 53　绘制对称轴

13.3.6.2　画指北针

此命令用于在图中画指北针。

单击 画指北针 按钮，命令行提示为：

指北针位置〈退出〉：　　　　　　　　　　　　// 点取指北针的插入点。

指北针方向〈90.0〉：　　　　　　　　　　　　// 拖动鼠标指定指北针方向。

则在指定位置绘制一个指北针，如图 13-54 所示。

图 13-54　绘制指北针

13.3.6.3　加折断线

此命令用于以自定义对象在图中加入折断线。

单击 加折断线 按钮，命令行提示为：

点取折断线起点或［选多段线（S）］〈退出〉：　　　　　　　　　　// 点取折断线起点。

点取折断线终点或［改折断数目，当前 =1（N）］〈退出〉：N　　　　// 选择“该折断数目”。

折断数目〈1〉：2　　　　　　　　　　　　　　　　　　　　　　　// 输入折断数目。

点取折断线终点或［改折断数目，当前 =2（N）］〈退出〉：　　　　　// 点取折断线起终点。

当前切除外部，请选择保留范围或［改为切除内部（Q）］〈不切割〉：// 回车默认“不切割”。

则随即绘出如图 13-55 所示的折断线。

在命令提示“取折断线起点或［选多段线（S）］〈退出〉：”时，输入“s”，根据提示选择一个闭合的多段线，会弹出如图13-56所示的【编辑切割线】对话框。通过对话框的设置，可以将闭合的多段线的一个边或多个边作为折断线。

图 13-55　绘制折断线

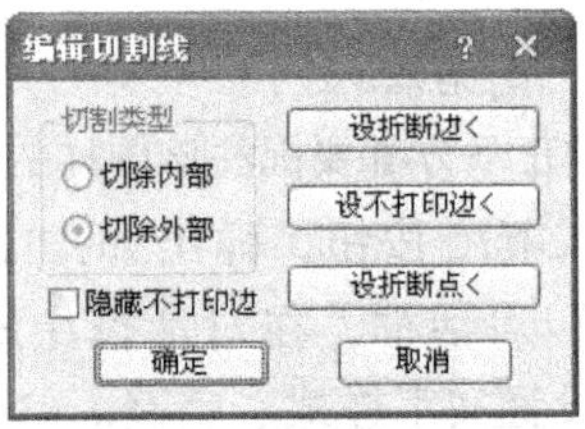

图 13-56　【编辑切割线】对话框

13.4　文字标注

AutoCAD 提供了文字书写功能，但主要是针对西文的，对于中文尤其是中西文的书写和编辑就很不方便。TArch 提供了功能强大的文字书写和编辑功能。用户学会这些命令，输入文字将变得非常轻松。

TArch 书写文字的命令在 ▸ 文字表格 二级菜单中，如图 13-57 所示。

【文字表格】菜单中的文字标注命令分为设置文字样式、输入文字和编辑文字三类，下面分别介绍。

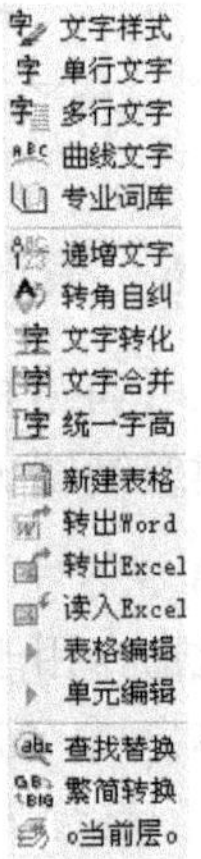

图 13-57　【文字表格】二级菜单

13.4.1　设置文字样式

【文字样式】命令用于设置要输入文字的样式。与 AutoCAD 的文字样式有所不同，天正自定义了一些文字样式，使之更符合我国技术制图国家标准对文字的有关规定。

单击 文字样式 按钮，系统弹出【文字样式】对话框，如图 13-58 所示。

在对话框中可以新建一种文字样式或选择下拉列表中已有的文字样式，允许对已有文字样式重命名。

单击 新建... 按钮可以新建一种文字样式，在弹出的【新建文字样式】对话框中输入样式名，如图 13-59 所示。

图 13 - 58　【文字样式】对话框

图 13 - 59　【新建文字样式】对话框

单击 确 定 按钮后，返回【文字样式】对话框。

新建样式时可以在下列字体类型中任选其一：【AutoCAD 字体】与【Windows 字体】。

【AutoCAD 字体】是矢量字体，可以分别设置中文参数和西文参数；【Windows 字体】是 Truetype 字体，只能设置中文参数。但这类字体能正确处理中西文比例，打印效果美观，缺点是会导致系统运行速度降低。

修改字体参数后，可以随时单击 << 预览 按钮，在对话框下方的预览区观察设置结果。

设置完成后，单击 确 定 按钮，退出对话框，完成一个文字样式的设置。

如果要删除一个已有的文字样式，可以打开【文字样式】对话框，选中一种文字样式后单击 删除 按钮，即可删除一种样式。删除样式仅对图中没有使用的样式起作用，已经使用的样式不能被删除。

如果要修改一个已有的文字样式，在【文字样式】对话框中选中一种文字样式后，单击 重命名... 按钮，显示一个【重命名文字样式】对话框，如图 13 - 60 所示。

图 13 - 60　【重命名文字样式】对话框

在【样式名】中输入新名称，单击 确 定 按钮，返回【文字样式】对话框，修改参数后，单击 确 定 按钮，即可完成文字样式的修改。

13.4.2　输入单行文字

【单行文字】命令可以使用已经建立的天正文字样式，输入符合中国建筑制图标准的单行文字，可以方便设置上下标，导入专业词库的内容。

单击 字 单行文字 按钮，系统弹出【单行文字】对话框，如图 13 - 61 所示。

单击对话框上方的按钮，可以输入相应的特殊符号，这些符号都是建筑图的常用符号。另外还有 ξ 和 词 两个按钮可以输入【特殊字符】和【词库】，单击 ξ 按钮可以打开【天正字符集】列表框，如图 13 - 62 所示。在【请选择特殊字符类型】下拉列表中列出了六种类型的特殊字符可供选用。

单击 词 两个按钮，弹出一个【专业文字】列表框，如图 13 - 63 所示。列出了建筑图常用的绝大部分名词。

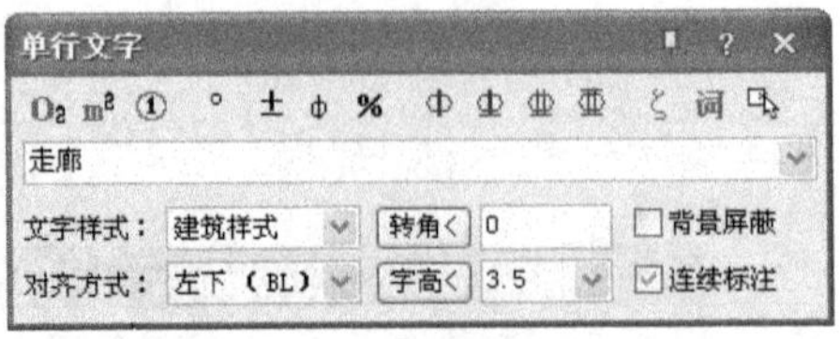

图 13-61 【单行文字】对话框

图 13-62 【天正字符集】列表框

如果要输入单行文字，可以在【单行文字】对话框的文本框中键入所需文字，如“走廊”，其余参数取默认值，命令行提示为：

请点取插入位置〈退出〉： // 单击确定文字插入位置。

则绘出所需的单行文字，如图 13-64a 所示。

如果在对话框中选中【背景屏蔽】，则绘出的效果如图 13-64b 所示。

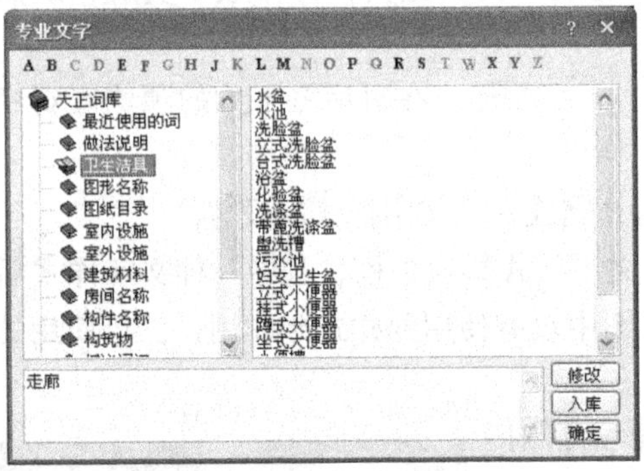

图 13-63 【专业文字】列表框

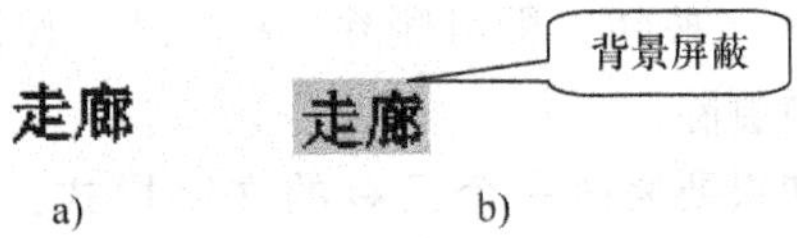

图 13-64 绘制单行文字

13.4.3 输入多行文字

【多行文字】命令可以使用已经建立的天正文字样式，按段落输入多行文字，创建符合中国建筑制图标准的天正整段文字。

单击 字 多行文字 按钮，系统弹出【多行文字】对话框，如图 13-65 所示。

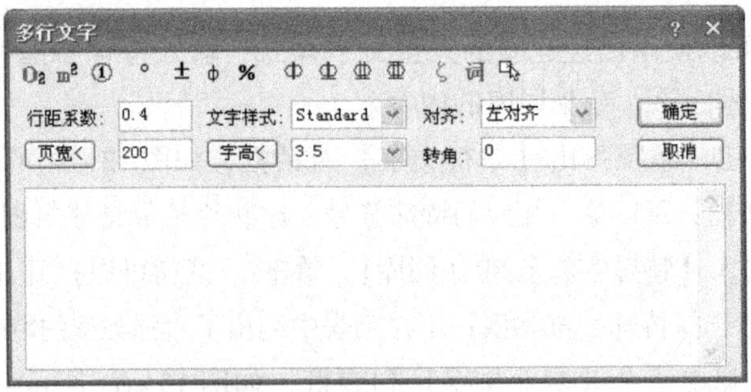

图 13-65 【多行文字】对话框

与【单行文字】一样，【多行文字】也可以用对话框上方的按钮来输入特殊字符。

在对话框的文字输入区键入多行文字，也可以从 Word 中复制文字，设置好各项参数后，单击 确定 按钮，退出对话框，同时命令行提示为：

左上角或 [参考点 (R)]〈退出〉：　　　// 在合适位置单击，作为多行文字的左上角。

则图中插入一段多行文字。

13.4.4　输入曲线文字

【曲线文字】命令可以沿着一条多段线书写文字，或者直接将文字按弧线方向布置。

本命令有两种功能：

(1) 直接按弧线方向书写中英文字符串。

(2) 在已有的多段线上布置中英文字符串，可将图中的文字改排成曲线。

单击 曲线文字 按钮，命令行提示为：

A - 直接写弧线文字/P - 按已有曲线布置文字〈A〉：　　// 回车默认 A。
请输入弧线文字圆心位置〈退出〉：　　// 点取圆心。
请输入弧线文字中心位置〈退出〉：　　// 点取文字中心位置。
输入文字：天正建筑　　// 输入文字内容。
请输入模型空间字高〈500〉：　　// 输入字高。
文字面向圆心排列吗 (Yes/No)〈Yes〉?　　// 回车默认"面向圆心排列"。

则图中绘出一段曲线文字，如图 13-66 所示。

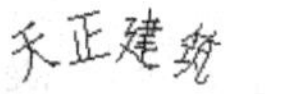

图 13-66　绘制曲线文字

先用【多段线】命令绘制一段弧线，然后单击 曲线文字 按钮，命令行提示为：

A - 直接写弧线文字/P - 按已有曲线布置文字〈A〉：　　// 输入 P。
请选取文字的基线〈退出〉：　　// 点取已绘制的弧线。
输入文字：　　// 输入文字内容。
…
请键入模型空间字高〈500〉：　　// 回车默认。

则在已有多段线上按等间距将输入的文字排列出来，如图 13-67 所示。

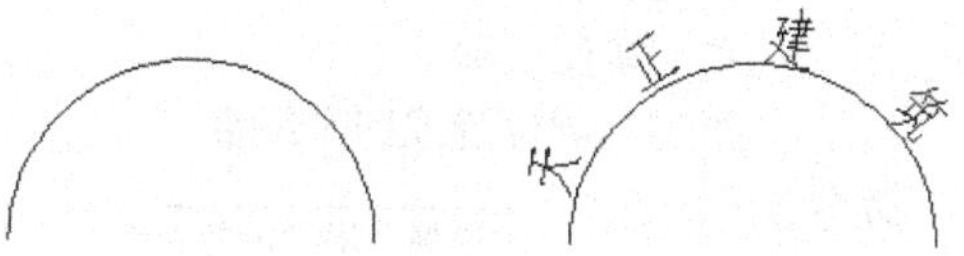

图 13-67　在已有多段线上绘制文字

【曲线文字】命令不是将一次输入的字符串作为一个整体对象，而是把输入的每个文字都作为单独的一个天正对象，可以对单个文字进行编辑。

13.4.5　输入专业文字

【专业词库】命令可以组织一个可以由用户扩充的专业词库，提供一些常用的建筑专业词汇随时插入图中，词库还可在各种符号标注命令中调用。

单击 专业词库 按钮，弹出一个【专业词库】对话框，如图 13-68 所示。

此对话框是一个非模式对话框，单击此对话框使其激活，先在左边选择专业类型，再在右边选择词汇名称，单击的文字加入到下方的文字编辑行中，用户可以在编辑行中修改文字，设置完成后，命令行提示为：

请指定文字的插入点〈退出〉：

// 单击指定文字插入位置。

则插入一个专业文字。

导入文件 按钮用于把文本文件中按行作为词汇，导入当前类别（目录）中，有效扩大了词汇量。

输出文件 按钮用于把当前类别（目录）中的词汇输出为文本文档或 XML 文件。

文字替换< 按钮用于把图上的文字替换为编辑框内的文字。

拾取文字< 按钮用于把图上的文字拾取到编辑框中。

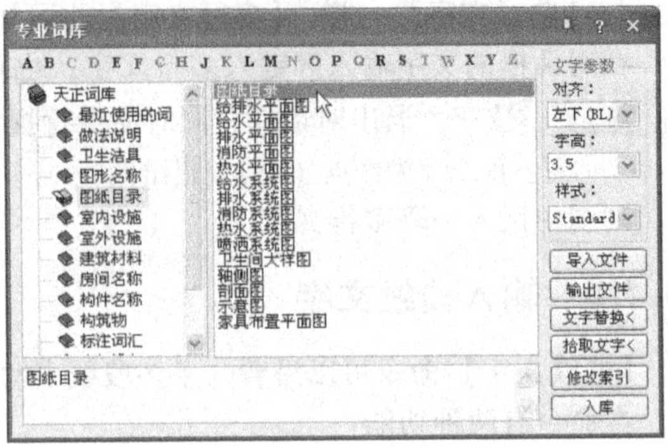

图 13-68 【专业词库】对话框

对话框中提供了文字对齐的各种方式以及字高供用户选择。

13.5 编辑文字

天正输入的文字有多种编辑方法，除了使用夹点编辑、对象编辑功能外，TArch8.5 还提供了【递增文字】、【转角自纠】、【文字转化】、【文字合并】命令来进行编辑。

13.5.1 递增文字

此命令可以将附带序号（阿拉伯数字、英文字母、中文大写数字等）的文字在复制的同时序号执行递增、递减的操作。

单击 递增文字 按钮，命令行提示为：

请选择要递增拷贝的文字（注：同时按 CTRL 键进行递减拷贝，仅对单个选中字符进行操作）〈退出〉：　// 单击文字串中的序号。

请指定基点：　// 指定复制的基点。

请点取插入位置〈退出〉：　// 指定复制位置。

请点取插入位置〈退出〉：　// 指定复制位置或回车结束。

图 13-69 为【递增文字】命令操作的示意图。

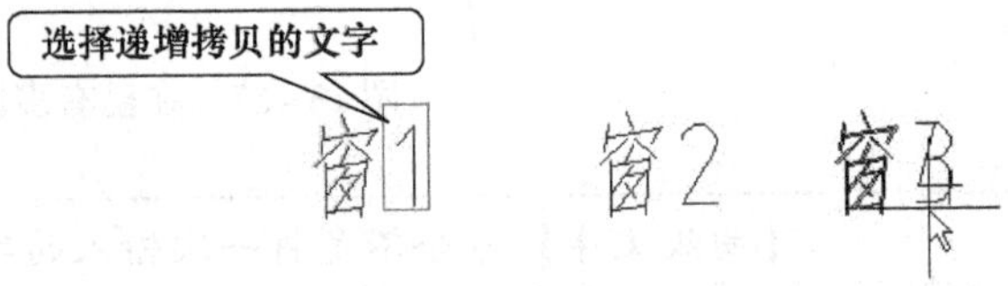

图 13-69 【递增文字】命令操作示意图

13.5.2 转角自纠

此命令用于翻转调整图中单行文字的方向，使之符合制图标准对文字方向的规定。

单击 转角自纠 按钮，命令行提示为：

请选择天正文字：

// 点取要翻转的文字。

文字即按国家标准规定的方向作了相应的调整。

图 13-70 为国家标准规定的正确方向。

a）错误方向　　b）正确方向

图 13-70 国家标准规定的正确文字方向

13.5.3　文字转化

此命令用于将 AutoCAD 单行文字转化为 TArch 的单行文字。

单击 字 文字转化 按钮，命令行提示为：

请选择 AutoCAD 单行文字：　　　　// 可以一次选择图上的多个文字串，回车结束。

全部选中的 3 个 AutoCAD 文字成功地转化为天正文字！

本命令对 AutoCAD 生成的单行文字起作用，但对多行文字不起作用。

13.5.4　文字合并

此命令用于将天正旧版本生成的 AutoCAD 格式单行文字转化为天正多行文字或者单行文字，同时对其中多行排列的多个 text 文字对象进行合并处理，由用户决定生成一个天正多行文字对象或者一个单行文字对象。

单击 字 文字合并 按钮，命令行提示为：

请选择要合并的文字段落：　　　　// 可以一次选择图上的多个文字串，回车结束。

[合并为单行文字（D）]〈合并为多行文字〉：　// 回车表示默认合并为一个多行文字，键入 D 表示合并为单行文字。

移动到目标位置〈替换原文字〉：　　// 拖动合并后的文字段落，到目标位置点单击。

如果要合并的文字是比较长的段落，应合并为多行文字，否则合并后的单行文字会非常长，在处理设计说明等比较复杂的说明文字的情况下，尽量把合并后的文字移动到空白处，然后使用对象编辑功能，检查文字和数字是否正确。

13.5.5　统一字高

此命令可以将 AutoCAD 文字、天正文字的字高进行统一。

单击 字 统一字高 按钮，命令行提示为：

请选择要修改的文字（AutoCAD 文字，天正文字）〈退出〉：　// 选择文字。

请选择要修改的文字（AutoCAD 文字，天正文字）〈退出〉：　// 继续选择或回车结束。

字高（）〈3.5mm〉：　　// 输入新的字体高度。

则将选择的所有文字按照指定的高度统一修改。

13.5.6　查找替换

此命令用于查找替换当前图形中所有的文字，包括 AutoCAD 文字、天正文字和包含在其他对象中的文字。

单击 查找替换 按钮，弹出【查找和替换】对话框，在对话框输入要查找和替换的字符串，如图 13-71 所示。

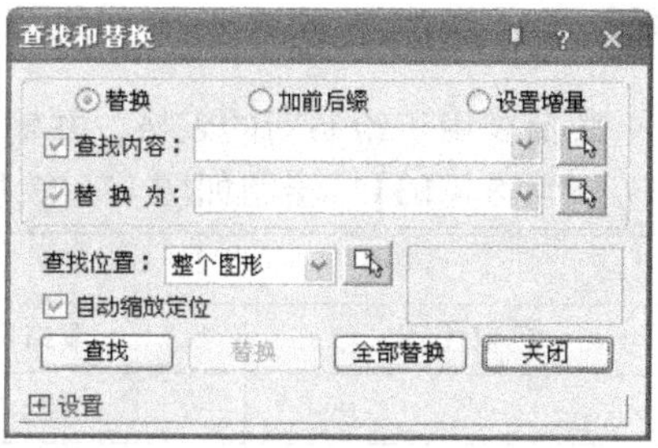

图 13-71　【查找和替换】对话框

在【查找内容】栏中输入查找内容，或单击 按钮，在屏幕中选取要查找的内容。

【查找替换】命令具有查找与替换两种功能，如果只是查找，单击 查找 按钮，系统将查找到的字符用红线框住，继续单击 查找下一个 按钮，可依次框起查找到的字符。

如果要替换字符，可以单击 替换 按钮，将其替换为文本框中的字符。还可以单击 全部替换 按钮，自动完成全部查找与替换。

13.5.7　由简体字转换为繁体字

为适应与港台合作设计的需要，图中的中文标注应该能相互转换为两地区各自常用的内码，本命令可将简体中文标注的文字转为 Big5 内码。

单击 繁简转换 按钮，弹出【繁简转换】对话框，如图 13-72所示。

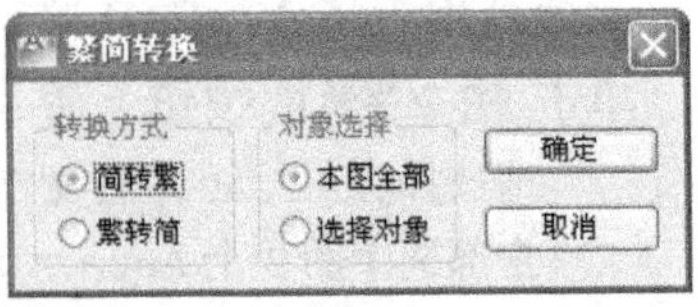

图 13-72　【繁简转换】对话框

在对话框中选择转换方式和对象选择范围，单击 确 定 按钮即可。

注意：如果您的 AutoCAD 当前路径如果不存在内码为 Big5 码的同名字体文件，转换后图中的中文文字显示会出现乱码的问题，您应该在当前 AutoCAD 的字体目录中拷入 Big5 内码的中文字体文件，再把用到的文字样式设为使用该字体，才能获得正常显示与打印效果。

13.5.8　使用夹点编辑和对象编辑功能编辑文字

使用【单行文字】和【多行文字】命令输入的命令，都可以用夹点编辑和对象编辑的功能进行编辑修改。

单击输入的文字串，再单击鼠标右键，在弹出的右键快捷菜单中选择【对象编辑】功能。如果选中的是单行文字，则弹出【单行文字】对话框进行编辑；如果选中的是多行文字，则弹出【多行文字】进行编辑。

单行文字只有一个夹点，仅能用于位置移动。

多行文字有两个夹点，左侧的夹点用于拖动文字整体移动，而右侧的夹点用于拖动文字改变宽度和方向。

13.6　绘制表格

TArch8.5 提供了功能强大的表格绘制功能，几乎囊括了 Word 绘制表格的所有命令与功能，并能直接与 Excel 进行双向数据交换。这将给用户带来很大的方便。

13.6.1　新建表格

此命令用于绘制新的表格，并输入表格文字。

【例 13-16】 绘制如图 13-73 所示的表格。

门窗表			
门窗代号	洞口尺寸	数量	备注
M1	1000×2200	2	防火防盗门
M2	900×2000	8	
C1	1500×1800	8	
C2	1200×1800	4	

图 13-73　绘制门窗表

单击 新建表格 按钮，系统弹出【新建表格】对话框，如图 13 - 74 所示。

在对话框中输入 5 行、4 列，行高和列宽取默认值。在【标题】文本框中键入“门窗表”。然后单击 确 定 按钮，命令行提示为：

左上角点或［参考点（R）］〈退出〉：

// 在合适位置单击作为表格的左上角点。

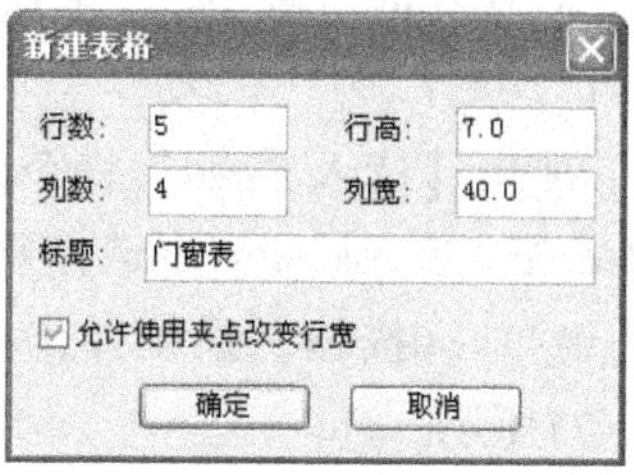

图 13 - 74　【新建表格】对话框

则图中插入一个如图 13 - 75 所示的表格。在表相应栏中双击，输入相应文字。新创建表时表格的列宽都一致，可以根据表格输入文字的多少，利用夹点编辑将列宽调整到合适宽度，即得到如图 13 - 73 所示的“门窗表”。

门窗表			

图 13 - 75　插入“门窗表”

13. 6. 2　表格的编辑

表格的编辑可以使用夹点编辑和右键快捷菜单编辑命令。

夹点编辑只能进行移动和角点缩放操作，主要是行与列的移动和表格的移动。而右键快捷菜单则能显示出表格强大的编辑功能。

选中一个表格，使其出现蓝色夹点，再单击鼠标右键，弹出如图 13 - 76 所示的右键快捷菜单。

菜单中列出了编辑表格的全部命令，使用方法与 Word 表格和 Excel 表格大同小异，读者可以自行练习。

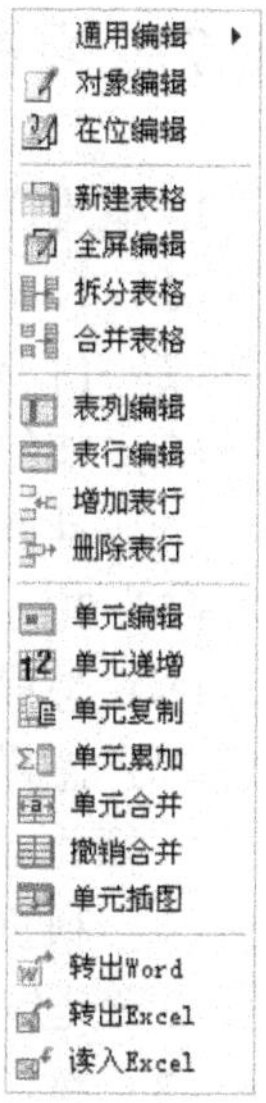

图 13 - 76　表格的右键快捷菜单

13. 6. 3　与 Word、Excel 的数据交换

TArch 新版本可以方便地将 TArch 的表格转到 Word 文档中，并可以与 Excel 之间进行数据交换，这是 AutoCAD 无法做到的。

13. 6. 3. 1　转出 Word

此命令可以将 TArch 命令绘制的表格转到 Word 文档中。

单击 转出Word 按钮，命令行提示为：

请点取表格对象〈退出〉：　　　　// 选择一个表格对象。

系统自动开启 Word，并把所选定的表格内容保存在 Word 文档中。

13. 6. 3. 2　转出 Excel

此命令可以将用 TArch 命令绘制的表格输出到 Excel 中。

单击 转出Excel按钮，命令行提示为：

请点取表格对象〈退出〉：　　　　// 选择一个表格对象。

系统自动开启 Excel，并把所选定的表格内容输入到 Excel 中，转出 Excel 的内容包含表格的标题。

13.6.3.3　读入 Excel

此命令可以将 Excel 表格中的数据转入到 TArch 表格。

使用【读入 Excel】命令前，需要先打开一个 Excel 表格，在 Excel 表中选择要输出的单元格。再单击 读入Excel按钮，系统弹出一个提示对话框，如图 13-77所示。

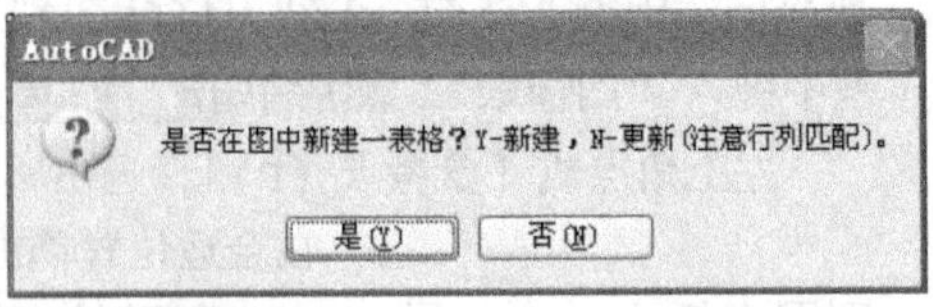

图 13-77　提示对话框

如果打算新建表格，单击 是(Y) 按钮，命令行则提示为：

左上角点或［参考点（R）］〈退出〉：// 点取一点为表格插入的左上角。

则在指定点插入与 Excel 表中选择的单元格（包括行数和列数）数量相当的 TArch 表格，并将 Excel 表中的数据一起添加到 TArch 表中。

如果打算更新表格，单击 否(N) 按钮，命令行则提示为：

请选择表格〈退出〉：　　　　　　// 选择要更新的表格（必须是从 Excel 导入到 TArch 的）。

则被选中的表格自动随 Excel 表的变化而更新。

事先需要在 Excel 表单中选中一个区域，但要注意，不要将作为标题的单元格选中，因为程序无法区分 Excel 的表格标题和内容，程序会把 Excel 选中的内容全部视为表格内容。

13.7　习题

1. 概念题

(1) TArch 的尺寸标注与 AutoCAD 的尺寸标注相比有什么优缺点？

(2)【门窗标注】命令应该怎样在命令的提示下选择对象？

(3) 如何编辑尺寸？

(4) 动静态开关在标注坐标和标高时起什么作用？

(5) TArch 的文字书写和编辑方式与 AutoCAD 相比有什么优势？

(6) 怎样输入单行文字和多行文字？

(7) 怎样进行 TArch 表格与 Excel 的相互转换？

2. 操作题

(1) 根据本章所学尺寸标注方法进一步完善前面各章建筑平、立、剖面图的尺寸标注。

(2) 练习在建筑平、立、剖面图中绘制详图索引符号、剖切符号、对称轴、指北针、标高、材料做法、图名等各种常用符号的方法。

(3) 对如图 13-78 所示的楼梯间进行尺寸标注。

(4) 练习绘制如图 13-79 所示的平面图，并进行尺寸标注。

(5) 输入如图 13-80 所示的多行文字。

(6) 绘制如图 13-81 示的门窗总表。

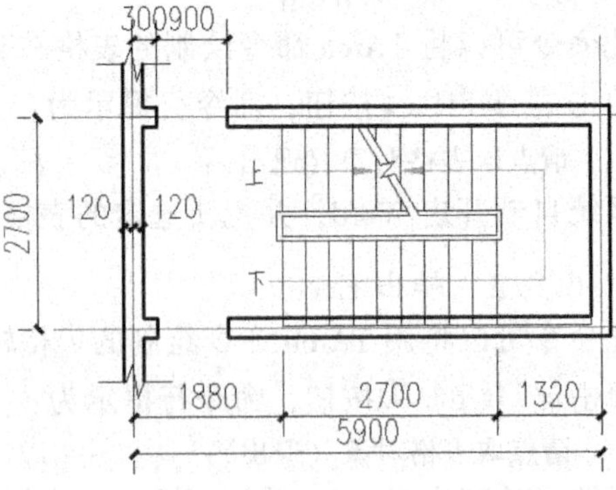

图 13-78　练习标注尺寸

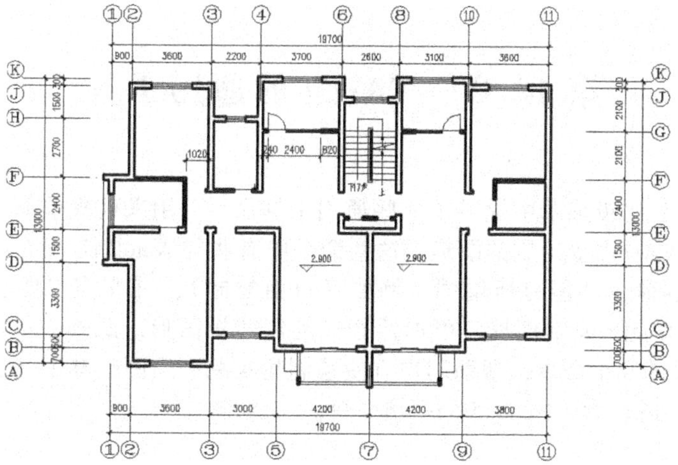

图 13-79　练习标注尺寸

建筑总说明

一、本工程系青岛市豹竹山庄工程33号楼，建筑面积1419 m^2，层数为四层。

二、本工程设计依据：《住宅设计规范》

《建筑设计防火规范》

《青岛市住宅设计有关规定》

《建设单位统一技术标准》

三、墙体：

1、本工程建筑定位及室内首层地坪±0.000相当于绝对坐标关系见总图。

2、平面图中未注尺寸的墙体均为240厚，未注尺寸的门垛均为120厚。

住宅平面构造柱的尺寸及位置详见结构平面布置图。

四、防水：

1、卫生间、阳台及厨房地面平均比室内平低20，卫生间加设一层防水层，沿墙体上翻沿120。

2、本工程屋面防水等级为三级，所选防水材料应符合《屋面工程技术规范》中相应等级的要求。

图 13-80　输入多行文字

门窗总表

序号	名称编号	洞口尺寸/mm		数量	备注
		宽	高		
1	DM1	1500	2100	2	对讲电控防盗门
2	M1	1000	2100	20	多功能防火防盗分户门
3	M2	800	2100	44	木制夹板门
4	M3	900	2100	36	木制夹板门
5	M4	2700	2000	12	特制卷帘门甲方定
6	M5	900	2000	8	木制夹板门
7	C1	1500	1600	22	塑钢推拉窗
8	C1A	1500	1200	2	塑钢推拉窗
9	C2	1200	1600	16	塑钢推拉窗
10	C3	1500	1600	24	塑钢推拉窗
11	C3A	1500	1200	2	塑钢推拉窗
12	C4	3360	2200	16	塑钢推拉窗
13	GC1	1140	1400	6	威卢克斯窗
14	GC2	2150	H	4	南立面阁楼窗
15	GC3	1800	H	4	北立面阁楼窗

图 13-81　绘制门窗总表

第 14 章　TArch 的通用工具

TArch 在【工具】二级菜单中提供了一些通用工具命令，用来处理前面用 TArch 命令或用 AutoCAD 命令绘制的图形。这些命令中有些与 AutoCAD 命令类似，但比 AutoCAD 的命令功能有所增强。例如【自由复制】、【交点打断】、【线变复线】等，操作起来非常便捷，更加适合于绘制建筑图形。此外，本章还介绍了与总图相关的几个命令，帮助用户方便绘制建筑总平面图，其中【成片布树】和【任意布树】为 TArch8.5 的新增命令。

【本章重点】

- TArch 的通用工具命令介绍；
- TArch 的【总图】菜单工具命令介绍。

TArch 的通用工具命令在【工具】二级菜单中，单击 ▸ 工　具 按钮，打开【工具】二级菜单，如图 14-1 所示。

图 14-1　【工具】二级菜单

其中提供了【对象查询】、【连接线段】、【图形裁剪】、【道路绘制】等多个实用命令。这些工具命令可以分为四大类：常用工具、曲线工具、观察工具、其他工具。

14.1　常用工具

14.1.1　对象查询

【对象查询】命令可以查看 TArch 对象的相关详细信息，并通过单击该对象对其进行编辑。

【例 14－1】　查看图 14-2a 中的楼梯踏步宽度，并将踏步宽度改为 280。

单击 对象查询 按钮，将鼠标移至楼梯图样（不需要单击），显示出楼梯的详细信息，其中“踏步宽”为 300，如图 14-3 所示。

这时，单击楼梯图样，弹出【双跑楼梯】对话框，在【踏步宽度】一栏将 300 改为 280，单击 确　定 按钮即可。结果如图 14-2b 所示。

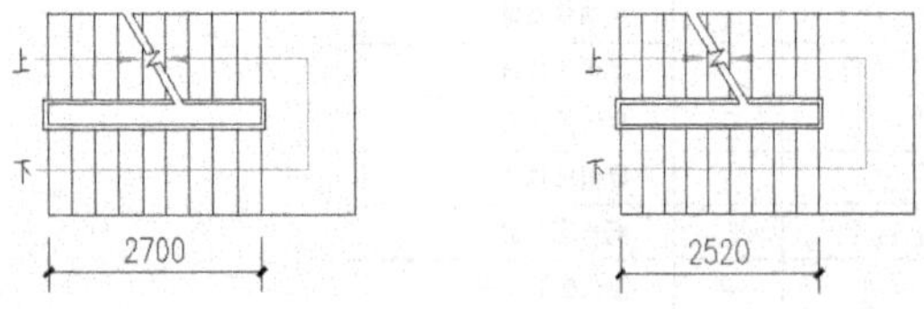

a)　　b)

图 14-2　查看踏步宽度并修改其数值

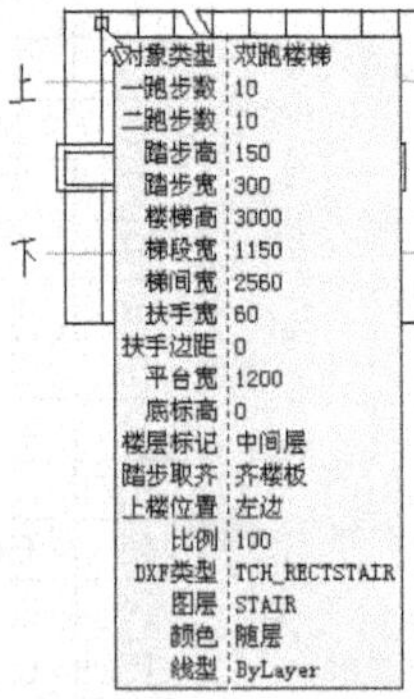

图 14-3　查看踏步宽度

14.1.2　对象编辑

此命令是针对天正对象的专业编辑命令，系统可以自动识别每一个天正对象的类别，自动调动相应的编辑界面或编辑命令。

此命令与选中对象后右键快捷菜单中的【对象编辑】功能一致。

14.1.3　对象选择

此命令是用来在数量众多的天正对象中快速寻找符合条件的对象。

单击 对象选择 按钮，弹出【匹配选项】对话框，如图 14-4所示。在对话框中设置需要过滤的对象特性，然后根据命令提示选择想要的对象。

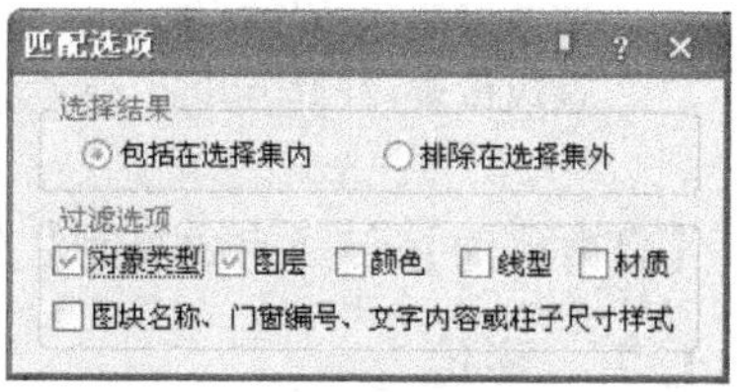

图 14-4　【匹配选项】对话框

14.1.4　在位编辑

此命令是用来编辑注释对象的文字，例如尺寸标注中的尺寸数字、单行文字、门窗编号等。

单击 在位编辑 按钮，命令行提示为：

选择需要修改文字的图元〈退出〉：// 选择对象，则注释对象出现编辑状态，如图 14-5 所示。

图 14-5　在位编辑

14.1.5　自由复制

此命令用于动态连续地复制对象。对 AutoCAD 对象与 TArch 对象均起作用，能在复制对象之前对其进行旋转、镜像、改插入点等灵活处理，而且默认为多重复制，比 AutoCAD 的【复制】命令功能强大。

【例 14-2】　将图 14-6a 中的餐椅复制三个到如图 14-6b 所示的客厅墙边。

单击 自由复制 按钮，命令行提示为：

请选择要拷贝的对象：找到 1 个
// 选中 A 点处的餐椅。
请选择要拷贝的对象：// 回车。
点取位置或[转 90 度(A)/左右翻(S)/上下翻(D)/对齐(F)/改转角(R)/改基点(T)]〈退出〉:R
// 输入 R,改转角。
旋转角度：-45　　// 输入 -45。
点取位置或[转 90 度(A)/左右翻(S)/上下翻(D)/对齐(F)/改转角(R)/改基点(T)]〈退出〉:
// 在客厅的 B 点处单击，插入一个餐椅。

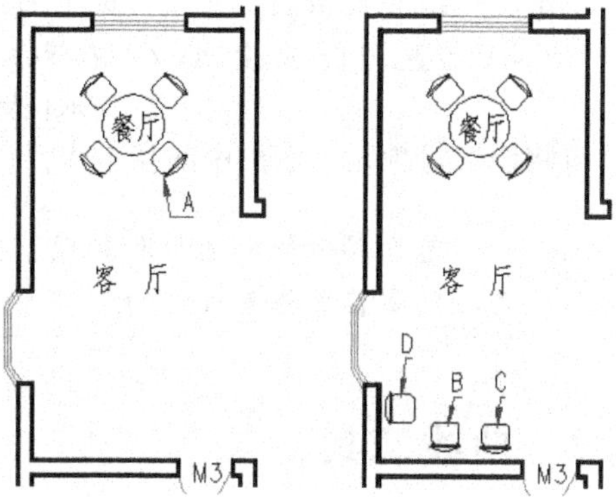

a)　　b)

图 14-6　复制餐椅

点取位置或[转 90 度(A)/左右翻(S)/上下翻(D)/对齐(F)/改转角(R)/改基点(T)]〈退出〉:
// 在 C 点处单击插入第二个。
点取位置或[转 90 度(A)/左右翻(S)/上下翻(D)/对齐(F)/改转角(R)/改基点(T)]〈退出〉:A
// 输入 A,转 90 度。

点取位置或[转 90 度(A)/左右翻(S)/上下翻(D)/对齐(F)/改转角(R)/改基点(T)]〈退出〉:
// 在客厅的 D 点处单击插入第三个。

14.1.6 自由移动

此命令用于动态地进行移动、旋转和镜像。对 AutoCAD 对象与 TArch 对象均起作用，能在移动对象就位前使用键盘先行对其进行旋转、镜像、改插入点等灵活处理。

单击 自由移动 按钮，命令行提示为：

请选择要移动的对象：　// 选取要移动的对象。

点取位置或[转 90 度(A)/左右翻(S)/上下翻(D)/对齐(F)/改转角(R)/改基点(T)]〈退出〉:
// 点取位置或输入相应字母进行其他操作。

【自由移动】与【自由复制】使用方法类似，但不生成新的对象。

14.1.7 移位

此命令用于按照指定方向精确移动图形对象的位置，可减少键入，提高效率。

单击 移　位 按钮，命令行提示为：

请选择要移动的对象：　// 选择要移动的对象，回车结束。

请输入位移 (x, y, z) 或[横移 (X)/纵移 (Y)/竖移 (Z)]〈退出〉:

如果用户仅仅需要改变对象的某个坐标方向的尺寸，无需直接键入位移矢量，此时可输入 X 或 Y、Z 选项，指出要移位的方向，比如键入 Z，进行竖向移动，命令行继续提示：

竖移〈0〉:　// 在此输入移动长度或在屏幕中指定，注意正值表示上移，负值下移。

则完成指定的精确位移。

14.1.8 自由粘贴

此命令用于粘贴已经复制在剪贴板上的图形，可以动态调整待粘贴的图形。对 AutoCAD 对象与 TArch 对象均起作用，能在粘贴对象之前对其进行旋转、镜像、改插入点等灵活处理。

单击 自由粘贴 按钮，命令行提示为：

点取位置或[转 90 度(A)/左右翻(S)/上下翻(D)/对齐(F)/改转角(R)/改基点(T)]〈退出〉:
// 点取位置或者输入相应字母进行各种粘贴前的处理。

可将图形对象贴入图形中的指定点。

基于粘贴板的复制和粘贴，主要是为了在多个文档或者在 AutoCAD 与其他应用程序之间交换数据而设立的。

14.2 曲线工具

14.2.1 线变复线

此命令用于将若干段彼此衔接的线 (LINE)、弧 (ARC)、多段线 (PLINE) 连接成整段的多段线 (PLINE)。

单击 线变复线 按钮，弹出【线变复线】对话框，如图 14-7 所示。在对话框中设置合并精度(即两线段端部的距离在指定的精度范围内，系统可以通过导角将其合并)，选择合并选项 (默认状态为：不在同一图层、不同颜色、不同线型的线段也可以合并，这比以前的版本条件放宽了），也可选择删除或保留原有线段。

命令行提示为：

请选择要合并的线：　　　　// 选择线段。

请选择要合并的线：　　　　// 继续选择或回车。

则系统自动将所选线段转换为一个多段线。

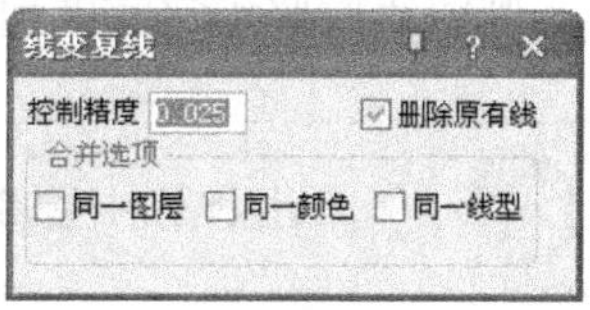

图 14-7 【线变复线】对话框

14.2.2 连接线段

此命令用于连接同一条直线上的两条线段或两段弧。

单击 连接线段 按钮，命令行提示为：

请拾取第一根线（LINE）或弧（ARC）〈退出〉：　　　　// 点取第一根直线或弧。

再拾取第二根线（LINE）或弧（ARC）进行连接〈退出〉：　// 点取第二根直线或弧。

如果两根线位于同一直线上，或两根弧线同圆心和同半径，或直线与圆弧有交点，便将它们连接起来。

14.2.3 交点打断

将通过交点并在同一平面上的线（包括多段线）或弧打断。

单击 交点打断 按钮，命令行提示为：

请框选需要打断交点的范围：　　　　// 框选交点。

请框选需要打断交点的范围：　　　　// 继续选择或回车。

以交点为界，线或弧变成为两段。如果相交线段是直线，可以一次打断多根线段，如果是多段线每次只能打断其中一根线。

14.2.4 虚实变换

此命令是将天正对象的线型在实线和虚线之间进行转换。

单击 虚实变换 按钮，命令行提示为：

请选择要变换线型的对象〈退出〉：找到 1 个

// 依次选择图 14-8a 中四道实线墙。

请选择要变换线型的对象〈退出〉：找到 1 个，总计 2 个

请选择要变换线型的对象〈退出〉：找到 1 个，总计 3 个

请选择要变换线型的对象〈退出〉：找到 1 个，总计 4 个

请选择要变换线型的对象〈退出〉：　// 回车。

则所选墙线变为虚线，如图 14-8b 所示。

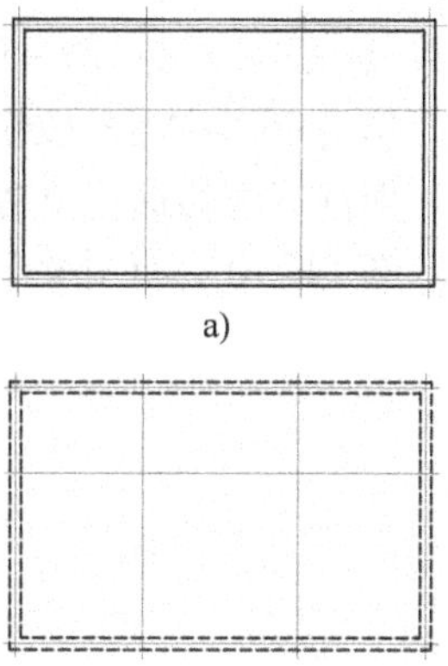

a)　b)

图 14-8　实线变虚线

14.2.5 加粗曲线

此命令用于将图线按指定宽度加粗。

单击 加粗曲线 按钮，命令行提示为：

请指定加粗的线段〈退出〉：　　　　// 选择线段。

请指定加粗的线段〈退出〉：　　　　// 继续选则或回车。

线段宽〈50.00〉：　　　　　　　　// 给出宽度。

则图线按照指定宽度加粗。

> 该命令一般用来改变地坪线的宽度。除此之外，一般不要滥用。

14.2.6　消除重线

用于消除多余的重叠线条。

单击 消除重线 按钮，命令行提示为：

　　选择对象：　　　　　　　　　　// 可用窗选所有对象。

　　对图层建筑 - 轴网消除重线：由 12 变为 4

参与处理的重线包括：直线、圆、圆弧的搭接、部分重合和全部重合。对于多段线的处理，用户必须先将其分解直线，才能参与处理。

14.2.7　反向

此命令是将多段线、墙体、线图案和路径曲线的方向改为相反的方向。

单击 反　向 按钮，命令行提示为：

　　选择要反转的 PLINE、墙体、线图案或路径曲面：　　　　// 选择一个多段线。

　　PLINE 现在变为逆时针！

则所选多段线的方向变为反方向。多段线（PLINE）经常被用于表示路径或断面，因此线的生成方向影响到路径曲面的正确生成。本功能用于改变 PLINE 线方向，即顶点的顺序，而不必重新绘制。

14.2.8　布尔运算

布尔运算在平面、三维的造型中经常使用。TArch8.5 已不局限于仅对 AutoCAD 中的多段线进行布尔运算，还可以对天正的墙体、柱子、平板、房间、屋顶、路径曲面等进行运算，同时，各类型对象之间也可进行交叉运算。

单击 布尔运算 按钮，弹出【布尔运算选项】对话框，如图 14-9 所示。

根据不同的选项及命令行提示，可以分别进行【并集】、【交集】、【差集】的运算。

图 14-10 为【并集】、【交集】、【差集】运算的示意图。

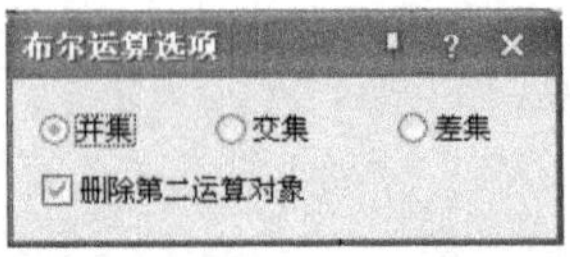

图 14-9　【布尔运算选项】对话框

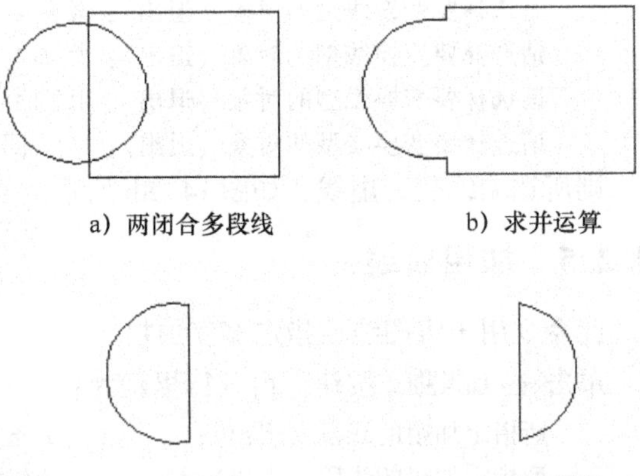

a）两闭合多段线　　b）求并运算

c）求差运算　　d）求交运算

图 14-10　多段线的布尔运算

14.3　观察工具

14.3.1　视口放大

此命令可以将当前视口放大到充满整个绘图区。

【例 14－3】　对图 14 - 11 中左下的方视口执行【视口放大】命令，使其充满绘图区。

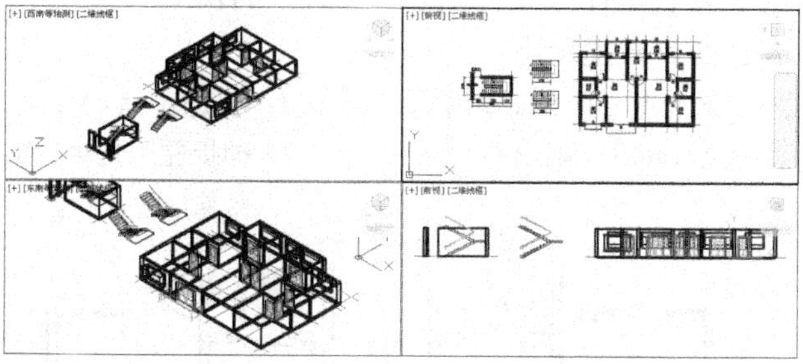

图 14 - 11　四个视口显示

将光标移动到左下方视口单击，使左下方视口变为当前视口，再单击 视口放大 按钮，则左下方视口充满绘图区，如图 14 - 12 所示。

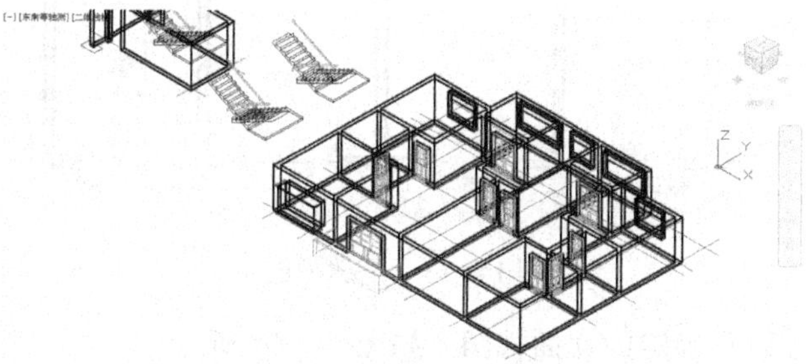

图 14 - 12　执行【视口放大】命令

14.3.2　视口恢复

如果在图 14 - 12 所示的单视口状态下，执行一次【视口恢复】命令，则屏幕又恢复到如图 14 - 11 所示的四个视口的显示状态。命令按钮为 视口恢复 。

【视口恢复】命令是在单视口状态下，将其恢复到原来多视口的状态。需要注意的是在执行此命令前，必须创建过多个视口（视口创建方法：【视图】/【视口】/【两个视口】（或【三个视口】）），否则命令行会提示“找不到视口配置”。

14.3.3　视图满屏

此命令是将当前视口充满整个屏幕，用来演示图形，这时 AutoCAD 的所有界面工具关闭，可以利用右键快捷菜单中的【结束观察】，结束满屏显示。命令按钮为 视图满屏 。

【视口放大】、【视口恢复】、【视图满屏】命令在单击命令按钮后直接执行，命令行没有提示。

14.3.4　视图存盘

此命令是把【视图满屏】命令显示的满屏图形抓取保存为 BMP 或 JPG 格式图像文件。命令按钮为 视图存盘 。

14.3.5　设置立面

此命令是将视图转换为某个立面（两点确定的立面）的视图。

单击 设置立面 按钮，命令行提示为：

立面坐标系原点或［参考点（R）］〈退出〉：　　// 捕捉图 14-13 左下角 P1 点。

X 轴正方向或［参考点（R）］〈退出〉：　　// 捕捉左下角 P2 点。

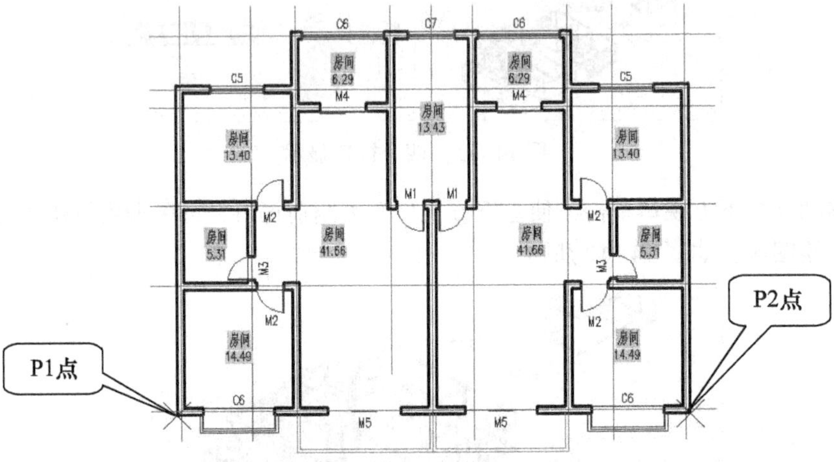

图 14-13　平面视图

则视图变为 P1、P2 两点确定的立面视图，如图 14-14 所示。

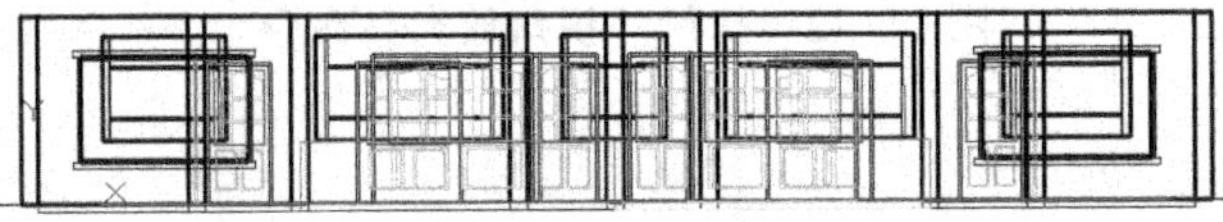

图 14-14　立面视图

14.3.6　定位观察

此命令与【设置立面】类似，由两个点定义一个立面的视图。所不同的是每次执行本命令会新建一个相机，相机观察方向是平行投影，位置为立面视口的坐标原点。更改相机位置时，视图和坐标系可以联动，并且相机后面的物体自动从视图上裁剪掉，以便排除干扰。

单击 定位观察 按钮，命令行提示为：

左位置或［参考点（R）］〈退出〉：　　// 捕捉图 14-15 右下角 P1 点。

右位置〈退出〉：　　// 捕捉图 14-15 中的 P2 点。

点取观察视口〈当前视口〉：　　// 回车默认。

正在重生成模型。

则视图变为 P1、P2 两点确定的立面视图，如图 14-16 所示。

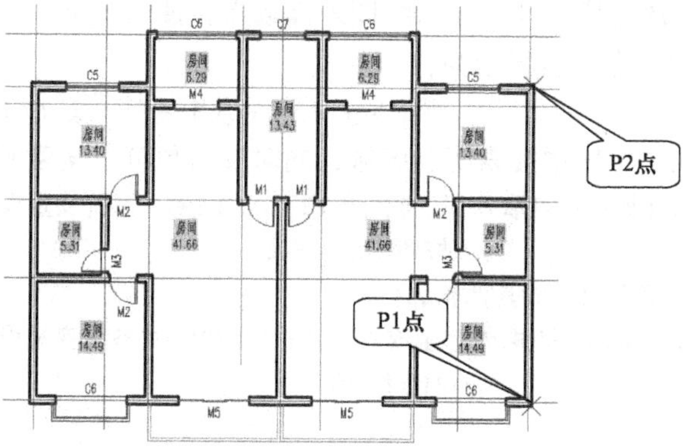

图 14-15　平面视图

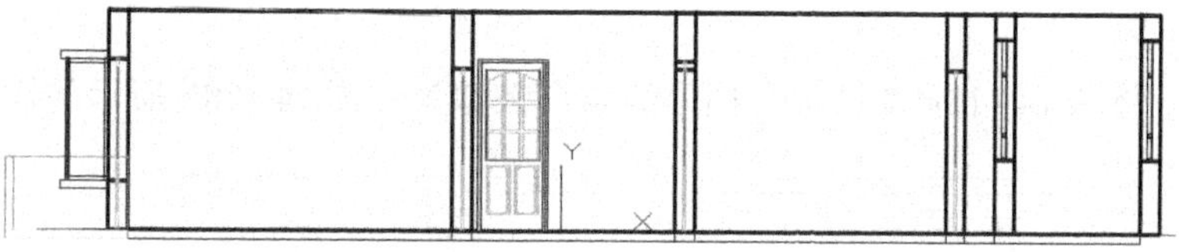

图 14-16　立面视图

14.4　其他工具

14.4.1　测量边界

此命令用于测量选定对象的外边界。

单击 测量边界 按钮，命令行提示为：

选择对象：// 框选图 14-17 中的四道墙体。

选择对象：// 回车结束选择。

返回边界参数：X=8940；Y=5640；Z=2700

单击菜单选择目标后，提示所选择目标的最大边界的 X 值，Y 值和 Z 值，并以虚框表示对象最大边界，包括图上的文字对象在内。

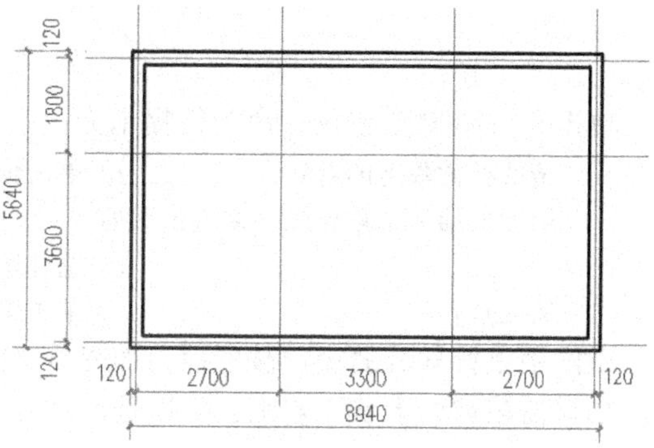

图 14-17　测量边界

14.4.2　统一标高

此命令用于整理二维图形，包括天正平面、立面、剖面图形，使绘图中避免出现因错误的取点捕捉，造成各图形对象 Z 坐标不一致的问题。

单击 统一标高 按钮，命令行提示为：

选择需要恢复零标高的对象或［不处理立面视图对象（F），当前：处理/不重置块内对象（Q），当前：重置］〈退出〉：　　// 选择对象。

选择需要恢复零标高的对象：　// 继续选择对象或回车。

14.4.3　搜索轮廓

在建筑二维图中自动搜索出内外轮廓，在上面加一圈闭合的粗实线，如果在二维图内部取点，搜索出点所在闭合区内轮廓，如果在二维图外部取点，搜索出整个二维图外轮廓。

单击 搜索轮廓 按钮，命令行提示为：

选择二维对象： // 选择 AutoCAD 的基本图形对象（如天正生成的立面图）。

此时移动十字光标在二维图中搜索闭合区域，同时反白预览所搜索到的范围。

点取要生成的轮廓（提示：点取外部生成外轮廓；PLINEWID 系统变量设置 pline 宽度）〈退出〉：
// 按照提示点取。

成功生成轮廓，接着点取生成其他轮廓！

点取要生成的轮廓（提示：点取外部生成外轮廓；PLINEWID 系统变量设置 pline 宽度）〈退出〉：
// 回车结束。

14.4.4 图形裁剪

此命令可以一次修剪掉指定区内的所有图线或部分图块，一般用于对立面对象进行裁剪，处理立面遮挡关系。

【例 14－4】 将图 14-18a 中被阳台挡住的窗户裁剪为如图 14-18b 所示的样式。

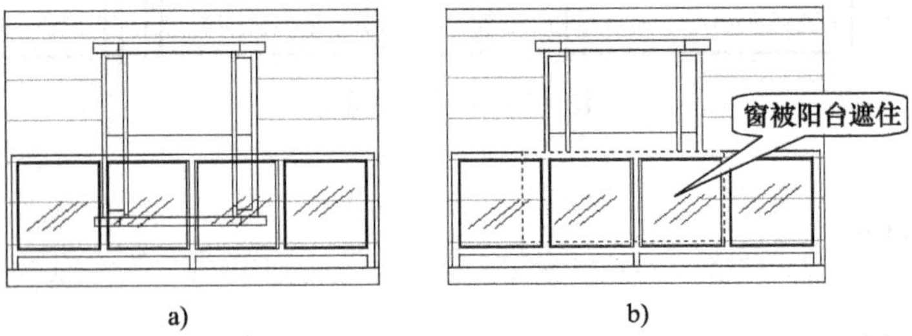

图 14-18 图形裁剪功能

单击 图形裁剪 按钮，命令行提示为：

请选择被裁剪的对象： // 单击窗户图块。

矩形的第一个角点或［多边形裁剪（P）/多段线定边界（L）/图块定边界（B）］〈退出〉：
// 选择阳台和窗户重叠的矩形部分第一角点。

第二点： // 单击第二角点定义裁剪矩形框（变虚）。

则图中重叠部分的窗户被剪掉，如图 14-18b 所示。

如果需裁剪的形状不规则，可以选用“多边形裁剪”选项。

14.4.5 图形切割

此命令用于从平面图中切割出一部分作为建筑详图的底图。图形切割后不破坏原有图形的完整性。

【例 14－5】 将图 14-19a 中的楼梯间部分截取出来作为如图 14-19b 所示的楼梯详图的底图。

单击 图形切割 按钮，命令行提示为：

矩形的第一个角点或［多边形裁剪（P）/多段线定边界（L）/图块定边界（B）］〈退出〉：
// 沿图（a）所示的虚线矩形框位置点取第一个角点。

另一个角点〈退出〉： // 输入第二角点定义裁剪矩形框。

此时程序已经把刚才定义的裁剪矩形内的图形完成切割，并提取出来，在光标位置拖动，命令行继续提示：

请点取插入位置： // 在合适位置单击，确定图形的插入点。

则插入如图 14-19b 所示的楼梯间局部图形。

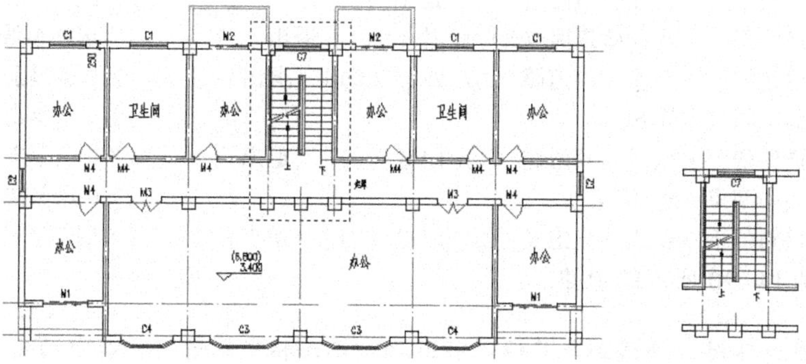

a)　　　　b)

图 14-19　图形切割

14.5 【总图】菜单工具

在天正主菜单中还有一个 其　他 菜单，在该菜单中包括一些绘制建筑总平面图的相关命令以及日照分析和三维渲染的相关命令。

这里简单介绍与总图相关的几个命令，帮助用户方便绘制建筑总平面图，其中【成片布树】和【任意布树】为 TArch8.5 的新增命令。

14.5.1 道路绘制

此命令用于绘制总平面图中的道路。

【例 14-6】 绘制图 14-20 所示的由直线和弧线组合而成的道路。

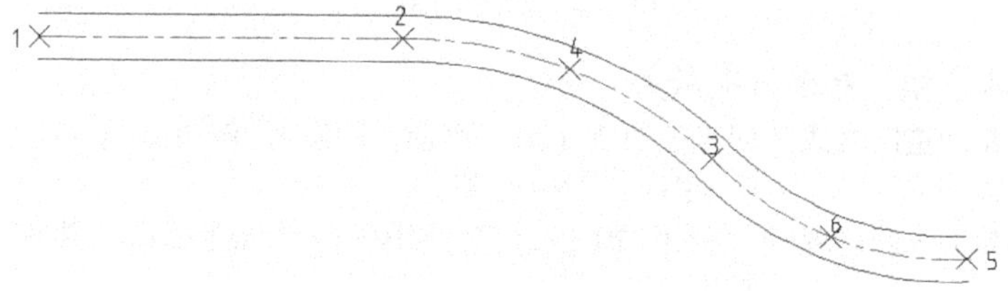

图 14-20　绘制道路

单击 道路绘制 按钮，弹出【道路绘制】对话框，如图 14-21a 所示。这时以 mm 为单位的对话框，在总图的绘制过程中，通常以 m 为单位，所以建议使用 m 为单位的对话框，如图 14-21b 所示。转换方法：

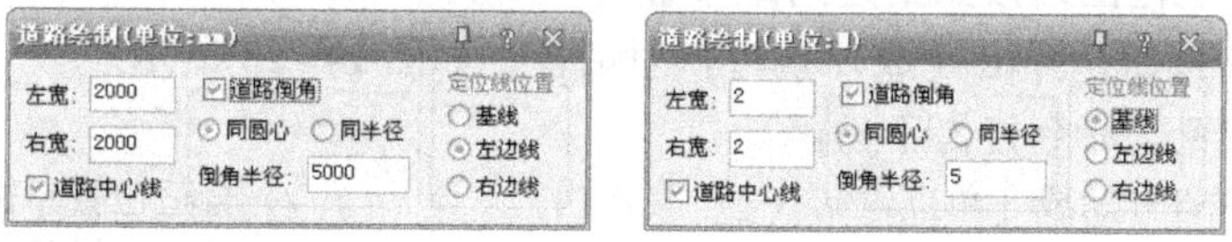

a)　　　　b)

图 14-21　【道路绘制】对话框

设置完对话框的参数，鼠标移至绘图区，命令行提示为：

请点取道路起点〈退出〉:　　　// 1 点单击。

请点取道路的下一点或［弧道路（A）］〈退出〉： //2 点单击。
请点取道路的下一点或［弧道路（A）/回退（U）］〈退出〉：A // 选择弧线。
请点取弧道路的下一点或［直道路（L）/回退（U）］〈退出〉： //3 点单击。
圆弧道路的中间点〈退出〉： //4 点单击。
请点取弧道路的下一点或［直道路（L）/回退（U）］〈退出〉： //5 点单击。
圆弧道路的中间点〈退出〉： //6 点单击。
请点取弧道路的下一点或［直道路（L）/回退（U）］〈退出〉 // 回车。

则绘制完成图 14-20 所示的道路。

绘制道路时，如遇到与其他已有道路相接或相交的情况，能自动完成类似墙线绘制的打断、连接及清理工作。

14.5.2 道路圆角

此命令用于对道路交线进行圆角处理。

【例 14-7】 将图 14-22a 中的折线道路处理成如图 14-22b 所示的圆角道路。

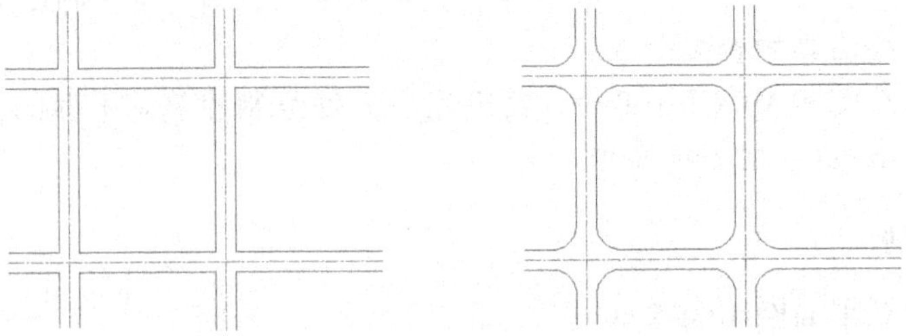

a) b)

图 14-22 道路圆角处理

单击 道路圆角 按钮，命令行提示为：

请框选要倒角的道路线或［同半径倒角（Q），当前：同圆心/倒角半径（R），当前：5000］〈退出〉：指定对角点： // 框选图 14-22a 全部。

请框选要倒角的道路线或［同半径倒角（Q），当前：同圆心/倒角半径（R），当前：5000］〈退出〉： // 回车。

则程序自动计算道路轴线和外侧的转弯半径，对所选道路线即作了相应的圆角处理，结果如图 14-22b 所示。

14.5.3 成片布树

此命令用于在一定范围内按照给定间距布置树木图例。

单击 成片布树 按钮，弹出【成片布树】对话框，如图 14-23 所示。

完成对话框的设置，命令行提示为：

请单击鼠标左键开始或［单点绘制（Q）］〈退出〉： // 合适位置单击，拖动鼠标。
单击鼠标左键或右键结束绘制！ // 单击右键结束。

则在鼠标拖动的路径上布置成片的树木，效果如图 14-24 所示。

14.5.4 任意布树

此命令用于在指定的基线上，按一定间距布置树的图块，适用于规则的行道树布置。

图 14-23 【成片布树】对话框

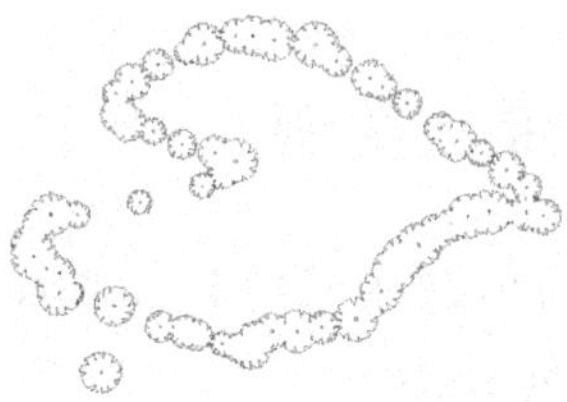

图 14-24 成片布树效果

单击 任意布树 按钮，弹出【任意布树】对话框，如图 14-25 所示。在对话框中选择树形、设置参数。树形选择有三种方式：【点取本图图块】、【从图库选取】、【从文件选取】。树形参数包括：【树半径】和【树间距】；【随机旋转】和【间距自调】。绘制方式包括：【任意点取】、【拖动绘制】、【路径匹配】。当绘制方式选择【任意点取】时，【树间距】和【间距自调】两项不能选择。

当树形选择方式为【从图库选取】时，单击按钮，弹出【天正图库管理系统】对话框，如图 14-26 所示。

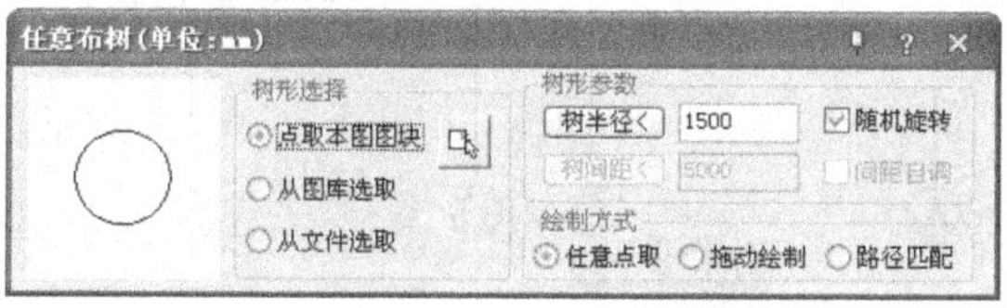

图 14-25 【任意布树】对话框

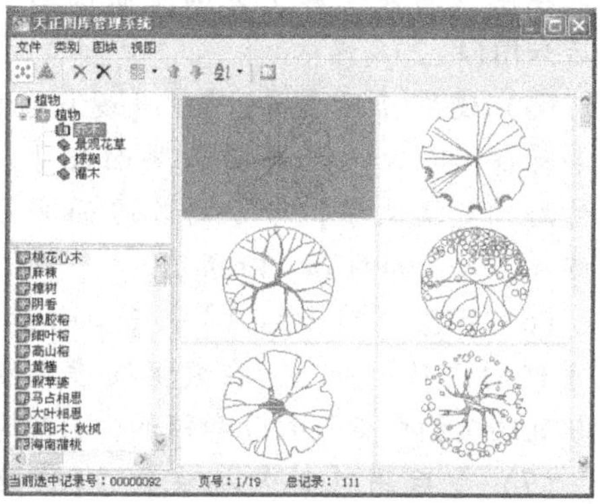

图 14-26 【天正图库管理系统】对话框

从图库中选择合适的图库，双击返回【任意布树】对话框。

当绘制方式选择【任意点取】，命令行提示为：

请点取插入点〈退出〉：　　// 合适位置单击，插入一个树图块。
请点取插入点〈退出〉：　　// 合适位置单击，或回车结束。

当绘制方式选择【拖动绘制】，命令行提示为：

请输入起始点〈退出〉：　　// 点击起始点。
输入下一点或 [回退 (U)]〈结束〉：　　// 点击下一点，则在两点的连线上定距布树。
输入下一点或 [回退 (U)]〈结束〉：　　// 继续单击下一点，或回车结束。

当绘制方式选择【路径匹配】，命令行提示为：

请选择作为路径的曲线（直线、圆弧、多段线）〈退出〉：　　// 选择已有的路径。
请选择作为路径的曲线（直线、圆弧、多段线）〈退出〉：　　// 继续选择或回车。
请选择作为路径的曲线（直线、圆弧、多段线）〈退出〉：　　// 回车结束命令。

图 14-27 为三种绘制方式布树的效果图。

a)【任意点取】方式　　b)【拖动绘制】方式　　c)【路径匹配】方式

图 14-27 三种绘制方式布树的效果图

14.6　综合实例

将图 14-28 所示的 1-1 剖面图中的楼梯间部位经局部切割后，修改为楼梯间剖面详图。

设计步骤

（1）调用【工具】/【图形切割】命令，在命令行提示下用矩形框框住 1-1 剖面图的楼梯间部位。

（2）在旁边空白处插入切割后的图形。

（3）删除墙外的阳台，将左侧伸出过长的楼板和地坪剪掉一段。

（4）使用【符号标注】/【加折断线】命令在图形的左侧和上方画上折断线。修改后如图14-29所示。

（5）使用【尺寸标注】/【逐点标注】命令标注楼梯踏步的踏面和踢面尺寸。可以使用【更改文字】命令更改踏面和踢面的标注形式，如图 14-30 所示。

（6）调用【符号标注】/【指向索引】和【剖切索引】命令，在楼梯踏步和栏板处分别绘制指向索引符号和剖切索引符号。

（7）最后用【符号标注】/【图名标注】命令注写图名。

（8）完成结果如图 14-30 所示。

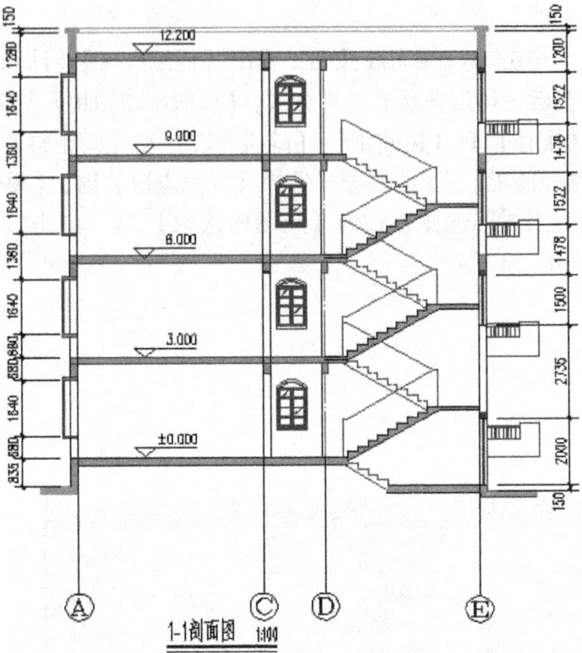

图 14-28　1-1 剖面图

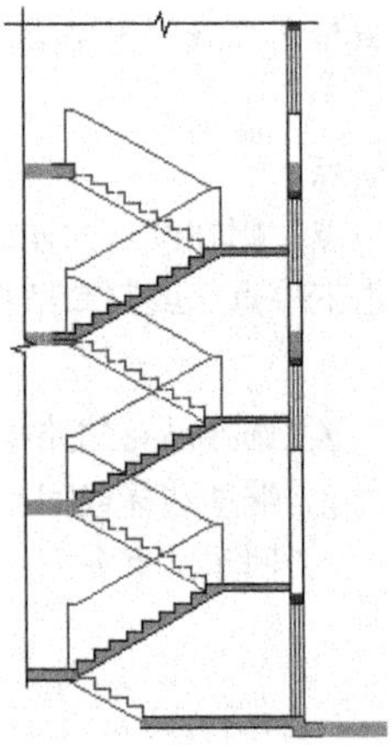

图 14-29　切割并修改后的楼梯剖面图

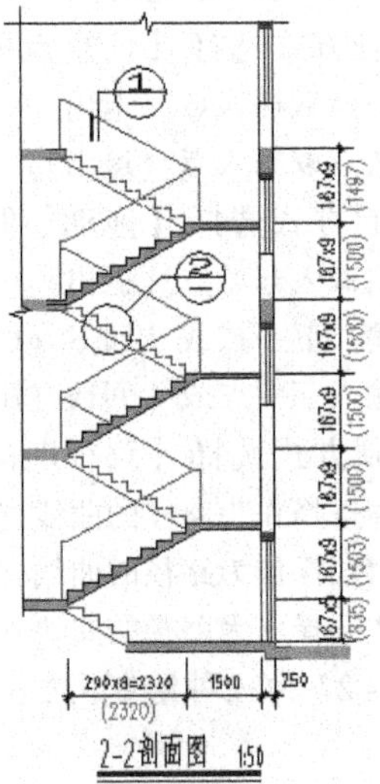

图 14-30　绘制 2-2 楼梯剖面图

14.7 习题

1. 概念题

(1)【自由复制】和【自由移动】命令比 AutoCAD 的类似命令有哪些增强？

(2)【自由移动】与【移位】命令有什么相同和不同之处？

(3) 如何进行多段线的编辑？

(4)【图形裁剪】与【图形切割】命令有哪些相似和不同之处？

(5) 怎样绘制直线道路和弧线道路？

(6) 怎样将折线道路处理成圆角道路？

2. 操作题

(1) 在如图 14-31 所示的办公楼平面图中将楼梯间、卫生间、厨房部位切割出来，绘制这几个部位的详图。

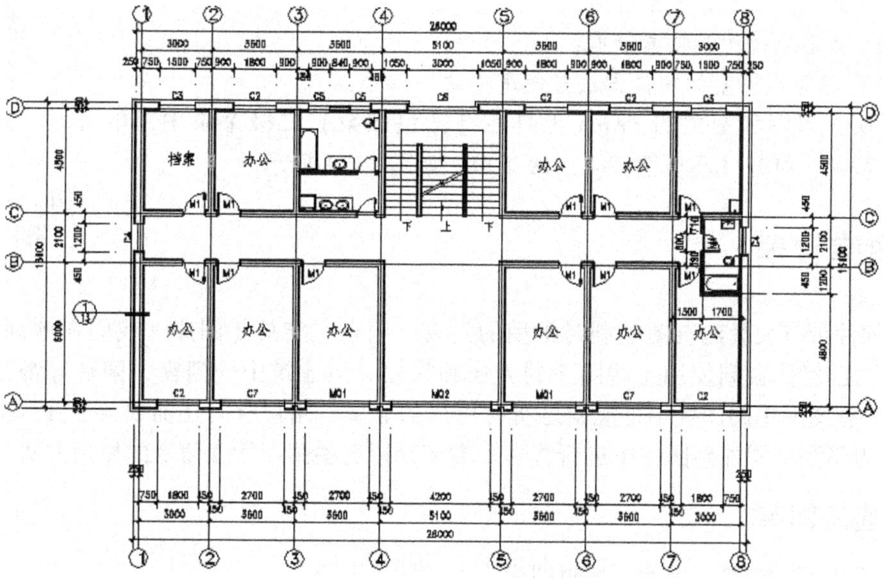

图 14-31 某办公楼建筑平面图

(2) 将前面练习过的建筑平面图中的厨房和卫生间切割出来，修改后插入卫生洁具，绘制出厨房和卫生间的详图。

(3) 将前面练习过的建筑平面图和剖面图中的楼梯间部位作局部切割，修改为楼梯间详图。

第 15 章　TArch 的图库、图块与图案

为了更好地绘制建筑图形，TArch 提供给用户一个更强大的图库管理系统，不但可以满足用户各种情况下的图块插入，还可以将用户自己制作的图块方便地添加入库。在 TArch8.5 版本中新增了插入 AutoCAD 图块的选项，可以选择按 AutoCAD 图块的形式插入图库中保存的内容，包括 AutoCAD 的动态图块和属性图块。

另外，TArch 对线图案的填充与制作提供了方便的工具。

【本章重点】

- TArch 的图库管理与使用方法；
- TArch 的图块操作与特有功能；
- 填充图案与线图案的制作方法与使用方法。

关于图块、图库和图案的 TArch 工具在【图块图案】二级菜单中，单击 图块图案 按钮，打开【图块图案】二级菜单，如图 15-1 所示。

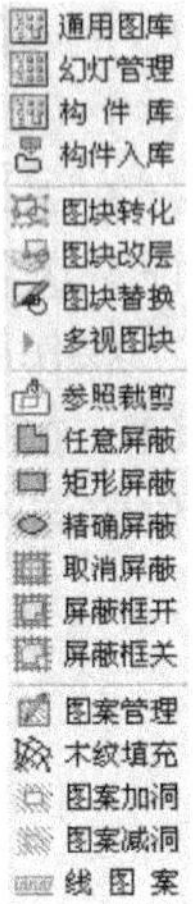

图 15-1　【图块图案】二级菜单

15.1　图库管理

TArch 软件带有大量建筑图绘制时常用的门窗、阳台、家具等图库。我们在前面插入门窗、阳台和栏杆时已经体会到使用这些图库的方便和快捷。但建筑中的门窗、阳台等都是多变的构件，TArch 原有图库中的图块不可能满足所有用户的需要，用户有时还需要绘制 TArch 图库中没有的图形作为新图块添加到图库中进行管理。本节介绍这些图库管理命令的使用方法。

15.1.1　通用图库

此命令用于新建或打开图库，编辑图库内容，插入图块。

单击 通用图库 按钮，系统弹出【天正图库管理系统】对话框，如图 15-2 所示。我们在前面已经多次使用过这个对话框，例如在插入门窗、插入阳台和插入楼梯栏杆时。

图库管理系统的所有命令都由这个交互界面进行统一管理。命令交互通过单击工具栏上的图标或者右键单击界面上的对象激活的快捷菜单进行。

界面包括六大部分：工具栏、菜单栏（从 TArch8 开始增加的）、图库类别区、图块名称表、图块预览区和图库状态栏。

单击对话框上方的 按钮右面的黑三角，打开下拉表，可以选择所需的图库组的文件名，例如【立面门窗库】，依次双击下一级图库名，可得到所需的图块。

图库管理界面五大部分的主要功能为：

(1) 工具栏集中了所有的图库管理命令，使用起来方便快捷。

(2) 菜单栏功能与工具栏一致，方便不熟悉工具图标的用户使用。

(3) 图库类别区显示当前图库的类别树形目录。单击打开目录树，可以查找所需的图块。

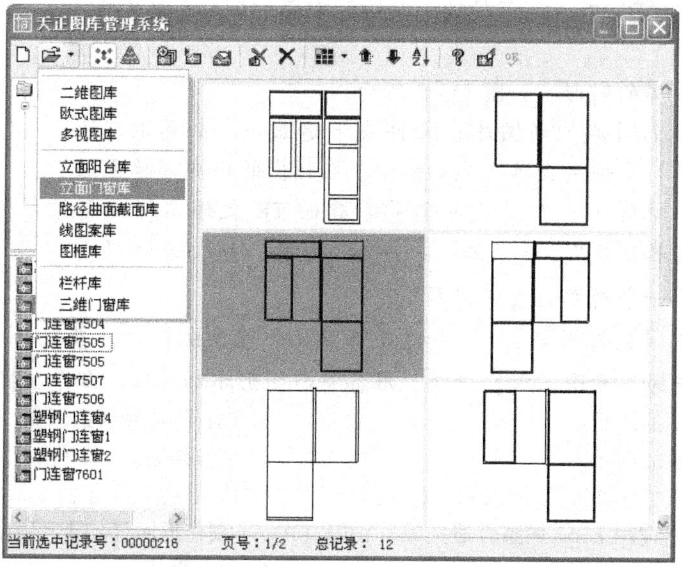

图 15-2 【天正图库管理系统】对话框

(4) 图块名称区显示当前类别下的图块名称。

(5) 图块预览区显示当前类别下的图块幻灯片。被选中的图块会反黑显示图块名称和略图。

(6) 状态栏显示当前图块的参考信息以及操作提示。

下面介绍这个通用图库的主要使用方法。本节所用的命令大多以图标按钮的形式集中在工具条上。

15.1.1.1 新建图库

此命令用于新建一个用户图库。

单击工具条上的按钮，系统弹出一个【新建】对话框，如图 15-3 所示。

在【文件名】中输入新建文件夹的名称，单击 新建 按钮，显示【天正图库管理系统】对话框，此对话框的类别区就显示出新建的图库文件夹，如图 15-4 所示。由于新建图库中没有添加图块，所以图块预览区没有内容。

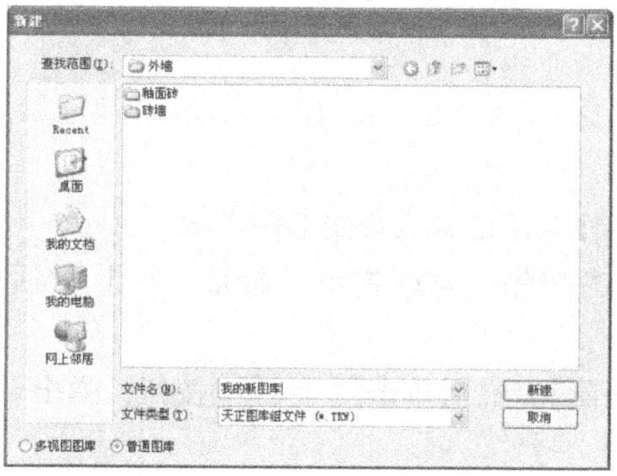

图 15-3 【新建】对话框

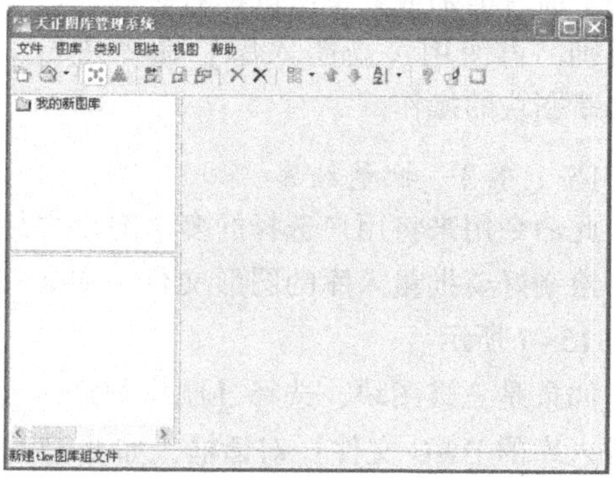

图 15-4 建立一个新图库

15.1.1.2 新图入库

此命令用于将屏幕上的指定图形建立为一个用户图块，并添加到图库中。

【例 15-1】 将如图 15-5 所示的墙面装饰图案添加到一个新图库中。

作图步骤为：

(1) 绘制好要入库的图形，如图 15-5 所示。

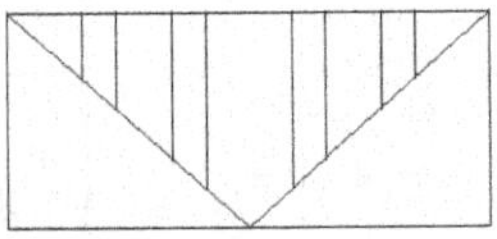

图 15-5　装饰新图形

(2) 在前面建立的【我的新图库】文件夹下建立一个新类别。方法是在【我的新图库】文件夹上单击鼠标右键，在弹出的快捷菜单上选择【新建 TK】，则系统弹出一个【输入需要新建的 TK 文件名】对话框，键入文件名“装饰图案”，然后单击 打开(O) 按钮，则自动在【我的新图库】下建立了一个新类别【装饰图案】。

(3) 选中新类别【装饰图案】，单击【天正图库管理系统】工具条上的【新图入库】按钮或选中右键菜单中的【新图入库】命令，准备将新图形添加入库。命令行提示为：

选择构成图块的图元：　　　　　　　　　　　　// 选择构成图块的图元。
选择构成图块的图元：　　　　　　　　　　　　// 回车结束。
图块基点〈(109.345, 195.511, 0)〉：　　　　// 指定基点。
制作幻灯片（请用 zoom 调整合适）或［消隐（H）/不制作返回（X）］〈制作〉：
　　　　　　　　　　　　　　　　　　　　　　// 回车默认。

(4) 返回【天正图库管理系统】对话框，可以看到图块预览区添加了所需的图块，同时在名称区加入了一个对应的图块名称，如图 15-6 所示。

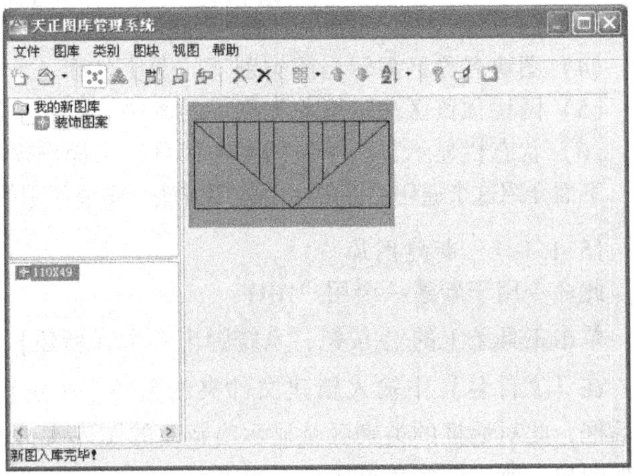

图 15-6　新图入库

(5) 选中预览区的新图块，然后单击鼠标右键，在弹出的快捷菜单中选择【重命名】命令，可以将新图块重新命名为【墙面装饰】。

至此完成新图入库的工作。

如果需要将新图块加入到已有图库的某个类别中，则不需要新建图库和类别，可以单击按钮打开一个原有图库，选择一个原有类别或者单击鼠标右键新建一个类别，再使用【新图入库】命令进行添加新图块的操作。

15.1.1.3　批量入库

此命令用来将用户选择的多个图形文件中的图形，作为图块存入指定的图库中。

绘制好要批量入库的图形文件，单击工具条上的按钮，系统弹出【批量入库】对话框，如图 15-7 所示。

如果是三维图块，选择【制作幻灯片前自动进行消隐】，然后单击 是(Y) 按钮，弹出【选择需入库的 DWG 文件】对话框，如图 15-8 所示。

选择要入库的文件，可以连续选中多个文件，然后单击 打开(O) 按钮，开始作入库处理。处理时在屏幕左上角显示进度条。处理完毕后完成图形文件的批量入库。

15.1.1.4　重制库中图块

【重制】命令用来重新制作一个图块，替换图库中当前图块的内容，同时修改幻灯片。也可

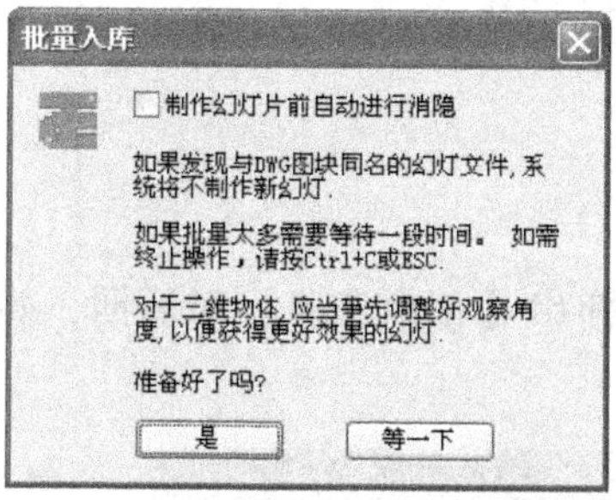

图 15-7 【批量入库】对话框

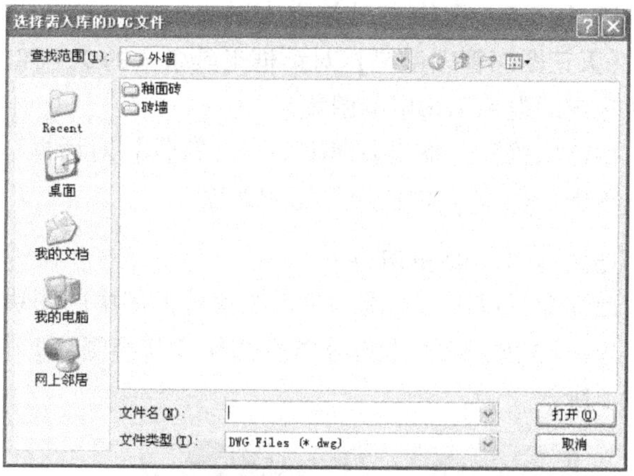

图 15-8 【选择需入库的 DWG 文件】对话框

以仅修改幻灯片，而不替换图块。

先准备好要替换的新图形，在【天正图库管理系统】对话框中选中要替换下的图块，然后单击【重制】按钮或选择右键菜单中的【重制图块】命令，命令行提示为：

选择构成图块的图元〈只重制幻灯片〉：　　// 选择要定义的新图形。如果只修改幻灯片则不选图形。

选择构成图块的图元：　　// 继续选择或回车。

图块基点〈(16869.7, 19450.4, -1e-008)〉：// 选取基点。

制作幻灯片（请用 zoom 调整合适）或　[消隐 (H)/不制作 (N)/返回 (X)]〈制作〉：　　// 回车。

则原有图块被替换。

15.1.1.5　插入图块

选中一个图块，单击鼠标右键，在弹出的右键快捷菜单中选择【插入图块】命令，系统弹出【图块编辑】对话框，如图 15-9 所示。

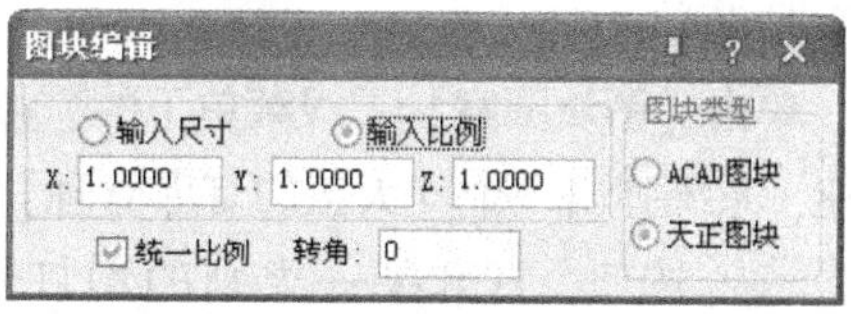

图 15-9 【图块编辑】对话框

此对话框是一个非模式对话框，在【输入尺寸】或【输入比例】选项中设置参数，然后将鼠标移至绘图区，这时命令行提示为：

点取插入点 [转 90 (A)/左右 (S)/上下 (D)/对齐 (F)/外框 (E)/转角 (R)/基点 (T)/更换 (C)]〈退出〉：　　// 根据需要点取插入点即可插入一个图块。

点取插入点 [转 90 (A)/左右 (S)/上下 (D)/对齐 (F)/外框 (E)/转角 (R)/基点 (T)/更换 (C)]〈退出〉：　　// 可以连续插入图块或回车结束。

如果在【图块编辑】对话框中选择【天正图块】选项，则插入的图块不支持图块的属性和动态特性。如果要利用图块的属性和动态特性，则在【图块编辑】对话框中选择【ACAD 图块】选项。

【图块编辑】对话框中的【ACAD 图块】选项为 TArch8.5 的新增选项。

15.1.1.6 删除类别与删除图块

【天正图库管理系统】对话框工具条上的 ✕（红色）与 ✕（黑色）按钮可以分别删除当前库中选定的类别和选定的图块。

单击该按钮，系统会弹出一个【警告】对话框，如图 15-10 所示。

单击[确定]按钮即可完成删除。

15.1.1.7 替换图块

此命令可以用当前选中一个图块替换图中的图块。

单击按钮或在右键菜单中选择【替换图块】命令，系统弹出【替换选项】对话框，如图 15-11 所示。

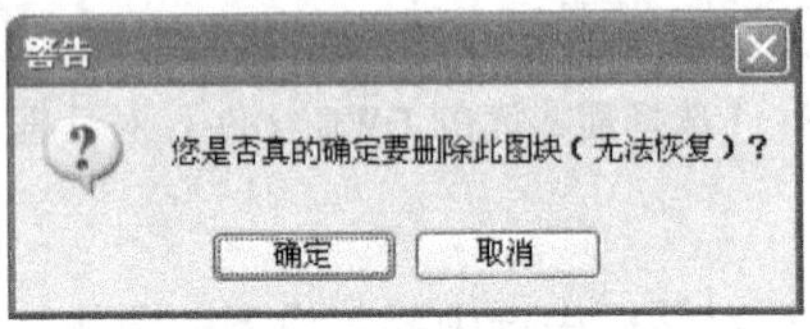

图 15-10 【警告】对话框

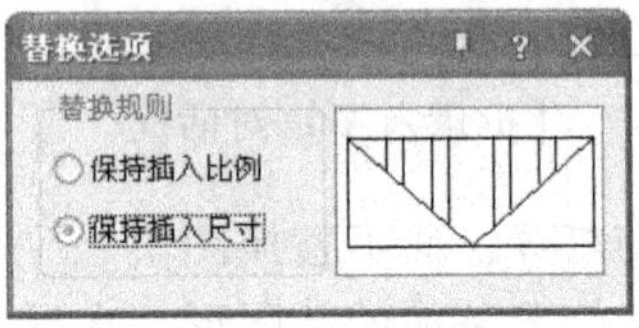

图 15-11 【替换选项】对话框

此对话框是一个非模式对话框，设置【保持插入比例】或【保持插入尺寸】选项，然后在右面图形上单击鼠标左键，即可以出现【天正图库管理系统】对话框，选择其他图块后又回到替换操作状态，这样可以连续进行替换操作。

15.1.2 幻灯管理

此命令以可视的方式管理幻灯库文件。管理内容包括：增加、删除、复制、移动、改名等。从 TArch8 开始与图库管理界面类似，增加了下拉菜单。

单击【图块图案】二级菜单下的幻灯管理按钮，系统弹出一个【天正幻灯库管理】对话框，单击按钮，打开某一类别的幻灯片，如图 15-12所示。

在对话框上方的工具条中可以进行诸如【新建库】、【批量入库】、【复制到】、【删除】等命令的操作。

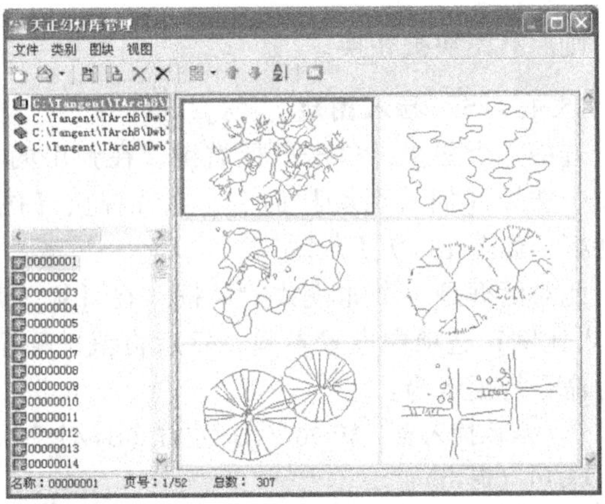

图 15-12 【天正幻灯库管理】对话框

由于幻灯库中的幻灯片没有描述名，所以名称区直接显示幻灯片名，由系统保证绝不重名，用户对幻灯片更名或同名复制要慎重。

15.2 图块工具

图块是 AutoCAD 重复利用已有绘图工作的最重要的途径，AutoCAD 的用户都使用图块来避免重复劳动。天正图块在继承 AutoCAD 图块基础上增加了许多特有的功能。如增加动态缩放的夹点、可附加图块屏蔽、实现图块对象编辑等。

上一节介绍了图库中有关图块的使用方法，本节命令不涉及图库的操作，主要针对插入到图形中的 TArch 图块或 AutoCAD 图块进行有关操作。

图块操作的有关命令在【图块图案】二级菜单中，如图 15-1 所示。

15.2.1 图块改层

此命令用来将已经插入图中的图块进行内部图层的修改。

有些图块内部包含有不同的图层，以便区分不同部分的性质（如材质）。图块一旦制作完毕，就很不容易更改这些内部的图层。本命令就可以修改图块的内部图层。

单击 图块改层 按钮，命令行提示为：

请选择要编辑的图块：选择图块后，弹出如图 15-13 所示的【图块图层编辑】对话框。

选择左边【图块层名列表】中要修改的图层“0”，然后在右边【系统层名列表】中选择已有目标层名，单击 << 更改 按钮，即可把图层由原层名改为新层名。

如果你要改的目标层名在目前的系统层名列表中还没有，可以在【系统层名列表】下面的编辑框中输入，然后回车即会添加该图层。

单击 关 闭 按钮退出本命令。

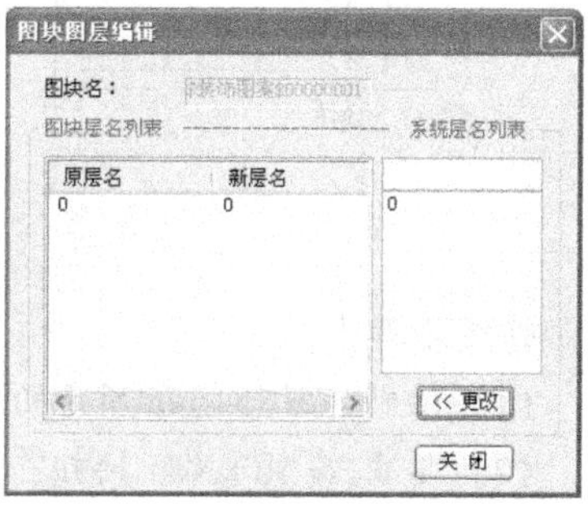

图 15-13 【图块图层编辑】对话框

15.2.2 图块替换

本命令用来从图库中选择一个图块，替换图中一个或多个已经插入的图块。

单击 图块替换 按钮，命令行提示为：

选择插入的图块：// 选择图形中要替换的图块，进入【天正图库管理系统】对话框进行图块选择。

选择要替换的图块，单击 按钮，弹出【替换选项】对话框。

选择图中将要被替换的图块！

选择对象： // 选择对象后图块被替换。

15.2.3 图块转化

此命令可以将任意 AutoCAD 图块增加特性，转化为 TArch 图块，对非图块对象不起作用。

单击 图块转化 按钮，命令行提示为：

选择图块： // 选择要转换的图块。

则完成 AutoCAD 图块向 TArch 图块的转化。

15.2.4 图块的屏蔽功能

图块屏蔽是指插入的图块能够遮挡其下面的图线。

图块屏蔽包括【矩形屏蔽】、【精确屏蔽】和【任意屏蔽】。【矩形屏蔽】可以将包围图块的矩形区域内的背景图线屏蔽。【精确屏蔽】则可以屏蔽图块轮廓之内的图线。【任意屏蔽】是将多个点指定的多边形转变为区域屏蔽对象，遮挡区域屏蔽对象范围内的图像背景。

TArch8.5 的图块屏蔽共有六个命令：【矩形屏蔽】、【精确屏蔽】、【任意屏蔽】、【取消屏蔽】、【屏蔽框开】、【屏蔽框关】。这六个命令均在【图块图案】二级菜单中，如图 15-1 所示。

【例 15-2】 将图 15-14a 中的洁具分别用【矩形屏蔽】和【精确屏蔽】命令转化为如图 15-14b和图 15-14c 所示的结果。

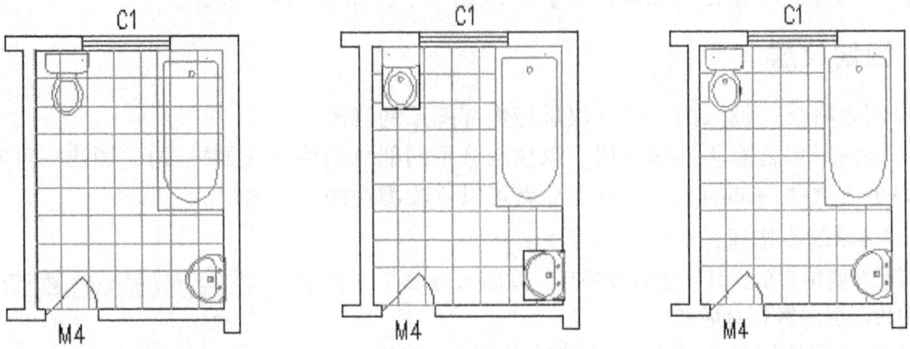

a) b) c)

图 15-14 图块的屏蔽功能

作图步骤为：

(1) 绘制如图 15-14a 所示的图形，并插入卫生洁具。可见洁具图块不能遮挡住地面的地砖图线。

(2) 单击 矩形屏蔽 按钮，在命令行的提示下选择浴缸、大便器和洗脸盆图块，则这三个图块分别遮挡了下面的地砖线，如图 15-14b 所示。由于系统默认的是【矩形框开】功能，所以大便器和洗脸盆外侧被矩形框住，浴缸的矩形框与其本身轮廓线重合。要想不显示矩形框，可以单击 屏蔽框关 按钮。

(3) 图 15-14b 的洗脸盆和大便器显然不适合矩形屏蔽，我们单击 取消屏蔽 按钮，将洗脸盆和大便器的矩形屏蔽取消。再单击 精确屏蔽 按钮，在命令的提示下将这两个图块进行精确屏蔽，结果如图 15-14c 所示。

15.3 图案工具

图案填充是 AutoCAD 的基本命令，用于将 AutoCAD 图案库中的已有图案或用户自己制作的图案连续地填充到任意的封闭图形内。

TArch 提供了一系列工具，允许用户在图形界面下用标准的绘图方法自己制作专门用于建筑图的标准的填充图案以及特定排列的线图案。比用 AutoCAD 命令制作图案要方便得多。

有关图案制作的命令在如图 15-1 所示的【图块图案】二级菜单下。

15.3.1 木纹填充

此命令可以对给定的区域进行木纹图案填充，可设置木纹的大小和填充方向，适用于装修设计。单击 木纹填充 钮，命令行提示为：

输入矩形边界的第一个角点〈选择边界〉：如果填充区域是闭合的多段线，可以回车选择边界，否则直接给出矩形边界的第一对角点。

输入矩形边界的第二个角点〈退出〉〈退出〉：给出矩形边界的第二个对角点。

选择木纹［横纹（H）/竖纹（S）/断纹（D）/自定义（A）］〈退出〉：S

// 键入 S 选择竖向木纹或键入其他木纹选项。

这时可以看到预览的木纹大小，如果尺寸或角度不合适可键入选项修改。

点取位置或［改变基点（B）/旋转（R）/缩放（S）］〈退出〉：S

// 键入 S 进行放大。

输入缩放比例〈退出〉：2　　// 键入 2 放大木纹，拖动木纹图案。

点取位置或［改变基点（B）/旋转（R）/缩放（S）］〈退出〉：

// 点取合适位置填充木纹图案。

则在一个矩形区域填充木纹，如图 15 - 15 所示。

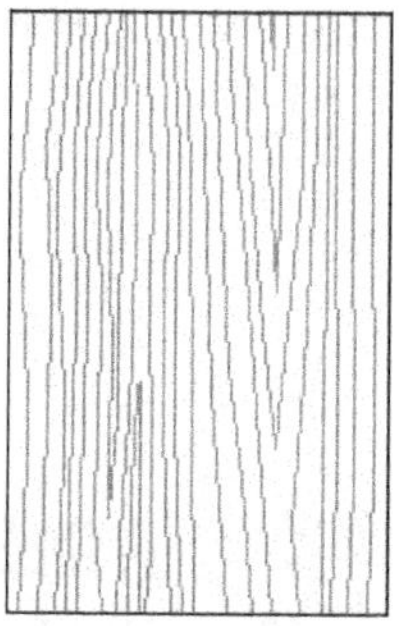

图 15 - 15　矩形区域填充木纹

15.3.2　图案加洞与图案减洞

【图案加洞】和【图案减洞】命令可以编辑已有的图案填充，在图案上开洞口或删除洞口。

【例 15 - 3】　将图 15 - 16a 中的图案填充开出一个圆形洞。

作图步骤为：

（1）执行【图案加洞】命令前，图上先要进行图案填充，如图 15 - 16a 所示。

（2）单击 图案加洞 按钮，命令行提示为：

请选择图案填充〈退出〉：// 选择图中的填充。

矩形的第一个角点或［圆形裁剪（C）/多边形裁剪（P）/多段线定边界（L）/图块定边界（B）］〈退出〉：C

// 输入 C。

圆心点〈退出〉：　　// 指定圆心。

半径点〈退出〉：　　// 移动鼠标确定半径。

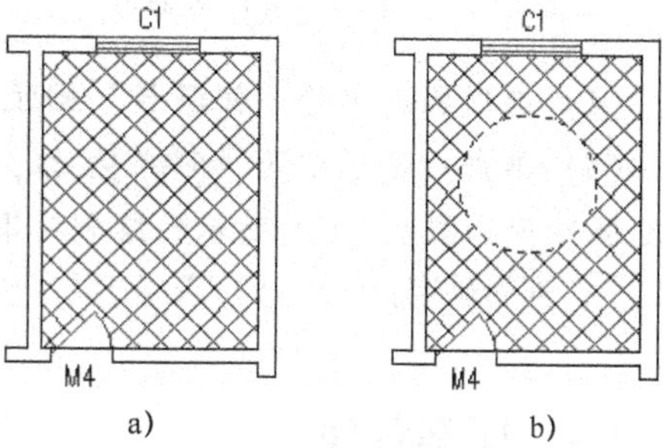

图 15 - 16　给图案填充加洞

则图中开出一个圆形洞，如图 15 - 16b 中所示。

也可以在命令的提示下使用两点定义一个矩形裁剪边界或者键入其他裁剪选项。

单击 图案减洞 按钮，可以在命令的提示下将前面所开的洞口补上。

15.3.3　线图案

【线图案】命令用来沿着直线、圆弧、多段线布置线图案，TArch8.5 提供了二十多种预定义的线填充图案。

与 AutoCAD 的【图案填充】功能不同，天正线图案允许用户先定义一条开口的线图案填充轨迹线，图案以该线为基准沿线生成，而不必像 AutoCAD 要求的只能填充封闭区域。

【例 15 - 4】　在如图 15 - 17a 所示的间距为 100 的两道平行线中绘制保温层图例。

图 15 - 17　填充线图案

作图步骤为：

（1）使用 AutoCAD 的【直线】、【偏移】命令绘制如图 15 - 17a 所示的两道平行线，平行线间距为 100。

（2）单击 线图案 按钮，系统弹出【线图案】对话框，【图案宽度】编辑栏中输入 100，【基线位置】选择【右边】，如图 15 - 18 所示。

(3) 单击对话框右上方的预览区，弹出如图 15-19 所示的【天正图库管理系统】的线图案库。

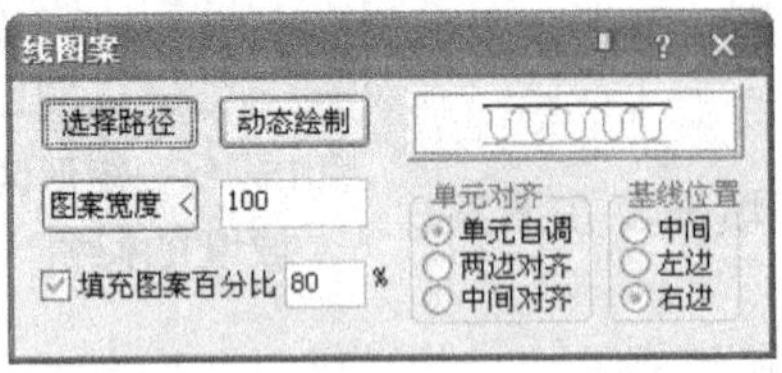

图 15-18 【线图案】对话框

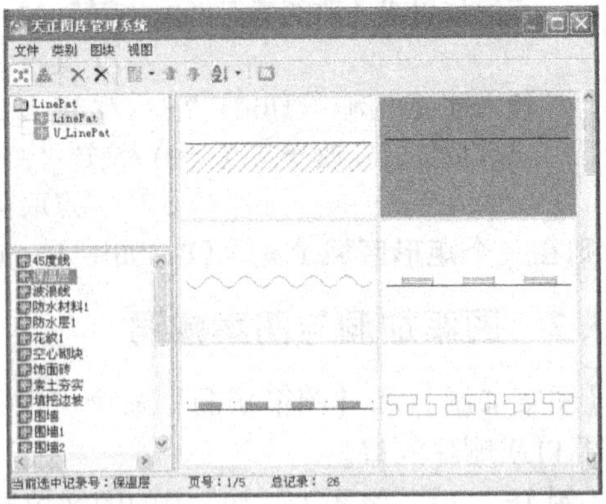

图 15-19 【天正图库管理系统】对话框

(4) 选中图库中的“保温层”图案，双击该图块，返回【线图案】对话框。

(5) 单击对话框中的 选择路径 按钮，在命令行的提示下选取下面的直线，以此为基线。此时，绘图区显示如图 15-17b 所示的绘制效果，同时命令行提示：

是否确定？[是 (Y)/否 (N)] 〈Y〉：　　// 如果效果图满意，回车；不满意输入 N，命令行继续提示选择路径。

15.3.4 图案管理

本命令包括以前版本的直排图案、横排图案、删除图案多项图案制作功能。

单击 图案管理 按钮，弹出【图案管理】对话框，如图 15-20 所示。

天正为图案制作提供了两种方法，一种是制作直排图案，另一种是制作斜排图案。

【直排图案】命令用来制作直排图案并将其装入 AutoCAD 的图案库中。直排图案中的图元沿水平方向均匀排列。

【斜排图案】命令用来制作斜排图案并将其加入到 AutoCAD 图案库中。斜排图案中的图元沿与水平方向呈 45°角的方向排列。

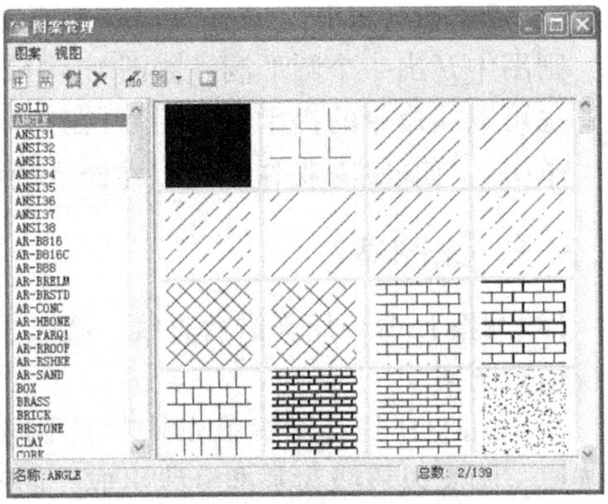

图 15-20 【图案管理】对话框

制作图案前先要绘制造图案用的图形，但图形单元只能由点、直线、圆和圆弧组成，如果用【矩形】或【正多边形】命令绘制的图形，要在制作图案前用【分解】命令分解。

【例 15-5】 制作如图 15-21 所示的直排图案和斜排图案。

作图步骤为：

(1) 绘制如图 15-21a 所示的基本图元，注意要用【分解】命令将三角形分解。

(2) 单击【图案管理】对话框上方的【新建直排图案】按钮，命令行提示为：

请输入新造图案的名称〈退出〉：circle // 输入名字。

请选择要造图案的图元〈退出〉：　　// 全部选择图 15-21a。

选择对象：选择图 15-21a 的图形

选择对象：回车结束选择
图案基点〈退出〉：　　　　　　　　　　　　// 捕捉圆心点作为图案基点。
横向重复间距〈退出〉：1000　　　　　　　　// 输入横向重复间距。
竖向重复间距〈1000.000〉：　　　　　　　　// 回车默认。

(3) 单击 AutoCAD 的按钮，在【图案】选项中打开【填充图案选项板】，可以看到以 CIRCLE 命名的填充图案列于其中，说明选择的图形已按照指定的间距制作成图案添加到 AutoCAD 的图案库中。

(4) 使用 AutoCAD 的【园】命令绘制一个大圆。

(5) 再使用 AutoCAD 的【图案填充】命令将 CIRCLE 图案填充到大圆中，得到按照水平排列的直排图案，如图 15-21b 所示。

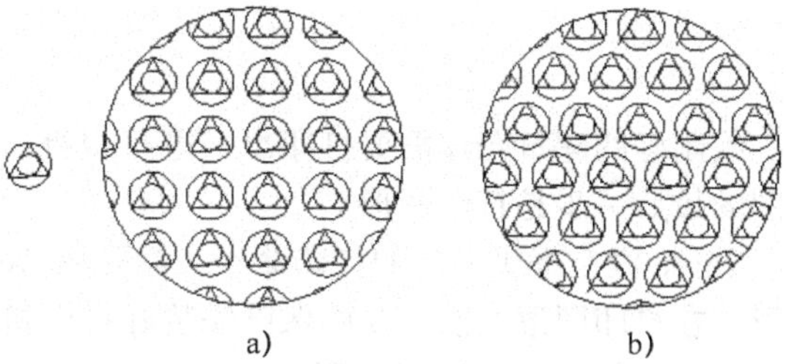

图 15-21　制作直排图案和斜排图案

(6) 单击【新建直斜排图案】按钮，用类似的方法将如图 15-21a 所示的基本图元制作成斜排图案。

(7) 使用 AutoCAD 的【图案填充】命令将斜排图案填充到大圆中，得到按照 45°方向排列的斜排图案，如图 15-21c 所示。

程序规定：图案的名称只能用英文命名，图案入库后将与 AutoCAD 的原有图案合在一起按字母顺序排列。

15.4　习题

1. 概念题

(1) 天正图库管理系统中的五大分区是什么？各有什么功能？

(2) 如何新建一个图库文件？如何打开图库文件？

(3) 怎样将新图入库？

(4) 图块的矩形屏蔽和精确屏蔽有什么不同？如何操作？

(5) 怎样制作直排图案和斜排图案？

(6) 如何填充线图案？与 AutoCAD 的填充命令相比，线图案的填充有什么优势？

2. 操作题

(1) 绘制如图 15-22 所示的图样，并将其作为图块加入图库。

(2) 绘制如图 15-23 所示的卧室，并制作卧具图块插入到卧室内。

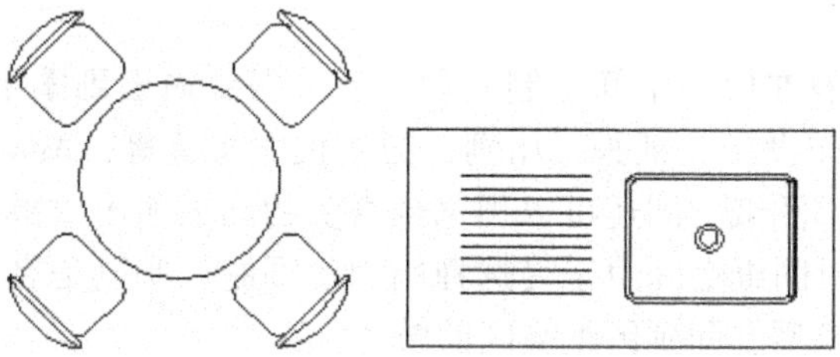
图 15-22　餐桌、水盆

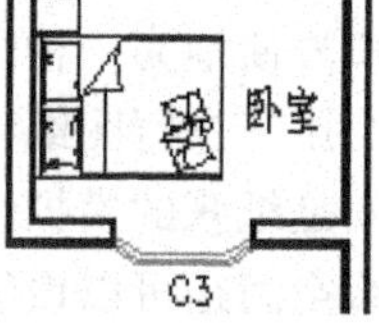

图 15-23　卧室及卧具

第 16 章　布图、打印与图纸管理

绘制好的建筑图样需要打印出来进行报批、存档、交流、指导施工，所以绘图的最后一步是打印图形。

TArch 没有提供专门的打印命令，需要用 AutoCAD 的【打印】命令来打印图形。在打印图形之前，要确保已安装好打印机或绘图仪。要安装打印机的读者，请参照打印机说明书，用 Windows 的菜单命令【开始】/【设置】/【打印机】进行安装与设置。本章只介绍打印图形的方法与步骤。

虽然 TArch 没有提供打印命令，但提供了与出图打印有关的布图、比例、图框、图层、图纸等相应命令，本章结合具体实例加以介绍。

为了帮助设计师之间更好地传递设计信息、交流设计思想，本书还介绍了 AutoCAD 的图纸集管理与发布功能。

【本章重点】

- 单比例布图与多视口、多比例布图；
- 在模型空间打印和在图纸空间打印；
- 页面设置的方法；
- AutoCAD 的图纸集管理器。

本章内容所遇到的命令，绝大多数在【天正】主菜单下的【文件布图】二级菜单中，单击【天正】主菜单下的 ▶文件布图 按钮，系统弹出【文件布图】二级菜单命令，如图 16-1 所示。

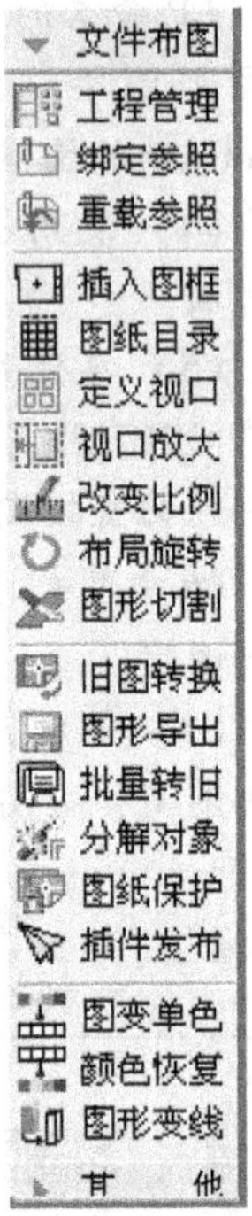

图 16-1　【文件布图】二级菜单

16.1　模型空间与图纸空间的概念

用户用于绘图的空间一般都是模型空间，在默认情况下 AutoCAD 显示的窗口是模型窗口，在绘图窗口的左下角显示【模型】和【布局】窗口的选项卡按钮，如图 16-2 所示。单击【布局1】或【布局2】可进入图纸空间。

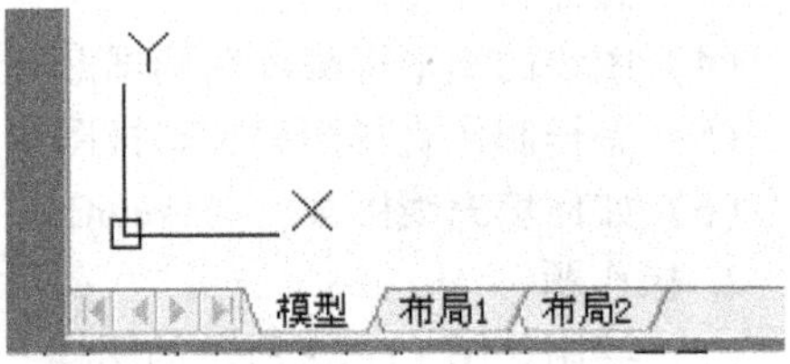

图 16-2　模型空间与图纸空间选项卡按钮

模型空间主要用于建模，前面章节讲述的绘图、修改、标注等操作都是在模型空间完成的。模型空间是一个没有界限的三维空间，用户可以在这个空间中以任意尺寸绘制图形。

而图纸空间是为了打印出图而设置的。一般在模型空间绘制完图形后，需要输出到图纸上。为了让用户方便地为一种图纸输出方式设置打印设备、纸张、比例、图纸视图布置等，AutoCAD 提供了一个用于进行图纸设置的图纸空间。利用图纸空间还可以预览到真实的图纸输出效果。由于图纸空间是纸张的模拟，所以是二维的。同时图纸空间由于受选择幅面的限制，所以是有界限的。在图纸空间还可以设置比例，实现图形从模型空间到图纸空间的转化。

作为天正用户，在绘制建筑图时，应首先选择用 TArch 绘制和标注建筑图，因为用 TArch 绘制和标注的建筑图样比用 AutoCAD 绘制和标注的图形更便于确定打印比例。

TArch 的出图方式分为单比例布图和多视口、多比例布图两种。

16.2　单比例布图与在模型空间打印

如果要打印的图形只使用一个比例，则该比例既可以预先设置，也可以在出图前修改比例。这种方式适用于大多数建筑施工图的设计与出图，也可以直接在模型空间出图打印。

【例 16－1】　将如图 16-3 所示的立面图按照 1:100 的比例进行布图并打印。

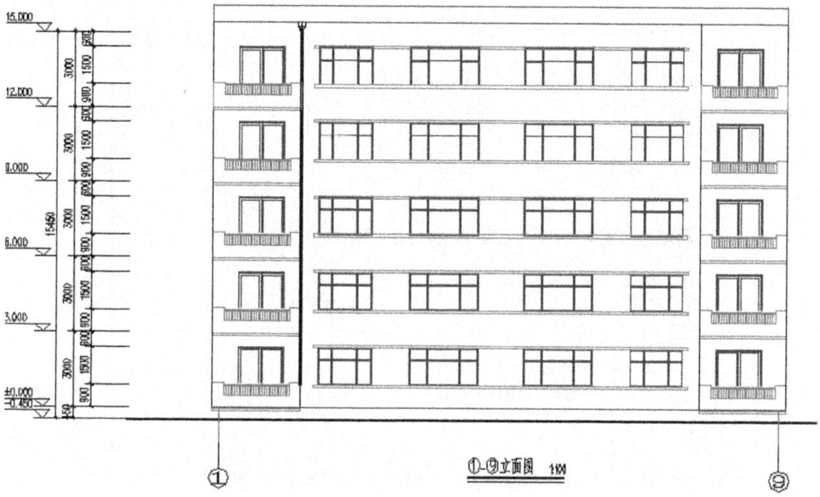

图 16-3　①－⑨立面图

单比例布图与打印的基本步骤为：

(1) 设置图形比例。有两种方法设置绘制图形的比例，一种是绘图之前设置，另一种可以在出图之前设置。天正已经预先将比例设置为 1:100，即在使用 TArch 绘制一张新图时默认的比例是 1:100。如果绘制图形以前想改变绘图比例，需要依次单击【天正】主菜单下的 ▶ 设置观察 二级菜单中的 当前比例 按钮，命令行提示为：

当前比例〈100〉：输入新的比例后就可以按照新比例绘图。

如果一开始用默认比例绘制图形，绘制完成后发现当前比例与打印比例不符，则可以依次单击【天正】主菜单下的 ▶ 文件布图 二级菜单中的 改变比例 按钮，命令行提示为：

请输入新的出图比例 1:〈100〉：200。

请选择要改变比例的图元：选择要改变比例的图元。

请选择要改变比例的图元：回车结束选择。

请提供原有的出图比例〈100〉：回车接受默认值

则选中的图元按照新比例显示。

(2) 插入图框。按照上面的方法设定比例，修改图形，直到符合出图要求后，依次单击 TArch6.5 主菜单下的 ▶ 文件布图 二级菜单中的 插入图框 按钮，系统弹出【插入图框】对话框，如图 16-4 所示。

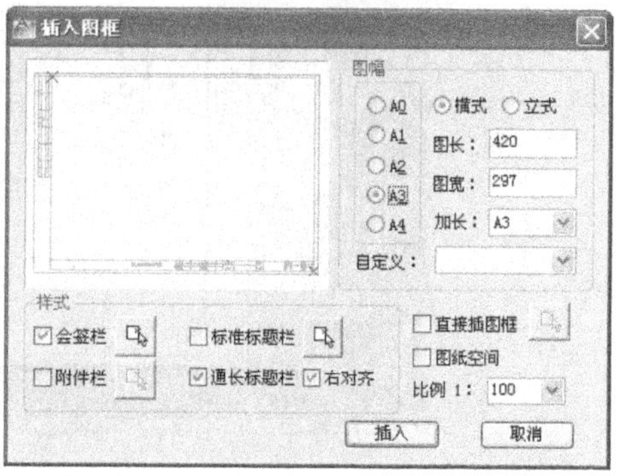

图 16-4　【插入图框】对话框

在对话框中可以选择合适的图幅，选择是否带有会签栏等。本例选择 A3 图幅，带有会签栏和标准标题栏，单击 插入 按钮，退出对话框，命令行提示为：

请点取插入位置〈返回〉：在图中点取合适位置后插入了一个 A3 图框。

（3）在模型空间设置打印参数。执行 AutoCAD 的【文件】/【打印】命令，显示【打印－模型】对话框，如图 16-5 所示。

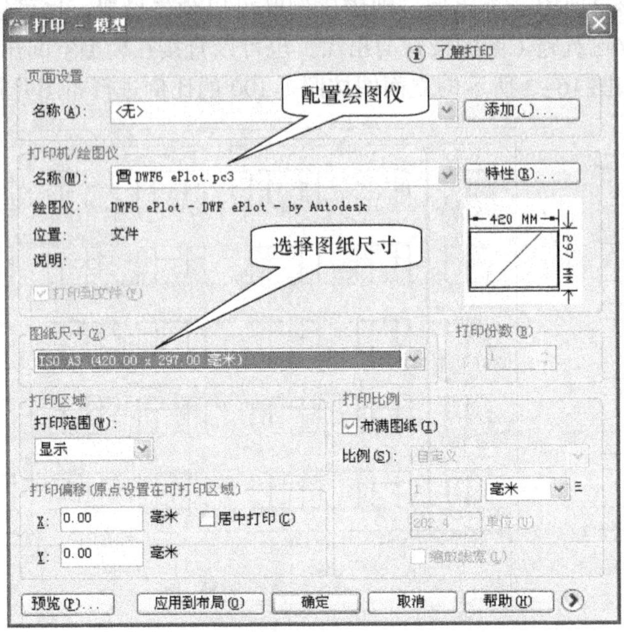

图 16-5　【打印－模型】对话框

在【打印机/绘图仪】选项中打开【名称】下拉列表选择已经安装了的打印机或绘图仪名称；在【图纸尺寸】下拉列表中选择要出图的图纸大小；【打印比例】选择 1:100；打印范围选择“范围”，即打印全部图形，使图形占满图纸；【打印偏移】选“居中打印”。然后单击 预览(P)... 按钮，则显示如图 16-6 所示的预览图形。

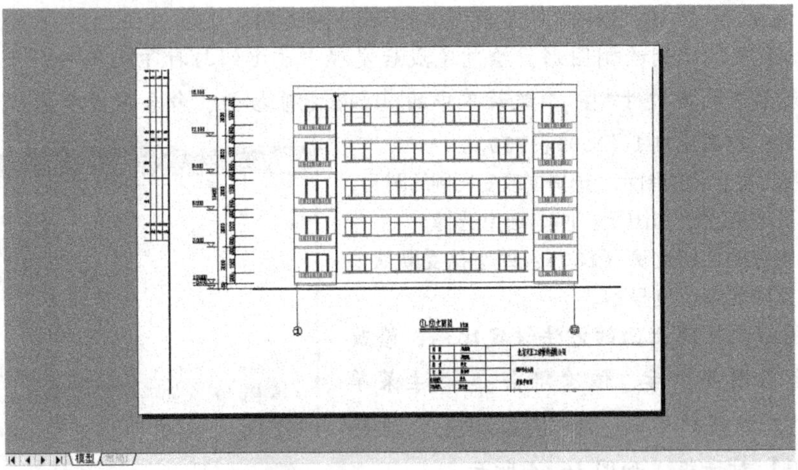

图 16-6　图框不完整的预览图形

在预览中可以看到图框的边界不能全部被打印出来，这是因为选择的 A3 图纸带有不可打印边距。用这种打印方式，虽然比例准确，但边框问题需要用下面的方法调整可打印区域。在预览窗口单击鼠标右键，选择【退出】，返回【打印】对话框。

(4) 调整可打印区域。单击【打印】对话框的【打印机/绘图仪】右侧的 特性(R)... 按钮，系统弹出【绘图仪配置编辑器】，如图 16-7 所示。

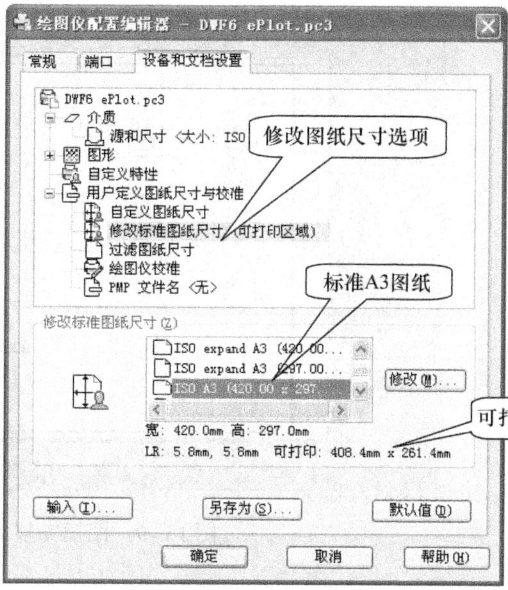

图 16-7 【绘图仪配置编辑器】对话框

在对话框中选择【修改标准图纸尺寸(可打印区域)】选项，然后在【修改标准图纸尺寸】栏的下拉列表中选择“ISO A3 - 420 × 297”，如图 16-6 所示。在列表的下方文字描述中可见：“可打印 408.4 × 261.4”，并不等于 A3 图纸尺寸“420.0 × 297.0”。

单击 修改(M)... 按钮，系统弹出【自定义图纸尺寸 - 可打印区域】对话框，将页面的上、下、左、右边界距离全部修改为 0，如图 16-8 所示。

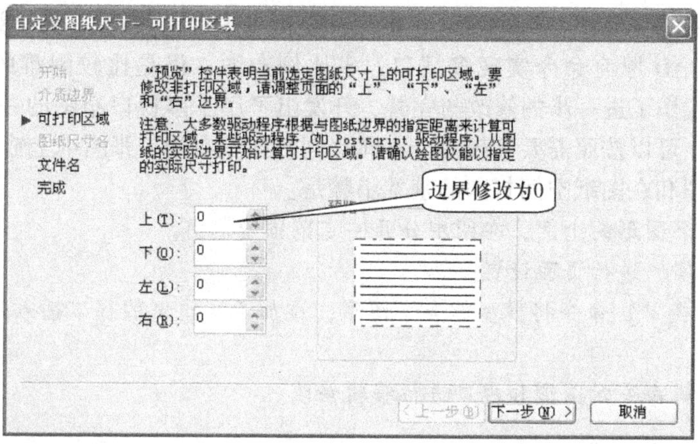

图 16-8 【自定义图纸尺寸 - 可打印区域】对话框

然后单击 下一步(N) > 按钮，弹出【自定义图纸尺寸 - 完成】对话框，

单击 完成(F) 按钮，返回【绘图仪配置编辑器】对话框，单击 确定 按钮，按照提示，完成修改。

这时再单击 预览(P)... 按钮，可以看到图框线按照正确的位置显示。预览效果如图 16-9 所示。

如果预览效果满意，可以在预览图形上单击鼠标右键，在弹出的快捷菜单上单击【打印】命令即可开始打印图形。

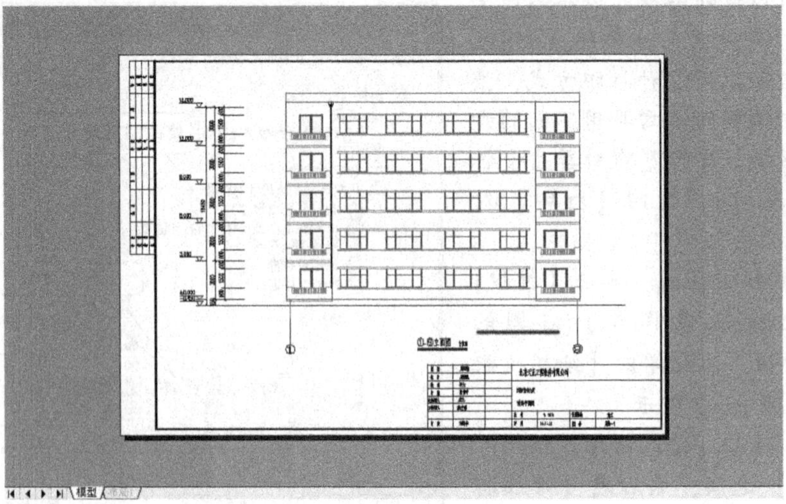

图 16-9　图框完整的预览图形

16.3　多视口、多比例布图与在图纸空间打印

尽管在模型空间打印步骤比较简单，但是打印带图框的图形比较麻烦，所以一般在模型空间打印简单图形，如果需要打印正式的施工图，就需要使用图纸空间进行布局和打印。图纸空间的布局功能十分强大，可以在一张图纸上输出多个不同比例的图形，这是模型空间所不具备的。

尽管 AutoCAD 提供了图纸空间的概念，但大部分国内设计人员仍然对其感到十分陌生。同时如果仅仅依靠 AutoCAD 原有命令实现多视口、多比例布图，仍是比较困难的。为此，TArch 对 AutoCAD 的布图方式作了进一步的修改与完善，开发出了用于多视口布图的一系列专用命令，大大简化了操作顺序。可以按照需要实现多个不同比例的详图在同一张图纸上输出的功能。

采用多视口布图和在图纸空间打印的基本步骤是：

- 设定当前各个图形的比例，在图中分开一定范围绘制好。
- 进入图纸空间，进行页面设置。
- 使用【定义视口】命令将模型的各个图形，添加不同比例的视口插入到图纸空间中。
- 插入图框。
- 使用各种编辑命令对图形和视口进行编辑修改。
- 设定打印。

16.3.1　进入图纸空间，进行页面设置

打开一个建筑平面图以及经过它的楼梯间局部平面详图。单击绘图窗口左下角的【布局 1】选项卡，切换到图纸空间，如图 16-10 所示。此时坐标符号已变成了三角形，图中框住图形的实线矩形以及其中的图形称为一个视口。

在【布局】选项卡上单击鼠标右键，在弹出的右键快捷菜单中选择【页面设置管理器】命令，则系统弹出【页面设置管理器】对话框，如图 16-11 所示。

页面设置的作用主要包括：选择、设置打印机或绘图仪，确定打印线宽、打印比例，选择打印范围等。在对话框的文字描述中可以看出，此时【布局 1】尚没有进行页面设置。我们单击

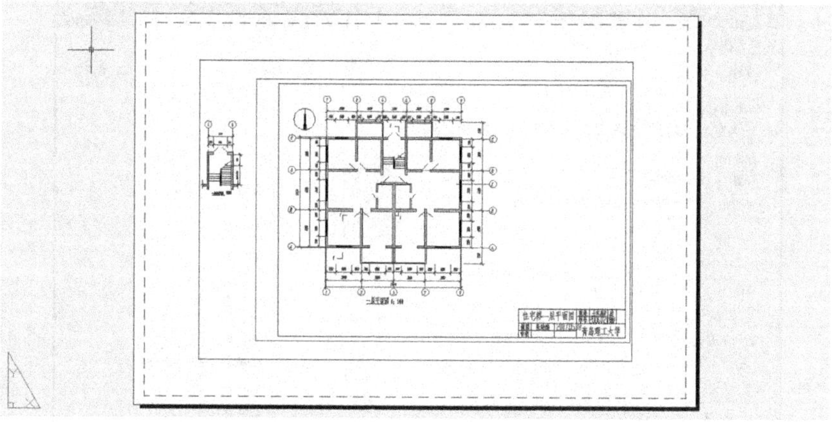

图 16-10　进入图纸空间

[新建(N)...]按钮，弹出【新建页面设置】对话框，在【新页面设置名】一栏键入“A3 打印”，如图 16-12 所示。

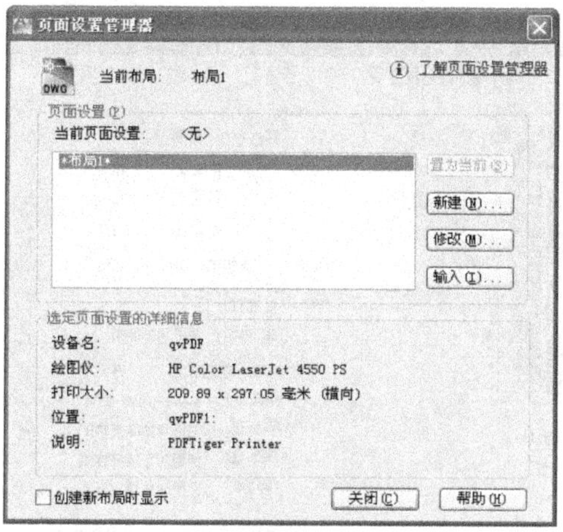

图 16-11　【页面设置管理器】对话框

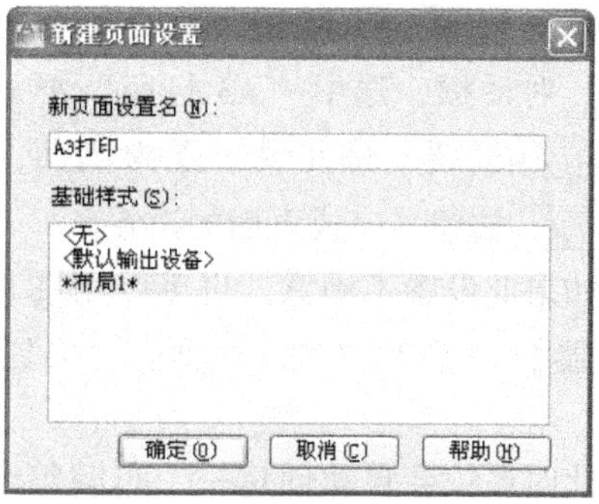

图 16-12　【新建页面设置】对话框

然后单击[确定(O)]按钮，系统又弹出一个【页面设置 - 布局 1】对话框，如图 16-13 所示。

对话框中【页面设置】的名称已经是新建的“A3 打印”；在【打印机/绘图仪】选项中打开【名称】下拉列表选择已经安装了的打印机或绘图仪名称（本例选 DWF6 eplot. pc3）；在【图纸尺寸】下拉列表中选择要出图的图纸大小（本例选 ISO A3 420 × 297mm）；在【打印样式表】下拉列表中选择“TArch8. ctb”，再单击右侧的【编辑】按钮，弹出【打印样式表编辑器】对话框，如图 16-14 所示。

此对话框主要用来设置图线的线宽，其他选项一般保留默认值。用户可以单击一种颜色，然后从【线宽】下拉列表中选择一种线宽。

如果在图 16-13 右上方的【打印样式表】下拉列表中选择了 TArch8. ctb 样式，则 TArch 已自动给各种颜色设置了合适的线宽，用户可以取默认值，也可以根据自己的需要修改这些线宽。如果用 AutoCAD 绘制的图形在设置图层时没有设定线宽，也需要在此设置。

用颜色设置好线宽后，单击[保存并关闭]按钮，返回【页面设置】对话框。

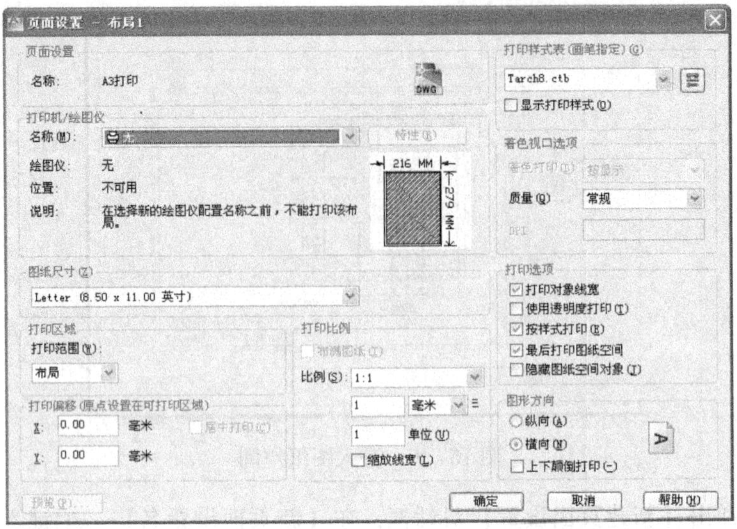

图 16-13 【页面设置 - 布局 1】对话框

在【页面设置】对话框中，【打印范围】选择默认的“布局”，打印指定图纸尺寸页边距内的所有对象。其余取默认值。

单击 确定 按钮，返回【页面设置管理器】对话框，选中“A3 打印”样式，单击 置为当前(S) 按钮，将此设置置为当前，再单击 关闭(C) 按钮，完成页面的设置。

如果此设置不满意，也可以用【页面设置管理器】对话框中的 修改(M)... 按钮修改此设置。

此时系统会自动创建一个布满整个图纸空间的视口，由于我们要在多视口中布图，不用此视口，所以用【删除】命令将这个系统自动创建的视口删除，单击 AutoCAD 的按钮，再点取图纸空间中框住图形的矩形视口，即可删除该视口。

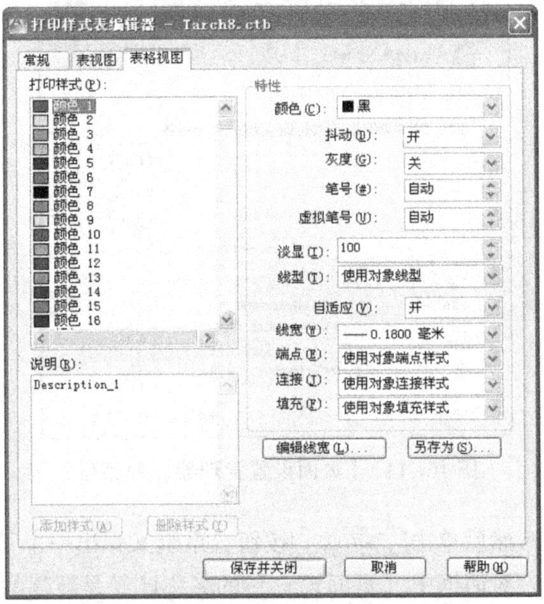

图 16-14 【打印样式表编辑器】对话框

最后单击绘图窗口左下角的【模型】选项卡，返回模型空间。

16.3.2 在多视口布置图形

选择 文件布图 二级菜单下的 定义视口 命令，在命令行的提示下，选择标准层平面图，默认输出比例 1:100，系统自动切换到图纸空间，单击一点作为图形的插入点，将其布置到图纸空间。

再次调用【定义视口】命令，将楼梯间平面图也布置到图纸空间中，注意在命令要求输出比例时选择 50。

这时的图纸空间已经定义了两个不同比例的视口，如图 16-15 所示。

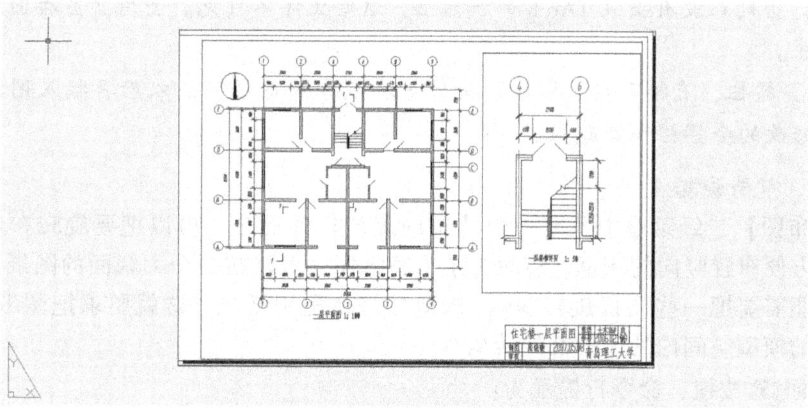

图 16-15 定义两个视口

插入图纸空间的这两个视口是可以随时改变位置的，你只要单击视口边界，即可以用 AutoCAD 的【移动】命令移动视口的位置。也可以分别进入到每个视口中，使用 16.2 所述的【文件布图】/【改变比例】命令重新设定比例。

单击▾文件布图二级菜单下的视口放大命令，可以将某个视口激活，从图纸空间切换到模型空间，并将视口放大到整个屏幕。可以方便地对图形进行进一步的修改编辑。

16.3.3 插入图框

使用 TArch 的【插入图框】命令可以方便地插入符合国家标准的图框；用户还可以将此图框修改为适合自己的样式。

16.3.3.1 插入图框

单击▾文件布图二级菜单下的插入图框命令，在【图框选择】对话框中选择一个带会签栏的 A3 图幅，单击插入按钮，在命令行的提示下点取插入位置后插入图框。本例有画图时已经画上了图框，在此不再插入。

插入图框后可以随时用【移动】命令移动视口和边框的位置。

16.3.3.2 标题栏和会签栏的用户化

图框中的标题栏和会签栏是以系统图块的形式插入的默认格式，此图块存放在系统文件夹“\ Tanget \ TArch6 \ Sys”中，文件名分别是_LABEL1. DWG 和_LABEL2. DWG。用户可以将它们修改为自己需要的格式。方法如下：

（1）用 AutoCAD 的【打开】命令，打开需要修改的图框文件。

（2）用 AutoCAD 的【删除】、【偏移】、【修剪】等命令修改表格，生成新的格式。注意不要改变会签栏和标题栏右下角的坐标值，否则以后插入的会签栏和标题栏不能位于正确的位置。

（3）输入文字以前，先用 TArch 的【设置观察】二级菜单中的【当前比例】命令把对象比例设为 1:1，再用 TArch 或 AutoCAD 的【单行文字】命令在表格中输入文字，字高应设为实际字高的尺寸，如 3.5 或 5.0。

（4）把用 TArch 的【单行文字】命令输入的文字，用 AutoCAD 的【分解】命令分解为 Auto-

CAD 文字对象。否则在没有安装 TArch 的机器上，这些文字不可见。使用【另存旧版】命令也无法处理这些文字。

（5）单击按钮，直接存盘。即以原文件名存放在原路径下。以后再插入图框时，便自动采用用户自己修改的会签栏和标题栏了。

16.3.3.3　布局旋转

在【文件布图】二级菜单中还有一个【布局旋转】的命令，可以把要旋转布置的图形进行特殊旋转，以方便布置竖向的图框。有时为了出图方便，可以在一个大幅面的图纸上布置多个图框，这时就可能需要把一些图框旋转 90°，以便更好地利用纸张。这就要求把图纸空间的图框、视口以及相应的模型空间内的图形都旋转 90°。

单击 布局旋转 按钮，命令行提示为：

选择对象：选择要旋转的图形。

旋转基点〈退出〉：指定旋转基点。

布局转角〈0.0〉：输入旋转角度。

则图中实现了布局的旋转。

16.3.4　打印图形

选择 AutoCAD 的【文件】/【打印】下拉菜单或者单击工具栏的按钮，弹出【打印 - 布局 1】对话框，如图 16-16 所示。

【打印】对话框与【页面设置】对话框的选项类似，按照前面所介绍的打印方法进行预览并打印即可。需要注意的是如果打印图纸空间，出图比例应为 1:1。

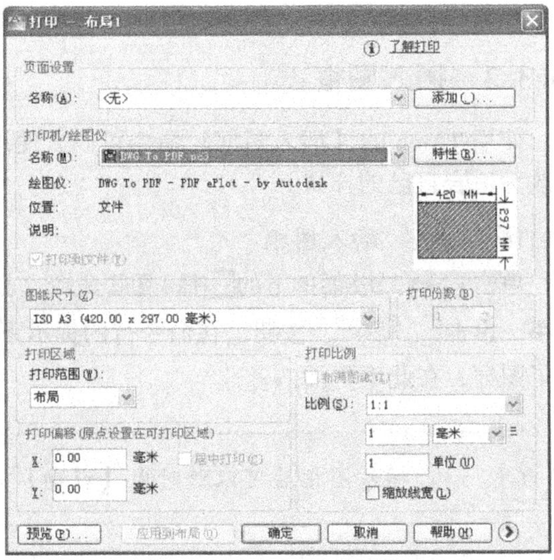

图 16-16　【打印 - 布局 1】对话框

16.3.5　图纸目录

一整套建筑施工图纸除了绘制的各类施工图，施工说明和表格外，还应该有一份图纸目录附在整套图纸的前面。TArch 提供了自动生成图纸目录的功能。

图纸目录的样式是按照国标图集 04J801《民用建筑工程建筑施工图设计深度图样》4.3.2 条文的要求，参考页次 5 的图纸目录实例和一些甲级设计院的图框标题栏而提供的。

本命令配合具有标准属性名称的特定标题栏或者图框使用，所以在生成图纸目录前，先要将系统提供的标题栏和会签栏进行用户化（参见 16.3.3.2 介绍的方法），入库后形成本单位的标准图框和标准工具栏。然后在命令行输入 AutoCAD 编辑属性的命令 “ddatte”，或者在下拉菜单执行【修改】/【对象】/【属性】/【单个】命令，命令行提示为：

选择块参照：单击插入的图框或标题栏。

系统弹出一个【编辑属性】对话框，将其中默认的内容修改为实际工程内容，如图 16-17 所示。

单击 下一个(N) 按钮，继续输入参数，如图 16-18 所示。

完成后，单击 确定 按钮，则将标题栏的内容修改为所需要的属性。

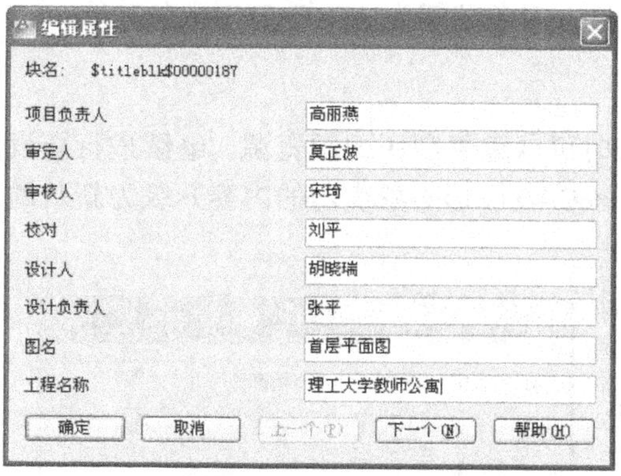

图 16-17 【编辑属性】对话框

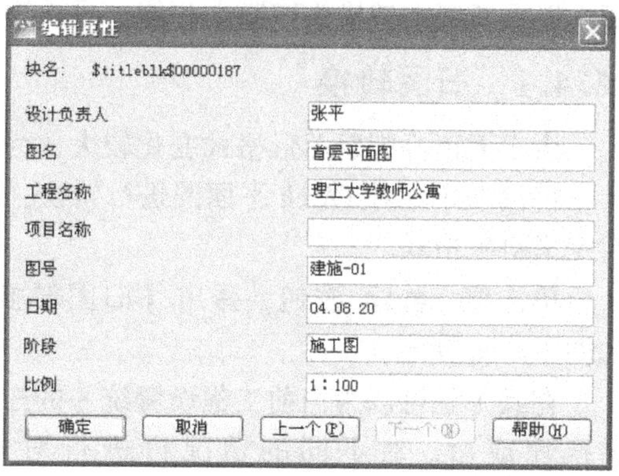

图 16-18 【编辑属性】下一步对话框

完成标题栏属性的编辑后，即可打开将要插入图纸目录表的图形文件。单击 图纸目录 按钮，系统弹出【图形文件选择】对话框，单击 选择文件 按钮，把参加生成图纸目录的文件选择进来，如图 16-19 所示。

选择文件后再单击 生成目录>> 按钮，则自动生成了目录，在命令行提示选择位置后单击一点，生成了图纸目录表。

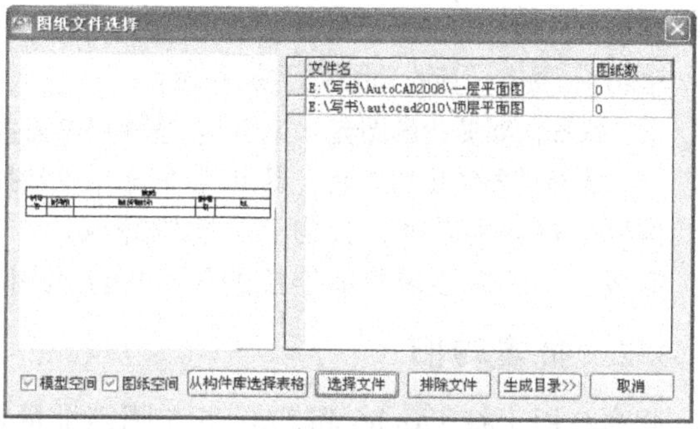

图 16-19 【图纸文件选择】对话框

为了便于图形的管理和打印，TArch8.5 仍然以图层管理图形，在作图时根据所绘图元（墙体、门窗等）的类型，自动建立图层，并把图元画在相应的图层上，用户一般不需要考虑图层的设置问题。但在打印图形时要根据图线的颜色或图层的线宽特性来确定打印图形的线宽度（见图 16-14 关于打印样式表的介绍），TArch 在【文件布图】二级菜单中列出了几个跟图层有关的命令，以便优化打印效果、管理天正图层。

16.3.6　图变单色和颜色恢复

此命令用于把按图层定义绘制的彩色图形临时变为黑白线框图形。由于彩色的线框图形在黑白输出的照排系统中输出时色调偏淡，因此特设图变单色功能临时将彩色 AutoCAD 图形设为单色的线框图形，为抓图作好准备。本命令适用于为编制印刷文档前对图形进行前处理。

单击 图变单色 按钮，命令行提示为：

请输入平面图要变成的颜色/1-红/2-黄/3-绿/4-青/5-蓝/6-粉/7-白/〈7〉：回车默认白色。

一般常把背景颜色先设为白色，执行本命令后，用回车响应选变成白色（白背景下为黑色），图形中所有图层颜色改为黑色。

如果要恢复系统默认的颜色，则单击 颜色恢复 按钮，不需人机交互，即可将图层颜色恢复为层文件中设定的颜色。

16.4　图档格式的转换

为了使 TArch 的新老用户更好地使用这个软件进行绘制与出图，天正提供了旧版本转换为新版本以及新版本转换为旧版本功能，另外还提供了将 TArch 对象分解为 AutoCAD 对象的功能。

16. 4. 1　旧图转换

由于天正升版后图形格式变化较大，为了用户升级时可以重复利用旧图资源，继续进行新设计，特设本命令对 TArch 平面图进行转换，将原来用 AutoCAD 图形对象表示的内容升级为新版的自定义对象格式。

单击 旧图转换 按钮，弹出【旧图转换】对话框，如图 16 - 20 所示。

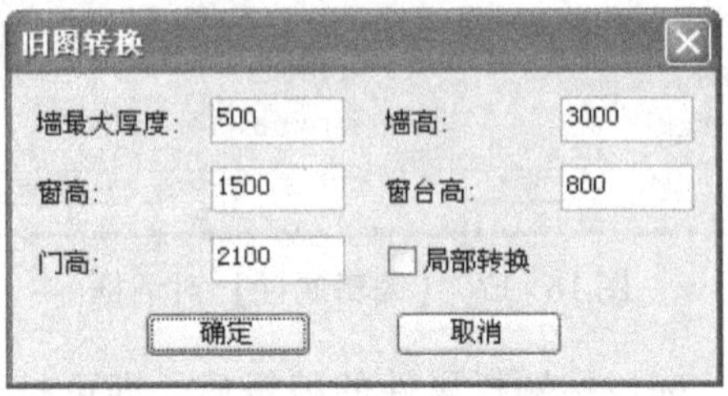

图 16 - 20　【旧图转换】对话框

在其中您可以为当前工程设置统一的三维参数，在转换完成后，对不同的情况再进行对象编辑，从 TArch6. 5 提供了【局部转化】复选框，如果仅仅打算转换图上的部分旧版图形，可以勾选，单击确定后只对局部图形进行转化，适用于转换插入的旧版图块等情况。单击 确定 后，命令行提示为：

选择需要转化的图元〈退出〉：选择局部需要转化的图形。

选择需要转化的图元〈退出〉：回车结束选择。

程序进行自动转换，分为三个阶段完成。

完成后您还应该对可能连接的尺寸标注运用“连接尺寸”命令加以连接。

16. 4. 2　批量转旧

此命令用于将 TArch6 和 TArch6. 5 图档批量转化为天正旧版 DWG 图。

单击 批量转旧 按钮，系统弹出【请选择待转换的文件】对话框。可以批量选择文件，如图 16 - 21所示。

单击 打开(O) 按钮，又弹出【浏览文件夹】对话框，如图 16 - 22 所示。

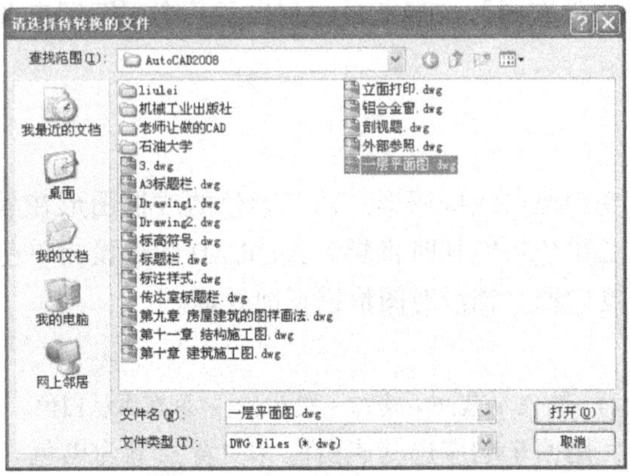

图 16 - 21　【请选择待转换的文件】对话框

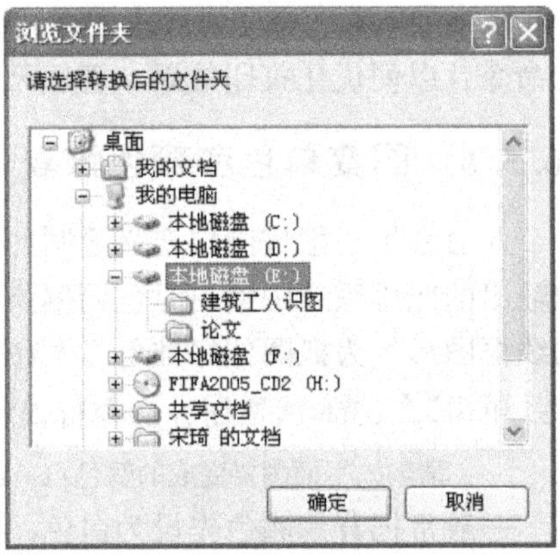

图 16 - 22　【浏览文件夹】对话框

选择转换后要保存的文件夹，单击 确定 后，命令行提示为：

命令：T81_TBatSave

请选择输出类型：[TArch7 文件(7)/TArch6 文件(6)/TArch5 文件(5)/TArch3 文件(3)]〈3〉：7

请输入文件名后缀，或按 ESC 取消自动后缀〈_ t7〉：

成功的转换 TArch7 文件：C：\Tangent\TArch8\sys18\一层平面图 _ t7. dwg

…

则程序完成批量新版图形文件向旧版的转换。

16.4.3　分解对象

天正提供了一种将 TArch 自定义专业对象分解为 AutoCAD 普通图形对象的方法。

分解自定义专业对象可以达到以下目的：

- 使得施工图可以脱离 TArch 环境，在 AutoCAD 下进行浏览和出图。
- 准备渲染用的三维模型。因为很多渲染软件并不支持自定义对象，不易灵活地按图层设置材质（只能按颜色设置），尤其是图块内的材质。特别是要到 AutoCAD 之外的环境中渲染时，更需要分解为 AutoCAD 的标准图形对象。

由于自定义对象分解后，丧失了智能化的特征，因此建议用户保留分解前的模型，把分解后的图另存为新的文件，以便今后可能作出修改。

单击 分解对象 按钮，在命令的提示下选择要分解的 TArch 对象，即可分解为 AutoCAD 对象。

16.5　习题

1. 概念题

（1）模型空间和图纸空间的作用各是什么？

（2）怎样在模型空间打印图形？

（3）页面设置包含哪些内容？

（4）怎样使用多视口、多比例布图？

（5）插入图框的标题栏和会签栏如何修改为用户个性化样式？

（6）怎样使用图纸集管理器？

2. 操作题

（1）完整绘制如图 16 - 23 所示的某办公楼标准层平面图，并打印在一张 A3 图纸上。

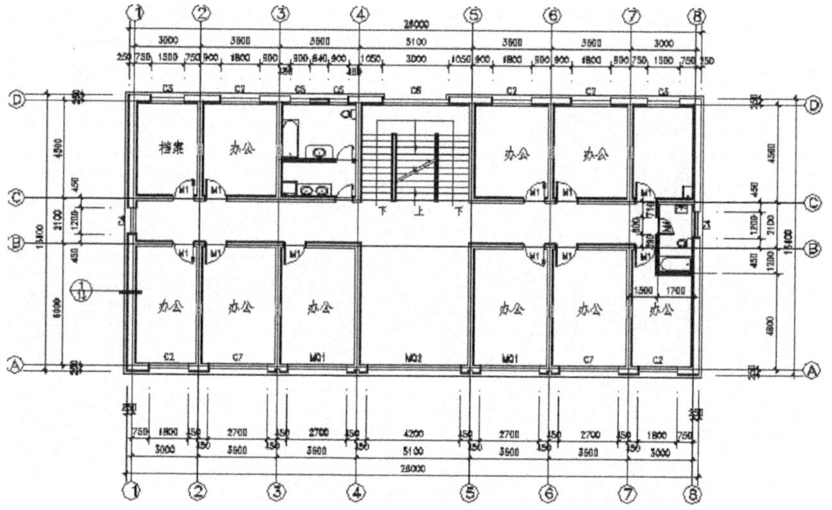

图 16 - 23　某办公楼标准层平面图

（2）使用【图形切割】命令将图 16 - 23 中的卫浴间切割出来，修改后将平面图和卫浴间局部详图分别按 1:100 和 1:20 的比例打印在一张 A2 图纸上。

参 考 文 献

[1] 宋琦 . AutoCAD 2005 + TArch 建筑制图 [M] . 北京：机械工业出版社，2006.
[2] 莫正波 . AutoCAD2010 绘制建筑图 [M] . 北京：中国电力出版社，2010.
[3] 宋琦 . 土木工程制图 [M] . 北京：中国建材工业出版社，2009.
[4] 莫正波 . 建筑制图 [M] . 北京：中国电力出版社，2008.
[5] 麓山文化 . TArch8. 0 天正建筑软件标准教程 [M] . 北京：机械工业出版社，2010.
[6] 北京天正工程软件有限公司 . Tarch 7. 0 天正建筑软件使用手册 [M] . 北京：人民邮电出版社，2006.